水稻栽培生理与技术研究

◎ 彭春瑞　等著

中国农业科学技术出版社

图书在版编目（CIP）数据

水稻栽培生理与技术研究 / 彭春瑞等著．—北京：中国农业科学技术出版社，2020. 8

ISBN 978-7-5116-4925-6

Ⅰ.①水… Ⅱ.①彭… Ⅲ.①水稻栽培—研究 Ⅳ.①S511

中国版本图书馆 CIP 数据核字（2020）第 146616 号

责任编辑 李 华 崔改泵
责任校对 贾海霞

出 版 者 中国农业科学技术出版社
北京市中关村南大街12号 邮编：100081
电 话 （010）82109708（编辑室）（010）82109702（发行部）
（010）82109709（读者服务部）
传 真 （010）82106650
网 址 http: // www.castp.cn
经 销 者 各地新华书店
印 刷 者 北京建宏印刷有限公司
开 本 787mm×1 092mm 1/16
印 张 29
字 数 688千字
版 次 2020年8月第1版 2020年8月第1次印刷
定 价 108.00元

《水稻栽培生理与技术研究》

著者名单

主　著：彭春瑞

副主著：陈　金　涂田华

著　者：彭春瑞　陈　金　涂田华　钱银飞　陈先茂　张道新
张文学　关贤交　林洪鑫

前　言

水稻是我国的第一大粮食作物，是保障国家粮食安全的主要作物，我国有60%以上的人口以稻米为主食。江西是我国的水稻主产区，是新中国成立以来从未间断向国家调出稻谷的唯一省份，为我国的稻米自给作出了重要贡献。改革开放以来，江西省的水稻单产由1978年的3 193kg/hm^{2}增加到2018年的6 090kg/hm^2，40年间增长了90.73%。水稻单产水平的提高，一方面是由于品种的更新换代，推广应用了一批具有高产潜力的水稻品种，另一方面也是得益于栽培技术的进步，一批与品种相适应的高产、优质、高效配套栽培技术的推广应用，使水稻的产量与品质潜力得到发挥。

我从1985年就开始接触水稻栽培技术研究，1987年在硕士导师戚昌瀚教授指导下开始从事水稻栽培技术研究，此后从未间断。30多年来，我与团队同事们一起在优质稻、亚种间杂交稻、轻简化栽培、高产超高产栽培、绿色控污种植以及稻田种植制度和水稻产业发展等方面都进行了一些研究和探索，为江西水稻高产优质高效生产提供了有力的技术支撑。《水稻栽培生理与技术研究》收录了团队和我30多年来在水稻栽培生理与技术方面的研究论文65篇，其中绝大部分在相关期刊发表，旨在进一步总结我们的研究历程与成果，为今后江西水稻栽培技术研究提供借鉴，也希望能为江西水稻栽培技术的提升提供指导。

本书共分为六篇，第一篇收录了在优质稻栽培技术方面的研究论文7篇，重点围绕江西20世纪70—80年代主推的优质晚籼双竹粘和90年代末期后主推的优质晚籼923（赣晚籼30号）两个品种开展的优质丰产栽培技术研究，研究出的栽培技术为两个品种的推广提供了有力支撑；第二篇收录了在亚种间杂交稻栽培生理方面的研究论文13篇，主要是开展了亚种间杂交稻结实特性、源库特性及调控技术方面的研究，研究结果为提高亚种间杂交稻结实率和籽粒充实度提供了科学依据；第三篇收录了在水稻轻简化栽培技术方面的研究论文9篇，主要包括抛秧栽培、免耕栽培、再生稻和壮秧小苗栽培等方面研究，研究结果为江西以双季抛秧栽培为主的轻简化栽培技术应用提供了指导；第四篇收录了在高产/超高产栽培方面的研究论文10篇，主要围绕水稻壮秧促早发技术、综合控蘖技术、高产/超高产模式及其高产优质生理机制等方面的研究，研究技术应用实现了水稻产量和米质的同步提升，有力促进了江西双季稻超级稻的推广；第五篇收录了在水稻绿色控污种植方面的研究论文20篇，主要包括节水抗旱、减肥增效、农药减施、健身栽培、污染控制及绿色清洁生产技术模式等方面的研究，为水稻清洁生产与稻田污染防控提供了技术指导；第六篇收录了在稻田种植结构调整与水稻产业发展方面的研究论文6篇，对稻田种植结构调整和江西水稻产业发展有一定指导意义。以上述研究作为主要内容的成果分别获得了国家科学技术进步奖二等奖1项，省部级科学技术进步奖一等奖3项、二等奖5项、三等奖2项。

本书由彭春瑞组织编撰并负责论文筛选和统稿，陈金、涂田华负责论文收录、整理、初步校对，其他各编撰人负责本人为第一作者论文的再次校对，然后由关贤交、涂田华、陈先茂、陈金、钱银飞、彭春瑞分别负责对第一至第六篇再次进行校对，最后由彭春瑞审核定稿。本书中大部分论文都在有关期刊发表，本次收录时除个别错误进行了修改外，其他基本上按照发表的原文。

本书介绍的各项研究得到了科学技术部、农业农村部、江西省科学技术厅、江西省自然科学基金委员会、中共江西省委人才工作领导小组办公室、江西省农业科学院等单位的项目支持。在本书即将出版之际，对长期以来给予团队项目支持的上级单位领导表示衷心感谢，也要感谢我的硕士导师戚昌瀚教授和博士导师潘晓华教授的精心培养和指导，还要感谢团队的其他同志及实习生金雨婷、马红艳为本书出版的辛勤工作和付出。

彭春瑞

2020年3月于南昌

目　录

第一篇　优质稻丰产优质栽培研究

第二篇　亚种间杂交稻结实与源库特性研究

第三篇　水稻轻简化栽培研究

第四篇　水稻高产/超高产栽培及其生理研究

第五篇　水稻绿色控污生产技术研究

第六篇　稻田种植结构调整与水稻产业发展研究

第一篇

优质稻丰产优质栽培研究

优质米品种双竹粘的产量生理及其调控指标的研究

彭春瑞　戚昌瀚　钟旭华

（江西农业大学，南昌 330045）

摘　要：本文研究了双竹粘在杂交栽培法（稀播、少苗、大穗）下的产量生理及调控指标。①采用杂优栽培法可获得26.67%～43.80%的增产效应。②双竹粘是库限制型品种。增加每亩（1亩≈667m²，全书同）总颖花数可以提高产量，而每亩总颖花数的增加仅依赖于每穗颖花数的增加。为获得大穗，增加每穗实粒数，施肥技术上应控制分蘖肥，重施促花肥，补施保花肥，施粒肥的意义不大。③产量与总干物重有极显著正相关。在干物重相近时，以穗少、单蘖干重高的产量和经济系数高。因此，应主要增加单蘖干重。④亩产350kg的主要指标为：播种量20～25kg/亩，基本苗5万～6万/亩，最高苗数38万～40万/亩，最大叶面积系数（LAI）6.0～6.2，总干物重800kg/亩左右，每亩27万～29万穗，每穗85粒左右，每亩总颖花数2 300万～2 400万，结实率90%以上，千粒重17g。⑤群体指数可作为调控水稻群体的一种途径。双竹粘高产的群体指数动态为：分蘖初期1～1.5，分化期7～10，孕穗—齐穗期18～20，灌浆期9～12。⑥栽培措施对米质有显著影响。

关键词：优质米品种；产量生理；产量构成；调控指标

Studies on the Yield Physiology and Regulation Index of Fine Quality Rice Variety "shuang-zhu-zhan"

Peng Chunrui　Qi Changhan　Zhong Xuhua

（*Jiangxi Agricultural University*，*Nanchang 330045*，*China*）

Abstract: Rice *cv.* of fine quality "Shuang-Zhu-Zhan" was studied and the main results obtained as follows: ①The yield of "Shuang-Zhu-Zhan" could be increased significantly in the pattern of hybrid rice culture. ② "Shuang-Zhu-Zhan" belongs in a sink-limited variety，therefore，the yield increase can be obtained through rising the number of total spikelets per mu，but the increase of total spikelets per mu were only depended on the increase of the number of spikelets per panicle. To obtain larger panicles and increase the number of filled spikelets per panicle，the fertilizer application should be changed into the mode: a controlled application at the tillering stage，a heavy application at the initiation stage，and with supplementary at the booting stage and heading stage. ③There existed a positive correlation between the yield and the total dry weight. Those with fewer panicles and heavier

本文原载：江西农业学报，1989，1（2）：8-17

本文为戚昌瀚教授指导的硕士论文部分内容

dry matter of single tillers showed higher yield and harvest index in the case of total dry weight being approximate. In order to increase the biological yield, the emphasis should be put on the enhancement of single tiller weight. ④While yield target being set for 350 kilograms per mu the main agronomic indices should be seeds: 20-25kg per mu nursery; seedling plants: 50-60 thousands per mu; maximum tillers 380-400 thousands per mu; maximum LAI: 6.0-6.2; total dry weight: around 800kg per mu; valid panicle: 270-290 thousands per mu; spikelets per panicle: around 85; total spikelets: 23-24 millions per mu; setting percentage: over 90%; 1 000-grain weight: 17g. ⑤The population index (LAIx percentage of nitrogen in function leaf) can be regarded as a way to regulate rice population. The dynamics of population indices for high yield in rice *cv.* "Shuang-zhu-zhan" were: 1-1.5 at the early tillering stage; 7-10 at the panicle initiation stage; 18-20 during from booting to heading stage; 9-12 at the filling stage. ⑥Cultural practice on rice quality performed significant effects.

Key words: Fine grain quality rice variety; Yield physiology; Yield component; Regulation index

在水稻生产中，人们发现增加个体数目已难以使产量进一步提高，而稳定个体数目，促进个体生产力的提高反而更容易达到这一目的。特别是受杂交水稻大穗高产的启示，许多学者对常规品种采用大穗高产栽培的增产效果和机理进行了研究。戚昌瀚等研究了大穗型常规品种在杂优栽培（稀播、少苗、大穗）下的干物质生产和产量能力[1]，蒋彭炎等研究了常规品种在稀、少、平（稀播、少本插、平稳施肥）下的增产效果和机理[2]，凌启鸿等研究了外来常规品种在“小群体、壮个体”栽培下的增产效应[3]。许多研究表明，优质米品种的高产栽培也应稳定穗数，主攻大穗。

双竹粘是江西省的主要优质出口大米。其缺点是茎秆细、粒重低、易倒伏。加之目前生产上又大都采用密播多苗多穗栽培，结果由于群体大，每穗粒数大大降低，容易倒伏，影响灌浆结实。因此，产量很低，一般为150～200kg/亩。本试验试图应用杂优栽培法的原理，通过进行播种量，基本苗和施肥试验，研究其产量生理、产量形成高产途径和调控指标，并分析栽培因子对米质的影响，为常规稻高产栽培提供理论和实践依据。

1　材料与方法

试验在江西农业大学农学系实验站进行。试验田肥力：有机质2.2%、全氮0.13%、速效磷13mg/L、速效钾55mg/L。

供试品种：双竹粘（邓家埠水稻原种场提供）。6月28日至7月2日播种，播种量20kg/亩，秧龄22d。1987年进行预备试验，设10万/亩、16万/亩两种基本苗（包括3叶以上大蘖、下同）和低、中、高3种施肥水平。

施肥水平：1987年低、中、高的尿素用量分别为6kg/亩、12kg/亩、18kg/亩，过磷酸钙分别为12.5kg/亩、25kg/亩、37.5kg/亩，氯化钾分别为6kg/亩、12kg/亩、18kg/亩。1988年为尿素12.5kg/亩，过磷酸钙25kg/亩，氯化钾12.5kg/亩。设5万/亩、10万/亩、20万/亩3种基本苗和分施、前重两种施肥法。同时设计一个播种量为80kg/亩、基本苗20万/亩、前重施肥法的对照处理（CK）。过磷酸钙全部作基（面）肥，氯化钾肥1/2作基（面）

肥，1/2作分蘖肥。1987年尿素60%作面肥，30%作分蘖肥，10%作粒肥；1988年基肥尿素5kg/亩，前重法分蘖肥7.5kg/亩，以后不施。分施法不施分蘖肥，促花、保花、粒肥各施2.5kg/亩。随机区组排列，重复3～4次，小区面积1987年8.3m^2，1988年6.7m^2。

各生育时期取样测定干物重，叶面积（干重法），功能叶（齐穗前心叶下一叶，齐穗后剑叶）含N量（扩散法），齐穗前5d调查颖花分化、退化，米质测定采用统一方法[4]进行。

2　结果与分析

2.1　产量及产量构成因素分析

2.1.1　产量

由表1可见，1987年施肥水平相同时，亩插10万苗较16万苗增产，在施肥水平中等或高时增产达显著或极显著水平；基本苗相同时，不同施肥水平的产量顺序为中等>低>高，即以中等施肥水平产量最高，但其与低水平差异不显著，与高水平差异极显著。1988年对照的产量最低，仅202.5kg/亩，显著或极显著低于其他各个处理。在施肥方法一致时，产量顺序为5万苗>10万苗>20万苗。采用分施法时，5万苗和10万苗差异不显著，但它们与20万苗有显著或极显著差异；采用前重法时，3种基本苗之间有显著或极显著差异。基本苗相同时，分施较前重增产2.68%～11.37%，平均6.45%。

由此可见，双竹粘在杂优栽培制式下能显著增产，特别是在施肥水平较高的条件下。施肥水平以中等为好，分施较前重增产。

表1　不同处理的产量及产量构成（1987—1988）

Table 1　Yields and yield components of different treatments（1987—1988）

时间 Time	处理 Treatment	产量（kg/亩）Yield（kg/mu）	差异显著性 Significant difference		产量比较（%）Yield test	穗数/亩（万/亩）Panicle/mu（10^4/mu）	穗数/穗 Spikelets/panicle	结实率（%）Setting percentage	千粒重（g）1 000-grains weight（g）
			5%	1%					
1987	16—低 16—L	334.4	b	B	111.65	32.00	85.73	86.23	17.34
	16—中 16—M	340.4	b	AB	113.66	33.93	92.19	82.90	16.53
	16—高 16—H	299.5	c	C	100.00	35.53	67.83	88.37	17.00
	10—低 10—L	353.5	ab	AB	118.03	28.33	88.43	95.04	18.03

（续表）

时间 Time	处理 Treatment	产量（kg/亩）Yield（kg/mu）	差异显著性 Significant difference		产量比较（%）Yield test	穗数/亩（万/亩）Panicle/mu（10^4/mu）	穗数/穗 Spikelets/panicle	结实率（%）Setting percentage	千粒重（g）1 000-grains weight（g）
			5%	1%					
1987	10—中 10—M	367.1	a	A	122.57	30.20	95.17	92.81	17.65
	10—高 10—H	336.1	b	B	112.22	32.00	86.56	89.41	17.13
1988	5—分施 5—SA	291.2	a	A	143.80	26.88	77.59	95.27	16.12
	5—前重 5—HAE	283.6	a	AB	140.05	27.91	73.68	93.96	16.03
	10—分施 10—SA	272.5	ab	AB	134.57	32.60	61.67	95.35	15.91
	10—前重 10—HAE	256.5	b	B	126.67	33.78	57.46	92.12	15.82
	20—分施 20—SA	254.7	b	B	125.78	33.58	59.12	88.23	15.37
	20—前重 20—HAE	228.7	c	BC	112.90	36.41	53.67	80.60	15.48
	CK	202.5	d	C	100.00	36.80	49.73	75.69	15.35

注：L—Low，M—Mid，H—High，SA—Separate application of fertilizer，HAE—Heavy application of fertilizer in the early growth Stage.Symbols in the below are the same

2.1.2 产量构成因素分析

由表2可见，1988年江西农业大学试验小区和余干调查资料分析同样表明，每亩穗数与其他3个产量因素有极显著负相关，最终与产量也有负相关趋势（r=-0.121 2）；每亩穗数、结实率、千粒重之间有正相关，最终与产量也都有正相关，但以每穗粒数与产量的相关系数最大（r=0.742 6^{**}）。各产量构成因素的变异系数与产量的通径系数、偏回归平方和的分析表明，它们的大小顺序均为每穗粒数>每亩穗数>结实率>千粒重，即对产量影响或作用最大的因素为每穗粒数。因此，应主攻大穗。

表2 相关系数、变异系数和通径系数（1988，n=44）

Table 2 Correlation coefficient，varlation coefficient and path coefficient（1988，n=44）

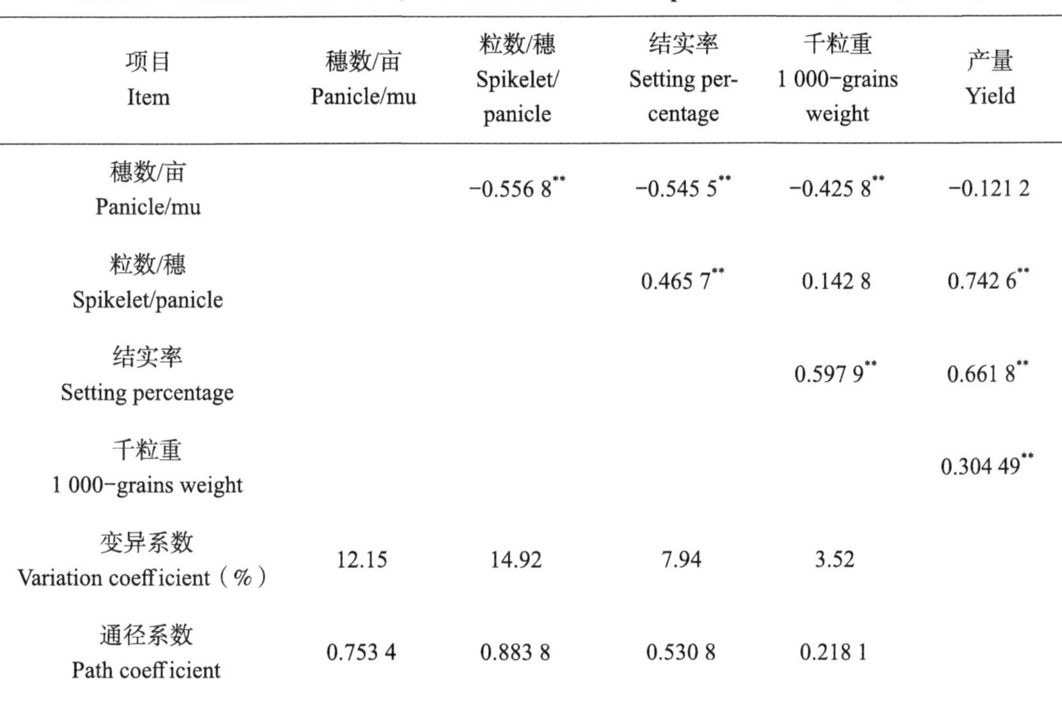

项目 Item	穗数/亩 Panicle/mu	粒数/穗 Spikelet/panicle	结实率 Setting percentage	千粒重 1 000-grains weight	产量 Yield
穗数/亩 Panicle/mu		−0.556 8**	−0.545 5**	−0.425 8**	−0.121 2
粒数/穗 Spikelet/panicle			0.465 7**	0.142 8	0.742 6**
结实率 Setting percentage				0.597 9**	0.661 8**
千粒重 1 000-grains weight					0.304 49**
变异系数 Variation coefficient（%）	12.15	14.92	7.94	3.52	
通径系数 Path coefficient	0.753 4	0.883 8	0.530 8	0.218 1	
偏回归平方和 Partial regression sum square	23 563	35 612	10 199	2 089	

2.2 产量生理与产量形成

2.2.1 干物质生产

2.2.1.1 生物产量与经济产量的关系

生物产量是经济产量的基础。表3分析表明，产量与群体总干物重有极显著正相关（r=0.883 8**）；与单蘖干重也有极显著正相关（r=0.867 6**）。经济系数（K）与单蘖干重（X）的关系也很密切，其关系式为：K=0.500 8-（0.250 3/X）（r=0.959 2**），即增加单蘖干重（X）可以提高经济系数。从表3还可知，在总干物重相近时，以穗少、单蘖重高的产量和经济系数为高，如处理16-中与10-中。因此，增加生物产量应主要提高单蘖重。

2.2.1.2 干物质生产进程与产量构成因素的关系

干物质生产进程与产量因素的形成密切相关，根据表3和表1分析表明，分化前的物质生产量与每亩穗数呈极显著正相关（r=0.921 1**），与其他各产量因素呈负相关，特别是与结实率（r=−0.864 2**）；分化—齐穗期的干物质生产量与每穗粒数及颖花容量（粒重）有极显著正相关（r=0.828 3**，0.768 8**）；齐穗后的干物质生产量与结实率有正相关（r=0.727 7**）。

表3 干物质生产、产量和经济系数（1987—1988）

Table 3 Dry matter production，yield and harvest index（1987—1988）

处理 Treatment		干物质生产（kg/亩）Dry matter production（kg/mu）					产量（kg/亩）Yield（kg/mu）	经济系数（K）Harvest index
		分化前 Before panicle initiation	分化—齐穗 Panicle-initiation to heading	齐穗后 After heading	群体（kg/亩）Population（kg/mu）	单蘖（g）Single tiller（g）		
16—低	16—L	167.6	430.8	232.3	732.7	2.30	334.4	0.389
16—中	16—M	202.3	441.5	162.3	756.1	2.24	340.4	0.387
16—高	16—H	210.2	360.0	68.4	638.6	1.79	299.5	0.403
10—低	10—L	142.1	377.2	201.5	720.8	2.54	353.5	0.422
10—中	10—M	146.1	420.8	187.6	754.8	2.52	367.1	0.418
10—高	10—H	155.6	427.4	208.0	792.0	2.48	336.1	0.365
5—分施	5—SA	98.7	299.8	216.1	614.6	2.30	291.2	0.407
5—前重	5—HAE	123.9	291.3	209.2	624.4	2.24	283.6	0.391
10—分施	10—SA	152.9	326.8	168.6	648.3	1.98	272.5	0.361
10—前重	10—HAE	167.6	327.3	153.8	648.7	1.94	256.5	0.340
20—分施	20—SA	200.0	288.9	120.2	609.1	1.81	254.7	0.360
20—前重	20—HAE	259.2	211.6	109.1	579.9	1.57	228.7	0.339

2.2.2 叶面积动态

由表4可知，每穗实粒数和产量与齐穗前各个时期的LAI呈显著或极显著负相关，与灌浆期（齐穗后15d，下同）的LAI呈显著正相关。与分蘖—分化的叶面积上升速率有负相关（r=−0.908 0**，−0.959 7**）；与分化—孕穗期的上升速率呈极显著正相关（r=0.966 4**，0.960 1**）；与孕穗—齐穗的下降速率相关不显著；与齐穗—灌浆的叶面积下降速率呈极显著负相关（r=−0.973 7**，−0.998 4**）。

2.2.3 茎蘖动态

由表5可知，双竹粘达到最后穗数和最高苗数的日期分别为移栽后9～16d和20～28d，在此范围内，提早达到最后穗数和最高苗数，会造成最高苗数多，群体过大，不利于大穗形成。统计分析表明，每穗分化颖花数、发育颖花数、总粒数都与移栽—达到最后穗数和最高苗数的天数呈显著或极显著正相关，与最高苗数、无效分蘖数、有效穗呈显著或极显著负相关。

表4　叶面积动态、产量及每穗实粒数（1988，*n*=6）

Table 4　Dynamics of leaf area，yield and filled spikelets per panicle（1988，*n*=6）

处理 Treatment	叶面系数 *LAI*					叶面积上升速率［m^2/(天·亩)］Rising rate of leaf area［m^2/(day·mu)］		叶面积下降速率［m^2/(天·亩)］Droping rate of leaf area［m^2/(day·mu)］		产量 Yield (kg/mu) *Y*	每穗实粒数 Filled spikelet per panicle *X*
	分蘖初期 Early tillering stage	分化期 Panicle initiation stage	孕穗期 Booting stage	齐穗期 Heading stage	灌浆期 Filling stage	分蘖初—分化 Early tillering to panicle initiation	分化—孕穗 Panicle initiation to Booting	孕穗—齐穗 Booting to Heading	齐穗—灌浆 Heading to Filling		
5—分施 5—SA	0.31	2.09	6.32	5.66		51.7	117.5	44.0	68.9	291.2	73.92
5—前重 5—HAE	0.41	2.92	6.77	5.45	3.61	72.9	107.0	85.0	83.6	283.6	69.23
10—分施 10—SA	0.68	3.31	6.96	6.20	3.83	76.2	101.4	46.7	108.0	272.5	58.80
10—前重 10—HAE	0.73	4.14	7.36	6.59	3.12	98.9	89.4	51.3	154.2	256.5	52.93
20—分施 20—SA	1.40	4.36	7.82	6.23	2.80	85.8	96.1	106.0	152.4	254.7	52.16
20—前重 20—HAE	1.61	6.48	9.39	7.55	2.75	141.2	80.8	122.7	213.4	228.7	43.26
$r_1 \cdot Y$	$-0.925\ 3^{**}$	$-0.945\ 6^{**}$	$-0.968\ 4^{**}$	$-0.945\ 3^{**}$	$0.889\ 8^{*}$	$-0.959\ 7^{**}$	$0.969\ 1^{**}$	$-0.740\ 9$	$-0.998\ 4^{**}$		
$r_1 \cdot X$	$-0.904\ 3^{**}$	$-0.989\ 0^{**}$	$-0.905\ 5$	$-0.918\ 4^{**}$	$0.902\ 3^{*}$	$-0.908\ 0^{*}$	$0.966\ 4^{**}$	$-0.605\ 1$	$-0.973\ 7^{**}$		

表5　茎蘖动态与大穗形成的关系（1988）

Table 5　Dynamics of tillers to large panicle formation（1988）

处理 Treatment	移栽—达到最后穗数的天数DP	移栽—达到最高苗数的天数DM	最高苗数（万/亩）Maximum seedling（10^4/mu）	有效数（万/亩）Valid panicles（10^4/mu）	无效分蘖（万/亩）Unproductive tillers（10^4/mu）	每穗分化颖花数 Initiating spikelets per panicle X_1	每穗发育颖花数 Developing spikelets per panicle X_2	每穗总粒数 Total spikelets per panicle X_3
5—分施　5—SA	15.90	27.33	39.68	26.88	12.80	117.8	80.0	77.59
5—前重　5—HAE	15.58	25.00	43.40	27.91	13.49	120.5	80.6	73.68
10—分施　10—SA	13.26	24.33	49.08	32.60	16.48	114.2	75.0	61.67
10—前重　10—HAE	12.52	23.00	50.33	33.78	16.55	109.2	69.1	57.46
20—分施　20—SA	9.27	21.00	59.33	33.58	25.75	99.4	65.5	59.12
20—前重　20—HAE	9.14	20.33	68.23	36.41	31.82	91.4	56.5	53.67

（续表）

处理 Treatment		移栽—达到最后穗数的天数DP	移栽—达到最高苗数的天数DM	最高苗数（万/亩）Maximum seedling（10^4/mu）	有效数（万/亩）Valid panicles（10^4/mu）	无效分蘖（万/亩）Unproductive tillers（10^4/mu）	每穗分化颖花数 Initiating spikelets per panicle X_1	每穗发育颖花数 Developing spikelets per panicle X_2	每穗总粒数 Total spikelets per panicle X_3
$r_i \cdot X_1$	0.960 4**	0.914 3*	−0.974 5**	−0.869 7*	−0.959 4**	*n*=6			
$r_i \cdot X_2$	0.946 6**	0.927 8**	−0.974 8**	−0.923 6**	−0.925 7**	*n*=6			
$r_i \cdot X_3$	0.861 4**	0.843 0**	−0.862 6**	−0.977 5**	−0.719 5**	*n*=18			

注：DP—Days of planting to final panicle；DM—Days of planting to maximum seedling

2.2.4 源库特性

据表3和表6分析表明，增加库容量可以提高后期的干物质生产和经济系数，而增加最大叶面积系数则对后期的干物质生产和经济系数都不利。若以粒/叶比或粒重/叶比来反映源库特性，则产量（y）与粒/叶比（X_1）或粒重/叶比（X_2）的回归方程为：y=90.97+415.23X_1（r=0.973 9**）或y=133.12+20.16X_2（r=0.991 6**），即粒/叶比增加0.1粒/cm²或粒重/叶比增加1mg/cm²可使产量提高41.5kg/亩或20kg/亩。

表6 源库关系与产量形成（1988，*n*=6）

Table 6 Relationship of resourse-sink and yield formations（1988，*n*=6）

处理 Treatment	叶面积系数 LAI_{max}	每亩总颖花数（万/亩）Total spikelets per mu（10^4/mu）	每亩总颖花容量（kg/亩）Total spikelet bulk per mu（kg/mu）	粒/叶（粒/cm²）Spikelet/leaf（spikelet/cm²）	粒重/叶（mg/cm²）Grain weight/leaf（mg/cm²）
5—分施 5—SA	6.32	2 086	333.26	0.459	7.98
5—前重 5—HAE	6.77	2 056	329.58	0.455	7.30
10—分施 10—SA	6.96	2 010	319.79	0.433	6.89
10—前重 10—HAE	7.36	1 941	307.07	0.396	6.26
20—分施 20—SA	7.82	1 985	305.09	0.381	5.85
20—前重 20—HAE	9.39	1 954	302.48	0.312	4.83
$r_i \cdot y$	−0.968 4**	0.880 5*	0.934 5**	0.973 9**	0.991 6**
$r_i \cdot k$	−0.759 1	0.986 0**	0.964 8**	0.845 4**	0.872 3**
$r_i \cdot w$	−0.889 6*	0.860 9*	0.964 8**	0.932 2**	0.960 6**

注：y-yield；k-harvest index；w-matter production

2.3 高产的调控指标

2.3.1 播种量和茎蘖动态指标

根据前人的研究[4]和1987年的辅助试验结果，在二晚栽培下播种量以20～25kg/亩，秧龄20～25d，7叶期移栽为宜，则高产的茎蘖动态指标为，基本苗7.68万/亩，考虑“后发”和“补发”的作用，实际基本苗有5万～6万即可，最高苗数38万～40万/亩，在主茎叶龄13.4时（移栽后28d）达到。每亩穗数27万～29万/亩，在主茎叶龄11时（即主茎叶片数减去伸长节间数的叶龄期，移栽后15d）达到（表7）。

表7　茎蘖动态、干物质生产进群体指数指标（1987—1988）

Table 7　Dynamics of tillers，dry matter production and population index（1987—1988）

变量 Variance		回归方程 Regression equation	适宜值 Optimum	显著性检验 Significant test
y	茎蘖动态（x） Dynamics of tillers			
产量 Yield	穗数/亩 Panicle/mu	y=−280.46+41.79−0.768 5x^2	x=27.2（1988）	F=27.28**
产量 Yield	穗数/亩 Panicle/mu	y=−576.03+66.08x−1.164x^2	x=28.4（1987）	F=9.45**
穗数 Panicles	最高苗数 Maximum seedling	y=16.10+0.302 9x（令y=27.8）	x=38.6	r=0.883**
产量 Yield	达到最高苗数天数 Days of attaining maximum seedlings	y=−403.99+49.43x−0.882 7x^2	x=28	F=22.39**
产量 Yield	基本苗 Planting seedling	x=27.8×（1+1.19）/（1+1.19）[1+（16−7.3−5−1）×0.9+0.64×0.3]	x=7.68	
y	干物质生产进程（x_i） Dry matter production course			
产量 Yield	总干重（x_0） Total dry weight	y=−1 223.47+3.95x_0−0.012 479X_0^2	x_0=798	F=22.59**
穗数 Panicles	分化前（x_1） Before panicle initiation	y=21.00+0.064 71x_1（令y=27.8）	x_1=105	r=0.921 1**
产量 Yield	分化—齐穗（x_2） Panicle initiation to heading	y=109.63+0.547 6x_2（x_0=798时，y=356）	x_2=450	r=0.889 6**
	齐穗后（x_3） After heading	$x_3=x_0-x_1-x_2$	x_3=243	
y	群体指数（x_i） Population index			
最高苗数 Maximum seedlings	分蘖初期（x_1） Early tillering stage	y=34.19+4.324 6x_1（令y=38.6）	x_1=1.02	r=0.996 8**
穗数 Panicles	分化期（x_2） Panicle initiation stage	y=21.92+0.724 4x_2（令y=27.8）	x_2=8.12	r=0.897 1*
产量 Yield	齐穗期（x_3） Heading stage	y=−1 127.54+153.62x_3−4.070 6x_3^2	x_3=18.62	F=0.49

（续表）

变量 Variance		回归方程 Regression equation	适宜值 Optimum	显著性检验 Significant test
y	茎蘖动态（x） Dynamics of tillers			
结实率 Seetting percentage	灌浆期（x_4） Filling stage	y=69.53+2.209x_4（令y=90～95）	x_4=9.3～11.5	r=0.894 9*

注：Population index=*LAI*×percent of nitrogen in function leaf

2.3.2　干物质生产指标

由表7可知，高产的适宜总干物重为800kg/亩左右，总干物重达到这个水平，实际产量可望达到350～360kg/亩，高产还要求各个时期的物质生产量为，分化前100～110kg/亩，分化到齐穗期440～460kg/亩，齐穗后230～250kg/亩。

2.3.3　产量构成因素指标

由表7又可知，虽然1987年和1988年的最高产量差异很大，但两年的适宜有效穗数大致相同，都是在27万～29万/亩时产量最高，在这样的群体下结实率可达90%以上。1988年的结果表明，在千粒重16g左右时，实际亩产要达到300kg，总颖花数需要2 100万～2 200万/亩；亩产达到350kg，千粒重一般在17g以上，以此推算每亩总颖花数需要2 300万～2 400万。故亩产350kg的产量构成为有效穗27万～29万/亩，每穗85粒左右，结实率90%以上，千粒重17g。

2.3.4　叶面积动态指标

图1中4条曲线为每年产量最高的两个处理的叶面积消长曲线，若以它们的平均值作为双竹粘高产的叶面积动态，则各个时期的叶面积系数为：分蘖初期0.5～0.6，分化期2.7～2.8，孕穗期6.0～6.2，齐穗期5.0～5.1，灌浆期3.5～3.6。

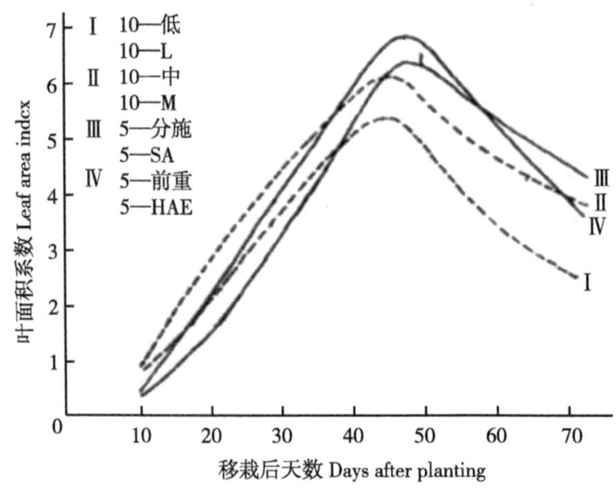

图1　高产群体的LAI动态

Figure 1　LAI dynamic of high yield population

2.3.5　群体指数指标

蒋彭炎等人曾以抽穗期的群体指数作为产量形成期群体调控的途径[5]，本试验求出了双竹粘各个时期的群体指数适宜值，这些求得值与高产实际值十分吻合。在杂优栽培下，孕穗期和齐穗期的群体指数几乎相等。因此，高产的群体指数动态为，分蘖初期1～1.5，分化期7～10，孕穗—齐穗期18～20，灌浆期9～12（表7）。

2.3.6　栽培措施对米质的影响

在本试验中双竹粘的米质性状已发生明显变化，在外观品质方面与原种比较表现为，粒长变短，平均缩短1.25mm；粒宽变小，平均减少了0.27mm；长宽比明显下降，平均下降了0.21；垩白米率大量发生，由原种的0上升到10.5%。在食用品质方面表现为，直链淀粉含量明显降低，平均降低2.58%；糊化温度和胶稠度则变化不大。基本苗和施肥方法对米质有显著影响，从表8可见，当施肥法一致时，随着基本苗的增加，垩白米率增加。当基本苗一致时，垩白米率总是分施法高于前重法，直链淀粉则总是前重法高于分施法。其余米质性状无明显变化规律。方差分析表明，不同基本苗之间，垩白米率有显著差异（F=4.33*），不同施肥法之间，垩白米率也有显著差异；基本苗和施肥法对其余米质性状均无显著影响。

表8　栽培措施对米质的影响（1988）

Table 8　Effect of cultural practices on rice quality（1988）

处理 Treatment		粒长（mm）Grain Length（mm）	粒宽（mm）Grain Width（mm）	长/宽 Length/Width	垩白米率（%）Chalky rice percentage（%）	直链淀粉含量（%）Amylose content（%）	糊化温度（级）Alkali digestibility（grade）	胶稠度（mm）Gel consistency（mm）
5—分施	5—SA	5.51	1.92	2.87	11.0	24.72	6.38	29
5—前重	5—HAE	5.52	1.94	2.84	5.3	24.89	6.42	31
10—分施	10—SA	5.48	1.84	2.98	11.7	24.78	6.39	28
10—前重	10—HAE	5.46	1.88	2.91	10.2	25.31	6.30	29
20—分施	20—SA	5.43	1.93	2.82	13.7	24.80	6.38	30
20—前重	20—HAE	5.42	1.93	2.85	10.0	25.43	6.39	29

3　讨论

3.1　双竹粘的源库类型及高产的主攻方向

双竹粘的每亩总颖花数少，千粒重低，总颖花容量低；茎鞘运转率也低，1988年平均运转率仅为1.1%，甚至出现负值；结实率很高，且与每穗粒数没有负相关（表2）；产量与粒/叶比或粒重/叶比有极显著正相关。综上所述，可初步认为双竹粘是库限制型品种。

因此，要提高产量就需要增加颖花数，扩大库容量。分析表明，每亩总颖花数（y）与每亩穗数（x_1）及每穗粒数（x_2）的关系式为：y=721.64+16.85x_1+11.82x_2（F=19.75**），但x_1项不显著，除去后方程变为：y=1 603.15+6.326 1x_2（r=0.773 3**，n=18），因此，每亩颖花数的提高仅依赖于每穗粒数的增加，这说明高产的主攻方向应主攻大穗。

3.2 大穗形成与施肥技术

双竹粘高产应主攻大穗，因此，施肥技术应以促大穗形成为中心。分析表明，双竹粘的每穗粒数（y）依分化颖花数/穗（x_1）及大保颖率[x_2，x_2=（每穗粒数/每穗分化颖花数）×100%]的回归方程为：y=-67.72+0.595 2x_1+1.140 2x_2（F=665 3**，n=6），标准偏回归系数分别为b_1'=0.703 0，b_2'=0.517 7。因此，增加每穗粒数应以促进颖花分化为主，其次，是降低颖花退化，提高大保颖率。由于抑制分蘖—分化前抽出的叶片生长有利于大穗形成（表4），因此要控制分蘖肥的施用。分析表明，在不发生贴地倒伏的小群体中，结实率一般在90%以上，且与灌浆期功能叶含N量相关不显著（r=0.727 8，$r_{0.5}$=0.950），因此，施用粒肥可能对提高每穗实粒数意义不大。综上所述，可以认为施肥技术为，控制分蘖肥，重施促花肥，补施保花肥，不施或酌情少施粒肥。

3.3 双竹粘的品种特性与杂优栽培法的增产机理

一般认为迟熟矮秆品种采用少苗、大穗栽培，增产幅度大，但双竹粘为早熟二晚（生育期110d左右），茎秆较高（90cm左右），然而在杂优栽培下增产效果很明显。这可能有以下3方面的原因：一是双竹粘分蘖能力强，前期物质生产效率高，成穗率高，在少苗时也易达到足够穗数。二是在杂优栽培下穗大粒重，总颖花容量提高，例如5—分施较对照（CK）的总颖花容量增加19.71%。三是在杂优栽培下抗倒伏能力强，结实率大大提高，例如5—分施不倒伏，而对照（CK）则倒伏面积达80%（贴地倒伏面积达40%）。结果前者的结实率达95.27%，而后者仅75.69%。

参考文献

[1] 戚昌瀚，贺浩华，石庆华，等. 大穗型水稻的物质生产特性与产量能力的研究[J]. 作物学报，1986（2）：121-127.

[2] 蒋彭炎，姚长溪，任正龙，等. 水稻稀播少本插高产技术的研究[J]. 作物学报，1981（4）：241-248.

[3] 凌启鸿，张洪程，程庚令，等. IR_{24}大面积高产栽培技术途径—兼论水稻小群体、壮个体栽培模式[J]. 江苏农业科学，1982（9）：1-10.

[4] 金煜祥. 晚籼优质稻米"江西丝苗"的主要栽培技术[J]. 江西农业科技，1985（6）：6.

[5] 蒋彭炎，冯来定，沈守红，等. 水稻产量形成期的物质生产及其调控途径的研究[J]. 浙江农业科学，1987（3）：105-108.

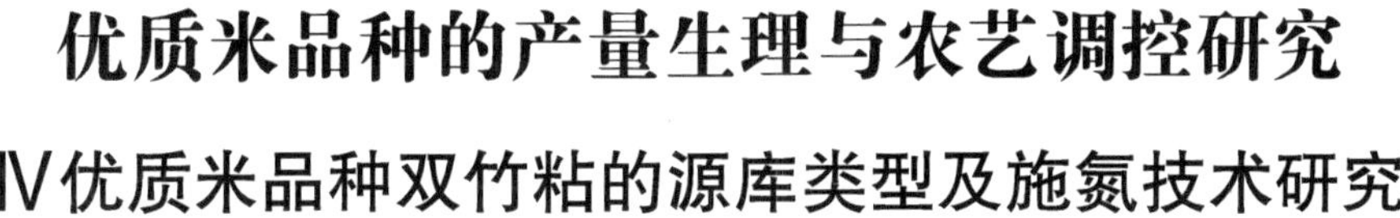

优质米品种的产量生理与农艺调控研究

Ⅳ优质米品种双竹粘的源库类型及施氮技术研究

彭春瑞

（江西省农业科学院作物栽培与耕作所栽培组，南昌 330200）

摘　要：试验表明，双竹粘的库容量小，茎鞘输出率低，增加每亩总颖花数可以提高产量，增加最大叶面积系数会使结实率和产量都降低，因此双竹粘是库限制型品种。采用分施法可以提高产量。高产的施氮技术应减少分蘖肥用氮量，增施促花肥，补施保花肥。

关键词：优质米；源库类型；氮；施肥技术

Studies on Sourse-sink Type and Practice of Nitrogen Application of "Shuang-Zhu-Zhan"

Peng Chunrui

（*Cultivation Group of Grope Cultivation & Tillage Institute*，*Jiangxi Academy of Agricultural Sciences*，*Nanchang 330200*，*China*）

Abstract: Experiments showed，"Shuang-Zhu-Zhan" has smaller sink bulk，lower exportion percentage of stem and sheath; Increase in number of total spikelets per mu would lead to higher yield，increase in maxium leaf area index（LAI）would lead to lower setting percentage and yield，therefore，it is a sink-limited variety. The yield was higher when the nitrogen was applied by stage. The practice of nitrogen application of high yield should decrease amount at nitrogen fertilizer applied at tillering stage and increase amount at initiation stage，and replenish it at booting stage.

Key words: Good quality rice; Source-sink type; Nitrogen; Practice of application

双竹粘，又名江西丝苗，是江西省主要优质出口大米，其分蘖力强，千粒重小，易倒伏。栽培上一直强调要采用"一轰头"施氮法，结果由于群体过大，每穗粒数少，库不足，甚至倒伏而难以高产。本文从其源库特性与产量的关系入手，分析其源库类型，研究施氮法对产量形成的影响，探讨合理的施氮技术。

本文原载：江西农业大学学报（第二届水稻高产理论与实践研讨会论文集），1989，12（专辑）：119-123

本文为戚昌瀚教授指导的硕士论文部分内容

1 材料与方法

供试品种为双竹粘和威优64（对照），于1988年晚季在江西农业大学农学系实验站进行。试验田肥力水平：有机质2.2%，全氮0.13%，速效磷13mg/L，速效钾55mg/L。前作为早籼浙辐802。

基本苗设5万/亩、10万/亩、20万/亩3种；施氮法设前重法（基肥施尿素5kg/亩，移栽后8d施7.5kg/亩作分蘖肥）和分施法（基肥施尿素5kg/亩，分蘖肥不施，倒3叶露尖、剑叶露尖和齐穗期各施尿素2.5kg/亩）。但威优64只有20万/亩基本苗设两种施氮法，其他两种基本苗仅设分施法。6月28日播种，7月20日移栽。移植规格13cm × 20cm，小区面积6.7m^2，重复4次，随机区组排列。各生育时期在第三区组取样测定，剩余3个区组留作测产和考种。用康维皿扩散法定氮。

2 结果与分析

2.1 双竹粘的源库特性及其与产量的关系

2.1.1 与威优64的源库特性及产量差异

实验表明，在同样的栽培条件下，双竹粘的库容量明显低于威优64，平均每亩总颖花容量仅为威优64的48.06%；茎鞘输出率也低，仅为威优64的11.99%；而齐穗期的叶面积系数和结实率则较威优64高（表1），因此，双竹粘的产量低于威优64的原因是其库容量小。

表1 双竹粘和威优64的源库特性及产量比较

项目 品种（组合）	每亩总颖花数（万）	每亩总颖花容量（kg）	齐穗期LAI	茎鞘输出率（%）	结实率（%）	实收产量（kg/亩）
双竹粘	2 009	315.16	6.42	1.77	89.88	267.76
威优64	2 373	655.78	6.64	14.76	76.14	490.01

注：颖花容量=颖花数×粒重

2.1.2 库与产量形成的关系

2.1.2.1 库与后期物质积累量及经济系数关系

根据表2分析，每亩总颖花数和每亩总颖花容量都与后期的物质积累量有明显正相关（r=0.860 9*，0.964 8**），与经济系数也都有极显著正相关（r=0.986 0**，0.964 8**）。这说明双竹粘的库对源有很强的反馈作用，扩大库容量可以增源促流。

2.1.2.2 库与结实率及产量的关系

由表2可知，在不发生严重倒伏的小群体中（5万～10万基本苗），双竹粘的结实率都很高。分析表明，结实率与每亩总颖花数有正相关趋势（r=0.634 0）。因此，产量主要取决于每亩总颖花数。产量（y）依每亩总颖花数（x）的回归方程为：

$y=-438.73+0.350\,9x$，$r=0.880\,5^{*}$即在本试验条件下，每亩总颖花数增加10万，则可提高产量3.5kg/亩。

表2　双竹粘的源库与产量形成

基本苗（万/亩）	施氮法＼项目	最大叶面积系数	每亩总颖花数（万）	每亩总颖花容量（kg）	齐穗后物质积累量（kg/亩）	经济系数	结实率（%）	产量（kg/亩）
5	分施法	6.32	2 086	333.26	216.1	0.407	95.27	291.2
	前重法	6.77	2 056	329.58	209.2	0.391	93.96	283.6
10	分施法	6.96	2 010	319.79	168.6	0.361	95.35	272.5
	前重法	7.36	1 941	307/07	163.8	0.341	92.12	256.5
20	分施法	7.82	1 985	305.09	120.2	0.360	88.23	254.7
	前重法	9.39	1 954	302.48	109.1	0.339	80.60	228.7

注：$经济系数=\dfrac{每亩实收产量\times（1-14\%稻谷含水量）}{每亩总干物重}$

2.1.3　源与产量形成的关系

2.1.3.1　叶面积对后期物质积累的影响

分析表明，最大叶面积系数和齐穗期的叶面积系数，都与齐穗后的干物质积累量呈显著负相关（$r=-0.889\,6^{*}$，$-0.849\,3^{*}$）。因此，增加最大叶面积系数，不但不能增加后期的物质积累量，反而由于叶片互相遮蔽，呼吸消耗多，甚至倒伏而导致后期物质积累量降低。

2.1.3.2　叶面积对结实率及产量的影响

根据表2分析，双竹粘的最大叶面积系数与结实率及产量都有极显著负相关（$r=-0.977\,2^{**}$，$-0.968\,4^{**}$），这与叶面积系数过大会导致后期物质积累量下降是一致的。结实率（y_1）和产量（y_2）依最大叶面积系数（x）的回归方程分别为：$y_1=129.52-5.193\,3x$，$r=-0.977\,2^{**}$，$y_2=419.97-20.511\,6x$，$r=-0.968\,4^{**}$，即最大叶面积系数增加1，结实率减少5.2%，产量降低20.51kg/亩。

由此可见，增加每亩总颖花数不会引起结实率的降低，可以提高产量；扩大最大叶面积系数不仅不能提高结实率，反而使结实率下降，产量降低。

2.2　施氮法对产量形成的影响

2.2.1　对叶片厚度及功能叶含N量的影响

从表3可见，分施法各个时期的叶片厚度都较前重法大，特别是进入分化期以后。因此，分施法的中后期光合效率高，有利于扩大库容量和提高结实率。分析表明，分化期和孕穗期的叶片厚度与每亩总颖花数有显著正相关（$r=0.824\,5^{*}$，$0.874\,9^{*}$），齐穗期的叶片厚度与结实率有显著正相关（$r=0.907\,7^{*}$）。

功能叶含N量是反映叶片光合效率高低的一个重要指标。采用分施法的功能叶含N量在分化前低于前重法，分化期以后由于施用穗粒肥，功能叶含N量迅速提高，孕穗期以后一直高于前重法，这对颖花的分化发育和籽粒的灌浆结实十分有利。分析表明，孕穗期的功能叶含N量与每亩总颖花数有显著正相关。每亩总颖花数（y）依孕穗期功能叶含N量（x）的回归方程为：y=928.30+365.713 4x，r=0.872 8*，即孕穗期的功能叶含N量增加0.1%，则每亩总颖花数可增加36.6万。灌浆期的功能叶含N量与结实率有极显著正相关（r=0.975 6**）。

表3　施氮法对叶片厚度及功能叶含N量的影响

基本苗（万/亩）	施氮法 \ 时期 \ 项目	叶片厚度（mg/cm^2）					功能叶含N量（%）				
		分蘖初期	分化期	孕穗期	齐穗期	灌浆期	分蘖初期	分化期	孕穗期	齐穗期	灌浆期
5	分施法	3.27	3.65	3.61	3.65	3.63	4.58	3.62	3.16	3.67	3.11
	前重法	3.15	3.43	3.32	3.55	3.44	5.44	4.01	3.01	3.14	2.94
10	分施法	3.11	3.30	3.13	3.59	3.29	4.55	3.68	2.91	3.41	2.96
	前重法	3.05	3.28	3.15	3.45	3.31	5.05	3.78	2.89	2.96	2.89
20	分施法	2.73	3.30	3.13	3.54	3.34	4.28	3.21	2.95	3.37	2.72
	前重法	2.68	3.23	2.99	3.20	3.18	4.87	3.28	2.75	2.86	2.44

注：功能叶齐穗前为心叶下一叶，齐穗后为剑叶

2.2.2　对叶面积消长速率的影响

由表4可知，分施法由于减少了前期的施氮量，增加了中后期的施氮量，因而分化前的叶面积上升速率低，平均较前重法低33.07m^2/（亩·d）；分化—孕穗期的叶面积上升速率高，平均高12.6m^2/（亩·d）；后期的叶面积下降速率低，特别是齐穗后，平均较前重法低40.6m^2/（亩·d）。分析表明：每亩总颖花数与分蘖初—分化期的叶面积上升速率有显著负相关（r=−0.819 4*），与分化—孕穗期的叶面积上升有极显著正相关（r=0.934 0**），与孕穗—齐穗期的叶面积下降速率没有显著相关（r=−0.382 0），结实率与齐穗—灌浆期的叶面积下降速率有显著负相关（r=−0.910 9*）。即采用分施法可促进顶部叶片的生长，延长其功能期，增加每亩总颖花数和提高结实率。

2.2.3　对氮的吸收及分配的影响

据分析，双竹粘的每亩总颖花数的增加仅依赖于每穗粒数的增加[1]。试验表明，双竹粘的每穗粒数（y）与分化—齐穗期的单茎吸氮量（x）有显著正相关，其回归方程为：y=39.49+1.964 1x，r=0.885 1*，即分化—齐穗期的单茎吸氮量增加1mg，则每穗可增加2粒。从表5可见，分施法由于追施促花肥和保花肥，提高了分化—齐穗期的单茎吸氮量，

平均较前重法高4.51mg/茎。因此，增加了每穗粒数。分施法的氮在穗部的分配比例也较前重法高，平均高3.36%（绝对值），这与结实率和产量高的结果是一致的（r=0.938 9**，0.963 6**）。

表4　施氮法对叶面积消长速率的影响

基本苗（万/亩）	施氮法	上升速率［m²/（亩·d）］分蘖初期—分化期	上升速率［m²/（亩·d）］分化—孕穗期	下降速率［m²/（亩·d）］孕穗—齐穗期	下降速率［m²/（亩·d）］齐穗—灌浆期
5	分施法	51.7	117.5	44.0	68.9
	前重法	72.9	107	85.0	83.6
10	分施法	76.2	101.4	46.7	108.0
	前重法	98.6	89.4	51.3	154.2
20	分施法	85.8	96.1	106.0	152.4
	前重法	141.2	80.8	122.0	213.3

表5　施氮法对但吸收及分配的影响

基本苗（万/亩）	施氮法	分化—齐穗期单茎吸氮量（mg）	氮在穗部的比例（%）
5	分施法	19.16	57.03
	前重法	13.79	52.98
10	分施法	14.80	52.04
	前重法	9.02	50.42
20	分施法	10.04	46.32
	前重法	7.65	41.89

3　讨论

3.1　双竹粘的源库类型

研究表明，双竹粘的库容量小，每亩总颖花数与产量有正相关，与结实率也有正相关趋势，库对源有很强的反馈作用；茎鞘输出率低，甚至出现负值，例如，亩插5万苗的两个处理的茎鞘输出率分别为-11.2%和-4.1%，即后期的光合产物除满足籽粒灌浆还有富余；在不发生严重倒伏的情况下，结实率都很高（表2）；最大叶面积系数与后期的物质积累量及结实率有明显负相关。根据曹显祖、朱庆森提出的划分水稻源库类型的标准[2]，可以判断双竹粘为库限制型品种。

3.2 双竹粘的施氮技术

许多研究认为水稻高产的施氮重心应从前期移到中后期[3]，双竹粘是库限制型品种，高产的施氮技术应促进每亩总颖花数的增加。分析表明，分蘖初—分化期的叶面积上升速率高，易造成群体过大，使每亩总颖花数降低。因此，在肥力较高、基肥充足的田块，一般不宜在分蘖期过多施氮。增加中后期施氮量可以提高叶片厚度，功能叶含N量，中期的单茎吸氮量，促进顶部3叶的生长，有利于扩大库容量。但每亩总颖花数与分化—孕穗期的叶面积上升速率有极显著正相关，与孕穗—齐穗期的叶面积下降速率负相关，但不显著。因此，氮肥的施用应以促花肥为主，保花肥为辅。前人对其他库限制型品种的研究也得到类似的结论[4]。齐穗期施用氮肥对提高结实率是有利的，但双竹粘的结实率很高，因此，从经济用肥角度来看，在施用了促花肥和保花肥的基础上，可不施用粒肥。

参考文献

[1] 彭春瑞，戚昌瀚. 优质米品种双竹粘的产量生理及其调控指标的研究[J]. 江西农业学报，1989，1（2）：8-17.

[2] 曹显祖，朱庆森. 水稻品种的源库特性及其类型划分的研究[J]. 作物学报，1987，13（4）：265-272.

[3] 桥川潮. 水稻高产新方向，基肥无氮水稻栽培[J]. 国外农学—水稻，1982（2）：45-48.

[4] 单春生，朱福文. 水稻不同源库类型品种的栽培对策[J]. 江苏农业科学，1987（7）：8-10.

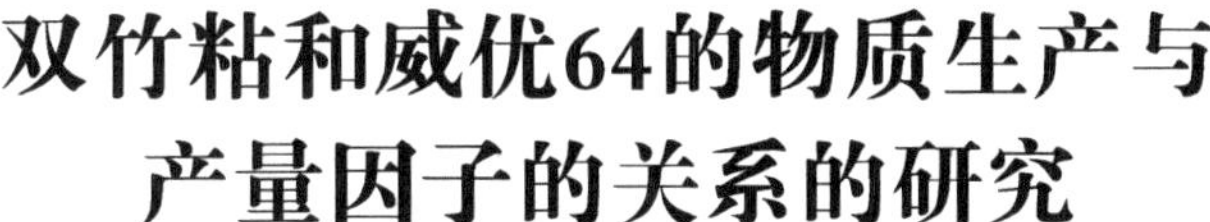

双竹粘和威优64的物质生产与产量因子的关系的研究

彭春瑞

（江西农业大学农学系，南昌 330045）

摘　要：本文研究了优质稻双竹粘和杂交稻威优64的物质生产与产量因子的关系，得到如下主要结果：①每亩穗数与分化前的物质生产量密切相关，每穗粒数与分化—齐穗期的物质生产量密切相关。②结实率与每颖花的灌浆量呈正相关，但是双竹粘的结实率可能主要取决于每颖花齐穗后生产的灌浆量，威优64则可能主要取决于每颖花齐穗前运转的灌浆量。③双竹粘的千粒重主要取决于颖花的容量，而威优64主要取决于灌浆程度。

关键词：优质稻；杂交稻；物质生产；产量因子；相关

The Relationship Between Dry Matter Production and Yield Factors of Rice "Shuang-zhu-zhan" and "Wei-you-64"

Peng Chunrui

（*Department of Agronomy*，*Jiangxi Agricultural University*，*Nanchang 330045*，*China*）

Abstract：The relationship between dry matter production and yield factors of good quality rice "Shuang-Zhu-Zhan" and hybird rice "Wei-You-64" was studied，the results obtained were as follows：①The number of panicles per mu has close correlation with the amount of dry matter production before panicle initiation，the number of spikelets per panicle has close correlation with the amount from panicle initiation to heading. ②There was positive correlation between the setting percentage and the amount of filling materials per spikelet，but the setting percentage of "Shuang-Zhu-Zhan" may depend mainly on the amount of filling materials produced per spikelet after heading，of "Wei-You-64" may mainly on the amount of filling materials translocated per spikelet before heading. ③The 1 000-grains-weight of "Shuang-Zhu-Zhan" mainly depends on the the bulk of spikelet，but of "Wei-You-64" mainly on the filling level.

Key words：Good quality rice；Hybrid rice；Dry matter production；Yield factors；Correlation

本文原载：江西农业大学学报（大穗型水稻品种产量生理与调控对策研究论文集）. 1993，15（专辑）：14-19

本文为戚昌瀚教授指导的硕士论文部分内容

水稻的产量形成过程可以从两个方面来分析：一方面，是从物质生产及其运转来分析。另一方面，是从各个生产量构成因子的形成来分析。从这两个方面来分析产量的形成已有很多报道[1, 2]。然而，在水稻的生育过程中，物质生产及其运转与产量因子的形成并非相互独立的，而是相互依赖、相互联系的。为此，本文将根据1987—1988年两年对双竹粘和威优64的试验资料，分析其物质生产特性与产量因子形成的关系，为其高产群体的调控提供依据。

1　材料与方法

1.1　供试品种

双竹粘和威优64。

1.2　试验设计和实施

试验于1987—1988年晚季在江西农业大学实验站进行。试验田肥力水平：有机质2.2%，全氮0.13%，速效磷13mg/L，速效钾55mg/L。基本苗（包括3叶以上大蘖）1987年双竹粘设10万/亩，16万/亩两个水平，威优64设6万/亩，10万/亩两个水平，1988年两个品种（组合）都设5万/亩，10万/亩，20万/亩3个水平。施肥水平1987年设高、中、低3个水平（尿素用量分别为18kg/亩、12kg/亩、6kg/亩）；1988年尿素用量为12.5kg/亩，设分施法（基肥施尿素5kg/亩，促花肥、保花肥和粒肥各施2.5kg/亩）和前重法（基肥施尿素5kg/亩，分蘖肥施7.5kg/亩）两种施肥法，但威优64仅20万/亩基本苗设两种施肥法，其他两种基本苗仅设分施法。

1987年7月2日播种，7月24日移栽，小区面积8.3m^2，重复3次，1988年6月28日播种，7月20日移栽，小区面积6.7m^2，重复4次，随机区组排列。各生育时期在第三区组取样测定干物重（分茎、叶、穗）；成熟期取样考种并收割测产。

2　结果与分析

2.1　物质生产特性与产量因子形成的关系

2.1.1　物质生产与有效穗的关系

水稻的有效穗数到齐穗期就基本上确定了，因而只有齐穗前的物质生产量才可能与有效穗数有关。根据表1资料分析，双竹粘和威优64分化前的物质生产量与有效穗数密切相关，而分化—齐穗期的物质生产量与有效穗数没有明显关系（r=−0.116 2，−0.374 9）。双竹粘和威优64的每亩穗数（y）依分化前的物质生产量（x）的回归方程分别为：

双竹粘　$y=21.00+0.064\ 71x$，$r=0.921\ 1^{**}$（$n=12$）

威优64　$y=17.78+0.775\ 6x$，$r=0.952\ 9^{**}$（$n=10$）

可见，分化前的物质生产量增加10kg/亩，则双竹粘和威优64的每亩穗数可分别增加0.65万和0.75万。这说明两个品种（组合）的每亩穗数都明显受分化前的物质生产量的影响。

表1　物质生产与产量因子及产量

品种（组合）	处理号	物质生产量（kg/亩）				产量性状				
		分化期	分化—齐穗期	齐穗后	运转量	每亩穗数（万）	每穗粒数	结实率（%）	千粒重（g）	产量（kg/亩）
双竹粘	1	167.6	432.8	132.3	153.2	32.00	85.73	86.23	17.31	334.0
	2	202.3	441.5	112.3	120.4	33.93	92.19	82.90	16.53	340.4
	3	210.2	360.0	68.4	170.8	35.53	67.83	88.37	17.00	299.5
	4	142.1	377.2	201.5	95.6	28.33	88.43	95.14	18.03	353.5
	5	146.4	420.8	187.6	66.6	30.20	95.17	92.81	17.65	367.1
	6	156.6	427.4	208.0	38.5	32.00	86.56	89.41	17.13	336.1
	7	98.7	299.8	216.0	−4.10	26.88	77.59	95.27	16.12	291.2
	8	123.9	291.3	209.2	1.26	27.91	73.68	93.96	16.03	238.6
	9	152.9	326.8	168.6	37.24	32.60	61.67	95.35	15.91	272.5
	10	167.6	327.3	153.8	36.89	33.78	57.46	92.12	15.82	256.5
	11	200.0	288.9	120.2	30.87	33.58	59.12	88.23	15.37	254.7
	12	259.2	211.6	109.0	33.11	36.49	53.67	80.60	15.48	228.7
威优64	1	67.4	406.2	252.6	141.4	22.20	84.22	86.97	30.53	514.7
	2	74.8	458.0	286.6	154.0	24.06	97.45	86.02	29.49	549.7
	3	86.0	474.0	283.4	187.0	26.00	98.23	86.69	29.96	564.3
	4	66.2	328.8	312.8	84.0	21.40	87.10	85.33	30.24	463.3
	5	69.0	447.0	283.6	152.8	21.90	91.70	86.33	29.67	538.0
	6	69.4	483.6	272.0	161.4	24.20	91.92	83.56	29.68	544.7
	7	79.7	356.9	418.3	12.25	25.50	85.00	82.48	27.34	488.7
	8	135.6	415.6	366.2	67.29	30.25	81.05	74.97	27.59	506.9
	9	190.0	360.3	369.8	66.71	32.63	77.98	77.06	27.85	543.7
	10	205.2	340.9	305.5	73.71	32.50	71.62	70.04	27.73	425.3

2.1.2　物质生产与每穗粒数的关系

水稻的每穗粒数是从幼穗分化到齐穗前形成的。分析表明，两个品种（组合）分化—齐穗期的物质生产量都与其每穗粒数密切相关。双竹粘和威优64的每穗粒数（y）依分化—齐穗期的物质生产量（x）的回归方程分别为：

双竹粘　y=15.54+0.169 5x，r=0.828 3**（n=12）

威优64　y=41.04+0.112 0x，r=0.762 3**（n=10）

可见，分化—齐穗期的物质生产量增加10kg/亩，双竹粘和威优64的每穗可分别增加1.7粒和1.1粒。

分析还发现，双竹粘和威优64的每穗粒数与分化前的物质生产量有负相关趋势（r=-0.419 3，-0.790 1*）。这可能是由于分化前物质生产量过多，会使茎蘖数过多，群体过大，影响颖花的分化和发育，降低每穗粒数。

2.1.3 物质生产及其运转与结实率的关系

水稻结实率的高低，主要依赖于每颖花的灌浆物质量的多少。分析表明，双竹粘和威优64的结实率（y）与每颖花的灌浆物质量（x）密切相关。其回归方程分别为：

双竹粘 y=65.63+2.597 3x，r=0.736 5**（n=12）

威优64 y=32.74+2.565 8x，r=0.801 6**（n=10）

可见，灌浆量增加1mg/颖花，双竹粘和威优64的结实率可分别提高2.60%和2.57%。

进一步分析发现，双竹粘的结实率主要与齐穗后生产的灌浆物质量/颖花密切相关（r=0.755 7**），而与齐穗前茎、鞘、叶运转的灌浆量/颖花没有明显关系；威优64的结实率与齐穗后生产的灌浆量/颖花没有明显关系，而与齐穗前运转的灌浆量/颖花关系密切（r=0.652 7**）。这说明双竹粘的结实率可能主要受齐穗后的物质生产量的影响，而威优64可能主要受齐穗前贮存物质的运转量的影响。

双竹粘和威优64结实率都明显受到分化前的物质生产的影响。两者的结实率都与分化前的物质生产量明显负相关（图1）。这可能是分化前的物质生产量多，会造成中、后期群体条件恶化，单茎干重小，齐穗前可供运转的物质量少，齐穗后的物质生产受到影响，灌浆物质不足。分析表明，双竹粘和威优64分化前的物质生产量与每颖花的灌浆量有明显负相关（r=-0.667 2*，-0.855 6**）。

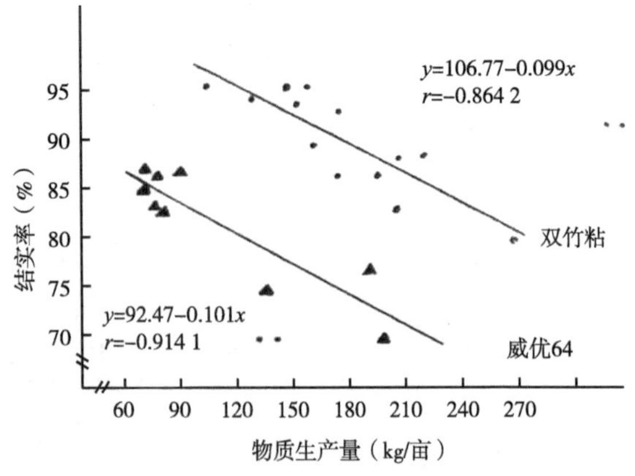

图1 分化前的物质生产量与结实率的关系

2.1.4 物质生产与千粒重的关系

水稻的千粒重取决于两个因素：一个是颖花的容量（谷壳大小），另一个是籽粒的灌浆程度。分析表明，双竹粘的千粒重与分化—齐穗期的物质生产量密切相关（图2），而与每颖花的灌浆量关系不大，这就暗示双竹粘的千粒重主要取决于颖花的容量。因为分化—齐穗期正值颖花分化发育期，物质生产量多可促进颖花的分化和发育，扩大颖花的容量。而威优64的千粒重则主要与每颖花的灌浆量密切相关（r=0.632 3*），与分化—齐穗期的物质生产量没有显著相关，这说明威优64的千粒重主要取决于籽粒的灌浆程度。

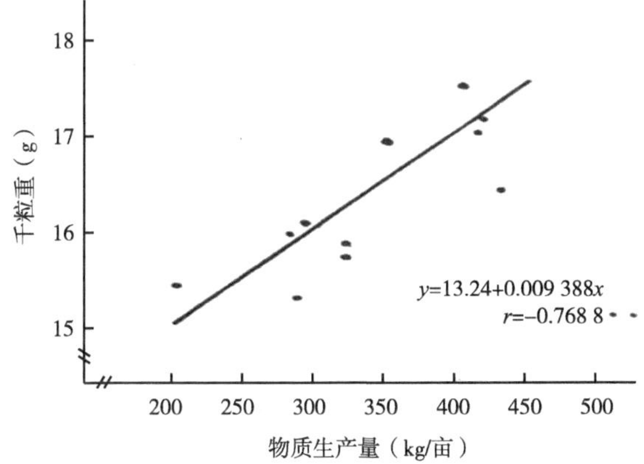

图2　双竹粘分化—齐穗期的物质生产与千粒重的关系

2.2　物质生产量和产量因子与产量的关系

分析表明，两个品种（组合）分化前的物质生产量有负相关趋势，分化—齐穗期的物质生产量与产量有极显著正相关；威优64的运转量也与产量有显著相关。两个品种（组合）的每亩穗数与产量有负相关趋势，每穗粒数与产量有明显正相关，双竹粘的千粒重与产量也有极显著正相关，威优64的结实率与产量也有较大的相关系数（表2）。这说明在本试验条件下两个品种（组合）高产应稳定穗数，主攻大穗。

表2　物质生产量及产量因子与产量的相关系数

品种（组合）	物质生产量				产量因子			
	分化前	分化—齐穗期	齐穗后	运转量	每亩穗数	每穗粒数	结实率	千粒重
双竹粘	−0.384 7	0.889 6**	0.303 4	0.481 3	−0.410 9	0.965 6**	0.174 5	0.914 8**
威优64	−0.379 4	0.798 4**	−0.246 1	0.633 6*	−0.230 7	0.712 7*	0.565 6	0.352 7

从表2可知，产量因子与产量的关系和物质生产与产量的关系是一致的。双竹粘的每穗粒数和千粒重与产量有极显著正相关，这和分化—齐穗期的物质生产与产量有极显著正相关是一致的。威优64的每穗粒数与产量有显著正相关，这也和其分化—齐穗期的物质生产量与产量有显著正相关是吻合的；结实率与产量有较大的相关，这和其运转量与产量有显著正相关是对应的。两个品种（组合）的每亩穗数与产量有一定负相关，这和分化前的物质生产量与产量有负相关趋势是一致的。这种对应关系进一步说明物质生产与产量因子是紧密联系的。

3 讨论

本研究表明，双竹粘和威优64分化前的物质生产量都与其每亩穗数密切相关，而分化—齐穗期的物质生产量都与其每穗粒数密切相关。这与穗数和粒数的形成在时间上是统一的。因此，在栽培上应根据高产的要求适时进行调控。

本试验表明，两个品种（组合）的物质生产与灌浆结实的关系有所差异。双竹粘的结实率可主要依赖于每颖花齐穗后生产的灌浆量，而威优64则可能主要依赖于每颖花齐穗前运转的灌浆量。双竹粘的千粒重主要取决于颖花的容量，而威优64则主要取决于籽粒的灌浆程度。这可能是由于双竹粘和威优64的库容量不同所致。双竹粘是库限制型品种[3]，其库容量小，相对灌浆量充足，籽粒灌浆充分，运转物质量少，但结实率高，且粒重主要取决于颖花的容量。而威优64则相对库容量较大，灌浆量不足，需要齐穗前有较高的运转量才能保持较高的结实率，因而粒重主要取决于籽粒的灌浆程度。这是否是不同库源类型的品种（组合）存在的普遍规律，还有待于进一步研究。

本文分析表明，双竹粘和威优64的物质生产和产量因子是密切联系的。在栽培上可以利用这种关系来合理调控其高产群体。可以根据两品种（组合）高产的产量结构指标，采用合理的促控技术，使其物质生产进程按高产的要求发展，也可以根据它们的物质生产进程，预测产量结构。但在实际应用时必须注意，两品种（组合）分化前的物质生产除可提高每亩穗数外，对其他3个产量因子都有作用。因此，高产栽培应防止分化前物质生产量过多。蒋彭炎等提出高产应稳定穗数，主攻大穗[4]，本文从物质生产和产量因子的关系方面的分析结果也支持这一观点。

参考文献

[1] 戚昌瀚，贺浩华，石庆华，等. 大穗型水稻的物质生产特性与产量能力的研究[J]. 作物学报，1986，12（2）：121-127.

[2] 郭进耀，潘晓华，万庆华，等. 杂交早稻四个组合产量、产量构成因素分析与生产对策[J]. 江西农业大学学报，1989，1（1）：77-80.

[3] 彭春瑞，戚昌瀚. 优质米品种双竹粘的产量生理及其控指标的研究[J]. 江西农业大学学报，1989，1（2）：8-17.

[4] 蒋彭炎，姚长溪，任正龙. 水稻稀播少本插高产技术的研究[J]. 作物学报，1981，7（4）：241-248.

“江西丝苗”的栽培特性及增产技术

彭春瑞

（江西省农业科学院耕作栽培研究所，南昌 330200）

江西丝苗，又名双竹粘，是江西省的主要优质出口大米，在我国港澳地区及广东沿海市场深受欢迎。在江西省有20多年的种植历史，种植面积曾突破100万亩，年出口量达5万～10万t。但由于栽培技术落后，产量不高，影响农民积极性。当前，稻米品质日益受到人们重视，为了挖掘该品种的产量潜能，增强出口创汇能力，笔者将根据多年的试验和调查，将其栽培特性、主攻目标及增产的关键技术措施总结如下，供生产上参考。

1　栽培特性

1.1　生育期短，叶片较多

该品种在江西省作二晚栽培，生育期仅110d左右，品种布局上可与中、迟熟早稻搭配。在稀播条件下，其主茎叶可达16片，较生育期相近的一般品种多2～4片，因而有效分蘖节位多。

1.2　分蘖力强，成穗率高

该品种的分蘖强，接近于杂交稻威优64，而且其成穗率明显高于威优64，基本苗相同时，其最终成穗数较威优64多（表1）。

表1　不同基本苗的成穗率及穗数

品种	基本苗（万/亩）	成穗率（万/亩）	穗数（万/亩）	穗数/基本苗
江西丝苗	5.5	67.74	26.88	4.89
威优64	5.63	54.78	25.50	4.53
江西丝苗	11.2	66.42	32.60	2.91
威优64	11.1	51.38	30.25	2.73

1.3　茎秆细小，易倒伏

该品种的株高较威优64高7～8cm，单茎干重较威优64轻34.25%，单茎干重/株高仅为威优64的60.20%，因此，易发生倒伏，特别是苗数多的田块，倒伏更为严重。

本文原载：江西农业科技，1992（4）：14-15

1.4 结实率高，落粒性强

该品种的结实率很高，在不发生伏地倒伏的田块里，一般都可达90%以上，但其落粒性很强，收获不及时，易大量脱落在田里，造成很大损失。

2 增产的主攻目标

2.1 主攻大穗

通过对44块典型田块的调查结果分析表明，每亩穗数与其余3个产量因子都呈负相关，因而最终与产量也有负相关趋势，其余3个产量因子都与产量呈显著或极显著正相关，尤以每穗粒数的相关系数为大（r=0.742 6**），各产量因子的变异系数与产量的通径系数均是每穗粒数>每亩穗数>结实率>千粒重。由此可见，增产应首先主攻大穗增加每穗粒数。

2.2 防止倒伏

倒伏是造成江西丝苗结实率下降、影响产量的主要原因。分析表明，结实率与伏地倒伏面积的百分比呈极显著负相关（r=−0.920 5**，n=9）。据调查，没有倒伏的结实率达95.27%，而伏地倒伏面积达40%的结实率仅为75.60%，因此，在生产上要建立适宜的群体，培育健壮个体，防止倒伏，特别要防止伏地倒伏和过早倒伏。

表2 各产量因子的变异系数及与产量的相关系数和通径系数（n=44）

项目	每亩穗数	每穗粒数	结实率	千粒重
变异系数	12.15	14.92	7.94	3.52
相关系数	0.121 2	0.742 6**	0.661 8**	0.340 9*
通径系数	0.753 4	0.863 8	0.530 8	0.218 1

3 增产的关键技术

3.1 稀播培育壮秧

稀播培育适龄壮秧是争大穗，防倒伏，夺高产的基础。试验表明，每亩播种量20kg较每亩播80kg的单茎干重增加12.95%，基部节间维管束数多1.75个，每穗粒数增加了7.92%，伏地倒伏面积减少1/3以上，产量增加12.9%。因此，生产上一定要抓好培育适龄壮秧关，播种量应控制在每亩20～25kg，秧龄20～25d。

3.2 减少基本苗

由于该品种的有效分蘖节位多，分蘖力强，成穗率高，比较容易达到足够的穗数。因此应改变过去的多苗多穗栽培方法，适当减少基本苗，充分利用分蘖成穗，提高个体的生产力，达到茎粗粒多，群体适宜、抗倒高产目的。试验表明，每亩插5万苗较每亩插20万苗的单茎干重提高34.32%，每穗粒数增加34.12%，产量提高18.91%，且每亩插5万苗的没

有发生倒伏，而插20万苗的伏地倒伏面积达20%以上。在通常情况下，每亩插2万穴，每穴插3～4苗就可以达到高产所要求的穗数指标。

3.3　增施穗肥

为了使群体适宜，主攻大穗，增加每穗粒数，在施肥技术上应改变传统的前攻中控施肥方法，应控制前期用肥量，增加穗肥的比例。在施足基肥的基础上，可不施或少施分蘖肥，而在幼穗分化初期（抽穗前一个月左右）每亩追施尿素和氯化钾各4～5kg作保花肥，孕穗期（抽穗前15d左右）再酌情每亩追施尿素2～3kg作保花肥。

3.4　及时晒田

到有效分蘖临界期，当总苗数达到每亩25万～26万就应立即晒田，控制无效分蘖，促进壮秆大穗。一般在移栽后15d左右晒田，到幼穗分化期结合追施穗肥再灌浅水“养胎”。收获前15d断水，以防倒伏使稻谷发芽。

3.5　及时收割

该品种的千粒重小，灌浆期短，较杂交稻威优64短7～10d，加上其落粒性强，因此，应及时收割，当稻谷达到九成熟时就应开始收割，以防脱落造成产量损失。

赣晚籼30号的产量结构分析及高产指标

彭春瑞[1] 涂英文[2] 肖叶青[2] 邱兵余[2] 黎似勤[3]

（[1]江西省农业科学院土壤肥料研究所，南昌 330200；[2]江西省农业科学院水稻研究所，南昌 330200；[3]高安师范学校，宜春 330800）

赣晚籼30号（原名晚籼923）是江西省农业科学院水稻研究所培育的一个集优质、高产、抗病于一体的水稻新品种，该品种的米质特优，可与优质泰国米媲美，在市场上十分畅销，农民和政府都乐意种，但若没有掌握其栽培技术，产量也不高，不能发挥其高产潜力。本文旨在分析其产量结构，提出高产的指标，为生产上提供科学指导。

1 资料来源

对产量结构分析的资料来源于3个方面：一是2000年进行的肥料试验考种结果；二是1999年进行的叶面肥试验的考种结果；三是在生产上对不同产量水平田块的调查结果。为确保结果的规律性，在分析时剔除了考种结果与实收产量差异大的田块的数据。生育进程的数据主要来源于平时的记载和对生育特性观察试验的资料。

2 结果与分析

2.1 产量结构分析

从表1可以看出，在高产（产量≥450kg/亩）条件下，该品种的产量因子中以每穗粒数、结实率与产量的相关系数最大，达极显著水平，而有效穗与产量略呈负相关；在低产（<450kg/亩）条件下，其产量因子与产量的相关系数以有效穗数最大，达极显著水平。分析还表明，在高产条件下，有效穗与每穗粒数及结实率都呈负相关趋势（$r=-0.352\ 9$和$r=-0.294\ 5$，$n=7$），而每穗粒数与结实率呈极显著正相关（$r=0.993\ 6^{**}$，$n=7$）；在低产条件下，有效穗与每穗粒数及结实率都呈正相关（$r=0.662\ 4$和$0.701\ 2^{*}$，$n=8$），而每穗粒数与结实率关系不大（$r=0.062\ 6$，$n=8$）。由此可见，在高产条件下，有效穗与其他产量因子的矛盾较大，再高产的主攻目标是在稳定穗数的基础上，促壮秆大穗，提高群体质量，通过增加每穗粒数和结实率来夺高产；而在低产条件下，有效穗与各产量因子无负面作用，反而有促进作用，因此，高产的主攻方向是在培育壮秧的基础上，插足基本苗，促进早发，通过扩大群体数量，促进各因子共同提高来增产。

本文原载：江西农业科技，2001（6）：16-18

表1　不同产量水平下产量因子与产量的相关系数

产量水平（kg/亩）	样本数	有效穗	每穗粒数	结实率	千粒重
≥450	7	−0.105 4	0.940 9**	0.970 0**	0.616 1
<450	8	0.989 1**	0.633 3	0.772 2*	0.751 0*

2.2　高产的主要指标

2.2.1　产量结构指标

用一元二次回归方程对15个样本的产量与有效穗数的关系进行模拟，得到回归方程$y=-5\ 328+537.9x-12.33x^2$，$r^2=0.891\ 2^{**}$，拟合的效果相当好。对方程求导，可求得高产的适宜穗数$x'=537.9/2/12.33=21.81$，即当有效穗数21.81万/亩时，产量最高为539.09kg/亩。这与表2中平均产量为536.07kg/亩的有效穗为21.83万/亩的结论十分吻合。根据表2的分析和生产上的实际，提出了每亩分别为500kg以上，400～500kg和400kg以下3种产量水平条件下的产量结构指标（表3）。

表2　不同产量水平的产量结构

产量水平	项目	样本数（n）	产量（kg/亩）	有效穗数（万/亩）	每穗粒数（粒）	结实率（%）	千粒重（g）
高产	变幅	7	505.0～650.03	19.6～23.0	100.9～123.0	81.3～85.4	27.3～28.0
	平均	7	536.07	21.38	108.5	82.51	27.51
低产	变幅	8	287.96～431.1	17.21～20.27	98.3～106.3	70.7～80.3	26.1～26.5
	平均	8	316.34	17.77	101.9	74.81	26.75

表3　不同产量水平的产量结构指标

产量水平（kg/亩）	有效穗数（万/亩）	每穗粒数（粒）	结实率（%）	千粒重（g）
>500	21.0～22.0	110～115	82～85	27.5～28.5
400～500	19.0～21.0	105～110	78～82	27.0～27.5
<400	17.0～19.0	95～105	74～78	26.5～27.0

2.2.2　移栽叶龄与基本苗指标

据观察，该品种的主茎叶片数为18片左右，伸长节间数为6，因此，其移栽的最大叶龄为11，常规湿润育秧其移栽的最小叶龄为4.5。在生产上一般作二晚栽培，其适宜的移栽叶龄以9叶前为好，基本苗（含2叶1心以上的大分蘖，下同）以10.0万～14.0万/亩为宜；作一晚栽培，其适宜的移栽叶龄以6～7叶为宜；基本苗以6.0万～8.0万/亩为宜。

2.2.3 群体动态指标

根据该品种的生育特性和高产要求，结合叶龄模式原理和生产实际，本研究提出的一晚栽培和二晚栽培的高产群体动态指标（表4）。

表4 高产群体动态指标

季别	移栽期		够苗期		最高苗数期		有效穗数（万/亩）
	叶龄	苗数（万/亩）	叶龄	苗数（万/亩）	叶龄	苗数（万/亩）	
一晚	6 ~ 7	6.0 ~ 8.0	11	21.0 ~ 22.0	14	27.3 ~ 28.7	21.0 ~ 22.0
二晚	<9	10.0 ~ 14.0	12	19.0 ~ 21.0	15	24.7 ~ 27.3	19.0 ~ 21.0

3 小结

3.1 高产的主攻方向

上述对赣晚籼30号的产量结构分析表明，在高产条件下要再夺高产，其主攻方向是在稳定穗数的基础上主攻大穗和结实率，提高群体质量；在低产条件下要夺高产主要是通过增加群体数量，增加有效穗数，促进各产量因子的共同提高来实现。

3.2 高产的指标

本研究提出的以上高产指标可作为生产参考。由于水稻生产的复杂性，其高产也不只一种模式，有些指标也不是一成不变的，因此，在生产上应灵活掌握，但是，如果能努力实现这些指标，是肯定可以实现高产目标的。

优质晚籼923高产栽培技术

彭春瑞[1]　涂英文[2]　李祖章[1]

（[1]江西省农业科学院土壤肥料研究所，南昌 330200；
[2]江西省农业科学院水稻研究所，南昌 330200）

优质晚籼923（原名赣晚籼30号）是江西省农业科学院水稻研究所育成的晚籼优质稻，2000年通过江西省农作物品种审定委员会审定并获第七届中国杨凌农业高新科技成果博览会后稷金像奖，2001年被科技部列为国家科技成果重点推广计划项目，有广阔的开发前景。根据该品种的生育特性，通过试验研究和调查分析，摸索总结出了一套高产栽培技术，现介绍如下。

1　适期播种、培育壮秧、及时栽插

该品种属迟熟晚籼品种，作二晚栽培的生育期134d左右，作一季晚栽培的生育期为140d左右，分蘖力强，感温、钝感光，培育适龄壮秧是高产的基础。据1999年调查，主穗、秧田分蘖穗、大田分蘖穗的每穗粒数分别为118.4粒、112.6粒、80.3粒，结实率分别为88.9%、85.4%和69.8%，秧田分蘖穗仅较主穗晚1～2d抽出，而大田分蘖穗则要较主穗晚5～8d抽出，大田分蘖穗的经济性状明显不如秧田分蘖穗；对用不同带蘖数的秧苗单本插的观察表明，壮秧移栽后，有效穗多，穗子大，结实率高，有明显的增产效果（表1）。培育适龄壮秧的关键是要抓好以下几项措施：一是适期播种。一般在江西省纬度29°N以南的平原和丘陵作二晚栽培，应在6月5—10日播种，秧田播种量为10～15kg/亩，大田用种量1.5～2.0kg/亩，秧龄控制在45d以内，大暑前插完秧，确保在安全齐穗期以前抽穗；作一晚栽培的一般在5月20日左右播种，使其在8月底9月初抽穗，避开8月10日前后的高温。2000年的试验结果表明，4月8日播种、7月27日齐穗的结实率仅57.8%，而5月23日播种、8月26日齐穗的结实率则达84.6%，较4月8日播种的高26.8个百分点，作一晚栽培的秧龄以30d左右为宜。二是2叶1心期应间苗匀苗，保证个体均衡生长。三是应在1叶1心期每亩秧田用15%的多效唑0.2kg加水100kg喷施，以控长促蘖。四是及时追肥。2叶1心期施尿素、氯化钾各3～4kg/亩作断奶肥，移栽前5d用等量的肥料施一次送嫁肥，育秧期间缺肥的还应酌情施接力肥。五是加强病虫害防治。重点是防治稻蓟马和叶蝉，移栽前5d喷1次送嫁药。要求二晚秧苗平均带2～3个大分蘖（2叶1心以上，下同），一晚秧苗平均带1个以上大分蘖；且要求矮壮无病虫为害，整齐少脚秧，叶挺色绿。

本文原载：江西农业科技，2002（1）：5-6

表1　单株分蘖数不同的秧苗的经济性状和产量

秧苗大分蘖数（个/株）	有效穗（根/蔸）	每穗粒数（粒）	结实率（%）	千粒重（%）	产量（g/蔸）	增产率（%）
0	7.93	90.24	79.68	27.45	15.65	—
1	9.56	95.24	82.14	27.68	20.70	32.27
2	11.23	102.64	83.45	27.81	26.75	70.93
3	11.78	105.25	82.64	27.50	28.18	80.06
4	12.11	103.43	81.98	27.60	28.34	81.09

2　合理密植

该品种高产的适宜穗数为22万/亩左右，虽然其分蘖力较强，但主穗及不同节位的分蘖穗差异大，主穗和低节位分蘖穗每穗粒数多，抽穗早，结实率高，对产量的贡献大，因此，插足基本苗是高产的关键措施之一。一般二晚要插足1.8万～2万蔸/亩，每蔸插5～7苗（含大分蘖），插足10万～14万苗/亩；一季晚稻一般秧龄较短，大田有效分蘖期较长，密度可适当稀些，一般插1.6万～1.8万蔸/亩，每蔸插3～4苗，插足6万～8万苗。采用宽行窄株或宽窄行栽培，可采用的栽插规格有16.6cm×20cm、15cm×23.3cm、13.3cm×26.7cm、13.3cm×30cm、16.6cm×（13.3+26.7）cm等。

3　科学施肥

该品种的施肥技术主要抓好以下5点：一是要有机肥与无机肥配合施用。有机肥营养全面，肥效慢而长，而无机肥则肥效快而短，两者配合施用既可满足其对养分的需求，又不致因速效养分过多而使稻株疯长。对长期定位试验田的观察结果表明，在总用肥量相等的情况下，有机肥和无机肥配合施用的产量高于单纯施化肥的（表2），一般有机肥的施用量要占总用肥量的30%以上。二是氮、磷、钾要配合施用，特别要增施钾肥。从表2可见，三要素缺任何一种都会使产量降低，特别是缺钾，其产量比不施肥的都低，一般N：P_2O_5：K_2O以1：（0.3～0.4）：（0.8～1）为宜。三是要适量施肥。若施肥不足，产量上不去，但施肥过量，又容易倒伏，产量也难以提高。一般肥力中上等的田块，每亩大田应在施用猪牛栏粪0.5～0.67t或用0.2～0.25t稻草还田的基础上，施尿素17.33～20kg、钙镁磷肥23.33～30kg、氯化钾12～14.67kg，若没有施有机肥则应施尿素24～26.67kg、钙镁磷肥30～40kg、氯化钾18～20kg。四是适期施肥。有机肥应结合翻耕作深施，磷肥应全部作面肥一次施完。尿素和钾肥应40%～50%作基面肥；25%～35%作分蘖肥，在移栽后5～7d尽早施用；15%～20%作穗肥在晒田复水、倒2叶露尖时施；5%～10%作粒肥在始穗期施。五是对于迟栽田，可在始穗期用“920”0.5～1g/亩加水喷施，以促进抽穗，并可用广增素802、喷施宝或谷粒饱等进行叶面追肥，以促进灌浆，提高结实率和千粒重。

表2　1998年、1999年长期定位试验不同施肥处理的产量比较

处理	CK	PK	NP	NK	NPK	50：50	30：70	70：30
1998年	322	359	305	447	440	482	482	489
1999年	313	340	302	371	348	379	383	369
平均	317	349	304	409	394	430	433	429
增产率（%）	—	+10.09	−4.10	+29.03	+24.29	+35.65	+36.59	+35.33

注：CK为不施肥，PK为不施N肥，NP为不施K肥，NK为不施P肥，NPK为N、P、K肥都施，50：50、30：70、70：30的施肥量均同NPK处理，但仅分别有50%、30%、70%为化肥，其余为有机肥；表中数据单位为kg/亩

4　适时灌溉与晒田

灌溉技术要围绕“前期促早生快发、中期控制无效分蘖促壮秆、后期养根保叶促壮籽”的目标来进行。一般要求带水插秧，插后灌水护苗，有效分蘖期浅水与露田相结合，即每次灌水2～3cm，待其自然落干后，露田1～2d后再灌2～3cm浅水，做到前水不见后水，以促进分蘖生长，当苗数达到计划苗数的80%，即苗数达到16.67万～18万/亩（每蔸苗数达到8～9根）时，就应立即排水晒田，晒至田边开细裂、田中不陷脚时灌1次跑马水，然后又晒，反复晒2～3次，以控制无效分蘖，促进大穗形成，到倒2叶露尖期复2～3cm水养胎，待落干后又灌水，保持田间不缺水直到抽穗前7～10d，然后露田到抽穗期，抽穗期田间保持2～3cm深的水层，乳熟期后干湿交替壮籽，收割前7d断水，切忌断水过早，以免影响粒重和米质。

5　防治病虫害

该品种抗穗颈瘟、白叶枯病和叶瘟。大田主要病虫害有纹枯病、稻飞虱、稻纵卷叶螟、螟虫等，应采取综合防治措施，加强田间管理，改善田间小气候，减少病虫害发生，提高植株抗病虫害的能力。同时，根据预报及时进行化学防治，防治纹枯病可用井冈霉素，防治稻飞虱可用吡虫啉，防治稻纵卷叶螟和螟虫可用杀虫双。为提高稻米的卫生品质，应少用甲胺磷、三唑磷等高残留剧毒农药。

6　及时收割，加强收获后的管理

若收割过早则青粒多、垩白大，降低产量和品质；收割过迟则遇不良天气易霉变，同样影响产量和米质。一般在稻谷黄熟少青粒时收获为宜，收割后要及时晾晒2～3d，使含水量降至13%以下，然后贮藏。贮藏期间要防生虫、霉变，保持品种原有色泽。

优质稻优质丰产协同栽培技术策略

彭春瑞[1] 王书华[2] 涂田华[3] 陈金[1] 邓国强[1] 谢江[1] 陈先茂[1] 邱才飞[1]

（[1]江西省农业科学院土壤肥料与资源环境研究所/农业部长江中下游作物生理生态与耕作重点实验室/国家红壤改良工程技术研究中心，南昌 330200；
[2]江西省吉安县永阳镇农业经济技术综合服务站，吉安 343109；
[3]江西省农业科学院农产品质量安全与标准研究所，南昌 330200）

摘　要：本文针对水稻栽培技术中高产与优质不协同的难题，分析了影响水稻产量和米质形成的因素，在此基础上，提出了优质稻优质丰产协同栽培概念，并分析了优质丰产协同栽培应抓好的3个关键环节，最后提出了优质稻优质丰产协同栽培的技术对策。

关键词：优质稻；优质丰产协同栽培；技术对策

Cooperative Cultivation Technical Strategies of High Quality and High Yield for High Quality Rice

Peng Chunrui[1] Wang Shuhua[2] Tu Tianhua[3] Chen jin[1]
Deng Guoqiang[1] Xie Jiang[1] Chen Xianmao[1] Qiu Caifei[1]

（[1]*Soil and Fertilizer & Resources and Environment Institute，Jiangxi Academy of Agricultural Sciences/Key Laboratory of Crop Ecophysiology and Farming System for the Middle and Lower Reaches of the Yangtze River，Ministry of Agricultural，P.R.china/National engineering and technology Research Center for Red Soil Improvement，Nanchang 330200，China*；[2]*Yongyang Town Agricultural Economic and Technological Comprehensive Service Station of Ji'an County，Jiangxi Province，Ji'an 343109，China*；[3]*Agricultural products Quality Safety and standards Institute，Jiangxi Academy of Agricultural Sciences，Nanchang 330200，China*）

Abstract：Aiming at the problem that high yield and high quality are not in harmony in rice cultivation techniques，this paper analyzes the factors that affect the formation of rice yield and quality，and on this basis，the concept of high quality and high yield Cooperative Cultivation for high quality rice was put forward，three key links of high quality and high yield cooperative cultivation were analyzed，and the technical countermeasures of high quality and high yield cooperative cultivation were put forward.

本文原载：江西农业学报，2020，32（1）：1-6
基金项目：国家“十三五”重点研发计划项目（2018YFD0301103）

Key words: High quality rice; High quality and high yield cooperative cultivation; Technical countermeasures

我国有65%左右人口以稻米为主食，提高水稻的单产水平对保障我国粮食安全有重要意义。由于水稻育种技术和栽培技术的进步，我国在水稻高产超高产育种和栽培方面取得了举世瞩目的成就，水稻单产水平不断提高，为我国稻米的基本自给作出了重要贡献。江西是新中国成立后连续不间断向国家调出稻谷的唯一省份，水稻单产水平由1949年的1 605kg/hm^{2}提高到1978年的3 193kg/hm^{2}和2018年的6 090kg/hm^2。实行家庭联产承包责任制以前稻谷都是供不应求的，实行家庭联产承包责任制后，水稻单产不断提高，在20世纪80年代中期和90年代中期以及当前都先后出现了稻谷相对过剩，导致“谷贱伤农”和“卖粮难”现象。近40年来，江西水稻生产进入了“产量不足—提高单产—出现卖粮难—发展优质稻—产量不足—提高单产”的怪圈，没有很好地协调产量与品质的关系，出现水稻生产的周期性波动，严重影响了种稻效益和农民积极性。水稻栽培专家也往往是将产量与品质单独分开来研究，总是认为高产和优质是一对矛盾。诚然，很多高产品种米质都不是太好，而高档优质米则产量往往不是太高，很多高产措施会导致米质下降。但高产优质并不总是对立的，在保障水稻丰产的条件下改善米质或在保持水稻品种米质潜力条件下提高产量都是可能的。彭春瑞等研究表明，采用“三高一保”栽培不仅明显提高水稻的产量，而且能改善米质[1]，唐永红等也认为水稻产量和米质形成基本是同步进行的，产量和品质并不是一对不可调和的矛盾[2]。因此，通过栽培措施是可能协调优质与丰产矛盾的，水稻优质丰产协同栽培技术就是要采取合理的栽培技术协调丰产优质矛盾，充分挖掘品种的产量与品质潜力，促进产量与米质的协同提升。

1　影响优质稻产量和品质形成的因素

1.1　品种特性

遗传特性是影响水稻产量和品质的主要因素之一，不同的品种产量与品质差异很大，高产和优质一直是水稻育种工作者追求的两大目标。由于优质稻育种技术的发展，现在水稻品种的产量与品质均有大幅度的提升，如江西育成的优质稻品种赣晚籼30号不仅米质优于20世纪70—80年代推广的优质稻品种双竹粘，而且产量也明显高于双竹粘，与江西传统的万年贡米、南城麻姑米等地方品牌优质稻品种比较，其产量和品质更是明显提升。因此，培育出产量和米质潜力均高的品种，是保障水稻优质丰产的基础。

1.2　环境条件

环境条件也是影响水稻产量的重要因素，同一个品种在不同地方种植，水稻产量和稻米品质均有很大差异，这主要是不同地区的气候、土壤等环境条件不同所致。

1.2.1　气候因子

气候因子是影响水稻产量与米质形成的主要环境因素[3, 4]，特别是水稻灌浆结实期的气候因子。影响产量和品质形成的主要气候因子包括温度、光照和降雨。灌浆结实期温度适宜和昼夜温差较高，则不仅有利于提高水稻产量，而且可改善稻米品质，一般灌浆结实期的日平均温度以21～26℃为宜[5]。日平均温度过高则使群体光合效率下降，水稻早衰，灌浆期缩短，造成高温逼熟，不仅影响产量，而且导致稻米的垩白度增大、垩白粒率提高、透明度降低、整精米率下降、碎米增多、蒸煮品质和食用品质变差，直接影响米质，但高温往往会增加籽粒的蛋白质含量；而温度过低，则导致水稻不能安全齐穗或不能正常灌浆充实，影响同化产物的积累和运转，使稻米的"青米率"增加、垩白度增大，整精米率一般也下降，综合米质变劣。如江西双季早稻结实期遇"高温逼熟"和双季晚稻遇"寒露风"均会导致水稻产量和米质的下降。除日平均温度外，昼夜温差也对产量和米质的形成有重要影响，一般温差大，有利于干物质积累和籽粒灌浆，提高产量和改善稻米品质。

光照是仅次于温度对水稻产量和米质均有较大影响的气候因子。水稻生育后期光照不足，光合作用减弱，尤其群体质量差的稻田，碳水化合物合成受阻，易造成籽粒充实不良，产量下降，青米增多，垩白米粒增多，蛋白质含量下降；但是光照太强，又有可能会导致温度相应升高，诱导高温逼熟，同样会导致灌浆充实不良，垩白度增大，垩白米率增加，产量下降。此外，日照时数对米质形成也有一定影响，总的趋势是日照时数增加有利于增加光合时间和干物质积累，促进灌浆，改善米质和提高产量。

降雨也会对产量和米质有很大影响，水稻不同生育时期对水分的需求不同，只有在适宜的含水量条件下才能生长良好，水分过多或过少对水稻生长都不利。灌浆结实期极端降雨或少雨会导致洪涝灾害或干旱，进而影响水稻籽粒灌浆，导致产量和米质下降。在没有形成灾害的降雨条件下，降水会通过影响田间湿度或光照进而影响产量和米质形成，降水量多或降雨时间长，则田间空气湿度大，降低光照强度和光照时数，影响光合作用，增加病害发生，不利于产量和米质提升，而降水量过少，则空气湿度过低，也同样会影响光合作用，也不利于产量和米质形成。

除光、温、降雨等外，影响水稻产量和米质形成的气候因子还有风、空气质量等。如风力过大，则会导致水稻倒伏或叶片破损，影响光合作用和物质生产运转，导致结实不良、产量和米质下降，而没有风则影响田间气体交换，同样不利于光合作用，影响产量和米质；空气中的有害物质多，会对叶片造成伤害，同样也会影响产量和米质。

1.2.2 土壤环境

土壤环境是影响水稻生长发育的重要因子，因而对水稻的产量和米质形成有重要影响。同一品种在同一地区种植，不同田块间产量也有很大差异，这主要就是土壤环境差异引起的。影响水稻产量和米质形成的主要土壤因子包括土壤肥力、土壤结构、土壤pH值、土壤污染物含量等。土壤肥力是最主要的土壤环境因子，由于水稻吸收的养分大部分来自土壤本身，而且土壤肥力越高则地力贡献率越大，因此，土壤养分含量和有机质含量对水稻产量和米质形成有重要作用，一般土壤有机质含量高，养分丰富而且平衡的土壤种植水稻，不仅水稻产量高，而且稻米品质好。土壤结构主要通过影响土壤根系生长而影响水稻产量和米质形成，一般耕层深厚、通气性好、保水保肥的土壤有利于水稻高产和优质，而耕层浅、板结或太糊、跑水跑肥的土壤则不利于水稻高产，也会导致稻米品质下降。水稻适应于中性偏酸的土壤，但pH值过低则影响水稻生长，而且导致土壤重金属活性增加，造成稻谷重金属含量超标，一般当土壤pH值≤5时，水稻产量明显下降，而且稻米中重金属明显增加。土壤污染物含量会对稻米的安全性产生重要影响，导致米质下降，而且当土壤污染物含量超过一定值时会使水稻生长受到抑制，土壤中的抗生素、除草剂、农药等有毒物含量超过一定限值都会影响水稻生长发育，导致水稻减产和米质变劣，土壤中的重金属虽然很多是水稻生长的必需元素，但含量超过一定限度也会影响水稻生长，进而造成减产或绝收，增加稻米重金属含量。一般有机质含量高、肥力水平高、养分平衡、耕层深厚、质地疏松、透水透气性好、微生物活动强、有毒有害物质含量少的潴育性水稻土的稻米品质较耕层浅、有机质含量低、土壤贫瘠、保水保肥能力差的淹育性水稻土好，也较土壤通气不良、养分不平衡的潜育性水稻土好，产量也是如此。

1.2.3　灌溉水和大气

灌溉水和大气对水稻的产量和米质形成也有一定的影响。灌溉水主要通过温度和水质变化对水稻产量和米质形成产生影响，如双季早稻采用地下水或山泉水灌溉，水温过低则会影响水稻生长发育，返青慢、分蘖少，根系生长不良，延迟水稻生育进程，甚至产生低温冷害而导致减产，但早稻和一季晚灌浆期遇高温则灌山泉水有利于水稻降温和灌浆，提高产量和改善米质；灌溉水中适量的养分对水稻生长是有利的，但当灌溉水中养分含量超过一定限度后，特别是用有机污染物和重金属含量超标的污水灌溉，会影响水稻的生长，甚至导致水稻死亡，而且会导致米质下降和重金属、农残等超标。

大气质量对水稻的生长和发育也有一定影响，大气中的粉尘、悬浮颗粒物中的重金属、有机污染物、二氧化硫等污染物沉降到土壤中或叶片上会污染土壤环境或灼伤叶片，并通过水稻吸收运转到籽粒中，影响稻米的安全性，而且当这些污染物超过一定限度后，还会影响水稻的生长发育，导致水稻生长受抑制，使水稻产量和米质下降，严重时会导致水稻绝收。

1.3　栽培措施

水稻的栽培措施也是影响水稻产量和米质形成的主要因素。同一品种在相同的生态条件下种植，产量可以相差10%～20%，有时甚至可高达1倍以上。但栽培措施对产量和米质的影响很复杂的，大多数情况下都存在抛物线关系，即存在一个最适值，而且这个最适值往往又是最高产量和最佳米质之间不同步，而且同一栽培措施对不同品质指标的影响也是不同的。播种期、秧苗素质、种植密度、肥水管理、病虫害防治、收获晒贮等栽培措施对水稻产量和米质形成都有重要影响。播种期主要通过抽穗灌浆期所处的气候因子而影响产量和米质，秧苗素质高一般能促进产量和米质提升，而种植密度与产量、米质一般呈抛物线关系，合理施用有机肥、平衡施肥和合理肥料运筹有利于提高产量和改善米质，水分管理也会影响水稻产量和米质，病虫害会造成水稻产量和米质下降，收获时期会影响稻米品质，而科学晒贮则可防止米质劣化和减少产量损失。

2 优质丰产协同栽培的几个关键环节

水稻栽培措施对产量和米质形成影响的重要性和复杂性，为水稻优质丰产协同栽培提供了调节空间，但也说明了优质丰产栽培的难度。优质丰产协同栽培就是要充分利用对产量与米质形成都有正效应的措施，协调好存在正负面效应矛盾或正负效应不同步的措施，进而实现优质丰产的目的。

2.1 优良品种和环境条件是优质丰产协同栽培的前提

水稻的栽培措施只能是挖掘品种的产量和米质潜力，不能改变品种的遗传特性，而不同水稻品种的产量和米质潜力又存在很大差异。同时，要充分挖掘品种的产量和米质潜力，必须使水稻有一个良好的生长环境，特别是抽穗灌浆期有一个良好的环境条件。因此，优质丰产协同栽培首先必须选用具有优质丰产潜力的品种，并种植在适宜水稻产量和品质潜力发挥的环境条件下，这是优质丰产协同栽培的前提。

2.2 构建后期高光效群体是优质丰产协同栽培的核心

水稻的产量70%以上来自抽穗后的光合产物，抽穗灌浆期是米质和产量形成的关键时期。只有构建后期高光效的群体，才有可能使水稻后期保持较高的群体光合效率，促进灌浆物质向籽粒运转，为籽粒灌浆奠定物质基础，否则，后期干物质生产不足或运转不畅，难以保证籽粒灌浆的物质需求，必定导致灌浆充实不良，产量和米质下降。因此，要加强抽穗前群体演进的调控，把构建后期高光效群体作为优质丰产栽培的核心环节。通过建立合理的群体基数和促进前期早发、中期控制无效分蘖，构建抽穗期个体健壮、群体适宜的高质量群体。

2.3 维持后期较高光合效率与较长灌浆期是优质丰产协同栽培的重要措施

水稻米质的提升，要求籽粒有较长的灌浆期和相对平稳的灌浆速率，灌浆速率峰值大而灌浆期缩短不利于米质的形成，如同一品种作双季早稻种植由于灌浆结实期高温逼熟，导致灌浆期灌浆速率迅速上升到高峰期，而且峰值高，然后迅速下降，灌浆期只有25d左右，而作双季晚稻种植由于灌浆期温度较低，灌浆速率相对平稳，不会出现早稻那样“大起大落”灌浆动态，而且灌浆期延长7～10d，因此，作晚稻种植米质明显好于作早稻种植。因此，优质丰产协同栽培不仅需要提高后期群体光合效率，而且还要保持有较长的灌浆期，这就要求必需防治水稻器官早衰，维持灌浆后期源库流有较高的活性。而构建了后期高光效群体只是维持后期高光效的基础，后期还应采取适当的肥、水调控措施，防止早衰，以使水稻灌浆期有较高的光合效率，并保持较长时期。

3 优质丰产协同栽培技术策略

3.1 科学规划，合理布局

应根据全省各地的生态环境条件，做好优质稻种植规划，确定适宜种植区、次适宜种植区和不适宜种植区，明确优质稻的空间种植布局。应选择在抽穗灌浆期温度适宜、昼夜温差较大、光照充足、太阳辐射量较大、隔离防风条件好、排灌方便、水质清洁、旱涝保收、生态条件好、生物多样性丰富、病虫害发生轻，土壤有机质含量高、养分平衡且丰盈、结构良好、通透性好、保水保肥力强、微生物活性强、无污染，以及空气质量良好的地区种植优质稻。在布局时还应考虑不同种植制度和茬口的需求，以保障不同熟制优质稻抽穗灌浆期处于有利于产量和米质形成的气候条件下。

3.2　选用良种，适期播种

选用具有优质丰产潜力的品种是优质丰产协同栽培的基础。应选择米质优、丰产性好、生育期适宜、适应性广、抗性好，通过审定并在当地试种表现良好的优质稻品种。作为优质大米种植的品种米质应达国标三级以上，作为高档优质大米种植米质应达国标二级以上，作为高档有机大米开发的优质稻品种米质应达国标一级。同时，应根据品种的生育期、当地自然条件和茬口等合理确定优质稻的播种期，以确保优质稻的抽穗灌浆期的气候环境有利于水稻的灌浆充实，避开高温、低温和台风等不良天气。在江西一般双季早稻最好在6月15—20日齐穗，7月15日前成熟，避开7月中下旬的高温天气灌浆，而一季稻应安排在8月底9月初齐穗，避开8月上中旬的高温天气抽穗灌浆，双季晚稻则应在9月15—25日（水稻安全齐穗期）前齐穗，避免受低温冷害而影响灌浆。

3.3　培育壮秧，合理密植

培育壮秧和合理密植是水稻高产栽培的重要措施，而且对米质形成也有重要影响[6，7]。优质稻大多数茎蘖细弱，抗倒伏能力差，丰产栽培一般适宜采用“壮个体、小群体”的栽培途径[8]，因此，培育壮秧和合理密植更为重要。

壮秧有利于前期早发和中期提高成穗率，促进大穗形成，是构建后期高光效群体的基础。因此，培育壮秧是优质稻丰产优质协同栽培的主要措施之一，优质稻栽培要根据种植方式、茬口、育秧方式等，通过适当多稀播、合理施肥、控水促根、化控矮化促蘖等壮秧措施，培育出适龄多蘖壮秧。种植密度过低和过高会导致产量和品质均下降，合理的种植密度不仅有利于高产，而且有利于提高稻米品质。但水稻的高产和优质的最适密度往往不同步，一般最高产量的适宜密度要高于最佳米质的适宜密度[7]，综合优质丰产的需要，应在培育壮秧的基础上适当稀植，一般种植密度应较常规高产栽培降低10%～15%。同时，在密度相同时，尽量采用宽行窄株或宽窄行的种植方式，增强行间通风透光，有利于提高产量和改善米质。

3.4　优化施肥，科学灌溉

施肥是提高产量的主要措施，也对稻米品质有重要影响[9]。长期过多施用化肥会降低稻米品质，也不利于水稻持续丰产，增施有机肥能降低垩白粒率、垩白度和稻米直链淀粉含量，提高胶稠度和食味值。在三要素中，增施氮肥能增加产量和蛋白质含量，但使综合品质变劣；增施磷肥能提高整精米率，但增加垩白度；增施钾肥能提高产量，提高整精米率、胶稠度和消减值。氮、磷、钾肥配施不仅能提高产量，而且能提高稻米的加工品质，降低稻米的直链淀粉含量，增加蛋白质含量。与生育前期追施氮肥相比，抽穗期追施氮肥，稻米的垩白粒率和直链淀粉含量降低，蛋白质含量提高，食味变劣。因此，优质稻优质丰产协同栽培应增施有机肥和生物有机肥，降低化肥的施用比例，采用“控氮、稳磷、增钾、施硅、补微”的平衡施肥技术，在肥料运筹上应降低抽穗后的施氮量，适当增加前期的施氮量。

水分管理也对水稻的产量和米质有重要影响[10]。水分过多或过少都不利于水稻产量提高和米质改善。水分管理应采用前期薄露灌溉促分蘖，中期提早多次轻搁田，控制无效分蘖的发生和第一伸长节间的长度，抽穗后干湿交替灌溉，延长叶片的光合功能，尤其是不能断水过早，以免导致充实不良和整精米率下降。

3.5 防止倒伏，综合防治

水稻后期倒伏会导致水稻结实不良，充实度差，不仅产量下降，而且米质变劣。优质稻抗倒能力大多较差，倒伏风险大，应特别注意防止水稻倒伏。一方面在前期要通过培育壮秧、合理密植、促进早发、控制无效分蘖等措施构建一个抽穗期个体健壮、群体适宜的高质量群体；另一方面要优化肥水管理，增施有机肥、硅肥、钾肥，减少氮肥用量，实行控水灌溉、提早晒田、抽穗后干湿交替的灌溉模式，促进土壤硬实、个体健壮、根系深扎、节间粗短，提高优质稻的抗倒伏能力。

病虫害为害会导致叶片光合能力下降，茎秆倒伏甚至植株死亡，不仅影响产量，而且米质变劣。因此，应采用综合措施控制水稻病虫害发生，充分利用农业措施、物理措施、生物措施控制病虫害，在上述措施达不到控制要求时，可应用以高效、无（低）毒、无（低）残留的无公害化学农药、生物农药等控制病虫害的发生。

3.6 适时收割，合理晒贮

水稻成熟后的收获时期对水稻的产量有一定影响，但对于稻米品质的影响更大。收获过早，青米率高，垩白米率多，精米率下降，米饭的适口性变劣，产量也下降；收获过迟，也会导致垩白增大，精米率降低，会导致糊化增高。当稻谷谷粒含水量在19%~21%，谷粒全部变硬，稻穗轴上干下黄，2/3的秸秆枯黄时，应及时收获。

稻谷收获后的干燥和贮藏方法也会对稻米的品质产生影响[11]。当干燥速度过快时，米粒内外收缩失去平衡，导致米粒表面产生裂纹，影响外观，且蒸煮时易夹生；当干燥温度过高时，稻谷成分会发生变化，米粒中的脂肪酸和直链淀粉含量升高，蒸煮后米饭黏弹性下降，影响食味。稻谷干燥宜采用先低温后高温的变温干燥工艺，有条件的可采用机械干燥，没有条件进行机械干燥的，收获后就及时摊开晾晒，然后用晒垫晒谷并勤翻动，不能在水泥地、沥青路上暴晒。晒至水分在13%以下时，可入库贮藏，稻谷在入库前一定要进行清选除杂，提高稻谷净度以提高其贮藏稳定性，短期贮藏的室内温度保持15℃以下，长期贮藏的，温度保持在5℃以下。

参考文献

[1] Peng Chunrui，Xie Jinshui，Qiu Caifei，et al. Study and Application of “Three High and One Ensuring” Cultivation Mode of Double Cropping Rice[J]. Agricultural Science & Technology，2012，13（7）：1 425-1 430.

[2] 唐永红，张嵩午，高如嵩，等. 水稻结实期米质动态变化研究[J]. 中国水稻科学，1997，11（1）：28-32.

[3] 徐琪，杨林章，董元华，等. 中国稻田生态系统[M]. 北京：中国农业出版社，1996：29-47.
[4] 程方明，刘正辉，张嵩午. 稻米品质形成的气候生态条件评价及我国地域分布规律[J]. 生态学报，2002，22（5）：636-642.
[5] 曹黎明，袁勤，倪林娟，等. 优质稻保优栽培技术的研究进展（综述）[J]. 上海农业学报，2001，17（2）：45-48.
[6] 黄成亮. 施氮量对不同秧苗素质垦粳5号品质的影响[J]. 北方水稻，2018，48（6）：6-10.
[7] 张文香，王成玻，王伯伦，等. 栽培措施对水稻产量和品质的影响[J]. 中国农学通报，2005，21（12）：142-146.
[8] 彭春瑞，戚昌瀚，钟旭华. 优质米品种双竹粘的产量生理及其调控指标的研究[J]. 江西农业学报，1989，1（2）：8-17.
[9] 赵海成，杜春影，魏媛媛，等. 施肥方式和氮肥运筹对寒地水稻产量与品质的影响[J]. 中国土壤与肥料，2019（3）：76-86.
[10] 田华，潘圣刚，段美洋，等. 水分对香稻香气及品质和产量的影响[J]. 灌溉排水学报，2014，33（3）：130-134.
[11] 曹栋栋，吴华平，秦叶波，等. 优质稻生产、加工及贮藏技术研究概述[J]. 浙江农业科学，2019，60（10）：1 716-1 718.

第二篇

亚种间杂交稻结实与源库特性研究

亚种间杂交水稻结实特性研究进展

彭春瑞[1]　宁有明[2]

（[1]江西省农业科学院耕作栽培研究所，南昌 330200；
[2]江西省铅山县农技推广中心，铅山 334500）

摘　要：本文从不同组合、不同部位的结实率差异，空、秕粒形成的生理原因等方面，对亚种间杂交稻的结实特性研究进展，进行了较为全面的综述；并综合提出了提高亚种间组合结实率的技术途径；最后评述亚种间杂交稻结实特性研究所取得的成就和尚待研究的问题。

关键词：亚种间杂交稻；结实率；源库关系；物质运转

Advance in the Study of Bearing Characteristics in Intersubspecific Hybrid Rice

Peng Chunrui[1]　Ning Youming[2]

（[1]*Crop Cultivation and Tillage Institute*，*Jiangxi Academy of Agricultural Sciences*，*Nanchang 330200*，*China*; [2]*Popularization Center for Agricultural Technology of Qianshan County*，*Jiangxi Province*，*Qianshan 334500*，*China*）

Abstract: The advance in research on bearing characteristic in intersubspecific hybrid rice was comprehensively previewed，ranging from difference in the setting percentage of grains in different cross combinations or in different parts of one combination to physiological reasons for empty and imperfect grains. Techniques were put forward to increase setting percentage of intersubspecific hybrid rice. The advance and problems in the study of bearing characteristics were critically reviewed.

Key words: Intersubspecific hybrid rice; Setting percentage; Source-sink relationship; Translocation

三系杂交水稻的培育成功，使我国的水稻单产出现了一个新的飞跃，然而它一直仅限于品种间杂种优势的利用。水稻亚种间杂种蕴藏着旺盛的生物优势，特别是生物产量和大穗优势明显[1-4]，但杂种F_1代存在结实率低、充实度差等缺陷[2, 5]，限制了其杂种优势的利用。我国光敏核不育水稻和日本广亲和基因的发现和研究为亚种间杂交优势的利用提供了契机[6-8]。据此，袁隆平[9]提出了两系法利用亚种间杂种优势的新设想。近年来，我国亚种

本文原载：江西农业学报，1994，6（1）：53-58

间杂种优势的利用取得了较大进展，配制了一批亚种间组合，然而，其中有苗头的组合，虽然杂种一代的育性基本正常，但充实度差，不饱满粒多，结实率也不高，特别是大穗型组合更甚[10]。因此，提高结实率是亚种间杂种优势利用的主要难题之一。本文将对亚种间杂交稻的结实特性的研究进展作一综述。

1　亚种间杂交稻的结实率

1.1　不同组合的结实率

亚种间组合的结实率一般表现为负优势[1，11]，且较籼籼品种间杂交组合低[3，12]。不同的亚种间杂交组合，其结实率存在很大的差异。曾世雄等[13]曾报道，不同的籼粳杂交组合的结实率从接近于零到接近于正常呈连续分布。赵继海等[14]发现，秀水117、IR58正反交的F_1代结实率分别为85.9%和93.0%，而秀水117与IR36、IR60、IR50和IR5105的杂种一代结实率为12.3%～39.2%。IR58与T8340、双百A、农六209A和六千辛A的杂种一代的结实率分别为81.1%、76.5%、74.5%和67.0%。但IR58与其他粳稻品种或不育系杂交，其F_1代的结实率则为23.2%～53.1%。王才林等[15]对籼型、粳型、籼粳交型和广亲和型4种不同类群间杂种F_1代的结实率研究表明，同一类群内不同品种杂交时，除籼粳交型品种间F_1的结实率为66.88%外，其余均在80%以上。不同类群杂交，籼粳杂种F_1代的结实率低，平均为28.87%，组合间变幅大；广亲和品种无论与籼型、粳型、籼粳交型品种杂交，F_1代的结实率均在80%以上，且组合间变幅小；而籼粳交品种与籼型或粳型杂交的平均结实率分别为53.27%和66.72%，且组合间变幅大。

1.2　不同部位的结实率

稻穗中上部一次枝梗的籽粒处于竞争优势地位，获得灌浆物质多，因而结实率高。而中下部二次枝梗处于竞争劣势，获得灌浆物质少，结实率低。水稻结实率的这种部位间差异，以杂交稻较常规稻大，亚种间杂交稻又较品种间杂交稻大。李会兴等[16]考察，亚种间杂交稻5460S/广抗粳2号不同部位籽粒的结实率为：一次枝梗>二次枝梗，其中一次枝梗又以中部（83.40%）>上部（81.90%）>下部（76.16%），二次枝梗则以上部（79.55%）>中部（49.53%）>下部（21.34%），最高值是最低值的3.91倍。而籼籼品种间杂交组合协优2374不同部位的籽粒结实率，高低顺序虽然与5460S/广抗粳2号相同，但差异小，变幅为78.54%～97.00%，最高值仅为最低值的1.24倍。

2　亚种间杂交稻空、秕粒形成的原因及生理分析

稻穗上的籽粒一般可分为3种：饱满粒（实粒）、不饱满粒（秕粒）、未受精粒（空粒）。后两种籽粒不能形成产量，反而徒耗养分，生产中应使之控制在一定范围内。

2.1　空秕粒的形成

空粒和秕粒均对产量没有意义，但两者在生理上有本质的区别。空粒是颖花未受精而形成的，从栽培的角度很难改变；秕粒是已经受精，但由于灌浆不足使充实度差而形成的，改善栽培条件可以使之大大降低。形成空粒的原因主要有两条：一是花器发育不良，

小花没有受精能力；二是抽穗扬花期遇到不良天气，影响受精。秕粒形成的原因主要有：一是颖花数过多，造成单位叶面积和单位维管系统负担的颖花数过多；二是抽穗后干物质积累少和（或）抽穗期稻株内糖分积累少；三是稻株物理结构不良，或其他原因造成灌浆物质不能运输到穗部去。

2.2　空粒形成的生理分析

2.2.1　花器发育不良

花器发育不良是亚种间杂交稻形成空粒的主要原因。亚种间配组，由于亲缘关系远，易导致小花败育。刘永胜等[17]以IR36（籼）、测64（籼）和秋光（粳）配制杂交组合秋光/IR36和秋光/测64，结果所有亲本的小穗都可育，而秋光/测64只有76.9%、秋光/IR36只有61.9%可育。秋光、IR36、测64、秋光/测64、秋光/IR36的花粉可育率分别为94.4%、96.1%、93.5%、89.7%、76.4%。李宝健等[18]、欧阳学智[19]认为雌性器官败育，主要是子房中不能形成胚囊。败育主要发生在两个时期：一是大孢子发生过程中发生败育，以致不能形成有功能的大孢子；二是雌配子体发育的不同阶段相继发生退化，以致不能形成正常的胚囊。亚种间配组F_1代的不育性应用广亲和基因可以基本得到恢复，使其育性接近正常[10]，在广亲和基因未发现和利用前，亚种间组合的结实率差异，主要是由于亲本的亲和性差异而引起的差异。

2.2.2　不良的天气

亚种间组合的育性表达，除受亲本亲和性的控制外，环境条件也起着重要作用。抽穗期或减数分裂期遇到不良天气（如低温），可导致严重不育，如有芒早沙粳/IR36年际间的花粉可育率相差13.37%，有芒早沙粳/南京11号年际间的小穗育性可相差10%以上[5]。这主要是减数分裂到抽穗期的环境条件年际间不同所致。万邦惠等[11]观察到用亚种间杂交稻分别作晚稻和早稻栽培，其结实率相差都在25%以上，且有些组合用作早稻结实率高，有些组合则作晚稻高，造成这种结实率差异的主要原因可能是由于早、晚稻的育性差异以及不同组合对环境条件要求的不同所致。此外，抽穗期遇不良天气还影响籽粒的受精，使可育的小花由于不能受精而产生空粒。

2.3　秕粒形成的生理分析

2.3.1　源库关系不协调

亚种间组合穗大粒多，朱运昌等[2]对44个亚种间组合考察表明，平均每穗200粒以上的有25个，占观察数的56.28%，180～200粒的有8个，而平均每穗粒数小于180粒的只有11个，仅占观察数的25%。因此，亚种间组合的库容量往往较大，虽然叶面积系数也较大[20]，但粒叶比仍较高。卢向阳等[2]观察，亚种间杂交稻5460S/轮回422、8256S/CY243及籼籼杂交稻威优46的粒叶比分别为0.670、0.573、0.428，结实率分别为65.6%、72.5%、82.2%。万邦惠等[11]分析表明，亚种间组合的结实率与每穗总粒数呈负相关。抽穗期剪叶能明显降低亚种间组合的结实率，疏花则能使结实率显著提高[16, 22]。源库关系不协调还可以从籽粒灌浆特性上得到表现，庄宝华等[23]发现，和汕优63比较，亚种间组合的灌浆速率低，最后充实率低，灌浆启动慢，且一、二次枝梗之间差异大。周建林等[24]的研究表明，常规稻的弱势粒在强势粒灌浆时就开始缓慢增重，而籼籼杂交稻需在抽穗后10d才开始增重，亚种间组合则要等到抽穗后15d才启动，这说明亚种间杂交稻库大源不足的矛盾较品种间杂交稻为大。

2.3.2 库流关系不协调和运转能力低

叶片制造的光合产物能否顺畅地送到籽粒中去也是影响籽粒充实度的一个重要因素。邓启云、肖德兴等[25，26]研究认为，亚种间组合的总维管束数不比籼籼杂交稻少，但每个穗颈节维管束负担的颖花数却较多。如5460S/广抗粳2号的穗颈节维管束数为19.4个，而汕优63为17.6个，但每束维管束负担的颖花数分别为13.70个和10.13个，结果结实率分别为74.48%和87.36%。李会兴等[16]也观察到，同时剪去1/2叶和疏去1/2花，保持粒叶比不变，而减少单位维管系统负担的颖花数，可以使亚种间组合54605S/广抗粳2号的一、二次枝梗籽粒结实率分别提高0.39%和32.05%。此外，肖德兴等[26]还观察到亚种间杂交稻的基部二次枝梗维管系统发育不良，并认为这是造成结实率低的主要原因。Laffitte[27]认为高库源比例水稻营养器官中累积的非结构碳水化合物少，具有更强的物质调运能力。但许多试验表明，亚种间杂交稻的物质运转率低[22，23]，谷草比低[11]。因此，物质运转不畅也可能是造成秕粒多的主要原因之一。

2.3.3 生理活性低和早衰

亚种间组合的秕粒多，还与其内部生理活性有关。据周建林等[24]，对籽粒的灌浆动态分析表明，籽粒的灌浆动态与ATP含量、呼吸速率、磷酸化酶的活性变化动态一致。亚种间组合其弱势粒的ATP含量、呼吸速率、磷酸化酶活性在抽穗后15d才开始上升，而籼籼杂交稻在抽穗后10d就开始上升。因而亚种间组合较籼籼杂交组合的弱势粒灌浆慢，最后充实度差，秕粒率高。卢向阳等[21]报道，结实率高的亚种间组合8526S/CY243比结实率低的亚种间组合5460S/轮回22抽穗后叶片可溶性蛋白质含量和叶绿素含量降低慢，蛋白酶和核糖核酸酶活性低，齐穗后32d，前者的根系脱氢酶活性较后者提高42.9%。因此，增强体内生理活性，防止早衰对提高亚种间组合的结实率有重要意义。

3 组合结实率的途径

3.1 配制适宜的组合

适宜的组合是提高亚种间组合结实率的基础。适宜的组合应符合以下几个要求：一是亲本的亲和性好，能使F_1代正常可育。二是生育期适宜，对环境适应性强，以防不良天气对颖花受精和灌浆造成障碍。三是穗型不宜太大，在目前仍以每穗180粒左右为宜，以免使源库关系严重失调。四是要有较大的叶面积系数和良好的株型，且后期落色好，不早衰，以便能及时供给籽粒灌浆所需物质。五是有适宜的干物质积累优势和较高的经济系数。

3.2 协调源库关系

采用适宜的栽培技术协调源库关系，是提高亚种间杂交水稻结实率的有效手段。协调源库关系主要是适当减少颖花数，特别是二次枝梗的颖花数，不宜过分追求大穗。同时，适当增加叶面积系数，提高粒叶比。为此，在栽培上要适当增加基本苗，少施或不施保

花肥。

3.3 促进光合产物的运转

提高光合产物的运转能力应使维管系统生长发育良好，有较大的韧皮部和导管横截面积。同时，要培育合理的群体，增加抽穗期茎鞘的含糖量和促进抽穗后向穗部转移。在栽培上要做到稀播壮秧，宽行窄株种植，及早晒田，提高成穗率，增施钾肥，防止后期贪青和早衰。

3.4 防止早衰

防止早衰是提高亚种间杂交稻结实率的主要措施，不仅可以使抽穗后保持较高的光合势，增加干物质生产，还可以使稻株保持较高的生理活性，有利于籽粒的灌浆和运转。防止早衰的主要措施包括增施粒肥，做好后期水浆管理，坚持干湿壮籽，防止断水过早，加强病虫害防治等。已有试验表明，抽穗期喷施某些生长调节剂对防止早衰，提高结实率有很好的效果。

4 述评

广亲和基因的发现和研究，为解决亚种间F_1代结实率的问题指明了方向。现已初步认为亚种间杂种不育的问题，应用广亲和基因可以基本解决，使之接近正常水平。但籽粒充实度差、秕粒多仍是目前亚种间杂种优势利用的主要难题，这可能与源库不协调、输导组织不畅以及早衰等有关，解决的根本途径需从形态解剖、生理生化、栽培技术等方面进行研究。目前，大多数研究认为，源库流关系不协调是亚种间杂交稻秕粒多的主要原因[2, 12, 16, 21, 26, 29]，但是对如何协调源库流关系还缺乏一系列的配套技术，特别是对如何建立一个源库流水平较高且关系又协调的高质量群体，以及库、流的质量（活性）对籽粒充实度的影响和籽粒灌浆启动的障碍等一系列问题都值得进一步深入研究。此外，早衰的生理机制和调控技术问题也是今后研究的一个重要课题。开展早衰对源库流后期活性的影响研究，可为提高二次枝梗籽粒的充实度提供依据，也有重要的现实意义。

参考文献

[1] 潘熙淦，陈大洲，颜满莲，等. 不同类型光敏核不育水稻育性转换特点及应用研究[J]. 江西农业学报，1989，1（1）：1-8.

[2] 朱运昌，廖伏明. 水稻两系亚种间杂种优势的研究进展[J]. 杂交水稻，1990（3）：32-34，28.

[3] 谷福林. 两系杂交水稻研究论文集[M]. 北京：农业出版社，1992：340-345.

[4] 罗成荃. 两系杂交水稻研究论文集[M]. 北京：农业出版社，1992：309-317.

[5] 戚昌瀚. 水稻品种的源库关系与调节对策简论[J]. 江西农业大学学报，1993，15（S2）：1-5.

[6] 石明松. 对光照长度敏感的隐性雄性不育水稻的发现与初步研究[J]. 中国农业科学，1985（2）：44-48.

[7] Araki H，Toya K，Ikehashi H. Role of wide-compatibility genes in hybrid rice breeding//In：Hybrid rice[C]. IRRI，Los Banos Philipp，1988：79-83.

[8] Ikehashi H，Araki H. Genetics of F1 sterility in remote crosses of rice//In Rice Genetics[C]. IRRI，Manila，Philippines，1986：119-130.

[9] 袁隆平. 杂交水稻的育种战略设想[J]. 杂交水稻，1987（1）：1-3.
[10] 袁隆平. 两系法杂交水稻研究的进展[J]. 中国农业科学，1990，23（3）：1-6.
[11] 万邦惠，唐一雄. 水稻亚种间杂种优势利用研究[J]. 华南农业大学学报，1992，13（3）：1-8.
[12] 洪植蕃，林菲，庄宝华，等. 两系杂交稻栽培生理生态特性Ⅲ. 结实特性与库源特征[J]. 福建农学院学报，1992，21（3）：251-258.
[13] 曾世雄，杨秀青，卢庄文. 栽培稻籼粳亚种间杂种一代优势的研究[J]. 作物学报，1980，6（4）：193-202，257.
[14] 赵继海，申宗坦. 籼粳稻之间的亲和性及其杂种优势[J]. 中国水稻科学，1988，2（1）：23-28.
[15] 王才林，邹江石. 两系杂交水稻研究论文集，北京：农业出版社，1992：246-250.
[16] 李会兴，彭春瑞，涂枕梅，等. 二系籼粳杂交稻5460S/广抗粳2号的结实特性研究初报[J]. 江西农业大学学报，1993，15（S2）：44-49.
[17] 刘永胜，周开达，阴国大，等. 水稻籼粳杂种雌性不育的细胞学初步观察（简报）[J]. 实验生物学报，1993，26（1）：99-103.
[18] 李宝健，欧阳学智. 籼粳杂种F1小花败育的细胞学研究——关于广亲和基因作用可能性的探讨之一[J]. 中山大学学报论丛，1989（4）：137-146.
[19] 欧阳学智. 两系杂交水稻研究论文集[J]. 北京：农业出版社，1992：290-293.
[20] 邓仲篪，洪玉枝，陈翠莲，等. 籼粳亚种间组合的光合特性及其机理初探[J]. 杂交水稻，1992（4）：42-45.
[21] 卢向阳，匡逢春，李献坤，等. 两系亚种间杂交水稻高空秕率的生理原因探讨[J]. 湖南农学院学报，1992，18（3）：509-515.
[22] 陈学斌，徐晓洁，朱兆民，等. 二系法杂交稻营养生理特征研究——Ⅰ. 二系法杂交稻源库特征及光合产物的流向[J]. 湖南农业科学，1991（1）：7-9.
[23] 庄宝华，洪植蕃，林菲，等. 两系杂交稻栽培生理生态特性——Ⅳ. 灌浆特征及其生理基础[J]. 福建农学院学报，1993，22（2）：141-147.
[24] 周建林，陈良碧，周广洽. 亚种间杂交稻籽粒充实动态及生理研究[J]. 杂交水稻，1992（5）：36-40，44.
[25] 邓启云，马国辉. 亚种间杂交水稻维管束性状及其与籽粒充实度关系的初步研究[J]. 湖北农学院学报，1992，12（2）：7-11.
[26] 肖德兴，潘晓华，石庆华. 二系籼粳杂交稻维管束性状与结实率关系的初步研究[J]. 江西农业大学学报，1993，15（S2）：50-54.
[27] Lafitte H R，Travis R L. Photosynthesis assimilate partitioning in closely related lines of rice exhibiting different sink：source relationships[J]. Crop Science，1984，24（3）：447-452.
[28] 邓启云，马国辉，易俊章. 穗期喷施外源物质对两系法杂交稻生长调控初报[J]. 杂交水稻，1992（1）：37-39.
[29] 马国辉，邓启云. 两系法杂交早稻栽培技术与籽粒物质积累理论的初步研究[J]. 湖南农业科学，1991（2）：15-17.

亚种间杂交稻的异交率和空粒率研究

彭春瑞[1]　涂英文[2]　章和珍[1]

（[1]江西省农业科学院土壤肥料研究所，南昌 330200；
[2]江西省农业科学院水稻研究所，南昌 330200）

摘　要：对亚种间杂交稻F_{131S}/97-01在单株隔离（自交）、自身群体中（姐妹交）和南特号群体中（异交）3种条件下的空粒率和异交率的测定表明，自交、姐妹交、异交3种条件下的空粒率分别为66.60%、46.38%和33.28%，差异达极显著水平，但异交条件下其异交率达27.08%。

关键词：亚种间杂交稻；空粒；异交

Studies on the Cross-polination Rate and Empty-grain Rate in Inter-subspecific Hybrid Rice

Peng Chunrui[1]　Tu Yingwen[2]　Zhang Hezhen[1]

（[1]*Soil and Fertilizer Institute*，*Jiangxi Academy of Agricultural Sciences*，*Nanchang 330200*，*China*；[2]*Rice Research Institute*，*Jiangxi Academy of Agricultural Sciences*，*Nanchang 330200*，*China*）

Abstract：The empty-grain rate and cross-polination rate in inter-subspecific hybrid rice "F_{131S}/97-01" were measured in three conditions，including individual plant isolation（self-polination），self-polulation（sibling-polination）and the population of long-stalked variety "Nan Tehao"（cross-polination）.The results showed that：the empty-grain rates in the three conditions of self-polination，sibling-polination and cross-polination were 66.60%，46.38% and 33.28%，respectively，the difference was significant at 0.01 level；the cross-polination rate in the condition of cross-polination was 27.08%.

Key words：Inter-subspecific hybrid rice；Empty-grain；Cross-polination

水稻亚种间杂交较品种间杂交蕴藏着更大的产量优势，直接利用这种优势，可使水稻产量上一个新台阶。广亲和基因的发现与研究，为亚种间杂种优势的利用提供了契机，但结实率低这一难题仍未完全解决。研究表明，未受精粒率高是其结实率低的主要原因

本文原载：江西农业大学学报（江西省植物生理学会第五次会员大会论文集），2000（专辑）：39-41
基金项目：江西省自然科学基金资助项目

之一[1, 2]，从雌雄器官的发育状况来分析空粒形成已进行了一些研究[2, 3]。水稻历来被认为是自花授粉作物，但有研究认为不同品种的天然异交率不同，有些品种（组合）的异交率很高，已大大超过自花授粉作物的范围[4]。为进一步探讨亚种间杂交稻高空粒率的原因，于1998—1999年进行了亚种间杂交稻在不同条件下的空粒率和异交率的测定，以期为亚种间杂交稻的高产栽培提供科学依据。

1 材料与方法

1998年以高秆品种南特号作为测验种，分3期播种于大田中；以亚种间杂交稻F_{131S}/97-01作为被测验种，除种植一块大田外，还进行3个处理的盆栽试验，每盆栽1株，每处理栽5盆。处理1：开花时每盆与外来花粉隔离，只许同株同遗传型交配（自交）；处理2：开花时将每盆移入自身的大田群体中去，允许同组合不同株间自由交配（姐妹交）；处理3：开花时移入花期相遇的南特号群体中，让其能够接受南特号的花粉（异交），处理2与处理3之间用薄膜隔开。然后用碘—碘化钾法鉴别受精粒率。1999年将上年3个处理所获得的种子，分单株种植，齐整后测定各单株的株高，以确定其异交率。

2 结果与分析

2.1 不同条件下的空粒率

对空粒率（未受精粒率）的调查表明（表1），亚种间杂交稻F_{131S}/97-01在3种条件下的空粒率差异很大。以自交条件下为最高，分别较姐妹交和异交条件下高20.22%和33.32%，达极显著水平；其次是姐妹交条件下，较异交条件下高13.10%，差异极显著。说明亚种间杂交稻在个体、群体、混合群体中的空粒率差异很大。扩大群体与其他品种混植有利于降低空粒率。

表1 不同处理的空粒率调查

处理	空粒率（%）	显著性	
		0.05	0.01
自交	66.60	a	A
姐妹交	46.38	b	b
异交	33.28	c	C

2.2 不同条件下的异交率

由表2可见，自交和姐妹交条件下，其后代产生3种高度类型的植株，即<75cm，80～90cm和91～100cm，且两种条件下3种类型植株的比例基本一致；在异交条件下，除产生自交和姐妹交条件下3种高度类型的植株外（其比例也与自交和姐妹交条件下基本一致），还产生两种高秆植株。根据矮秆由一对隐性基因控制，高秆与矮秆交配F_1代为高

秆显性的遗传规律，表明这些高秆植株是F_{131S}/97-01在异交条件下接受了南特号花粉的后代，其比例占总株数的27.08%，说明F_{131S}/97-01在南特号群体中的异交率为27.08%。

表2 各处理的株高测定结果

处理	株高（cm）				
	<75	80～90	91～100	110～120	>120
自交	71（26.89）	106（40.15）	87（32.96）	0	0
姐妹交	78（25.49）	127（41.50）	101（33.01）	0	0
异交	75（17.81）	127（30.17）	105（24.94）	75（17.81）	39（9.27）

3 讨论与结论

（1）亚种间杂交稻小穗不孕，是其结实率低的主要原因之一。前人研究认为小穗不孕与其雌配子体败育有关，但由于广亲和基因杂种的小穗育性不受胚囊育性的控制，广亲和基因的导入可使雌配子体的发育恢复正常[2, 3]。研究还认为，花粉育性与受精粒有相关趋势，但在某些组合中并不呈平行关系，而柱头上的花粉萌发量与小穗受精粒有明显关系[3]。本试验表明，亚种间杂交稻F_{131S}/97-01在单株隔离条件下，其受精粒较群体条件下低20多个百分点，这与1995年观察到亚种间杂交稻F_{131S}/G37在盆栽（隔离）条件下的空粒率大大高于大田成片种植条件下的结论是一致的。表明单株隔离条件下空粒率高可能与其柱头上附着的花粉少有关，因为在个体条件下其空间的花粉密度明显低于群体条件下。本试验还表明，F_{131S}/97-01在群体条件下的空粒率也较在南特号群体中低13个百分点还多，另外其空粒率可能还与花粉萌发率有关或者说外来花粉更具竞争优势，确切的结论还有待于进一步研究。

（2）水稻一直被认为是自花授粉作物，其天然异交率不超过5%，一般为0.2%～4%。常志远和涂英文对24个籼粳杂交低世代的观察表明，其天然异交率在10%以上[4]；本试验中，亚种间杂交稻F_{131S}/97-01的异交率达27.08%，也高于5%的标准，而且，其在群体中的空粒率也较个体隔离条件下低20多个百分点。因此，对亚种间杂交稻的授粉方式，可能要重新认识，因为它接受外来花粉的比例已相当高，至少已不是严格的自花授粉。

（3）本试验表明，在异交条件下的空粒率大大低于姐妹交，这暗示亚种间杂交稻与其他品种（组合）混植可以降低空粒率。庄宝华等研究表明，亚种间杂交稻亚优2号与特优63间植后，结实率提高8个多百分点[5]；梁克勤等认为混植可以提高品质和减轻病害[6]。因此，采用混植可能是亚种间杂交稻高产的一项有效措施。本试验还表明，亚种间杂交稻在单株隔离条件下的空粒率大大高于在群体中。因此，亚种间杂交稻在做盆栽试验时，花粉一定要放到其自身群体中去，否则，结实不正常，可能会影响试验的准确性。

参考文献

[1] 彭春瑞，董秋洪，涂田华. 亚种间杂交稻空秕粒率的初步研究[J]. 江西农业学报，1995，6（1）：53-59.

[2] 朱晓红，曹显祖，朱庆森. 水稻籼粳亚种间杂种小穗不孕的细胞学研究[J]. 中国水稻科学，1996，10（2）：71-78.

[3] 李宝健，欧阳学智. 籼粳杂种F_1小花败育的细胞学研究[J]. 两系法杂交水稻研究论文集，1992：286-289.

[4] 常志远，涂英文. 水稻开花授粉习性探讨[J]. 江西农业大学学报，1989，1（2）：1-7.

[5] 庄宝华，林菲，洪檀香. 两系亚种间杂交稻结实生理调节的研究[J]. 中华水稻科学，1994，8（2）：111-114.

[6] 黎克勤，万邦惠，陈伟栋，等. 两系杂交稻混植的可行性初步研究[J]. 广东农业科学，1996（2）：2-3.

亚种间杂交稻空、秕粒率的初步研究

彭春瑞[1] 涂田华[2] 董秋洪[2]

([1]江西省农业科学院耕作栽培研究所，南昌 330200；
[2]江西省农业科学院综合实验室，南昌 330200)

摘　要：研究表明，亚种间杂交稻与汕优63比较，不仅秕粒率高，而且空粒率也高；不同部位籽粒的空、秕粒率均是二次枝梗大于一次梗，下部大于上部，但这种部位间的差异，空粒率一般很小，而秕粒率则很大；亚种间杂交稻的二次枝梗秕粒率高于汕优63，而一次枝梗秕粒甚至较汕优63低（除协优413外）。剪叶和疏花对空粒率的影响很小，对秕粒率的影响很大。此外，本文还探讨了提高亚种间杂交稻结实率的途径。

关键词：亚种间杂交稻；空粒；秕粒

Preliminary Study on the Percentage of Empty and Imperfect Grains in Inter-subspecific Hybrid Rice

Peng Chunrui　Tu Tianhua　Dong Qiuhong

([1]*Crop Cultivation and Tillage Institute*, *Jiangxi Academy of Agricultural Sciences*, *Nanchang 330200*, *China*; [2]*comprehensive laboratory*, *Jiangxi Academy of Agricultural Sciences*, *Nanchang 330200*, *China*)

Abstract: Research showed that the inter-subspecific hybrid rice, compared with Shanyou 63, had not only a higher percentage of imperfect grains but also a higher percentage of empty grains. The percentages of empty and imperfect grains on different postions were in the following order: secondary branch (SB) > primary branch (PB) , lower > upper. This positional difference, however, was slight for the percentage of empty grains, but remarkable for the percentage of imperfect grains. The percentage of imperfect grains of SB in interspecific hybrid rice was higher than that in Shanyou 63, but that of PB was lower than that in Shanyou 63 (except for Xieyou 413) . Leave and spikelet excision had little effect on the percentage of empty grains, but great on the percentage of imperfect grains. In addition, some approaches to increase setting percentage in inter-subspecific hybrid rice were discussed in this paper.

Key words: Inter-subspecific hybrid rice; Empty grains; Imperfect grains

本文原载：江西农业学报，1995，7（1）：7-10
基金项目：江西省自然科学基金资助项目

亚种间杂交稻较品种间杂交稻具有更大的大穗优势和更高的产量潜力，然而其籽粒不充实的问题也较品种间杂交稻更严重[1，2]，提高籽粒充实率是亚种间杂交稻增产的关键。因此，很多学者对亚种间杂交稻充实率低的生理原因及调控技术进行了研究[3，4]，但是以往的研究没有把空粒和秕粒区分开来。因而，其研究结果有很大的局限性，因为空粒和秕粒虽然都是不实粒，对产量没有意义，但其形成途径和机理是不同的，空粒是颖花没有受精形成的，缺乏活性，是无效库；而秕粒则是籽粒已受精，但由于灌浆不饱满形成的，有灌浆能力，是有效库，是进一步提高产量的潜力。本文将研究亚种间杂交稻与品种间杂交稻的空、秕粒率差异，为进一步探明亚种间杂交稻不实粒率高的原因，提出克服的途径提供理论依据。

1 材料与方法

1.1 供试材料

供试组合为威优413、协优413、汕优413、赣化7号（5450S/广抗粳2号），其中前3个组合为籼稻与中间型材料配组的亚种间杂交稻，后一组合为籼粳亚种间杂交稻，以品种间杂交稻汕优63作对照（CK）。

1.2 试验方法

试验于1994年晚季在江西省农业科学院耕作栽培研究所试验农场进行，移栽规格16.7cm×20cm，小区面积54m^2，不设重复，按高产要求进行肥水管理和病虫害防治，成熟期根据平均穗数取5兜考种，将谷粒分部位脱粒后，晒干用清水漂选，下沉者为实粒，上浮者为空秕粒，再将空秕粒浸一夜，第二天用I_2-KI法鉴别空粒和秕粒。

1.3 剪叶、疏花辅助试验

对协优413和汕优63两个组合，抽穗期选择同天抽出、大小基本一致的穗子挂牌标记，并进行下列处理：①剪1/2叶；②疏去1/2花；③剪1/2叶＋疏去1/2花；④不剪叶不疏花（对照），每个处理24个穗子，每组合共96个穗子。成熟期考察空、秕粒率。

2 结果与分析

2.1 组合间的空、秕粒率差异

由表1可见，参试的5个组合的空、秕粒率有很大的差异，空粒率以赣化7号和威优413最高，达22%以上，其次是汕优413和协优413，为16%左右，对照组合汕优63最低，仅9%。秕粒率也是汕优63最低，威优413略高于汕优63，其他3个亚种间组合较汕优63高1倍左右。由此可见，亚种间杂交稻的空、秕粒率均较品种间杂交稻汕优63高，威优413的结实率低主要是由于空粒率高，而其他3个亚种间组合则是空粒率和秕粒率均高。

2.2 空、秕粒的分布

从表1、表2可以看出，不同部位籽粒的空、秕粒率一般是二次枝梗大于一次枝梗，下部大于上部，且空、秕粒率的这种部位间差异，亚种间杂交稻大于汕优63。空粒率和秕粒率比较则可发现，空粒率不同部位间差异很小，除赣化7号的一、二次枝梗籽粒的空粒率相差5.2%外，其他组合均不到3%。而秕粒率的不同部位间差异很大，4个亚种间杂交稻的一、二次枝梗籽粒的秕粒率相差11.28%～23.24%。亚种间杂交稻与汕优63的空粒率差值，一次枝梗为5.2%～13.04%，二次枝梗为6.61%～15.93%，前者与后者差别甚小。而秕粒率的差值，二次枝梗除威优413仅为2.63%外，其他3个组合达8.03%～13.87%，而一次枝梗除协优413达6.39%外，其他3个组合均为负值，即其秕粒率较汕优63略低。因此，秕粒率与汕优63的差值，二次枝梗大于一次枝梗。综上所述，亚种间杂交稻不同部位的空粒率相差很小，只是弱势粒略高于强势粒，即空粒在不同部位的分布基本上是相等的，而秕粒率则弱势部位明显高于强势部位，即秕粒主要分布在弱势部位。亚种间杂交稻空粒率高于汕优63，是由于一、二次枝梗空粒率都高，而秕粒率高于汕优63则是由于二次枝梗秕粒率高。亚种间杂交稻一次枝梗不实率高于汕优63是由于空粒率高，而二次枝梗则是由于空粒率和秕粒率均高。

表1　不同组合的空、秕粒率差异（%）

项目		威优413	汕优413	协优413	赣化7号	汕优63
空粒率	一次枝梗	22.02	16.58	14.18	19.82	8.98
	二次枝梗	23.38	15.70	16.56	25.02	9.09
	全穗	22.81	16.04	15.73	23.17	9.04
秕粒率	一次枝梗	3.86	3.14	10.40	3.09	4.01
	二次枝梗	15.14	26.38	20.53	22.65	12.51
	全穗	10.43	17.27	16.04	15.71	8.60

表2　汕优63和协优413不同部位的空、秕粒率（%）

组合	项目	上部		中部		下部	
		一次枝梗	二次枝梗	一次枝梗	二次枝梗	一次枝梗	二次枝梗
汕优63	空粒率	9.13	8.10	8.20	9.40	9.70	10.26
	秕粒率	2.66	7.26	3.66	13.40	5.91	20.03
协优413	空粒率	14.80	15.80	13.90	16.36	15.57	17.90
	秕粒率	9.63	12.75	9.02	21.03	11.02	29.76

2.3　剪叶、疏花对空秕粒率的影响

表3表明，剪去1/2叶后，协优413和汕优63的空粒率分别提高2.2%和1.77%，秕粒率分别提高9.07%和6.83%；疏去1/2花后，空粒率分别减少0.49%和1.07%；秕粒率分别减少7.88%和6.61%；既剪1/2叶又疏1/2花后，空粒率分别减少0.03%和0.55%，秕粒率分别减少6.95%和4.63%。即剪叶和疏花对秕粒率的影响很大，对空粒率的影响很小，这说明秕粒的形成与物质的供应有很大的关系，而空粒的形成则与物质的供应没有多大关系，前述不同部位籽粒的空粒率差异很小，而秕粒率则弱势粒大于强势粒也能证明这一点。

表3 剪叶、疏花对空秕粒率的影响（%）

项目	组合	对照	剪1/2叶	疏1/2花	剪1/2叶+疏1/2花
空粒率	汕优63	10.73	12.50	9.66	10.18
	协优413	16.39	18.59	15.90	16.36
秕粒率	汕优63	9.16	15.99	2.55	4.53
	协优413	14.68	23.75	6.80	7.73

3 讨论与结论

3.1 亚种间杂交稻的空秕粒率

结实率低是亚种间杂交稻增产的主要限制因子，然而，其结实率低是由于空粒多还是秕粒多，或者两者都多呢？这是提高其结实率必需首先弄清的问题。目前，还未见有这方面的报道。本试验把空粒和秕粒区分开来研究，不仅有利于探明其结实率低的原因，为以后研究指明方向，而且有利于针对性地采取措施，以提高其结实率。本试验的结果表明，威优413的秕粒率仅较汕优63高1.83%，而空粒率却高13.77%，因此，其结实率低主要是由于空粒率过高所致，仅靠肥水调控来提高其结实率是有限的。供试的另外3个亚种间组合的空粒率分别较汕优63高6.69%～14.13%，秕粒率分别高7.43%～8.67%，因此，这些组合结实低既有空粒率高的因素，也有秕粒率高的因素。

3.2 空、秕粒的分布与调节

研究表明，除赣化7号外，其他3个亚种间杂交稻的空粒率在不同部位的分布基本上是均等的，而且剪叶疏花对空粒率的影响极小，这表明亚种间杂交稻的空粒率的高低与物质供应的多少没有多大关系。到底是什么原因造成亚种间杂交稻高的空粒率呢？这是今后研究的一个重要课题，这一问题若能得到解决，将对提高亚种间杂交稻的结实率有重要意义。李宝健等认为亚种间杂交稻空粒形成与亲本的亲和性差造成小花败育有关[5]，庄宝华等[6]观察到亚种间杂交稻亚优2号与品种间杂交稻特优63间作能明显提高结实率，这就暗示亚种间杂交稻可能存在部分自交障碍，造成不能受精而形成空粒。另外，开花期和孕穗期遇上不良环境条件也可能是造成空粒的一个重要因素。总之，应加强颖花发育生理和受精生理的研究，找出空粒率高的原因，对症下药，从遗传育种和栽培调节两个方面都去努力，才能使这一问题得以解决。

本试验表明，亚种间杂交稻的弱势粒的秕粒率大大高于强势粒，且其秕粒率高于汕优63也是由于二次枝梗籽粒秕粒率较汕优63高之故，即秕粒率主要分布在弱势粒位上；剪叶、疏花对秕粒率有很大的影响，表明亚种间杂交稻秕粒率高与物质供应不足有关。因此，在栽培上应进一步协调源库关系，增加抽穗后的物质生产量，提高茎鞘贮藏物质的运转量，防止早衰，以满足籽粒灌浆对物质的需求，促使弱势粒灌浆饱满。

参考文献

[1] 袁隆平. 两系法杂交水稻研究进展[J]. 中国农业科学，1990（3）：1-6.

[2] 朱运昌，廖伏明. 水稻两系亚种间杂种优势的研究进展[J]. 杂交水稻，1990（3）：32-34.

[3] 彭春瑞，宁有朋. 亚种间杂交水稻结实特性研究进展[J]. 江西农业学报，1994，6（1）：53-58.

[4] 卢向阳，匡逢春，李献坤，等. 两系亚种间杂交稻高空秕粒率的生理原因探讨[J]. 湖南农学院学报，1992，18（3）：509-511.

[5] 李宝健，欧阳学智. 籼粳杂种F_1小花败育的细胞学研究——关于广亲和基因作用可能性的探讨之一[J]. 中山大学学报论丛（自然科学），1989，8（4）：137-146.

[6] 庄宝华，林菲，洪植蕃. 两系亚种间杂交稻结实生理调节研究[J]. 中国水稻科学，1994，3（2）：111-114.

亚种间杂交稻的籽粒充实度及其变化研究

彭春瑞

（江西省农业科学院土壤肥料研究所，南昌 330200）

摘　要：本文研究了亚种间杂交稻与籼型杂交稻的籽粒充实度差异及其在不同条件下的变化。结果表明，亚种间杂交稻的籽粒充实度较籼型杂交稻低，且不稳定，受环境条件的影响大，特别是二次枝梗籽粒，不同部位的籽粒充实度是强势粒大于弱势粒；剪去一部分叶后，其充实度变低，疏去一部分颖花后则提高，剪去相同比例的叶和花后也能提高充实度；抽穗期施用N、K肥作粒肥能提高籽粒充实度，而穗肥施用N、K则不利于充实度的提高。另外，本文还探讨了以充实率（受精粒平均每粒糙米重/饱和食盐水选粒每粒糙米重×100）作为充实度指标的合理性及其意义。

关键词：亚种间杂交稻；籽粒充实度

长期以来，都是以结实率和千粒重来衡量籽粒充实的好坏，并用总颖花数与千粒重的乘积来评价库容量的大小。实际上，总颖花数中包括了没有受精的空粒，因而，这样计算的库容量偏大，特别是对空粒率较高的亚种间杂交稻。结实率只是饱满粒占总粒数的百分率，而在非饱满粒中有一部分籽粒有不同程度的充实，同时，饱满粒和非饱满粒的区分也存在很大的人为误差，而且总粒数中没有剔除空粒，千粒重不同的品种和栽培条件也有很大的变化。所以，从理论上讲，结实率和千粒重很难精确地衡量籽粒充实的好坏，而以受精粒的充实程度来衡量较为合理。随着亚种间杂交稻籽粒充实度差的问题的出现，水稻籽粒充实度的研究越来越引起水稻界的重视。本文将以籽粒充实度为指标来比较亚种间杂交稻与品种间杂交稻的籽粒充实状况的差异，研究在不同条件下的籽粒充实度的变化，为亚种间杂交稻籽粒充实度的改善提供科学依据。

1　材料与方法

1.1　试验设计

试验于1992—1995年晚季在江西省农业科学院试验农场进行。

1.1.1　试验1

1992年以赣化7号（5460S/广抗粳2号）为材料，以籼型杂交稻协优2374为对照，设计了高（施N 207kg/hm^2）、低（施N 138kg/hm^2）两种施N水平和在都用75%的N作基、蘖

本文原载：《第二届全国中青年作物栽培作物生理学术会文集》. 北京：中国农业科学技术出版社，1996：40-43

基金项目：江西省自然科学基金资助项目

肥的基础上，将剩余25%的N作粒肥或作保花肥两种施N方法，共计4个处理，即低粒、低保、高粒、高保。重复3次，并在保护行中对赣化7号进行剪叶、疏花处理，成熟期取样测定谷粒容量。

1.1.2　试验2

1994年以亚种间杂交稻威优413、汕优413、协优413、赣化7号为材料，以籼型杂交稻汕优63为对照，在相同的栽培条件下种植，成熟期取样测定籽粒充实率。

1.1.3　试验3

1995年以亚种间杂交稻F/G37为材料，设计施K_2O 180kg/hm^{2}和90kg/hm^{2}两种施钾水平和100%分蘖肥、60%分蘖肥+40%穗肥、60%分蘖肥+40%粒肥3种施钾方法，以不施钾作对照，重复3次，成熟期测定充实率。

1.2　测定项目与方法

1.2.1　空秕粒

同I_2-KI法鉴别。

1.2.2　谷粒容重

将受精粒用清水浸一夜后，测定其容积，然后晒干称重，以重量/容积表示谷粒容重。

1.2.3　充实率

以受精粒的平均每粒糙米重除以饱和食盐水选粒的平均每粒糙米重乘以100表示籽粒充实率。

2　结果与分析

2.1　亚种间杂交稻的籽粒充实度

2.1.1　亚种间杂交稻与籼型杂交稻籽粒充实度的差异

由表1可见，参试的4个亚种间杂交稻的籽粒充实率均较籼型杂交稻低，其中威优413较对照低2.87%，其他3个组合均低8%以上。从不同部位看，赣化7号的一次枝梗籽粒充实率甚至超过对照，但一般也是二次枝梗籽粒的差异较一次枝梗籽粒大。对赣化7号和协优2374的谷粒容重的测定结果也得到相同的结论（表2）。由此可见，亚种间杂交稻确定存在充实度差的问题。

表1　两类杂交稻的籽粒充实率比较（%）

组合	威优413	汕优413	协优413	赣化7号	汕优63（CK）
一次枝梗籽粒	95.38	85.68	86.90	97.69	97.10
二次枝梗籽粒	83.00	72.93	66.03	73.69	85.90
平均	88.20	82.28	79.72	82.51	91.07

表2　不同部位的籽粒充实度差异

项目	组合	一次枝梗			二次枝梗			CV（%）
		上部	中部	下部	上部	中部	下部	
充实率（%）	协优413	88.07	88.92	85.61	80.27	76.13	62.68	12.34
	汕优63	98.06	98.21	94.80	92.18	83.83	80.32	8.24
谷粒容重（g/ml）	赣化7号	1.000	1.018	0.913	0.916	0.904	0.757	10.09
	协优2374	0.983	0.990	0.990	0.962	0.961	0.957	1.42

2.1.2　不同部位的籽粒充实度差异

由表2可见，不同部位籽粒充实度两类组合都是一次枝梗大于二次枝梗，其中二次枝梗又是上部>中部>下部，一次枝梗则是中部>上部>下部，即强势粒大于弱势粒，但亚种间杂交稻各部位间籽粒充实度的变异系数（*CV*）较籼型杂交稻大，说明其部位间的差异较籼型杂交稻大。两类组合强势粒充实度差异较小，而弱势粒差异较大。

2.2　不同条件下的籽粒充实度变化

2.2.1　剪叶、疏花对籽粒充实度的影响

由表3可见，抽穗期疏去一部分花能使赣化7号的容重增加，而剪去一部分叶则会使其容重降低，同时剪去相同比例的叶与花（保持粒/叶比不变）也能使其容重提高，表明其充实度差可能与其源库关系不协调有关，也可能与其库流关系不协调有关。

表3　剪叶、疏花对谷粒容重的影响（g/ml）

疏花	剪叶			
	0/4	1/4	2/4	3/4
0/4	0.884	0.887	0.875	0.868
1/4	0.925	0.920	0.901	0.909
2/4	0.969	0.970	0.960	0.956
3/4	1.001	0.989	0.998	0.966

2.2.2　施N对籽粒充实度的影响

由表4可见，在两种施N水平下，两类杂交稻都是施用粒肥较施保花肥的充实度高，特别是二次枝梗籽粒。高肥与低肥比较，总的趋势是高肥能使籽粒充实度降低。施N对亚种间杂交稻的籽粒充实度的影响较籼型杂交稻大。由此可见，抽穗后施用N肥，对防止早衰，提高籽粒充实度十分有利。

表4　施N对谷粒容重的影响（g/ml）

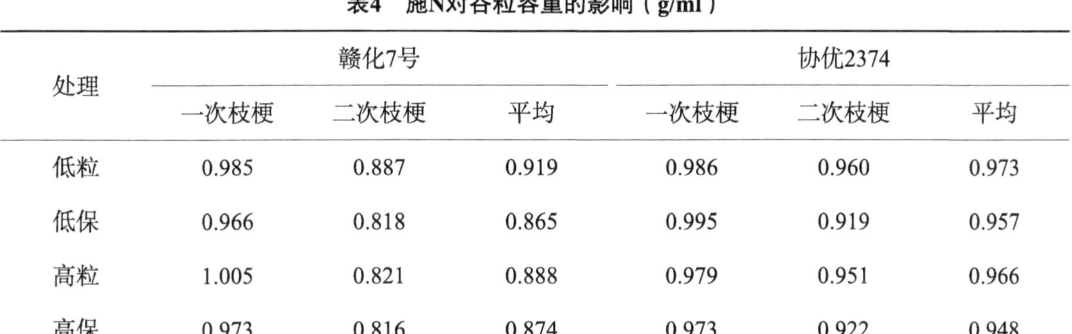

处理	赣化7号			协优2374		
	一次枝梗	二次枝梗	平均	一次枝梗	二次枝梗	平均
低粒	0.985	0.887	0.919	0.986	0.960	0.973
低保	0.966	0.818	0.865	0.995	0.919	0.957
高粒	1.005	0.821	0.888	0.979	0.951	0.966
高保	0.973	0.816	0.874	0.973	0.922	0.948

2.2.3　施K对籽粒充实度的影响

由表5可见，增施K肥能使籽粒充实度有所下降，这与增施N肥的结果是相同的，这主要是由于增施肥料后，库容量扩大的缘故。不同时期施K的籽粒充实度不同，在两种施K量下，3种施肥法的籽粒充实度均是3>2>1，即作粒肥施有利于提高充实度，作穗肥施则会降低充实度，作分蘖肥则介于二者之间。

表5　施K对籽粒充实率的影响（%）

施K量	K_2O 180kg/hm^2			K_2O 90kg/hm^2			CK
施K法	1	2	3	1	2	3	
充实率	82.19	80.59	84.65	83.90	79.81	85.98	87.60

注：1. 100%分蘖肥；2. 60%分蘖肥+40%穗肥；3. 60%分蘖肥+40%粒肥

3　讨论与结论

3.1　籽粒充实度的指标及其意义

从理论上讲，籽粒充实度应以受精粒的糙米体积与谷壳的最大容积之比来表示较为合理，但由于谷粒形状不同，谷壳厚度不一，测定困难而难以应用。朱庆森等分析了6个表示籽粒充实度的指标的可行性，结果认为以籽粒充实率（受精粒平均粒重/比重大于1.0的谷粒平均粒重×100）最佳，其次是谷粒容重。刘建丰等移用病情指数的加权法，对不同级别（比重）的结实粒数与粒重进行加权，然后除以结实粒与充分充实的籽粒粒重乘积，得出充实指数。这与朱庆森的籽粒充实率的含义是相似的。但这两个指标有两个不同点：一是充实率以受精粒作为考虑对象，而充实指数则以结实粒（95%酒精选粒）作为考虑对象，从理论上讲，前者较合理；二是充实率以比重大于1.0的籽粒作为充分充实的籽粒，而充实指数则按不同类型分别规定为：籼稻谷粒比重大于1.2，粳稻大于1.1，糯稻大于1.0，前者用比重大于1.0不够理想。据测定，水选粒仍有5%～15%的充实潜力，而且水选粒的粒重变异也较大。据王余龙等对武育粳2号的测定，烘干粒在比重为1.01～1.02的溶液中选的千粒重为18.44g，而在比重为1.15～1.16中为24.87g。由此可见，比重大于

1.0秄粒粒重不能反映秄粒的最大粒重，而充实指数的按类型划分，则在不同水稻品种类型共存下不好应用。据观察，以饱和食盐水（比重1.2左右）来选出充分充实的秄粒不仅方便、简单，而且比较准确。这样秄粒充实率就可表示为：受精粒平均粒重/饱和食盐水选粒的平均粒重×100，或受精粒平均每粒糙米重/饱和食盐水选粒的平均每粒糙米重×100。由于品种、谷粒形状、充实程度不同，谷壳重占谷粒总重的比例也有一定差异，因此，以糙米重比来反映充实率较为合理。但谷粒重比表示则更方便，因此在生产上可用谷粒重比表示，在理论研究上，以糙米重比表示更好。用谷粒容重来反映秄粒充实度，因其测定受精粒的容积时，用水介测定有许多秕粒浮在水面而难以测准，用气介则需要一定的设备，因为其适用性和准确性都不如充实率好。

以充实率来表示秄粒充实度有明确的专业意义，受精粒的平均粒重反映了谷粒的实际充实程度、饱和食盐水选粒的平均粒重反映了秄粒的最大充实度，而且充实率能与源库很好地衔接，受精粒数与饱和食盐水选粒的平均粒重的乘积可表示库容量（产量潜力），这样产量就可表示为：产量=库容量×充实率。因而，提高产量就可有以下3种途径：一是在库容量不变的情况下提高充实率，二是在充实率不变的情况下提高库容量，三是库容量和充实率都提高。

3.2　亚种间杂交稻的秄粒充实度及其变化

试验表明，亚种间杂交稻的秄粒充实度较籼型杂交稻差，特别是弱势粒。因此，提高秄粒充实度的增产潜力很大，不同部位的秄粒充实度是强势粒大于弱势粒，而且亚种间杂交稻的部位间差异大，剪叶、疏花试验表明，剪去一部分叶后，亚种间杂交稻的充实度会降低，疏去一部分花后，则会提高，剪去相同比例的叶和花（保持粒/叶比不变）后也会提高。粒肥施用N、K肥有利于充实度的提高，而穗肥施用N、K肥则会导致充实度的降低。

参考文献（略）

亚种间杂交稻的籽粒充实度及其影响因素研究

彭春瑞[1]　董秋洪[1]　涂田华[1]　黄振辉[2]

（[1]江西省农业科学院耕作栽培研究所，南昌 330020；[2]乐安县农技中心，乐安 344300）

摘　要：对亚种间杂交稻与品种间杂交稻汕优63籽粒充实度差异及其影响因素的研究结果表明，亚种间杂交稻的籽粒充实度较汕优63低，特别是二次枝梗籽粒尤为明显。一次枝梗的籽粒充实度大于二次枝梗。亚种间杂交稻籽粒充实度差与其源库矛盾大、后期早衰密切相关。

关键词：亚种杂交稻；品种间杂交稻；籽粒充实度；源库

籽粒充实度是水稻籽粒的一个重要性状，对产量高低有很大影响，近几年来已引起人们的普遍关注。本研究经过比较亚种间杂交稻与品种间杂交稻籽粒充实度的差异，分析其影响因素，以寻求提高亚种间杂交稻籽粒充实度的途径和依据。

1　材料与方法

1.1　供试组合

亚种间组合汕优413、协优413、威优413、赣化7号，品种间组合汕优63作为对照。

1.2　试验方法

参试组合种植在相同的耕作栽培条件下，移栽规格为16.7cm × 20cm，并按高产要求进行管理。抽穗期将协优413和汕优63选择同天抽出、大小基本一致的穗子进行以下处理：剪去1/2叶；疏去1/2花；剪1/2叶和疏1/2花；不剪叶不疏花（对照）。每处理12个穗子，成熟期按处理收获，考察充实度。在各规定的时期每组合取10蔸测定叶面积和干物重；成熟期每组合取5蔸考察籽粒充实度。籽粒充实度以受精粒的平均谷粒重除以饱和食盐水选粒的谷粒重表示，计算公式为：籽粒充实度（%）=（受精粒粒重-空粒粒重）/（饱和食盐水选粒粒重-空粒粒重）× 100。受精粒的鉴别用碘—碘化钾法。

2　结果与分析

2.1　籽粒充实度的差异

由表1可见，参试的4个亚种间杂交稻的籽粒充实度均较汕优63低，分别低2.87% ~ 11.35%，表明亚种间杂交稻普遍存在充实度差的问题。穗子不同部位籽粒的充实度，都是一次枝梗大于二次枝梗。但亚种间杂交稻一、二次枝梗籽粒充实度的差异较汕优63大，表

本文原载：江西农业科技，1995（5）：1-2

基金项目：江西省自然科学基金资助项目

明其不同部位籽粒的营养竞争更为激烈。它和汕优63的籽粒充实度差值，一次枝梗籽粒仅为-0.59%～11.42%，而二次枝梗籽粒则为2.90%～19.87%，后者大于前者。因而，提高亚种间杂交稻的籽较充实度的重点是提高二次枝梗籽粒的充实度。

表1　各组合的籽粒充实度与源库关系

项目		威优413	汕优413	协优413	赣化7号	汕优63（CK）
充实度（%）	一次枝梗籽粒	95.38	85.68	86.90	97.69	97.10
	二次枝梗籽粒	83.00	72.93	66.03	73.59	85.90
全穗		88.20	82.28	79.72	82.51	91.07
库容量/叶面积比（mg/cm^2）		16.28	16.92	14.78	14.94	13.32

注：库容量=受精粒数×饱和食盐水选粒的平均籽粒干重

2.2　影响籽粒充实度的因素

2.2.1　源库关系不协调

源库关系是否协调是影响籽粒充实度的一个重要因素。若库/源比过大，则很难有很高的充实度。由表1可见，抽穗期单位叶面积负担的库容量，亚种间杂交稻较汕优63重，表明亚种间杂交稻的源库矛盾大。对协优413进行剪叶疏花处理表明，剪去1/2叶后，充实度降低8.86%；疏去1/2花后，则籽粒充实度提高8.70%（表2）。因此，改善源库关系，降低单位叶面积负担的颖花数，对提高亚种间杂交稻的籽粒充实度有着重要意义。

表2　剪叶、疏花对籽粒充实度的影响

组合	对照（CK）	剪1/2叶	疏1/2花	剪1/2叶+疏1/2花
汕优63	90.79	81.07	94.48	93.01
协优413	80.73	71.87	89.43	86.97

2.2.2　后期早衰

早衰是影响籽粒充实度的重要因素。试验表明，亚种间杂交稻抽穗后衰老较汕优63快，具体表现在以下几个方面：一是抽穗后的叶片衰老快。由表3可知，抽穗后30d，汕优63的叶面积仅下降了50.58%；而亚种间杂交稻却下降了53.63%～66.76%，下降速率较汕优63加大了6.03%～31.99%。二是抽穗后特别是灌浆中后期的干物质积累少。试验表明，亚种间杂交稻抽穗后的干物质生产量较汕优63低19.95%～50.03%。抽穗后21d至成熟期的干物质生产量较汕优63低18.19%～65.63%。后期干物质积累量少，不利于充实度的提高。分析表明，籽粒充实度与抽穗后的干物质生产量有极显著正相关（r=0.974 6**，n=5）。三是灌浆后期的充实速率慢。试验表明，在抽穗后15d以内籽粒完成的充实度，赣化7号较汕优63低7.18%，其他3个亚种间组合仅与汕优63相差-0.91%～1.5%；关键是抽穗

15d后的充实度则较汕优63相差2.02%～10.78%。因此，其籽粒充实度差主要是表现在抽穗15d后的充实速率较品种间杂交稻低之故。

表3　抽穗后的叶面积下降、干物质生产量、籽粒充实度比较

		威优413	汕优413	协优413	赣化7号	汕优63
抽穗后30d叶面积降低（%）		56.36	64.46	53.63	66.76	50.58
干物质生产量（g/蔸）	0～20d	5.34	4.49	3.99	3.40	6.79
	21d至成熟	4.45	2.70	1.87	4.89	5.44
	合计	9.79	7.19	5.86	8.29	12.23
抽穗后15d内完成充实度（%）		53.88	52.50	54.91	46.82	54.00
抽穗后15d后完成充实度（%）		34.13	29.48	25.86	34.62	36.64

3　讨论与小结

3.1　亚种间杂交稻的充实度普遍较品种间杂交稻差

特别是二次枝梗籽粒的充实度较汕优63低。表明其强、弱势籽粒之间的营养竞争更为剧烈。因此，提高籽粒的充实度对亚种间杂交稻的高产有着重要的意义。

3.2　亚种间杂交稻抽穗期单位叶面积负担的库容量大

这是其充实度差的一个重要原因。剪叶疏花试验表明，减少单位叶面积负担的库容量，协调源库关系能有效地提高籽粒充实度。

3.3　亚种间杂交稻抽穗后叶面积下降速率快，抽穗后干物质生产量少

特别是灌浆中后期的干物质生产量少，是造成中后期籽粒充实慢、最终谷粒不饱满、充实度差的重要原因。因此，防止早衰是提高其籽粒充实度的有效措施。

参考文献（略）

亚种间杂交稻籽粒灌浆特性研究

彭春瑞[1]　饶大恒[2]　李澍[3]　涂田华[3]

（[1]江西省农业科学院土壤肥料研究所，南昌 330200；[2]临川市农业局，临川 344100；[3]江西省农业科学院测试研究所，南昌 330200）

摘　要：本文用Richards方程$W=A(1+Be^{-kt})^{-1/N}$描述了4个亚种间杂交稻及品种间杂交稻汕优63的籽粒灌浆过程。结果表明，亚种间杂交稻一般较汕优63的灌浆期短，灌浆速率低，但组合间差异很大，威优413的各项灌浆参数均接近于汕优63，充实度也接近于汕优63；协优413的灌浆速率低，特别是中后期，且后期短；汕优413的起始生长势较汕优63高，中期灌浆速率高，但灌浆期短，特别是中期短；赣化7号的起始生长势低，灌浆期长，但灌浆速率低。协优413上部枝梗充实度较汕优63低的主要原因是其起始生长势低，灌浆速率低，而中下部枝梗的主要原因是灌浆期短。

关键词：亚种间杂交稻；灌浆；充实度

Study on the Characteristic of Grain Filling in Inter-subspecific Hybrid Rice

Peng Chunrui[1]　Yao Daheng[2]　Li Shu[3]　Tu Tianhua[3]

（[1]*Soil and Fertilizer Institute, Jiangxi Academy of Agricultural sciences, Nanchang 330200, China*；[2]*Linchuan city Agricultural Bureau, Jiangxi Province, Linchuan 344100, China*；[3]*Survey and Examination Institute, Jiangxi Academy of Agricultural Sciences, Nanchang 330200, China*）

Abstract: In this paper, Richards equation $W=A(1+Be^{-}kt)^{-1/N}$ was used to describe the process of grain filling in four inter-subspecific hybrid rices and a inter-variety hybrid rice "Shanyou 63". The results showed that comparing with Shanyou 63, the filling periods of inter-subspecific hybrid rice were generally shorter and their filling rate were lower, which varied from cross to cross, every parameter of grain filling of Weiyou 413 was close to that of Shanyou 63, its plumpness was close to that of Shanyou 63, too. The filling rate of Xieyou 413 was lower, especially during the middle and late period, and its late period was shorter; The initial growth power of Shanyou 413 was higher, its filling rate during middle period was higher, but its filing period was shorter, especially middle

本文原载：江西农业学报，1998，10（1）：1-5

基金项目：江西省自然科学基金资助项目

periods. The initial growth power of Ganhua 7 was lower, its filling period was longer, but its filling rate was lower. The main reason why the plumpness of Xieyou 413 was lower than that of Shanyou 63 was its lower initial growth power and filling rate for upper branch, but was its shorter filling period for middle and lower branch.

Key words: Inter-subspecific hybrid rice; Filling; Plumpness

水稻的籽粒灌浆特性，前人已做过很多研究[1-3]，但这些研究都是用粒重来反映其灌浆过程，由于不同品种的粒重差异很大，因此，用粒重作指标不便于品种间比较，而且以往很多研究没有剔除未受精粒，影响了结果的准确性。结实率低、充实度差是亚种间杂交稻推广应用的最大障碍，以前在源库关系、结实生理及其调控方面做了许多研究[4-6]，但对其灌浆特性的数学描述的研究不多。本研究以籽粒不同时期的受精粒平均米粒重占籽粒最大米粒重（最大可能灌浆量）的百分比（充实度）来表示不同时期的灌浆量，用目前认为最能适用于生长分析的Richards方程来描述其灌浆过程，以分析亚杂组合的灌浆特征，为高产栽培提供科学依据。

1　材料与方法

1.1　供试材料

供试的亚种间杂交稻有威优413、协优413、汕优413、赣化7号，以品种间杂交稻汕优63作对照（CK）。

1.2　试验方法和项目测定

试验于1994年晚季在江西省农业科学院土壤肥料研究所试验农场进行。前作为早籼浙辐218，小区面积54m^2，通过调整播种期使其抽穗期基本一致，各组合的抽穗期均在9月15—18日，按高产要求进行田间管理。抽穗期每组合一次标记同日始花、生长一致的稻穗250个，以后每隔5d取穗20个，分别摘下（协优413和汕优63分部位）籽粒，用I_2-KI法剔除未受精粒后烘干称重，成熟期收割5蔸脱粒晒干后用饱和食盐水选粒，取下沉的籽粒洗净烘干后分别称取糙米重和谷壳重，然后用下式求得各期完成的灌浆量（记为W），以最后一次测得的W表示籽粒实测的充实度。W的计算公式为：

$$W(\%)=\frac{\text{受精粒平均每粒粒重}-\text{单粒谷壳重}}{\text{饱和食盐水选粒平均每粒糙米重}}\times 100$$

1.3　方程描述与分析

以W为依变量，开花后天数t为自变量，用Richards方程$W=A(1+Be^{-kt})^{-1/N}$来描述灌浆过程，通过计算求得方程的一级参数A（理论最终充实度）、B、K、N，并用R^2来判断方程的配合程度。根据一级参数可求得起始生长势R_0、灌浆速率最大时的日期$t_{max}\cdot G$、最大灌浆速率G_{max}，平均灌浆速率G，活跃生长期D等二级参数，根据灌浆速率方程G具有两个拐点，将灌浆过程划分为前、中、后3个时期，前期从开花到第一个拐点对应日期，中期从第一拐点到第二拐点对应日期，后期从第二拐点到达到99% A对应日期。并求出前、中、后各期经历的天数t_1、t_2、t_3，各期完成的灌浆量W_1、W_2、W_3，各期的灌浆速率G_1、G_2、G_3，二级参数及各期参数的求得方法见文献[1]。

2 结果与分析

2.1 不同组合的灌浆特性

参试的亚杂组合威优413、协优413、汕优413、赣化7号的籽粒实测充实度分别为88.01%、80.77%、81.98%、81.44%，而汕优63为90.64%。

2.1.1 不同组合的灌浆参数

由表1可知，参试组合的A与实测籽粒充实度基本一致，B和K除赣化7号外，亚杂组合略高于汕优63；R_0汕优413高于CK而赣化7号低于CK，D则相反，其他两个组合R_0、D与CK相近。各组合的$t_{max}\cdot G$相近，亚杂组合略小于CK。G_{max}和G汕优413略高于CK，其余3个组合低于CK，但威优413相差不大。

表1 不同组合籽粒灌浆的Richards方程参数及次级参数

Table 1 First and second parameters of Richards equation of describing the grains filling in different hybrids

组合 Hybrids	A (%)	B	K	N	R^2	R_0	$t_{max}\cdot G$	G_{max}	G	D (d)
威优413 Weiyou 413	84.57	918.0	0.390 6	2.739 4	0.989 1	0.142 6	14.89	5.46	3.48	24.30
协优413 Xieyou 413	80.64	913.3	0.388 7	2.682 6	0.984 0	0.144 9	15.00	5.18	3.35	24.07
汕优413 Shanyou 413	78.54	1 000.8	0.410 2	2.558 2	0.987 5	0.160 3	14.55	5.51	3.53	22.50
赣化7号 Ganhua 7	77.89	900.8	0.371 1	2.665 8	0.985 5	0.139 2	15.69	4.85	3.10	25.13
汕优63 Shanyou 63	86.44	901.6	0.375 0	2.614 8	0.978 4	0.139 2	15.88	5.49	3.51	24.65

2.1.2 不同组合灌浆阶段的划分

由表2可知，威优413的t_1、t_2、t_3均略少于CK，但G_1高于CK，G_2、G_3与CK相当，W_1与CK相当，G_2、G_3略低于CK；协优413的t_1与t_3分别较CK少0.5d和1.98d，但t_2较CK多1.46d，而G_1、G_2、G_3均较CK低，特别是G_3、G_2，W_2高于CK，但W_1、W_3均低于CK；汕优413的t_1、t_2、t_3均少于CK，但G_2略高于CK；W_1、W_2、W_3均较CK少，赣化7号的t_1、t_2、t_3略多于CK，但G_1、G_2、G_3均较CK低，最终W_1、W_2、W_3也均较CK少。

表2 不同阶段的籽粒灌浆参数

Table 2 Parameters of grains filling during different phase

组合 Hybrid	t_1	t_2	t_3	W_1	W_2	W_3	G_1	G_2	G_3
威优413 Weiyou 413	10.49	8.79	7.35	30.56	42.50	10.66	2.91	4.84	1.45
协优413 Xieyou 413	10.57	10.48	5.75	28.68	45.40	5.75	2.71	4.33	1.00
汕优413 Shanyou 413	10.45	8.20	7.08	27.42	40.03	10.30	2.62	4.88	1.45
赣化7号 Ganhua 7	11.10	9.18	7.77	27.76	39.40	9.97	2.50	4.29	1.28
汕优63 Shanyou 63	11.07	9.02	7.72	30.53	43.83	11.21	2.76	4.86	1.45

2.2 不同部位的籽粒灌浆特性

协优413不同部位的籽粒充实度均低于汕优63在10个百分点，两组合不同部位的籽粒充实度均是一次枝梗大于二次枝梗，上部大于下部，在汕优63不同部位的籽粒充实度的极差和变异系数分别为17.35%和7.96%，而协优413分别为19.33%和9.35%。

2.2.1 不同部位的籽粒灌浆参数

由表3可知，不同部位比较，两组合一般均是开花早充实度好的强势粒比弱势粒A值大，$t_{max}\cdot G$早，G_{max}大，G大，D短，相关分析表明，汕优63和协优413的A值与G_{max}、G有正相关（r分别为0.895 0*和0.897 1*，0.896 8*和0.882 7*）与$t_{max}\cdot G$、D有负相关（r分别为-0.854 3*和-0.860 6*，-0.929 4**和-0.782 0），汕优63的R_0也基本上是强势粒大于弱势粒，而协优413则这种规律不明显。两组合比较，协优413的$t_{max}\cdot G$较汕优63早，特别是中下部枝梗；上部G_{max}和G较汕优63小而中下部较汕优63大；上部一次枝梗的D较汕优63长，其他部位较汕优63短，特别是下部枝梗；上部枝梗R_0较汕优63低，但中下部较汕优63高。

表3 不同部位籽粒灌浆的Richards方程参数及次级参数

Table 3 First and second parameters of Richards equation of describing the grains filling in different positions

部位 Positions	组合 Hybrids	A （%）	B	K	N	R^2	R_0	$t_{max}\cdot G$	G_{max}	G	D （d）
上一 Up	a	98.75	771.3	0.594 5	2.341 8	0.999 4	0.253 9	9.75	10.49	6.67	14.81
	b	90.96	848.4	0.570 3	3.573 4	0.990 2	0.159 5	9.59	7.41	4.65	19.56
上二 Us	a	91.55	954.9	0.418 0	2.453 7	0.986 0	0.170 4	14.26	6.69	4.30	21.29
	b	80.55	1 000.8	0.435 5	2.568 0	0.990 1	0.169 6	13.74	6.07	3.89	20.71

（续表）

部位 Positions	组合 Hybrids	A（%）	B	K	N	R^2	R_0	$t_{max}\cdot G$	G_{max}	G	D（d）
中一 Mp	a	96.99	573.7	0.473 6	2.206 2	0.992 3	0.214 7	11.74	8.45	5.46	17.76
	b	92.02	935.9	0.554 7	2.202 3	0.996 3	0.251 9	10.91	9.40	6.07	15.16
中二 Ms	a	83.12	478.3	0.254 3	2.073 9	0.987 8	0.122 6	21.40	4.00	2.59	32.09
	b	80.94	730.4	0.271 2	2.082 3	0.989 6	0.130 2	21.60	4.15	2.69	30.09
下一 Lp	a	96.30	950.0	0.359 9	2.274 3	0.982 3	0.158 2	16.77	6.28	4.05	23.78
	b	89.84	1 021.9	0.484 4	1.989 0	0.997 1	0.243 5	12.89	8.40	5.45	16.48
下二 Ls	a	78.13	712.6	0.225 0	1.685 2	0.986 6	0.133 5	26.88	3.64	2.39	32.69
	b	72.51	747.9	0.272 9	1.718 9	0.998 0	0.162 7	21.72	4.17	2.72	26.66

注：a-汕优63 Shanyou63；b-协优413 Xieyou413；Up-上部一次枝梗 Upper primary branch；Us-上部二次枝梗 Upper secondary branch；Mp-中部一次枝梗 Middle primary branch；Ms-中部二次枝梗 Middle secondary branch；Lp-下部一次枝梗 Lower primary branch；Ls-下部二次枝梗 Lower secondary branch

2.2.2 不同部位籽粒的灌浆阶段划分

由表4可知，不同部位比较，一般是强势粒较弱势粒的t_1、t_2、t_3短，G_1、G_2、G_3大（但协优413中下部一次枝梗的G_2、G_3较上部一次枝梗大），W_1、W_2、W_3多，不同组合比较，协优413的t_1、t_2、t_3均较汕优63短（上部一次枝梗t_2除外），特别是下部枝梗；上部枝梗的G_1、G_2、G_3一般较汕优63低，而下部枝梗的G_1、G_2、G_3和中部枝梗的G_2、G_3则较汕优63高，W_1、W_2、W_3一般较汕优63少。

表4 不同部位不同阶段的籽粒灌浆参数

Table 4 Parameters of grains filling in different position during different phase

部位 Positions	组合 Hybrids	t_1	t_2	t_3	W_1	W_2	W_3	G_1	G_2	G_3
上一 Up	a	6.99	5.51	4.97	32.93	51.16	13.67	4.71	9.28	2.75
	b	6.33	6.52	4.78	37.39	42.96	9.70	5.91	6.58	2.03
上二 Us	a	10.29	7.95	7.00	31.28	49.96	12.30	3.04	5.91	1.76
	b	9.83	7.73	6.67	28.53	41.52	10.69	2.90	5.37	1.60
中一 Mp	a	8.34	7.88	5.21	31.39	55.86	8.82	3.76	7.08	1.69
	b	8.01	5.80	5.37	29.90	48.39	13.20	3.37	8.38	2.46
中二 Ms	a	15.17	12.45	11.82	26.04	46.01	12.25	1.72	3.53	1.04
	b	15.77	11.68	11.03	25.43	42.80	11.90	1.61	3.66	1.08

（续表）

部位 Positions	组合 Hybrids	t_1	t_2	t_3	W_1	W_2	W_3	G_1	G_2	G_3
下一 Lp	a	12.25	9.03	8.24	31.65	50.17	13.51	2.58	5.56	1.64
	b	9.66	6.46	6.24	27.44	47.67	13.70	2.84	7.38	2.20
下二 Ls	a	20.33	13.29	13.76	21.92	42.68	12.75	1.08	3.21	0.93
	b	16.35	10.75	11.24	20.56	39.51	11.74	1.26	3.68	1.06

3　讨论与小结

以往的水稻灌浆分析一般均是以粒重作为指标，这不利于品种间比较，特别是米粒重差异大的品种间比较，本文以不同时期受精粒的平均米粒重占最大米粒重的百分比（充实度）作为指标，可消除品种间粒重的差异，更有利于品种间比较；用Richards方程来描述籽粒灌浆过程中的充实度变化，其判断系数R^2一般均在0.98以上，配合程度很好，而且其生物学意义也很明显。因此，可以用Richards方程来配合籽粒灌浆过程中的充实度变化。对Richards方程的参数分析表明，威优413的各项参数均接近于对照，只是灌浆期略短于对照。因此，其籽粒充实度也接近于对照；汕优413虽然比对照的起始生长势大，灌浆速率也略高，但灌浆期短，因而充实度低；协优413与对照的起始生长势相当，但灌浆速率低，灌浆期短，特别是后期，结果充实度也低；赣化7号比对照的起始生长势小，灌浆速率低，但灌浆期略长。因此，可将参试亚杂组合分为3类：一类是起始生长势小，灌浆速率低，灌浆期长，如赣化7号；二类是起始生长势大，灌浆速率也较高，但灌浆期短，如汕优413；三类是起始生长势也较大，但灌浆速率较低，灌浆期较短，如威优413和协优413。

不同部位籽粒一般强势粒较弱势粒达到最大灌浆速率的时间早、灌浆速率大，灌浆期和活跃生长期短。协优413比对照达到最大灌浆速率的时间早、灌浆期和活跃生长期短，特别是中下部枝梗；协优413的起始生长势和灌浆速率均是上部枝梗小于对照而中下部枝梗大于对照，由此可见，协优413上部枝梗充实度较对照低的主要原因是起始生长势小，灌浆速率低，而中下部枝梗则主要是灌浆期短。

参考文献

[1] 朱庆森，曹显祖，骆亦其. 水稻籽灌浆的生长分析[J]. 作物学报，1988，14（3）：182-193.
[2] 刘承柳. 杂交水稻籽粒灌浆特性的研究[J]. 湖北农业科学，1980（8）：1-7.
[3] 庄宝华，洪植蕃. 两系杂交稻栽培生理生态特性[J]. 福建农学院学报，1993，22（2）：141-147.
[4] 彭春瑞，李华. 亚种间杂交稻的源库关系研究[J]. 江西农业大学学报，1995，17（4）：400-404.
[5] 彭春瑞，董秋洪. 亚种间杂交稻灌浆期的源库动态研究[J]. 江西农业学报，1996，8（1）：7-11.
[6] 周建林，陈良碧，周广洽. 亚种间杂交稻籽粒充实动态及生理研究[J]. 杂交水稻，1992（5）：36-40.

亚种间杂交稻的源库关系的研究

彭春瑞[1]　董秋洪[1]　涂田华[1]　李 华[2]

（[1]江西省农业科学院，南昌 330200；[2]鹰潭市农业科学研究所，鹰潭 335003）

摘　要：比较了亚种间杂交稻与汕优63的源库关系差异，分析了源库关系对结实率的影响。结果表明：①亚种间杂交稻较汕优63的库容量大，抽穗期单位叶面积负担的库容量多。②亚种间杂交稻单位面积上的有效穗数较汕优63少，但每穗粒数多，且分布在二次枝梗上的籽粒的比例大；抽穗期上部3片叶（高效叶）的面积占总叶面积的比例小。③剪叶和疏花对结实率的影响亚种间杂交稻较汕优63大。

关键词：亚种间杂交稻；源；库；结实率

Study on the Relationship of the Source-sink in the Intersubspecific Hybrid Rice

Peng Chunrui[1]　Dong Qiuhong[1]　Tu Tianhua[1]　Li Hua[2]

（[1]*Jiangxi Academy of Agricultural Science*，*Nanchang 330200*，*China*；
[2]*Institute of Agricultural Science of Yingtan City*，*Yingtan 335000*，*China*）

Abstract: This paper compares the relationship of source-sink in the intersubspecific hybrid rice with that in the Shanyou 63（intervarietal hybrid rice）, and analyses the effect of the relationship of the source-sink on the seed setting rate.The experimental results showed that: ①The intersubspecific hybrid rice，compared with Shanyou 63，had greater sink capacity，and its unit leaf area burdened more sink capacity at heading. ②The intersubspecific hybrid rice，compared with Shanyou 63，had smaller number of panicles/unit area，but larger number of grains per panicle，and higher proportion of grains distributed on the secondary branch.The proportion of the three topic of levels' area to the total leaf area in the intersubspecific hybrid rice was lower than that in Shanyou 63 at heading. ③The effect of cutting off leaves spikelets on seed setting rate in the intersubspecific hybrid rice was greater than that in Shanyou 63.

Key words: Intersubspecific hybrid rice; Source; Sink; Seed setting rate

结实率低是亚种间杂交稻在生产上亟待解决的一个难题。目前，已有很多学者对这一难题进行了研究[1-3]。水稻的源库关系是影响结实率的重要因素[4]，本文将从研究亚种间杂

本文原载：江西农业大学学报，1995，17（4）：400-404

交稻与汕优63的源库关系、源库结构特性差异入手，分析亚种间杂交稻结实率低的原因和克服途径，为亚种间杂交稻的配组和栽培提供理论依据。

1　材料与方法

1.1　供试组合

每年参试的亚种间组合均为4个，以品种间杂交组合汕优63作对照（表1）。

1.2　试验方法

试验于1993—1994年晚季进行，前作均为早熟早籼，移栽规格为16.7cm × 20cm，每穴插单粒谷苗。1993年小区面积6.7m^2，重复4次，1994年小区面积54m^2，不设重复；按杂交水稻高产栽培要求进行田间管理，抽穗期取样测定各部位叶的叶面积，成熟期每小区按平均穗数取样考种并收割测产；结实率用清水漂选法测定。以饱和食盐水选粒的粒重作为单粒容量；1993年于第4重复挂牌标记同天抽出大小基本一致的穗子，进行剪去1/4、2/4、3/4叶和疏去1/4、2/4、3/4花处理，以不剪叶、不疏花作对照，每处理12个穗子，成熟期分单株考种。

2　结果与分析

2.1　库及其组成与分布

2.1.1　库及其组成

由表1可知，组合的库容量两年都是亚种间组合较汕优63高，两年平均高11.37%，这表明亚种间杂交稻较汕优63具有更大的产量潜力。水稻的库容量是由单位面积穗数、每穗粒数及单粒容量3个因素决定的。亚种间杂交稻的库容量的构成特点是：单位面积的穗数均较少，平均较汕优63少12.43%，而每穗粒数均较多，平均较汕优63多35.39%，单位容量则有的组合高于汕优63，有的组合低于汕优63，平均较汕优63低5.92%。表明亚种间杂交稻的库容量大主要是由于其穗大粒多，有更强的大穗优势之故。

表1　各组合的库及其组成

年份	组合	穗数（根/m^2）	每穗粒数（粒）	单粒容量（mg）	库容量（kg/m^2）
1993	江农早ⅡA × JR1044	211.95	173.95	31.90	1.176 3
	江农早ⅡA × JR1044早	178.95	202.21	31.69	1.146 7
	江农早ⅡA × JR1046	196.95	194.26	28.43	1.087 7
	赣化7号	214.95	183.76	27.03	1.067 7
	汕优63（CK）	249.01	124.85	31.08	0.966 2
1994	威优413	198.90	158.67	31.31	0.988 1
	汕优413	174.00	176.00	30.79	0.942 9
	协优413	187.80	161.34	29.11	0.882 0

（续表）

年份	组合	穗数（根/m²）	每穗粒数（粒）	单粒容量（mg）	库容量（kg/m²）
1994	赣化7号	179.70	196.15	26.29	0.926 7
	汕优63（CK）	194.40	142.22	31.78	0.878 6

2.1.2 库的分布

由表2可知，亚种间杂交稻的每穗一次枝梗颖花数两年平均仅较汕优63高18.37%，而每穗二次枝梗颖花数却高47.50%。相关分析表明，每穗粒数与一次枝梗颖花数没有显著相关（r=0.543 8，n=10），而与二次枝梗颖花数有极显著正相关（r=0.949 7**，n=10），即组合间的每穗粒数差异主要是由于二次枝梗颖花数不同引起的，表明亚种间杂交稻每穗粒数多主要是由于二次枝梗上颖花数多之故。从表2还可看出，分布在二次枝梗上的颖花数的百分率、二次枝梗颖花数与一次枝梗颖花数之比均是亚种间杂交稻高于汕优63。表明亚种间杂交稻的库容量分布在弱势粒位的比例大。

表2　颖花在穗部的分布

年份	组合	一次枝梗		二次枝梗		B/A
		颖花数（A）	%	颖花数（B）	%	
1993	江农早ⅡA×JR1044	57.13	32.84	116.82	67.16	2.045
	江农早ⅡA×JR1044早	68.53	33.89	133.68	66.11	1.951
	江农早ⅡA×JR1046	65.21	33.57	129.05	66.43	1.979
	赣化7号	58.71	31.95	125.05	68.05	2.130
	汕优63（CK）	45.53	36.47	79.32	63.53	1.743
1994	威优413	66.23	41.73	92.44	58.27	1.396
	汕优413	68.97	39.19	107.03	60.81	1.552
	协优413	71.43	44.27	89.91	55.73	1.259
	赣化7号	69.57	35.47	126.58	64.53	1.819
	汕优63（CK）	65.51	46.06	76.71	53.94	1.171

2.2 叶面积系数及叶片布局

抽穗期的叶面积系数是反映水稻源特征的一个主要指标，抽穗期的叶片可分为上部3片叶（称为高效叶）、无效分蘖叶（称为无效叶）和倒3叶以下叶（和高效叶一起合称为有效叶）。高效叶是水稻抽穗后的主要光合器官，功能期长，其叶面积占的比例高则有利于抽穗后光合效率和干物质生产能力的提高，而无效叶和倒3叶以下叶，抽穗后衰老快，功能期短，对群体的通风透光也有不利影响。因此，这种叶的比例过大则不利于后期光合效率和干物质生产能力的提高。由表3可知，除1993年有3个亚种间组合抽穗期的叶面积系数较汕优63高外，其余亚种间组合的叶面积系数均较汕优63低。在叶片的布局上，亚种间杂交稻的高效叶率较汕优63低，而倒3叶以下叶和无效叶率较汕优63高。据1994年的资料分析表明，抽穗后30d的叶面积下降百分率与高效叶率有显著负相关（r=−0.911 8*，n=5）。因此，亚种间杂交稻的这种叶片布局，会导致抽穗后的叶面积下降速率快，不利于抽穗后维持较大的光合势。

表3　抽穗期的叶面积系数及其布局

年份	组合	叶面积系数	各部位叶的面积百分率（%）		
			高效叶	倒3叶以下叶	无效叶
1993	江农早ⅡA×JR1044	5.054	64.84	29.28	5.88
	江农早ⅡA×JR1044早	4.855	68.94	27.89	3.17
	江农早ⅡA×JR1046	4.369	74.82	20.99	4.19
	赣化7号	3.752	67.73	26.50	5.77
	汕优63（CK）	4.302	75.81	21.80	2.31
1994	威优413	3.607	63.43	26.44	10.13
	汕优413	3.619	60.93	27.47	11.13
	协优413	3.853	63.66	30.77	5.57
	赣化7号	3.622	60.37	30.28	9.35
	汕优63（CK）	4.580	67.79	29.96	2.25

2.3　源库关系

抽穗期的库容量/叶面积比是反映水稻源库关系的主要指标。从表4可见，无论是库容量与总叶面积比，还是库容量与高效叶面积比，均是亚种间杂交稻较汕优63高，两年平均分别高21.50%和33.80%，说明亚种间杂交稻的源库矛盾较汕优63大，且其高效叶面积比率低，叶面积下降速率快，因此，越到后期，其源库矛盾越较汕优63大。

2.4　结实率及其与源库的关系

2.4.1　结实率

由表4可见，亚种间杂交稻的结实率均较汕优63低，两年平均低17.16%（相对值），其中一次枝梗籽粒低9.65%，二次枝梗籽粒低21.27%，即与汕优63的结实率差异，二次枝梗籽粒较一次枝梗籽粒大。一二次枝梗籽粒的结实率差值，也均是亚种间杂交稻较汕优63大，两年平均高72.37%，表明亚种间杂交稻的强、弱势粒的营养竞争更激烈。

表4　各组合的库容量/叶面积比与结实率

年份	组合	库容量/叶面积（mg/cm²）		结实率（%）		
		全部叶	高效叶	一次枝梗	二次枝梗	全穗
1993	江农早ⅡA×JR1044	23.27	35.90	83.08	63.60	69.37
	江农早ⅡA×JR1044早	23.62	34.26	84.05	63.46	70.56
	江农早ⅡA×JR1046	24.90	33.27	83.90	63.14	72.00
	赣化7号	28.66	43.32	82.80	63.42	67.81
	汕优63（CK）	22.46	29.63	90.09	76.65	81.36
1994	威优413	27.39	43.19	74.17	61.48	66.75
	汕优413	26.05	42.76	80.82	57.93	66.69
	协优413	22.89	35.96	74.92	62.92	68.23
	赣化7号	25.59	42.38	77.09	52.33	61.12
	汕优63（CK）	19.18	28.30	87.07	78.40	82.36

2.4.2　组合间的源库关系与结实率

由表4可见，亚种间杂交稻的结实率低，其单位叶面积负担的库容量也高。相关分析表明，各组合的结实率与其库容量/总叶面积比有显著负相关（r=−0.729 1*，n=10），与其库容量/高效叶面积比有极显著负相关（r=−0.888 6**，n=10）。各亚种间杂交稻的结实率也与其库容量/总叶面积比有负相关趋势（r=−0.350 8，n=8），与其库容量/高效叶面积比有显著负相关（r=−0.760 7*，n=8）。由此可见，亚种间杂交稻的结实率低与其单位叶面积负担的库容量过大有关，特别是与单位高效叶面积负担的库容量过大有关。

2.4.3　组合内的源库变化对结实率的影响

由表5可见，抽穗期进行剪叶疏花试验表明，剪去一部分叶后，所有组合的结实率都会降低，但亚种间杂交稻的结实率下降的幅度较汕优63大，剪去3/4叶后，亚种间杂交稻的结实率减少了15.81%～18.93%，而汕优63仅减少13.75%。疏去一部分颖花，会使结实率提高，但亚种间杂交稻提高的幅度大于汕优63，疏去3/4颖花后，亚种间杂交稻的结实率可增加9.31%～15.56%，而汕优63仅增加9.03%。表明剪叶疏花对亚种间杂交稻的结实率的影响较汕优63大。

表5　剪叶、疏花对结实率的影响（%）

处理		江农早ⅡA×JR1044	江农早ⅡA×JR1044早	赣化7号	汕优63
剪叶	3/4	53.62	57.13	54.13	70.64
	2/4	57.74	69.89	60.19	78.65
	1/4	65.61	73.32	66.19	83.62
对照（CK）	—	72.55	75.56	69.94	84.39

（续表）

处理		江农早ⅡA×JR1044	江农早ⅡA×JR1044早	赣化7号	汕优63
疏花	1/4	78.99	76.20	74.77	87.44
	2/4	80.25	81.03	75.88	92.17
	3/4	85.03	91.17	79.25	93.42

3 讨论与结论

亚种间杂交稻的结实率普遍偏低，提高结实率是其增产的关键。许多研究认为其结实率低与源库关系不协调有关[2，3，5]。本研究的结果也表明，供试的亚种间组合的库容量均较汕优63大，抽穗期单位叶面积负担的库容量也较汕优63多，结实率则较汕优63低，且组合间的结实率与其单位叶面积负担的库容量有负相关，说明亚种间杂交稻的结实率低与其单位叶面积负担的库容量过大有关。因此，培育出源库关系协调，库容量/叶面积比适当的组合，是提高亚种间杂交稻结实率的有效途径。

本研究对亚种间杂交稻的源库结构特点进行了探讨。结果表明，亚种间杂交稻的单位面积穗数较少，其库容量较大主要是由于每穗粒数过多，而每穗粒数多又主要是由于二次枝梗籽粒多。分析表明，每穗粒数与结实率有负相关[r=−0.836 9，n=5（1993）和r=−0.894 0*，n=5（1994）]；二次枝梗与一次枝梗粒数之比与结实率也有负相关[r=−0.963 0**，n=5（1993）和r=−0.811 1，n=5（1994）]，与一二次枝梗的结实率的差值有正相关[r=0.770 7，n=5（1993）和r=0.948 0*，n=5（1994）]。表明每穗粒数过多，二次枝梗籽粒占的比重大，不利于结实率的提高，会导致一二次枝梗籽粒的结实率差值增大。因此，育种上培育出分蘖力强、穗型适中、一次枝梗籽粒占的比例较大的组合，有利于结实率的提高。亚种间杂交稻的高效叶率低，这就更加剧了其源库矛盾，因为高效叶率低，则后期光合效率低，叶面积下降速率快。因此，要提高结实率，在育种上不仅要注意培育出抽穗期叶面积系数大的组合，还应使组合有较高的高效叶面积率。

剪叶、疏花对亚种间杂交稻的结实率有很大的影响，表明通过改善栽培技术、协调源库关系能有效地提高其结实率。为此，在栽培上可适当增加基本苗、减少穗肥用量，控制每穗粒数过多和库容量过大。同时，及时晒田，提高成穗，改善后期的群体质量，增施粒肥以延长抽穗后叶片的功能期，维持后期较大光合势。

参考文献

[1] 袁隆平. 两系杂交水稻研究进展[J]. 中国农业科学，1990，23（2）：1-6.

[2] 彭春瑞. 籼粳杂交稻54605/广抗粳2号的结实率与源库流的关系研究.第四届全国水稻高产理论与实践研讨会论文汇编[C]. 北京：中国农业出版社，1994：275-279.

[3] 钱月琴. 杂交稻籽粒充实率问题初探[J]. 植物生理学通讯，1992，28（2）：121-123.

[4] 曹显祖. 水稻品种的源库特性及其类型划分的研究[J]. 作物学报，1987，13（4）：265-272.

[5] 卢向阳. 两系亚种间杂交稻高空秕粒率的生理原因探讨[J]. 湖南农学院学报，1992（1）：7-11.

亚种间杂交稻灌浆期的源库动态研究

彭春瑞[1]　董秋洪[2]　涂田华[2]

（[1]江西省农业科学院土壤肥料研究所，南昌 330200；
[2]江西省农业科学院测试研究所，南昌 330200）

摘　要：试验表明，①供试的亚种间组合的籽粒充实度均较汕优63低。②抽穗后单位叶面积负担的库容量变化呈“N”形曲线，但亚种间杂交稻的第二次上升时间早，且幅度大。③亚种间组合的源库矛盾较汕优63大，且越到后期这种差异越大。④充实度差的组合充实度不高可能与其后期物质运转能力低，造成灌浆物质不足，后期灌浆少有关。

关键词：亚种间杂交稻；源库；充实度；动态

A Study on the Source-Sink Dynamics of Inter-subspecific Hybrid Rice at Filling Stage

Peng Chunrui[1]　Dong Qiuhong[2]　Tu Tianhua[2]

（[1]*Soil and Fertilizer Institute*，*Jiangxi Academy of Agricultural Sciences*，*Nanchang 330200*，*China*；[2]*Survey and Examination Institute*，*Jiangxi Academy of Agricultural Sciences*，*Nanchang 330200*，*China*）

Abstract: The experimental results showed that the grain plumpness of inter-subspecific hybrid crosses tested were all lower than that of Shanyou 63，that the sink capacity per unit leaf area changed like a “N” curve，but the second rise in inter-subspecific hybrid crosses were earlier and bigger in range than that in Shanyou 63，that the source-sink imbalance in inter-subspecific crosses were more remarkable than that in Shanyou 63，and this imbalance became even more remarkable at the late stage of filling，and that low grain plumpness might be correlated with weak translocation and insufficient filling matter at the late period of filling.

Key words: Inter-subspecific hybrid rice；Source；Sink；Plumpness；Dynamics

对水稻的源库关系，国内外已有很多研究[1-3]。一般都是以抽穗期单位叶面积负担的颖花数或颖花容量来反映其源库关系。然而，由于品种特性和群体质量以及环境的差异，

本文原载：江西农业学报，1996，8（1）：7-11
基金项目：江西省自然科学基金资助项目

抽穗后籽粒的灌浆速率和叶面积下降速率是不同的。因此，源库关系也是不断变化的，仅以抽穗期的源库水平来反映其源库关系是不够全面的，对灌浆期的源库关系进行研究，不仅能更好地揭示其源库关系，而且对水稻灌浆生理的研究也具有重要意义。此外，以前的研究以颖花数或颖花数与粒重的乘积来表示库容量也不是很确切，因为并非所有的颖花都有灌浆能力，其中未受精的颖花是没有灌浆能力的，是无效库，不应计算库容量，特别是对空粒率较高的亚种间杂交稻[4]。为此，本研究以受精粒抽穗后未灌浆部分的库容量为库指标，以叶面积、茎鞘干重、籽粒灌浆物质量为源指标，动态地研究亚种间杂交稻和品种间杂交稻抽穗后的源库关系，为提高亚种间杂交稻的籽粒充实度提供依据。

1　材料与方法

1.1　供试组合

供试的亚（亚）种间杂交稻有威优423、汕优413、协优413、赣化7号，以品种间杂交稻汕优63作对照（CK）。

1.2　试验方法

试验于1994年晚季在江西省农业科学院土壤肥料研究所农场进行，稻田肥力中上，前作早籼浙辐218，栽插规格为16.7cm × 20cm，每穴插单粒谷苗，小区面积54m^2，按高产要求进行肥水管理。抽穗期标记同天抽出大小基本一致的穗子，每隔5d取20个穗子考察源库指标，成熟期考察充实度。

1.3　测定项目与方法

1.3.1　区分受精粒与未受精粒

受精粒与未受精粒区分，用I_2-KI法。

1.3.2　充实度

充实度按下式计算：

$$\text{籽粒充实度（\%）}=\frac{\text{受精粒单粒干重}-\text{单粒谷壳重}}{\text{饱和食盐水选粒单粒干重}-\text{单粒谷壳重}}\times 100$$

1.3.3　库容量

以受精粒粒数乘以籽粒最大容量表示抽穗期的库容量，以后各期的库容量以抽穗期的库容量减去受精粒的灌浆量表示。

1.4　数据处理

为了便于比较，各个时期的源库指标均根据抽穗期的穗粒数进行校正，使各个时期的穗粒数在同一水平来比较源库动态。

2 结果与分析

2.1 充实度与库容量变化

2.1.1 充实度

试验表明，供试的组合以汕优63的充实度最高（90.64%），亚（亚）种间杂交稻的充实度均较汕优63差。除威优413（88.01%）与汕优63接近外，汕优413（81.98%）、赣化7号（81.44%）、协优413（80.77%）均明显低于汕优63。

2.1.2 库容量变化

由表1可见，抽穗期单穗库容量汕优63明显小于亚（亚）种间组合，表明亚（亚）种间杂交稻的大穗优势确实较汕优63强。抽穗后，由于籽粒不断灌浆充实，因而库容量不断降低，但不同组合的降低速率是不同的，充实度高的汕优63和威优413在抽穗后15d就下降了33%，而3个充实度差的组合则仅降低27%~28%。同时，充实度高的2个组合到灌浆后期库容量仍有较大降低，而充实度差的两个组合则降低较小，抽穗40d以后，几乎不再降低，特别是充实度最差的协优413，不仅不降低，而且还有升高。说明保持较高的灌浆速率，特别是灌浆后期，对提高籽粒充实度有重要意义。

表1 灌浆期的库容量变化（g/穗）

Table 1 Change in sink capacity of rice at filling stage（g/panicle）

抽穗后天数（d） Days after heading	威优413 Weiyou 413	汕优413 Shanyou 413	协优413 Xieyou 413	赣化7号 Ganhua 7	汕优63 Shanyou 63
0	3.79	4.22	3.63	3.89	3.33
5	3.29	3.73	3.23	3.54	3.11
10	2.52	3.05	2.60	2.77	2.22
15	1.75	2.01	1.64	2.06	1.53
20	1.08	1.39	1.31	1.39	1.09
25	0.74	1.16	0.89	1.17	0.66
30	0.63	0.96	0.64	0.93	0.53
35	0.56	0.84	0.59	0.83	0.41
40	0.51	0.77	0.61	0.73	0.36
45	0.45	0.76	0.70	0.72	0.31

2.2 源的变化

2.2.1 叶面积

叶面积是反映物质生产能力的重要指标。由表2可见，抽穗后叶片不断衰老，叶面积不断下降，但不同的组合，下降速率不同。抽穗后15d，汕优63的叶面积仅降低了24.7%，而4个亚（亚）种间杂交稻则分别降低了29.67%～36.35%，即亚（亚）种间杂交稻抽穗后的叶片衰老较快。

表2　灌浆期的源变化

Table 2　Change in source size of rice at filling stage

项目 Items	抽穗后天数 Days after heading	威优413 Weiyou 413	汕优413 Shanyou 413	协优413 Xieyou 413	赣化7号 Ganhua 7	汕优63 Shanyou 63
叶面积（cm^2/穗）Leaf area（cm^2/panicle）	0	169.45	199.46	207.28	172.80	202.50
	5	145.41	171.28	183.83	141.78	187.78
	10	130.10	154.15	179.55	117.56	177.97
	15	108.94	135.28	145.79	109.98	152.50
	20	87.00	113.75	126.16	99.30	129.21
	25	82.44	92.95	103.98	81.52	105.91
	30	74.02	70.87	98.18	62.16	100.08
	35	53.50	49.50	88.78	54.29	88.61
	40	43.90	40.27	57.73	46.40	59.20
	45	22.58	11.64	16.11	19.27	34.15
茎鞘干重（g/穗）Dry weight of stem and sheath（g/panicle）	0	2.086	2.814	2.921	2.589	2.387
	5	2.274	2.607	3.064	2.733	2.456
	10	2.356	2.807	3.158	2.413	2.563
	15	2.065	2.397	2.625	2.164	2.163
	20	2.024	2.305	2.550	2.098	1.913
	25	1.944	2.133	2.314	1.916	1.832
	30	1.814	2.041	2.233	1.829	1.728
	35	1.733	1.832	2.066	1.736	1.640
	40	1.625	1.768	2.103	1.802	1.586
	45	1.605	1.826	2.241	1.873	1.529

2.2.2　茎鞘干重变化

茎鞘贮藏物质是灌浆物质的重要组成部分，茎鞘干重的变化是反映茎鞘物质运转能力强弱的重要指标。由表2可见，茎鞘干重在抽穗后5～10d达到最大值，随后茎鞘贮藏物质向籽粒输送，供灌浆需要，茎鞘干重下降。但3个充实度差的组合的茎鞘干重，在灌浆后期（抽穗后35～40d）又有回升，而充实度高的两个组合（汕优413和威优413）则直至成熟期茎鞘干重都在下降。这表明3个充实度差的组合的后期库容量降低慢可能与其物质运转不畅有关。

2.3 源库关系变化

2.3.1 单位叶面积负担的库容量变化

由表3可知，抽穗后单位叶面积负担的库容量呈“N”形曲线变化，即抽穗后略有上升，到抽穗后5d开始下降，达到最低点后又开始上升。不同组合第二次上升的时间和幅度不同，汕优63抽穗后35d开始上升，且上升速度小。而亚（亚）种间杂交稻在抽穗后20～30d就开始上升，且上升幅度大。亚（亚）种间杂交稻与汕优63的单位叶面积负担的库容量的差异在不同时期是不同的，抽穗期相差较小，仅较汕优63高6.51%～37.40%，越到灌浆后期差异越大，抽穗后25d较汕优63高37.4%～130.34%，抽穗后45d则高119.49%～619.05%。这表明越到灌浆后期，亚（亚）种间杂交稻的源库矛盾较汕优63越大。

2.3.2 单位库容量每天占有的灌浆物质量

由表4可知，单位库容量每天占有的灌浆物质量，以汕优63最高，其次是威优413。不同时期的单位库容量每天占有的灌浆物质量以中期（抽穗后16～30d）最多，其次是前期（抽穗后0～15d），后期（抽穗后31～45d）最少。前期亚（亚）种间杂交稻的单位库容量每天占有的灌浆物质量与汕优63相差不大，中期差异增大，后期差异更大。相关分析表明，越到后期，单位库容量每天占有的灌浆物质量与充实度的相关系数越大。这说明后期仍有较高的物质生产能力和输送能力的组合，充实度高。

表3 灌浆期的库容量/叶面积比变化（mg/cm^2）

Table 3 Change in ratio of sink capacity to leaf area at filling stage（mg/cm^2）

抽穗后天数 Days after heading	威优413 Weiyou 413	汕优413 Shanyou 413	协优413 Xieyou 413	赣化7号 Ganhua 7	汕优63 Shanyou 63
0	22.35	21.16	17.51	22.51	16.44
5	22.63	21.78	17.57	24.97	16.56
10	19.36	19.79	14.48	23.56	12.47
15	16.06	14.86	11.25	18.73	10.03
20	12.41	12.22	10.38	14.00	8.44
25	8.98	12.68	8.56	14.35	6.23
30	8.51	13.55	6.52	14.96	5.30
35	10.84	16.97	6.65	15.28	4.63
40	11.61	19.12	10.57	15.73	6.08
45	19.93	65.29	43.45	37.36	9.08

表4　单位库容量每天占有的灌浆物质量［mg/（g·d）］

Table 4　Daily amount of filling matter per unit sink capacity［mg/（g·d）］

时期 Period	威优413 Weiyou 413	汕优413 Shanyou 413	协优413 Xieyou 413	赣化7号 Ganhua 7	汕优63 Shanyou 63	*r*
0 ~ 15	50.84	49.79	50.52	40.16	51.59	0.471 4
16 ~ 30	66.71	49.09	62.74	55.62	70.76	0.774 0
31 ~ 45	22.51	15.47	−6.16	17.29	35.74	0.826 6

注：*r*为单位库容量每天占有灌浆物质量与籽粒充实度的相关系数

3　讨论与结论

3.1　亚（亚）种间组合与汕优63抽穗后的源库动态差异

亚（亚）种间杂交稻抽穗期的单位叶面积负担的库容量较汕优63多，而且，在灌浆期其叶面积下降速率较汕优63快，因此，越到后期单位叶面积负担的库容量越较汕优63大。不同时期的单位库容量每天占有的灌浆物质量，亚（亚）种间杂交稻较汕优63少，越到后期这种差异越大。因此，亚（亚）种间杂交稻不仅抽穗期的源库矛盾较汕优63大，而且越到灌浆后期，源库矛盾越比汕优63大。

3.2　组合间的充实度差异与灌浆期源库动态关系

试验表明，充实度不同的组合，其灌浆期的源库动态也不同，充实度较好的汕优63和威优413不仅在抽穗后15d内的库容量降低快，而且到灌浆后期仍有较大幅度的降低，而充实度差的3个组合则相反；充实度好的2个组合直至成熟期茎鞘干重都在下降，而充实度差的3个组合则在灌浆后期又会出现茎鞘干重重新增加的现象。这说明这3个组合充实度差可能与其灌浆后期的物质运转不畅有关。

参考文献

［1］曹显祖，朱庆森. 水稻品种的源库特征及其类型划分的研究[J]. 作物学报，1987，13（4）：265-272.

［2］彭春瑞，董秋洪，涂田华，等. 亚种间杂交稻的源库关系的研究[J]. 江西农业大学学报，1995，17（4）：400-404.

［3］Haffifte H R，Traris R L. Photosynthesis and assimilate partitioning and closely related line of rice exhibiting different sink-source relationship[J]. CroP Science，1984，24：447-452.

［4］彭春瑞，涂田华，董秋洪. 亚种间杂交稻空秕粒率的初步研究[J]. 江西农业学报，1995，7（1）：7-10.

亚种间杂交稻大穗形成机理研究

Ⅰ. 颖花的形成特点

彭春瑞[1]　董秋洪[1]　涂田华[1]　黄振辉[2]

（[1]江西省农业科学院，南昌 330200；[2]江西省乐安县农技中心，乐安 344300）

摘　要：比较了亚种间杂交稻赣化7号与品种间杂交稻汕优63的枝梗和颖花的分化及发育特性，分析了颖花的分化、发育及一、二次枝梗对大穗形成的作用，提出了增加颖花数的主攻方向。

关键词：亚种间杂交稻；颖花分化；枝梗分化

Studies on the Mechanism of Large Panicle Formation for Inter-subspecific Hybrid Rice

Ⅰ. Features of Spikelet Formation

Peng Chunrui[1]　Dong Qiuhong[1]　Tu Tianhua[1]　Huang Zhenhui[2]

（[1]*Jiangxi Academy of Agricultural Sciences*，*Nanchang 330200*，*China*；
[2]*Le'an County Popularization Center for Agricultural Technology*，*Le'an 344300*，*China*）

Abstract: The features of spikelet formation for inter-subspecific hybrid rice were studied with Ganhua 7 as the material and Shanyou 63，an inter-varietal hybrid rice as the check. The results indicated that: Ganhua 7 had more branches，especially the number of secondary branches，stronger capacity of spikelet differentiation and less spikelet retrograde rate，than Shanyou 63，so Ganhua 7 had more spikelets per panicle.The way to increase the number of spikelets per panicle was to promote spikelet differentiation and increase the number of secondary branches.

Key words: Inter-subspecific hybrid rice; Spikelet differentiation; Branch differentiation

对水稻大穗形成的机理，目前已有较多的研究[1，2]。亚种间杂交稻具有明显的大穗优势[3，4]，然而对其大穗形成的机理，目前还未见有报道。为此，本文研究了亚种间杂交稻的颖花形成特点，探讨了其大穗形成的规律，以期为亚种间杂交稻的穗型调控及高产栽培提供理论依据。

本文原载：杂交水稻，1995（5）：28-30

1　材料与方法

供试的籼粳杂交稻为赣化7号（5460S×广抗粳2号），以品种间杂交稻汕优63为对照。于1994年作双晚在江西省农业科学院耕作栽培研究所试验农场种植，按高产要求进行栽培管理，始穗期每组合按平均苗数取3蔸，分单穗考察其枝梗和颖花分化、退化情况。

2　结果与分析

2.1　枝梗的分化和发育

枝梗数的多少是决定穗型大小的基础。由表1可知，赣化7号的一、二次枝梗分化数分别较汕优63高20.15%和36.5%，每个正常的一次枝梗上分化的二次枝梗数也较汕优63高20.34%，因此，赣化7号的枝梗分化能力较汕优63强。其一次枝梗退化率高于汕优63，二次枝梗退化率则低于汕优63。最终发育正常的一、二枝梗数分别较汕优63高13.69%和56.93%，每个一次枝梗上的二次枝梗数也较汕优63高38.30%。由此可见，赣化7号的枝梗数多，特别是二次枝梗数多，建立了形成大穗的“骨架”。

表1　两类杂交稻枝梗的分化发育特性

Table 1　Characteristics of panicle branch differentiation and development

项目 Item	一次枝梗 Primary branch		二次枝梗 Secondary branch	
	赣化7号 Ganhua 7	汕优63 Shanyou 63	赣化7号 Ganhua 7	汕优63 Shanyou 63
分化数 No. of differentiation	14.13	11.76	49.87	36.52
正常数 No. of normal	12.30	10.84	38.48	24.52
退化率（%） Retrograded rate	12.96	7.82	22.84	32.86

2.2　颖花的分化发育特性

2.2.1　颖花数

赣化7号的枝梗数多，奠定了大穗的基础。而且，不论是一次枝梗，还是二次枝梗，其每个枝梗上着生的颖花数均较汕优63多，因而，每穗的颖花数多，平均每穗颖花数较汕优63高46.11%（表2）。从不同部位来看，赣化7号一次枝梗上的颖花数仅较汕优63高16.88%，而二次枝梗上的颖花数则较汕优63多70.77%。因而，其穗大主要是由于二次枝梗上颖花数多。

表2　两类杂交稻颖花的分化发育特性

Table 2　Characteristics of spikelet differentiation and development

项目 Item	一次枝梗 Primary branch		二次枝梗 Secondary branch		全部 Whole panicle	
	赣化7号 Ganhua 7	汕优63 Shanyou 63	赣化7号 Ganhua 7	汕优63 Shanyou 63	赣化7号 Ganhua 7	汕优63 Shanyou 63
分化数 No. of differentiation	82.67	67.20	162.44	111.08	245.00	178.28
正常数 No. of normal	71.67	61.32	124.87	73.12	196.43	134.44
退化率（%） Retrograded rate	13.31	8.75	23.13	34.18	19.82	24.59
颖花/枝梗 Spikelets/branch	5.82	5.66	3.25	2.98		

2.2.2　颖花数与分化、发育的关系

水稻的颖花数的多少，取决于两个因素：一是分化颖花数的多少，二是颖花退化率的高低。由表2可知，赣化7号的分化颖花数较汕优63高37.42%，而退化率则较汕优63低，因而每穗颖花数多。分化颖花数和退化率哪个因素对颖花数的影响更大呢？为弄清这一问题把发育（正常）颖花数与分化颖花数之比，称为“保颖率”。然后分析分化颖花数和保颖率对颖花数的影响。结果发现，与颖花数的相关系数，两组合均是分化颖花数大于保颖率，对颖花数的直接通径系数，两组合也是分化颖花数大于保颖率（表3），表明促进颖花分化比防止颖花退化对大穗形成的作用大，要形成大穗首先应促进颖花分化。

表3　分化颖花数与保颖率对颖花数的影响

Table 3　Effects of the number of differentiated spikelets and the protected spikelet rate on the number of spikelets

项目 Item	分化颖花数 No. of differentiated spikelets		保颖率 Protected spikelet rate	
	赣化7号 Ganhua 7	汕优63 Shanyou 63	赣化7号 Ganhua 7	汕优63 Shanyou 63
相关系数 Correlation coefficient	0.908 5**	0.951 0**	0.735 0**	0.782 7**
通径系数 Path coefficient	0.729 6	0.747 1	0.434 9	0.362 9

注：保颖率（%）=正常颖花数/分化颖花数

2.3　颖花形成与枝梗的关系

水稻的颖花是着生在枝梗上的，因而枝梗的分化发育与颖花的分化发育密切相关。分析表明，两组合的一、二次枝梗的分化数与其相应枝梗上的颖花分化数有极显著正相关，相关系数赣化7号分别为0.924 9**和0.953 2**，汕优63分别为0.982 7**和0.966 2**，而两组合的颖花数退化又主要是伴随着枝梗的退化而退化，颖花自身的退化占总退化数的比例很小，赣化7号为7.04%，汕优63为5.29%，因而稻穗上的颖花数也就与枝梗数密切相关。由表4可知，一次枝梗数每增加一个，赣化7号和汕优63的每穗颖花数可分别增加25.06朵和19.31朵，二次枝梗数每增加一个，则每穗颖花数可分别增加4.18朵和4.01朵，即增加一个枝梗数赣化7号增加的颖花数较汕优63多。从相关系数来看，两个组合均是二次枝梗较一次枝梗对颖花数的作用大，通径系数分析表明，赣化7号一、二次枝梗对颖花数的直接通径系数分别为0.134 2和0.902 3，汕优63分别为0.213 0和0.839 1，即两组合也均是二次枝梗对颖花数的作用最大。增加每穗颖花数应主攻二次枝梗数。

表4　颖花数依枝梗数的回归方程

Table 4　Regression equations of the number of spikelets on the number of branches

组合 Combination	部位 Position	回归方程 Regression equations	r
赣化7号 Ganhua 7	一次枝梗 Primary branch	$y=-111.89+25.06x$	0.600 1**
	二次枝梗 Secondary branch	$y=-35.65+4.18x$	0.971 6**
汕优63 Shanyou 63	一次枝梗 Primary branch	$y=-79.37+19.31x$	0.778 8**
	二次枝梗 Secondary branch	$y=-36.10+4.01x$	0.982 7**

3　讨论与结论

3.1　亚种间杂交稻的颖花形成特点

本研究表明，亚种间杂交稻赣化7号较品种间杂交稻汕优63的枝梗分化数多，发育正常的枝梗数也多，特别是二次枝梗数多，因而形成了大穗的“骨架”。从颖花的分化、发育特性来看，赣化7号不仅颖花分化能力强，每穗分化颖花数多，而且退化率低，因而最终每穗颖花数多，显示了强大的大穗优势。

3.2　增加每穗颖花数的途径

研究表明，每个组合的每穗颖花数主要取决于分化颖花数的多少，其次才是退化率的高低，因而，要增加颖花数主要应促进颖花分化，其次才是防止颖花退化。分析还表明，颖花数的多少还与枝梗数密切相关，二次枝梗对颖花数的贡献大于一次枝梗，因而要增加每穗颖花数重点应增加二次枝梗数。

参考文献

[1] 姚友礼，王余龙，蔡建中. 水稻大穗形成机理的研究Ⅰ. 品种间每穗颖花分化数的差异及其与穗部性状关系[J]. 江苏农学院学报，1994，15（2）：33-38.
[2] 姚友礼，王余龙，蔡建中. 水稻大穗形成机理的研究Ⅱ. 品种间每穗颖花退化数的差异及其与分化数及抽穗期物质生产的关系[J]. 江苏农学院学报，1994，15（4）：24-29.
[3] 朱运昌，廖伏明. 水稻两系亚种间种优势的研究[J]. 杂交水稻，1990（3）：32-34.
[4] 袁隆平. 杂交水稻的育种战略设想[J]. 杂交水稻，1987（1）：1-3.

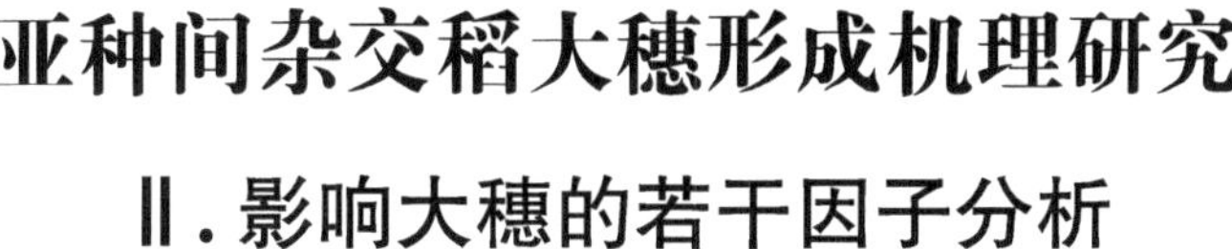

亚种间杂交稻大穗形成机理研究

Ⅱ.影响大穗的若干因子分析

彭春瑞[1]　涂田华[2]　董秋洪[2]

（[1]江西省农业科学院土壤肥料研究所，南昌 330200；
[2]江西省农业科学院测试研究所，南昌 330200）

摘　要：本文分析了茎粗、单茎重、叶面积3个因子对亚种间杂交稻赣化7号与品种间杂交稻汕优63的大穗形成的影响。结果表明：①增加茎粗和单茎重能显著地促进大穗形成，增加上部叶片面积也对大穗形成有利。②赣化7号形成大穗的能力较汕优63强，且对环境的敏感性较汕优63弱。③增加物质供应对赣化7号的颖花发育和大穗形成较汕优63更为重要。④赣化7号增加颖花数主要应促进颖花分化，汕优63增加颖花数应以促进颖花分化为主，兼顾防止颖花退化。

关键词：亚种间杂交稻；颖花分化；穗部性状

A Study on the Mechanism of Large Panicle Formation in Inter-subspecific Hybrid Rice

Ⅱ. Analysis on the factors affecting large panicle formation

Peng Chunrui[1]　Tu Tianhua[2]　Dong Qiuhong[2]

（[1]*Institute Soil and Fertilizer*，*Jiangxi Academy of Agricultural Sciences*，*Nanchang 330200*，*China*；[2]*Measuring Institute*，*Jiangxi Academy of Agricultural Sciences*，*Nanchang 330200*，*China*）

Abstract: The effect of three factors（stem perimeter，weight per plant，and leaf area）on the formation of large panicles was analyzed in this paper. The results showed that increase in stem perimeter，weight per plant，and upper leaf area could significantly promote large panicle formation. The large panicle formation of Ganhua 7 was larger in capability，and less sensitive to environment，than that of Shanyou 63. Increase in dry matter supply was more important to spikelet development and large panicle formation in Ganhua 7 than in Shanyou 63. The chief way to increase the number of spikelets was to promote spikelet differentiation in both Ganhua 7 and Shanyou 63，in addition to

本文原载：江西农业学报，1996，8（2）：159-164

preventing spike retrogration in Shanyou 63.

Key words: Inter-subspecific hybrid rice; Spikelet differentiation; Panicle character

对水稻的大穗形成机理，已有一些研究[1, 2]，亚种间杂交稻具有明显的大穗优势[3, 4]，然而，对其大穗形成的机理，目前的研究极少，笔者曾报道了亚种间杂交稻的颖花形成特点[5]。本文将着重分析始穗期的茎粗、单茎重、上部叶片面积3个因子对大穗形成的影响，以期进一步阐明亚种间杂交稻的大穗形成机理，为亚种间杂交稻的穗型调控和高产栽培提供依据。

1 材料与方法

供试的亚种间组合为赣化7号（5460S/广抗粳2号），以品种间杂交稻汕优63为对照。两组合在相同的种植条件下栽培，前作为早籼早熟品种，移栽规格16.7cm × 20cm，每穴插单粒谷苗，按高产要求进行田间管理和病虫防治，始穗期每组合根据平均苗数取3蔸，分单穗考察其枝梗和颖花分化、退化状况以及各单穗的基部第一节间周长、单茎干重（分茎鞘、叶片、穗）、上部4片叶的面积、茎长、穗长等。然后，将资料进行相关分析。

2 结果与分析

2.1 各性状的考察结果

由表1可见，赣化7号的穗部性状明显优于汕优63，特别是二次枝梗数和颖花数较汕优63高，且其穗部性状的变异系数均较汕优63小，这似乎表明赣化7号的穗部性状受环境的影响较汕优63小。赣化7号的茎粗与汕优63相当，其变异系数也相当，赣化7号的单茎重略高于汕优63，但叶重低于汕优63，叶面积则较汕优63小，单茎重和不同部位的叶面积的变异系数赣化7号和汕优63相当。茎长则是赣化7号较汕优63高。表1中各个性状的变异系数一般均在10%以上，说明资料有代表性。

表1 各性状的考察值

Table 1 Agronomical characters of the varieties tested

	赣化7号 Ganhua 7		汕优63 Shanyou 63	
	$X \pm S$	CV（%）	$X \pm S$	CV（%）
一次枝梗数 No.of primary branches	12.30 ± 0.97	7.92	10.84 ± 1.46	13.47
二次枝梗数 No.of secondary branches	38.48 ± 9.46	24.58	24.52 ± 8.75	35.69
二次枝梗/一次枝梗 Secondary branches/primary branches	3.16 ± 0.68	21.52	2.23 ± 0.68	30.49
分化颖花数 No.of differentiated spikelets	245 ± 37.60	15.35	178.28 ± 35.58	19.79

（续表）

	赣化7号 Ganhua 7		汕优63 Shanyou 63	
	$X \pm S$	CV（%）	$X \pm S$	CV（%）
退化率（%） Retrogration rate	20.26 ± 7.9	38.99	25.32 ± 8.13	32.11
正常颖花数 No.of normal spikelets	196.43 ± 40.67	20.70	134.44 ± 35.70	26.55
基部节间周长（cm） Perimeter of basal nodes	2.63 ± 0.33	12.55	2.67 ± 0.32	11.99
茎鞘重/茎长（mg/cm） Stem and sheath weight/stem length	29.47 ± 5.18	17.58	29.52 ± 5.34	18.09
单茎叶重（g） Leaf weight per plant	0.76 ± 0.17	22.37	0.86 ± 0.17	19.76
单茎茎鞘重（g） Stem and sheath weight per plant	2.12 ± 0.46	21.69	1.82 ± 0.36	19.78
单茎重（g） Weight per plant	3.37 ± 0.70	20.77	3.07 ± 0.59	19.22
倒1叶面积（cm^2） Area of upper 1st leaf	34.69 ± 5.84	16.83	42.20 ± 6.98	16.54
倒2叶面积（cm^2） Area of upper 2nd leaf	50.64 ± 6.62	13.07	55.49 ± 8.96	16.15
倒3叶面积（cm^2） Area of upper 3rd leaf	48.07 ± 6.26	13.02	54.23 ± 7.00	12.90
倒4叶面积（cm^2） Area of upper 4th leaf	37.62 ± 8.03	21.35	48.07 ± 7.45	15.50
茎长（cm） Stem length	71.17 ± 5.98	8.40	61.83 ± 6.85	11.08

2.2　茎粗对穗部性状的影响

茎秆粗壮是大穗形成的基础，同一组合，茎秆粗壮的个体必然穗大粒多。用直线回归$Y=a+bx$来反映基部第一节间的周长与穗部性状的关系可知（表2），两组合的基部节间周长与一次枝梗数、二次枝梗数，每个一次枝梗上的二次枝梗数、颖花数均有显著或极显著正相关。说明增加基部节间的粗度能明显改善穗部性状，促进大穗形成。但回归方程中的a值，赣化7号明显大于汕优63，b值则小于汕优63，即在个体小时，赣化7号的穗部性状更优于汕优63，随着个体增大，汕优63的穗部性状慢慢接近赣化7号，例如，当基部第一节间周长为1.5cm时，赣化7号的每穗粒数为99.4粒，而汕优63仅为28.5粒，前者是后者的3.5倍，当周长达到3.2cm时，赣化7号的每穗粒数为245.3粒，汕优63仅为182.1粒，前者是后者的1.4倍，只有当周长达到17.3cm时，汕优63的每穗粒数方能赶上赣化7号，而在群体条件下，个体的平均周长很难超过3cm（本试验中仅为2.6cm左右），因此，汕优63的每穗粒数总是较赣化7号少。上述结果表明，赣化7号的大穗形成能力较汕优63强，且受环境的影响较汕优63弱。

表2　茎粗对穗部性状的影响

Table 2　Effect of stem perimeter on panicle characters

穗部性状 Panicle characters *Y*	茎粗 Stem perimeter *X*	赣化7号 Ganhua 7		汕优63 Shanyou 63	
		回归方程 Regression equation	*r*	回归方程 Regression equation	*r*
一次枝梗数 No.of primary branches	基部节间周长 Perimeter of basal nodes（cm）	Y=7.58+1.79X	0.607 1**	Y=3.90+2.899X	0.628 0**
二次枝梗数 No.of secondary branches		Y=−13.57+19.79X	0.689 4**	Y=−31.57+21.06X	0.763 0**
二次枝梗/一次枝梗 Secondary branches/primary branches		Y=0.513+1.006X	0.478 3*	Y=−1.47+1.383X	0.642 3**
颖花数 No.of spikelets		Y=−29.42+85.86X	0.695 6**	Y=−107.1+90.36X	0.802 2**
一次枝梗数 No.of primary branches	茎鞘重/茎长 Stem and sheath weight/stem length（kg/cm）	Y=9.300+0.102X	0.543 0**	Y=7.59+0.110X	0.402 8*
二次枝梗数 No.of secondary branches		Y=−1.107+1.344X	0.736 6**	Y=9.83+0.498X	0.304 4
二次枝梗/一次枝梗 Secondary branches/primary branches		Y=0.712+0.081X	0.620 8**	Y=1.523+0.024X	0.186 6
颖花数 No.of spikelets		Y=25.55+5.799X	0.739 5**	Y=65.94+2.320X	0.347 7

分析茎鞘重/茎长比与穗部性状的关系可以看出，赣化7号的单位长度茎鞘重与一次枝梗数、二次枝梗数、每个一次枝梗上的二次枝梗数、颖花数有极显著正相关，而汕优63除与一次枝梗数相关达到显著外，与其他性状均没有显著相关（表2），说明增加茎鞘的物质贮藏量或降低节间长度，提高单位长度的茎鞘重可明显改善赣化7号的穗部性状，但对汕优63的穗部性状没有明显的影响。

2.3　单茎重对颖花分化发育的影响

单茎重也是影响大穗的一个重要因素，由表3可见，两组合的分化颖花数和正常颖花数都与始穗期的单茎叶重、单茎茎鞘重、单茎重有极显著正相关，说明提高单茎重能明显增加每穗分化颖花数和正常颖花数。但回归方程中的a值，则赣化7号明显较汕优63大，b值则和汕优63相当，这说明在单茎干重相同时，赣化7号的分化颖花数和正常颖花数均较汕优63多，进一步证明了赣化7号的大穗形成能力较汕优63强。赣化7号的颖花退化率与每朵分化颖花占有茎鞘重、总重均有显著或极显著负相关，与每朵分化颖花占有的叶重没有明显负相关，而汕优63则颖花退化率与每朵分化颖花占有的茎鞘重、叶重、总重都没有显著负相关，说明增加植株的干物质生产量，特别是茎鞘物质量，满足颖花发育对物质的需求，对防止赣化7号的颖花退化率有明显的作用，而对汕优63的退化率则没有明显影响。

表3　始穗期干物质生产量对颖花分化发育的影响

Table 3　Effect of dry matter production at early heading stage on spikelet differentiation and development

颖花数 No. of spikelets	单茎重 Weight per plant X	赣化7号 Ganhua 7		汕优63 Shanyou 63	
		回归方程 Regression equation	r	回归方程 Regression equation	r
分化颖花数 No.of differentiated spikelets	叶重（g） Leaf weight	Y=113.8+173.7X	0.774 2**	Y=31.79+170.1X	0.794 1**
	茎鞘重（g） Stem and sheath weight	Y=88.67+73.73X	0.907 6**	Y=31.20+80.78X	0.807 3**
	总重（g） Total weight	Y=77.04+49.79X	0.923 0**	Y=17.54+52.39X	0.864 5**
退化率（%） Retrogration rate	叶重（g） Leaf weight	Y=30.37−3.289X	−0.178 8	Y=9.733+3.198X	0.219 2
	茎鞘重（g） Stem and sheath weight	Y=54.37−3.964X	−0.459 8*	Y=1.203+2.341X	0.358 6
	总重（g） Total weight	Y=68.91−3.553X	−0.559 3**	Y=2.077+14.74X	0.275 9
正常颖花数 No.of normal spikelets	叶重（g） Leaf weight	Y=57.91+183.4X	0.755 8**	Y=−8.42+165.9X	0.771 7**
	茎鞘重（g） Stem and sheath weight	Y=33.39+76.88X	0.875 4**	Y=−5.85+77.06X	0.767 4**
	总重（g） Total weight	Y=17.65+52.66X	0.908 5**	Y=−21.38+50.79X	0.835 2**

2.4 上部叶面积对颖花分化发育的影响

由表4可见，赣化7号的分化颖花数仅与倒2叶的面积有显著正相关，退化率则与倒2叶面积有显著负相关，正常数与倒2叶面积有极显著正相关，与其他叶的面积相关不显著，这表明赣化7号要增加每穗粒数应主要促进倒2叶的生长，促进其他顶部叶片的生长的增粒效果不大。汕优63的分化颖花数与正常颖花数均与倒1～3叶的面积有极显著正相关，退化率与倒1叶的面积有显著负相关。表明促进顶部3片叶的生长，能明显增加汕优63的每穗粒数。

表4 上部叶片面积对颖花分化发育的影响

Table 4 Effect of upper leaf area on spikelet differentiation and development

组合 Combinations		倒1叶（r） Upper 1st leaf （r）	倒2叶（r） Upper 2nd leaf （r）	倒3叶（r） Upper 3rd leaf （r）	倒4叶（r） Upper 4th leaf （r）
赣化7号 Ganhua 7	分化颖花数 No.of differentiated spikelets	0.284 4	0.437 3*	0.399 2	0.383 2
	退化率（%） Retrogration rate	−0.329 8	−0.510 6*	0.103 8	0.041 0
	正常颖花数 No.of normal spikelets	0.393 4	0.549 5**	0.270 7	0.302 6
汕优63 Shanyou 63	分化颖花数 No.of differentiated spikelets	0.870 5**	0.717 5**	0.561 0**	0.119 3
	退化率（%） Retrogration rate	−0.489 7*	0.178 4	−0.308 1	0.017 6
	正常颖花数 No.of normal spikelets	0.825 0**	0.604 9**	0.547 4**	0.110 6

3 讨论与结论

3.1 亚种间杂交稻的大穗形成能力

笔者先前的研究结果表明，赣化7号较汕优63的枝梗数多，特别是二次枝梗数多，颖花数多[5]。本研究表明，在单茎干重相同时，亚种间杂交稻赣化7号的穗部性状明显优于汕优63，在茎粗与穗部性状的回归方程中，赣化7号的a值大于汕优63，b值则小于汕优63。这说明赣化7号的大穗形成能力较汕优63强，在本试验中，赣化7号的茎粗与单茎重没有多大差异，但赣化7号的穗部性状明显优于汕优63，这与赣化7号的大穗形成能力较汕优63强有关。同时，赣化7号的穗部性状的变异系数较汕优63小，且受茎粗的影响也较汕优63小，表明赣化7号的穗部性状受环境的影响较汕优63小。

3.2　物质供应与大穗形成的关系

本试验表明，赣化7号的单位长度的茎鞘重与穗部性状有显著正相关，颖花退化率与每朵分化颖花占有干物质生产量及茎鞘重有显著负相关；而汕优63的单位长度茎鞘重仅与一次枝梗数有明显正相关，与其他各穗部性状的关系不密切，而颖花退化率与每朵分化颖花占有的干物质量、茎鞘重都没有负相关，反而有正相关趋势，这表明增加始穗期茎鞘中的碳水化合物的含量，以供颖花发育的需要，对赣化7号的大穗形成比汕优63更为重要。因此，在生产上及时晒田，控制茎部节间长度，促进茎鞘中碳水化合物的积累，对其大穗形成有利。

3.3　促进大穗形成的途径

研究表明，赣化7号的颖花数仅与倒2叶的叶面积有极显著正相关，与其他叶的面积关系不密切，而影响倒2叶生长的时期应在倒3叶露尖前到倒4叶抽出期，因此，促进大穗形成应在倒三叶露尖期施促花肥，在肥料试验中发现，剑叶露尖期施保花肥，对赣化7号的增粒效果不明显，曾宪江等[6]的结果指出，促花肥由纯N 45kg/hm^{2}提高到135kg/hm^2，赣化7号的每穗粒数增加22.3粒，保花肥由纯N 45kg/hm^{2}提高到135kg/hm^2，其每穗仅增加4.6粒，在施N量相同条件下，施促花肥较保花肥每穗增加6.5～23.6粒，这也说明赣化7号促进大穗形成应主要促进颖花分化。汕优63的每穗颖花数与上部3片叶的面积有极显著正相关，说明施促花肥和保花肥均能提高每穗粒数，但是其颖花退化率与每分化颖花数占有的物质量没有明显负相关，说明其颖花分化不足，因此，促进大穗形成应以促进颖花分化为主，兼顾防止颖花退化。

参考文献

[1] 姚友礼，王余龙，蔡建中. 水稻大穗形成机理研究Ⅰ. 品种间每穗颖花分化数的差异及其与穗部性状关系[J]. 江苏农学院学报，1994，15（2）：33-38.

[2] 姚友礼，王余龙，蔡建中. 水稻大穗形成机理研究Ⅱ. 品种间每穗颖花退化数的差异及其与分化数和抽穗期的物质生产的关系[J]. 江苏农学学报，1994，15（4）：24-29.

[3] 朱运昌，廖伏明. 水稻两系亚种间杂交优势的研究[J]. 杂交水稻，1990（3）：32-34.

[4] 袁隆平. 杂交水稻育种战略设想[J]. 杂交水稻，1987（1）：1-3.

[5] 彭春瑞，董秋洪，涂田华，等. 亚种间杂交稻大穗形成机理研究Ⅰ. 颖花的形成特点[J]. 杂交水稻，1995（15）：28-30.

[6] 曾宪江，刘亚云，石庆华. 籼粳杂交稻产量与品质生理及其调控对策的研究—不同施肥法每穗枝梗、颖花分化和退化与抽穗期物质生产量关系的研究[J]. 江西农业学报，1995，7（2）：94-100.

籼粳杂交稻5460S/广抗粳2号的结实率与源库流的关系研究

彭春瑞[1]　吴美华[1]　钟旭华[2]

（[1]江西省农业科学院，南昌 330200；[2]江西农业大学，南昌 330045）

摘　要：比较籼粳杂交稻5460S/广抗粳2号和籼籼杂交稻协优2374的结实率表明，5460S/广抗粳2号的结实率显著低于协优2374，特别是中、下部二次枝梗籽粒。分析表明，颖花数过多、源库比例失调是5460S/广抗粳2号的一次枝梗籽粒结实率低的主要原因；颖花数过多、单位输导系统负荷过重则是其二次枝梗籽粒结实率低的主要原因。而协优2374的一次枝梗结实率与源、库、流都没有显著相关，颖花数多、源库比例失调是影响其二次枝梗籽粒结实率的主导因子，两组合的结实率高低都主要取决于二次枝梗的结实率。

关键词：籼粳杂交稻；库；源；流；结实率

Relationship Between Seed-setting Rate and Source, Sink, Flow in Indica-japonica Hybrid Rice 5460S/Guang Kang Jing 2

Peng Chunrui[1]　Wu Meihua[1]　Zhong Xuhua[2]

（[1]*Jiangxi Academy of Agricultural Sciences*, *Nanchang 330200*, *China*; [2]*Jiangxi Agricultural University*, *Nanchang 330045*, *China*）

Abstract: A comparison of the seed-setting rate in the indica-japonica hybrid rice “5460S/Guang Kang Jing 2” with that in the indica-indica hybrid rice “Xie You 2374” indicated that the former was significantly lower than the latter, particular for the secondary branch grain in the middle and lower part of the panicle. Analysis showed that superabundance in spikelets and imbalance of source and sink were the main causes of the low seed-setting rate for the primary branch grain in 5460S/Guang Kang Jing 2, while superabundance in spikelets and the overload of unit conducting system accounted for the low rate for the secondary branch grain.There was no significant correlation between the seed-setting rate for the primary branch grain and source, sink and flow in Xie You 2374; only superabundance in spikelets and imbalance of source, sink were the main factors affecting the seed-setting rate for the

本文原载：《第四届水稻高产理论与实践研讨会论文汇编》. 北京：中国农业出版社，1994：275-279

secondary branch grain.The seed-setting rate for the whole panicle in both cross combination depended largely on the rate for the secondary branch grain.

Key words: Hybrid rice; Source; Sink; Flow; Seed-setting rate

亚种间杂种较品种间杂种具有更强的产量优势，直接利用这种强大的优势，一直是农学家们梦寐以求的愿望。然而，由于亚种间杂交一代的受精结实率低，限制了其利用。近年来，由于我国光敏核不育水稻和日本广亲和基因的发现和研究，为亚种间杂种优势的利用提供了契机[1，2]。目前，已配组了一些亚种间杂交组合，然而，其中有苗头的组合大多存在充实度差、不饱满粒多的缺陷，特别是大穗型组合更甚。袁隆平认为要解决这个难题需从形态解剖、生理生化、栽培技术等方面进行研究，找出症结，可以对症下药加以解决[3]。邓启云等从形态解剖的角度研究了维管束系统与籽粒充实度的关系[4]。洪植蕃等从结实特性和源库关系等方面进行了研究[5]。本文将从比较籼粳杂交稻和籼籼杂交稻不同部位的籽粒结实率差异入手，探讨不同部位籽粒结实率与源、库、流的关系，为提高籼粳杂交稻的结实率提供理论依据。

1　材料与方法

试验在江西省农业科学院耕作栽培研究所试验农场进行。试验田肥力中上，前作为早籼中熟品种。供试材料为籼粳亚种间杂交稻5460S/广抗粳2号和籼籼品种间杂交稻协优2374（对照），于抽穗期每个组合标记80个同天抽出、生长基本一致的穗子，成熟期收获分上部（最上部3个枝梗）、下部（最下部个枝梗）、中部（除上部和下部外剩余枝梗）及一、二次枝梗共6个部位分别考察结实率。同时，在抽穗期选择生长基本一致，同一天抽出的穗子进行剪叶、疏花处理，均分0/4、1/4、2/4、3/4 4个水平，共计4×4=16个处理（协优2374仅10个处理），每个处理12个穗子，收获后分一、二次枝梗籽粒考察结实率。结实率测定用清水漂选法，以下沉者粒数除以总粒数表示结实率。

2　结果与分析

2.1　不同部位的籽粒结实率

由表1可见，两个组合的结实率都是一次枝梗籽粒>二次枝梗籽粒，其中一次枝梗又是中部>上部>下部，二次枝梗籽粒则是上部>中部>下部。与协优2374比较，5460S/广抗粳2号的结实率明显偏低，特别是中、下部二次枝梗上的籽粒，全穗的平均结实率较协优2374低30.77%；5460S/广抗粳2号不同部位的籽粒结实率差异也较协优2374大，最高值和最低值相差62.06%，而协优2374则仅相差18.46%，前者是后者的3.36倍。由此可见，提高5460S/广抗粳2号的籽粒结实率，特别是中、下部二次枝梗籽粒的结实率仍有很大的增产潜力。

表1　不同部位的籽粒结实率差异（%）

部位		5460S/广抗粳2号结实率 A	协优2374结实率 B	$A-B$
上部	一次枝梗	81.90	95.97	−14.07
	二次枝梗	79.55	90.92	−11.37
中部	一次枝梗	83.40	97.00	−13.60
	二次枝梗	49.53	85.25	−35.72
下部	一次枝梗	76.16	96.32	−20.16
	二次枝梗	21.34	78.54	−57.20
全穗平均		59.90	90.67	−30.77

2.2　籽粒的结实率与源库流的关系

通过剪叶、疏花处理，使源（叶面积）、库（颖花量）、流（每颖花占有输导系统）及库源比（颖花量与叶面积比）发生变化，从而导致结实率发生变化。源、库、流均规定在不剪叶疏花时为1，若进行剪1/4叶和疏3/4花处理后，则源为3/4、库为1/4、流为4、库源比变为1/3，其他处理依次类推。各项目的代号及变异程度见表2。

表2　剪叶疏花后源库流及结实率的考察结果

项目		5460S/广抗粳2号		协优2374	
		平均数 ± 标准差	系数（%）	平均数 ± 标准差	变异系数（%）
源（X_1）		0.625 ± 0.289	46.24	0.700 ± 0.307	43.86
库（X_2）		0.625 ± 0.289	46.24	0.700 ± 0.307	43.86
流（X_3）		2.083 ± 1.202	57.72	1.866 ± 1.189	63.72
库源比（X_4）		1.302 ± 1.093	83.95	1.283 ± 1.064	82.93
籽粒结实率（%）	一次枝梗（y_1）	87.65 ± 3.08	3.52	93.09 ± 3.59	3.86
	二次枝梗（y_2）	69.36 ± 16.72	24.11	77.11 ± 20.60	26.72
	全穗平均（y_3）	75.10 ± 12.24	16.30	85.01 ± 11.86	13.95

2.2.1　一次枝梗籽粒

分析一次枝梗的籽粒结实率（y_1）与源（X_1）、库（X_2）、流（X_3）的关系发现，5460S/广抗粳2号的y_1与X_2、X_1关系密切，在本试验中，X_1减少，y_1降低，X_2减少，y_1提高。通径分析也表明X_2对y_1的影响最大，其次是X_1，X_3与y_1也有显著正相关（r=0.563 9*），但在回归方程中，X_3的偏回归方程系数不显著（$F=1.37<F_{0.05}=4.75$）。分析X_3和X_4两个因子与y_1的关系表明，两者与y_1的相关系数分别为：$r_3 \cdot y_1$=0.567 9*，$r_4 \cdot y_1$=−0.883 8；通径系数分别为：$P_3 \to y_1$=0.113 6，$P_4 \to y_1$=−0.812 5，这说明在本试验中，5460S/广抗粳2号的库源关系是影响其一次枝梗籽粒结实率的主导因子，库大源不足是其一次枝梗籽粒结实率低的主要原

因。而协优2374的y_1与X_1、X_2、X_3都相关不显著（表3）。说明在本试验中，其一次枝梗籽粒获得的灌浆物质多，剪叶、疏花都不会对其结实率有很大的影响。

表3　不同部位籽粒结实率与源库流的关系

部位	组合	相关系数			通径系数		
		源（X_1）	库（X_2）	流（X_3）	源（X_1）	库（X_2）	流（X_3）
一次枝梗	A	0.618 2*	−0.661 6**	0.563 9*	0.618 2	−1.002	−0.366 6
（y_1）	B	0.355 4	−0.398 3	0.178 5	0.239 8	−0.909 5	−0.587 4
二次枝梗	A	0.141 2	−0.948 1**	0.797 3**	0.141 2	−1.508 4	−0.603 4
（y_2）	B	0.346 7	−0.805 8**	0.508 7	0.188 4	−1.470 9	−0.760 3
全穗	A	0.216 7	−0.932 9**	0.775 6**	0.216 7	−1.545 0	−0.659 1
（y_3）	B	0.361 2	−0.771 6**	0.478 6	0.206 5	−1.423 2	−0.745 5

注：①A为5460S/广抗粳2号，B为协优2374

②*表示0.05水平显著，**表示0.01水平显著

2.2.2　二次枝梗籽粒

分析二次枝梗籽粒的结实率（y_2）与X_1、X_2、X_3的关系表明，5460S/广抗粳2号的y_2与X_1没有明显相关性，而与X_2、X_3有极显著相关（$r_2 \cdot y_2$=−0.948 1**，$r_3 \cdot y_2$=0.797 3**），通径分析表明，X_2对y_2的作用最大，其次是X_3（表3），再次分析X_3、X_4两个因子与y的关系发现，两者与y_2的相关系数分别为：$r_3 \cdot y_2$=0.797 3**，$r_4 \cdot y_2$=−0.682 9**，但X_4在回归方程中其偏回归系数不显著（F=4.04<$F_{0.05}$=4.67），通径系数分别为$P_3 \to y_2$=0.604 8，$P_4 \to y_2$=−0.351 4，这说明流或者是库流关系不协调是影响5460S/广抗粳2号二次枝梗籽粒结实率的主导因子，颖花数过多，单位输导系统的负荷大是其二次枝梗籽粒结实率低的主要原因。而协优2374的y_2与X_2有显著负相关（r=−0.805 8**），与X_1、X_3相关不显著，通径分析也表明X_2对y_2的作用最大。分析X_3、X_4两个因子与y_2的关系发现，y_2与X_4有极显著负相关（r=−0.814 7**），与X_3相关显著（r=0.508 7），通径系数分别为$P_4 \to y_2$=−0.726 8，$P_3 \to y_2$=0.226 4，绝对值前者明显大于后者，说明二次枝梗颖花数过多，造成源库关系不协调是降低其二次枝梗籽粒结实率的主要原因。

2.2.3　全穗籽粒

把一次枝梗籽粒和二次枝梗籽粒综合起来，分析全穗的籽粒结实率（y_3）与X_1、X_2、X_3的关系则可发现，5460S/广抗粳2号的y_3与X_2的相关系数最大（r=−0.932 9**），其次是X_3（r=0.775 6**），与X_1相关不显著，通径分析也表明，对y_3的作用大小顺序为X_2>X_3>X_1（表3）。分析X_3、X_4两个因子与y_3的关系则发现，对y_3的影响X_3大于X_4，其相关系数分别为：$r_3 \cdot y_3$=0.775 6**，$r_4 \cdot y_3$=−0.728 9*，通径系数分别为$P_2 \to y_3$=0.537 6，$P_4 \to y_3$=−0.434 3。这说明5460S/广抗粳2号的籽粒结实率既受源库关系的影响，也受流的影响，然而颖花数过多，单位运输系统负荷过大是影响其结实率的主导因子。协优2374的y_3与X_1、X_3相关不显著，与X_2有显著负相关（r=−0.771 6**），通径分析也是X_2对y_3的影响最大。分析X_3、X_4

两个因子与y_3的关系可发现，y_3与X_4有极显著负相关（r=−0.847 8**），与X_3相关不显著，通径系数分别为：$P_3 \to y_3$=0.175 9，$P_4 \to y_3$=−0.779 5。说明颖花数多，造成源库关系不协调是影响其籽粒结实率的主导因子。综上分析还可发现，两个组合的全穗籽粒结实率与源库流的关系和二次枝梗籽粒结实率与源库流的关系有相同的趋势，这说明二次枝梗籽粒结实率是影响全穗籽粒结实率的主导因子。

3 讨论与结论

试验表明，供试两组合的结实率都是一次枝梗籽粒大于二次枝梗籽粒，中、上部籽粒大于下部籽粒，这说明籽粒灌浆过程中存在营养竞争，中、上部一次枝梗籽粒竞争力强，获得灌浆物很多，结实率高，中、下部二次枝梗则相反，这与前人的研究结果是一致的。与籼籼杂交稻协优2374比较，籼粳杂交稻5460S/广抗粳2号的结实率明显偏低，且不同部位籽粒间差异大，这说明该组合提高结实率还有很大的增产潜力。

以往的研究在分析剪叶、疏花对结实率的影响时，没有把流包括进去，事实上，疏去1/2颖花后，不仅是库减少了一半，而且每颖花占有输导系统的数量（流）也增加1倍。同时，前人的研究很少把不同部位籽粒区分开来，分析其结实率与源、库、流的关系。本研究分一、二次枝梗籽粒，把源、库、流3个因子都考虑进去来分析表明，在本试验中，颖花数多，库源关系不协调是5460S/广抗粳2号一次枝梗籽粒结实率低的主要原因，而颖花数多、单位输导系统负荷过重则是其二次枝梗籽粒结实率低的主要原因。协优2374的一次枝梗籽粒获得的灌浆物质充足，其结实率与源、库、流相关均不显著，而颖花数多，源库关系不协调会导致其二次枝梗籽粒结实率的下降。

把一、二次枝梗籽粒综合起来分析全穗的籽粒结实率则可发现，全穗籽粒结实率的高低主要受二次枝梗籽粒结实率高低的影响。5460S/广抗粳2号的结实率低的主要原因是颖花数过多，单位输导系统负荷重，其次才是库源比例失调，单位叶面积负担的颖花数多；协优2374的结实率主要与颖花量及单位叶面积负担的颖花量有关。

参考文献

[1] 石明松. 对光照长度敏感的隐性雄性不育水稻的发现和初步研究[J]. 中国农业科学，1985，18（2）：44-48.

[2] Araki H，Toya K，Ikehashi H. Role of wide compatibility genes in hybrid rice breeding[M]. Manila，philippnees：IRRI，Hybrid Rice，1988：79-83.

[3] 袁隆平. 两系杂交水稻研究进展[J]. 中国农业科学，1990，23（3）：1-6.

[4] 邓启云，马国辉. 亚种间杂交水稻维管束性状及其与籽粒充实度关系的初步研究[J]. 湖北农学院学报，1992，12（2）：7-11.

[5] 洪植蕃，林菲. 两系杂交稻栽培生理生态特性Ⅲ. 结实特性与源库特征[J]. 福建农学院学报，1992，21（1）：1-9.

亚种间杂交稻的产量形成特性与产量生理研究

彭春瑞[1]　董秋洪[2]　涂田华[2]　李华[3]

（[1]江西省农业科学院耕作栽培研究所，南昌 330200；[2]江西省农业科学院综合实验室，南昌 330200；[3]鹰潭市农业科学研究所，鹰潭 335003）

摘　要：研究表明，①亚种间杂交稻与汕优63比较，在产量形成上有如下特点：一是分蘖力弱；二是抽穗前的干物质生产量多，而抽穗后的干物质生产量少；三是库容量大，但叶面积系数不高，高效叶面积率低，抽穗期单位叶面积负担的库容量高；四是每穗粒数多，结实率低，穗数少。②亚种间杂交稻高产组合选配的主要指标有：分蘖力强、干物质生产能力强、库容量和叶面积均大，但库容量/叶面积比较低。③亚种间杂交稻高产栽培的对策是增加穗数，减少粒数，在保持较高的库容量的情况下，尽可能扩大叶面积，增加干物质生产量，抽穗后加强田间管理，防止早衰。

关键词：亚种间杂交稻；产量；产量生理

Studies on the Characteristics of Yield Formation and the Yield Physiology in the Inter-subspecific Hybrid Rice

Peng Chunrui[1]　Dong Qiuhong[2]　Tu Tianhua[2]　Li Hua[3]

（[1]*Institute of Crop Cultivation and Tillage*，*Jiangxi Academy of Agricultural Sciences*，*Nanchang 330200*，*China*；[2]*Comprehensive Laboratory*，*Jiangxi Academy of Agricultural Sciences*，*Nanchang 330200*，*China*；[3]*Yingtan Institute of Agricultural Sciences*，*Yingtan 335003*，*China*）

Abstract: Research showed: （1）Inter-subspecific hybrid rice，compared with Shanyou 63，had the following characteristics in yield formation: ①Weaker tillering ability; ②More dry matter production before heading，but less after heading; ③Larger sink capacity，but no higher leaf area index（LAI），lower rate of high effective leaf area and large sink capacity borned by unit leaf area at heading; ④More spikelets per panicle，lower setting percentage and less panicles.（2）The main indexes breeding with yielding combination of inter-subspecific hybrid rice were: strong tillering ability，strong dry matter production ability，large sink capacity and leaf area，but lower rate between sink capacity and leaf area.（3）The cultural countermeasure for high yield in the inter-subspecific

本文原载：江西农业学报，1995，7（2）：77-82

基金项目：江西省自然科学基金资助项目

hybrid rice were: Increasing the number of panicles, decreasing the number of spikelets per panicle, while larger sink capacity was maintained, increase leave area as large as possible to promote dry matter production, giving more attention to field management to prevent early senescence after heading.

Key words: Inter-subspecific hybrid rice; Yield; Yield physiology

水稻亚种间杂种较品种间杂种蕴藏着更大的杂种优势，直接利用这种优势，是农学家们梦寐以求的愿望。近年来，我国亚种间杂种优势的利用取得了较大进展，配制了一些具有高产潜力的组合，不久的将来，水稻亚种间杂种优势可望在生产上得到应用[1]。目前，对亚种间杂交稻的研究主要集中在其结实率偏低的问题[2-5]，而对其产量形成特性与产量生理则缺乏系统的研究。开展这方面的研究，可揭示亚种间杂交稻的产量形成规律，为亚种间杂交稻的高产育种和栽培提供依据。

1 材料与方法

1.1 供试材料

1993年供试的亚种间组合为：江农早ⅡA×JR1044、江农早ⅡA×JR1004早、江农早ⅡA×JR1046、赣化7号，1994年供试的亚种间组合为威优413、汕优413、协优413、赣化7号，两年均以品种间杂交稻汕优63为对照。

1.2 试验方法

供试的组合均作二晚在相同的种植条件下栽培，前作为早熟早籼品种，移栽规格为16.7cm×20cm，每穴插单粒谷苗，每公顷施纯氮172.5kg，按高产要求进行田间管理与病虫害防治。同时，1993年以赣化7号为材料，设计了不同密度，不同时期肥料分配比例等处理，以研究赣化7号（组合内）的产量生理。

1.3 测定项目与方法

1.3.1 干物重

按平均苗数，每次取5～10蔸分部位烘干称重。

1.3.2 叶面积

结合测干物重用长宽法（1993）和烘干法测定。

1.3.3 茎蘖动态

移栽后5d每组合定30穴调查成活苗，以后调查最高苗和成穗数。

1.3.4 产量

成熟期收割脱粒后，用清水漂选，晒干称重。

1.3.5 产量结构

成熟期每组合除已定的30穴外，再调查30穴的有效穗数，以两次平均表示有效穗数。根据平均穗数取样考察结实率和千粒重，结实率用清水漂选法测定，每穗粒数根据实收产量、有效穗数、结实率、千粒重推算。

2　结果与分析

2.1　亚种间杂交稻的产量形成特性

2.1.1　产量结构特性

由表1可见，两年的结果均表明，亚种间杂交稻的每穗粒数较汕优63多，平均多35.38%，表现出强大的大穗优势。但其结实率则明显低于汕优63，平均较汕优63低17.15%。有效穗数也较汕优63少，平均少12.99%。千粒重则有些组合较汕优63高，有些组合较汕优63低，平均也较讪优63低5.32%。

表1　亚种间杂交稻与汕优63的产量形成比较（1993—1994）

Table 1　Comparison of yield formation of inter-subspecific hybrid rice and Shanyou 63

项目 Item		亚种间杂交稻 Inter-subspecific hybrid rice		汕优63 Shanyou 63	
		变幅 Range	平均 Average	变幅 Range	平均 Average
分蘖动态 Tillering dynamics	成活苗 Survival tiller（10^6/hm^2）	0.672 ~ 0.870	0.789	0.88 5 ~ 0.891	0.888
	最高苗 Maximum tiller（10^6/hm^2）	2.40 ~ 3.13	2.76	3.04 ~ 3.54	3.29
	成穗数 Earbearing tiller（10^6/hm^2）	1.69 ~ 2.15	1.92	1.92 ~ 2.49	2.21
产量结构 Yield components	穗数 Panicles（10^6/hm^2）	1.74 ~ 2.15	1.93	1.94 ~ 2.49	2.22
	每穗粒数 Spikelets per panicle	158.67 ~ 202.21	180.79	124.85 ~ 142.22	133.54
	结实率 Setting percentage（%）	61.12 ~ 72.00	67.82	81.36 ~ 82.36	81.86
	千粒重 1 000-grains weight（g）	24.89 ~ 31.49	28.68	29.86 ~ 30.72	30.29
干物质生产量 Amount of dry matter production	抽穗前 Before heading（t/hm^2）	7.68 ~ 11.57	9.40	7.74 ~ 8.90	8.32
	抽穗后 After heading（t/hm^2）	1.76 ~ 3.41	2.66	3.67 ~ 3.97	3.82
	总量 Total（t/hm^2）	9.73 ~ 14.96	12.06	11.41 ~ 12.87	12.14

（续表）

项目 Item		亚种间杂交稻 Inter-subspecific hybrid rice		汕优63 Shanyou 63	
		变幅 Range	平均 Average	变幅 Range	平均 Average
源库关系 Relationship of source-sink	抽穗期叶面积系数 LAI at heading	3.61 ~ 5.054	4.09	4.30 ~ 4.58	4.44
	高校叶面积率 Rate of high effective leaf area（%）	60.37 ~ 74.82	67.92	67.79 ~ 75.81	71.68
	库容量 Capacity of sink（t/hm^2）	8.82 ~ 11.76	10.27	8.79 ~ 9.66	9.23
	库容量/叶面积 Sink/leave area（mg/cm^2）	22.89 ~ 28.66	25.30	19.18 ~ 22.46	20.82
	库容量/高效叶面积 Sink/HELA（mg/cm^2）	33.27 ~ 43.19	38.76	28.30 ~ 29.63	28.97

注：HEAL代表高效叶面积

2.1.2 物质生产特性

两年的结果表明，亚种间杂交稻干物质生产总量有的组合较汕63高，有的组合较汕优63低，平均和汕优63差不多，但是，不同时期的干物质生产量，亚种间杂交稻与汕优63有很大的差异，亚种间杂交稻抽穗前的干物质生产量均较汕优63高，平均高13.06%，而抽穗后的干物质生产量则均较汕优63低，平均低30.53%（表1）。表明亚种间杂交稻前期的干物质生产优势较汕优63强，而后期则较汕优63弱。

2.1.3 分蘖特性

试验表明，在密度和插秧本数相同的条件下，亚种间杂交稻的苗峰低，成穗数少，每根成活苗的分蘖数和成穗数分别较汕优63低5.58%和2.22%（表1），而且两年都观察到，亚种间杂交稻的秧田分蘖数也都较汕优63少，1993年平均较汕优63少6.91%，1994年平均较汕优63少15.59%。因此，其分蘖力较汕优63弱。

2.1.4 源库特性

亚种间杂交稻抽穗期的叶面积系数有的组合较汕优63高，有些组合则较汕优63低，平均较汕优63低7.88%，而且两年的结果均表明其高效叶面积率（顶部3叶面积占总叶面百分率）较汕优63低。而其库容量（颖花数与饱和食盐水选粒粒重的乘积）则都较汕优63高，因而其抽穗期单位叶面积负担的库容量较汕优63高，库容量/总叶面积比平均较汕优63高21.52%，库容量/高效叶面积比平均较汕优63高33.79%（表1）。因此，亚种间杂交稻的源库矛盾较汕优63更大。

2.2　亚种间杂交稻的产量生理

2.2.1　物质生产

分析表明，组合间的产量与其总干物重有极显著正相关（r=0.933 8**），库容量与其抽穗前的干物质生产量有极显著正相关（r=0.912 1**），结实率与其抽穗后的干物质生产量有显著正相关（r=0.672 2*）。这表明，高产组合应具有较强的干物质生产能力，亚种间杂交稻抽穗前的干物质生产优势为其库优势的形成奠定了物质基础，而抽穗后的物质生产量少则影响了其结实率的提高。对赣化7号的分析结果表明，组合内的产量与总干物重有显著正相关，结实率与抽穗后的干物质生产量有显著正相关，颖花数（库）与其抽穗前的干物质生产量有显著正相关（表2），因此，提高干物质生产量是其增产的基础，加强后期田间管理，提高抽穗后的干物质生产量对提高其结实率有重要意义。

表2　物质生产与产量形成

Table 2　Dry matter production and yield formation

项目 Items y	干物质生产 Dry matter production x	回归方程 Regressive equation	r	n	备注 Remarks
产量 Yield	总量 Total	y=0.732+0.509 8x	0.933 8**	10	组合间 Inter-combination
结实率 Setting percentage	抽穗后 After heading	y=52.82+6.165x	0.672 2*	10	
库容量 Capacity of sink	抽穗前 Before heading	y=4.39+0.617 2x	0.912 1**	10	
产量 Yield	总量 Total	y=2.406+0.372 3x	0.864 7*	7	组合内 Intra-combination
结实率 Setting percentage	抽穗后 After heading	y=55.68+3.973 4x	0.756 7*	7	
颖花数 No. of spikelets	抽穗前 Before heading	y=1.947 5+0.203 5x	0.840 6*	7	

2.2.2　叶面积

水稻的叶片是光合作用的主要器官，叶面积的大小对干物质生产和产量有很大的影响。分析表明，组合间的干物质生产量与其抽穗期的叶面积及高效叶面积均有极显著正相关（r=0.789 4**和r=0.829 0**，n=10），组合间的产量与其抽穗期的叶面积及高效叶面积有极显著正相关（r=0.807 9**和r=0.894 3**，n=10），组合间的高效叶面积率与结实率也有显著正相关（r=0.712 6*，n=10）。因此，抽穗期有较大的叶面积和较高的高效叶面积率是选配亚种间组合的一个重要指标。对赣化7号的研究也表明，在抽穗后管理措施一致的情况下，其抽穗期的叶面积与干物质生产量及产量均有较大正相关（r=0.863 4和r=0.844 1，n=5）。因此，扩大抽穗期的叶面积对增产有重要意义。

表3 茎蘖动态与产量形成的关系

Table 3 Relationship between tillering dynamics and yield formation

项目 Items	成活苗 Survival tiller	最高苗 Maximum tiller	备注 Remarks
有效穗数 No. of productive panicles	0.496 1	0.935 2**	组合间 Inter-combination
每穗粒数 No. of spikelets per panicle	−0.226 9	−0.612 4	
结实率 Setting percentage	0.566 7	0.597 1	
有效穗数 No. of productive panicles	0.500 8	0.871 0*	组合内 Intra-combination
每穗粒数 No. of spikelets per panicle	−0.306 2	−0.779 2*	
结实率 Setting percentage	−0.093 1	0.391 7	

2.2.3 茎蘖动态

由表3可见，组合间的最高苗数与有效穗数有极显著正相关（r=0.935 2**），与每穗粒数有较大负相关，与结实率有较大正相关，表明分蘖能力强的组合有利于增加穗数、控制粒数和提高结实率。对赣化2号的分析也表明，组合内的最高苗数也与有效穗数有显著正相关，与每穗粒数有显著负相关，与结实率也有较大的正相关，因此，前期促早发，对增加有效穗数，减少每穗粒数，改善结实率有很好的作用。

2.2.4 源库关系

抽穗期单位叶面积负担的库容量是反映水稻源库关系的重要指标，而水稻的源库关系是否协调是影响结实率的重要因素。分析表明，组合间的结实率与抽穗期的库容量/叶面积比及库容量/高效叶面积比有明显负相关（r=−0.729 1*和r=−0.888 6**，n=10）。组合内的结实率也与抽穗期的颖花数/叶面积比及颖花数/高效叶面积比有负相关（r=−0.640 3和r=−0.874 6*，n=10）。由此可见，抽穗期单位叶面积（特别是高效叶面积）负担的库容量小的组合结实率一般较高，采取合理的栽培措施，扩大抽穗期的叶面积（特别是高效叶面积），降低单位叶面积负担的颖花数，能提高亚种间杂交稻的结实率。

3 讨论与结论

3.1 亚种间杂交稻的产量形成特性

本研究表明，和品种间杂交稻汕优63比较，亚种间杂交稻的分蘖能力弱；抽穗前的干物质生产优势明显，但抽穗后的物质生产能力弱；有更高的库容量，但没有形成与之相适应的高的叶面积，因而抽穗期单位叶面积负担的库容量大，而且其高效叶面积率低，这就

更加剧了其源库矛盾。在产量构成上，亚种间杂交稻的每穗粒数多，有明显的大穗优势，但其结实率低，有效穗少。

3.2　亚种间杂交稻高产组合的选配指标

具有较高的库容量是亚种间杂交稻增产的潜力所在。分析表明，亚种间杂交稻的产量与其库容量有极显著正相关（r=0.968 9**，n=8）。说明有较高的库容量仍是高产组合的一个重要特征，但较高的库容量需有较大的源与之适应，才能获得高产。例如，1993年的试验，江农早ⅡA×JR046和赣化7号的库容量差不多，分别为10.88t/hm^{2}和10.68t/hm^2，但前者的叶面积系数较高，库容量/叶面积比较后者低13.12%，结实率较后者高6.18%，因而产量高出9.38%。本试验结果表明，亚种间杂交稻结实率达到75%以上和80%以上，其抽穗期的库容量/叶面积比应分别低于22mg/cm²和19mg/cm²。因此，高产组合应具有较高的库容量和较大的叶面积系数，并使之源库在高水平下达到协调（库容量/叶面积比达20mg/cm²左右），而且有较高的高效叶面积率。由于产量与干物质生产量有极显著正相关，因此，高产组合应有较强的干物质生产能力，而且抽穗后仍要保持较高的干物生产能力，以提高结实率。袁隆平认为目前亚种间杂交稻的配组不宜过分追求大穗[1]。本试验的结果表明，分蘖力强的组合有效穗多，每穗粒数少，结实率也较高，因此，分蘖力强也是亚种间组合选配应注意的一个重要指标。

3.3　亚种间杂交稻高产的调控技术

源库关系不协调，造成结实率低，是影响亚种间杂交稻增产的一个关键。然而，本试验的结果表明，赣化7号的产量与颖花数有显著正相关（r=0.790 1*，n=7），说明协调源库关系不能仅靠控制库容量来实现，而应在保持较高的库的情况下，通过增加源的供应能力来实现，使其源库在高水平下达到协调，才有利于高产。赣化7号的产量与总干物质生产量及叶面积系数有正相关，因此，扩大叶面积系数，增加干物质生产量是亚种间杂交稻高产的有效途径。分析表明，赣化7号的结实率与每穗粒数有显著负相关（r=−0.780 3*，n=7），而与有效穗数有正相关趋势，表明在库容量相同的情况下，适当增加穗数，控制粒数更有利于高产，赣化7号的结实率与抽穗后的干物质生产量有正相关，因此，增加抽穗后的干物质生产对提高结实率有利。综上所述，亚种间杂交稻高产的栽培技术应当是前期促早发，增加有效穗数和抽穗期的叶面积系数，中期适当控制粒数，后期养根保叶，维持较高的光合势，增加干物质生产量。

参考文献

［1］袁隆平. 两系法杂交水稻研究进展[J]. 中国农业科学，1990（3）：1-6.

［2］彭春瑞，涂田华. 亚种间杂交稻空秕粒率的初步研究[J]. 江西农业学报，1995，7（1）：7-10.

［3］彭春瑞，宁有朋. 亚种间杂交稻结实特性研究进展[J]. 江西农业学报，1994，6（1）：53-58.

［4］卢向阳，匡逢春. 两系亚种间杂交水稻高空秕粒率的生理原因探讨[J]. 湖南农学院学报，1992，18（3）：509-515.

［5］庄宝华，林菲，洪植蕃. 两系亚种间杂交稻结实生理调节研究[J]. 中国水稻科学，1994，3（2）：111-114.

亚种间杂交稻施钾效应研究

彭春瑞[1]　涂田华[2]　刘小林[3]

（[1]江西省农业科学院土壤肥料研究所，南昌 330200；[2]江西省农业科学院测试研究所，南昌 330200；[3]江西省宜春农业专科学校，宜春 336000）

摘　要：对亚种间杂交稻"F131S/G37"进行了2种施钾量和3种施钾法试验，结果表明，施钾能明显提高其产量，且施钾量越多增产幅度越大。不同施钾法处理中，以60%分蘖肥加40%穗肥处理的增产效果最好，100%作分蘖肥处理和60%分蘖肥加40%粒肥处理的增产效果相近。施钾增产的主要原因是库容量扩大，抽穗期叶面积系数增加，干物质生产量增多。讨论了不同时期施钾的作用和施钾技术。

关键词：亚种间杂交稻；施钾；效应

Effect of K Application on Inter-subspecific Hybrid Rice

Peng Chunrui[1]　Tu Tianhua[2]　Liu Xiaoling[3]

（[1]*Soil and Fertilizer Institute，Jiangxi Academy of Agricultural sciences，Nanchang 330200，China*；[2]*Test Institute，Jiangxi Academy of Agricultural Sciences，Nanchang 330200，China*；[3]*Agricultural Training School of Yichun Prefecture，Jiangxi Province，Yichun 336000，China*）

Abstract: Using Inter-subspecific hybrid rice "F131S/G37" as material，two levels and three methods of K application were tested，the results showed that: K application could increase the yield of "F131S/G37" markedly，the more K was applied，the more yield increased: in different methods of K application，applying 60% of KCL as tillering stage dressing plus 40% of KCL as head dressing had the best effect of increasing yield，applying 100% as tillering stage dressing and applying 60% as tillering stage dressing plus 40% as grain dressing had close effect of increasing yield; the main reason K application could increase yield were，enlarging sink capacity，increasing the leaf area index at heading stage，promoting dry matter production.Finally，the effect of K application at different stages and the technique of K application were discussed in this paper.

Key words: Inter-subspecific hybrid rice; K application; Effect

亚种间杂种优势的利用是水稻杂种优势利用发展的一个新阶段，直接利用亚种间强大的杂种优势将有望使水稻产量上一个新台阶。目前，对亚种间杂交稻的源库特性、结实特

本文原载：江西农业学报，2000，12（2）：1-5

性及生理均进行过研究[1-4]，对其氮的吸收特性及其与源库特性的关系也有过研究报道[5]，但尚未见亚种间杂交稻施钾效应方面的报道。本文研究了施钾对亚种间杂交稻的效应，以期为其合理施钾提供依据。

1　材料与方法

1.1　供试土壤

试验在江西省农业科学院土壤肥料研究所试验农场进行，前作为早稻。土壤肥力水平为：pH值6.18，有机质32.3g/kg，全N 15.9g/kg，碱解N 125.5mg/kg，全P 0.75g/kg，速效P 42.8mg/kg，缓效K 250.3mg/kg，速效钾30.5mg/kg。

1.2　试验方法

以亚种间杂交稻“F131S/G37”为材料，设计2种施钾量（K_1施300kg/hm^{2}氯化钾，K_2施150kg/hm^{2}氯化钾）和3种施钾法（M_1为全部作分蘖肥，M_2为60%分蘖肥加40%穗肥，M_3为60%分蘖肥加40%粒肥）处理，以不施钾作对照（CK），共计7个处理，每处理重复3次。移栽规格为16.7cm × 20cm，小区面积6m^2，小区间单独排灌。氮、磷肥按高产要求施用，7个处理均相同，分蘖肥于栽后9d施，穗肥于幼穗分化初期施，粒肥于始穗期施。

1.3　测定项目与方法

叶面积与干物重用烘干法测定；空、秕粒鉴别用I_2-KI法；结实率用清水漂选法，下沉者为实粒；单粒容量用饱和食盐水漂选法，以下沉的籽粒洗净晒干后的粒重表示单粒容量。

2　结果与分析

2.1　施钾对产量的影响

由表1可见，施用钾肥能明显提高亚种间杂交稻“F131S/G37”的产量，增产幅度为6.11% ~ 15.28%，达极显著水平。不同施钾量比较，K_1的产量高于K_2，且在M_1和M_2条件下，两者差异极显著；不同施钾法比较，以M_2的产量最高，与M_1的差异达极显著水平；在K_1条件下M_2与M_3的产量差异极显著，而在K_2条件下两者差异不显著。

表1　施钾对“F131S/G37”产量的影响（t/hm^2）

Table 1　Effect of K application on yield of “F131S/G37” （t/ha）

处理 Treatment	Ⅰ	Ⅱ	Ⅲ	平均 Average	较CK增产（%） More than CK	差异显著性 Significance of difference	
K_1M_1	8.44	7.59	7.54	7.86	9.17	B	b
K_1M_2	8.97	8.38	7.54	8.30	15.28	A	a
K_1M_3	8.19	7.91	7.11	7.74	7.50	BC	b
K_2M_1	8.13	7.50	7.28	7.64	6.11	C	c
K_2M_2	8.28	7.54	7.76	7.86	9.17	B	b

（续表）

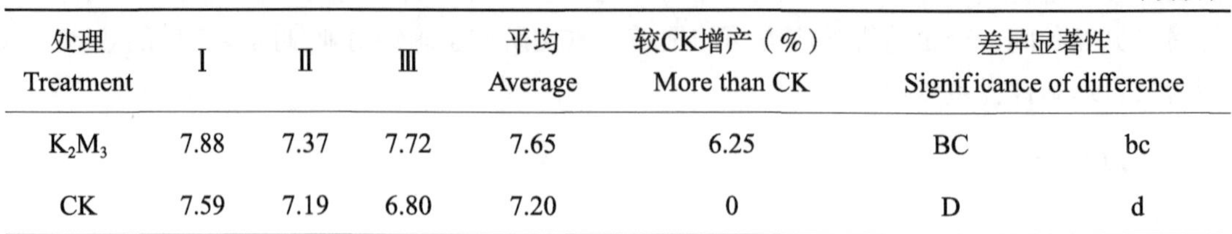

处理 Treatment	Ⅰ	Ⅱ	Ⅲ	平均 Average	较CK增产（%） More than CK	差异显著性 Significance of difference	
K_2M_3	7.88	7.37	7.72	7.65	6.25	BC	bc
CK	7.59	7.19	6.80	7.20	0	D	d

2.2 施钾对源库关系的影响

由表2可知，增施钾肥能提高总库容量，增加抽穗期的叶面积系数和绿叶重，降低库容量/叶面积和库容量/绿叶重，而且施钾量越大，这种效应越明显，表明“F131S/G37”的源形成比库形成对钾素更敏感。不同施钾法对源库特性的影响大小表现为M_2>M_1>M_3，表明中期施钾对源库特性的影响最大。试验还发现，M_1主要通过增加穗数和提高单粒容量来扩大库容量，分析也表明，有效穗数和单粒容量与分蘖期的施钾量分别呈极显著和显著正相关（r=0.996**和r=0.876*，n=5），表明分蘖期施钾能增加穗数和单粒容量。M_2对每穗粒数、穗数和单粒容量都有促进作用，特别是对每穗粒数，表明穗肥施钾能增加每穗粒数。M_3主要是通过增加有效穗数来扩大库容量，由于M_3是分蘖肥和粒肥施钾处理，粒肥施用时库已基本形成了，因而粒肥施钾对库容量没有影响。

表2　施钾对源库关系的影响

Table 2　Effect of K application on the relations between source and sink

项目 Treat-ment	穗数（万/hm²） No. of Panicles（万/ha）	每穗粒数 No. of grains per panicle	单粒容量（mg） Capacity of single grain（mg）	总颖花数（万/hm²） No. of total spikelets（万/ha）	总库容量（t/hm²） Capacity of total sink（t/ha）	抽穗期叶面积系数 LAI at heading stage	绿叶重（t/hm²） Weight of green leaves（t/ha）	库容量/叶面积（mg/cm²） Sink capacity/leaf area（mg/cm²）	库容量/绿叶重（g/g） Sink capacity/weight of green leaves（g/g）
K_1M_1	225.33	193.20	30.48	43 543	13.27	4.76	2.14	27.88	6.20
K_1M_2	208.87	223.07	29.96	46 593	13.96	5.11	2.10	27.32	6.65
K_1M_3	202.51	205.05	29.38	41 525	12.20	3.89	1.90	30.65	6.42
K_2M_1	201.32	206.56	29.83	41 584	12.40	3.67	1.75	33.79	7.09
K_2M_2	198.06	221.36	29.49	43 843	12.93	4.20	1.79	30.79	7.22
K_2M_3	196.37	197.41	29.29	38 765	11.35	2.97	1.44	38.22	7.88
CK	188.48	197.69	29.18	37 261	10.87	2.72	1.29	39.96	8.43

2.3 施钾对干物质生产和分配的影响

生物产量是经济产量的基础。本试验结果分析表明，“F131S/G37”的产量与总干物重呈极显著正相关（r=0.944**，n=7），这与以前的研究结论相符[6]。由表3可知，增施钾肥能增加总干物重，特别是增加抽穗前的干物质生产量。施钾量越多，干物质生产量增加越多，不同施肥方法比较，以M_2的干物重最高，其次是M_1，再次是M_3；试验还发现，M_2能提高抽穗前、后的干物质生产量，M_1则主要提高抽穗前的干物质生产量；M_3与M_1比较，抽穗前的干物质生产量较低而抽穗后的干物质生产量略高。表明分蘖肥施钾能提高抽穗前的干物质生产量，穗肥施钾则可以提高抽穗前、后的干物质生产量，粒肥施钾对提高抽穗后的光合效率有利。从表3还可知，除K_2M_3外，其他处理的茎鞘运转率均较CK低，不同施肥方法比较，茎鞘物质运转率表现为$M_3>M_1>M_2$，表明穗肥和分蘖肥施钾会降低茎鞘运转率，而粒肥施钾则有利于茎鞘运转率的提高。施用钾肥虽然能提高干物质生产能力，但库容量也扩大，单位库容量和有效库容量拥有的灌浆物质量减少，不同处理比较，灌浆物质量/库容量和灌浆物质量/有效库容量均表现为$K_1<K_2$，$M_2<M_1<M_3$。

表3　施钾对干物质生产和分配的影响

Table 3　Effect of K application on the production and distribution of dry matter

处理 Treatment	抽穗前干物质生产（t/hm^2） Production before heading（t/ha）	抽穗后干物质生产（t/hm^2） Production after heading（t/ha）	总干物重（t/hm^2） Total dry matter weight（t/ha）	茎鞘运转率（%） Translocation rate of stem and sheath（%）	灌浆物质量/库容量（g/g） Filling matter/sink capacity（g/g）	灌浆物质量/有效库容量（g/g） Filling matter/effective sink capacity（g/g）
K_1M_1	8.65	4.38	13.03	17.52	0.426	0.549
K_1M_2	9.01	4.47	13.48	16.99	0.413	0.509
K_1M_3	8.06	4.39	12.45	20.04	0.473	0.579
K_2M_1	7.80	4.03	11.83	22.33	0.442	0.565
K_2M_2	8.03	4.53	12.59	16.04	0.432	0.527
K_2M_3	7.47	4.05	11.55	27.45	0.493	0.595
CK	6.91	4.08	10.79	26.20	0.473	0.606

2.4　施钾对结实状况的影响

由表4可见，施钾会提高秕粒率，特别是处理M_2，而且秕粒率的增加又主要来自二次枝梗，这可能与施钾扩大了库容量而导致单位库容量拥有的灌浆物质量减少有关。分析结果表明，“F131S/G37”的灌浆物质量/有效库容量与秕粒率有极显著负相关关系（r=-0.919 6**，n=7），而与实粒率有极显著正相关关系（r=0.905 5**，n=7）。不同处理的秕粒率表现为$K_1>K_2$，$M_2>M_1>M_3$，实粒率则相反。M_2和M_3的空粒率较CK低，且一、二次枝梗的结果均一致，表明穗肥和粒肥施钾能降低空粒率，其原因有待于进一步研究。试验结果还表明，“F131S/G37”的一、二次枝梗间的空粒率没有明显差异，但秕粒率差异很大，一、二次枝梗的结实率差异主要是由秕粒率的差异引起的。这与以前报道的结论是一致的[3]。

表4 施钾对空、秕粒率的影响（%）

Table 4 Effect of K application on the rate of empty and blighted grains（%）

处理 Treatment	一次枝梗 First branch			二次枝梗 Second branch			全穗 Total panicles		
	空粒率 Empty grain rate	秕粒率 Blighted grain rate	实粒率 Filled grain rate	空粒率 Empty grain rate	秕粒率 Blighted grain rate	实粒率 Filled grain rate	空粒率 Empty grain rate	秕粒率 Blighted grain rate	实粒率 Filled grain rate
K_1M_1	22.42	6.24	71.34	22.60	16.94	60.46	22.46	12.92	64.42
K_1M_2	19.85	7.51	72.64	18.21	24.51	57.28	18.80	18.61	62.59
K_1M_3	18.34	6.28	75.38	18.48	18.09	63.43	18.37	14.02	67.61
K_2M_1	21.77	6.51	71.72	21.87	15.01	63.12	21.78	11.87	66.35
K_2M_2	18.11	7.04	74.85	17.32	22.58	59.60	18.01	16.77	65.22
K_2M_3	17.27	6.04	76.69	17.01	14.57	68.47	17.13	11.34	71.53
CK	22.45	5.26	72.29	21.79	10.90	67.31	21.93	8.86	69.21

3 讨论

以前的研究表明，亚种间杂交稻的产量与总干物重、抽穗期的叶面积系数、总库容量都有正相关关系[6]。本研究表明，施用钾肥能扩大库容量，增加抽穗期的叶面积系数，增加干物重，因而能提高产量，且施钾量多则产量也高，说明施钾是亚种间杂交稻增产的一项有效措施。不同施钾方法比较，以60%分蘖肥加40%穗肥的产量最高，而100%分蘖肥和60%分蘖肥加40%粒肥两种施肥法的产量相近。

本试验表明，不同时期施钾对产量形成的作用也不同，分蘖期施钾的作用主要是促进分蘖，增加穗数，增加单粒容量和扩大库容量，对粒数的影响较小，若施钾过多反而会使穗数增多而使每穗粒数减少，分蘖肥施钾还能促进抽穗前的干物质生产，增加抽穗期的叶面积系数，但会降低茎鞘运转率。穗肥施用钾肥可以明显增加每穗粒数，扩大库容量，增加抽穗期的叶面积系数和促进抽穗前、后的干物质生产，增加总干物重，但也会降低茎鞘运转率和结实率。粒肥施钾对源库数量的影响较小，但能提高后期光合效率，提高茎鞘运转率，降低秕粒率和提高结实率。由此可见，不同时期施钾的效果不同，高产栽培的钾肥施用技术应在前期施足的基础上，穗肥重施钾肥，粒肥补施钾肥。本试验还发现，穗肥和粒肥施钾能降低亚种间杂交稻的空粒率，这是一个值得注意的现象，深入研究其机理将可能对解决亚种间杂交稻空粒率高的难题有重要意义。

参考文献

[1] 卢向阳，匡逢春，李献坤，等. 两系亚种间杂交稻高空秕率的生理原因探讨[J]. 湖南农学院学报，1992，18（3）：509-515.

[2] 彭春瑞，宁有明. 亚种间杂交稻结实特性研究进展[J]. 江西农业学报，1994，6（1）：53-58.

[3] 彭春瑞，董秋洪，涂田华. 亚种间杂交稻空秕粒率的初步研究[J]. 江西农业学报，1995，7（1）：7-11.

[4] 彭春瑞，董秋洪，涂田华. 亚种间杂交稻源库关系研究[J]. 江西农业大学学报，1995，17（4）：400-404.

[5] 石庆华，徐益群，张佩莲，等. 籼粳杂交稻的氮素吸收特性及其对源库特征的影响[J]. 江西农业大学学报，1994，16（4）：333-339.

[6] 彭春瑞，董秋洪，涂田华. 亚种间杂交稻的产量形成特性与产量生理研究[J]. 江西农业学报，1995，7（2）：77-82.

第三篇

水稻轻简化栽培研究

二晚抛栽稻播种量、化控措施与抛栽秧龄的研究

彭春瑞　刘光荣　章和珍

（江西省农业科学院土壤肥料研究所，南昌 330200）

摘　要：研究表明，随着秧龄的延长，盘育秧的秧苗素质越来越不如湿润秧，主要表现为植株矮小，茎细，单株叶面积小，百苗干重轻，分蘖停止早并出现大量夭亡；稀播能改善秧苗素质，减少串根，采用两次化控对控制株高，促进分蘖，减少串根有一定效果，抛栽稻和手插稻比较，在经济性状上表现为穗数增加，每穗粒数减少，结实率与千粒重降低；不同秧龄抛栽，早抛的各项经济性状均比晚抛的好，产量比晚抛的高，特别是秧龄超过30d抛栽，产量减少明显。最后讨论了二晚抛栽稻的育秧技术。

关键词：二季晚稻；抛秧；育秧；秧龄

Studies on Rowing Rate，Chemical Control Measure and Seedling Age in Throwing-planted Double-cropping Late Rice

Peng Chunrui　Liu Guangrong　Zhang Hezhen

（*Soil and Fertilizer Research Institute*，*Jiangxi Academy of Agricultural Sciences*，*Nanchang 330200*，*China*）

Abstract：The result of research in indicated that the seedling grown in plastic tray were inferior to those in wet nursery，still more，the older the seedlings were，the more significant this kind of difference between them was，that was revealed as followed：the former were short and small with him stem，less leaf area per plant，light dried 100-seedling，tillering stopping early and lots of tillers drying.And thin rowing could improve the quality of seedlings and reduce root-aggulmation rate. Meanwhile，applying chemical control two times could limit the seedling height，promote tillering and reduce root-aggulmation rate. Comparied with that transplanted by hand，the throwing-planted rice had such economic traits as more panicles，less grain per panicle and lower setting rate and lighter 100-grain.Of the seedling throwing-planted at different age，those done earlier were superior in every economic trait with higher yield，especially，while their age was over 30days，the yield of the ones throwing-planted later was significantly reduced.At last，the growing seedling techniques of throwing-planted double-cropping late rice were discussed.

Key words：Double-cropping late rice；Throwing-planting；Growing seedling；Seedling age

---

本文原载：江西农业学报，1998，10（3）：1-6

基金项目：江西省农技推广总站和江西省农业科学院院长基金资助项目

水稻抛栽改变了传统手工移栽的"脸朝黄土背朝天"的艰辛状况，大大减轻了劳动强度，而且有省工、省肥、省秧田、早发、高产等诸多优点。我国在20世纪80年代开始进行抛栽稻的试验研究及示范，并很快在江苏、广东等沿海经济发达地区得到广泛应用[1-3]。江西20世纪90年代初开始进行水稻抛秧示范，受到了领导的重视及广大农民的欢迎。在引进技术消化吸收的基础上，通过不断摸索，早稻抛栽技术已比较成熟，但二晚抛栽还有许多问题亟待解决。其中最主要问题是二晚育秧期间温度高，如果秧龄长，则秧苗瘦弱，植株过高，串根多，影响了抛栽的质量及其抛后的成活率，若秧龄短，则要求早稻早割或推迟播种，使早晚稻只能采用早熟品种，否则二晚易遇"寒露风"。为此，对二晚抛栽稻不同播种量、化控措施及不同秧龄进行了试验研究，目的是探讨延长二晚抛栽秧龄的可行性及其相应的调控对策，为解决二晚抛栽的秧龄与秧苗素质及安全齐穗期的矛盾提供理论依据和技术指导。

1　材料与分析

试验于1997年晚季在江西省农业科学院土壤肥料研究所试验农场进行，前作为早稻，土壤肥力中上，供试品种为"汕优晚3"，6月27日播种。试验分为以下两个部分。

1.1　育秧试验

用561孔的塑料软盘育秧，设计两个播种量和3种化控技术，计6个处理。播种量设计折合每孔1粒和每孔2粒各两个水平，化控技术设计烯效唑浸种（简称浸），多效唑喷施（简称喷）及烯效唑浸种加上多效唑喷施（简称浸+喷），以烯效唑浸种后湿润育秧为对照（CK），烯效唑浸种浓度为100mg/kg，多效唑喷施浓度为250mg/kg，湿润育秧播种量为125kg/hm^2。秧龄为20d、25d、30d时取样考察秧苗素质和串根情况。

1.2　不同秧龄抛栽试验

在育秧试验中，选用每孔播1粒谷并采用浸加喷两次化控的秧苗，在秧龄为21d（7月18日）、26d（7月23日）、31d（7月28日）时分别抛栽，并以秧龄为31d的湿润秧作对照（CK），密度均为30穴/m^2，重复3次，施肥量为BB肥450kg/hm^2，氯化钾90kg/hm^2，尿素112.5kg/hm^2，其他管理措施按高产要求进行。10月28日收割，收割前取样考种。

2　结果与分析

2.1　育秧技术对秧苗素质及串根的影响

2.1.1　叶龄、株高

由表1可知，不同秧龄时的叶龄都是抛秧盘秧较CK小，密播较稀播小，一次化控较两次化控小，说明旱育和密播能使出叶速度减慢。不同秧龄时的株高，都是抛秧盘秧较CK矮，秧龄越长，差异越明显，密播较稀播矮，采用两次化控较一次化控矮，喷施较浸种矮。每孔播2粒谷，不管采用一次还是两次化控，其株高在秧龄30d时一般不超过25cm，每孔播1粒谷，则只有采用两次化控处理的秧苗在秧龄为30d时，其株高不超过25cm。

表1　不同措施对叶龄和株高的影响

Table 1　Effect of different measures on leaf age and seedling height

谷粒/孔 Grains per pot	化控 Chemical control	叶龄 Leaf age			株高（cm） Seedling height		
		20d	25d	30d	20d	25d	30d
1	浸 Presoaking	5.18	5.90	6.50	22.61	28.30	31.80
	浸+喷 Presoaking+Spraying	5.70	6.35	6.90	9.28	20.68	25.00
	喷 Spraying	5.42	5.75	6.40	16.44	22.60	29.10
2	浸 Presoaking	5.05	5.65	6.10	20.67	24.50	25.40
	浸+喷 Presoaking+Spraying	5.00	5.72	6.20	8.88	13.86	18.00
	喷 Spraying	4.85	5.53	6.08	17.80	20.67	23.00
湿润秧CK Seedling grown in wet nursery		6.05	6.90	8.10	32.60	34.75	52.50

2.1.2　茎粗与单株分蘖状况

由表2可知，秧龄为25d前只有每孔播1粒谷并采用两次化控处理的茎基宽比CK大，25d后所有秧盘育秧的茎粗都比CK小；稀播的茎粗大于密播，两次化控大于一次化控，并且随着秧龄的延长，秧盘育秧的茎增粗很少，甚至由于分蘖死亡而使茎基宽度变小，而CK则增粗明显。单株带蘖数每孔播1粒谷采用两次化控的处理较CK多，秧龄为20d时，每孔播2粒谷采用二次化控处理的单株带蘖数也较CK多；其他处理和时期的单株带蘖数均较CK少。试验还发现，采用两次化控的分蘖数较一次化控的多，稀播较密播多。秧盘育秧的分蘖停止早，秧龄20d后很少分蘖，有些不仅停止分蘖，而且由于秧苗营养竞争激烈，导致分蘖死亡。

表2　不同措施对茎粗和单株带蘖数的影响

Table 2　Effect of different measures on stem base width and tiller number per plant

谷粒/孔 Grains per pot	化控 Chemical control	茎粗（cm） Stem base width			单株带蘖数（根/株） Tillers per plant		
		20d	25d	30d	20d	25d	30d
1	浸 Presoaking	0.57	0.56	0.56	0.62	0.90	0.10
	浸+喷 Presoaking+Spraying	1.05	1.15	1.15	2.52	2.22	2.20

（续表）

谷粒/孔 Grains per pot	化控 Chemical control	茎粗（cm）Stem base width			单株带蘖数（根/株）Tillers per plant		
		20d	25d	30d	20d	25d	30d
1	喷 Spraying	0.48	0.70	0.84	0.42	1.20	0.90
2	浸 Presoaking	0.55	0.43	0.46	0.20	0.10	0.00
	浸+喷 Presoaking+Spraying	0.65	0.58	0.51	1.51	0.55	0.45
	喷 Spraying	0.42	0.47	0.46	0.00	0.30	0.20
湿润秧CK Seedling grown in wet nursery		0.88	1.04	1.70	0.89	1.40	1.30

2.1.3 叶面积与干重

不同秧龄的单株叶面积与百苗干重都是湿润秧大于秧盘育秧，稀播大于密播，且秧龄越长这种差异越明显。不同化控措施的单株叶面积一般是浸种>喷施>浸+喷，且秧龄越长这种差异变小。不同化控措施的百苗干重一般是浸种>浸+喷>喷施，且秧龄到30d时，浸+喷的百苗干重能赶上或超过喷施和浸种（表3）。由此可见，当秧龄小于20d时，一般以一次浸种效果较好，若秧龄大于25d，则应用两次化控效果较好。

表3　不同措施对叶面积及百苗干重的影响

Table 3　Effect of different measures on leaf area and 100-seedling dry weight

谷粒/孔 Grains per pot	化控 Chemical control	单株叶面积（cm）Leaf area per plant			百苗干重（g）100-seedling dry weight		
		20d	25d	30d	20d	25d	30d
1	浸 Presoaking	16.19	22.58	28.37	6.16	14.47	16.34
	浸+喷 Presoaking+Spraying	9.34	14.75	30.45	4.99	12.60	19.14
	喷 Spraying	9.78	16.74	31.65	4.88	9.12	13.78
2	浸 Presoaking	14.85	17.79	16.14	5.26	12.50	14.13
	浸+喷 Presoaking+Spraying	7.06	9.75	12.72	4.30	10.35	14.02
	喷 Spraying	9.05	11.96	14.54	2.98	8.30	11.83

（续表）

谷粒/孔 Grains per pot	化控 Chemical control	单株叶面积（cm） Leaf area per plant			百苗干重（g） 100-seedling dry weight		
		20d	25d	30d	20d	25d	30d
湿润秧CK Seedling grown in wet nursery		25.17	56.49	110.81	8.21	27.12	54.22

2.1.4　秧苗串根率

秧苗串根率的高低是影响抛栽稻抛栽质量的重要因素，也是二晚抛栽成败的关键之一。通过调查发现，随着秧龄的延长，串根率不断增加，特别是播种密度大时，不同处理的串根率都是密播高于稀播，一次化控高于两次化控，且每孔播1粒谷，采用两次化控处理的秧苗串根率在秧龄30d范围内几乎不随秧龄的延长而增加（表4）。说明由于秧龄延长而造成串根率高的问题可以通过适当的调控措施而得到较好解决。

表4　不同措施对秧苗串根率的影响

Table 4　Effect of different measures on root-aggulmation rate

谷粒/孔 Grains per pot	化控 Chemical control	20d	25d	30d
1	浸 Presoaking	2.45	4.28	8.62
	浸+喷 Presoaking+Spraying	2.14	2.78	2.52
	喷 Spraying	4.12	6.28	9.65
2	浸 Presoaking	8.53	15.26	28.64
	浸+喷 Presoaking+Spraying	2.64	3.96	10.08
	喷 Spraying	9.76	17.28	25.41

2.2　不同秧龄抛栽对产量及产量因素的影响

2.2.1　产量因素

由表5可知，与手插稻比较，抛栽稻的产量结构表现为有效穗数多，每穗粒数少，结实率及千粒重较低。不同抛栽的秧龄比较，早抛的各项经济性状均较晚抛的好，但秧龄为21d和26d抛栽的各项经济性状差异不大。秧龄为31d抛栽的各项经济性状明显较秧龄为21d的差，有效穗数减少6.26%，每穗粒数减少4.07%，结实率降低4.20个百分点，千粒重降低

0.52%。这主要是由于随着秧龄延长，盘中秧苗营养条件及光照条件越来越差，造成秧苗素质差，加上迟抛，抽穗期推迟，因而最终各产量性状变劣。

表5　不同秧龄抛栽的产量与经济性状

Table 5　Yield and economic traits after being throwing planted at different seedling age

秧龄（d）Seedling age	有效穗（穗/cm²）Productive panicles per square meter	每穗粒数（粒）Grains per panicle	结实率（%）Seedling rate	千粒重（g）1 000-grain weight	理论产量（kg/hm²）Theoretical yield	实收产量（kg/hm²）Practical yield	差异显著性 Difference significance 0.05	0.01
21	270.9	127.42	78.15	28.96	7 811.8	7 613.0	a	A
26	264.9	127.19	77.41	28.88	7 532.1	7 497.0	a	A
31	254.0	122.24	73.95	28.81	6 614.5	6 876.0	b	B
手插CK Transplanted by hand	207.3	139.40	80.27	29.36	6 810.6	7 061.0	b	AB

2.2.2　产量

由表5可知，抛栽稻与手插稻比较，秧龄21d和26d抛栽的产量显著高于手插稻，秧龄31d抛栽的产量略低于手插稻，但差异不显著。不同的秧龄比较，秧龄21d和26d抛栽稻的产量极显著高于秧龄31d抛栽稻的产量，秧龄21d抛栽的高于26d抛栽的，但差异不显著。由此可见，早抛能提高产量。当秧龄超过26d后，由于秧苗营养竞争激烈，产量降低明显。

3　讨论与结论

二晚抛秧盘育秧由于播种密度大，单位面积上的苗数多，加上秧盘孔的容积有限，营养土少，因此，秧苗的营养条件差，秧苗素质往往不如稀播湿润秧，特别是秧龄较长的情况下更是这样。试验发现，随着秧龄延长，秧苗营养竞争激烈，造成秧苗不仅不能分蘖，而且已产生的分蘖也会大量夭亡，使秧苗变得瘦弱，茎基宽度变小，而且根系不断生长，拱出盘孔，导致串根率增加。稀播能延缓秧苗素质开始变劣的时间，对提高秧苗素质有利。采用二次化控比采用一次化控更能控制株高，促进分蘖，减少串根。试验还发现，秧龄为20d时，每孔播1粒谷并采用浸种或浸种加喷施两个处理的秧苗素质接近于CK，有些指标还优于CK；秧龄超过25d，则每孔播1粒谷并采用二次化控的处理的秧苗，在叶龄达到7.0叶时，其株高仍能控制在25cm以内，串根率不超过5%，抛后3d基本上能直立，秧苗素质也较其他处理好。根据试验，初步提出二晚抛栽稻育秧技术应重点抓好以下几点：一是稀播，要求每孔只有1～2粒谷，每亩大田用561孔秧盘50～60盘，并做到匀播。二是采用烯效唑浸种，若秧龄超过20d还应喷一次多效唑控苗。三是要严格控制秧畦水分，以控制株高及根系上串，减少串根率，一般出苗后秧不卷叶不灌水。四是及时补充营养，二叶

一心后，还应根据秧苗长相，每隔5～7d洒一次营养水，一般每次每盘可用尿素和氯化钾各1g对水喷洒或泼浇。

抛栽稻由于秧苗带土，抛后无明显返青期，分蘖早且速度快，在产量结构上表现为有效穗多，但每穗粒数少，结实率及千粒重也低，这可能与抛栽时秧苗矮小，单苗干重轻，茎细有关。短秧龄早抛比长秧龄晚抛的产量高，经济性状改善，但秧龄21d和26d抛栽稻的产量差异不大，秧龄31d抛栽稻较秧龄21d和26d抛栽稻的经济性状明显差异，产量极显著降低，这主要与秧龄31d时的秧苗素质变劣及晚抛抽穗推迟有关。秧龄31d的手插稻和抛栽稻产量差异不显著，但若考虑到抛栽稻的省工和省秧田效果，抛栽稻的效益还是明显好于手插稻。因此，在秧龄要达到30d左右才能抛栽的地区和田块，只要措施得当，也是可以抛栽的。

参考文献

[1] 杨泉涌. 营养方块育苗抛栽种稻[J]. 农业科技通讯，1983（4）：6-7.

[2] 毛壁君，潘玉燊，罗家镏. 水稻低筒育苗抛秧栽培技术的引进试种初报[J]. 广东农业科学，1988（1）：5-7.

[3] 张洪程，戴其根，费中富，等. 水稻简化抛秧高产栽培新技术[J]. 江苏农业科学，1989（2）：9-11.

双季抛栽稻的生育特性研究

彭春瑞[1]　刘光荣[1]　陈先茂[1]　谢江[1]　周国华[1]　刘小林[2]

（[1]江西省农业科学院土壤肥料研究所，南昌 330200；
[2]江西省宜春农业专科学校，宜春 336000）

摘　要：对抛栽稻和手插稻的比较试验表明，①抛栽稻的生育优势有：分蘖早，分蘖多，有效穗多；根系生长好，吸肥能力强；早稻抽穗期叶面积系数大，生物产量高。晚稻在施用穗肥的条件下也有同样的优势。②抛栽稻的生育劣势有：无效分蘖多，成穗率低；高效叶面积率低，每穗粒数少；茎鞘运转率和经济系数低；抗根倒能力差。③抛栽稻高产的主攻方向是提高成穗率和增加每穗粒数。

关键词：双季稻；抛栽；生长发育

Study on the Growth and Development Characteristic of Double-cropping Rice by Seedling-throwing Culture

Peng Chunrui[1]　Liu Guangrong[1]　Chen Xianmao[1]　Xie Jiang[1]
Zhou Guohua[1]　Liu Xiaolin[2]

（[1]*Soil and Fertilizer Research Institute*，*Jiangxi Academy of Agricultural Sciences*，*Nanchang 330200*，*China*；[2]*Agricultural Training School of Yichun Prefecture*，*Jiangxi province*，*Yichun 336000*，*China*）

Abstract: Comparison test of seedling-throwing culture（STC）and hand-transplanting culture（HTC）in rice showed that:（1）Growth and developmental superiorities of rice by STC were: earlier emergence of tiller，more tiller and effective panicles; better root growth and stronger capability of absorbing fertilizer; larger LAI at heading stage and higher biomass in early and late rice when fertilizer was applied in the period of ear of late rice.（2）Growth and development inferiority of rice by STC were: more ineffective tiller，lower percentage of earbearing tiller; lower percentage of high effective leaf area，less grains per panicle; lower translocation rate of stem and sheath and harvest index; weaker resistance to root lodging.（3）High yield emphases in rice by STC were

本文原载：江西农业学报，1999，11（3）：14-18
基金项目：国家“九五”科技攻关计划和江西省农业科学院院长基金资助项目

increasing percentage of earbearing tiller and grains per panicle.

Key words: Double-cropping rice; Seedling-throwing culture; Growth and development

水稻的手工栽插，在我国已有2 000多年的历史[1]，在稻作史上起了重要的作用。但这种作业费力花工，极为艰辛，而且劳动效率甚低。为改变这种状况，除研究与推广直播和机插技术外，日本20世纪70年代就开始研究水稻抛秧技术[2]。进入20世纪80年代以来，我国有些地方也相继开展了这项研究与示范[3]。江西省20世纪90年代开始引进抛秧技术进行试验示范[4, 5]，因其省工、省力和增产增收等优点而深受农民欢迎，1998年全省推广抛栽稻36万多公顷。然而目前抛栽稻的增产潜力还远未得到充分发挥，主要是对抛栽稻的生育特性缺乏系统研究，特别是双季稻区抛栽稻的生育特性研究甚少，使得对其栽培技术的制定缺乏理论依据。笔者于1997—1998年对江西省双季稻区抛栽稻的生育特性进行了研究，旨在为抛栽稻的高产栽培提供理论依据。

1　材料与方法

试验于1997—1998年在江西省农业科学院土壤肥料研究所试验农场和东乡试区进行。抛栽稻采用561孔塑盘育秧，早稻675盘/hm^2，晚稻900盘/hm^2，早稻采用烯效唑浸种一次化控，晚稻采用烯效唑浸种和一叶一心期喷施多效唑两次化控；手插稻采用湿润育秧，按秧本田1∶8的比例确定播种量，化控措施同塑盘育秧。1997年仅进行二晚试验，供试品种为汕优晚3，秧龄31d；1998年供试品种早稻为优Ⅰ华联2号，秧龄27d，晚稻为汕优77，秧龄24d。1997年N、K肥50%作基肥，20%作分蘖肥，30%作穗粒肥；1998年则50%作基肥，50%作蘖肥，其他栽培措施按高产要求，小区面积30～40m^2，重复3次。每隔5d调查1次茎蘖数，在各生育阶段取样测定有关生育指标，成熟期取样考种和收割测产。

2　结果与分析

2.1　分蘖特性

表1的结果表明，无论是早稻还是晚稻，抛栽稻的大田分蘖数和最高苗数均比手插稻高，在早稻上分别高50.97%和55.07%，在晚稻上分别高56.16%和44.19%；而且其分蘖速度快主要表现在前期，调查中还发现，1997年二晚抛栽稻抛后5～10d、10～15d、15～20d、20～25d的苗数日增量分别较手插稻高74.07%、34.89%、8.57%和1.45%；1998年早稻在栽后10d，手插稻还未见分蘖，而抛栽稻的茎蘖数较栽后5d增加了122.73%；抛栽稻的分蘖多，但其无效分蘖也多，早、晚稻的无效分蘖数分别较手插稻多60.79%和91.03%，其成穗率则低于手插稻。由此可见，与手插稻比较，抛栽稻具有分蘖早、分蘖速率快（特别是前期）、分蘖多的优点，但也有无效分蘖多、成穗低的不足。

表1 两种栽培方法的分蘖特性比较（1998）

Table 1 Comparison of tillering property in two cultural methods

项目 Items	早稻（Early rice）		晚稻（Late rice）	
	抛栽稻 STC	手插稻 HTC	抛栽稻 STC	手插稻 HTC
最高苗数（百万/hm^2）No. of maximum seedling	7.49	4.83	6.82	4.73
大田分蘖数（百万/hm^2）No. of tillering in field	6.25	4.14	5.95	3.81
无效分蘖数（百万/hm^2）No. of ineffective tillering	2.83	1.76	4.05	2.12
前期苗数日增量（百万/hm^2）NISDE	26.10	9.15	20.40	12.75
后期苗数日增量（百万/hm^2）NISDL	8.55	11.25	23.25	15.30
成穗率（%）Percentage of earbearing tiller	62.16	63.52	40.73	55.20

注：STC-Seedling-throwing culture；HTC-Hand-transplanting culture；NISDE-No. of increasing seedling per day from 5d to 21d after transplanting（throwing）seedling in early rice and from 5d to 17d in late rice；NISDL-No. of increasing seedling per day from 22d to 45d after transplanting（throwing）seedling in early rice and form 18d to 32d in late rice

2.2 叶面积系数及上部叶片长度

由表2可见，抛栽稻的上部3叶（早稻仅2叶）长度较手插稻短，而且其高效叶面积率也较低。早稻抛栽稻抽穗期的叶面积系数明显高于手插稻，晚稻由于抛栽稻的秧苗矮小，因而抛后群体的叶面积系数较小，以后随着分蘖的生长，其叶面积迅速增加，甚至能赶上手插稻。例如，1997年晚稻抛栽稻的叶面积系数在栽后23d仍较手插稻低25.68%，但到抽穗期反而较手插稻高6.37%。值得注意的是，1997年晚稻抛栽稻与手插稻上部3叶长度的差异较1998年小，抛栽稻在抽穗期的叶面积系数1997年较手插稻大而1998年较手插稻小，这似乎暗示增加穗粒肥的比重对抛栽稻的叶面积系数与上部3叶长度的影响较对手插稻的影响大。

表2 抽穗期的叶面积系数与上部3叶长度

Table 2 LAI and length of three upper leaves at heading stage

项目 Items	1998年早稻（Early rice）		1997年晚稻（Late rice）		1998年晚稻（Late rice）	
	抛栽稻 STC	手插稻 HTC	抛栽稻 STC	手插稻 HTC	抛栽稻 STC	手插稻 HTC
剑叶长（cm）Length of 1st leaf from top	21.59	29.47	34.72	36.50	21.95	24.59
倒2叶长（cm）Length of 2nd leaf from top	33.16	40.24	39.66	43.00	32.55	40.41

（续表）

项目 Items	1998年早稻（Early rice）		1997年晚稻（Late rice）		1998年晚稻（Late rice）	
	抛栽稻 STC	手插稻 HTC	抛栽稻 STC	手插稻 HTC	抛栽稻 STC	手插稻 HTC
倒3叶长（cm） Length of 3rd leaf from top	33.29	31.61	37.21	44.72	36.00	45.45
高效叶面积系数 LAI of high effective leaves	3.67	2.82	—	—	2.37	3.23
高效叶面损率 Rate of high effective leaf area	71.68	75.60	—	—	62.14	78.02
总叶面积系数 Total LAI	5.12	3.73	4.34	4.08	3.82	4.14

2.3 干物质生产及其分配

由表3可知，早稻抛栽稻抽穗前后的干物质生产量均较手插稻高，总干物质重也较手插稻高9.23%，晚稻抛栽稻则两年的结果有所差异，1997年的结果与早稻相似，而1998年的结果则是抽穗前的干物质生产量与手插稻相当，抽穗后则少于手插稻，最终总干物重也较手插稻略低。这可能与其抽穗期叶面积系数较小有关，也说明二晚在中后期增施穗粒肥有利于抛栽稻后期干物质生产优势的发挥。试验还表明，无论是早稻还是晚稻，抛栽稻的茎鞘运转率和经济系数均较手插稻低，特别是晚稻，表明抛栽稻的生物产量转化为经济产量的能力较低。

表3 干物质生产量及其分配（t/hm^2）

Table 3 Amount of dry matter production and its distribution（t/ha）

项目 Items	1998年早稻（Early rice）		1997年晚稻（Late rice）		1998年晚稻（Late rice）	
	抛栽稻STC	手插稻HTC	抛栽稻STC	手插稻HTC	抛栽稻STC	手插稻HTC
抽穗前生物产量 Production before heading	7.78	7.34	7.81	7.31	7.99	7.89
抽穗后生物产量 Production after heading	3.82	3.28	3.03	2.78	3.65	3.90
总干物重 Total dry matter weight	11.60	10.62	10.84	10.09	11.64	11.79
茎鞘运转率（%） Translocation rate of stem and sheath	24.05	25.28	33.88	38.39	30.00	32.41
经济系数 Harvest index	0.544	0.548	0.546	0.602	0.483	0.500

2.4　根系生长

抛栽稻由于秧苗白根多，加上带土抛栽，入土浅，因而根系生长良好。由表4可见，抽穗期抛栽稻的总根重较手插稻高8.73%，而且抛栽稻的根主要分布在表层，0～5cm土层的根重占总根重的60.83%，而手插稻仅占52.43%，前者较后者高8.4个百分点；10～20cm土层抛栽稻的根重占总根重的4.99%，而手插稻占15.00%，前者较后者低10.10个百分点。抛栽稻的这种根系分布有利于充分利用表土的养分，增加养分的吸收量。1998年对早稻的测定表明，抽穗期抛栽稻的N、K吸收量分别较手插稻高7.57%和20.21%，成熟期分别高1.19%和12.71%。但是，抛栽稻由于根系主要集中在表层，因此，抗根倒能力差，在软烂土壤中要注意防倒伏。

表4　抽穗期的根重及其在土层中的分布（1997）

Table 4　Root weight and its distribution in soil layer at heading stage

栽培方式 Cultural methods	总根重（kg/hm²）Total root weight	0～5cm		5～10cm		10～20cm	
		根重（kg/hm²）Root weight	百分率（%）Percentage	根重（kg/hm²）Root weight	百分率（%）Percentage	根重（kg/hm²）Root weight	百分率（%）Percentage
抛栽稻 STC	3 297.8	2 006.1	60.83	1 127.2	34.18	164.5	4.99
手插稻 HTC	3 032.9	1 590.1	52.43	987.8	32.57	455.0	15.00

2.5　产量与产量构成

由表5可见，早稻抛栽稻较手插稻的产量高，增产率为8.29%，早稻抛栽稻的增产原因主要是有效穗数和总颖花数增加，分别较手插稻增加51.73%和8.25%，但其每穗粒数明显少于手插稻，较手插稻少28.64%。晚稻抛栽稻两年产量均较手插稻低，减产率为2.62%～4.43%，减产的原因主要是每穗粒数少和结实率低，分别较手插稻低9.33%～12.39%和1.41%～7.94%。由此可见，与手插稻比较，抛栽稻早稻的产量构成因子表现出“一增（有效穗增）、一减（每穗粒数减）、两平（结实率和千粒重平）”的特点，而抛栽稻晚稻则表现出“一增（有效穗增）、二减（每穗粒数和结实率减）、一平（千粒重平）”的特点。

表5　产量与产量构成因子

Table 5　Yield and yield components

项目 Items	1998年早稻（Early rice）		1997年晚稻（Late rice）		1998年晚稻（Late rice）	
	抛栽稻STC	手插稻HTC	抛栽稻STC	手插稻HTC	抛栽稻STC	手插稻HTC
穗数（万/hm²）No. of panicles	465.5	306.8	254.00	207.30	278.1	261.3

（续表）

项目 Items	1998年早稻（Early rice）		1997年晚稻（Late rice）		1998年晚稻（Late rice）	
	抛栽稻STC	手插稻HTC	抛栽稻STC	手插稻HTC	抛栽稻STC	手插稻HTC
每穗粒数 No. of grains per panicle	83.68	117.26	122.24	139.40	98.30	108.42
总颖花数（万/hm²）No. of total spikelets	389.5	359.8	310.50	290.00	273.4	283.3
结实率（%）Setting rate	80.89	81.60	73.90	80.27	85.95	87.18
千粒重（g）1 000-grains weight	25.41	25.66	28.81	29.36	30.55	30.30
理论产量（kg/hm²）Theoretical yield	8 000.4	7 533.0	6 609.0	6 810.6	7 182.0	7 477.5
实际产量（kg/hm²）Practical yield	7 330.5	6 769.5	6 876.5	7 061.5	6 538.5	6 841.5

3　结论与讨论

3.1　抛栽稻的生育优势

试验表明，与手插稻比较，抛栽稻具有返青快、分蘖早、分蘖速度快（特别是前期）、分蘖多的生育优势，这对保证水稻高产所需要的穗数有重要意义，特别是在肥力差的中低产田块。本试验结果也表明，早、晚稻的有效穗数抛栽稻均比手插稻高。抛栽稻由于带土抛栽入土浅，且发根力强，因而根系生长良好，根量多且主要分布在表层，有利于养分的吸收利用，因此，吸肥能力强。抛栽稻由于塑盘育秧密度大，秧苗较湿润秧矮小，苗较轻，特别是晚稻，因此，移植到大田后，抛栽稻的群体叶面积系数和生物量起点均较低，但由于其有早生快发的优势，群体生长速度快，因此，一般能赶上或超过手插稻。早稻一般能较早赶上手插稻，到抽穗期，其叶面积系数和干物质重均超过手插稻，最终总生物量也较手插稻高；晚稻由于群体起点更低，而且早生快发优势没有早稻明显，因此，一般赶上手插稻的时间较迟，在中期施用穗肥的条件下一般均能超过手插稻，但中期缺肥（不施穗肥）的条件下也可能略低于手插稻或与手插稻相当。总的来说，抛栽稻的中后期是有生育优势的。

3.2　抛栽稻的生育劣势

抛栽稻有许多高产的有利因素，也有一些高产的不利因素。最主要的生育劣势是无效分蘖过多，成穗率低、高效叶面积率低，这不利于壮秆和大穗的形成，因此，抛栽稻的每穗粒数少，这是限制抛栽稻产量的最主要因素。其次，是抛栽稻的根系主要分布在表层，因此，抗根倒能力差，因此，在烂泥田易发生根倒。另外，在田间还观察到，抛栽稻的抽穗期比手插稻略迟，特别是在二晚秧龄较长情况下[5]，这对二晚的结实率提高有不利影响。

3.3 抛栽稻高产的主攻方向

试验表明，早稻抛栽稻较手插稻增产，增产的主要原因是有效穗数增加，但其每穗粒数仍较低，仍有增产潜力；晚稻两年的产量均是抛栽稻略低于手插稻，原因主要是每穗粒数少，其次，是结实率降低。由此可见，抛栽稻高产的主攻方向是提高成穗率和增加每穗粒数。据1998年的试验（另文报道），把茎蘖肥与穗肥的比例由10：0变为7：3时，早稻每穗粒数增加8.65粒，产量提高2.48%，晚稻每穗粒数增加10.31粒，产量提高10.67%，这也验证了抛栽稻要获得高产应主攻每穗粒数。

参考文献

[1] 中国农业科学院. 中国稻作学[M]. 北京：农业出版社，1986：12-21.

[2] 松岛省三. 实用水稻栽培[M]. 北京：农业出版社，1984：189-210.

[3] 张洪程，戴其根，吴志光，等. 抛栽水稻生长发育及产量形成的初步研究[J]. 江苏农学院学报，1989，10（增刊）：2-8.

[4] 彭春瑞，刘光荣，章和珍. 二晚抛栽稻播种量、化控措施与抛栽秧龄的研究[J]. 江西农业学报，1998，10（3）：1-6.

[5] 潘晓华，李木英，石庆华，等. 培两优288二晚抛栽高产技术初探[J]. 江西农业科技，1998（增刊）：4-6.

栽培因子对抛栽稻产量的影响研究

彭春瑞　周国华　陈先茂　谢江　刘光荣　卢建军

（江西省农科院土壤肥料研究所，南昌 330200）

摘　要：设计不同的肥料运算方式、晒田时期、喷GA_3时期3个试验，研究了栽培因子对抛栽稻产量的影响。结果表明，（1）在施肥量相同的情况下，施用穗肥较不施穗肥增产，早稻增产5.98%～11.83%，晚稻增产4.03%～10.91%；基肥：蘖肥：促花肥：保花肥：粒肥的比例早稻以5：2：0：2：1产量最高，其次是0：5：2：2：1，晚稻以0：5：2：2：1产量最高，其次为5：2：0：2：1；早稻施用穗肥增产的主要原因是有效穗数增加，其次是每穗粒数增加，晚稻主要是每穗粒数增加，其次是有效穗数增加。（2）抛栽稻提早晒田能提高产量，且早稻增产效果较晚稻大，增产原因早稻主要是每穗粒数增加，晚稻主要是每穗粒数和结实率提高；晒田过迟不仅不能增产，反而会降低产量。（3）不同时期喷施GA_3均有增产效果，增产幅度3.20%～12.35%，增产主要原因是降低最高苗数，减少无效分蘖数，提高成穗率，增加每穗粒数和有效穗数。

关键词：水稻；抛栽；产量；栽培措施

水稻抛秧栽培，因其省工、省力和增产增收等优点而深受农民欢迎，在全国水稻产区得到迅速推广。目前，对抛秧栽培技术的研究，育秧技术的较多，大田栽培技术的较少[1]。研究表明，抛栽稻有分蘖早、分蘖多、有效穗数多，根系生长好等生长优势，但也有无效分蘖多、成穗率低、每穗粒数少等生长劣势[2，3]。因此，采取合理的栽培技术，充分利用其生长优势，克服其生长劣势，将可进一步挖掘其增产潜力，加速抛秧栽培技术的推广。为此，于1999年开展了抛栽稻大田不同栽培因子的试验，旨在为抛栽稻的高产栽培提供科学依据。

1　材料与方法

1.1　抛栽稻肥料运算试验

早稻供试品种为中旱18，晚稻供试品种为金优207。早稻施肥量为尿素450kg/hm^2，钙镁磷肥600kg/hm^2，氯化钾300kg/hm^2；晚稻施肥量为尿素375kg/hm^2，钙镁磷肥375kg/hm^2，氯化钾262.5kg/hm^2。磷肥全部作基肥，氮钾肥按基（面）肥：分蘖肥：促花肥：保花肥：粒肥设计5种不同的运算方式，①5：4：0：0：1；②5：2：0：2：1；③5：2：2：0：1；④5：0：2：2：1；⑤0：5：2：2：1。小区面积24m^2，小区间作埂隔开，单独排灌，抛栽

本文原载：《两高一优农业与农业创新》.北京：中国农业科学技术出版社，2000：363-366

基金项目：国家“九五”科技攻关计划项目

密度为早稻33g/m^2，晚稻37.5g/m^2。基（面）肥在耥田前施下，分叶肥在抛后6d结合施除草剂施下，促花肥在倒3叶露尖期施下，保花肥在叶露尖期施下，粒肥在始穗期施。

1.2　抛栽稻晒田始期试验

早稻供试品种为中早18，晚稻供试品种为金优207，进行盆栽试验，试验用高26cm，上内径28cm，下内径22cm的塑料桶，桶底先铺2cm厚细沙，然后每桶装土13.5kg，选择生长一致，每孔2粒谷苗的秧苗，每桶栽3蔸（与地面60°角，栽深以秧蔸泥团全部入泥为度），设计4个不同时期开始晒田，早稻分别为7.1、9.1、11.1、13.1叶龄开始晒田，晚稻分别为9.1、11.1、13.1、15.1叶龄开始晒田，晒田时平桶中泥面钻一小孔，以利桶中积水流出，晒至桶边泥土开裂0.5cm开始复水，以后每隔1～2d浇一次水，保持桶中泥土湿润，做到既不回软也不表面渍水24h以上。以全生育期淹灌（灌浆期干湿交替）作对照（CK），每处理3桶，共计15桶。

1.3　不同时期喷施的GA_3试验

以晚稻金优207为材料，设计在叶龄为9.1、10.1、11.1、12.2、13.2时喷施GA_3试验，以不喷作对照（CK），喷750kg/hm^2，小区面积6.7m^2，重复3次。

2　结果与分析

2.1　肥料运算对产量及产量因子的影响

由表1可见，不论早稻还是晚稻，施用穗肥的产量均比不施穗肥的处理（处理1）高，早稻高5.98%～11.83%，晚稻高4.03%～10.91%，这与1998年的试验结果是吻合的，表明抛栽稻施用穗肥是一项有效的增产措施。不同处理比较，早稻处理为2>5>3>4>1，其中处理2、处理5、处理3与处理1的产量差异达到显著水平；晚稻产量为处理5>2>4>3>1，其中处理5、处理2与处理1的产量差异达到极显著水平；处理4与处理1的产量差异达到显著水平。以产量构成因子分析，施用穗肥的处理，早稻的有效穗数和每穗粒数都增加，有效穗数增加11.04%～23.61%，每穗粒数增加2.16%～8.93%。晚稻主要是每穗粒数增加，有效穗数也略有提高，有效穗数和每穗粒数分别增加3.18%～5.63%和6.23%～9.27%。肥料运算对结实率和千粒重的影响较小，表明肥料的运算主要通过改变穗粒结构来影响产量。

表1　肥料运算对产量因子的影响

季别	处理	有效穗数（万/hm^2）	每穗粒数（粒）	结实率（%）	千粒重（g）	理论产量（kg/hm^2）	实收产量（kg/hm^2）	显著性	
								0.05	0.01
早稻	1	314.4	85.78	77.70	31.34	7 131.0	6 696.8	b	A
	2	363.5	93.35	77.61	31.14	8 200.0	7 489.2	a	A
	3	357.5	93.28	77.07	31.00	7 965.8	7 265.0	a	A
	4	369.1	93.44	77.06	31.00	7 791.5	7 097.6	ab	A
	5	388.7	87.63	77.08	31.12	8 063.3	7 312.2	a	A

（续表）

季别	处理	有效穗数（万/hm²）	每穗粒数（粒）	结实率（%）	千粒重（g）	理论产量（kg/hm²）	实收产量（kg/hm²）	显著性	
								0.05	0.01
晚稻	1	362.9	108.03	79.64	26.15	7 353.2	6 612.2	c	B
	2	316.5	117.86	80.14	26.45	7 907.1	7 166.7	a	A
	3	328.5	114.76	78.63	26.02	7 713.0	6 878.9	bc	AB
	4	345.3	115.82	76.28	25.83	7 934.4	7 060.7	ab	AB
	5	342.3	118.04	77.05	27.07	8 115.4	7 333.4	a	A

2.2　晒田始期对产量及产量因子的影响

试验表明，早稻不同处理的产量是处理1>2>CK>3>4，处理1与处理2的产量极显著高于CK，分别较CK增产15.09%和10.19%，处理4的产量较CK低13.76%，达到极显著水平，处理3较CK增产8.53%，达显著水平；晚稻不同处理的产量是处理2>1>CK>4>3，处理2的产量较CK高10.27%，达显著水平，处理1较CK增产5.99%，但未达到显著水平，处理3与处理4分别较CK增产4.16%～3.52%。由此可见，无论是早稻还是晚稻，在抛后20d以前晒田均较不晒田增产，而在抛后25d以后晒田，则产量往往较不晒田的还低，且早稻效果较晚稻明显。以产量因子来看，早稻晒田的有效穗数较CK少，提早晒田的每穗粒数大大高于CK，因而能增产，晒田过迟的每穗粒数没有增加，甚至减少，因而产量降低。晚稻晒田过早，有效穗较少，但每穗粒数和结实率提高，因而能增产，晒田过迟则明显降低每穗粒数，因而减产（表2）。

表2　晒田始期对产量及产量因子的影响

季别	处理(叶龄)	每桶穗数（穗）	每穗粒数（粒）	结实率（%）	千粒重（g）	每桶产量（g）	显著性	
							0.05	0.01
早稻	1（7.1）	44.00	98.41	77.81	29.91	100.78	a	A
	2（9.1）	45.33	92.60	77.85	29.62	96.79	a	A
	3（11.1）	44.33	79.23	76.60	29.85	80.10	c	BC
	4（13.1）	43.33	77.28	76.40	29.52	75.52	c	C
	CK	51.67	78.00	73.88	29.41	87.57	b	B
晚稻	1（9.1）	27.67	126.46	80.57	24.43	69.70	ab	A
	2（11.1）	35.67	125.25	71.31	23.66	73.32	a	A
	3（13.1）	35.67	112.73	67.62	23.46	63.38	b	A
	4（15.1）	33.67	121.73	64.15	24.00	64.15	b	A
	CK	33.00	121.36	68.01	24.41	66.49	b	A

2.3 喷施GA_3对产量及产量因子的影响

由表3可见，不同时期喷施GA_3均能提高产量，增产率为3.20%～12.35%，以处理2产量最高，其次是处理1，分别较CK增产12.35%和11.92%，差异达到显著水平，喷施GA_3能降低最高苗数，减少无效分蘖数，提高成穗率，成穗率较CK提高4.08%～16.04%，且有施药越早，效果越明显的趋势。从产量因子来看，施GA_3能提高有效穗数（处理5略减），较CK提高0.34%～4.52%，且也具施药越早，效果越明显的趋势，施GA_3能明显增加每穗粒数，较CK增加0.66%～9.77%，特别是处理2、处理3、处理4增粒作用大（表4）。

表3　喷施GA_3对成穗率及产量的影响

处理	喷药时期		最高苗数（万/hm²）	无效分蘖数（万/hm²）	成穗率（%）	实收产量（kg/hm²）	显著性	
	叶龄	抛后天数（d）					0.05	0.01
1	9.1	11（99.7）	375.0	100.0	73.36	7 700	a	A
2	10.1	15（114.6）	396.0	121.2	69.39	7 730	a	A
3	11.1	20（139.5）	382.5	115.4	69.80	7 400	ab	A
4	12.2	28（152.5）	402.6	138.6	65.57	7 540	ab	A
5	13.2	36（128.8）	390.6	129.3	66.90	7 100	ab	A
CK	—	—	417.6	154.5	63.00	6 880	b	A

注：括号内数字为施药时苗数占最终穗数的百分比

表4　喷施GA_3对产量因子的影响

处理	有效穗数（万/hm²）	每穗粒数（粒）	结实率（%）	千粒重（g）	理论产量（kg/hm²）
1	275.0	129.60	89.87	26.41	8 458.9
2	274.8	135.37	88.56	25.78	8 492.8
3	267.1	135.63	88.27	25.57	8 177.2
4	264.0	137.63	89.00	25.46	8 233.9
5	261.3	126.21	91.06	26.00	7 808.2
CK	263.1	125.38	89.14	25.70	7 356.8

3 讨论与结论

3.1 抛栽稻的施肥技术

试验表明，在施肥量相同的情况下，施用穗肥较不施穗肥增产，增产原因是穗数和粒数增加。这表明前期施肥过多并不是一定能增加穗数，因为抛栽稻带土抛栽，入土浅，返青快，分蘖早，有明显的分蘖优势[2, 3]，因此，前期施肥过多并没有明显增穗效应，反而易导致无效分蘖多，成穗率低，每穗粒数少。在前期施肥适量的情况下，增加穗肥的施用比例，不仅可以增加每穗粒数，且可以提高成穗率，有利穗数的增加，因而易获高产。本试验还发现，施用保花肥的效果比促花肥好，施用分蘖肥的效果比基肥好，早稻肥料运算方式以5：2：0：2：1效果最好，其次是0：5：2：2：1，晚稻以0：5：2：2：1最好，其次是5：2：0：2：1。由于抛栽稻抛秧时要求无水层或薄水层，而整地时要整平又要求有水，结果整好田后仍需放掉一些水，因而基肥不宜施多。综上所述，认为抛栽稻的施肥技术应为，早稻前期50%～70%，中期20%～30%，后期10%；晚稻前期40%～60%，中期30%～40%，后期10%，且前期以分蘖肥为主，中期以保花肥为主。

3.2　抛栽稻的晒田始期

抛栽稻具有无效分蘖多，根系分布浅，易倒根等弱点[2, 3]，因此，晒田是抛栽稻高产的一项重要措施。江西目前生产上一般要到抛后30d左右才开始晒田，而此时一般正处于幼穗形成期，晒田会降低每穗粒数，本试验表明，抛栽稻晒田过迟（早稻抛后25d后，晚稻抛后35d后），产量比CK还低。早稻在抛后11d和17d开始晒田，产量则显著高于CK，此时叶龄为7.1和9.1，在盆栽条件下的有效分蘖临界叶龄为11，因此晒田始期应为9叶期，但江西早稻生长期间雨水多，晒田困难，因此，更要提早晒田，一般生产上应在抛后10～12d就可以开始放水晒田。晚稻在抛后20d和11d开始晒田的产量也极显著或显著高于CK，此时叶龄分别为11.1和9.1，在盆栽条件下，其有效分蘖临界叶龄期为11，即晚稻应在有效分蘖临界叶龄期前开始晒田，这主要是由于晚稻气温高，晒田易达到效果，在盆栽条件下一般晒1～2d就开始开裂，同时，晚稻抛栽稻植株矮小，分蘖较少，因而需要利用部分动摇分蘖成穗，晒田过早，则穗数不足，一般在有效分蘖临界叶龄期前1～2个叶龄晒田为宜，在生产上一般在抛后15d开始晒田为宜。

3.3　喷施GA_3的效果

前人的研究表明，分蘖期喷施GA_3能提高成穗率和增加每穗粒数[4, 5]。本试验研究表明，不同时期喷施GA_3均能提高成穗率和产量，降低最高苗数和无效分蘖数，表明喷施GA_3也是抛栽稻高产栽培的一项重要措施。本试验还表明，以抛后15d（秧龄10.1）和抛后11d（秧龄9.1）是喷施GA_3产量最高，显著高于CK，在大田栽培条件下，此时正值有效分蘖临界叶龄期及其前叶龄，此时苗数分别达到最后穗数的114%和99%，即喷施GA_3的最佳时期应在有效分蘖临界叶龄期之前，在生产上应掌握在抛后15d喷施。

参考文献

[1] 彭春瑞，刘光荣，章和珍. 二晚抛栽稻播种量、化控措施与抛栽秧龄的研究[J]. 江西农业学报，1998，10（3）：1-6.

[2] 彭春瑞，刘光荣，陈先茂，等. 双季抛栽稻的生育特征研究[J]. 江西农业学报，1999，11（3）：14-18.

[3] 张洪程，戴其根，吴志光，等. 抛栽水稻生长发育及产量形成的初步研究[J]. 江苏农学院学报，1989，10（增刊）：2-8.

[4] 洪晓富，蒋彭炎，郑寨生，等. 水稻分蘖期喷施赤霉素（GA_3）对分蘖成穗率的影响[J]. 浙江农业科学，1998（1）：3-5.

[5] 郑寨生，张镇铭，郑伟年，等. 搁田和施赤霉素（GA_3）联因对水稻成穗率的影响[J]. 上海农业学报，1998，14（4）：70-74.

双季抛栽稻高产调控技术研究

彭春瑞　周国华　陈先茂

（江西省农业科学院土壤肥料研究所，南昌 330200）

摘　要：研究了将增加穗肥比重、提早晒田和喷施GA_3 3项技术组装成综合高产栽培技术，应用于双季抛栽稻的大田调控，对抛栽稻的产量及产量形成的影响。结果表明，与常规栽培技术比较，综合高产栽培技术能控制无效分蘖的生长，降低最高苗数，提高成穗率；增加中后期特别是抽穗后的干物质生产，提高总干物重及其在穗部的分配比例；增加中后期的养分吸收量和总吸收量；在稳定穗数的基础上，增加每穗粒数和结实率，最终提高产量，早、晚稻分别增产15.00%和20.62%。

关键词：双季稻；抛栽；高产；调控技术

Study on High-yielding Technique of Double Cropping Rice by Seedling-throwing Culture

Peng Chunrui　Zhou Guohua　Chen Xianmao

（*Soil and Fertilizer Research Institute*，*Jiangxi Academy of Agricultural Sciences*，*Nanchang 330200*，*China*）

Abstract: The integrated high-yielding technique which consists of increasing the proportion of head dressing，moving up the date of draining and spraying GA_3 is applied to the field management of double cropping rice by seedling-throwing culture，and its effects on yield and yield components of rice are studied in this paper. The results showed that compared with the conventional culture technique（CK），the above integrated high-yielding technique can inhibit the growth of invalid tillers，reduce the maximum of seedling，enhance the rate of earbearing tiller，increase the production of dry matter during medium and late period（especially after heading），raise the total weight of dry matter and its distributive proportion in the ear，increase the nutrition（N and K）absorption during medium and late period as well as the total absorption，increase the number of grain per panicle and setting rate on the condition of steadying the number of panicle，and finally increase the yield of early rice and late rice by 15.00% and 20.62% respectively.

Key words: Double cropping rice;　Seedling-throwing culture;　High yield;　Adjusting technique

本文原载：江西农业学报，2002（3）：7-11

基金项目：国家“九五”科技攻关计划项目

早在1956年，斯里兰卡的Peiris就报道了抛秧试验。20世纪60—70年代，日本也开始了水稻育秧抛栽研究。我国20世纪80年代在沿海发达地区许多地方也开始了这项研究与示范，并取得了成功。江西于20世纪90年代引进该项技术进行试验示范，因其省工省力和增产增收等优点而深受农民欢迎，迅速在全省推广，现每年推广面积达50万hm^2左右。然而，目前大多重视育秧技术和抛秧规程的研究，对抛栽稻的生育特性和调控途径的研究不够，仅江苏等地对一季稻地区抛秧栽培的大田生育特性进行了一些研究[1, 2]。笔者从1997年开始，对双季抛栽稻的大田生育特性和高产栽培技术进行研究，已报道了双季抛栽稻的生育特性和不同单项栽培措施对其产量的影响[3, 4]。本文报道将各单项栽培措施组装配套形成的综合高产技术对双季抛栽稻产量形成的影响，以期为双季稻区抛秧栽培技术的推广提供指导。

1　材料与方法

1.1　试验地点和供试品种

试验于2000年在江西省农业科学院东乡试验示范基地进行，土壤肥力水平为：pH值5.32，有机质32.60g/kg，全N 1.92g/kg，水解氮221mg/kg，全P 0.38g/kg，速效P 27.24mg/kg，速效K 88.90mg/kg；供试品种早稻为嘉育948，晚稻为金优77。

1.2　试验设计

早、晚稻均设两个处理：处理Ⅰ采用综合高产栽培技术；处理Ⅱ采用常规栽培技术（CK）。处理Ⅰ的施肥方法为磷肥全部作基肥，氮肥和钾肥作基肥、蘖肥、穗肥和粒肥的施用比例，早稻为5∶2∶2∶1，晚稻为2.5∶3.0∶3.5∶1.0；开始晒田日期为抛栽后15d，每次晒至田边开细裂，田中不陷脚时又复水湿润，多次轻晒；并在开始晒田时喷施10mg/kg的GA_3 750kg/hm^2。处理Ⅱ（CK）的施肥方法为磷肥全部作基肥，氮肥和钾肥作基肥、蘖肥、穗肥、粒肥的比例为5∶4∶0∶1；抛栽后30d开始晒田，不喷GA_3。其他栽培管理方法两个处理都相同。小区面积24m^2，重复4次，小区间作埂隔开，单独排灌。

1.3　田间管理和测定项目

早、晚稻均用561孔的塑料软盘育秧，早稻3月27日播种，4月25日抛栽，密度为33蔸/m^2，总用肥量为尿素375kg/hm^2，钙镁磷肥600kg/hm^2，氯化钾225kg/hm^2。晚稻6月28日播种，7月21日抛栽。总用肥量为尿素450kg/hm^2，钙镁磷肥600kg/hm^2，氯化钾300kg/hm^2。抛后5d每个处理定点15蔸，以后每隔5d记载一次苗数；在幼穗分化期、抽穗期和成熟期按平均茎蘖数，每个处理取5蔸测定干物重和植株含N量及含K量。

2　结果与分析

2.1　产量及其构成因素的比较

综合高产技术处理的有效穗数与常规栽培技术处理相当，但其每穗粒数则明显多于常规栽培技术处理，早、晚稻分别多13.27粒和17.25粒，结实率也较对照高3个百分点右，千粒重也略高于对照。因此，处理Ⅰ的最终产量明显提高，早稻较对照增产15.00%，晚稻较对照增产20.62%，均达极显著水平（表1）。

表1　不同处理抛栽稻产量及其构成因素的比较

Table 1　Comparison of yield and yield components of seedling-throwing rice between two treatments

水稻 Rice	处理 Treatment	有效穗数（万/hm²）No. of valid panicles	每穗粒数（粒）Grains per panicle	结实率（%）Setting rate	千粒重（g）Weight of 1 000 grain	理论产量（kg/hm²）Theoretical yield	实际产量（kg/hm²）Practical yield	增产（%）Increase in yield
早稻	Ⅰ	390.8	105.90	74.75	22.60	6 991.5	6 280.8	15.00**
	Ⅱ	406.4	92.63	70.93	22.53	6 015.8	5 461.8	—
晚稻	Ⅰ	402.2	100.45	83.35	27.20	9 159.4	7 895.1	20.62**
	Ⅱ	401.0	83.20	80.86	26.90	7 256.9	6 545.6	—

2.2　分蘖动态比较

水稻分蘖动态是反映群体动态的重要指标。从图1可以看出，两种栽培技术处理比较，早稻在抛栽后10d，晚稻在抛栽后15d的茎蘖数几乎相等，抛栽20d以后，常规栽培处理的苗数迅速增长，达到高峰后又迅速下降，表现出“暴涨暴落”的特征，而综合高产技术处理的苗数明显高于常规栽培技术处理，且其变化总体上比较平稳，涨落起伏较小。特别是晚稻两种处理间的苗数差异更加明显。两种处理的最终成穗数相当，而且达到最终穗数的日期基本上都是在抛栽后15～20d，相差不过1～2d，综合高产技术处理早、晚稻的最终成穗率分别为64.98%和81.73%，而常规栽培技术处理的成穗率则分别为57.74%和60.25%，处理Ⅰ明显高于处理Ⅱ（CK）。由此可见，综合高产技术不仅不会减少有效分蘖，相反还可以有效地抑制无效分蘖的滋生，提高成穗率。

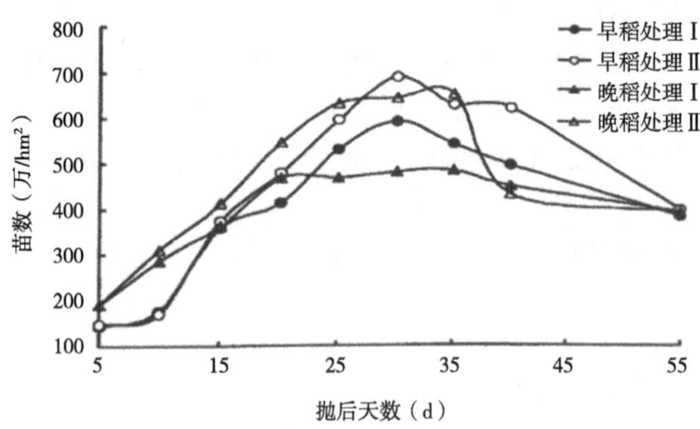

图1　抛栽稻不同处理的分蘖动态比较

Figure 1　The comparison of tillering dynamics of seedling-throwing rice between two treatments

2.3　干物质生产与分配比较

早稻处理Ⅰ在幼穗分化前的干物质生产量与对照相当，中、后期则分别较对照高8.09%和26.37%；晚稻处理Ⅰ在幼穗分化前的干物质生产量较对照低16.48%，但其中、后期的干物质生产量则分别较对照提高19.55%和29.29%；最终处理Ⅰ的总干物质生产量早、晚稻分别较对照高13.60%和16.87%；处理Ⅰ的干物质重在穗部的分配比例也高于对照（表2）。处理Ⅰ的干物质生产量大，特别是抽穗后生产量多，在穗部的分配比例高，为抛栽稻的高产奠定了物质基础。

表2　不同处理抛栽稻的干物质生产与分配比较（kg/hm²）

Table 2　Comparison of dry matter production of seedling-throwing rice between two treatments（kg/ha）

水稻 Rice	处理 Treatment	幼穗分化前 Before differentiation of young panicle	幼穗分化—抽穗 Differentiation of young panicle-heading	抽穗—成熟 Heading-maturing	总干物重 Total weight of dry matter	穗部比重（%） Proportion of dry matter in ear
早稻	Ⅰ	858.0	6 817.8	4 558.0	12 233.8	56.03
	Ⅱ	854.4	6 307.6	3 607.2	10 769.2	55.58
晚稻	Ⅰ	1 729.2	6 124.6	5 756.8	13 610.6	58.70
	Ⅱ	2 070.6	5 123.0	4 452.6	11 646.2	57.94

2.4　养分吸收比较

由表3可以看出，在两种不同处理中水稻吸收N、K养分的差异与生产干物质的差异是一致的，早稻前期对N、K的吸收量两种处理相当，中、后期的吸收量则处理Ⅰ高于对照；晚稻前期的N、K吸收量表现为处理Ⅰ低于对照，中、后期则处理Ⅰ高于对照。全生育期的总吸肥量早、晚稻均是综合高产技术处理高于常规技术处理，早、晚稻综合高产技术处理的总吸N量分别较常规技术处理高19.10%和17.97%，吸K量分别高18.86%和21.83%。

表3　不同处理抛栽稻对N、K养分的吸收量（kg/hm²）

Table 3　The N and K absorption of seedling-throwing rice in different treatments（kg/ha）

水稻 Rice	处理 Treatment	幼穗分化前 Before differentiation of young panicle		幼穗分化—抽穗 Differentiation of young panicle-heading		抽穗—成熟 Heading-maturing		总吸收量 Total absorption	
		N	K	N	K	N	K	N	K
早稻	Ⅰ	34.75	34.92	84.07	98.87	26.72	19.12	145.54	152.91
	Ⅱ	32.30	29.39	72.77	95.44	16.28	3.81	121.35	128.64
晚稻	Ⅰ	53.78	61.91	87.59	82.80	20.55	21.74	161.92	166.45
	Ⅱ	66.26	75.58	67.08	56.93	3.92	4.12	137.26	136.63

3 讨论与结论

3.1 综合高产技术对抛栽稻产量形成的影响

双季抛栽稻有前期早发、分蘖多和有效穗多的优势，但也有无效分蘖多、成穗率低、每穗粒数少和经济系数低等不足，高产栽培应控制无效分蘖，主攻大穗[1, 3]。增加穗肥比重、提早晒田和喷施GA_3都是控制无效分蘖和促进大穗形成的有效措施[4]。本试验表明，将这些措施综合应用于双季抛栽稻，对前期分蘖和有效穗数没有很大的影响，但能明显抑制无效分蘖的生长，降低苗数峰值，提高成穗率；能增加中、后期的干物质生产量，特别是抽穗后的干物质生产量，提高全生育期的生物量及其在穗部的分配；提高中、后期的N、K吸收量及其吸收总量。也就是说，综合高产技术在稳定群体数量的基础上，能改善中、后期的群体质量，既能发挥抛栽稻的早发优势，又能克服其不足。

3.2 综合高产技术对抛栽稻产量及其构成因素的影响

抛栽稻要获得高产既要采取措施培育适龄壮秧，提高抛秧质量[1, 5]，更要加强大田的栽培管理，否则，难以高产。以前的研究表明，采取增加穗肥比重、提早晒田和喷施GA_3的措施，能增加每穗粒数，提高产量。本试验表明，将这些措施综合应用于双季抛栽稻，能在保持穗数稳定的基础上，明显增加每穗粒数，对提高结实率和千粒重也有很好的效果，因此，可以大大提高产量，早稻增产15.00%，晚稻增产20.62%，增产效果也明显高于采用单项措施的增产效果。

参考文献

[1] 张洪程，戴其根，邱枫，等. 抛秧稻产量形成的生物学优势及高产栽培途径的研究[J]. 江苏农学院学报，1998，19（3）：11-17.

[2] 张洪程，戴其根，钟明喜，等. 抛秧稻产量形成及其生态特征的研究[J]. 中国农业科学，1993，26（3）：39-49.

[3] 彭春瑞，刘光荣，陈先茂，等. 双季抛栽稻的生育特性的研究[J]. 江西农业学报，1999，11（3）：14-18.

[4] 彭春瑞，周国华，陈先茂，等. 栽培因子对抛栽稻产量的影响研究[A]. //两高一优农业与农业创新[C]. 北京：中国农业科学技术出版社，2000：363-366.

[5] 彭春瑞，刘光荣，章和珍，等. 二晚抛栽稻播种量、化控措施与抛栽秧龄的研究[J]. 江西农业学报，1998，10（3）：1-6

论水稻免耕栽培

彭春瑞

（江西省农业科学院土壤肥料研究所，南昌 330200）

摘　要：本文论述了水稻免耕栽培的技术特点及其在我国的发展，阐明了其发展趋势，分析了免耕栽培存在的难栽插及成活率低、土壤板结、除草灭茬、水稻后期早衰、施有机肥难5个关键问题及解决途径，提出了免耕栽培的4种形式及技术关键。

关键词：水稻；免耕；高效

1　水稻免耕栽培的技术特点及其在我国的发展

免耕（No tillage，NT）是土壤不进行翻耕，而直接进行播栽的一种耕作方法，与常规的翻耕比较，具有省工、省时、高效和保持水土的优点。20世纪40年代起在美国等西方国家就开始得到应用，现已扩大到全世界，引起各国的重视。水稻免耕栽培指在上一季作物收获后未经任何翻耕犁耙的稻田，先除草灭茬，然后直接插秧、抛秧或播种的一种新的水稻耕作栽培技术。

1.1　水稻免耕栽培的技术特点

1.1.1　省工增效

免耕栽培由于不需要进行土壤翻耕，与常规栽培比较，可以节省翻耕犁耙的费用，一般可节省费用600～900元/hm^2，扣除除草剂等费用，仍可节省费用300～675元/hm^2，据区伟明等在广东高明进行两年三季的研究表明，免耕抛秧的平均每季纯收入为1 657.5元/hm^2，而常规抛秧仅为841.5元/hm^2，免耕的效益提高近1倍[1]，因此，在目前种稻相对效益较低的情况下，实施免耕是提高种稻效益的有效措施。

1.1.2　争取季节

目前，农村青壮劳动力大都外出务工，在家种稻的大多数为老人与小孩，加上我国南方水田地形多不平坦、田块小而不规则，机械化水平低，每到水稻栽插季节，劳力与畜力矛盾十分突出，影响了水稻栽插，往往导致栽插迟、秧龄长而影响产量，免耕栽培可以节省翻耕的用工，特别是与抛秧等轻简型栽培技术结合，能大大缓解栽插季节的劳力与畜力矛盾，加快栽插进度，争取季节，有利于全年的早熟高产。

本文原载：《耕作制度与“三农”问题》. 北京：中国农业出版社，2005：104-108

基金项目：国家“十五”科技攻关重点课题“东南丘陵区优质高效种植业结构模式与技术研究”（2001BA508B15、2004BA508B12）

1.1.3 保护生态环境

稻田翻耕后，特别是经过多犁多耙，导致表层土与水相融，易使土壤随着水流而流失，造成养分的损失和河道等抬升，影响生态环境，特别是在雨季；而免耕不进行翻耕犁耙，不会打乱土壤的结构，不易造成土壤流失，具有保土保肥的效果；另据区伟明等研究，免耕栽培能增加稻田的天敌数量，减少害虫数量[1]，由此可见，免耕具有保护生态环境的作用，是一种符合农业可持续发展的一种耕作栽培方法。

1.2 水稻免耕栽培技术在我国的发展

20世纪80年代初，我国著名土壤学家侯光炯教授提出了自然免耕的理论，提出和推广了水稻半旱式免耕垄作栽培技术为代表的免耕栽培技术[2]，并对其增产机理、土壤生态效应、关键技术等进行了深入的研究，这一技术曾被作为治理冷浸田的增产措施和改造中低产田的配套措施而得到推广应用，取得了很好增产、改土、增效效果；进入20世纪90年代以后，由于水稻生产成本提高、种稻比较效益降低，水稻抛秧、旱床育秧、直播技术等轻型栽培技术迅速得到推广应用，在此基础上，广东、江苏、浙江等沿海省份及西南有些地方，开展了将上述轻型栽培技术与免耕技术相结合的研究，提出了免耕抛秧、免耕直播等栽培技术，在生产上应用深受广大农民的欢迎。近年来，这一技术结合化学除草技术在我国稻区迅速推广应用，2002年全国推广水稻免耕抛秧技术12万hm^2，2003年达到了33万hm^2[3]。

水稻免耕栽培作为一种新型的栽培技术，在生产上有广泛的需求，但在技术上还有许多问题有待解决，没有形成栽培技术体系，还有待进一步研究与完善。预计今后水稻免耕技术将有如下发展趋势：一是由水稻免耕向稻田免耕发展，实现稻田全年免耕，形成一种新的稻田耕作制度，提高稻田的综合效益；二是免耕栽培的生理生态基础和配套栽培技术的研究将加强，以形成免耕栽培的技术体系，进一步提高免耕的效益；三是免耕栽培的配套新产品、新技术的开发将引起重视，以促进免耕栽培中关键技术的解决，如新型化学除草剂、土壤疏松剂、秸秆催腐剂等的开发；四是免耕栽培与其他高效栽培技术结合将更紧密，形成适应不同种植制度、不同土壤类型、不同种植方式的免耕技术。

2 水稻免耕栽培存在的主要问题及其解决途径

2.1 难栽插、成活率低

免耕栽培由于没有犁耙，不像翻耕土壤那样糊软，秧苗栽插困难，栽后成活率偏低，这是影响免耕抛栽产量高低的关键。要解决这一难题，可采取以下措施：一是选用水源充足、排灌方便的稻田，尽可能延长泡田时间，一般早、中稻最好泡15d以上，并采用合适的除草灭茬药剂[4]，以增加土壤的糊软程度；二是对于季节紧，或土壤特别板结的田，一时难以泡糊，也可以采用少（轻）耕的办法，如二晚田在早稻收获后用悬耕机或滚耙轻扎耙一次，使表层5～6cm土层变糊，还可以将禾蔸和杂草扎烂进入土中，节省除草费用；三是采用抛栽的方法，抛秧尽早抛，一般叶龄3～4叶时就要抛，以增加秧苗的直立率，同时改薄水抛秧为无水抛秧，抛后第二天灌薄水，以利秧苗入土扎根，并适当增加抛秧量，

一般增加10%[3]；四是移栽水稻改大苗移栽为小苗移栽，最好采用旱育小苗，小苗移栽的低节位分蘖多，分蘖速率快，是高产栽培的一项有效措施，但在翻耕的土壤中因插秧不方便而难以实施，而免耕田插大苗难，小苗相对容易，因此，两者正好可结合起来，既解决了免耕田难栽插的难题，又解决了翻耕田小苗难栽插的矛盾[5]；五是改插秧为粘贴秧，即拔秧时秧苗带点泥，移栽时用大拇指将秧蔸轻轻按入土表，使秧根贴在土上；六是改移栽为直播，在翻耕稻田进行水稻直播，一方面作畦花工多，另一方面由于整田不平而影响水稻出苗，免耕直播无须插秧，既解决了免耕田难插秧的问题，又解决了翻耕稻田出苗不整齐的问题，特别是利用冬作物已有的畦，在畦上直播，效果更好。

2.2　除草灭茬

免耕稻田不能像翻耕田那样将杂草及残茬翻埋，因而草荒严重，能否快速有效地除草灭茬、消灭草荒是免耕栽培成败的关键。为此，抓好两类杂草的防治工作，一类是栽前杂草及残茬的灭杀，另一类土壤中草籽及宿根萌发长出的杂草的防治。对前一类杂草，主要用灭生性除草剂，灭生性除草剂有两类：一类为触杀型（如克无踪），另一类为内吸型（如农民乐747、草甘膦等），触杀型的除草剂能在较短时间内见效，喷药1～3d茎叶部开始枯萎，经回水浸田15～20d，杂草及稻桩绝大部分枯死，但除草不彻底，茎基部和根部难以杀死，容易发芽再长出来，内吸型除草剂在短时间内不易观察到除草效果，但灭生效果较彻底，喷药3～7d后，叶部开始变黄，喷后15～20d，杂草叶部枯死，变为褐色，最后根、茎、叶全部枯死，灭生性除草剂喷药时田间要没有积水，将药液均匀喷在杂草及残茬表面；对后一类杂草可用芽前除草剂进行防治，有土壤处理或栽后施药处理两种方式，土壤处理一般在栽前3d施药并灌水闷芽，将杂草杀死在萌芽状态，栽后喷药是在水稻返青后施药，将刚萌芽的杂草杀死。一般经过两次喷药杂草能够得到有效控制，若还有应再根据杂草种类选择合适的药进行灭杀或人工拔除。

2.3　土壤板结

免耕是否会导致土壤板结，一直是免耕栽培十分关注的问题，也是一个有争论的问题。有的研究认为免耕可以改善土壤结构，降低土壤容重[6]，但有的研究认为免耕会导致土壤板结[7]，定位试验的结果表明，免耕第一年的土壤结构有所改善，第二年与翻耕差不多，到第三年则不如翻耕[8, 9]，笔者试验表明，免耕一季后与翻耕比较，土壤中0～20cm土层的土壤容重与孔隙度基本上没有变化，但不同土层比较差异很大，免耕田的表层土壤容重增加，孔隙度降低，但深层土则相反，由此可见，免耕确实存在土壤板结的问题。解决这一难题的主要措施有：一是免耕两年后进行深翻一次。二是施用适当的土壤调理剂，以打破土壤板结。据杨锡良、赵仁昌报道[10]，施用“免深耕”土壤调理剂20d和70d后的土壤容重降低，土壤孔隙度增加，能有效地破除土壤板结，增加土壤的通气性。笔者的试验表明，施用“免深耕”土壤调理剂，能降低土壤容重，增加土壤的孔隙度，增加土壤的通气性，增加土壤阳离子交换量，为根系生长提供良好的环境，较好地解决免耕带来的土壤板结问题。三是增施有机肥，改善土壤结构和疏松土壤，特别是要与秸秆返田等技术结合，以促进土壤疏松，这对长期免耕的稻田尤为重要。

2.4 后期早衰

据研究，长期免耕会导致土壤表层的养分富集，而土壤下层养分缺乏[7, 9]，同时，由于没有翻耕，造成土肥难以完全相融，因而前期表层的土壤和水层中的养分浓度高，N肥挥发损失大，加上长期免耕土壤板结，不利于养分下渗和根系生长，因而易造成水稻后期缺肥早衰，影响产量。解决这一难题的主要措施有：一是打破土壤板结，促使养分能够深入到土壤下层；二是减少前期施肥量，增加中后期的施肥比例，以减少前期的养分损失和防止后期脱肥；三是改进施肥方法，改有水层施肥为无水层施肥，以水带肥，将肥料带到下层；四是施用长效肥料和控释肥料，减缓肥料的释放速率；五是增施有机肥，培肥地力，保证后期有充足的养分满足水稻生长的需要；六是中后期根外追施叶面肥和生长调节剂，如后期用硕丰481与速效N、P、K及Zn等微量元素喷施，能有效地减缓后期的早衰。

2.5 有机肥施用

施用有机肥是免耕稻田持续高产的关键技术之一，但由于水稻免耕不进行翻耕，因此，有机肥很难施下去，特别是秸秆返田。解决这一难题的主要措施有：一是有机肥尽量堆沤腐熟后施用，以便土肥相融；二是绿肥类应结合除草灭茬施用，在栽（抛）秧前要使其完全腐烂；三是秸秆返田最好隔季返田，即在晚稻收割后覆盖冬作物，既可保墒防冻，又可为第二年水稻的好肥料，二晚最好不用早稻秸秆返田；四是若要进行当季返田，应将秸秆切碎后返田，用量以控制在总量的1/3，并可施用促进秸秆腐烂的药剂（如“腐秆灵”），以加速秸秆的腐烂。

3 水稻免耕栽培的方式

3.1 免耕抛秧

免耕抛秧是将水稻抛秧栽培技术与水稻免耕技术有机结合，形成的一种新型水稻栽培方式，它不仅可以节省翻耕的用工，还可节省插秧的用工，省工增效作用十分明显。适合于江西省双季早、晚稻和单季稻，但以单季稻和双季早稻更适用。与其他免耕栽培方式比较，其最大的难题是秧苗抛后扎根难，成活率低，因此，在技术上要强调两点：一是要早抛，并适当增加抛秧量，一般要较常规抛秧增加5%～10%，以确保有足够的基本苗；二是要无水层抛秧，抛后第2d灌薄水立苗，以利扎根成活。

3.2 免耕直播

免耕直播是在免耕稻田直接播种稻谷的一种栽培方式，它聚集了免耕和直播的优点，不用翻耕、育秧和移栽，节省了大量的劳力和育秧成本，而且由于芽期土壤不积水，可实施旱育，因而，成秧率高于翻耕田直播。适合于江西省的早稻和单季稻。与其他免耕方式比较，其最大的难题是除草和保证全苗及后期防倒伏，因此，在技术上要强调以下几点：一是除草，播种前用灭生性除草剂，杀死全部绿色植物和残茬，在播种出苗后，根据杂草的生长情况，适时采用合适的除草剂防除水稻生长前期的杂草为害；二是要浸种催芽后播种，最好采用点播，并在田边增播补苗备用秧；三是注意防鼠害和鸟害；四是及时晒田控无效分蘖，后期严禁淹灌，以防倒伏。

3.3　免耕小苗移栽

小苗带土移栽是水稻高产栽培的技术措施之一，可以充分发挥水稻的低节位分蘖的优势，但常规的翻耕栽培，土壤过于糊烂，不利于小苗栽插，因而，小苗移栽难以实施；而免耕栽培，因栽插时仅表层土糊软，很适合小苗移栽。与免耕大苗移栽比较，较好地解决了插秧难、成活率低的难题；与翻耕田小苗移栽比较，解决了小苗栽插过深，影响早发的难题。因此，这种方式综合了免耕与小苗移栽的优势，可将免耕栽培与旱床育秧技术有机结合起来，是一种省工、高产、高效的栽培方式，在江西省有广阔的应用前景，特别是在早稻和单季稻。该方式与其他免耕栽培方式比较，没有明显的技术难题，最关键的是要注意协调群体与个体的关系，防止无效分蘖过多，群体过大，导致后期早衰。

3.4　全年免耕覆盖厢式栽培

全年免耕覆盖厢式栽培是实施水稻与冬作物水旱轮作、全年免耕、厢沟种植、秸秆覆盖的一种稻田免耕种植制度，即在水稻收割后，开沟作畦免耕播栽油菜、小麦、牧草等冬季作物，播后用稻草覆盖保墒防冻，冬作物收获后，有秸秆的将秸秆切碎后返田，并进行除草灭茬，然后在畦上栽插（或直播）水稻，畦沟留作工作沟，实施厢沟栽培，水稻收获后，只是清理一下畦沟，又免耕栽种冬作物，实现固定厢沟，全年免耕。这种方式的优点是全年免耕，秸秆全部返田，厢沟栽培有利于改善土壤生态条件和群体的田间小气候、增加通风透光性能，而且易于实施湿润灌溉等节水灌溉技术，是一种持续高产高效的省工型稻田种植方式，特别适宜于单季稻与冬作一年两熟制的种植模式。该方式的技术难点是要采取有效措施加速秸秆的腐烂。

参考文献

[1] 区伟明，陈润珍，黄庆. 水稻免耕抛秧生态效益及经济经济效益分析[J]. 广东农业科学，2000（6）：5-6.

[2] 侯光炯. 我是怎样研究发现自然免耕的一些重要机理与技术要则的[A].// 水稻半旱式栽培和稻田综合利用[M]. 成都：四川科学技术出版社，1988：98-99.

[3] 彭春瑞. 水稻免耕抛秧栽培技术[J]. 江西农业科技，2004（3）：17-18.

[4] 唐启源，黄见良，邹应斌，等. 水稻干田免耕土壤泡化技术研究[J]. 湖南农业大学学报（自然科学版）. 2002，28（2）：167-168.

[5] 彭春瑞. 免耕稻田小苗移栽的优势及高产栽培技术[J]. 江西农业科技，2004（4）：15-16.

[6] 施彩仙. 免耕与翻耕对土壤特性及水稻生长的影响[J]. 土壤肥料，1999（5）：22-24.

[7] 李华兴，陈喜崇，李永丰，等. 不同耕作方法对水稻生长和土壤生态的影响[J]. 应用生态学报，2001，12（4）：553-556.

[8] 刘怀珍，黄庆，李康活，等. 水稻免耕抛秧栽培时间对土壤理化性状的影响[J]. 广东农业科学，2002（6）：28-29.

[9] 黄丽芬，庄恒扬，刘世平，等. 长期免耕对稻麦产量及土壤肥力的影响[J]. 扬州大学学报（自然科学版），1999，2（1）：28-32.

[10] 杨锡良，赵仁昌. 论“免深耕”土壤调理剂的开发研究[J]. 蔬菜，2001（12）：16-17.

水稻免耕栽培关键技术研究

彭春瑞[1]　刘秋英[2]　饶大恒[3]　邱才飞[1]

（[1]江西省农业科学院土壤肥料与资源环境研究所，南昌 330200；
[2]中国南方航天育种中心，南昌 330200；[3]江西省临川区农业局，临川 344100）

摘　要：对免耕水稻的松土、除草、施肥、移抛栽等关键技术进行了研究，结果表明，施用免深耕土壤调理剂能降低土壤容重、增加土壤阳离子交换量；不同种类的除草剂对不同类型的杂草的除草效果不同，应根据杂草的类型选择合适的除草剂或几种除草剂综合施用；应采用少量多餐、化肥后移、根外补肥的施肥技术；应采用少苗带土移栽或抛栽的移栽技术。

关键词：水稻；免耕；土壤容重；土壤阳离子交换量；除草剂；施肥方法；栽培技术

Study on the Key Techniques of the Rice No-tillage Culture

Peng Chunrui[1]　Liu Qiuying[2]　Rao Daheng[3]　Qiu Caifei[1]

（[1]*Soil Fertilizer and Resource Environment Institute*，*Jiangxi Academy of Agricultural Sciences*，*Nanchang 330200*，*China*；[2]*China Southern space breeding centre*，*Nanchang 330200*，*China*；[3]*Linchuan Agricultural Bureau*，*Jiangxi*，*Linchuan 344100*，*China*）

Abstract: The key techniques including scarification，weed，fertilization methods，transplanting and throw-planting seedlings in the no-tillage rice were researched. The results indicated that，the capacity of soil has decreased and the cation exchange capacity has increased after treatment with soil regulator; there was different effects of different type herbicides on the different type weeds，so should choose reasonably herbicide or mix scientifically some herbicides to apply，and should adopt the applying fertilization method of applying many times but little once time，increasing the fertilization proportion of medium and late，and supplying fertilization by spraying in leaf; and take the methods of transplanting or throw-planting small seedling with soil.

Key words: Rice; No-tillage; Soil bulk density; Cation exchange capacity; Hericide; Fertilization method; Cultural techniques

水稻免耕栽培是指在前作收获后不翻耕稻田，先进行除草灭茬和灌水泡田后，再直接栽（抛）或直播水稻的一种水稻种植新方式。其优点是省工增效、减少土壤侵蚀、争取

本文原载：江西农业学报，2007，19（1）：26-28

基金项目：国家“十五”科技攻关重点课题“东南丘陵区优质高效种植业结构模式与技术研究”（2001BA 508B 15、2004BA 508B 12）

季节，是我国南方稻田一种重要保护性耕作模式[1]，特别适应于目前农村青壮劳力外出务工多和稻田适度规模经营带来的劳力与季节矛盾的需求。近年来，在我国南方稻区发展很快。为此，对江西免耕栽培的主要技术难题和解决途径进行了调查和分析，发现目前免耕栽培主要存在栽插难、草害严重、土壤板结、后期早衰、有机肥施用不便等技术难题，提出了解决这些问题的可能途径[2, 3]，并对几项关键技术进行了研究，以期为水稻免耕栽培技术的推广提供科学依据。

1　材料与方法

1.1　喷施土壤调理剂试验

对早稻免耕田进行了喷施免深耕土壤调理剂试验，试验设3个处理：①免耕抛秧；②免耕抛秧并在抛秧前13d喷施免深耕土壤调理剂3kg/hm^2；③翻耕抛秧（CK）。用环刀法测定土壤容重，用醋酸铵交换法测定阳离子交换量。

1.2　施肥技术试验

对免耕早稻田设计5种不同施肥方法试验，在总施肥量相同的情况下，不同施肥方法的氮肥和钾肥的基面肥：分蘖肥：穗粒肥的比例分别为：①10：0：0；②6：4：0；③6：3：1；④5：3：2；⑤3：4：3；对晚稻免耕田进行了稻草还田量试验和后期根外追肥试验，稻草还田量试验分别0（对照）、20%、40%、60%的稻草还田4个不同的处理；后期根外追肥试验设计始穗期和乳熟期喷施0.2%的磷酸二氢钾加0.1mg/kg的天然芸薹素处理，以喷清水作对照（CK）。

1.3　综合除草技术试验

对早稻免耕田设计了4个不同的除草处理：①抛秧前18d喷施20%的克无踪3 750ml/hm^2；②抛秧前18d喷施草甘膦15 000ml/hm^2；③抛秧前18d喷施20%的克无踪1 875ml/hm^2+草甘膦7 500ml/hm^2；④抛秧18d喷20%的克无踪1 875ml/hm^2+草甘膦7 500ml/hm^{2}并在抛秧前7d撒施35%的丁苄1 200g/hm^2。对晚稻免耕田设计了3个不同的除草处理：①收割后立即用20%的克无踪3 750ml/hm^2+45kg/hm^{2}氯化钾喷施稻桩，1d后灌水泡田3d，再换清水抛秧；②收割后过3d等再生苗长出后再用20%的克无踪3 750ml/hm^2+45kg/hm^{2}氯化钾喷施稻桩，1d后灌水泡田2d换清水抛秧；③在处理2的基础上，于灌水后再施35%的丁苄1 200g/hm^2，泡田3d后换清水抛秧。

1.4　移抛栽试验

对早稻免耕田设计了4个不同处理：①3叶1心抛秧；②5叶1心抛秧；③旱育小苗3叶1心带土移栽；④湿润育秧5叶1心洗苗移栽（对照）。

2　结果与分析

2.1　施用免深耕土壤调理剂的效果

由表1可知，与翻耕田比较，早稻免耕田在齐穗期和收割后的表层土壤容重高，但深层土壤容重低，平均有降低的趋势，喷施免深耕土壤调理剂能降低土壤容重，特别是深层土壤容重。而且免耕田的阳离子交换量也较翻耕田低，喷施免深耕土壤调理剂能增加阳离子交换量，特别是表层土壤的阳离子交换量。表明喷施免深耕土壤调理剂能改善免耕田的土壤结构，有利于促进水稻生长，测定表明，喷施免深耕土壤调理剂能增加免耕田水稻后期的根量和伤流强度，提高产量，产量增加10.77%（表2）。

表1　早稻免耕田喷施免深耕的松土效果

项目	处理	齐穗期					收获期				
		0～5cm	5～10cm	10～15cm	15～20cm	平均	0～5cm	5～10cm	10～15cm	15～20cm	平均
土壤容重（g/cm^3）	1	1.13	1.21	1.32	1.67	1.33	1.16	1.24	1.38	1.66	1.36
	2	1.06	1.13	1.25	1.59	1.26	1.12	1.19	1.28	1.60	1.30
	3	1.04	1.08	1.58	1.70	1.35	1.05	1.09	1.58	1.70	1.36
阳离子交换量（mol/kg）	1	7.1	7.0	7.0	7.0	7.03	7.7	7.5	7.3	7.2	7.43
	2	7.8	7.7	7.2	7.0	7.43	8.3	8.2	8.0	7.3	7.95
	3	7.5	7.4	7.3	7.3	7.38	7.8	7.5	7.4	7.4	7.53

表2　早稻田施用免深耕对水稻生长的影响

处理	灌浆期伤流量[g/（h·hill）]	灌浆期总根量（g/hill）	产量（kg/hm^2）
1	1.18	5.33	4 560.0
2	1.26	5.66	5 051.3
3	1.22	5.14	4 638.8

2.2　不同施肥处理对水稻产量的影响

由表3可见，通过不同的施肥方法比较表明，采用化肥后移、少量多次的施肥方法，可以增加每穗粒数、防治早衰，提高结实率和千粒重，明显提高免耕田的早稻产量。二晚免耕抛秧田采用20%的稻草还田有利于促进大穗和提高结实率，可提高产量，但过多的稻草还田则因不利于秧苗扎根返青，导致有效穗不足而降低产量（表4）。根处追肥试验表明，二晚始穗期、灌浆期用磷酸二氢钾和芸薹素混合喷施，可以使结实率提高3.87%，千粒重提高0.32g，增产6.78%。

表3　早稻免耕田不同施肥方法对产量的影响

处理	有效穗数（万/hm^2）	每穗粒数（粒/穗）	结实率（%）	千粒重（g）	实收产量（kg/hm^2）	比CK ±（%）
1（CK）	392.1	79.68	76.36	25.43	5 215.4	—
2	393.5	81.26	76.34	25.45	5 408.1	3.70

（续表）

处理	有效穗数（万/hm²）	每穗粒数（粒/穗）	结实率（%）	千粒重（g）	实收产量（kg/hm²）	比CK ±（%）
3	389.1	85.13	77.35	25.62	5 587.5	7.14
4	377.4	86.83	79.13	25.67	5 789.3	11.00
5	374.6	88.78	80.53	25.82	5 979.0	14.64

表4　二晚免耕田稻草还田量对产量的影响

处理	有效穗数（万/hm²）	每穗粒数（粒/穗）	结实率（%）	千粒重（g）	实收产量（kg/hm²）	比CK ±（%）
1（CK）	307.5	128.8	86.5	26.5	6 621.0	—
2	300.0	133.2	88.8	26.9	7 300.5	10.26
3	232.5	132.5	89.1	26.6	5 679.0	−14.16
4	210.0	138.9	87.4	26.7	5 266.5	−20.46

2.3　不同除草剂处理的除草效果

化学除草的好坏是水稻免耕成败的关键。试验表明，早稻免耕田采用触杀性灭生除草剂（克无踪）除草，对一年生杂草效果好而且见效快，但对游草等多年生宿根性杂草和稗草等春季萌芽的杂草效果差；采用内吸性灭生除草剂（草甘膦）除草，对一年生和多年生杂草都有很好的效果，但见效慢并对春季萌芽的杂草效果差；两者混合施用则对一年生和多年生杂草的效果都较好而且见效较快；在用上述两类灭生性除草剂的基础上，在抛秧前7d再施芽前除草剂（丁苄），则对一年生、多年生杂草及春季萌芽的杂草都有很好的效果。二晚免耕田的杂草主要是早稻的再生苗和落田谷长出的秧苗，研究表明，喷施克无踪对再生苗有较好的灭杀效果，特别是收割后过几天待再生苗长出后喷，效果更好，但对落田谷苗效果不够理想，而在喷施克无踪的基础上，再施芽前除草剂（丁苄）则对再生苗和落田谷苗都有很好的效果（表5）。

表5　不同除草剂处理的除草效果（%）

项目	早稻田（%）				晚稻田（%）		
	处理1	处理2	处理3	处理4	处理1	处理2	处理3
冬季一年生杂草	97.9	94.4	96.5	98.8	—	—	—
多年生宿根性杂草	8.7	95.2	93.2	97.6	—	—	—
春天萌芽杂草	30.1	35.8	32.4	95.4	—	—	—
再生苗	—	—	—	—	85.4	95.6	97.8

（续表）

项目	早稻田（%）				晚稻田（%）		
	处理1	处理2	处理3	处理4	处理1	处理2	处理3
落田谷苗	—	—	—	—	30.4	50.7	94.8

2.4 不同育秧方式与秧龄对早稻的影响

表6结果表明，免耕稻田因没有翻耕，田面不烂，不好栽插，大苗栽插难，栽后返青慢，有效穗少，产量低。但采用旱育小苗带土移栽或小苗抛秧则可以促进早返青、早分蘖，增加有效穗数，提高产量，较好地解决免耕田移栽难的难题。同时，也解决了翻耕田小苗不好栽的难题，有利于发挥小苗的分蘖和增产优势。

表6 不同育秧方式与秧龄对早稻免耕田产量的影响

处理	有效穗数（万/hm²）	每穗粒数（粒/穗）	结实率（%）	千粒重（g）	实收产量（kg/hm²）	比CK ±（%）
1	388.5	98.8	76.6	25.5	6 301.9	10.56
2	373.1	96.2	75.4	25.3	5 854.3	2.69
3	382.5	100.5	78.3	25.6	6 510.0	14.19
4（CK）	341.0	98.9	77.4	25.5	5 700.8	—

3 结论与讨论

稻田免耕是否会导致土壤板结一直是一个有争议的问题[1]。本试验表明，免耕后期表层土壤的容重高于翻耕田，而深层土壤容重低于翻耕田，水稻后期的根系活力下降，有早衰的趋势，但喷施免深耕土壤调理剂，可以降低抽穗后的土壤容重，特别是深层土壤，提高后期的根量和根系活力，增加产量，并能增加阳离子交换量，有较好的改土增产效果。

免耕水稻因土壤没有翻耕，施肥后肥料都集中在土壤表层，易流失并导致后期缺肥早衰。本试验表明，减少前期施肥量，增加施肥次数和中后期施肥比重有利于促进大穗形成，防止早衰，提高产量。同时，后期叶面根外追肥也有很好的防早衰和增产效果，而二晚将20%的稻草还田也有利于高产，但过多则因不利秧苗扎根而减产。因此，免耕田应采用少量多餐、化肥后移、根外补肥和适量合理施用有机肥的施肥方法。

防治草害是水稻免耕栽培的关键技术之一，本试验表明，不同类型的除草剂对不同类型的杂草除草效果不同。对一年生杂草，一般喷施触杀性灭生除草剂即可，对多年生宿根性恶性杂草，草少时则喷施内吸性灭生除草剂，草多则再两种类型除草剂一起施用，对栽后萌发的杂草，则应在施用灭生性除草剂的基础上，在移抛栽前5～7d再施一次芽前除草剂；对二晚田则最好待再生苗长出后再施喷施触杀性除草剂，并在栽前再施用芽前除草剂

除草。

水稻免耕田插秧难，插后返青慢、分蘖迟、有效穗少。本试验表明，采用旱育小苗带土移栽或小苗抛秧可以较好地解决这一难题。

参考文献

[1] 黄国勤. 耕作制度与“三农”问题[M]. 北京：中国农业出版社，2005：104-108.

[2] 彭春瑞. 水稻免耕栽培的主要问题及解决途径[J]. 中国农村小康科技，2004（12）：14-15.

[3] 黄小洋，黄国勤，余冬晖，等. 免耕栽培对晚稻群体质量及产量的影响[J]. 江西农业学报，2004，16（3）：1-4.

水稻免耕栽培综合配套技术

彭春瑞[1] 罗奇祥[1] 张巴克[1] 涂田华[1] 肖志强[2] 关贤交[1] 黄祥光[2]

([1]江西省农业科学院，南昌 330200；[2]江西省泰和县农业局，泰和 343700)

摘 要：在充分应用现有的水稻免耕栽培和高产栽培的先进成熟技术的基础上，通过技术组装集成，提出了水稻免耕抛秧和移栽的配套栽培技术，包括田块选择、土壤处理、除草灭茬、育秧、移（抛）栽、施肥、灌溉、病虫害防治等具体措施。

关键词：水稻；免耕；栽培技术；集成

水稻免耕栽培是前作收获后不翻耕土壤，灌水泡田后直接种植水稻的一种稻田耕作方式，与传统的翻耕栽培方式比较，具有省工、高效、环保等优点[1, 2]，特别适应于目前农村青壮劳力外出务工和水稻规模化生产发展的需要，有很好的发展前景。为此在国家“十五”重点攻关课题的资助下，2002—2005年开展了水稻免耕栽培的松土、施肥除草、移抛栽等关键技术的研究，并与现有的成熟技术有机结合，通过组装集成，制定了江西省地方标准《水稻免耕生产技术规程》（DB36/T 488—2006）。在此基础上，通过补充完善而进一步细化，形成了农民更易掌握操作性更强的水稻免耕栽培的综合配套栽培技术，为水稻免耕栽培技术的示范推广提供技术指导。

1 田块选择和土壤处理

免耕田宜选择水源充足、排灌方便、田面平整、耕层深厚、恶性杂草少、保水保肥能力强的稻田；易旱田或浅瘦漏的沙质田或恶性杂草多的不宜作免耕田；低洼田、山坑田、冷浸田等适宜免耕，但要在化学除草前开好环田沟和十字沟，及时排干田水。免耕田一般免耕3年后要深翻1次，同时，抓好以下3项土壤管理措施。

1.1 灌水泡田

在喷施除草剂前，应尽量提早灌水泡田，使表层土壤松软，以利栽插和立苗。早稻和一季稻的冬闲田宜在喷除草剂前10d以前灌水泡田，冬作田冬作收获后有时间也宜立即灌水泡田，冷浸田、低洼田等渍水田喷除草剂前一直保持水层；二晚田可实行早稻有水层收割或晒白收割，切忌干干湿湿收割。在喷除草剂前1～2d要放干水，冷浸田、低洼田等渍水田要开沟排水。喷施除草剂并待草枯后要及时回水泡田，早稻和一季稻喷内吸性除草剂的稻田，宜在喷药后7～8d杂草枯黄后回水泡田10d；喷触杀性除草剂的稻田，宜在喷药

本文原载：江西农业学报，2006，18（6）：28-30

基金项目：国家“十五”科技攻关重点课题“东南丘陵区优质高效种植业结构模式与技术研究”（2001BA 508B 15）

后2～3d杂草枯死后回水泡田10d，水深以淹没杂草和残茬为宜；二晚田宜在喷除草剂后1～2d后回水泡田3～5d。

1.2　除草灭茬

免耕种植水稻前要用灭生性化学除草剂或人工除草。一年生杂草、前作残茬可用克无踪等触杀性灭生除草剂灭杀；水花生、游草等多年生恶性杂草用草甘膦等内吸性灭生除草剂灭杀；对稗草、落田谷苗等当季萌发的芽前杂草可用丁苄等芽前除草剂灭杀；几种类型杂草都有时也可几种类型的除草剂配合使用，但每种除草剂的用量可适当减少。喷施除草剂时一定要排干水，尽量选择晴天喷，喷后4h内若下雨，则要重喷，要求喷施均匀。早稻和一季稻宿根性恶性杂草较多的田块，可用内吸性除草剂在移（抛）栽前15～20d喷施。没有宿根性恶性杂草，仅有冬性一年生杂草田块用触杀性除草剂在移抛栽前10～15d喷施，对稗草多或恶性杂草有萌芽的稻田还应在以上除草灭茬的基础上，在移（抛）栽前5～7d再用芽前除草剂拌细土或化肥撒施，施后保持水层4～5d。二晚要求早稻齐泥割，收割的当晚或第2d上午，季节不是太紧时，最好收割后灌1次跑马水，过2～3d待再生苗长出后，喷施触杀性除草剂+2.5kg/hm^{2}氯化钾除草灭茬，24h后灌水泡田，并施芽前除草剂封杀落田谷苗。施用了触杀性除草剂和芽前除草剂的田块一定要重新换清水后才能移（抛）栽。

1.3　喷施土壤调理剂

水稻免耕栽培往往会导致土壤板结，应用“免深耕”土壤调理剂可打破土壤板结，增加土壤通气性，较好地解决这一难题。早稻和一季稻杂草多的田应先喷灭生性除草剂，草枯后再喷施“免深耕”土壤调理剂，喷后2～3d回水继续泡田，杂草少的田块可与灭生性除草剂一起喷施，草枯后回水继续泡田；二晚田一般与灭生性除草剂一起喷施，喷后24h回水泡田，一般用3 000g/hm^2“免深耕”对水750～900kg喷施于地表。

2　育秧

2.1　品种与育秧方式选择

免耕田应选用通过品种审定、根系发达、分蘖力强、茎秆粗壮、抗倒能力强并在当地示范成功的优质高产品种或组合，双季稻要注意早晚稻的品种搭配，早晚两季的生育期以220～230d为宜。双季早稻和一季稻最好采用旱床育秧或塑盘育秧，双季晚稻采用湿润育秧或旱床育秧或塑盘育秧均可。

2.2　育秧技术

水稻免耕栽培的育秧技术按不同育秧方式的技术要求执行即可，但免耕栽培更要求矮壮适龄的秧苗，使之在移抛栽后立苗快、成活率高，否则，秧苗过高、“头重脚轻”则很难立苗，为此在技术上应特别强调3点：一是秧龄不能过长，一般早稻控制在25d以内，一季稻控制在20d以内，二晚控制在15d以内抛秧为好；二是严格控制苗高，提倡用含有化控剂的肥料（如壮秧剂或育秧肥）育秧，若用化肥育秧，则在上述秧龄范围内，可用稀效唑浸种以控苗高，若秧龄延长，则还应在1叶1心期加喷1次多效唑以控苗高；三是适当稀播或采用大口径的育秧盘，一般用434孔或更少的育秧盘为好，单位面积的播种量应较常规育秧技术少20%。

3 大田管理技术

3.1 移抛栽

3.1.1 移（抛）栽期

免耕栽培田应在条件允许的范围内尽量早栽，越早栽越易立苗成活，更有利于发挥小苗高产的优势，构建高产群体。双季早稻秧龄一般不超过25d，一季稻秧龄不超过20d，双季晚稻旱床育秧和塑盘育秧秧龄不超过15d，湿润育秧秧龄不超过20d。

3.1.2 移栽密度

早稻大田的移栽密度为30万～37.5万蔸/hm^2，采用13.3cm×23.3cm等宽行窄株的种植方式，杂交稻每蔸2粒谷苗，常规稻每蔸3～5粒谷苗；一季稻移栽密度为10.5万～15万蔸/hm^2，采用20cm×40cm等宽行窄株的种植方式或20m×（30cm+50cm）等宽窄行的种植方式，杂交稻每蔸1粒谷苗，常规稻每蔸2粒谷苗；二晚移栽密度一般为27万～33万蔸/hm^2，规格可采用16.7cm×20cm等宽行窄株的种植方式，杂交稻每蔸1～2粒谷苗，常规稻每蔸2～3粒谷苗。早稻抛栽密度一般为33万～39万蔸/hm^2，二晚抛30万～36万蔸/hm^2，较常规翻耕田的抛秧量增加5%～10%，一季稻宜采用秧苗移栽或摆栽，密度为10.5万～15万蔸/hm^2。

3.1.3 移栽质量

旱床育秧要带土移栽，移栽时要尽量将根部按入表土中；塑盘育秧摆栽也要尽量将根部的泥团按入表土中，塑盘育秧抛栽按常规抛秧技术执行，但要尽量抛高，增加入土深度，抛后要将挂在稻桩、前作残茬上的秧苗拨入地表；湿润育秧不宜将秧洗净，应带些泥土，用大拇指将秧根部按入表土中，即将秧粘贴在地表。早稻移抛栽时要避开大风大雨天气，一季稻和二晚应在阴天或晴天16：00以后移栽或抛栽。坚持阴天无水移（抛）栽，晴天花泥水移（抛）栽。

3.2 施肥

水稻免耕栽培存在有机肥不好施、前期表层土壤富集和后期缺肥早衰现象严重等问题，因此，施肥技术上要采用“积极增施有机肥、少量多餐、化肥后移、后期叶肥补肥”的施肥技术。

3.2.1 总施肥量

中等肥力以上田块双季稻每季产量达到6 000～6 750kg/hm^2，应每公顷施氮素（N）150～180kg、P_2O_5 75～90kg、K_2O 150～210kg；一季稻产量达到7 500～8 250kg/hm^2，应每公顷施氮素（N）180～210kg、P_2O_5 90～105kg、K_2O 180～240kg。

3.2.2 基肥

早稻和一季稻绿肥田在泡田前用除草剂将绿肥杀死作基肥，并在回水时每公顷施石灰375～750kg，其他田有机肥在回水前施用，但要换清水移（抛）栽的田应在移（抛）

栽前施。每公顷大田早稻施充分腐熟的猪牛栏粪7 500kg左右或枯饼750kg左右，晚稻施充分腐熟的猪牛栏粪7 500～11 250kg或枯饼750～1 125kg，一季稻施充分腐熟的猪牛栏粪11 250kg左右或枯饼1 125kg左右；在移（抛）栽前1d定好移（抛）栽水层后，每公顷大田施15：15：15的三元复合肥150～225kg和钙镁磷肥375kg，或尿素60～75kg、钙镁磷肥525～600kg、氯化钾45～60kg。提倡用缓释肥料或控释肥料作基肥。化肥施后5d不宜排水。

3.2.3　返青分蘖肥

移栽田在移栽后5d，抛栽田在80%秧苗直立后施返青肥，每公顷早稻和二晚田施尿素60～75kg、氯化钾60kg，一季稻施尿素75～90kg、氯化钾60～75kg，分蘖肥早稻和二晚在返青肥施后5d施，一季稻在返青肥施后7d施，施用量为每公顷早稻和二晚施尿素和氯化钾各60～75kg，一季稻施尿素和氯化钾各75～90kg。

3.2.4　穗粒肥

早稻和二晚穗肥在倒2叶露尖至剑叶露尖期（抽穗前22～15d）施下，每公顷施尿素和氯化钾各75～90kg，一季稻在倒3叶露尖期（约抽穗前30d）和剑叶露尖期（约抽穗前15d）分2次施下，第1次每公顷施尿素和氯化钾各45～60kg，第2次每公顷施尿素和氯化钾各60～75kg。粒肥在始穗至齐穗期每公顷施尿素和氯化钾各30kg左右。穗粒肥宜采用无水层施肥，施后缓慢灌水，以水带肥。

3.2.5　叶面追肥

在孕穗期、始穗期灌浆初期宜用磷酸二氢钾或其他叶面肥于阴天或晴天傍晚进行叶面喷施，并可与芸薹素等促进灌浆、防止早衰的植物生长调节剂一起喷施。

3.3　灌溉

3.3.1　移栽期

移（抛）时阴天无水层，晴天保持花泥水（5mm水层）。

3.3.2　返青期

移栽田栽后第2d灌10～20mm浅水，抛栽田灌5～10mm的水层，以后保持田不晒泥，直到禾苗返青立苗。

3.3.3　分蘖期

立苗返青后，灌水20mm左右，然后施返青肥，保持水层3～4d等其自然落干后，早稻和一季稻露田2～3d后再灌10～20mm的水层，晚稻露田1～2d后再灌20mm水层，做到前水不见后水。当苗数早稻和一季稻达到计划穗数的70%～80%，二晚达到计划穗数的80%～90%时，开沟排水晒田控制无效分蘖，晒到田中不陷脚，田边开鸡爪裂时，再灌10～20cm的水层，依次重复轻晒2～4次。

3.3.4　拔节孕穗期

晒田晒至倒2叶露尖期复水养胎，以后保持浅水与湿润相结合，保持田不回软至抽穗期，一季稻遇高温可日灌夜排。

3.3.5 抽穗扬花期

抽穗期灌10～20mm水，待其自然落干后，露田1～2d后又灌10～20mm水，早稻和一季稻遇高温可日灌夜排。晚稻遇低温宜灌30～50mm的深水保温。

3.3.6 灌浆成熟期

灌浆期采用干湿交替的灌溉方法，即每次灌10～20mm水层，待其自然落干后露田3～4d后再灌水，乳熟期以浅水为主，蜡熟期以露田为主，早稻和一季稻收割前5d断水，二晚收割前7d断水。

3.4 病虫草害的防治

免耕栽培的病虫害防治技术参照常规栽培技术要求执行。草害的控制，一般在移（抛）栽前用除草剂已将草除尽的田块不需要再除草；对杂草没有除尽或新长出草芽的田块，返青立苗后，应再结合施返青肥施适宜抛秧田的芽前除草剂除草并保持水层3～4d，以后还有草害要用人工拔除。

参考文献

［1］吴院，吴洁远，李晖. 水稻免耕直播生育特性及其关键技术[J]. 江西农业学报，2006，18（4）：54-56.
［2］陈莉，刘忠平，吴锋仁. 水稻免耕直播节水高产栽培技术[J]. 江西农业学报，2005，17（4）：82-83.

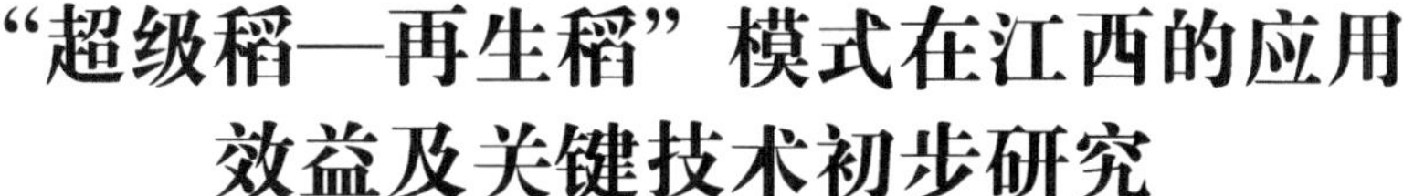

"超级稻—再生稻"模式在江西的应用效益及关键技术初步研究

彭春瑞[1] 涂田华[2] 邱才飞[1] 周国华[1]

([1]江西省农业科学院土壤肥料与资源环境研究所，南昌 330200；
[2]江西省农业科学院农副产品加工测试研究所，南昌 330200)

摘　要：对"超级稻—再生稻"模式的效益及几项关键技术进行了研究。结果表明，该模式与双季稻模式相比，产量略低，产值相近，成本减少，纯收入增加；头季稻灌浆中期喷施适宜的调节剂不仅可以促进头季稻灌浆，提高结实率和产量，而且有利于再生芽的萌发和再生稻的高产；头季稻收割高度以倒2节上10cm为宜；选用抗高温的品种或头季稻避开高温期抽穗是发展再生稻生产的关键技术之一。

关键词：超级稻；再生稻；效益；栽培技术

江西省是传统的双季稻区，双季稻种植模式是稻田的主导模式，这种模式的缺点是季节和劳力紧张、早稻品质差、效益低，在赣北和高海拔山区甚至不宜种植双季稻。推广"头季稻—再生稻"模式在双季稻区可以缓解"双抢"季节的劳力紧张问题，降低成本，提高稻米品质，在单季稻区推广可以增加一季产量，提高效益[1, 2]，特别是近年来优质超级稻的培育成功，为再生稻的发展提供了新的契机。为此，笔者开展"超级稻—再生稻"模式及其关键技术研究，以期为该模式在江西的应用推广提供科学依据。

1　材料与方法

1.1　模式效益比较试验

2001年进行试验，"超级稻—再生稻"模式供试组合为两优培九，3月25日播种，5月2日移栽，7月14日齐穗，8月15日收割头季稻，10月15日收再生稻；双季稻模式供试组合为早稻金优402，晚稻金优77，早稻3月25日播种，4月25日移栽，7月23日收割，晚稻6月28日播种，7月26日移栽，10月28日收割。小区面积10m^2，重复3次。

1.2　化学促蘖试验

2001年以两优培九为材料，于头季稻齐穗后15d喷施5种不同的化学调控剂，其中A为10mg/kg GA_3；B为5mg/kg S-3307；C为20mg/kg NAA；D为10mg/kg GA_3+5mg/kg

本文原载：杂交水稻，2006，21（6）：56-58
基金项目：国家"十五"科技攻关重点课题"东南丘陵区优质高效种植业结构模式与技术研究"（2001BA508B15）

S-3307；E为10mg/kg GA_3+5mg/kg S-3307+20mg/kg NAA，以喷清水作对照（CK），考察不同的化学调控剂对头季稻及再生稻生长的影响。小区面积10m^2，重复3次。

1.3 留桩高度试验

2001年，留桩高度试验以两优培九为材料，设计了留桩高度：a为倒4节上10cm；b为倒3节上10cm；c为倒2节上10cm，3个不同的留桩高度处理，考察不同处理的再生芽的生长和再生稻产量。小区面积10m^2，重复3次。

1.4 品种比较试验

2002年以两优培九、安两优1218、协优9308、SG99210、金优752、923进行了再生稻品种比较试验。小区面积10m^2，重复3次。

2 结果与分析

2.1 模式效益分析

试验表明，“超级稻—再生稻”模式的产量虽然较双季杂交稻模式低7.99%，但由于其米质好，价格高，产值仅较双季稻模式低1.3%。同时，由于再生种植可节约种子、化肥和一季整地、插秧用工等开支，生产成本降低2 025元/hm^2，纯收入增加1 843元/hm^2（表1）。

表1 “超级稻—再生稻”种植模式的效益分析

模式	产量（t/hm^2）			两季产值（元/hm^2）	投入（元/hm^2）			纯收入（元/hm^2）
	头季或早季	再生季或晚季	两季总产		生产资料	人工	总投入	
超级稻—再生稻	8.27	4.98	13.25	13 780	3 450	4 800	8 250	5 530
双季稻（CK）	7.24	7.16	14.40	13 962	4 125	6 150	10 275	3 687

注：早稻谷价按0.9元/kg，晚稻、头季稻及再生稻谷价按1.04元/kg计算

2.2 化学调控剂对产量的影响

在头季稻齐穗后15d喷施5种不同的化学调控剂，能够提高头季稻的结实率，增加千粒重，提高产量，其中以药剂A和E的增产效果最大，分别增产7.90%和8.03%（表2）。除药剂C外，其他药剂均对再生芽的萌发有促进作用，再生稻有效穗数分别较CK增加1.32%～7.06%，再生稻产量以药剂E最高，较CK增产11.45%，其次是药剂A和药剂C，分别增产4.63%和2.20%；药剂B和药剂D则导致再生稻产量降低，主要原因是结实率降低或每穗粒数减少。两季总产以E处理最高，产量为13.40t/hm^2，较CK增产9.30%，其次是A、C处理，每公顷产量分别为13.08t和12.73t，比CK增产6.69%和3.83%。

表2　不同化学调控剂处理对头季稻和再生稻产量的影响

季别	化控剂	有效穗（10^4/hm^2）	每穗粒数（粒）	结实率（%）	千粒重（g）	实收产量（t/hm^2）
头季稻	A	235.4	189.9	76.7	24.5	8.33
	B	232.7	189.1	73.8	24.4	7.83
	C	233.4	189.3	76.2	24.3	8.09
	D	234.2	186.8	72.9	24.4	7.68
	E	235.8	195.8	74.7	24.4	8.34
	CK	233.4	192.2	71.7	24.2	7.72
再生稻	A	469.5	59.4	75.9	23.6	4.75
	B	460.5	60.9	71.5	23.5	4.48
	C	433.5	61.2	77.8	23.6	4.64
	D	474.0	55.9	73.5	23.4	4.32
	E	486.0	59.9	77.0	23.8	5.06
	CK	454.5	58.6	76.1	23.6	4.54

2.3　留桩高度对再生稻产量的影响

随着留桩高度的增加，再生苗数、有效穗数和每穗粒数都增加，但结实率降低，产量随着留桩高度的增加而增加（表3）。处理c的再生苗数、有效穗数、每穗粒数、产量分别较处理a增加5.66%、11.97%、16.29%和24.39%，较处理b增加2.65%、4.84%、10.43%和7.75%。试验还发现，处理c分别较处理a和b早熟4d和2d。

表3　不同留桩高度处理对再生稻产量的影响

处理	最高再生苗数（10^4/hm^2）	有效穗（10^4/hm^2）	每穗粒数（粒）	结实率（%）	千粒重（%）	实收产量（t/hm^2）
a	477	426	52.8	78.60	23.5	3.69
b	491	455	55.6	76.07	23.6	4.26
c	504	477	61.4	72.80	23.6	4.59

2.4　不同品种比较分析

2002年由于播种较晚，头季稻齐穗期较迟，结果头季稻抽穗扬花期遇最高温度35℃以上的高温天气3～5d，影响了头季稻的受精，导致结实不正常，除两优培九结实率达到67.51%外，其他各品种的结实率仅为10.12%～54.47%，头季稻产量很低，而再生稻产量也因头季稻收割迟而不高（表4）。表明能否避开或抵御头季稻抽穗扬花期的高温是“超级稻—再生稻”模式能否成功的关键。

表4　不同品种蓄留再生稻比较

品种	头季稻			再生稻产量（t/hm²）
	齐穗期（月-日）	收割期（月-日）	结实率（%）	
金优752	07-22	08-30	27.63	3.14
安两优1218	07-22	08-30	10.12	3.06
协优9308	07-19	08-26	54.47	2.25
两优培九	07-19	08-18	67.51	3.33
923	07-23	08-26	51.62	1.75
SG99210	07-16	08-16	19.54	1.61

3　讨论

在江西及南方许多地区由于气候或劳力紧张等原因，种植双季稻季节较紧，产量和效益都不高，而种植一季稻不仅浪费光温资源，而且不利于保障粮食安全。再生稻具有省工、省肥、早熟、优质等优点，在这些地区若能发展再生稻，较种植单季稻增产，较双季稻高效，有很好的应用前景[1，2]，但值得注意的是，在夏季温度高的盆地和平原地区，头季稻抽穗期易受高温影响，可能导致结实不正常，因此不宜推广再生稻模式。

“超级稻—再生稻”模式中选用耐高温品种或头季稻避开高温期抽穗是该模式能否应用的关键技术，在江西一般要求头季稻在7月15日前齐穗。在加强头季稻管理，保障头季稻高产的基础上，于头季稻灌浆中期喷施适宜的调节剂，不仅可以促进头季稻灌浆，提高结实率和产量，而且有利于再生芽的萌发和再生稻的高产。涂寿如等认为倒2节、倒3节的再生苗占70%～90%[3]。本试验表明，收割高度高，再生苗、有效穗和每穗粒数多，但结实率低，头季稻的收割高度以倒2节上10cm为宜。

参考文献

[1] 熊洪，冉茂林，徐富贤. 南方稻区再生稻研究进展及发展[J]. 作物学报，2005，26（3）：297-304.
[2] 黄国红，刘远珍，黄继会，等. 再生稻高产栽培技术[J]. 江西农业科技，2004（12）：25-26.
[3] 涂寿如，程建军，赵其如. 再生稻高产栽培技术[J]. 江西农业学报，2005，17（2）：40-42.

Effects of Light Planting with Small Seedlings on Yield Formation in Single-cropping Season Super Rice

Peng Chunrui[1]　Qiu Caifei[1]　Chen Chunlan[1]　Liu Guangrong[1]　Cao Kaiwei[2]

([1]*Soil and fertilizer research institute, Jiangxi Academy of Agricultural Sciences. Nanchang 330200, China*; [2]*Jiangxi Agricultural Techaique popularization General Station Nanchang 330046, China*)

Abstract: The effects of light planting with small seedling on the yield formation in single cropping super rice Ganya 1 and Zhongyou 752 were studied in this paper, the results indicated that transplanting small seedling had significant advantages at early growth stage including rapid increase of leaf area at early stage, high net assimilation rate, much production of dry matter, quick emergence of tillers, especially many tillers on low node, plenty of valid panicles, which were benefit to high yield, but it had also some disadvantages such as low percentage of earbearing tiller, being prone to premature decay at late stage, low harvest index etc; light planting was favorable for overcoming above-mentioned shortages, the suitable transplanting seedlings for Ganya 1 and Zhongyou 752 were 1.0−1.1 million/ha and 0.75−0.85 million/ha main stem seedlings respectively, the high-yielding cultural techniques of super rice were put forward as follows: on the basis of reasonable sparse transplanting with small seedlings, increasing the proportion of fertilization in middle and late period, drying the field in the sun in good time with a view to controlling invalid tillers and avoiding premature decay at late stage.

Key words: Small seedlings; Light planting; Super rice; Yield formation; Cultural techniques

In china, the item "study on super rice" was set up by Department of Agriculture in1996. through about 10 years study. plenteous outcomes have been obtained, a batch of varieties and combinations with the potential of super high yield have been bred[1]. at the aspect of super rice culture, the system of rice intensification (SRI) was introduced[2]and successfully applied in many places of our country, the studies on the principle of high yield and the variety adaptability of SRI and so on were carried on[3]. In order to discuss the effects of applying small seedling and light planting of SRI on single cropping super rice in Jiangxi province, china. we took two super

本文原载：《Proceeding of International Conference on the Industrialization of Hybrid Rice 》. China agriculture press, 2005：292-299

基金项目：jiangxi provincial spark program "study and demonstration of rotation of rice-forage grass techniques" rice combinations bred by Jiangxi province as experimental materials to study the effects of technique of light planting with small seedling and on the yield formation of the two combinations, providing scientific basis for exerting the yield potential of super rice combinations.

1 Materials and methods

The test was conducted in the experimental farm of Jiangxi Academy of Agricultural Sciences in 2003, the preceding crop was winter crop. The tested varieties were super hybrid rice Zhongyou 752 (large panicle type) and Ganya No.1 (many panicle type) .Two different seedling-raising modes (raising the seedlings on dry bed and transplanting the small seedlings, raising the seedlings on wet bed and transplanting the large seedlings) were designed in the experiment, the sowing date for Ganya No.1 and Zhongyou 752 was May 17th and May 20th respectively, the transplanting date of the small seedling raised on the dry bed was June 5th, the leaf age was 3 ~ 4 leaves, the transplanting date of the large seedling raised on the wet bed was June 20th, the leaf age was 6 ~ 7 leaves. For the small seedling raised on the dry bed, four transplanting spacing were designed as follows: ①16.7cm × 33.3cm; ②40.0cm × 40.0cm; ③16.7cm × 22.0cm; ④16.7cm × 26.7cm; for the large seedling raised on the wet bed, a transplanting density was designed as the check: ⑤16.7cm × 26.7cm (CK) . There were 10 treatments in total, the area of each plot was 66.7m^2, all plots were divided by ridge each other, and were drained and irrigated alone. A seedling from a seed was transplanted in each pit, others culture managements were conducted according to the request for high yield. After transplanting, fixing 15 clumps to investigate the No. of seedlings of each treatment every 5 ~ 6 days, At differentiation stage, heading stage and ripening stage, sampling 5 pit according to same average No. of tillers to measure the dry matter weight and leaf area by drying method; at ripening stage, investigating the No. of panicles of 150 pits in each treatment, then sampling 5 pits with the same average No. of panicles to examine their yield components, and harvesting all to determine their yield.

2 Results and analysis

2.1 Effects on dynamics of seedlings and percentage of earbearing tiller (PET)

Table 1 showed that treatment 4 had longer field tillering periods and more No. of tillers on low node than treatment 5, at the reviving stage (June 26th) , the No. of seedlings of treatment 4 for Ganya No.1 and Zhongyou 752 were 205.71 percent and 175.76 percent more than that of treatment 5, respectively, their No. of seedlings reached 74.56 percent and 90.56 percent of No. of final panicles, respectively, but that of treatment 5 only reached 30.43 percent and 34.02 percent, respectively. The results indicated transplanting with small seedlings could promote growth of tillers on low node and was propitious to reach enough No. of panicles, especially for Ganye No.1, its No. of panicles increased by 24.78 percent; but the transplanting

with small seedlings had the disadvantages of more invalid panicles and lower PET, the PET of transplanting with small seedlings for Ganya No.1 and Zhongyou 752 were decreased by 6.22 percent and 14.11 percent, respectively, compared with that of transplanting with large seedlings. Comparison among different transplanting spacing while transplanting with small seedlings showed that the No. of seedlings and panicles was decreased as transplanting spacing increased, and the PET was increased as transplanting spacing increased, this indicated that light planting could increase PET.

Table 1　Effects on dynamics of seedlings and PET (million/ha)

Date	Ganya No.1					Zhongyou 752				
(M.D)	1	2	3	4	5 (CK)	1	2	3	4	5 (CK)
6.14	1.24	0.32	1.85	1.28	0	1.01	0.34	1.53	1.17	0
6.20	1.89	0.46	2.73	1.92	0	1.57	0.54	2.26	1.73	0
6.26	2.03	0.56	2.92	2.14	0.70	1.64	0.57	2.42	1.82	0.66
7.2	2.08	0.94	3.65	2.74	1.22	2.20	0.96	2.54	2.36	1.41
7.8	4.52	2.18	7.61	6.26	2.72	4.48	2.17	4.83	5.06	2.81
7.13	6.29	2.94	7.99	6.75	3.76	4.81	2.78	5.07	5.20	3.29
7.18	6.74	3.96	8.67	7.35	5.06	4.99	3.28	4.94	4.77	3.53
7.23	6.61	3.87	8.24	6.78	4.91	4.84	3.27	4.94	4.77	3.53
7.29	6.13	3.81	7.47	6.49	4.84	4.72	3.43	4.39	4.52	3.40
8.4	5.76	3.66	6.85	5.77	4.50	4.37	3.42	4.45	4.54	3.40
8.9	5.26	3.34	5.73	5.29	3.94	3.87	3.23	3.49	3.89	3.12
8.14	4.69	2.91	5.15	4.80	3.67	3.37	2.97	2.97	3.40	2.86
8.19	4.45	2.66	4.72	4.39	3.26	3.13	2.82	2.75	3.24	2.70
8.24	3.83	2.49	4.28	3.77	2.90	2.97	2.71	2.70	3.17	2.45
8.29	3.51	2.35	3.22	3.24	2.68	2.21	2.22	2.26	2.74	2.14
9.4	3.18	2.29	3.11	3.17	2.49	2.07	2.11	2.18	2.29	2.00
9.9	3.15	2.23	3.02	2.96	2.46	1.90	1.94	2.13	2.09	1.95
9.15	2.68	2.15	2.96	2.87	2.30	1.87	1.78	1.96	2.01	1.94
PET (%)	39.78	55.47	34.17	39.11	45.33	37.54	51.79	38.70	38.67	52.78

2.2 Effects on leaves area index（LAI）and net assimilation rate（NAR）

Table 2 showed that LAI of transplanting with small seedling were larger at differentiation and heading but lesser at ripening than that of transplanting with large seedlings; Comparison among different transplanting spacing while transplanting with small seedlings showed that the LAI were decreased before heading and increased after heading as transplanting spacing increased. The leaves NAR of transplanting with small seedling were higher during early periods（transplanting to differentiation）but lower during late periods（heading to ripening）than that of transplanting with large seedlings, and was lower for Ganya No. 1 and higher for Zhongyou 752 during the middle periods（differentiation to heading）than that of transplanting with large seedlings; Comparison among different transplanting spacing while transplanting with small seedlings showed that the leaves NAR were increased as transplanting spacing increased basically, especially during late periods.

Table 2 Effects on leaves area index（LAI）and net assimilation rate（NAR）

Combinations	Treatments	LAI			NAR[g/（m^2·d）]		
		Differentiation	Heading	Ripening	Transplanting-differentiation	Differentiation-heading	Heading-ripening
Ganya No.1	1	7.65	10.46	2.27	17.25	3.07	0.94
	2	4.21	8.14	2.33	18.63	3.74	2.08
	3	9.45	13.68	1.40	15.81	2.59	0.25
	4	8.41	12.46	2.12	17.41	2.87	0.65
	5（CK）	6.39	9.72	2.38	15.66	3.34	1.97
Zhongyou752	1	6.61	7.22	3.65	9.17	3.66	1.52
	2	3.97	6.42	3.09	11.83	4.79	2.31
	3	8.03	8.58	3.54	8.90	3.41	1.09
	4	6.34	7.43	3.06	10.23	4.23	1.56
	5（CK）	5.92	7.36	4.10	8.73	3.96	2.10

2.3 Effect on dry matter production and harvest index

Table 3 showed that, compared with transplanting with large seedlings, transplanting with small seedlings had higher dry matter production during the early periods（before differentiation）and the middle periods（differentiation to heading）, but lower during the late periods（after heading）, had higher total dry matter weight and lower harvest index. Comparison among different transplanting spacing while transplanting with small seedlings showed that the dry matter production were reduced during early and middle periods, and increased during late periods as transplanting spacing increased, the harvest index was increased as transplanting spacing increased, but the highest total dry weight both two combinations were treatment 4.

Table 3　Effect on dry matter production and harvest index（t/ha）

Combination	Treatment	Differentiation	Differentiation heading	Heading	Heading-ripening	Ripening	Harvest index
Ganya No.1	1	9.70	10.50	20.20	1.97	22.17	0.39
	2	5.46	8.48	13.94	3.78	17.72	0.43
	3	11.26	11.72	22.98	0.53	23.51	0.36
	4	10.93	11.26	22.19	1.48	23.67	0.36
	5（CK）	7.39	10.18	17.57	4.01	21.59	0.37
Zhongyou752	1	6.70	9.88	16.58	2.87	19.45	0.49
	2	4.71	9.54	14.25	3.79	18.04	0.51
	3	8.25	11.07	19.32	2.23	21.55	0.41
	4	7.56	11.35	18.91	2.76	21.67	0.43
	5（CK）	6.11	10.57	16.68	4.22	20.90	0.44

2.4　Effects on yield and yield components

Table 4 showed that, compared with transplanting with large seedlings, transplanting with small seedlings had more No. of panicles, lower setting rate and grains weight, and less No. of grains per panicles for Ganya No. 1 or more No. of grains per panicles for Zhongyou 752, as well as higher yield, the yield for Ganya No. 1 and Zhongyou 752 were increased by 6.75 percent and 2.63 percent, respectively. Comparison among different transplanting spacing while transplanting with small seedling showed that the No. of panicles were decreased as transplanting spacing increased, but the differences among treatments were not distinct for Zhongyou 752, the No. of grains per panicle were not distinct differences among treatments for Ganya No. 1, but was increased as transplanting spacing for Zhongyou 752; increasing transplanting spacing could increase setting rate, the treatments of the highest yield both Ganya No. 1 and Zhongyou 752 were treatment 4, but the treatments of the lowest yield were treatment 2 for Ganya No. 1 and treatment 3 for Zhongyou 752.

Table 4　Effects on yield and yield components

Combination	Treatment	No. of panicles (Million/ha)	Grains per panicle	Setting rate	1 000-grains weight (g)	Theoretical yield (t/ha)	Practical yield (t/ha)	Increased over CK (%)
Ganya No.1	1	2.68	235.60	69.23	21.26	9.29	8.74	8.43
	2	2.15	229.56	73.93	21.47	7.83	7.56	-6.31
	3	2.96	225.88	62.51	21.18	8.85	8.44	4.71
	4	2.87	227.79	66.07	21.30	9.20	8.59	6.57
	5（CK）	2.30	234.46	69.81	22.06	8.30	8.06	0.00

（续表）

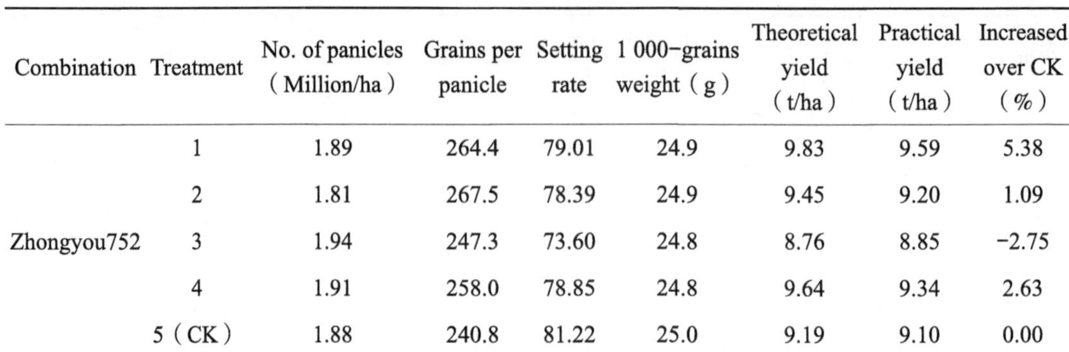

Combination	Treatment	No. of panicles (Million/ha)	Grains per panicle	Setting rate	1 000-grains weight (g)	Theoretical yield (t/ha)	Practical yield (t/ha)	Increased over CK (%)
Zhongyou752	1	1.89	264.4	79.01	24.9	9.83	9.59	5.38
	2	1.81	267.5	78.39	24.9	9.45	9.20	1.09
	3	1.94	247.3	73.60	24.8	8.76	8.85	-2.75
	4	1.91	258.0	78.85	24.8	9.64	9.34	2.63
	5（CK）	1.88	240.8	81.22	25.0	9.19	9.10	0.00

3 Discussion and conclusions

3.1 The advantage and shortage of transplanting the small seedling raised on the dry bed

The experimental results indicated that transplanting the small seedling raised on the dry bed had the following advantages：（1）little harming caused by transplanting，quickly reviving，promoting the rises of tiller，especially possessing many tillers in early period and plenty of valid panicles；（2）quick population development and leaves area increases and high NAR during the early periods，as a result much dry matter is produced，which establishes the material foundation for early development of rice seedlings. Transplanting the small seedling have the following disadvantages：（1）many invalid tillers，low percentage of earbearing tiller；（2）inferior population quality and quick leaves senescence as well as little dry matter production during late periods，which are not benefit to filling of the grain，therefore causing the decrease of setting rate and 1 000-grain weight.

3.2 The proper transplanting spacing of the small seedling raised on the dry bed

The results of different transplanting spacing test with small seedling raised on the dry bed showed that，de creasing the transplanting spacing was advantageous to increase the No. of valid panicles，but could lead to decrease of PET，deteriorating population quality during late periods，quick descending of leaf area after heading，low NAR and less dry matter production，therefore could affect the enhancement of setting rate and yield；light planting could enhance the rate of ear-bearing tiller，improve the population quality，increase the production of dry matter after heading，raise setting rate，and overcome the disvantages caused by small seedling transplanting commendably，but over-sparse planting could cause the decrease of valid panicles，and was also disadvantageous to high yield. This test showed that while transplanting small seedlings raised on the dry bed，the emergence of the tillers after transplanting was keeping to the rule of leaf-tiller synchronism，and was not absence of tillers on tiller node basically. For two tested combinations，the No. of leaves on main stem was 18，the No. of elongate inter-node was 6，under the condition of transplanting the small seedling，the No. of valid tillering node was 9，

according to request for high yield, the expected panicles should reach at ahead a leaf age of critical leaf age of valid tillering[4], so the No. of valid tillering node was 8, 8 valid tillering nodes could produce 27 valid tillers theoretically, if the rate of tiller emergence for Ganya No.1 and Zhongyou 752 were 0.9 and 0.85 respectively, they would generate 24.30 and 22.95 valid tillers respectively, adding a main stem, then each seedling from a seed of above two combinations would produce 25.30 and 23.95 valid panicles respectively, the proper No.of valid panicles for two combinations were 2 700 000 and 1 900 000 per ha respectively, so the suitable transplanting spacing of two combinations are 106700 (2 700 000/25.3) and 78300 (1 900 000/23.95) main stem seedlings per ha respectively, namely it is suitable for two combinations to transplant 1.0 ~ 1.1 million/ha and 0.75 ~ 0.85 million/ha main stem seedlings respectively in practice, the transplanting spacing being 50% less than those in present practice.

3.3 High-yielding cultural techniques of single cropping super rice

This test results indicated that, for two super rice combinations (especially many panicle type of hybrid rice), transplanting the small seedling raised on the dry bed could promote the tillering on lower node, and increase rice yield, but it had some disadvantages such as low PET and premature decay during late periods, and appropriate light planting could overcome above-mentioned disadvantages, whereas over-light planting was not suitable, so in the high-yielding culture of single cropping super rice, with a view to raising the PET and avoiding the premature decay during late periods, on the basis of reasonable light planting with small seedlings, we should take the following measures further: increasing the proportion of fertilization in middle and late period, drying the field in the sun in good time to control invalid tillers and so on.

References

[1] Yuan Longping. Super high yield breeding of hybrid rice[J]. Hybrid rice[J]. 1997, 12 (6): 1-6.

[2] Yuan Longping. The system of rice intensification[J]. Hybrid rice, 2001, 16 (4): 1-3.

[3] Xu Fuxian, Xiong Hong, Zhu Yongchuan, et al. Effect of the system of Rice intensification on grain plumpness in association with ratio of source to sink in mid-season hybrid rice[J]. Chinese J Rice Scis, 2004, 18 (6): 522-526.

[4] Ling Qihong, Su Zufang, Zhang Hongcheng, et al. The leaf-age-model of development process in different varieties of rice[J]. Chinese Agricultural Sciences, 1980 (4): 1-11.

第四篇

水稻高产/超高产栽培及其生理研究

水稻育秧专用肥在早稻上的应用效果研究

彭春瑞[1]　涂田华[2]　周国华[1]　邱才飞[1]　陈先茂[1]

（[1]江西省农业科学院土壤肥料研究所，南昌 330200；
[2]江西省农业科学院测试研究所，南昌 330200）

摘　要：将自行研制的水稻育秧专用肥与壮秧剂、化肥进行了应用效果比较试验。试验结果表明，水稻育秧专用肥与生产上推广的壮秧剂比较，应用于早稻育秧，能提高成秧率5个百分点左右，促进秧苗矮壮多蘖，提高出叶速率，促进地下部生长，提高根冠比和秧苗充实度，提高秧苗综合素质；与化肥比较，其秧苗素质更优。经育秧专用肥处理的秧苗移（抛）栽到大田后，返青快，始蘖期提早2d，前期的分蘖速率快，低节位分蘖发生率高，苗峰低，成穗率高，有效穗多，每穗粒数一般也多，结实率高，抽穗期的叶面积系数大，干物质生产量多，产量较壮秧剂和化肥处理高。

关键词：早稻；育秧；秧苗素质；产量

Study on Effects of Applying Special Fertilizer for Growing Rice Seedlings to Early Rice

Peng Chunrui[1]　Tu Tianhua[2]　Zhou Guohua[1]　Qiu Caifei[1]　Chen Xianmao[1]

（[1]*Soil & Fertilizer Institute*，*Jiangxi Academy of Agricultural Sciences*，*Nanchang*，*Jiangxi 330200*，*China*；[2]*Test Institute*，*Jiangxi Academy of Agricultural Sciences*，*Nanchang 330200*，*China*）

Abstract: Studies on effects of applying special fertilizer for growing rice seedlings（SFGRS），seedling-strengthening agent and chemical fertilizer to early rice were conducted. The results showed that SFGRS，in comparison with seedling-strengthening agent，could increase the ratio of seedling to seed by 5 percent，promote seedling to be shorter，thicker and has more tillers，accelerate the growth of leaf and underground part，raise the ratio of underground part to aboveground part and plumpness（ratio of dry weight to plant height），enhance comprehensive quality of seedlings; On the other hand，in comparison with chemical fertilizer，SFGRS could make the quality of seedling better. After being transplanted or thrown in the field，the seedling treated by SFGRS could return green rapidly，its initial tiller appeared two days earlier，velocity of tillering in early period and rate of tiller

本文原载：江西农业学报，2003，15（2）：7-11
基金项目：国家“十五”科技攻关重点项目（2001BA508B15）

occurrence at low node were higher, the seedling had lower seedling peak, higher rate of earbearing tiller, more valid panicles, more grains per panicle, higher setting rate, higher LAI at heading stage, more dry matter production. The yield of early rice treated by SFGRS was higher than that of early rice treated by seedling-strengthening agent and chemical fertilizer.

Key words: Early rice; Growing seedlings; Seedlings quality; Yield

育秧是水稻栽培技术的重要环节，壮秧是高产的基础。为解决南方稻区早稻育秧期低温阴雨天气造成易烂秧和秧苗素质差的难题，许多专家对水稻的育秧技术进行了研究，取得了许多成果，如旱床育秧和塑盘育秧抛秧技术。这些技术往往要进行土壤调酸、杀菌防病、化控、施肥等多道工序。为简化育秧工序，目前已开发出一些育秧产品，这些产品一般都有多种功能，可简化工序，为推动育秧新技术的推广发挥了重要作用，但这些产品均还或多或少地存在一些缺陷，特别是对南方稻区的适应性不强。为此，笔者根据南方稻区的土壤条件和早稻育秧期的气候特点，研制了一种水稻育秧专用肥，用于水稻育秧作基肥在播种前一次性施用，在整个育秧期间基本上不需再施肥、打药、化控，不仅操作简便，而且不会破坏土壤，对成秧率没有负面影响，培育壮秧效果好。本文将根据2000—2002年的试验结果，总结汇报如下。

1　材料与方法

试验于2000—2002年在江西省农业科学院试验基地进行，2000—2001年以嘉育948为材料，在旱床育秧和塑盘育秧上进行试验，以目前生产上推广的壮秧剂作对照，共计4个处理，2002年以金优402为材料，同样在旱床育秧和塑盘育秧上进行试验，以目前生产上推广的壮秧剂及化肥作对照，共计6个处理。育秧肥和壮秧剂的用量为75g/m^{2}秧床，化肥用量为每1m^{2}秧床施10g尿素+50g钙镁磷肥+7.5g氯化钾，小区面积8～10m^2，重复3次，采用薄膜保温育秧，秧龄30d左右移（抛）栽，密度为30～33蔸/m^2，移（抛）栽前1d取样考察秧苗素质，大田期定株每隔5d调查一次茎蘖动态，在各生育期取样测定叶面积和干物重。各生理的大田栽培管理按高产要求进行。

2　结果与分析

2.1　对成秧率和秧苗素质的影响

由表1可见，采用育秧肥育秧的成秧率较壮秧剂高，两年分别高出5.86～5.87个百分点和4.10～5.11个百分点，与化肥比较，其成秧率也略高，表明育秧肥可以提高成秧率，其安全性较壮秧剂好，不易出现因施肥不当而造成烧苗现象。与壮秧剂和化肥比较，育秧肥育秧能提高秧苗素质，表现为出叶速率快，秧苗矮壮，单株带蘖数多，根冠比高，秧苗充实度大。从表2还可看出，育秧肥育秧不仅能提高地上部的秧苗素质，而且可促进根系的生长，移栽前的单株着根数和根系长度都较壮秧剂处理多，而且其发根能力也明显强于壮秧剂育秧。综合秧苗素质高，有利于栽后早生快发。

表1　不同处理早稻的成秧率和秧苗素质比较

Table 1　Comparison of the ratio of seedlings to seeds and the seedlings qualities of early rice in different treatment

年份 Years	处理 Treatments	成秧率（%）Ratio of seedlings to seeds（%）	株高（cm）Plant high（cm）	叶龄 Leaf age	单株带蘖数 No. of tiller per plant	茎粗（mm）Stem thickness（mm）	百苗干重（g）Dry 100-Seedlings（g）	百苗根干重（g）Root weight of 100-Seedlings（g）	根冠比 Ratio of underground to aboveground	充实度（mg/cm）Plumpness（mg/cm）
2001	旱+育 D+S	91.23	9.90	5.10	0.10	2.55	2.51	1.58	0.63	2.54
	旱+壮 D+Z	85.37	15.00	4.92	0.06	2.30	3.04	1.25	0.41	2.03
	塑+育 P+S	86.53	13.70	4.70	0.23	1.90	2.20	1.54	0.70	1.61
	塑+壮 P+ Z	80.66	14.22	4.57	0.07	1.85	2.18	1.34	0.61	1.53
2002	旱+育 D+S	94.23	11.32	5.1	1.50	0.31	6.12	4.55	0.74	5.42
	旱+壮 D+Z	89.12	17.48	4.5	0.25	0.30	5.72	4.07	0.71	3.27
	旱+化 D+C	91.76	18.71	4.4	0.05	0.27	5.61	3.51	0.63	3.00
	塑+育 P+S	88.12	10.52	5.2	1.70	0.30	6.23	4.44	0.71	5.92
	塑+壮 P+Z	84.02	16.69	5.1	1.35	0.28	6.52	4.47	0.68	3.91
	塑+化 P+C	87.58	18.08	4.6	0.04	0.24	5.83	3.74	0.64	3.22

注：旱——旱床育秧，塑——塑盘育秧，育——育秧肥，壮——壮秧剂，化——化肥；下同

表2　不同处理对早稻根系生长的影响（2000年）

Table 2　Effects of different treatments on root growth early rice in 2000

处理 Treatments	单株着根数 No. of roots per plant	单根根长（cm）Length of per root（cm）	单株总根长（cm）Total root length per plant（cm）	单株发根数* No. of growing new root per plant	单株发根总长* Total length of new root（cm）
旱+育 D+S	12.5	3.25	40.60	5.40	8.48
旱+壮 D+Z	9.8	2.88	28.26	2.70	2.47

（续表）

处理 Treatments	单株着根数 No. of roots per plant	单根根长（cm） Length of per root（cm）	单株总根长（cm） Total root length per plant（cm）	单株发根数* No. of growing new root per plant	单株发根总长* Total length of new root（cm）
塑+育 P+S	15.8	1.63	25.75	4.70	5.89
塑+壮 P+ Z	15.1	1.51	22.80	4.20	5.24

注：*剪去全部根后用清水培养5d后的测定结果

2.2 对大田分蘖的影响

由表3可知，与壮秧剂育秧比较，育秧肥育出的秧苗移栽到大田后，返青快，分蘖早，前期分蘖速率快，见蘖期较壮秧剂育出的秧苗早2d，栽后0～15d的分蘖速率高47.47%～106.11%，苗数达到最后穗数的日期早5d左右，2002年的试验还表明，育秧肥育出的秧苗的1～3节位的分蘖发生率明显高于壮秧剂和化肥育秧的秧苗，基本上没有因移栽植伤而造成的分蘖缺位现象发生（表4），说明育秧肥育出的秧苗有明显的早发优势。而其高节位分蘖发生率则低，后期分蘖速率慢，最高苗数少，成穗率高，这有利于形成高产的群体。

表3　不同处理对早稻大田分蘖的影响（2000年）

Table 3　Effect of different treatments on field tillering of early rice in 2000

处理 Treatments	见蘖期（d） Initial tillering date（d）	栽后0～15d 苗数日增量（万/hm²） Seedlings increase per day after transplanting 0～15d（10^4/ha）	栽后15～35d 苗数日增量（万/hm²） Seedlings increase per day after transplanting 0～15d（10^4/ha）	达到最后穗数的天数（d） Days of seedlings reaching final panicles（d）	最高苗数（万/hm²） Maximum seedlings（10^4/ha）	成穗率（%） Percentage of earbearing tiller（%）
旱+育 D+S	7	13.48	5.72	17	417.9	84.21
旱+壮 D+Z	9	6.54	14.12	22	441.9	77.87
塑+育 P+S	5	15.72	6.80	17	455.9	80.43
塑+壮 P+ Z	7	10.66	12.80	22	488.10	74.19

表4　不同处理对早稻不同节位的分蘖发生率的影响（2002年）（%）

Table 4　Effects of different treatments on on the tillering rate at different nodes of early rice in 2002（%）

处理 Treatments	节位 Node							
	1	2	3	4	5	6	7	8
旱+育 D+S	80	80	100	90	100	30	0	70

（续表）

处理 Treatments	节位 Node							
	1	2	3	4	5	6	7	8
旱+壮 D+Z	30	0	30	100	100	70	60	70
旱+化 D+C	10	0	10	60	70	70	40	90
塑+育 P+S	90	80	100	100	90	100	50	60
塑+壮 P+Z	60	50	40	90	100	90	50	70
塑+化 P+C	40	0	40	70	100	80	40	70

2.3　对抽穗期叶面积和干物质生产的影响

生物产量是经济产量的基础。由表5可见，育秧肥培育的秧苗不仅有早发优势，而且中后期仍保持较高的光合势和光合生产能力，抽穗期的叶面积系数较壮秧剂处理高6.85%~13.99%，幼穗分化前、幼穗分化—抽穗期、抽穗后的干物质生产量分别较壮秧剂处理高10.81%~11.83%、9.85%~14.02%、7.51%~16.89%，最终总干物重较壮秧剂处理高9.13%~14.84%，为高产提供了物质保障。

表5　不同处理对早稻抽穗期叶面积系数及干物质生产的影响（2000年）

Table 5　Effects of different treatments on LAI at heading stage and dry matter production of early rice in 2000

处理 Treatments	抽穗期LAI LAI at heading	幼穗分化前生产量（kg/hm^2）Production before differentiation（kg/ha）	幼穗分化—抽穗期生产量（kg/hm^2）Production from differentiation to heading（kg/ha）	抽穗后生产量（kg/hm^2）Production after heading（kg/ha）	总干物重（kg/hm^2）Total dry matter weight（kg/ha）
旱+育 D+S	4.89	1 002	6 921	4 381	12 304
旱+壮 D+Z	4.29	896	6 070	3 748	10 714
塑+育 P+S	5.30	1 004	7 356	4 210	12 570
塑+壮 P+ Z	4.96	906	6 696	3 916	11 518

2.4　对产量与产量因子的影响

由表6可见，与壮秧剂比较，育秧肥培育的秧苗能够提高产量，3年的实收产量分别较壮秧剂处理高6.00%~14.11%、5.36%~6.09%、4.26%~5.18%，与化肥比较增产幅度更大。增产的主要原因是有效穗数增加，每穗粒数和结实率一般也能提高，最终总颖花数与结实粒数增加。

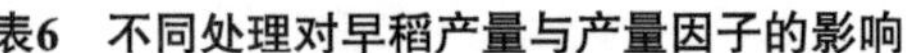

表6　不同处理对早稻产量与产量因子的影响

Table 6　Effects of different treatments on yield and yield components of early rice

年份 Years	处理 Treatments	有效穗数（万/hm²）No. of valid panicles（10⁴/ha）	每穗粒数 Grains per panicles	结实率（%）Setting rate（%）	千粒重（g）1 000-grains weight（g）	理论产量（t/hm²）Theoretical yield（t/ha）	实收产量（t/hm²）Practical yield（t/ha）
2000	旱+育 D+S	379.8	113.39	75.52	21.60	7.02	6.39
	旱+壮 D+Z	368.7	105.82	73.62	21.20	6.09	5.60
	塑+育 P+S	376.2	110.27	72.42	21.80	6.54	6.18
	塑+壮 P+ Z	363.9	110.16	72.69	21.50	6.26	5.83
2001	旱+育 D+S	385.1	101.13	73.62	21.70	6.22	5.50
	旱+壮 D+Z	358.4	103.10	75.52	21.70	6.05	5.22
	塑+育 P+S	388.7	96.37	72.40	21.60	5.86	5.05
	塑+壮 P+ Z	371.8	92.09	70.25	21.60	5.20	4.76
2002	旱+育 D+S	405.0	111.06	75.70	27.20	9.26	8.32
	旱+壮 D+Z	381.4	119.33	70.72	27.00	8.69	7.98
	旱+化 D+C	351.0	125.47	70.69	27.20	8.47	7.94
	塑+育 P+S	415.1	115.98	71.11	27.30	9.34	8.33
	塑+壮 P+Z	391.5	125.04	66.47	27.10	8.82	7.92
	塑+化 P+C	364.5	109.86	78.27	27.20	8.53	7.87

3　讨论与结论

水稻栽培越来越向轻简化发展[1]，育秧是水稻栽培的重要环节。进一步简化育秧工序，提高秧苗素质是广大农民的殷切期望，也是农业科技工作者的责任。目前，生产上已开发出一些育秧产品，这些产品一般有多种功能，可简化育秧工序，但大都还存在功能不够全，针对性不强的缺陷，与南方稻区的土壤条件及早稻育秧期的气候条件联系不紧。为此，研制了一种适合南方稻区的水稻育秧专用肥。本试验表明，水稻育秧专用肥与目前生产上推广的壮秧剂比较，除同样具有操作简便、一肥多能的功能外，还有以下优点：一是对成秧率没有副作用，成秧率较壮秧剂处理高5个百分点，与化肥比较也略高，说明其安全性较好，而且不会导致土壤污染与破坏；二是可以促进秧苗矮壮多蘖，提高出叶速率，增加秧苗充实度，地上部秧苗综合素质明显优于壮秧剂与化肥；三是可以促进地下部的生长，增加秧苗的着根数和根长，提高根冠比，促下控上效果明显，而且秧苗的发根能力强，有利于栽后早发。

育秧肥培育的秧苗栽到大田后返青快、分蘖早，见蘖期较壮秧剂处理早2d，苗数达到最后穗数的天数早5d，栽后15d内的苗数日增量大大高于壮秧剂处理，1～3节位的分蘖发生率高，没有明显因移栽植伤而造成分蘖缺位现象，抗逆性，有明显的早发优势；而分蘖后期的分蘖速率和高位节分蘖率则低，最高苗数少，成穗率高，有利于形成高产的群体结构，抽穗期的叶面积系数大，干物质生产量多，有效穗数多，结实率高，最终产量高。

参考文献

[1] 彭春瑞，刘光荣，陈先茂，等. 双季抛栽稻的生育特性研究[J]. 江西农业学报，1999，11（3）：14-18.

水稻育秧肥的壮秧效应及其蛋白质组学分析

彭春瑞[1, 2#] 邵彩虹[2#] 潘晓华[1*] 钱银飞[2] 邱才飞[2] 谢金水[2]

([1]江西农业大学农学院，南昌 330045；
[2]江西省农业科学院土壤肥料与资源环境研究所，南昌 330200)

摘 要：通过比较育秧肥和化肥作基肥的早稻秧苗质量的差异，及在这两种育秧条件下水稻叶片的蛋白质组表达差异，揭示了育秧肥的壮秧机理。结果表明，育秧肥具有促进秧苗分蘖和发根，使秧苗矮壮，提高秧苗叶绿素含量和光合生产能力，提高秧苗综合素质等作用。经双向电泳分离，获得18个不同处理下发生差异表达的蛋白质。经质谱分析，其中16个蛋白质得到鉴定，包括9个参与光合作用的蛋白质，3个与蛋白质合成密切相关的蛋白质以及3个与抗性相关的蛋白质和1个未知功能蛋白质。

关键词：育秧肥；水稻；秧苗；蛋白质组学

Effects of Seedling Raising Fertilizer on Rice Seedlings and Its Proteomics Analysis

Peng Chunrui[1, 2#] Shao Caihong[2#] Pan Xiaohua[1*]
Qian Yinfei[2] Qiu Caifei[2] Xie Jinshui[2]

(*[1]College of Agronomy, Jiangxi Agricultural University, Nanchang 33045, China; [2]Soil and Fertilizer& Resource and Environment Institute, Jiangxi Academy of Agricultural Sciences, Nanchang 330200, China*)

Abstract: The differences in leaf expressed proteome of early rice seedlings with seedling-raising fertilizer and chemical fertilizer as basal fertilizer were compared to reveal the mechanism that seedling-raising fertilizer application improved rice seedling quality. The seedling raising fertilizer could promote tillering and root growing, help form stocky plants, increase chlorophyⅡ content and promote photosynthesis, finally improve comprehensive quality of seedlings. Proteins collected from rice seedling leaves were analyzed using two-dimensional electrophoresis in combination with biomass spectrometry. According to the protein expression profiles, the expression levels of 18 protein spots altered under the two cultivation conditions. Among the 18 protein spots, 16 proteins were identified,

---

本文原载：中国水稻科学，2012，26（1）：27-33
基金项目：国家科技支撑计划资助项目（2006BAD02A04）；江西省主要学科与学术带头人培养计划资助项目
[#]共同第一作者；[*]通讯作者

including nine proteins involved in photosynthesis，three proteins in stress resistance，three proteins in protein synthesis and one function-unknown protein.

Key words: Seedling raising fertilizer; Rice; Seedling; Proteomics

秧苗质量对产量形成有重要的影响，培育壮秧是水稻高产的基础[1]。为提高水稻秧苗的素质，前人在秧田养分供应[2-4]、育秧方式[5, 6]、播种量[7]、种子处理[8]和秧田床土处理[9]等方面对秧苗素质的影响进行了较多研究。作为培育水稻壮秧的生长调节剂，烯效唑在水稻育秧上有很好的促进秧苗矮壮、增加分蘖、促进根系生长、提高秧苗抗逆性的作用，在水稻育秧上应用广泛[10-12]。针对不同地区的水稻育秧实际，将烯效唑与肥料、杀菌剂、杀虫剂等复配研制成水稻育秧专用制剂用以培育壮秧，可以简化操作，实现技术物化，促进水稻壮秧技术推广。目前，已研制出相关产品在生产上应用[13]，深受农民欢迎。针对南方双季稻区早稻育秧期低温阴雨天气易造成烂秧和秧苗素质差的难题，根据南方稻区的土壤条件和早稻育秧期的气候特点，以烯效唑、尿素、钙镁磷肥、氯化钾、杀虫剂、杀菌剂、腐殖酸等为原料进行复配筛选，研制出了水稻育秧专用肥（N、P_2O_5、k_2O养分含量均为8%），用作水稻育秧的基肥在播种前一次性施用，在整个育秧期间基本上不需再施肥、打药、化控，不仅操作简便，而且不会破坏土壤，对成秧率没有负面影响，培育壮秧效果好[14]，在试验示范中均取得了很好的效果。

目前，众多研究者从水稻苗期抗虫、抗病、秧苗素质及大田产量等方面，对育秧肥/壮秧剂等制剂作用效果进行了很多研究[14-17]，而对育秧肥/壮秧制剂壮秧机理分析则较少。本研究从蛋白质组学角度出发，结合秧苗素质考察，对施用水稻育秧肥和化肥作营养剂育秧的双季早稻的秧苗素质变化及其机理进行分析，以期为水稻育秧专用肥的应用提供理论依据和参考。

1　材料与方法

1.1　试验材料

试验于2009—2010年进行，供试水稻为杂交早稻金优458。采用旱床育秧（土壤养分状况为pH值5.27，有机质25.7g/kg，全氮1.36g/kg，碱解氮161mg/kg，有效磷30.6mg/kg，速效钾105mg/kg），两年分别于3月26日和28日当日平均气温达到10℃以上时播种，秧床面积20m^2，播种量100g/m^2，设播种当天施自行研制的水稻育秧肥75g/m^2（处理）和等养分化肥（对照，尿素13g/m^2，钙镁磷肥50g/m^2，氯化钾10g/m^2）作基肥2个处理。采用薄膜覆盖保温育秧，出苗后在晴天及时揭膜通风以防膜内温度过高，秧龄20d揭膜。秧龄为29d时取样，考察秧苗素质，测定茎鞘含糖量、根系α-萘胺氧化力、硝酸还原酶活性，并剪根清水培养进行发根力和叶片叶绿素降解试验。同时，选取不同处理秧苗上部2片完全展开叶片，-80℃下保存备用以进行蛋白质组学分析。

1.2　叶片蛋白质提取

称取混匀叶片1g左右，在预冷研钵中加入0.5g聚乙烯吡咯烷酮和液氮将叶片研磨成均匀粉末，加入预冷的10%三氯乙酸/丙酮溶液（含0.07% β-巯基乙醇）沉淀蛋白质；样品于-20℃下放置过夜，而后在0～4℃和17 000×g条件下离心30min，去上清液，沉淀用预冷的80%丙酮（含0.07% β-巯基乙醇）重悬，按上述方法沉淀并离心，重复多次，每次间隔8h以上，直至样品的上清液呈无色。沉淀物真空干燥后制成蛋白质干粉。得到的沉淀加入适量蛋白质裂解液（8mol/L尿素，4% CHAPS，40mmol/L Tris，65mmol/L DTT），20～25℃下水浴超声30min充分溶解，25℃、18 000r/min下离心15min，弃沉淀，上清即为蛋白质样品溶液，于-80℃下贮存待用。

1.3 蛋白质含量测定

蛋白质溶液按Bradford方法[18]用牛血清蛋白作标准曲线测定样品浓度。

1.4 双向电泳与凝胶成像

1.4.1 第1向电泳

电泳的第1向采用人工制备的胶条，pH值3.5～10.0，胶条长度18.5cm，蛋白样品的上样量为180μg。200V、300V、400V、500V和600V下分别聚焦30min；800V下聚焦10h；1 000V下聚焦4h。

1.4.2 第2向SDS-PAGE电泳

胶条置于平衡缓冲液（60mmol/L HCl，2% SDS，5% β-巯基乙醇，10%甘油，0.05%溴酚蓝，pH值6.8）平衡30min，平衡后的胶条放置于制好的第2向SDS胶上，并轻压使胶条与SDS胶面充分结合，用加少量溴酚蓝1%琼脂糖封顶，进行第2向电泳，第2向电泳参数为：10mA/板，约10h。

1.4.3 硝酸银染色

电泳结束后，SDS-PAGE胶在固定液（甲醇50%、冰醋酸5%）中固定30min，双蒸水冲洗3次放置过夜以降低背景颜色，于增敏液（30%乙醇、0.2%硫代硫酸钠、6.8%醋酸钠）中反应30min，双蒸水冲洗3次，每次5min，用硝酸银染色液（2.5%硝酸银、0.4%甲醛）室温反应20min，双蒸水冲洗2次，每次1min，加显色液（2.5%碳酸钠、0.2%甲醛）显色，用5%冰醋酸终止显色，双蒸水冲洗3次，每次5min，用保鲜膜密封，4℃下保存。

每个样品依据染色效果至少进行3次重复电泳，共获得6张效果清晰、重复性好的电泳胶片。凝胶扫描及质谱分析：银染后的凝胶用扫描仪扫描，利用Image Master 2D Elite5.0凝胶图像分析软件进行分析（分析参数：Smooth1，min Area2，Saliency2.0）。

1.5 质谱分析

选取差异蛋白质点切下，送复旦大学蛋白质组学研究中心进行串联质谱（ESI-Q MS/MS）分析。所得数据应用带有MASCOT2.1搜索引擎的GPS Explore3.6软件进行搜索，参数如下：数据库为NCBInr，生物学分类为水稻，蛋白质分子量范围700～3 200Da，间隔酶切位点数为1，肽质量数误差100mg/kg，串联质谱分析误差为0.6d。

1.6 秧苗形态指标考察及生理指标测定

每种处理随机取秧龄29d的秧苗300株，分3组（每组100株）考查秧苗的单株分蘖数、百苗干质量、株高、假茎宽、单株叶面积和弱苗率；测定秧苗的根系活力、叶片硝酸还原

酶活性、茎鞘含糖量[19]。另外，每种处理取30株有代表性的秧苗剪去全部根后分3组（每组10株）放在清水中培养，测定发根力，分别于清水培养的0d、3d和6d用SPAD仪记录叶绿素含量的变化。

1.7　数据分析

所得秧苗形态指标及生理指标数据两年结果一致，取平均值，并采用DPS软件进行方差分析。蛋白质组学分析为2010年的结果。

2　结果与分析

2.1　育秧肥育秧对秧苗质量的影响

2.1.1　对秧苗形态指标的影响

秧苗形态指标在两个处理间差异显著（表1）。水稻育秧肥育秧较化肥育秧的单株分蘖数平均增加78.74%，百苗干质量增加14.94%，株高降低22.55%，假茎宽提高51.37%，单株叶面积增加26.56%，弱苗率（株高为平均株高1/2以下的秧苗比例）下降6个百分点，差异均达显著或极显著水平。说明与常规化肥育秧相比，育秧肥育秧的秧苗表现出矮壮多蘖，生长整齐均匀，干物质积累量大。

表1　育秧肥对秧苗形态指标的影响

Table 1　Effect of seedling-raising fertilizer on seedling morphological indexes

处理 Treatment	单株分蘖数 No. of tillers Per plant	百苗干质量（g） Dry weight of 100 seedling（g）	株高（cm） Seedling height（cm）	假茎宽（mm） Width of plant base（mm）	单株叶面积（cm^2） Leaf area per plant（cm^2）	弱苗率（%） Weak seedling rate（%）
育秧肥T	2.27aA	6.54aA	12.67bB	5.54aA	18.20aA	2.67bB
化肥CK	1.27bB	5.69bB	16.36aA	3.66bB	14.38bB	8.67aA

注：数据后跟相同大小写字母者分别表示差异达0.01和0.05显著水平（t测验）。下同

Note：Date followed by common lowercase and uppercase letters indicate significance at the 0.05 and 0.01 levels，respectively（t test）.T，Seedling-raising fertilizer；CK，Chemical fertilize.The same as below

2.1.2　对秧苗生理指标的影响

育秧肥育秧的秧龄为29d的秧苗叶片SPAD值较化肥育秧的秧苗高7.52%，差异达显著水平，根系α-萘胺氧化力、茎鞘含糖量及硝酸还原酶活性，分别较化肥育秧的秧苗高30.21%、53.14%和21.96%，差异均达到极显著水平。秧苗剪根清水培养试验结果表明，两种处理下秧苗叶片的叶绿素含量都会降解，育秧肥处理秧苗叶片叶绿素的降解速率慢，培养6d后，叶片SPAD值下降24.33%，而化肥处理的叶片SPAD值下降了28.67%；育秧肥处理的秧苗发根数较化肥处理的秧苗平均增加0.5根/株，总根长增加5.06cm/株，增幅分别为6.76%和112.44%。以上结果表明，育秧肥育秧较化肥育秧能有效提高叶片叶绿素含量，增

加茎鞘含糖量，增强根系活力和叶片硝酸还原酶活性，降低根系受伤害后叶片叶绿素降解速率和促发新根，有利于栽后早生快发和增强秧苗的抗性。

表2　育秧肥对秧苗生理指标的影响

Table 2　Effects of seedling-raising fertilizer on seedling physiological indexes

处理 Treatment	叶绿素含量 Content of chlorophy Ⅱ（SPAD）			单株发根数 No.of new roots per plant	单株总根长（cm）Total length of root per plant/（cm）	根系α-萘胺氧化力[μg/（g·h）] α-NAoxidizing capacity of roots/[μg/（g·h）]	茎鞘含糖量（mg/g）Sugar content of stem and sheath/（mg/g）	硝酸还原酶活性[μg/（g·h）] Activity of nitrite reductase/[μg/（g·h）]
	0d	3d	6d					
育秧肥T	32.47aA	28.8aA	24.57aA	7.9aA	9.56aA	65.39aA	11.93aA	5.61aA
化肥CK	30.20bA	26.6bB	21.54bB	7.4aA	4.50bB	50.22bB	7.79bB	4.61bB

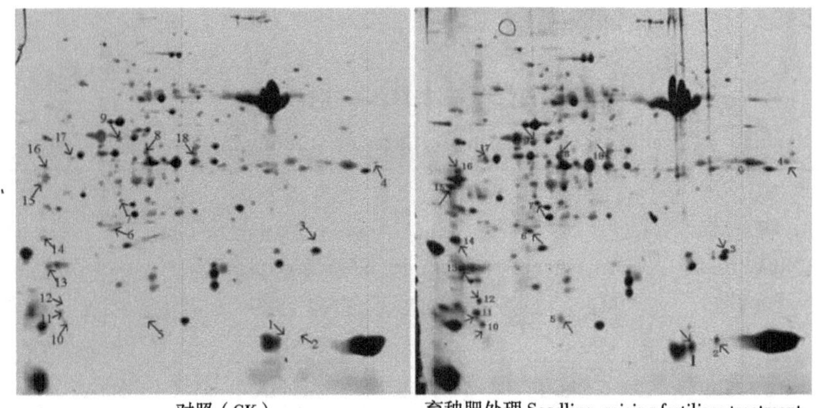

对照（CK）　育秧肥处理 Seedling-raising fertilizer treatment

注：图中蛋白质编号与表3一致

Note：The codes for proteins are same as those in Table 3

图1　育秧肥和化肥处理下秧苗叶片全蛋白质双向电泳

Figure 1　Two-dimensional electrophoresis of proteins in the leaves of rice seedling under seedling-raising fertilizer and chemical fertilizer treatments

2.2　秧苗叶片差异表达蛋白质组分析

育秧肥和化肥处理下秧苗叶片全蛋白质经双向电泳得到分离（图1），经凝胶图像软件分析检测，结合人工去除杂点，分别获得了（456.7±5.9）个（N=3）和（445.3±5.8）个（N=3）蛋白质点。以相对表达量变化在1.5倍以上为差异表达蛋白质点的判断标准，获得了18个在不同处理下发生差异表达蛋白质点（图1、图2），切取差异表达蛋白质点进行质谱分析，16个得到鉴定（表3），根据蛋白质功能及其参与生理代谢可分为以下4类。

Ⅰ光合作用相关蛋白质：包括1，5-二磷酸核酮糖羧化酶/加氧酶（序号1，2）、1，5-二磷酸核酮糖羧化酶/加氧酶活化酶、叶绿体前体、31kD的叶绿体前体核蛋白、尿卟啉原脱羧酶、ATP合酶、ATP合酶g链、ATP合酶亚基，共9个蛋白质。

Ⅱ抗性相关蛋白质：包括m型硫氧还蛋白、PRX5亚家族硫氧还蛋白过氧化物酶、Prx亚家族2-Cys型硫氧还蛋白过氧化物酶，共3个蛋白质。

Ⅲ蛋白质合成相关蛋白质：包括叶绿体谷氨酸盐合成酶、核糖体蛋白、分子伴侣GrpE，共3个蛋白质。

Ⅳ1个未知蛋白质。

由表3可知，育秧肥培育的秧苗叶片中有9个与光合作用密切相关蛋白质表达产生差异，其中8个表达量上调，1个表达量下降。1，5-二磷酸核酮糖羧化酶/加氧酶活化酶及1，5-二磷酸核酮糖羧化酶/加氧酶是植物叶片中大量存在的一种蛋白质，编码Rubisco小亚基的基因位于核基因组，是多拷贝基因，Rubisco小亚基对环境更敏感[20]。小亚基含量的下降将导致Rubisco全酶含量的下降，并最终导致整个光合作用的下降[21]。与化肥育秧处理下的表达量相比（0.5，1.0），育秧肥促进了秧苗叶片中Rubisco小亚基的合成，表达量极大上调（103，138），证明了Rubisco小亚基易受环境调控的特性。尿卟啉原脱羧酶是叶绿素合成调控的一个关键酶[22]，育秧肥处理下秧苗叶片中其表达量较化肥育秧有所下调。叶绿体前体及其核蛋白与叶绿体合成密不可分，叶绿体是进行光合作用的重要细胞器。育秧肥处理下，秧苗叶片中这两种蛋白质的表达量分别为化肥处理的3.1倍和1.5倍；ATP合酶g链及其复合体亚基表达量上调，有助于提高组织中ATP合酶含量，ATP合酶在细胞内催化能源物质ATP的合成，为光合作用或呼吸作用提供能量。育秧肥处理下，秧苗叶片中9个光合作用相关蛋白质，除尿卟啉原脱羧酶外均表现出高表达量，从而提高了秧苗叶绿素含量，增强叶片光合能力，这与生理测定结果吻合（表1，表2）。

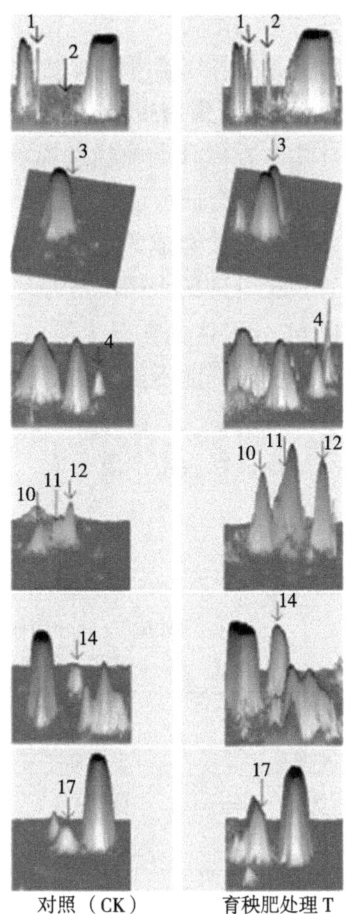

图2　部分差异表达蛋白质3D图谱

Figure 2　3D maps of some differentially expressed protein spots under seedling-raising fertilizer（T）and chemical fertilizer（CK）treatments

3个与抗性相关蛋白质均为硫氧还蛋白家族蛋白。硫氧还蛋白（thioredoxin，Trx）是细胞内可溶性、对热稳定、具有氧化还原活性的酸性小分子蛋白质，作为蛋白质二硫键的还原酶，参与很多生理过程，发挥重要生物学功能。此外，植物中的硫氧还蛋白还参与调控碳代谢以及一些生化过程的酶的活性，通过与果糖-1，6-二磷酸酯酶作用，使其活性[23]在光合作用的碳同化反应中发挥重要作用[24]。育秧肥处理下，上述硫氧还蛋白家族蛋白质表达量是化肥处理秧苗的1.5～2.8倍（表3）。这与前人研究得出的烯效唑可提高秧苗的抗逆性的结论吻合[11, 12]，也可能是烯效唑具有增强叶片的碳同化能力、增加茎鞘含糖量、减缓剪根后叶绿素降解、促进发根等生理作用的重要因素之一。

3个与蛋白质合成相关蛋白质中，叶绿体谷氨酸盐合成酶主要存在于维管组织和叶绿体中，在氮代谢途径发挥重要作用，机体内大量的谷氨酸盐合成酶表达可提高植株氮素利用率，合成大量植物组织生长所需蛋白质，促进植株快速生长[25-27]；核糖体蛋白是植物体内蛋白质合成的重要场所，化肥育秧的秧苗叶片中核糖体蛋白表达量极低（1.2），而育秧肥处理的水稻秧苗叶片中该蛋白质的表达量达到了108，蛋白质合成场所显著增加，GrpE分子伴侣在新生蛋白质的正确折叠和组装以及变性蛋白质的恢复过程中起重要作用，能够帮助不正确的二硫键重排，使蛋白质正确折叠[28-30]，提高新生蛋白质生成率。育秧肥处理下，秧苗叶片中这3种蛋白质表达量上调（表3），提高了新生蛋白质正确折叠效率，促进新生蛋白质合成，这应该是烯效唑能够提高植株氮代谢、增加蛋白质含量的直接因素[31]。

表3　不同处理下差异表达蛋白质鉴定及表达量变化

Table 3　Identification of differentially expressed proteins by ESI-Q MS/MS under various treatments and changes in expression abundance

编号 No.	蛋白质 Protein	分子量/等电点 Molecular Weight（D）/pI	蛋白质评分 Protein score	登录号 Accession No.	表达量 Expression level 处理 Treatment	表达量 Expression level 对照 Control
1	1，5-二磷酸核酮糖羧化酶/加氧酶小亚基 Ribulose-1，5-bisphosphate carboxy-lase/oxygenase small subunit	19 633.90/9.03	223	NP_001066559	103.0	0.5
2	1，5-二磷酸核酮糖羧化酶/加氧酶小亚基 Ribulose-1，5-bisphosphate carboxy-lase/oxygenase small subunit	19 605.90/9.03	198	EAY97115	138.0	1.0
3	ATP合酶 ATP synthase	54 011.10/5.76	93	CAJ04764	137.0	0.9
4	ATP合酶G链 ATP synthase gamma chain	39 594.00/8.81	119	EAZ04042	74.5	33.5
7	未知蛋白质 Unknown protein	40 871.40/9.36	211	EAZ27509	114.0	69.0
8	叶绿体前体 Chloroplast precursor	38 462.10/5.36	300	ABG22613	158.0	101.0
9	叶绿体谷氨酸盐合成酶 Glutamine synthetase，chloroplastic	45 988.20/6.42	121	P25462	129.0	85.0

（续表）

编号 No.	蛋白质 Protein	分子量/等电点 Molecular Weight（D）/pI	蛋白质评分 Protein score	登录号 Accession No.	表达量 Expression level	
					处理 Treatment	对照 Control
10	M型硫氧还蛋白 Thioredoxin M-type，chloroplast precursor（TRX-M）	18 517.40/8.16	106	Q9ZP20	101.0	35.8
11	亚家族硫氧还蛋白过氧化物酶 Peroxiredoxin（PRX）family，PRX5-like subfamily（PRX5）	23 135.10/6.15	68	EAY84834	132.0	48.2
12	L7/L12型核糖体蛋白 Ribosomal protein L7/L12	16 317.80/5.37	240	NP_001043782	108.0	1.2
13	PRX亚家族硫氧还蛋白过氧化物酶 Peroxiredoxin（PRX）family，Typical 2-Cys	29 627.10/.5.61	111	EAY86175	137.0	87.3
14	ATP合酶亚基 ATP synthase delta（OSCP）subunit	26 201.60/4.98	254	NP_001048130	142.0	50.4
15	31kD的叶绿体前体核蛋白 31kD ribonucleoprotein，chloroplast precursor	35 403.40/4.41	173	NP_001063946	146.0	46.4
16	分子伴侣 GrpE	39 180.00/4.75	137	EAY86658	117.0	43.4
17	1，5-二磷酸核酮糖羧化酶/加氧酶活化酶 Ribulose-1，5-bisphosphate carboxylase/oxygenase activase	47 826.80/5.85	88	AAC28134	94.8	68.0
18	尿卟啉原脱羧酶 Uroporphyrinogen decarboxylase	42 718.80/5.02	111	EAZ26846	80.2	122.0

3　讨论

育秧是水稻栽培中的重要环节，壮秧是水稻高产的基础。相关机理研究发现，烯效唑可以通过影响贝壳杉烯氧化酶活性，氧化游离IAA，抑制内源GA的合成，降低内源IAA水平，从而减弱顶端生长优势，促进侧芽滋生，并可以通过提高超氧化物歧化酶活性和细胞膜在逆境条件下的稳定性，增强植物的抗逆性[32]。因此，烯效唑作为一种化控剂被广泛用于水稻育秧[10-12]。笔者用烯效唑和药肥复配研制出的水稻育秧肥也同样显示出很好的壮秧效果[14]。本研究的结果表明，育秧肥能够显著提高秧苗素质，表现出矮壮、多蘖、多根等壮秧形态特征和根系活力强、叶绿素含量高、茎鞘含糖量高、硝酸还原酶活性强、剪根后叶绿素降解慢等生理特征，这与烯效唑对植物生长的调控效果一致[10-13]，说明复配后作基肥仍能显示出烯效唑的效果。目前，关于烯效唑调控植物生长机理的研究更多停留在生理学层面，对壮秧剂（育秧肥）等含有烯效唑的育秧制剂的壮秧效果研究也主要从秧苗形态、生理指标及产量形成等方面来阐述[13-16]，而植物形态、生理指标的变化是一系列相关蛋白质共同作用的结果，研究植株蛋白质组的质与量变化才是从根本上揭示这些制剂壮秧机制的有效手段。

本研究应用蛋白质组学分析技术，对育秧肥调控水稻秧苗生长的机理进行研究。秧苗叶片的蛋白质组变化显示，育秧肥显著增加了秧苗叶片中大量Rubisco类蛋白质、叶绿素合成相关蛋白质及ATP合酶，诱导合成大量硫氧还蛋白使更多果糖1，6-二磷酸酯酶得到活化。在丰富的ATP供应下，秧苗叶片从光信号捕获到碳同化等各个光合作用阶段的关键蛋白质大量表达，植物的光合作用显著增强，促进了碳水化合物合成。这与育秧肥育秧的秧苗叶绿素含量高、百苗干质量高、茎鞘含糖量高、单株叶面积大的结果吻合，也与李青苗等[33]研究发现烯效唑浸种可显著提高苗期玉米叶片某些光合特性结论一致。蛋白质是构成植物细胞的基本物质之一，在植物生长过程中，地上部分茎叶细胞中不断有蛋白质合成，供构建新的细胞组织和器官需要，主要为可溶性蛋白质。有研究显示，烯效唑处理可使水稻叶片中可溶性蛋白质含量提高[31]。本研究表明，育秧肥同样影响了叶片蛋白质合成代谢，其中，叶绿体谷氨酸盐合成酶的上调表达增强了植株对氮素的吸收利用，提高氮代谢水平，核糖体蛋白及GroE分子伴侣在提供蛋白质合成场所和帮助新生蛋白质正确折叠方面具有重要的作用。这3种蛋白质上调表达，在较高的碳水化合物合成水平下，有利于提高植株蛋白质的合成速率，满足新生分蘖、根系的分化生长对蛋白质的需求。这也可能是烯效唑提高硝酸还原酶活性，促进水稻分蘖、根系和叶片等新生组织器官生长的重要基础。3个硫氧还蛋白家族蛋白质除参与调控光合碳同化途径外，也是一类重要的抗性相关蛋白质，前人研究也表明烯效唑可提高水稻秧苗抗逆性[11，12]。本研究虽然没有对秧苗的抗逆性进行研究，但秧苗剪根培养后叶片的叶绿素降解速率降低和发根能力增强，可间接推断烯效唑可提高秧苗的抗逆性。因此，3个抗性相关蛋白表达的上调，可能是烯效唑提高秧苗抗性的主要原因。本研究蛋白质组学分析的结果与秧苗形态生理指标的测定结果基本一致，两者紧密相关，初步从蛋白组学角度阐明了育秧肥壮秧的机理。

在已经鉴定的16个蛋白质中，以Rubisco小亚基、ATP酶和核糖体蛋白质3类蛋白质表达量变化最为显著，相对于化肥处理，表达量高达100倍以上。从其参与的生理代谢途径看，Rubisco小亚基与光合作用密不可分，核糖体是新生蛋白质合成的场所，ATP酶为植物的光合/呼吸作用提供能量，涉及植物从光合作用到最终新生蛋白质合成的关键代谢步骤。Rubisco小亚基是一类对环境敏感的蛋白质[20]，核糖体蛋白属于信号传导的第2通道[34]，且核糖体蛋白在真核生物中为多拷贝基因，相比其他蛋白，其表达量较高，植物也需要大量的核糖体蛋白来组装成足够多的核糖体，为它的正常生命活动提供保证，ATP酶除为植物光合/呼吸提供能量外还参与控制细胞的分裂和生长[35]。有研究表明，用烯效唑浸种处理均可提高植株的光合速率[33，36]，可见烯效唑在种子萌发阶段即发挥了作用，且具

有持效性。在本研究中，上述3类蛋白质在育秧肥处理下表达量大幅上调，推测可能在水稻种子萌发初期，育秧肥调控了种子某些特定基因的表达，引起大量核糖体蛋白质合成。核糖体作为传导信号的通道感知信号并增加蛋白质合成，促进新生组织器官的分化，在此过程中机体通过增加ATP酶合成来提供能量并参与新生组织器官生长过程中细胞的分裂和生长。Rubisco类蛋白质作为叶片中含量最高的可溶性蛋白质，一方面，作为敏感蛋白质表达量大幅上调提高植株的光合能力，另一方面，Rubisco类蛋白质表达量的上调也是满足新生分蘖、叶片的快速分化生长需要。目前，上述结论尚处于推测阶段，在接下来的研究工作中，将从育秧肥处理下水稻种子萌发初期开始，分析其蛋白质组及rRNA的变化，并以上述3类蛋白质为重要分析对象，希望通过对苗期水稻蛋白质组及rRNA的变化分析，深入揭示育秧肥壮秧的机理。

参考文献

［1］何文洪，陈惠哲，朱德峰，等. 不同播种量对水稻机插秧苗素质及产量的影响[J]. 中国稻米，2008（3）：60-62.

［2］王海斌，何海斌，何聪明，等. 低磷胁迫下不同品种水稻秧苗生长的分子生理特性[J]. 应用与环境生物学报，2008，14（5）：593-598.

［3］王海斌，何海斌，叶陈英，等. 不同化感潜力水稻秧苗响应低钾的光合生理特性[J]. 中国生态农业学报，2008，16（6）：1 474-1 477.

［4］王甲辰，张福锁. 旱育缺锰水稻秧苗在大田生长发育特征比较研究[J]. 中国生态农业学报，2002，10（2）：56-59.

［5］张永泰，吴怀珣，王忠，等. 水稻育秧环境对秧苗生长的影响[J]. 中国水稻科学，1999，13（2）：86-90.

［6］张国良，周青，韩国路，等. 三种育秧方式对水稻机插秧苗素质的影响[J]. 江苏农业科学，2005（1）：19-20.

［7］张卫星，朱德峰，林贤青，等. 不同播量及育秧基质对机插水稻秧苗素质的影响[J]. 扬州大学学报：农业与生命科学版，2007，28（1）：45-48.

［8］熊远福，邹应斌，文祝友，等. 水稻种衣剂对秧苗生长、酶活性及内源激素的影响[J]. 中国农业科学，2004，37（11）：1 611-1 615.

［9］刘峰，张军，张文吉，等. 土壤施钙诱导水稻幼苗抗低温和抗病生理机制研究[J]. 应用生态学报，2004，15（5）：763-766.

［10］王熹，俞美玉. 烯效唑对稻苗的生理影响[J]. 中国水稻科学，1994，8（1）：15-20.

［11］杨文钰，徐精文，张鸿. 烯效唑（S-3307）对秧苗抗寒性的影响及其作用机理研究[J]. 杂交水稻，2003，18（2）：53-57.

［12］曾晓春，刘传飞，陆定志. 多效唑（PP333）、烯效唑（S-3307）提高水稻幼苗抗逆能力作用机制的研究[J]. 江西农业大学学报，1994，16（3）：288-291.

［13］王廷锋. 水稻壮秧剂在早稻育秧上的应用[J]. 耕作与栽培，2001（2）：29-30.

［14］彭春瑞，涂田华，周国华，等. 水稻育秧专用肥在早稻上的应用效果研究[J]. 江西农业学报，2003，15（2）：7-11.

［15］钱银飞，张洪程，郭振华，等. 壮秧剂不同用量对机插水稻秧苗素质及产量的影响[J]. 江西农业学报，2008（4）：28-31.

［16］韩东来. 水稻应用不同壮秧剂效果分析[J]. 北方水稻，2008，38（4）：36-38.

[17] 覃移洋，张卫书，杨小龙，等. 旱育壮秧剂对水稻苗期素质的影响[J]. 植物医生，2010（2）：30-31.
[18] Wang X C，Li X F，Li Y X. A modified coomassie brilliant blue staining method at nangram sensitivity compatible with proteomic analysis[J]. Bitechnol Lett，2007，29：1 599-1 603.
[19] 邹琦. 植物生理学实验指导[M]. 北京：中国农业出版社，2008.
[20] Zhao J，Wang Y R，Li M R. The effect of cold-hardening on Rubisco in rice seedlings leaves[J]. China Rice Res Newsl，1998，6（1）：7-8.
[21] Graham S H，John R E，Susanne V C，et al. Reduction of Ribulose-1，5-bisphosphate carboxylase/oxy genase content by antisense rRNA reduces photosynthesis in transgenic tobacco plants[J]. Plant Physiol，1992，98：291-302.
[22] 范军，何晓梅，朱娟，等. 对生玉米幼叶尿卟啉原脱羧酶的纯化及部分性质研究[J]. 激光生物学报，2006，15（2）：148-153.
[23] Raines C A，Lloyd J C，Long staff M，et al. Chlloroplastfructose-1，6-bisphosphatase：The product of a mosaic gene[J]. Nucleic Acids Res，1988（16）：7 391-7 942.
[24] Serrato A J，Cejudo F J. Type-h thioredoxins accumulate in the nucleus of developing wheat seed tissues suffering oxidative stress[J]. Planta，2003（217）：392-399.
[25] Sun H，Huang Q M，Su J. Highly effective expression of glutamine synthetase genes GSI and GS2 in transgenic rice plants increases nitrogen-deficiency tolerance[J]. J Plant Physiol MolBiol，2005，31（5）：492-498.
[26] Andrea M，Elisa C，Bertrand Het al. Leaf specific over expression of plastidic glutamine synthetase stimulates the growth of transgenic tobacco seedlings[J]. Planta，2000，210：252-260.
[27] Downs C G，Christey M C，Davies K M，et al. Hairy roots of brassica napus：I. Glutamine synthetase over expression alters ammonia assimilation and the response to phosphinothricin[J]. Plant Cell Rep，1994，14：41-46.
[28] 张经余，赵志虎，蔡民华. 分子伴侣groEL研究进展[J]. 生物技术通讯，2001，12（2）：127-129.
[29] 邹承鲁. 第二遗传密码：新生肽链及蛋白质折叠的研究[J]. 长沙：湖南科学技术出版社，1997：173-175.
[30] 许成钢，范晓军，付月君，等. 二硫键的形成与蛋白质的氧化折叠[J]. 中国生物工程杂志，2008，28（26）：259-264.
[31] 杨文钰，项祖芬，任万君，等. 烯效唑对水稻氮代谢及稻米蛋白质含量的影响[J]. 中国水稻科学，2005，19（1）：63-67.
[32] 王熹，俞美玉，陶兴龙. 烯效唑的生理活性及应用研究初报[J]. 作物杂志，1993（2）：33-34.
[33] 李青苗，杨文钰. 烯效唑浸种对玉米壮苗的生理效应[J]. 玉米科学，2003，11（4）：74-75，89.
[34] Yu Z，Sohn J H，Warner J R. Autoregulation in the biosynthesis of ribosomes[J]. Mol Cell Biol，2003，23（2）：699-707.
[35] Serrano R. Structure and function of plasma membrane ATPase[J]. Plant Physiol，1989，40：61-94.
[36] 张永清，裴红宾，刘良全，等. 烯效唑浸种对谷子植株生长发育的效应[J]. 作物学报，2009，35（11）：2 127-2 132.

控蘖剂对超级杂交早稻金优458生长发育及产量形成的影响

钱银飞[1, 2]　邱才飞[1]　邵彩虹[1]　陈先茂[1]　谢江[1]
邓国强[1]　彭春瑞[1, *]　任天志[2, *]

（[1]江西省农业科学院土壤肥料与资源环境研究所，南昌 330200；
[2]中国农业科学院农业资源与农业区划研究所，北京 100081）

摘　要：研究了控蘖剂对超级杂交早稻金优458生长发育及产量形成的影响。结果表明，喷施控蘖剂能减少无效和低效分蘖的发生，增加高峰苗期分蘖构成中高效分蘖（4叶及以上分蘖）所占比重；喷施控蘖剂处理的穗长、穗粒数、穗着粒密度、二次枝梗数及着生其上的二次颖花数和结实率均显著高于未喷施控蘖剂的对照；同时喷施控蘖剂能增加株高、中后期群体生物量和叶面积指数，提高孕穗期上3叶叶温和群体透光性，增加叶片SPAD值，从而增强光合作用能力，但也表现出稻株节间长度增加，茎秆粗度减小等特点。喷施控蘖剂处理最终表现为茎蘖成穗率、有效穗数、穗粒数、结实率和千粒重协调提高而增加产量。

关键词：控蘖剂；超级杂交早稻；金优458；生长发育；产量

Effects of Tiller-inhibitor on Growth and Yield Formation of Early Super Hybrid Rice Jinyou 458

Qian Yinfei[1, 2]　Qiu Caifei[1]　Shao Caihong[1]　Chen Xianmao[1]　Xie Jiang[1]
Deng Guoqiang[1]　Peng Chunrui[1*]　Ren Tianzhi[2*]

（[1]*Soil and Fertilizer & Resources and Environmental Institute*，*Jiangxi Academy of Agricultural Sciences*，*Nanchang 330200*，*China*；[2]*Institute of Agricultural Resources and Regional Planning. Chinese Academy of Agricultural Sciences*，*Beijing 100081*，*China*）

Abstract：The effects of the tiller-inhibitor（TI）on the growth and yield formation of the early super hybrid rice Jinyou 458 were studied.Compared with the check（no TI sprayed），the TI treatment（1.5 kg/ha of TI sprayed at the SN-N stage or critical leaf stage of effective tillers；N=No.of leaves on main culm，n=No.of elongated internodes）reduced invalid and smaller tillers resulting in a marked increase

---

本文原载：杂交水稻，2011，26（3）：71-75

基金项目：国家粮食丰产科技工程（2006BAD02A04），国家农业科技支撑计划（2007BAD87B08），江西省农业科学院博士启动资金（2009博-1），江西省学科带头人计划，中国农业科学院博士后启动资金

*通讯作者

of the proportion of the big effective tillers with 4 or more leaves at the maximal tiller stage, increased the panicle length, spikelets per panicle, spikelet density, secondary branches and the spikelets and seed setting rate on them, plant height and LAI and biomass in the middle and late growing stages, strengthened the photosynthetic capacity by increasing leaf temperature of the top three leaves and improving the population light transmission at the booting stage and raising the leaf SPAD values, but it elongated the internodes of plants and decreased the stem thickness.Therefore, the TI treatment finally increased the grain yield for a coordinative improvement in such characteristics as the panicle-bearing tiller rate, productive panicles, spikelets per panicle, seed setting rate and grain weight.

Key words: Tiller-inhibitor; Early super hybrid rice; Jinyou 458; Growth; Yield

水稻是利用分蘖增产的作物[1]，合理利用分蘖是实现水稻高产以至超高产的重要环节[2]。高产和超高产需要有足够的穗数，因而需要有较多的分蘖发育成穗。但生产上并非所有的分蘖都能成为有效穗，往往是产生过多的无效和低效分蘖。无效和低效分蘖不仅徒耗养分，而且易导致稻株间郁闭，群体质量下降，易造成倒伏和加剧病虫害等的发生，最终影响水稻的产量和品质[3-8]。目前，生产上采用搁田或淹深水措施来控制无效和低效分蘖的发生，但这些措施受天气等外界环境影响较大，常常难以实施，因此研究简便、实用的控蘖剂显得十分必要。本课题组从2000年开始着手控蘖剂的研究，对控蘖剂的剂型、剂量等做了长期研究，目前已开发出高效稳定的控蘖剂，并申请了专利。本试验研究在大田条件下控蘖剂对超级杂交早稻金优458生长发育及产量形成的影响，现将试验结果报道如下。

1　材料和方法

1.1　试验地点及品种

试验于2010年在江西省农业科学院涂家村试验基地进行。试验田地力平衡，土壤类型为红壤土，质地黏性，0～20cm土层内土壤有机质42.4g/kg，全N 2.58g/kg，碱解N 215mg/kg，速效P 32.9mg/kg，速效K 69mg/kg。供试品种为超级杂交早稻金优458。控蘖剂由江西省农业科学院土壤肥料与资源环境研究所自发研制而成，专利号为CN101444209。

1.2　试验设计与方法

试验设不喷控蘖剂（CK）和喷控蘖剂（Tiller-in-hibitor，TI）2种处理。试验随机区组设计小区面积为15m^2，重复3次，四周设保护行。肥料运筹为总施氮量195kg/hm^2，基肥施50%，移栽后5～7d施30%，倒4叶期施20%。各处理磷钾肥均于移栽前1d作基肥一次性施入，折P_2O_5 80kg/hm^2、K_2O 150kg/hm^2。基肥施入后，立即用铁齿耙耖入5cm深的土层内。4月10日播种，4月29日移栽，移栽密度为13cm×30cm，每穴栽2苗，控蘖剂处理于S_{N-n}期（有效分蘖临界叶龄期，N为主茎总叶片数，n为伸长节间数），每公顷用1.5kg控蘖剂对水750L均匀喷洒（每2g控蘖剂对1L水）。其他管理措施（如采用育秧肥培育壮秧、优化水分管理措施等）统一按“三高一保”（专利号为CN101444177）高产栽培要求实施。

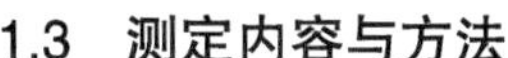

1.3　测定内容与方法

1.3.1　茎蘖动态

各小区活棵后选取具有代表性、生长整齐一致的10穴稻株定期调查茎蘖数，每5d 1次。

1.3.2　植株性状

于齐穗期，每小区按梅花5点取样，每点2蔸稻株（按群体平均茎蘖数取样），从中选取生长基本一致的10个代表性单茎，考察株高、穗长、叶长、节间长、叶鞘长、茎秆粗和节间粗（先将10个单茎并排放置，测10个单茎茎秆粗总和，取平均值得单茎茎秆粗；剥除叶鞘后，测10个单茎节间粗总和，取平均值得单茎节间粗）。

1.3.3　干物重和叶面积指数（LAI）

各小区分别于有效分蘖临界叶龄期（S_{N-n}期）、拔节期、孕穗期（50%的剑叶全部露出叶鞘）、抽穗期和成熟期按梅花形取样，每小区取5蔸，用长宽系数法测定叶面积，然后将植株按茎、鞘、叶、穗分别装袋，于105℃杀青30min，经80℃烘干至恒重后称重。

1.3.4　田间小气候和SPAD值

各小区于孕穗期，稻株剑叶完全展开时，连续定点10蔸稻株，选择生长基本一致的10个单茎挂牌标记，于晴天9：00—12：00，进行叶温和叶片SPAD值的测定。叶温采用美国产8872型IR Thermometer测定，主要测定上3张功能叶的叶尖部、中部和基部的叶温，每点测3次，取平均值；SPAD采用日本产SPAD-502仪测定，测定上5叶叶片中部的SPAD值，每张叶片测3次，取平均值。于孕穗期晴天9：00—12：00，采用国产DT-1300袖珍型照度计测定光照度，并计算成透光率（透光率为稻株间各层光照度占稻株上空光照度的百分比）。测定方法：将自制的竹竿（已做分层标记）插入稻株间（4个相邻稻株组成的长方形中心点），然后将照度计放在各层标记处进行光照度的测定，每层测3次，每小区连续测10个点，取平均值。

1.3.5　产量和穗粒结构

收获前1～2d调查各小区的平均有效穗数（20蔸），每小区选有代表性的稻株5蔸，进行室内考种，测定株高、穗长、平均穗数、千粒重、风干谷重和风干草重；考察一次枝梗数、二次枝梗数及其着生于其上的总粒数和实粒数，并以此计算各部分结实率及着粒密度。收获时各小区分开脱粒、扬净、干燥并称重，单独计产。

1.4　数据分析方法

数据处理和统计分析采用Excel 2003和DPS 7.05完成。

2　结果与分析

2.1　产量及其构成因素

从表1可以看出，喷施控蘖剂对产量及产量构成因子均有提高的作用。喷施控蘖剂以后每公顷有效穗增加6万穗，每穗总粒数增加3.4粒，结实率提高1.9个百分点，千粒重增加

0.2g，实际产量增加618kg/hm^2。

表1　控蘖剂对产量及其构成因素的影响

Table 1　The effect of the tiller inhibitor（TI）on the yield and its components

处理 Treatment	穗数（10^4/hm^2）Panicles	每穗总粒数 Spikelets per panicle	总颖花数（10^4/hm^2）Total spikelets	结实率（%）Seed set	千粒重（g）1 000-grain weight	理论产量（t/hm^2）Theoretic yield	实际产量（t/hm^2）Harvest yield
TI	241.5*	132.2**	31 926.3*	81.4*	26.8	6.96	6.84*
CK	235.5	128.8	30 332.4	79.5	26.6	6.41	6.22

**，*分别表示与对照差异达极显著和显著水平。下同

**，* indicate significant difference at 1% and 5% levels，respectively，compared with the check. The same below

2.2　对稻株形态的影响

2.2.1　穗型

从表2可以看出，喷施控蘖剂能增大穗型，主要表现为增加了穗长，单穗长增加0.3cm；增加了着粒密度，每厘米穗长着粒增加0.175粒；较大幅度地增加了二次枝梗数，单穗增加1.1个二次枝梗数，二次枝梗上总粒数增加2.9粒，同时一次枝梗和二次枝梗结实率也高于对照。这可能与喷施控蘖剂以后抑制了无效和低效分蘖的发生，从而增加了有效分蘖，提高了分蘖成穗质量有关。

表2　控蘖剂对穗部结构的影响

Table 2　The effect of the tiller inhibitor（TI）on the panicle characteristics

处理 Treatment	株高（cm）Plant height	穗长（cm）Panicle length	一次枝梗 Primary branch			二次枝梗 Secondary branch			着粒密度（粒/cm）Spikelet density
			枝梗数 No.	总粒数 Spikelets	结实率（%）Seed set	枝梗数 No.	总粒数 Spikelets	结实率（%）Seed set	
TI	89.6*	21.40*	11.70	62.60	91.69*	21.20**	69.60**	72.13**	5.028**
CK	86.1	21.10	11.60	62.10	90.66	20.10	66.70	69.12	4.853

2.2.2　株叶形态

从表3可以看出，喷施控蘖剂以后，总体上增加了叶长和叶宽。喷施控蘖剂处理的上5叶的叶宽均大于或等于未喷施控蘖剂的对照，除倒3叶叶长短于对照外，其余几叶均长于对照。喷施控蘖剂处理的叶长顺序为倒2叶>倒3叶>倒4叶>倒5叶>剑叶，而对照的叶长顺序为倒3叶>倒2叶>倒4叶>倒5叶>剑叶。喷施控蘖剂也增加了各叶的叶鞘长，顶1至顶5叶鞘长分别增加0.6cm、0.7cm、0.8cm、0.9cm和0.9cm，越到基部叶鞘长增加越多。喷施控蘖剂还增加了各节间长度，其中顶2和顶3节间长度增加比较明显，分别增加1.6cm和

0.8cm，最终增加了株高，株高增加3.5cm（表2），这样有利于增加生物产量。从表3还可以看出，喷施控蘖剂以后，茎秆和节间变细，各节间均表现如此。

表3　控蘖剂对株叶形态的影响

Table 3　The effect of the tiller inhibitor（TI）on the rice plant characteristics

性状 Trait	处理 Treatment	叶位或节位 Position of leaf or node				
		顶1 Top 1st	顶2 Top 2nd	顶3 Top 3rd	顶4 Top 4th	顶5 Top 5th
叶长（cm） Leaf length	TI	36.4*	56.4*	53.5	47.8*	38.0*
	CK	33.3	55.0	59.2**	46.7	33.6
叶宽（cm） Leaf width	TI	2.2	1.6	1.2	1.1	0.8
	CK	2.1	1.5	1.2	1.0	0.8
叶鞘长（cm） Length of leaf sheath	TI	31.6	25.6*	24.0*	23.4*	19.8*
	CK	31.0	24.9	23.2	22.5	18.9
节间长（cm） Internodal length	TI	29.8	17.6**	14.3**	5.5*	1.0
	CK	29.5	16.0	13.5	5.2	0.8
茎秆粗（mm） Stem thickness	TI	4.1	5.3	7.2	8.1	8.3
	CK	4.3*	5.5*	7.5*	8.3*	8.5*
节间粗（mm） Internodal thickeness	TI	2.1	4.0	5.4	6.2	6.5
	CK	2.2	4.1	5.5	6.4**	6.6*

2.3　对孕穗期田间小气候的影响

2.3.1　叶温

从图1可以看出，喷施控蘖剂增加了上3叶叶表面的温度，叶片顶部、中部和基部湿度均表现增加，其中剑叶和倒2叶的叶温增加幅度较大，而倒3叶温度增幅很小。

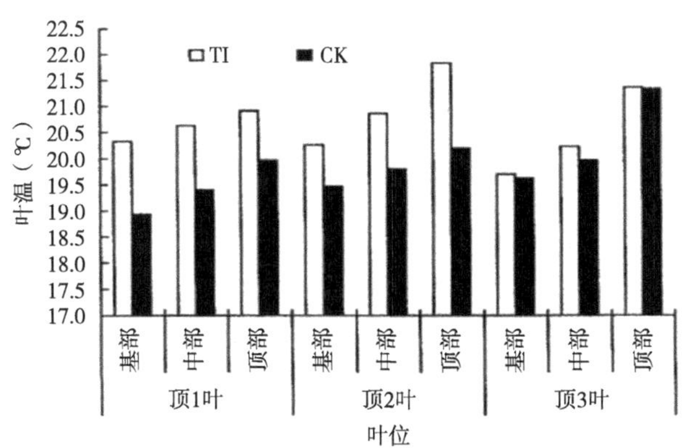

图1　控蘖剂对孕穗期叶温的影响

Figure 1　The effect of the tiller-inhibitor（TI）on the leaf temperature at the booting stage

2.3.2 透光性

从图2可以看出，喷施控蘖剂以后，群体叶片间透光率增加，下层透光率处理间差异较小，喷施控蘖剂主要增加了中上层的透光率。

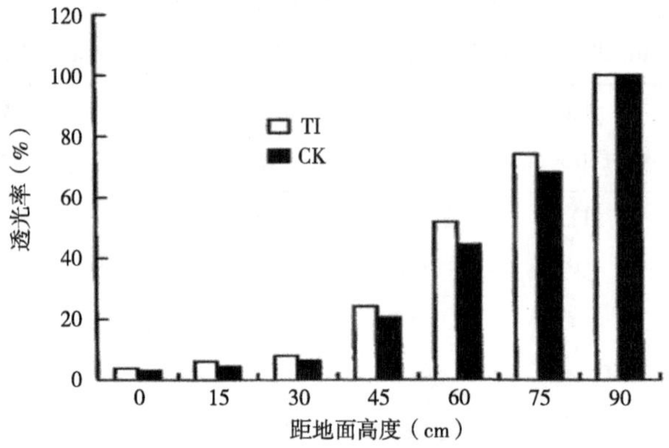

图2 控蘖剂对孕穗期群体透光率的影响

Figure 2 The effect of the tiller-inhibitor（TI）on the light transmission at the booting stage

2.3.3 叶片SPAD值

从图3可以看出，喷施控蘖剂以后，上5叶的叶片SPAD值不同程度增加，以剑叶增幅最大，倒2叶次之。

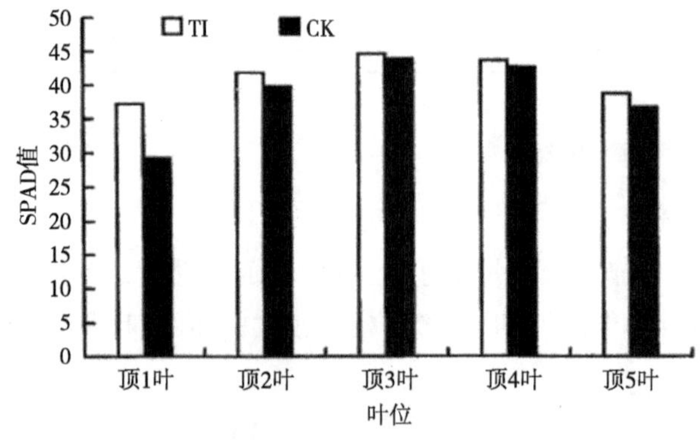

图3 控蘖剂对叶片SPAD值的影响

Figure 3 The effect of the tiller-inhibitor（TI）on the leaf SPAD value

综合以上叶温、不同株高层面透光性、叶片SPAD值的试验结果可以看出，喷施控蘖剂增加了中上层叶片受光量、叶片温度以及叶片SPAD值，改善了稻株群体光合能力。

2.4 对群体质量特征的影响

2.4.1 茎蘖动态

从图4可以看出，喷施控蘖剂以后，群体高峰苗下降，但群体达到高峰苗的时间与对照基本一致，整体曲线缓升缓降，高峰苗后茎蘖消亡速率要小于对照，最终成穗率比对照高11.3个百分点。在高峰苗期考察叶蘖构成时发现，喷施控蘖剂以后，带4张和5张叶片的高效分蘖比例增加（分别比对照增加0.5个百分点和7.1个百分点），其中带5张叶片的分蘖比例增加尤为明显。带2张叶片的低效分蘖和带3张叶片的动摇分蘖的比重减小（分别比对照减小4.5个百分点和4个百分点）。

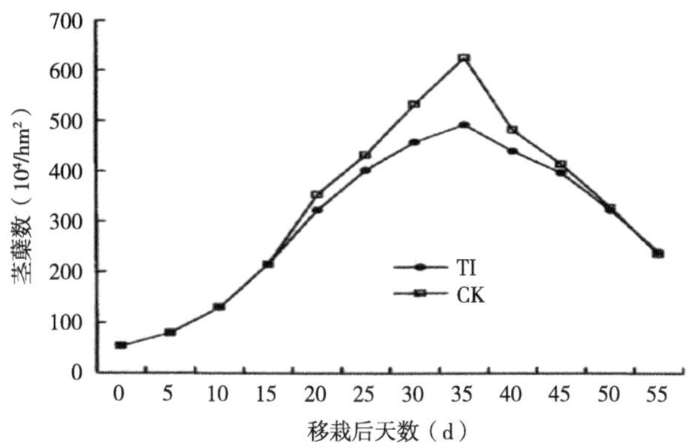

图4　控蘖剂对茎蘖动态的影响

Figure 4　The effect of the tiller-inhibitor（TI）on the dynamics of stem and tiller

2.4.2　LAI和生物量

从图5可以看出，处理与对照的群体LAI均呈先增加后减小趋势，均在孕穗期达到最大，喷施控蘖剂处理的LAI在拔节期小于对照，但在孕穗期及以后的群体LAI均高于对照。处理与对照的群体生物量均呈不断增加趋势。喷施控蘖剂处理的群体生物量在拔节期小于对照，但在孕穗期及以后的群体生物均要高于对照。

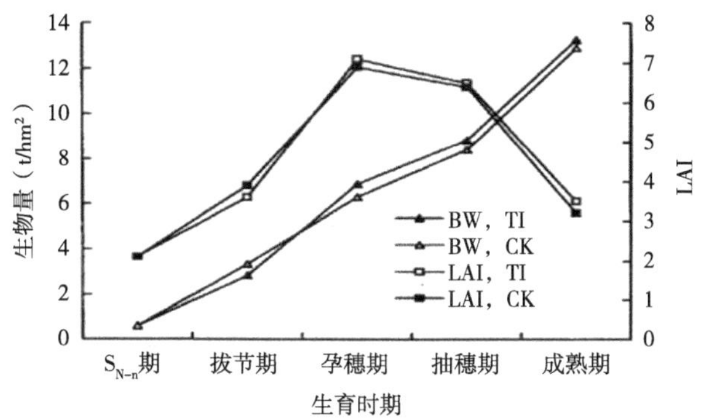

图5　控蘖剂对LAI和生物量（BW）的影响

Figure 5　The effect of the LAI and the biomass（BW）

3　小结与讨论

水稻的分蘖成穗是产量构成的重要因素。在生产中，只有水稻的主茎和早期发生的几个初生和次生分蘖才具备成穗的能力，在后期发生的次生分蘖很难成穗，为无效和低效分蘖。无效和低效分蘖与高效分蘖必然存在养分等资源的竞争，不仅造成生物学上的物质浪费，也使水稻群体恶化，田间郁闭度增加，群体光合能力减弱，容易招致病虫害发生，造成产量下降。在遇到天气不利于搁田等常规措施操作的情况下，采用外源激素“化控”技术是控无效分蘖、增加成穗率的最佳选择[9-13]。

本试验中，喷施控蘖剂能有效减少无效和低效分蘖的发生，降低群体高峰苗数，增加高峰苗期分蘖构成中高效分蘖（第4叶及以上叶片分蘖）所占比重；能提高水稻中后期的群体质量；增加群体中后期的生物产量和叶面积指数，提高了群体茎蘖成穗率；同时能营造健康高光效群体；增加上3叶叶温和群体的透光性，提高叶片的叶绿素含量（SPAD值），增强稻株光合作用能力。最终表现为成熟期穗粒结构优于对照而增产。但同时也表现出稻株株高增加，节间长度增大，茎秆粗度减小等特点，这可能与控蘖剂主要成分赤霉素促进细胞的纵向生长有关。

参考文献

[1] Li XY，Qian Q，Fu Z，et al. Control of tillering in rice[J]. Nature，2003，422：618-621.

[2] Matsuo Hoshikawa K. Science of Rice Plant[M]. Tokyo：Foodand Agriculture Policy Research Center，1993.

[3] 张喜娟，孙晓杰，徐正进，等. 水稻分蘖特性与产量关系[J]. 中国农学通报，2006，22（2）：130-132.

[4] 凌启鸿，苏祖芳，张海泉. 水稻成穗率与群体质量关系及其影响因素的研究[J]. 作物学报，1995，21（4）：463-469.

[5] 蒋彭炎，洪晓富，冯来定，等. 水稻群体中期成穗率与后期光合效率的关系[J]. 中国农业科学，1999，27（6）：8-14.

[6] 凌启鸿，张洪程，蔡建中，等. 水稻高产群体质量及其优化控制探讨[J]. 中国农业科学，1993，26（6）：1-11.

[7] 钟旭华，彭少兵，Sheehy J E，等. 水稻群体成穗率与干物质积累动态关系的模拟研究[J]. 中国水稻科学，2001，15（2）：107-112.

[8] 蒋彭炎. 水稻分蘖的发生、控制与茎蘖成穗率的提高[J]. 中国稻米，1994（4）：7-9.

[9] 洪晓富，蒋彭炎，郑寨生，等. 水稻分蘖期喷施赤霉素（GA_3）对控制分蘖和提高成穗率的效果[J]. 浙江农业科学，1998，12（1）：3-5.

[10] 王绍华，揭水通，丁艳锋，等. 控蘖剂调控水稻分蘖发生的效果[J]. 江苏农业科学，2002，18（1）：29-32.

[11] 周美兰，周连玉，李小勇，等. 早稻分蘖化学控制的研究[J]. 湖南农业大学学报（自然科学版），2001，27（6）：425-428.

[12] 张祖德. 提高水稻成穗率的化学调控技术研究[J]. 福建稻麦科技，2006（6）：10-13.

[13] 王祥根，郑寨生，张尚法，等. 水稻化学调控的双控双促效应及增产效果[J]. 浙江农业科学，1996（1）：16-18

不同控蘖措施对淦鑫688分蘖成穗及产量的影响

彭春瑞[1,2]　邱才飞[2]　谢金水[2]　关贤交[2]　钱银飞[2]　涂田华[2]　潘晓华[1*]

（[1]江西农业大学农学院，南昌 330045；[2]江西省农业科学院/农业部长江中下游作物生理生态与耕作重点实验室/国家红壤改良工程技术研究中心，南昌 330200）

摘　要：针对双季稻区高产超高产栽培条件下水稻无效分蘖多、成穗率低的难题，于2008—2009年以超级杂交晚稻淦鑫688为材料，开展了水控（提早晒田）、肥控（减少分蘖肥比例）、化控（喷施控蘖剂）3种不同控蘖措施及其组合措施对分蘖成穗和产量影响的研究。结果表明，3种控蘖措施都能控制无效分蘖发生，促进分蘖成穗，提高成穗率，具有控蘖和促进成穗的双重功能。其中，化控效果最好，其次是肥控，水控较差；各单项措施组合后有较好的协同作用，3项措施组合的效果好于两项措施组合。不同控蘖处理都能降低无效分蘖期间的叶片含氮量和提高茎鞘可溶性糖含量，这可能是各控蘖处理控制无效分蘖发生和促进分蘖成穗的重要原因之一。各控蘖措施及其组合措施都能提高水稻产量，以3项措施组合应用的产量最高，其次是两项措施组合。

关键词：超级杂交稻；控蘖措施；成穗率；产量

Effects of Different Tiller Control Methods on the Tillering，Panicles Formation and Grain Yield of Ganxin 688

Peng Chunrui[1,2]　Qiu Caifei[2]　Xie Jinshui[2]　Guan Xianjiao[2]　Qian Yinfei[2]　Tu Tianhua[2]　Pan Xiaohua[1*]

（[1]*College of Agronomy，Jiangxi Agricultural University，Nanchang 330045，China*；[2]*Jiangxi Academy of Agricultural Science/Key Laboratory of Crop Ecophysiology and Farming System for the Middle and Lower Reaches of the Yangtze River，Ministry of Agriculture，P. R. China/National Engineering and Technology Research Center for Red Soil Improvement，Nanchang 330200，China*）

Abstract: In order to solve the problem that rice ineffective tillers were too many and percent effective panicles were too low in the cultural condition of super high yield in double cropping rice

本文原载：江西农业大学学报，2012，14（3）：142-145

基金项目：国家“十一五”科技支撑计划重大专项项目（2006BAD02A04）和江西省主要学科学术与技术带头人培养计划项目

*通讯作者

area. Ganxin688 was used to study the effects of three kinds of tiller control methods including water control（ahead of drying field），fertilizer control（reducing the proportion of tillering fertilizer），chemical control（spraying tiller-inhibitor）and their combinations on rice tillering，panicles formation and grain yield in 2008 and 2009. The results indicated that three kinds of tiller control method had the dual effect on both controlling tiller and promoting the tillers to turn to panicles，could reduce the number of ineffective tillers，promote the tillers growth and turning to panicles and increase the percent effective panicles respectively. The effects of chemical control was the best，the next was fertilizer control，water control was the last one in three kinds of tiller control methods；the well synergistic reactions were performed on the combination of each single tiller control method，the performation of the combination including three kinds of tiller control methods was better than that of the combination including any two kinds of tiller control methods. The leaf N content was reduced and soluble sugar content in stem and sheath was increased by different treatments with tiller control methods during ineffective tillering period，this maybe was the one of the important cause that the treatments with tiller control methods limited the generation of ineffective tillers and promoted the conversion from tillers to panicles；Moreover，each tiller control method and their combinations improved the rice yield，and the grain yield of the combination including three kinds of tiller control methods was the highest，the next was the combination including any two kinds of tiller control methods.

Key words：Super hybrid rice；Tillering control method；Percent effective panicle；Grain yield

提高成穗率是水稻高产超高产栽培的关键技术[1，2]。前人对不同措施控制水稻无效分蘖发生及提高成穗率的作用进行过研究，目前生产上常用的控蘖措施有水分调控和养分调控，水分调控常用的措施是晒田或灌深水[3-5]，养分调控主要是通过控制前期施氮量，特别是分蘖肥施氮量来控制无效分蘖，达到降低最高苗数，提高成穗率的目的[6，7]。但肥水调控存在可预见性差、效果受环境影响大等缺点。因此，许多学者开始尝试用化学控蘖剂来控制无效分蘖发生的研究，尽管有良好的效果，但存在副作用大、时间与浓度难掌握等不足[8-11]。目前，对各单项控蘖措施的控蘖效果的研究较多，对不同控蘖措施的控蘖效果的比较研究较少，特别是对不同措施组合应用后的协同作用的研究更是很少涉及。淦鑫688是江西省培育的第一个超级杂交晚稻组合，高产潜力大，但在超高产栽培条件下，无效分蘖多和成穗率低是影响其超高产潜力发挥的主要障碍。为此，笔者以淦鑫688为材料，于2008—2009年进行了不同控蘖措施对分蘖成穗及产量影响的研究，以期探明不同控蘖措施对控制无效分蘖发生、促进分蘖成穗、提高产量的效果的差异，分析各措施组合后的协同作用，为淦鑫688的超高产栽培及水稻无效分蘖的控制提供理论依据及技术指导。

1 材料与方法

1.1 供试材料

供试水稻品种为超级杂交晚稻淦鑫688，供试控蘖剂为本课题研制的水稻复合控

蘖剂。

1.2　试验设计

试验于2008—2009年在江西省农业科学院试验基地进行，供试土壤肥力为pH值5.7，有机质3.4g/kg，全氮1.86g/kg，碱解氮164mg/kg，有效磷56.8mg/kg，速效钾178mg/kg。试验设水控、肥控、化控3个因素。其中水控设晚晒田（S_1，苗数达到计划穗数的130%左右时晒田）和早晒田（S_2，即苗数达到计划穗数的80%时晒田）；肥控设高分蘖肥比例（F_1，即栽后7d，一次性追施尿素225kg/hm^2、氯化钾180kg/hm^{2}作分蘖肥）和低分蘖肥比例（F_2，即栽后7d施尿素90kg/hm^2、氯化钾75kg/hm^{2}作分蘖肥，倒2叶露尖期施尿素135kg/hm^2、氯化钾105kg/hm^{2}作穗肥）；化控设够苗期喷清水（C_1）和够苗期喷水稻复合控蘖剂（C_2）。3因素通过优化配合成8个处理，即$S_2F_1C_1$，$S_1F_2C_1$ $S_1F_1C_2$，$S_2F_2C_1$，$S_2F_1C_2$，$S_1F_2C_2$，$S_2F_2C_2$，$S_1F_1C_1$（CK）。其中S_1、F_1、C_1为常规对照措施，而S_2、F_2、C_2分别为采取了水控、肥控、化控3种不同的控蘖措施。

1.3　试验管理

2008年6月20日播种，7月27日移栽；2009年6月25日播种，7月25日移栽，移栽规格为16.7cm × 23.3cm，每穴插1粒谷苗，所有处理的基肥施用量为尿素225kg/hm^2、钙镁磷肥750kg/hm^2、氯化钾150kg/hm^2。随机区组排列，小区面积24m^2，重复3次。小区间作宽40cm，高20cm的田埂隔开，并裹膜防渗。小区间单独排灌。晒田晒至田边开2mm细裂，田中不陷脚时复水湿润，多次轻晒，晒至倒2叶露尖期复水养胎。控蘖剂喷施浓度为2g/kg，喷药量为750kg/hm^2。

1.4　测定项目与方法

1.4.1　茎蘖动态与成穗率

返青后每小区选取具有代表性的稻株10穴稻定株，以后每隔5d调查一次茎蘖数，直到齐穗，然后根据调查得到的最高苗数和齐穗期的成穗数计算成穗率。

1.4.2　拔节期不同叶龄分蘖数量及成穗率调查

在拔节期每小区定8穴，2008年分别记录≤1叶1心2叶1心、3叶1心、≥4叶1心4种不同叶龄分蘖的数量，2009年分别记录2叶1心、3叶1心两种不同叶龄分蘖的数量，并挂牌标记，成熟期调查各种类型分蘖的成穗情况，计算各自成穗率。

1.4.3　产量的测定

收获前1 ~ 2d每小区按5点法调查，调查50穴有效穗数，计算出各每小区的平均每穴有效穗数和每公顷的有效穗数，根据平均每穴有效穗数取5穴考种，实粒数用清水漂法去除空瘪粒。以1 000实粒样本（干种子）称质量，重复3次（误差不超过0.05g），求取千粒质量。收获时各小区分开脱粒、扬净、干燥并称质量，单独计产。

1.4.4　植株含氮量和含糖量测定

2008年各小区于喷控蘖剂前1d、喷后7d和拔节期每处理取3穴测定稻株叶片含氮量和茎鞘可溶性糖含量，氮采用凯氏定氮法、可溶性总糖采用蒽酮比色法测定[12]。

1.5 数据分析

分蘖动态两年结果基本一致，本文用2009年的数据分析，拔节期不同叶龄分蘖的成穗率两年结果基本一致，而2008年的数据更全面，本文用2008年的数据分析。运用Excel进行数据处理及图表制作，运用DPS软件进行方差分析。

2 结果与分析

2.1 对无效分蘖的影响

试验表明，不同控蘖处理都能控制水稻的无效分蘖发生，两年结果基本一致。从图1可以看出，各控蘖处理都能降低最高茎蘖数，各单项控蘖措施比较，以化控的控蘖效果最好，肥控与化控相近，水控效果较差。各单项控蘖措施组合后应用有一定的协同作用，其中以3项措施组合对无效分蘖控制的效果最好，其次是两项措施组合。不同处理的最高茎蘖数从小到大的顺序为：$S_2F_2C_2$<$S_1F_2C_2$=$S_2F_1C_2$<$S_2F_2C_1$<$S_1F_1C_2$<$S_1F_2C_1$<$S_2F_1C_1$<$S_1F_1C_1$（CK）。方差分析表明，3项控蘖措施对最高苗数的控制效果以及各措施组合后的互作效应都达显著和极显著水平。

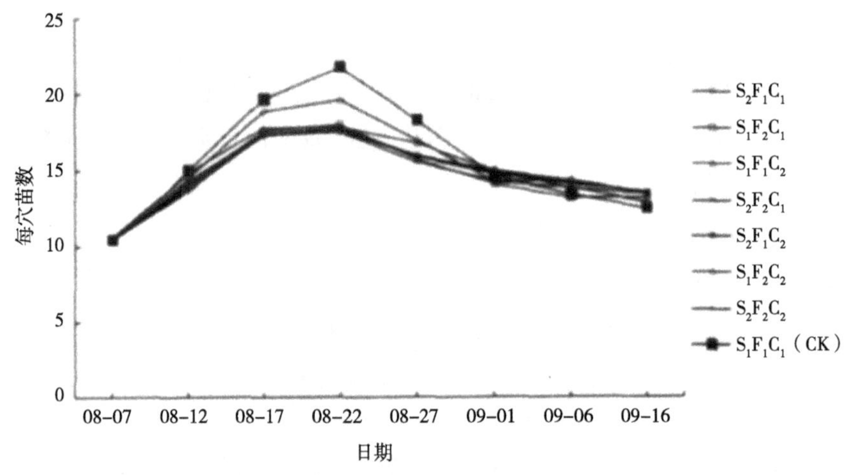

图1 不同控蘖措施对茎蘖动态的影响（2009年）

Figure 1 Effects of different tiller control methods on tillering dynamics（in 2009）

2.2 对分蘖成穗的影响

表1表明，所有的控蘖处理都能降低拔节期3叶1心及其以下分蘖的数量，增加4叶1心以上的大分蘖数量。表明控蘖处理控制无效分蘖发生后，促进了早长出的分蘖的生长发育进程。对不同叶龄分蘖的成穗的调查表明，≤1叶1心分蘖不能成穗，≥4叶1心的分蘖基本都能成穗，3叶1心的分蘖大部分能成穗，而2叶1心的小分蘖很少能成穗，但不同控蘖措施都能促进2叶1心和3叶1心的分蘖成穗，特别是3项措施组合后，效果更明显。表明“三控”结合综合控蘖技术不仅控制无效分蘖发生效果好，而且促进分蘖成穗的效果也很好。

表1　不同处理对拔节期不同叶龄分蘖数及成穗率的影响（2008年）

Table 1　No. of different leaf age tiller and its percent of effective panicle for different treatments

处理 Treatments	≤1叶1心 Leaf age≤2		2叶1心 Leaf age from 2 to 3		3叶1心 Leaf age from 3 to 4		≥4叶1心 Leaf age≥4	
	每穴分蘖数 No.of tiller per hill	成穗率（%）Percent effective panicle	每穴分蘖数 No.of tiller per hill	成穗率（%）Percent effective panicle	每穴分蘖数 No.of tiller per hill	成穗率（%）Percent effective panicle	每穴分蘖数 No.of tiller per hill	成穗率（%）Percent effective panicle
$S_2F_1C_1$	1.92	0.00	4.08	32.60	4.17	58.03	10.50	98.38
$S_1F_2C_1$	1.33	0.00	3.58	4.75	4.92	67.68	10.17	100.00
$S_1F_1C_2$	1.17	0.00	2.50	10.00	4.25	62.82	11.67	99.23
$S_2F_2C_1$	1.25	0.00	2.83	11.66	4.50	66.67	10.83	100.00
$S_2F_1C_2$	1.50	0.00	3.25	7.69	3.83	63.19	11.75	100.00
$S_1F_2C_2$	1.08	0.00	2.00	8.50	3.25	74.46	11.67	100.00
$S_2F_2C_2$	0.92	0.00	2.00	12.50	3.82	82.98	12.33	100.00
$S_1F_1C_1$（CK）	4.42	0.00	4.67	0.00	5.00	36.60	9.58	99.16

对各处理的成穗率的调查表明，水控、肥控、化控3项控蘖措施都能提高水稻的成穗率，各单项措施对提高成穗率的效果是C>F>S，各项措施组合应用对提高成穗率有较好的协同作用，两项措施组合的成穗率高于单项措施，3项措施组合的成穗率高于两项措施组合（表2）。分析表明，与CK比较，所有7个控蘖处理中，除2008年单一水控（$S_2F_1C_1$）处理的提高成穗率效果只达到显著水平外，其他各处理两年的效果均达极显著水平。各控蘖处理比较，两项或3项措施组合处理的成穗率较单项高，但除与水控处理差异达显著或极显著水平外，与肥控和化控处理差异不显著，各措施组合的处理之间的差异也不显著，单一肥控和化控的成穗率也显著高于水控。各措施的互作，除肥控和化控之间的协同效应达极显著水平，其他互作都没有达到显著水平。

表2　不同处理对成穗率的影响

Table 2　Effects of different treatments on percent effective panicle

处理 Treatments	成穗率（%）Percent effective panicle	
	2008年	2009年
$S_2F_1C_1$	65.88bBC	65.60bB
$S_1F_2C_1$	72.09aAB	73.20aA

（续表）

处理 Treatments	成穗率（%）Percent effective panicle	
	2008年	2009年
$S_1F_1C_2$	72.55aAB	75.22aA
$S_2F_2C_1$	72.95aAB	76.12aA
$S_2F_1C_2$	75.66aA	76.58aA
$S_1F_2C_2$	73.24aAB	76.51aA
$S_2F_2C_2$	77.47aA	77.11aA
$S_1F_1C_1$（CK）	59.04cC	57.27cC
S	7.10*	7.14*
F	15.22**	32.52**
C	25.75**	46.77**
S×F	0.57	1.36
S×C	0.00	3.26
F×C	8.94**	24.66**
S×F×C	1.49	0.58

注：同列中的不同大小写字母分别表示各处理在1%与5%水平上差异显著性。*F*值中*和**分别表示各因素单独或因素间互作的效应达到5%的显著水平和1%的极显著水平

Note：Different capital and small letters in each column are significant difference at 1% and 5% level among treatments respectively. *F*-value marked with *and *t mean that the effects of factors or the interaction of factors achieve significant difference at 5% level and highly significant difference at 1% levels，respectively

2.3 对水稻叶片含N量的影响

叶片含N量的高低是影响水稻分蘖发生的重要因子之一。由图2可以看出，水稻够苗期至拔节期的叶片含N量是逐渐下降的，但是采用了控蘖措施处理的叶片含N量下降速度快，而CK下降速度慢。不同处理比较，肥控处理的叶片N含量在喷药前就较CK低，这主要是由于肥控处理减少了分蘖肥施N量的之故，而水控的处理，由于晒田的原因也导致叶片含N量较CK有所下降，但没有肥控下降明显；喷施控蘖剂后，化控处理的叶片含N量也迅速下降，在喷后第7d测定，其叶片含N量较水控还低，即单一因子的叶片含N量是F<C<S。各单项措施组合后对降低叶片含N量的效应有协同作用。3项措施组合的协同效应优于两项措施组合。够苗至拔节期的叶片含N量低与无效分蘖发生少的结果基本吻合，但是化控的含N量没有肥控低，但其控蘖效果较肥控还好，这可能是化控措施除降低叶片含N量外，还调节了激素平衡，使控蘖效果得到加强。

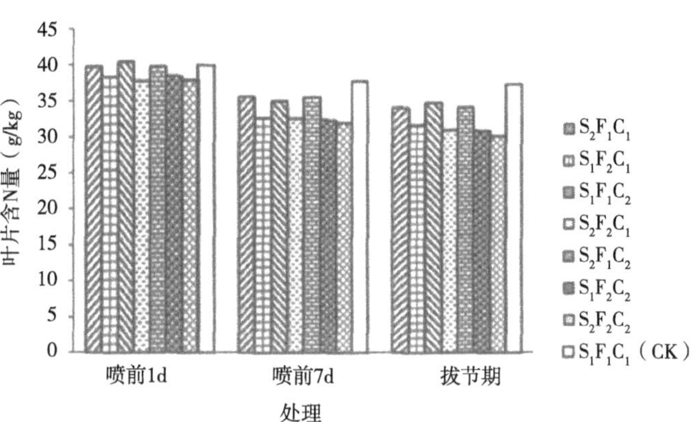

图2　不同处理的叶片含N量变化（2008年）

Figure 2　Changes of leaf N content for different treatments（in 2008）

2.4　对茎鞘含糖量的影响

不同的控蘖措施对无效分蘖期的茎鞘可溶性糖含量有一定的影响。由图3可知，水稻的茎鞘可溶性糖含量从够苗期至拔节期是不断增加的，各处理的变化趋势都相同。不同处理比较，在水稻够苗期（喷控蘖剂前1d）的茎鞘可溶性糖含量没有明显差异，但到进入无效分蘖期后，不同处理的差异开始出现，采用控蘖措施处理的茎鞘含糖量明显高于CK，这可能是由于控蘖措施抑制了无效分蘖的发生，促进了光合产物向主茎和前期分蘖运转之故。各单项控蘖措施比较，茎鞘可溶性糖含量是C>S>F，不同的控蘖措施组合后对提高茎鞘可溶性糖含量有一定的协同作用，以3项措施组合的效果最好。

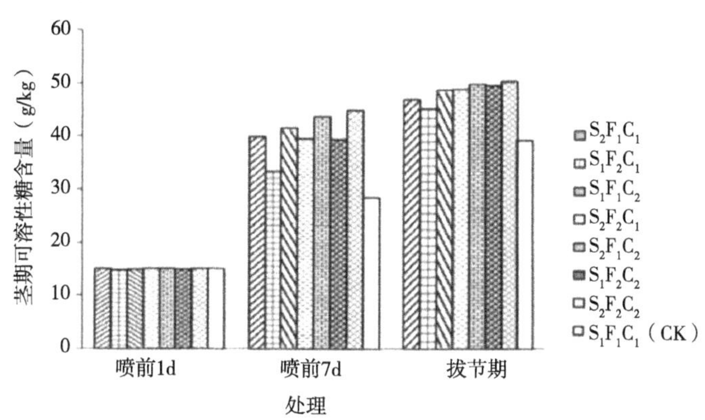

图3　不同处理的茎鞘可溶性糖含量变化（2008年）

Figure 3　Soluble sugar content of stem and sheath for different treatments（in 2008）

2.5　产量及其构成因素

两年的试验结果都表明，与CK比较，不论是单一控蘖措施还是组合控蘖措施，所有的控蘖处理能提高水稻的产量，而且两年的差异均达到极显著水平，单一各项控蘖措施比较，以肥控的产量最高。2008年与水控、化控比较差异达极显著水平，2009年差异不显著，水控与化控比较，虽然年度间不同，但差异均不显著，各单项措施组合后实施的产量均大于单项措施，而3项措施组合的产量高于两项措施组合，两年都是3项措施组合的产量最高，分别较CK增产12.10%和15.80%。2008年的水控与肥控、肥控与化控交互作用达极显著水平，2009年3项措施的交互作用达极显著水平（表3），相关性分析表明，不同处理产量与成穗率存在极显著正相关，2008年和2009年的相关系数分别为0.907 7和0.896 4，表明采用不同的控蘖措施都能提高水稻的成穗率，进而达到提高水稻产量的目的，特别是多项控蘖措施组合在一起来的增产效果更加明显。

表3　不同控措施对产量及其构成因素的影响

Table 3　Grain yield and yield components of different tiller control measures

年份 Year	处理 Treatments	有效穗数（$10^4/hm^2$）No of effective tillers	每穗粒数 No of pikelets per panicle	结实率（%）Percent filled spikelets	千粒质量（g）1 000-grain weight	实收产量（kg/hm^2）Yield
2008	$S_2F_1C_1$	357.29aA	161.6I aA	71.64 dcBC	23.26aA	7 506.94cC
	$S_1F_2C_1$	368.45aA	161.94 aA	72.72 bcABC	23.36 aA	7 750.00bB
	$S_1F_1C_2$	358.15aA	162.22aA	72.54 bcABC	23.41aA	7 493.06cC
	$S_2F_2C_1$	365.01aA	162.68aA	73.86 abcAB	23.66 aA	7 902.78 abAB
	$S_2F_1C_2$	352.13aA	162.43aA	73.64 abcAB	23.31 aA	7 826.39 abAB
	$S_1F_2C_2$	350.42aA	164.73aA	74.40 abAB	23.30aA	7 881.94abAB
	$S_2F_2C_2$	365.0aA	165.04aA	76.15aA	23.35aA	7 979.17aA
	$S_1F_1C_1$（CK）	346.12aA	160.26aA	69.91dC	23.42aA	7 118.06dD
	S	0.28	0.04	5.83*	0.04	47.99**
	F	1.32	0.39	18.25**	0.61	125.05**
	C	0.13	0.39	14.88**	0.90	41.38**
	S×F	0.04	0.00	0.22	2.89	11.32**
	S×C	0.00	0.02	0.22	0.27	0.63
	F×C	0.66	0.03	0.66	1.29	12.00**
	S×F×C	1.32	0.00	0.02	0.80	0.00
2009	$S_2F_1C_1$	320.00fE	157.55abA	77.87cD	21.45fFE	8 180.80bB
	$S_1F_2C_1$	330.00eD	155.86abA	79.47bC	21.58eE	8 425.00bAB
	$S_1F_1C_2$	345.00dC	156.01abA	79.64 bBC	21.82dD	8 376.70bAB
	$S_2F_2C_1$	346.67 dc	155.97abA	80.92aA	21.96cC	8 484.20bAB
	$S_2F_1C_2$	351.67cB	153.46bA	80.71 aAB	22.23bB	8 410.00bAB
	$S_1F_2C_2$	355.00bAB	153.38bA	81.34aA	22.30bB	8 395.00bAB

（续表）

年份 Year	处理 Treatments	有效穗数 （10^4/hm^2） No of effective tillers	每穗粒数 No of pikelets per panicle	结实率（%） Percent filled spikelets	千粒质量（g） 1 000-grain weight	实收产量 （kg/hm^2） Yield
2009	$S_2F_2C_2$	358.33aA	158.02abA	81.41aA	22.55aA	8 870.00aA
	$S_1F_1C_1$（CK）	310.00gF	159.48aA	75.61dE	21.40fF	7 660.00cC
	S	199.29**	0.00	35.33**	134.20**	12.11**
	F	594.59**	0.58	133.58**	242.55**	24.45**
	C	1 582.82**	3.44	130.59**	690.81**	17.32**
	S×F	1.65	4.59	4.51	2.94	0.00
	S×C	41.18**	0.82	9.33**	5.50*	0.05
	F×C	133.41**	2.75	29.05**	1.03	3.56
	S×F×C	14.82	1.43	0.17	26.47**	8.34

注：同列中的不同大小写字母分别表示各处理在1%与5%水平上差异显著性。*F*值中*和**分别表示各因素单独或因素间互作的效应达到5%的显著水平和1%的极显著水平

Different capital and small letters in each column are significant difference at 1% and 5% level among treatments respectively. *F*-value marked with *and **mean that the effects of factors or the interaction of factors achieve significant difference at 5%level and highly significant difference at 1% levels，respectively

对不同的产量因素进行分析表明，2008年各种控蘖处理的有效穗数、每穗粒数、结实率都有增加，但有效穗数和每穗粒数与CK比较差异都不显著；而结实率差异明显，除水控（$S_2F_1C_1$）外，其他控蘖处理与CK比较差异均达到显著或极显著水平，各因子之间有一定的协同作用，但互作都没有达到显著水平；千粒质量变化不大，各处理间差异不显著，2009年各控蘖处理的有效穗数与结实率高于CK均达到极显著水平，而每穗粒数则均有所下降，但除$S_2F_1C_2$、$S_1F_2C_2$两个处理的下降达显著水平，其他处理都不显著；对有效穗数的影响S×C、F×C、S×F×C的互作均达到显著或极显著水平，对结实率的影响则S×C、F×C的互作达到极显著水平；千粒质量也比CK高，而且除水控（$S_2F_1C_1$）外，其他处理都达极显著水平，而且S×C、S×F×C的互作达显著和极显著水平。表3表明，3项控蘖措施对各产量因子的影响是复杂的，不同年份之间存在差异，但总体上能协调各产量因子关系，最终实现高产。

3　结果与讨论

前人通过研究，提出了水控（晒田或灌深水）[3-5]、肥控（减少分蘖肥施N量）[6, 7]、化控（喷施控蘖药剂）[8-11]等控蘖措施来控制水稻无效分蘖，提高成穗率。但对不同控蘖措施的效果比较研究较少，对各控蘖措施组合后应用的协同作用的研究更少。本试验表明，水控（提早晒田）、肥控（减少分蘖肥比例）、化控（喷施控蘖剂）都能控制无效分蘖的发生，促进分蘖成穗，提高成穗率，具有控蘖无效分蘖发生和促进分蘖成穗的双重效果。不同的控蘖措施比较，以化控的效果最好，其次是肥控，水控的效果相对较差；各措施组合后应用有较好的协同作用，3项措施组合的效果好于两项措施组合。

水稻的分蘖发生与叶片的含N量密切相关[13, 14]，晒田和减少分蘖肥施用比例都主要是通过调节养分供应来控制无效分蘖的发生[15]。本试验表明，采用各种控蘖措施的处理，在水稻无效分蘖发生期的叶片含N量降低，以肥控最明显，水控也会降低，但没有肥控明显，这可能是水控的控蘖效果不如肥控好的主要原因，化控后叶片含N量也明显低于CK，但其叶片含N量下降效果没有无效分蘖下降明显，这暗示水稻无效分蘖的发生还与其他因素有关。各控蘖措施组合应用的叶片含N量更低，有很好的协同作用，这与其组合应用后的控蘖效果得到加强的结论是一致的，由此可见，降低无效分蘖期的叶片含N量是各种控蘖措施实现控蘖的原因之一，但可能不是唯一的原因，还可能与其他因素有关，如激素平衡等，这值得以后进一步研究。试验还表明，各种控蘖措施都能提高无效分蘖期和拔节期的茎鞘可溶性糖含量，特别是各措施组合后，这可能是由于控蘖无效分蘖后减少了光合产物向分蘖的运输，促进了向茎鞘运输的结果；而水稻植株的茎鞘糖含量与分蘖成穗密切相关[16]，这也许是控蘖措施能够促进分蘖成穗，提高成穗率的重要原因之一。探明水稻控蘖措施对养分吸收运转、光合产物生产运转与分配、激素变化与平衡等的影响，揭示各种控蘖措施控制无效分蘖和提高成穗率的机理，是今后需要进一步研究的重要课题。

本研究表明，各控蘖措施都能显著或极显著提高水稻产量，而且不同措施组合后有很好的协同作用，有些互作还达到显著或极显著水平，以3项措施组合的产量最高，各处理的产量与成穗率呈极显著正相关。由此可见，采用控蘖措施有利于提高成穗率，进而达到增加产量的目的，生产应尽量采用水控、肥控、化控“三控”结合综合技术来控蘖，当受天气或其他原因影响导致某些控蘖措施不能实施时，则也可采用两项或单项措施控蘖。

参考文献

[1] 凌启鸿，张洪程，蔡建中，等. 水稻高产群体质量及其优化控制讨论[J]. 中国农业科学，1993，26（6）：1-11.

[2] 蒋彭炎，洪晓富，冯来定，等. 水稻中期群体成穗率与后期群体光合效率的关系[J]. 中国农业科学，1994，27（6）：8-14.

[3] 苏祖芳. 搁田始期对水稻成穗率、产量形成和群体物质的影响[J]. 中国水稻科学，1996，10（2）：95-102.

[4] 马跃芳，蒋彭建. 控制水稻分蘖的灌水有效深度和时间的研究[J]. 浙江农业学报，1992，4（4）：164-168.

[5] 白朴，陆宗杉，蒋戍生，等. 不同水浆管理对杂交早稻无效分蘖的控制效果[J]. 江西农业大学学报，1994，16（1）：93-98.

[6] 肖立中，李之木，张建国，等. 前期施氮对二系杂交水稻分蘖及其成穗的影响[J]. 华南农业大学学报，1992（3）：10-14.

[7] 吴自明，石庆华，李木英，等. 移栽密度与施肥方法对优质早稻成穗率的影响[J]. 江西农业大学学报，2003，25（2）：163-168.

[8] 张祖德. 提高水稻成穗率的化学调控技术研究[J]. 福建稻麦科技，2006，24（2）：10-13.

[9] 洪晓富，蒋彭炎. 水稻分蘖期喷施赤霉素对控制分蘖和提高成穗率的效果[J]. 浙江农业科学，1998，12（1）：3-5.
[10] 王绍华，揭水通，丁艳锋，等. 控蘖剂调控水稻分蘖发生的效果[J]. 江苏农业学报，2002，18（1）：29-32.
[11] 周美兰，周连玉，李小勇，等. 早稻分蘖化学控制的研究[J]. 湖南农业大学学报，2001，27（6）：425-428.
[12] 邹琦. 植物生理学实验指导[M]. 北京：中国农业出版社，2008.
[13] 蒋彭炎，冯来定，徐志福，等. 水培条件下氮浓度对水稻氮吸收和分蘖发生的影响研究[J]. 作物学报，1997，23（2）：191-198.
[14] 丁艳锋，黄丕生，凌启鸿. 水稻分蘖发生与部位叶片叶鞘含氮率的关系[J]. 南京农业大学学报，1995，18（4）：14-18.
[15] 冯来定，蒋彭炎，洪晓富，等. 土壤铵态氮浓度与水稻分蘖的发生和终止的关系[J]. 浙江农业学报，1993，5（4）：203-207.
[16] 蒋彭炎，洪晓富，徐志福，等. 早籼稻有效茎与无效茎碳素营养的比较研究[J]. 中国水稻科学，1999，13（4）：211-216.

不同外源激素对二晚后期叶片衰老的影响

张文学[1] 彭春瑞[2] 孙 刚[2] 张福群[1] 胡水秀[1]

（[1]江西农业大学农学院，南昌 330045；
[2]江西省农业科学院土壤肥料与资源环境研究所，南昌 330200）

摘 要：采用田间小区试验研究了齐穗期喷施3种外源激素（GA_3、6-BA、BR）对二晚生长后期叶片衰老的影响，测定了剑叶的膜透性、丙二醛（MDA）含量与SOD、CAT活性等与衰老相关的指标。结果表明，3种外源激素对水稻叶片的衰老都有延缓作用，并能提高结实率，最终达到增加产量的目的，其中以6-BA的效果最好。但外源激素对水稻叶片衰老作用的延缓具有时效性，大约2周。

关键词：外源激素；赤霉素（GA_3）；6-苄基腺嘌呤（6-BA）；芸薹素（BR）；水稻；叶片；早衰

Effect of Different External Phytohormones on Leaves Senescence in Late Growth Period of Late-season Rice

Zhang Wenxue[1] Peng Chunrui[2] Sun Gang[2] Zhang Fuqun[1] Hu Shuixiu[1]

（[1]*Agronomy College*，*Jiangxi Agricultural University*，*Nanchang 330045*，*China*；[2]*Soil and Fertilizer & Resource and Environment Institute*，*Jiangxi Academy of Agricultural Sciences*，*Nanchang 330200*，*China*）

Abstract: Field plot experiment was conducted to study the effect of spraying three kinds of external phytohormones（gibberellin3，6-benzy ladenien and brassino lide）on the leaves senescence in the late growth period of the late-season rice. Some senescence indexes including the plasm a membrane perme ability，content of MDA，activities of SOD and CAT were determined. The results showed as follows: all kinds of external phytohormones could delay leaves senescence，increase the seed setting rate，and increase the yield，in which 6-BA did best. However，the effect of external phytohormones on delaying leaves senescence had the time limitation and the time of efficacy was about two weeks.

本文原载：江西农业学报，2007，19（2）：11-13
本文为胡水秀教授、彭春瑞研究员指导的硕士论文部分内容
基金项目：国家粮食丰产工程项目江西分项（2004BA520A04）

Key words: External phytohormone; Gibberellin（GA3）; 6-benzyladenien（6-BA）; Brassinolide（BR）; Rice; Leaf; Early senescence

叶片是光合作用的主要器官，叶片早衰对水稻产量有很大影响，因此，延缓水稻生长后期衰老，延长叶片功能期，对提高水稻产量具有十分重要的作用。我国水稻早衰现象比较普遍，特别是长江中下游双季稻区[1]。目前，研究普遍认为水稻功能叶片衰老会导致其丧失光合功能和同化作用，显著减弱干物质的积累[2]，并严重影响籽粒灌浆速率和结实率[3]，进而导致水稻的产量与米质下降。刘道宏等[4,5]研究表明，如能在水稻成熟高峰期延长其重要功能器官（如叶片）的寿命1d，理论产量可增加2%，实际可增产1%。如何在实际生产过程中延缓水稻功能叶片衰老，已成为亟须解决的问题。

在农作物上喷施外源激素是长期采用的农业措施之一，对提高产量和品质具有明显的功效。关于激素防止水稻叶片早衰也有许多报道，如喷施6-BA可以有效地防止旱作水稻的早衰[6]；喷施GA_3可延缓杂交水稻叶片早衰的发生[7]；喷施芸薹素（BR）可以延缓水稻叶片衰老，有利于后期籽粒的良好灌浆[8]。为进一步明确不同外源激素对防治水稻早衰的效果，结合国家粮食丰产科技工程项目的实施，开展了双季稻应用不同外源激素防止早衰效果的研究，为寻找防止叶片早衰的对策、挖掘水稻的产量潜力、确保粮食安全提供科学依据，本文主要报道了对双季晚稻的研究结果。

1　材料与方法

1.1　供试材料与试验设计

试验在江西省农业科学院水稻研究所试验农场进行，供试品种为晚籼跃丰302，由江西省农业科学院水稻研究所提供。试验共设4个处理：①赤霉素（GA_3 20mg/kg）；②6-苄基腺嘌呤（6-BA 30mg/kg）；③天然芸薹素（BR 0.4mg/kg）；④清水对照（CK）。每小区为11m^2，重复3次，采用随机区组排列。于2005年6月20日播种，7月15日移栽，在齐穗期对水稻进行叶面喷施，每小区喷药液约0.5L。喷施前1d取样，喷后每7d取样1次，取生长整齐一致的剑叶（去叶脉）进行相应的生理生化指标的测定。各小区单收计产。

1.2　测定方法

相对膜透性：采用DDS-11型电导仪测定叶片相对电导率[9]。SOD、CAT酶液的制备：取水稻剑叶（去叶脉）0.25g于预冷的研钵中，加入2ml预冷的50mmol/l pH值7.8磷酸缓冲液（内含1%聚乙烯吡咯烷酮）提取介质在冰浴下研磨成匀浆，转入试管，再向研钵中加提取介质冲洗2～3次，定容至10ml，取5ml匀浆液于4℃下10 000r/min离心15min，上清液即为酶粗提取液。

超氧化物歧化酶（SOD）：采用硝基四氮唑蓝光化还原法测定[9]；过氧化氢酶（CAT）活性：采用高锰酸钾滴定法测定[10]。

丙二醛含量（MDA）：采用硫代巴比妥酸法测定[9]。

考种与测产：成熟期每小区取5蔸考察结实率和千粒重，结实率以浸在清水中5min沉者为实粒，其余为空秕粒计算；随机取1 000粒饱满籽粒烘至恒重，称千粒重；分小区收割、脱粒、称重计产。

2　结果与分析

2.1　外源激素对细胞膜透性的影响

对水稻灌浆过程中不同时期剑叶的相对膜透性进行测定（图1），结果表明，灌浆开始后，水稻就逐渐地进入成熟衰老期，叶片细胞膜透性不断增大，剑叶逐渐衰老，各处理的叶片细胞膜透性开始逐渐升高。处理后7d与对照相比，喷施GA_3、6-BA和BR的细胞膜相对透性分别降低了5.76%、12.95%和15.11%；14d后，分别降低了19.09%、23.63%和4.09%；21d后分别降低29.00%、32.00%和4.10%。所用的3种外源激素中，处理14d后，喷施BR的水稻叶片的膜透性迅速上升，且接近对照，一直保持较高水平，而喷施GA_3与6-BA的叶片膜透性一直保持较低水平，作用时间较长，效果较好。

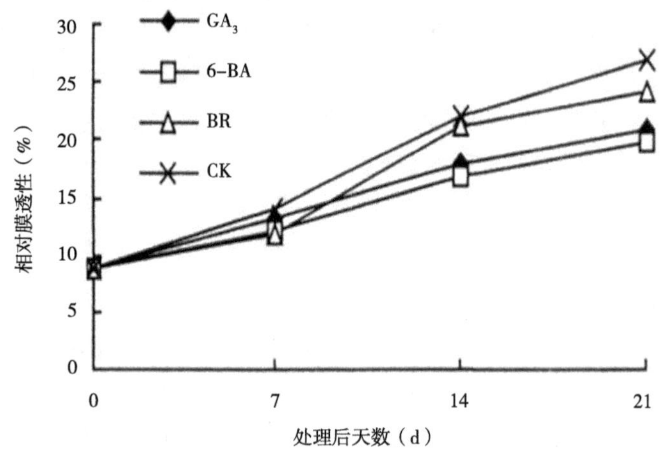

图1　不同处理对剑叶膜透性的影响

2.2　外源激素对丙二醛含量的影响

丙二醛（MDA）是膜脂过氧化的最终产物，它对植物的细胞膜和保护酶有严重损伤作用，常导致膜结构以及生理完整性的破坏[11]。因此，MDA的大量积累将加速植物细胞和组织的衰老。结果（图2）表明，齐穗后，剑叶就处于不断的衰老过程中，叶片组织中开始积累MDA，与对照相比，3种激素均不同程度地减缓了水稻剑叶中MDA的积累。从水稻开始灌浆到7d后，对照处理的MDA含量就迅速升至较高水平，并一直缓慢上升，3种激素处理的叶片MDA含量高低：BR>6-BA>GA_3；14d后，GA_3处理的MDA含量高于6-BA处理的，并一直持续。GA_3、6-BA和BR 3种外源激素的喷施对水稻剑叶MDA含量的降低都有效果，其中，6-BA的效果最好。

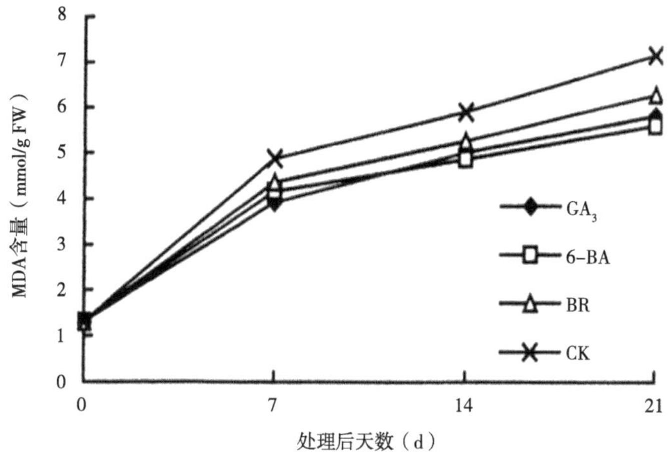

图2　不同处理对剑叶MDA含量的影响

2.3　外源激素对SOD和CAT活性的影响

SOD能清除生物氧化过程中产生的氧自由基，CAT用于清除植物代谢过程中产生的H_2O_2，减缓H_2O_2对植物细胞破坏性的氧化作用，从而延缓了组织的衰老[12]。因此，SOD、CAT是生物防御活性氧毒害的关键性保护酶。从图3、图4中可以看出，在灌浆的第1周，各处理的酶活性普遍升高，可能是因为衰老过程中开始产生大量自由基所诱发的结果。1周以后，清水对照处理的2种酶活性开始下降，并在第2周时加速降低，而3种外源激素使这两种酶活性在第2周内仍维持较高水平。2周后，各处理的酶活性显著下降，可能由于水稻的成熟而导致剑叶加剧衰老，但喷施激素的酶活性始终高于对照，说明外源激素的喷施延缓了保护酶活性的下降。同时发现，外源激素仅在2周内维持保护酶活性处于较高的水平。可见，外源激素对水稻叶片衰老作用的调节具有时效性。3种外源激素相比，BR的效果较差。

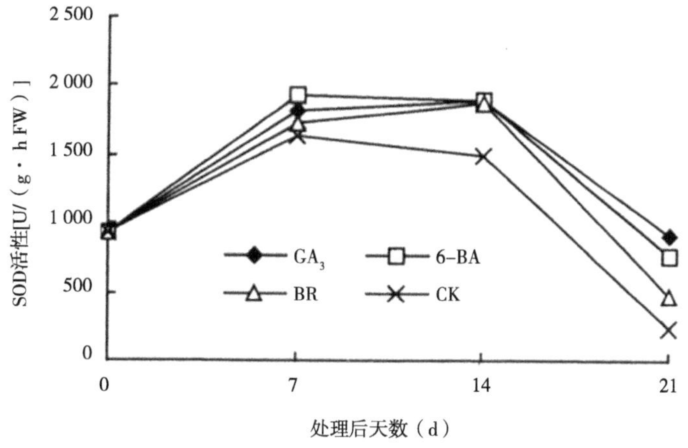

图3　不同处理对剑叶SOD活性的影响

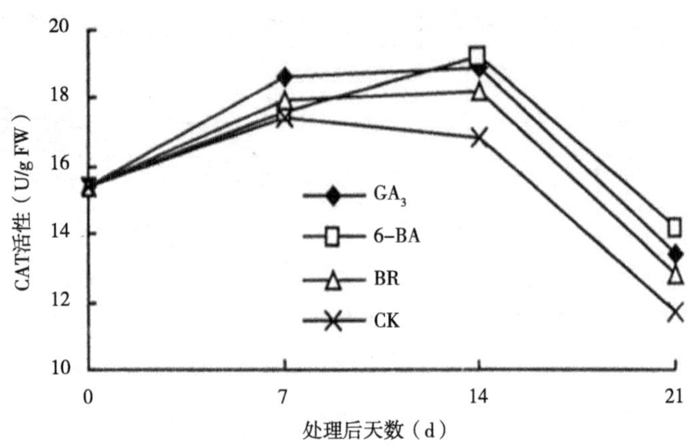

图4　不同处理对剑叶CAT活性的影响

2.4　外源激素对籽粒充实及产量的影响

由表1可看出，GA_3和6-BA显著地提高了结实率，分别提高3.65%和3.85%，而BR与对照的差异并不显著。3种激素对水稻的千粒重并无显著影响，喷6-BA的千粒重增加了0.85%，BR增加了0.2%；但GA_3的千粒重却减少了1.3%，这与曾富华[7]的研究结果一致。但喷施激素与对照相比均能增加水稻产量。

表1　对籽粒充实及产量影响

处理	结实率（%）	千粒重（g）	产量（kg/hm^2）
GA_3	74.01a	24.44a	7 654.2b
6-BA	74.21a	24.78a	7 711.5a
BR	72.83ab	24.62a	7 576.8b
CK	70.36b	24.57a	7 526.1b

注：多重比较采用Duncan氏新复极差法，同一列中数字标有不同字母的表示差异达到5%的显著水平

3　结论与讨论

本试验研究结果表明，3种外源激素均不同程度地延缓了水稻叶片衰老的进程和膜透性的增加，并减缓了丙二醛的积累；在喷施激素7d后，对照的SOD、CAT酶活性开始下降，激素处理的仍维持较高水平；14d后，各处理的酶活性均开始急剧下降，但激素处理的酶活性始终高于对照。

喷施外源激素虽然延缓了保护酶活性的下降，但仅在2周内可维持酶的活性处于较高水平，可见，外源激素对水稻叶片衰老作用的调节具有时效性。随着时间的推移，外源激素的效果逐渐减弱和消失。所以，在生产上应在水稻灌浆期多次喷施为好，间隔期为2周左右，以达到更好的延缓功能叶片的衰老效果。

由各衰老指标看出，与其他2种激素相比，喷施BR的效果较差，可能是由于芸薹素的

浓度偏高造成的或是由于BR的效果主要表现在对其他激素的增效互作上。所以，在以后的试验研究中应适当降低其浓度，并与其他激素共同使用来最大限度发挥其增产效果。喷施GA_3对水稻产量的影响现存在争议，曾富华[7]等认为，水稻生育后期喷施GA_3延缓了叶片衰老，千粒重减轻，但空秕率降低，最终产量也可以提高。杨建昌[13]等认为灌浆初期喷施GA_3对结实率和千粒重有不利影响，会导致减产；本试验结果与曾富华的一致，今后应进一步研究喷施赤霉素类物质延缓水稻叶片衰老的作用机理及其对植株整体的综合效应。

参考文献

[1] 汤日圣，刘晓忠，陈以峰，等. 4PU-30延缓水稻叶片衰老的效果与作用[J]. 作物学报，1998，24（2）：231-236.

[2] Nooden L. D. The phenomenon of senescence In Nooden. L. D. and Leopold A C. senescence and aging in plants[M]. San diego：Academic press，1998：1-50.

[3] 杨建昌，苏宝林，王志琴. 亚种间杂交稻籽粒灌浆特性及其生理的研究[J]. 中国农业科学，1998，31（1）：7-14.

[4] 刘道宏. 植物叶片的衰老[J]. 植物生理学通讯，1983（2）：14-19.

[5] 曹显祖，朱庆森. 提高杂交水稻结实率的中间试验[J]. 江苏农业科学，1981（5）：56.

[6] 杨安中，黄义德. 旱作水稻喷施6-苄基腺嘌呤的防早衰及增产效应[J]. 南京农业大学学报，2001，24（2）：12-15.

[7] 曾富华，罗泽民. 赤霉素对杂交水稻生育后期剑叶中活性氧清除剂的影响[J]. 作物学报，1994，20（3）：347-350.

[8] 杨雅贤，苗万庄，周网子. 天然芸薹素对水稻的增产效果[J]. 中国稻米，1999（3）：22-23.

[9] 高俊凤. 植物生理学实验技术[M]. 西安：世界图书出版公司，2000.

[10] 郝再彬，苍晶，徐仲. 植物生理实验技术[M]. 哈尔滨：哈尔滨出版社，2002.

[11] Hallinell B. Chloroplast meabolism，the structure and function of chloroplasts in green leaf cells[M]. Oxford：Charerdom Press，1981：186.

[12] 王彦荣，华泽田，陈温福，等. 粳稻根系与叶片早衰的关系及其对籽粒灌浆的影响[J]. 作物学报，2003，29（6）：892-898.

[13] 杨建昌，王志琴，朱庆森，等. ABA与GA对水稻籽粒灌浆的调控[J]. 作物学报，1999，25（3）：341-348.

激素复配剂对延缓杂交早稻生育后期叶片衰老的影响

张文学[1] 彭春瑞[2] 胡水秀[1] 孙 刚[2] 张福群[1]

([1]江西农业大学农学院，江西省作物生理生态与遗传育种重点实验室，南昌 330045；
[2]江西省农业科学院土壤肥料与资源环境研究所，南昌 330200)

摘 要：以赤霉素、6-BA、芸薹素3种激素组合的4种复配剂，对早稻叶面喷施，研究了它们对延缓叶片衰老的影响。结果表明，各复配剂均减缓了叶片中叶绿素的降解、丙二醛的积累、膜透性的增加，提高了保护酶（SOD、POD、CAT）的活性，降低了氧自由基的产生速率，延缓了叶片的衰老；并提高了结实率、充实度和产量，其中处理4的效果最好。

关键词：水稻；叶片；衰老；激素

Effects of Phytohormone Compound on Senescence of Early Hybrid Rice Leaves During the Late Growth Period

Zhang Wenxue[1] Peng Chunrui[2] Hu Shuixiu[1*] Sun Gang[2] Zhang Fuqun[1]

([1]*College of Agronomy, JAU, Key Laboratory of Crop Physiology, Ecology and Genetic Breeding of Jiangxi Province, Nanchang 330045, China*; [2]*Soil and Fertilizer Institute & Resource and Environment Institute, JAAS, Nanchang 330200, China*)

Abstract: The effects of four phytohormone compounds mixed with GA_3, 6-BA and BR on senescence of early rice leaves were investigated.The results showed that: phytohormone compounds slowered the decomposition rates of chlorophyll, the accumulation of MDA, the increase of plasma membrane permeability, increased activities of protective enzymes (SOD, POD and CAT), dropped the production rate of O_2^-; senescence in the flag leaves was effectively delayed when treated with phytohormone compounds; the seed-setting rate, grain-filling degree and yield were significantly increased. The effect of treatment 4 was preferable.

Key words: Rice; Leaf; Senescence; Phytohormone

本文原载：江西农业大学学报，2007，29（3）：331-336
本文为胡水秀教授、彭春瑞研究员指导的硕士论文部分内容
基金项目：国家粮食丰产工程项目（2004BA520A40）

我国长江中下游早籼稻普遍存在早衰现象，严重制约了其产量潜力的发挥。曾富华等研究表明，水稻的早衰主要是由于生育后期根系及灌浆期叶片衰老加速造成的[1]。水稻籽粒的干物质主要来源于生育后期叶片的光合产物，功能叶片的过早衰老严重影响籽粒的灌浆结实，进而影响水稻的产量与米质[2]。因此，研究水稻叶片的衰老机理与相应对策已成为亟待解决的问题。

在适当的时期喷施某些外源激素或激素的复配剂可以延缓水稻叶片衰老，延长灌浆时间，提高千粒重和结实率，从而达到增产的效果[3-5]。已经研究了喷施赤霉素、6-BA、芸薹素对水稻叶片衰老的延缓作用，为进一步探讨水稻叶片衰老机制，更好地寻找防止水稻叶片早衰的对策，对容易早衰的早籼稻进行了激素复配剂的喷施研究，以期对水稻衰老的调控和防止提供更多的理论依据。

1　材料与方法

1.1　材料和处理

试验在江西省南昌县广福镇广福村的试验田中进行，供试水稻（*Oryzal sativa* L.）品种为早籼稻春光2号，由江西省农业科学院水稻研究所提供。

试验共设5个处理：①GA_3（10mg/kg）+6-BA（25mg/kg）；②GA_3（10mg/kg）+BR（0.05mg/kg）；③6-BA（25mg/kg）+BR（0.05mg/kg）；④GA_3（10mg/kg）+6-BA（25mg/kg）+BR（0.05mg/kg）；⑤清水对照（CK），4次重复。采用随机区组排列，小区面积为30（5×6）m^2，种植密度为16.7cm×23.3cm，每穴2苗。水稻于2006年3月25日播种，4月18日移栽，在水稻始穗期及齐穗后1周进行叶面喷施，共2次，每小区喷药液2.5L。喷施当天开始取样（取生长整齐一致的剑叶），喷施后每7d取样1次，进行相应的生理生化指标的测定。

1.2　方法

叶绿素含量：乙醇丙酮混合液直接浸提法[6]。

相对膜透性：采用DDS-11型电导仪测定叶片相对电导率[7]。

SOD、POD、CAT酶液的制备：取水稻剑叶（去叶脉）0.25g于预冷的研钵中，加入2ml预冷的50mmol/l pH值7.8磷酸缓冲液（内含10g/L聚乙烯吡咯烷酮）提取介质在冰浴下研磨成匀浆，转入试管，再加提取介质冲洗研钵2～3次，并使最终体积为10ml，取5ml匀浆液于4℃下10 000r/min离心15min，上清液即为酶粗提取液。

超氧化物歧化酶（SOD）活性：采用硝基四氮唑蓝光化还原法测定[8]。

过氧化物酶（POD）活性：愈创木酚比色法[6]。

过氧化氢酶（CAT）活性：采用高锰酸钾滴定法测定[9]。

丙二醛（MDA）含量：采用硫代巴比妥酸法测定[10]。

氧自由基（O_2^-）产生速率：氯化羟氨氧化法[11]。

考种方法：成熟期每小区取5蔸考察结实率和千粒重，结实率以浸在清水中5min下沉者为实粒，其余为空秕粒计算，随机数取饱满籽粒烘干至衡重，称千粒重。数据用DPS2.0统计软件进行分析。

2 结果分析

2.1 不同处理对水稻剑叶叶绿素含量的影响

水稻叶片失绿是其衰老最明显的标志，叶绿素含量可作为衡量叶片衰老的可靠指标[9]。

本试验采用乙醇丙酮混合液直接浸提法测定了不同处理的水稻剑叶叶绿素含量（以鲜重测）（表1）。结果表明，处理7d后，除对照明显降低外，喷施激素的叶绿素总量无明显下降，说明外源激素已开始发挥延缓衰老的作用；不同激素处理的叶绿素各组分含量的差异已达到显著水平，这种效应一直持续到收获前。14d后，各处理的叶绿素含量下降幅度增大，与其他几种激素复配剂相比，处理3的叶绿素含量下降较为明显，比对照高16.6%，处理4的含量最高，高出对照36.7%。21d后，各处理的叶绿素含量都急剧下降，处理间的差异更加显著，尤其是叶绿素a含量的差异达极显著水平；处理4的叶绿素a含量和总量都最大，分别为对照的3倍和2.4倍；处理3的相对较低，叶绿素a含量为对照的2倍，总量为对照的1.7倍。在整个灌浆期，处理4的叶绿素含量一直处于最大值，说明处理4对延缓叶绿素的降解最有效。因此，在水稻生育后期，对叶片保绿效果最理想的激素复配剂为处理4。通过田间观察发现，在收割时，处理1、处理2、处理4的叶色仍较绿，而处理3略黄。

表1 不同处理对叶绿素含量的影响（mg/g）

Table 1 Effects of different treatments on chlorophyll content of flag leaves（mg/g）

处理	叶绿素a			叶绿素b			类胡萝卜素			总量		
	7d	14d	21d	7d	14d	21d	7d	14d	21d	7d	14d	21d
1	2.90ab	2.41b	1.25b	0.80ab	0.73ab	0.51a	0.94ab	0.78ab	0.57a	4.64ab	3.92ab	2.32ab
2	2.77bc	2.29bc	1.07c	0.77bc	0.70ab	0.49ab	0.90ab	0.72ab	0.53ab	4.44b	3.71b	2.09b
3	2.76bc	2.19c	0.90d	0.82a	0.67ab	0.40b	0.97a	0.69ab	0.45b	0.55ab	3.55b	1.76c
4	3.03a	2.60a	1.37a	0.84a	0.76a	0.55a	0.91ab	0.80a	0.59a	4.77a	4.16a	2.51a
5	2.61c	1.74d	0.45e	0.75c	0.63b	0.27c	0.81b	0.66b	0.31c	4.16c	3.04c	1.03d

注：处理前，叶绿素a、叶绿素b、类胡萝卜素及总量分别为3.12mg/g、0.85mg/g、0.96mg/g和4.93mg/g。表中数据后的字母表示LSD多重比较的显著性差异，字母不同表示在0.05水平差异显著，字母相同表示在0.05水平差异不显著。下同

2.2 不同处理对膜透性和丙二醛含量的影响

脂质过氧化作用的最终结果生成丙二醛（MDA）等物质，能直接对细胞产生毒害作

用，MDA的大量积累将加速植物细胞和组织的衰老[12]。细胞和组织衰老时，细胞膜的结构和功能遭到破坏，透性增大，电解质和某些小分子物质大量外渗[13]。本试验采用硫代巴比妥酸法测定丙二醛含量，采用电导仪法测定细胞质膜透性。结果（表2）表明，在水稻抽穗后，丙二醛含量及膜透性开始缓慢增加，外源激素的喷施使其增加幅度远小于对照。处理7d后，不同激素处理对叶片丙二醛含量及膜透性均产生显著性影响，其中，处理4的降低幅度最为明显，低于对照35.0%和9.7%。14d后，从对照处理的丙二醛含量及膜透性的大幅度增加可以看出，水稻在灌浆期已开始加速衰老，各激素处理的两项指标虽然也在增加，但增加的幅度明显小于对照，说明喷施激素对水稻衰老起到明显的延缓作用，尤其是处理4的延缓作用更大，丙二醛含量和膜透性分别低于对照39.9%和19.0%。21d后，各处理的丙二醛含量及膜透性急剧上升，在1周时间内，丙二醛含量增加了1倍；除对照外，处理3的2项指标均为最大值，分别为对照的81.1%和83.4%；处理4的值最小，分别为对照的61.0%和71.3%；各激素处理与对照相比，2项指标的差异均达到显著水平，说明外源激素有效地延缓了水稻叶片的衰老进程。

表2　不同处理对叶片MDA含量及膜透性的影响

Table 2　Effects of different treatments on MDA content and plasma membrane permeability of flag leaves

处理	MDA含量（mmol/g）				膜透性（%）			
	0d	7d	14d	21d	0d	7d	14d	21d
1	1.58	2.55ab	3.66bc	7.46cd	11.92	12.52ab	13.97b	18.30cd
2	1.58	2.52ab	4.13bc	8.24bc	11.92	12.14b	14.43ab	20.18bc
3	1.58	2.44ab	4.54ab	8.91b	11.92	12.43ab	15.07ab	19.89b
4	1.58	2.06b	3.28c	6.70d	11.92	12.06b	13.50b	17.26d
5	1.58	3.17a	5.45a	10.98a	11.92	13.35a	16.66a	24.19a

2.3　不同处理对叶片氧自由基产生速率的影响

水稻叶片的衰老与叶片活性氧数量的增加、活性氧清除系统能力的降低有很大关系，O_2^-伤害植物的机理之一在于参与启动膜脂过氧化或膜脂脱脂作用，致使细胞生物膜和其他生物大分子的结构与功能受到破坏[14]。本试验采用氯化羟氨氧化法对叶片的氧自由基产生速率进行测定，结果（图1）表明，水稻始穗后氧自由基产生速率开始逐渐增大，喷施激素使其增加幅度减小。处理7d后，各处理间差异不明显，除对照外，O_2^-产生速率最小和最大的分别是处理4和处理2，分别低于对照40.2%和23.0%。14d后，各处理的差异比较明显，其中处理3的氧自由基产生速率增加幅度最大，较对照低15.0%，由原低于处理2上升为高于处理2，仅次于对照，此后一直保持较高水平；处理4的效果更加显著，低于对照

42.7%。21d后，各处理的氧自由基产生速率急剧增大，差异更加明显，在激素处理中，处理3的值最大，低于对照23.3%，处理4的最小，低于对照45.2%。由此说明外源激素的喷施不同程度地降低了O_2^-产生的速率。

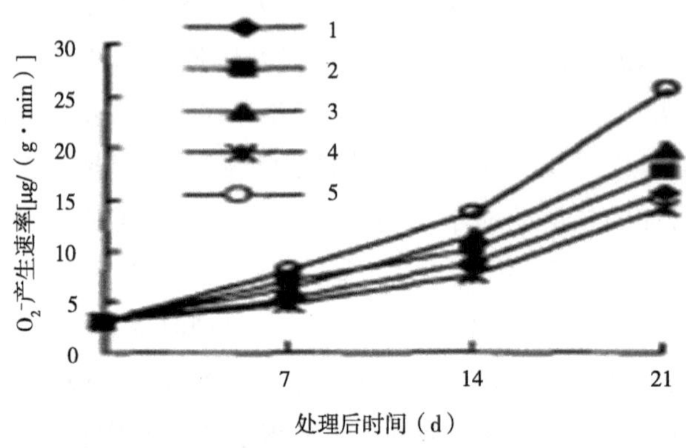

图1　不同处理对叶片O_2^-产生速率的影响

Figure 1　Effects of different treatments on O_2^-production rate

2.4　不同处理对保护酶系统的影响

组织的衰老与活性氧代谢平衡密切相关，这个平衡即活性氧物质产生与清除的动态平衡。清除活性氧能力大小的主要标志是抗活性氧毒害的内源保护酶活性的高低[15]。在植物对膜脂过氧化的酶促防御系统中，SOD、POD、CAT、ASP等都是重要的保护酶。本试验测定了不同处理下水稻剑叶的超氧化物歧化酶（SOD）、过氧化物酶（POD）、过氧化氢酶（CAT）活性，结果（图2至图4）表明，在整个测试过程中，各处理水稻剑叶的SOD、CAT活性均呈逐渐下降的趋势；而POD的活性变化则不同，先出现上升趋势，之后下降。在喷施激素7d后，各处理水稻叶片的SOD、CAT活性开始下降，除对照外各处理的2项指标均无明显差异。14d后，各处理SOD、CAT活性下降幅度增大，各处理差异开始明显，处理4的SOD、CAT活性明显高于其他处理，比对照分别高出15.5%和6.9%；与其他激素复配剂相比，处理3的2种酶活性下降较快，由原来的较高水平迅速降低到低于其他激素复配剂的酶活性，而且一直保持到21d。21d后，各处理的差异更加明显，处理4的活性最高，SOD、CAT的活性分别比对照高38.8%和11.6%；处理3仅高于对照，2种酶活性分别比对照高19.0%和5.2%。各处理的POD活性在喷施7d后，显著上升，其中处理4的叶片POD活性上升到最大值，较对照高34.0%，之后逐渐下降。处理1、处理2、处理3则在14d后上升到最大值，且处理2的活性最高，比对照高41.5%，处理1高于处理3，分别比对照高34.6%和28.7%。21d后，处理2与处理3的POD活性迅速下降，处理3的降至最低（除对照外），高于对照44.2%，处理4的最高，高于对照65.8%。由3种酶活性的变化可以看出，各激素复配剂对叶片保护酶活性的下降都有明显的延缓作用，其中处理4的效果最好，处理3最差。

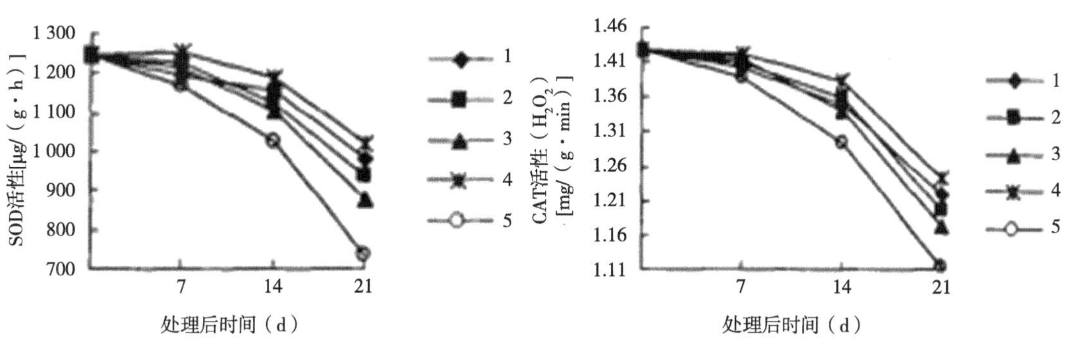

图2　不同处理对水稻叶片SOD活性的影响

Figure 2　Effects of different treatments on SOD activity of flag leaves

图3　不同处理对水稻叶片CAT的影响

Figure 3　Effects of different treatments on CAT activity of flag leaves

2.5　不同处理对产量及其构成因子的影响

在收获后，测定了不同处理对水稻产量及其构成因子的影响，结果（表3）表明，不同处理对水稻产量产生了明显的影响，但不同处理的影响程度仍存在差异。各激素处理均提高了千粒重，但处理间的差异未达显著水平。与对照相比较，处理2和处理4对水稻产量构成因素中的其他指标均有显著性的影响，处理1的充实度以及处理3的有效穗和株高未达到显著水平。在各处理中，处理4对产量构成因子提高的幅度最大，与对照相比较，提高千粒重、结实率、充实度和有效穗分别达到2.62%、6.87%、7.42%和2.75%，最终表现为显著地提高了产量，提高幅度高达9.14%；处理2和处理3分别增产7.3%和5.6%，处理1增产3.5%，增产幅度最小。所以，处理4是所有激素组合中增产效果最显著的。

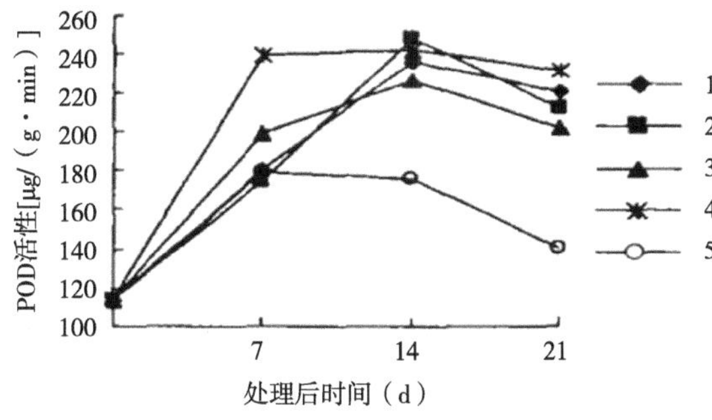

图4　不同处理对水稻叶片POD活性的影响

Figure 4　Effects of different treatments on POD activity of flag leaves

表3　不同处理对产量及其构成因子的影响

Table 3　Effects of different treatments on yield and yield characters

处理	千粒重（g）	结实率（%）	充实度（%）	有效（10^5/hm^2）	株高（cm）	产量（kg/hm^2）
1	24.86a	76.83c	86.36bc	2.664ab	110a	7 152.8c

（续表）

处理	千粒重（g）	结实率（%）	充实度（%）	有效（10^5/hm^2）	株高（cm）	产量（kg/hm^2）
2	24.98a	76.69c	87.09b	2.650b	112a	7 416.2ab
3	25.03a	77.40b	88.26b	2.616c	99.5b	7 302.5b
4	25.08a	80.60a	91.17a	2.688a	109a	7 544.9a
5	24.44b	75.42d	84.87c	2.616c	100.5b	6 913.3d

3 结论

植物生育后期体内产生的活性氧、自由基增加及其清除系统能力的降低，机体内产生的活性氧不能被及时清除，造成对细胞及组织的损害，是导致植株衰老的主要原因[16, 17]。自由基、活性氧对植物产生膜脂过氧化作用，导致细胞膜的损伤和破坏，使细胞失去原有功能，甚至死亡[18]。本试验所用的激素复配剂降低了氧自由基产生的速率，延缓了保护酶活性的下降，减少了MDA的积累，减轻了细胞膜的伤害，因此，激素复配剂通过维持较高的活性氧清除系统的水平，提高细胞对活性氧的清除能力，使生物大分子及膜系统受到保护，可能是其延缓叶片衰老的主要机理。各激素复配剂均延缓了叶片衰老，延长了光合作用的时间，增加了同化产物，提高了千粒重、充实度、结实率，相应地提高了产量。

对于激素复配已有不少报道，彭中华[3]等人研究表明，赤霉素与细胞分裂素以一定浓度的配比，可以延缓叶子衰老，增加光合面积，提高株高，增加叶色深度。在适宜的浓度范围内，能使水稻总粒数、有效穗数、千粒重、结实率提高，增加产量。汤日圣[4]等人研究的复配剂GA_3/4pu-30复配剂（90-09）能有效延缓叶绿素降解，减缓叶片衰老，使水稻增产，4pu-30为细胞分裂素类调节剂。本试验的处理1所用外源激素6-BA属于细胞分裂素类物质，试验结果与他们的基本一致。除处理3外，其他处理的水稻株高和有效穗明显增加，处理3与其他激素复配剂的差异在于没有赤霉素，说明赤霉素可以提高株高和成穗率，促使节间伸长，抽穗整齐，这与王熹[19]的试验结果基本一致。与其他激素复配剂相比，处理3对叶片衰老的延缓效应较差，但它对产量的提高却较处理1高出4.8%，可能处理1对叶片衰老有显著的延缓作用，但其促进同化物向籽粒转运的影响却较小。因此，今后应加强外源激素对植株整体综合效应的研究，为提高水稻产量、确保粮食安全提供更多依据。

植物体内的多种激素处于动态平衡，共同调控植株的生长发育。处理4对延缓叶片的衰老和产量的提高效果都最好，可能是由于处理4的3种激素使得植株体内的激素水平相互协调，更好地延缓了衰老，促进了籽粒灌浆，产量大幅度提高。外源激素对植物的调节不是单一起作用的，而是相互影响、共同作用的结果。因此，激素对植物衰老的调节，以及各激素之间的相互作用还需进一步研究，以筛选出更好的延缓水稻衰老的激素复配剂。

参考文献

[1] 曾富华，罗泽民. 赤霉素对杂交水稻生育后期剑叶中活性氧清除剂的影响[J]. 作物学报，1994，20（3）：347-350.

[2] 汤日圣，刘晓忠，陈以峰，等. 4PU-30延缓杂交水稻叶片衰老的效果与作用[J]. 作物学报，1998，24（2）：231-236.

[3] 王丰，程方民. 植物激素与水稻产量的关系及其在生产上的应用[J]. 现代化农业，2003（10）：20-21.

[4] 彭中华，何帮金. 水稻施用赤霉素与细胞分裂素的效果[J]. 耕作与栽培，1998（2）：33-35.

[5] 汤日圣，谷启荣，张福田，等. 一种GA_3/4pu-30复配剂（90-09）对杂交水稻叶片衰老的调节[J]. 江苏农业学报，1997，13（11）：10-13.

[6] 高俊风. 植物生理学试验指导[M]. 西安：世界图书出版公司，1997.

[7] 马书尚，袁秀林. 植物生理学实验指导[M]. 西安：陕西科学技术出版社，1986：149-151.

[8] Glannpotolitis C N，Ries S K. Superoxide dismutase：I. Occurrence in higher plants[J]. Plant Physiol，1977，59：309-314.

[9] Chance B，Maehly A C. Assays of catalase and peroxidase：Methods in enzymology[M]. New York：Academic Press，1955：764.

[10] 李柏林，梅慧生. 燕麦叶片衰老和活性氧代谢的关系[J]. 植物生理学报，1989，15（1）：6-12.

[11] 王爱国，罗广华. 植物的超氧物自由基与羟胺反应的定量关系[J]. 植物生理学通讯，1990（6）：55-57.

[12] 汤日圣，梅传生，吴光南. 4PU-30延缓杂交水稻叶片衰老的生理基础[J]. 中国水稻科学，1996，10（1）：23-28.

[13] 张国平，Stanley M. 几种化学物质对小麦叶片衰老的延缓作用[J]. 浙江农业学报，1994，6（2）：94-97.

[14] 陈少裕. 脂质过氧化对植物细胞的伤害[J]. 植物生理学通讯，1997，27（2）：84-90.

[15] 朱诚，曾广文. 4PU-30对水稻叶片衰老与活性氧代谢的影响[J]. 浙江大学学报：农业与生命科学版，2000，26（5）：483-488.

[16] Dhindsa R S，Plumb-Dhindse P L，Thorpe T A. Leaf senescence：correlated with increased levels of membrane permeability and lipid peroxidation，and decreased levels of superoxide dismutase and catalade[J]. J Exp Bot，1981，32：93.

[17] Kuma rG N N，Know les N R. Changes in lipid peroxidation and lipolytic and free-radical scavenging enzyme activities during aging and sprouting of potato seed-tubers[J]. Plant Physiol，1993，120（1）：115-124.

[18] Kellogge W，Fridovich I. Superoxide，hydrogen peroxide，and single oxygen in lipid peroxidation by axanthine oxidase system[J]. J Biol Chem，1975，250：8 812-8 817.

[19] 王熹，施一平，孙仁清，等. 水稻应用赤霉素的试验研究[J]. 植物学报，1974，16（2）：132-139.

Study and Application of "Three High and One Ensuring" Cultivation Mode of Double Cropping Rice

Peng Chunrui[1, 2] Xie Jinshui[1] Qiu Caifei[1] Qian Yinfei[1]
Guan Xianjiao[1] Pan Xiaohua[2*]

([1]*Jiangxi Academy of Agricultural Sciences/Key Laboratory of Crop Ecophysiology and Farming System for the Middle and Lower Reaches of the Yangtze River, Ministry of Agriculture/National Engineering and Technology Research Center for Red Soil Improvement, Nanchang 330200, China*; [2]*Jiangxi Agricultural University, Nanchang 330045, China*)

Abstract: A set of "three high and one ensuring" cultivation mode of double cropping rice, the core of which was high panicle bearing tiller rate, high seed setting rate, high grain plumpness and ensuring high quality, was explored through many years of research. In this study, the effect of "three high and one ensuring" cultivation mode of double cropping rice was compared and investigated by field experiment and multiple location demonstration. The field experiment indicated that "three high and one ensuring" cultivation mode promoted the vegetative growth during early stage, inhibited the formation of ineffective tillers, promoted the growth of effective tillers and the formation of panicles, improved the panicle bearing tiller rate, increased the total number of spikelets, enhanced the seed setting rate and grain plumpness, increased the grain yield by 12.22%-19.73% at highly significant level and improved the rice quality. Furthermore, the field demonstration also verified the results of field experiment.

Key words: Double cropping rice; Panicle bearing tiller rate; Seed setting rate; Grain plumpness; Grain yield; Rice quality

本文原载：Agricultural Science & Technology，2012，13（7）：1 425-1 430

基金项目：The National Key Technology R&D Program of China（2006BAD02A04）and The Leader Cultivation Plan on Major Subject and Technology Program of Jiangxi Province

* Corresponding author

双季稻“三高一保”栽培技术模式研究与应用

彭春瑞[1,2]　谢金水[1]　邱才飞[1]　钱银飞[1]　关贤交[1]　潘晓华[2*]

（[1]江西省农业科学院/农业部长江中下游生理生态与耕作重点实验室/国家红壤改良工程技术研究中心，南昌 330220；[2]江西农业大学，南昌 330045）

摘　要：通过多年试验研究，形成了一套水稻高成穗率、高结实率、高籽粒充实度和保优质为核心的双季稻“三高一保”栽培技术模式。本文通过田间试验和多点应用示范，比较研究了双季稻“三高一保”栽培技术模式的效果。田间试验表明，“三高一保”栽培技术模式能促进前期早发、控制无效分蘖发生，促进有效分蘖生长和成穗，提高成穗率，增加总颖花数、提高结实率和籽粒充实度，极显著增加水稻产量，增产幅度为12.22%～19.73%，并能改善米质。大田示范结果也验证了田间试验的结果。

关键词：双季稻；成穗率；结实率；籽粒充实度；产量；米质

To achieve the high yield and super high yield of rice，the population with strong vegetative growth during early stage，high panicle bearing tiller rate during middle stage，high photosynthetic rate during late stage should be constructed. Nevertheless，to obtain the population with high photosynthetic rate during late stage，the population with high panicle bearing tiller rate should be obtained during middle stage，moreover，to obtain the population with high panicle bearing tiller rate during middle stage，the foundation for population with vegetative growth during early stage should be laid[1]. With the breaking through on breeding of super hybrid rice in China，as well as many researches on side of rice super high yield cultivation carried out by China，afterwards，some super high yield cultivation modes suited to different ecological zones were explored[2-7]，the characteristics of those cultivation modes were to establish fitting and proper populations，promote panicle bearing tiller rate，increase the number of spikelets，erect excellent plant types，prevent leaf premature senescence and enhance the seed setting rate and grain plumpness；based on the strong vegetative growth during early stage，the core of those cultivation modes was to control ineffective tillers and improve panicle bearing tiller rate during middle stage，and construct populations with high photosynthetic rate during late stage. As for double cropping rice，since early rice was frequently affected by the chilling damage during seedling stage，where as late rice was easily to show overgrowth due to high temperature，so the difficulty of seedling raising was great；in addition，the effective tiller period of double cropping rice was short，so lots of tillering fertilizers were applied in production to promote the tiller growth during early stage，resulting in the greatly increased ineffective tillers and decreased panicle bearing tiller rate，thereby reducing field ventilation，light transmittance and photosynthetic rate of populations during late stage. Moreover，the early rice and late rice of double cropping rice were easily damaged by high temperature and low temperature during late stage，which affected grain filling and led to low seed setting rate, low grain plumpness, decreased grain yield and rice quality. Aiming at above problems, a set of "three high and one ensuring" cultivation mode of double cropping rice whose core was to promote panicle bearing tiller rate, seed setting rate, grain plumpness and to dig the quality potential of varieties (ensuring high quality) was explored based on many years of researches, which won the national invention patent[8]. This paper reports the effects of "three high and one ensuring" cultivation mode of double cropping rice in experiment and demonstration.

1 Materials and Methods

1.1 Experimental treatments and field management

Experiment was carried out from late season 2008 to late season 2010. Experimental varieties were early rice Jinyou 458 and late rice Ganxin 688. Special fertilizer for rice seedling and complex tiller-inhibitor were self-developed by Soil and Fertilizer & Resource and Environment Research Institute, Jiangxi Academy of Agricultural Sciences. Two cultivation modes including one "three high and one ensuring" cultivation mode of double cropping rice SGYB were designed, in which the special fertilizer for rice seedling was applied to promote the vegetative growth during early stage and control ineffective tillers with the combination of water control, fertilizer control and chemical control, while supporting with sparse-seeding, planting with wide rows spacing and narrow plants spacing, foliar fertilizer application during late stage and delaying cutting off the water supply; the other one was conventional cultivation mode (CK).The main technical difference between the two cultivation modes was shown in Table 1 The area of the experimental plot was 30–60m, randomized block design was adopted with four replications, the 30 cm wide and 25 cm high nigh field ridge between plots was cover with plastic film to defend water penetration, every plot was separately drained and irrigated, the drainage ditch was 10 cm lower than the field surface of plots, guard rows were left around the experimental field. Seedling culture in dry seedbed was adopted for early rice and seedling culture in wet seedbed was adopted for late rice, the seedling age of early rice and late rice were 25–30d and 30–35d, respectively.

Table 1 Technical difference between two cultivation modes

Technical measure	"Three high and one ensure" cultivation mode (SGYB)	Conventional cultivation mode (CK)
Seedling culture	Seedling culture with sparse-seeding and special fertilizer: the seeding rate of early rice was 100g/m^2 for dry seedbed, the seeding rate of late rice was 10g/m^2 for wet seedbed, special fertilizer for seedling was used as nutritional agents	Seedling culture with dense seeding and chemical fertilizer: the seeding rate of early rice was 150g/m^2 for dry seedbed, the seeding rate of late rice was 15g/m^2 for wet seedbed, chemical fertilizer with same nutrient was used as nutritional agents

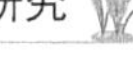

（续表）

Technical measure	"Three high and one ensure" cultivation mode (SGYB)	Conventional cultivation mode (CK)
Transplanting	Planting with wide rows spacing and narrow plants spacing: the planting density of early rice was 13.3cm × 25cm, two seedlings per hill; the planting density of late rice was 13.3cm × 30cm, single seedling per hill	Planting with same rows spacing and plants spacing: the planting density of early rice was 16.7cm × 20cm, two seedlings per hill; the planting density of late rice was 20cm × 20cm, single seedling per hill
Fertilizer application	Total fertilizer rate: pure N 195kg/ha for early rice, pure N 225kg/ha for late rice, P and K fertilizer rate was decided by the proportion of N : P_2O_5 : K_2O which was 1 : 0.5 : 1, the kind of N, P, K fertilizer was urea, calcium magnesium phosphate and potassium chloride Low proportion of tiller fertilizer and spraying foliar fertilizer during late stage was adopted for fertilizer application method: all P fertilizer was used as base fertilizer, N and K fertilizer were applied according to the proportion of base fertilizer : tillering fertilizer : panicle fertilizer : grain filling fertilizer which was 5 : 2 : 2 : 1. Base fertilizer was applied by binding with plow and harrow, tillering fertilizer was applied at 5-7d after transplanting, panicle fertilizer was applied when the top second leaf began to emerge, grain filling fertilizer was applied during initial heading stage, once time of foliar fertilizer that 1.5kg potassium dihydrogen phosphate and 30g 0.1% Shuofeng 481 powder were dissolved in water was sprayed by 750kg/ha during full heading time and milk stage respectively	Total fertilizer rate: same as "-three high and one ensure" cultivation mode Fertilizer application method of high proportion of tiller fertilizer and spraying clean water during late stage was adopted for : all P fertilizer was used as base fertilizer, N and K fertilizer were applied according to the proportion of base fertilizer : tillering fertilizer : panicle fertilizer : grain filling fertilizer which was 5 : 5 : 0 : 0. Base fertilizer was applied by binding with plow and harrow, tillering fertilizer was applied at 5-7d after transplanting, clean water was sprayed by 750kg/ha during full heading time and milk stage
Irrigation	The irrigation mode which included ahead of drying field and delaying to cut off water was adopted: during transplanting stage, 1-2cm water layer was kept for early rice, 2-3cm water layer was kept for later rice; during returning green stage, 2cm water layer was kept for early rice, 3-5cm water layer was kept for later rice; when spraying herbicide, 3cm water layer was kept 1-2cm depth of water was irrigated again after drying, which combined drying field with shallow water; when number of plants reached 75% (early rice) -80% (late rice) of planning number of panicles, began to drain and dry field, water will not be irrigated if soil did not crack, when 2mm crack appeared at field margin and the soil in the center of field was still soft, shallow water was irrigated; when top second leaf began to emerge, shallow water was irrigated for booting and combined drying field with shallow water, shallow water layer was kept during heading stage, drying field and irrigation were alternated during grain filling stage, deep water was irrigated for heat preservation when cold dew wind happened, water was cut off at 7d before harvesting	The irrigation mode which included late drying field and ahead of cutting off water was adopted: during transplanting stage, 1-2cm water layer was kept for early rice, 2-3cm water layer was kept for later rice; during returning green stage, 2cm water layer was kept for early rice, 3-5cm water layer was kept for later rice; when spraying herbicide 3cm water layer was kept, 2-3cm depth of water was irrigated again after drying, the depth of water irrigated was shallow and times were many; drying field was done around 30d after transplanting when number of plants reached maximum, shallow water layer was kept during heading stage and drying field and irrigation was alternated during grain filling stage, water was cut off at 12d before harvesting

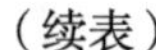

（续表）

Technical measure	"Three high and one ensure" cultivation mode（SGYB）	Conventional cultivation mode（CK）
Tiller-inhibitor spraying	Chemical control on tillering：when number of plants reached planning number of panicles，the complex rice tiller-inhibitor with 2g/kg concentration was sprayed by 750kg/ha	No chemical control on tillering：clean water was sprayed by 750kg/ha

1.2 Demonstration and application

The demonstration of "three high and one ensuring" cultivation mode of double cropping rice was carried out in a 6.67ha demonstration area of Yifeng County，Xin'gan County，Ji'an County and Yugan County in 2010. Contrastive experimental field was selected covering 1 000m^2，and the shape was similar to square or rectangle，the soil fertility was medium or good and the irrigation and drainage were convenient，in which two treatments were designed，one of which was "three high and one ensuring" cultivation mode of double cropping rice，and the other one was conventional cultivation mode. The contrastive experimental field was halved into two field blocks，a 35cm wide and 30cm high field ridge was built and covered with plastic film to defend water penetration，the two field blocks were respectively arranged for either of the above two treatments with separated irrigation and draining.

1.3 Measurements and methods

1.3.1 Tillering dynamic and panicle bearing tiller rate

Around 5d after transplanting，ten hills in each plot were selected in the experimental field with 13 replications，and twenty hills in each treatment of contrastive field were selected in demonstration area to investigate the tillering dynamic once every 5d until full heading stage. The number of effective panicles at full heading stage and the maximum tiller number were observed to calculate panicle bearing tiller rate. Eight hills were selected and labeled to investigate the tiller number of different leaf ages in each plot at elongation stage and the panicle bearing tiller rate of different leaf age at full heading stage.

1.3.2 Grain yield and yield components

The effective tiller number of fifty hills in each plot with 1-3 replications were investigated by five-point method in experimental field 1-2d before harvesting，the contrastive field was select to investigate one hundred hills for each treatment by five-point method in demonstration field，and then average effective tiller number per hill was figured out，according to which five hills were selected to investigate the agronomic characteristics and yield components，every plot was separated to harvest，thresh，clean，dry，weigh and calculate yield. Clear water drift method was used to remove unfilled grains and then the seed setting rate was calculated. The filled grains were selected with saturated salt solution once again, the sinkers were dried after cleaning. Grain plumpness = Average weight of filled grains selected with clear water/Average weight of filled grains selected with saturated salt solution.

1.3.3 Rice quality analysis

After harvested, dried and weighed, one mixed sample taken from 1–3 plots of each treatment was submitted to the Ministry of Agriculture of Rice and Product Quality Supervision and Inspection Center to measure the rice quality, the People's Republic of China National Standard GB/T 17891—1999 High Quality Rice was refered in measurement method.

2 Results and Analysis Results

2.1 Results of field experiment

2.1.1 Effects on tillering and panicles formation

The survey indicated that the two cultivation modes had great effects on the tillering. "Three high and one ensuring" cultivation mode showed more tillers during early tillering stage and low seedling height peak at late tillering stage, which might be due to the adopted special fertilizer for rice seedling, resulting in good seedling quality which could generate early after transplanting[9, 10]; however, during middle stage, the "three high and one ensuring" cultivation mode was combined with "three controls" to control the occurence of ineffective tillers, which significantly reduced seedling height peak (Figure 1), leading to the same results of early rice and late rice.

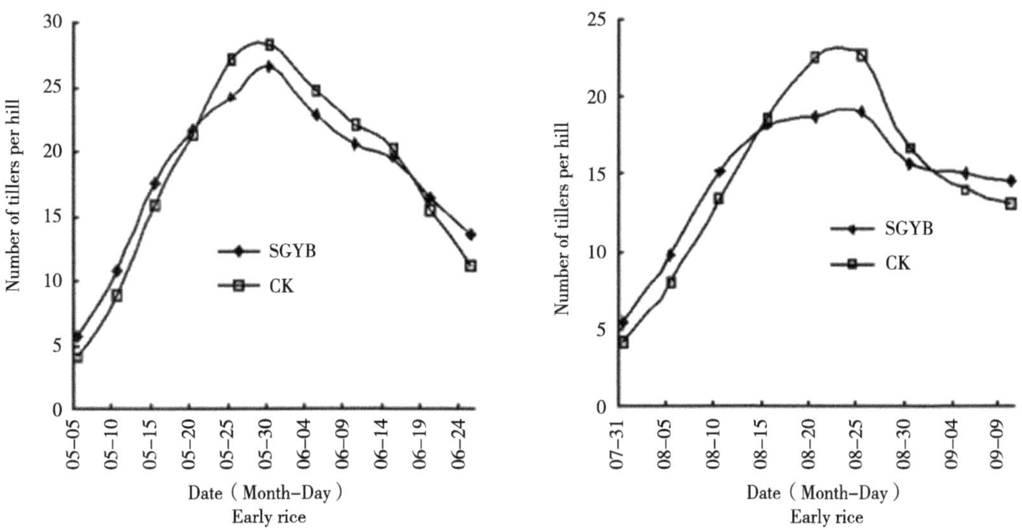

Figure 1 Tillering dynamic of different cultivation modes in experiment field (in 2009)

In addition, the number of tillers with more than three leaves increased by "three high and one ensuring" cultivation mode at elongation stage, early rice and late rice respectively increased by 7.86% and 46.03% compared with CK; especially, the number of tillers with more than four leaves was larger, early rice and late rice respectively increased by 26.47% and 45.09% compared with CK; however, the number of tillers with less than two leaves decreased, early rice and late rice respectively decreased by 28.31% and 21.69% compared with CK (Table 2) . The results also indicated that the "three high and one ensuring" cultivation mode promoted the germination and growth of tillers in lower position during early stage, while inhibited the germination of tillers in high position during late stage.

Table 2 Number of tillers at different leaf ages and panicle bearing tiller rate at elongation stage in experiment field

Seasons	Treatments	≤ One leaf			Two leaves			Three leaves			≥ Four leaves		
		Number of tillers	Number of panicles	Panicle bearing tiller rate (%)	Number of tillers	Number of panicles	Panicle bearing tiller rate (%)	Number of tillers	Number of panicles	Panicle bearing tiller rate (%)	Number of tillers	Number of panicles	Panicle bearing tiller rate (%)
Early rice	SGYB	4.53	0	0	5.27	0.33	6.36	5.93	4.10	70.80	8.60	8.60	100
in 2009	CK	6.80	0	0	6.87	0.40	5.82	6.67	3.87	58.12	6.80	6.80	100
Late rice	SGYB	1.08	0	0	3.00	0.21	7.00	4.78	4.08	85.36	10.13	10.04	99.11
in 2008	CK	1.38	0	0	3.83	0.23	6.00	4.25	3.35	78.82	6.96	6.92	99.43

Early and low position tillers were easily to develop and turn into effective panicles due to the early emergence, well growth and strong competitiveness; whereas late and high position tillers were difficult to turn into effective panicles due to late emergence, weak growth and weak competitiveness after elongation stage. As shown in Table 2, the tillers at elongation stage with four leaves generally formed effective panicles, most of the tillers with three leaves also formed effective panicles, the panicle bearing tiller rate for the tillers with two leaves was very low, while the tillers only had one leaf could not turn into effective panicles. As for tillers at the same leaf age, the panicle bearing tiller rate of "three high and one ensuring" cultivation mode was higher than conventional cultivation mode, which might be due to that the maximum tiller number of "three high and one ensuring" cultivation mode was low, which promoted the tillers turning into effective panicles. As can be seen from Figure 2, the panicle bearing tiller rates of early rice and late rice with "three high and one ensuring" cultivation mode were 11.21% and 18.69% higher than conventional cultivation mode, respectively.

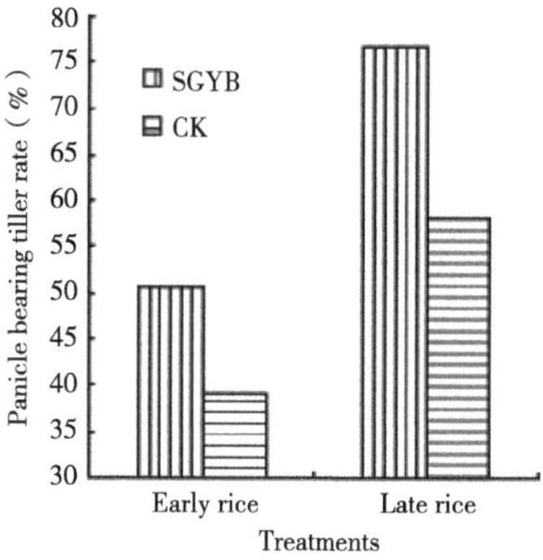

Figure 2　Percent effective panicles of two cultivation modes (in 2009)

2.1.2　Effects on grain yield and yield components

Experimental results during three years (five seasons) showed in Table 3 indicated that the total number of spikelets of "three high and one ensuring" cultivation mode was significantly higher than conventional cultivation mode, the early rice and late rice of "three high and one ensuring" cultivation mode were respectively 14.187%-14.71% and 8.64%-22.10% higher than conventional cultivation mode, which indicated that "three high and one ensuring" cultivation mode enlarged total sink capacity. The seed setting rate and grain plumpness of "three high and one ensuring" cultivation mode were higher than conventional cultivation mode due to high panicle bearing tiller rate, strong photosynthetic rate during late stage, and well grain filling. Therefore, the yield of "three high and one ensuring" cultivation mode was higher than conventional cultivation mode, the effect of yield increase achieved highly significant level, the rate of yield increase was 12.22%-19.73%.

Table 3　Grain yield and its components of two cultivation methods in experiment field

Year	Seasons	Treatments	Total number of spikelets (10^6/ha)	Setting rate (%)	Grain plumpness (%)	Actual yield (kg/ha)
2008	Late rice	SGYB	522.07aA	73.53	92.96	9 070aA
		CK	427.56bB	71.28	90.71	7 575bB
2009	Early rice	SGYB	375.59aA	84.97	87.53	7 665aA
		CK	327.42bB	82.59	87.03	6 495bB
	Late rice	SGYB	604.08aA	81.0	95.82	9 350aA
		CK	522.39bB	76.1	93.88	8 300bB
2010	Early rice	SGYB	394.56aA	80.06	84.72	7 070aA
		CK	345.57bB	76.77	83.83	6 300bB

（续表）

Year	Seasons	Treatments	Total number of spikelets (10^6/ha)	Setting rate (%)	Grain plumpness (%)	Actual yield (kg/ha)
2010	Late rice	SGYB	473.05aA	74.27	88.61	7 904.5aA
		CK	435.44bB	70.79	87.98	6 713.5bB

2.1.3 Effects on rice quality

The results of rice quality measured by the Ministry of Agriculture of Rice and Product Quality Supervision and Inspection Center indicated that "three high and one ensuring" cultivation mode not only increased rice yield, but also improved rice quality, leading to the increased brown rice recovery, milled rice recovery, head milled rice recovery, reduced chalky rice rate and chalkiness degree, and improved protein content and gel consistence (Table 4) .

Table 4 Grain quality of two cultivation methods (late rice in 2008)

Quality indicators	SGYB	CK	Increase (%)
Brown rice recovery (%)	78.5	78.3	0.26
Milled rice recovery (%)	70.6	70.5	0.14
Head milled rice recovery (%)	48.7	47.3	2.96
Grain length (mm)	7.0	6.9	1.45
Ratio of grain length to grain width	2.9	2.9	0
Chalky rice rate (%)	56	64	−12.5
Chalkiness degree (%)	8.4	9.9	−15.16
Clarity (class)	2	2	0
Alkali spreading value (class)	5.8	5.6	3.57
Gel consistence (mm)	48	35	37.14
Amylase content (%)	21.1	20.7	3.86
Protein content (%)	8.6	8.2	4.88

2.2 Results of field demonstration

2.2.1 Effects on rice percent effective panicles

According to Figure 3, investigation of contrastive field on four demonstration counties indicated that the panicle bearing tiller rate of early rice and late rice with "three high and one ensuring" cultivation mode was higher than conventional cultivation mode; to be specific, the early rice in four counties was 11.85% higher, and the late rice in four counties was 19.24% higher. The results were consistent to the field experiment approximately.

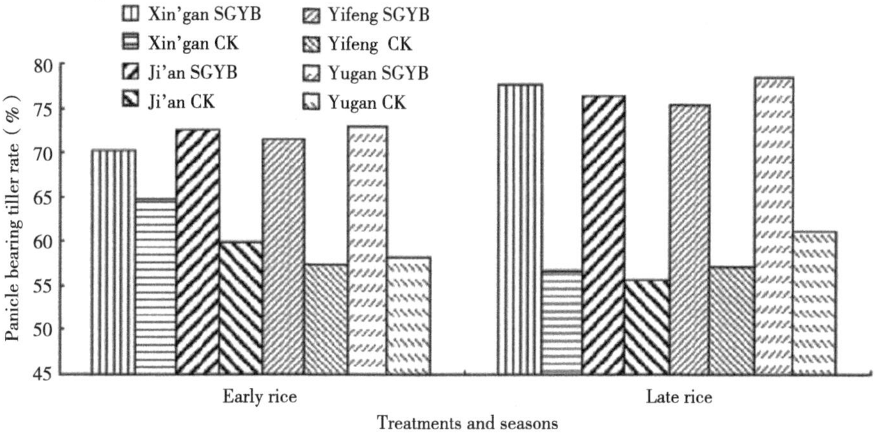

Figure 3　Percent effective panicles of two cultivation modes in contrastive field (in 2010)

2.2.2　Effects on grain yield and grain plumpness

The "three high and one ensuring" cultivation mode in four demonstration counties showed good performance in increasing seed setting rate, grain plumpness and grain yield. The results in contrastive field showed that the seed setting rate, grain plumpness and grain yield of "three high and one ensuring" cultivation mode was higher than conventional cultivation mode, except for late rice in Xin'gan county, while the yield in other contrastive demonstration field increased by more than 10% (Table 5).

Table 5　Comparison between different cultivation modes in grain yield and grain plumpness in contrastive demonstration field

Demonstration counties	Seasons	Treatments	Seed setting rate (%)	Grain plumpness (%)	Actual yield (kg/ha)	Yield increase (%)
Xin'gan	Early rice	SGYB	85.90	85.46	8 436.30	12.72
		CK	83.20	82.37	7 484.30	-
	Late rice	SGYB	86.77	94.65	8 871.00	2.53
		CK	86.15	90.81	8 652.00	-
Ji'an	Early rice	SGYB	83.20	89.51	8 114.90	12.97
		CK	81.30	87.87	7 183.40	-
	Late rice	SGYB	85.20	94.98	7 332.00	11.24
		CK	76.30	93.63	6 591.00	-

（续表）

Demonstration counties	Seasons	Treatments	Seed setting rate（%）	Grain plumpness（%）	Actual yield（kg/ha）	Yield increase（%）
Yifeng	Early rice	SGYB	80.68	87.56	8 217.8	14.04
		CK	77.52	84.23	7 205.60	–
	Late rice	SGYB	76.40	92.69	7 699.50	15.76
		CK	74.57	89.61	6 651.50	–
Yugan	Early rice	SGYB	83.47	90.28	8 567.60	16.96
		CK	80.25	86.34	7 324.80	–
	Late rice	SGYB	80.20	92.41	7 052.25	10.37
		CK	77.60	91.36	6 389.25	–

3 Conclusion and Discussion

The success in super hybrid rice breeding powerfully promoted the research of the cultivation technology of rice super high yield, most of previous studies used single cropping rice as experimental materials, while few studies used double cropping rice as experimental materials, which mainly because that the double cropping rice breeding was lagged behind the single cropping rice; furthermore, there were more harmful factors on super high yield of double cropping rice, leading to great difficulty. Therefore, aimed to solve the problems in double cropping rice cultivation that cultivating high quality seedling is difficult, plants with flourishing vegetative growth during early stage are difficult to breed, ineffective tillers are excessive during middle stage, grain filling rate and seed setting rate are low during late stage, and the grain yield and rice quality are poor, one set of "three high and one ensuring" cultivation mode, the core of which was high panicle bearing tiller rate, high seed setting rate, high grain plumpness and ensuring high quality, was explored through many years of research, which acquired the national invention patent already. The experimental results during three years (five seasons) showed that "three high and one ensuring" cultivation mode promoted the vegetative growth during early stage, inhibited the formation of ineffective tillers, improved the panicle bearing tiller rate, seed setting rate and grain plumpness, increased the grain yield and improved rice quality. Furthermore, the results of field demonstration also verified the results of field experiment. Multiple point demonstration also verified that the "three high and one ensuring" cultivation mode improved the panicle bearing tiller rate, seed setting rate, grain plumpness and grain yield. In conclusion, "three high and one ensuring" cultivation mode preferably solved the technical problems of low panicle bearing tiller rate, low seed setting rate and poor grain plumpness which affect the utilization of the potential of grain yield and rice quality.

Presently, the common characteristics of super high yield cultivation mode explored by our country are flourishing vegetative growth during early stage, high panicle bearing tiller rate during middle stage, no leaf premature senescence during late stage, as well great sink capacity, sufficient source, smooth transportation, strong culm, large panicles and vigorous roots[2-3, 5-7]. Aimed to solve the major technical difficulty of super high yield cultivation in double cropping rice area, "three high and one ensuring" cultivation mode drew on the principles of other cultivation modes, focused on the development of special fertilizer for rice seedling, and applied the special fertilizer to promote rice seedling growth and decrease the harmful effects of excessive application of tillering fertilizers for promoting rice growth during early stage such as the production of ineffective tillers; simultaneously, complex rice tiller-inhibitor was developed to control ineffective tillers[11]combining with the technology of water control and fertilizer control, to control the production of ineffective tillers with "three controls", which significantly increased panicle bearing tiller rate of rice. In addition, the sparsely-seeding, planting with wide rows spacing and narrow plants spacing, foliar fertilizer application during late stage delaying cutting off water supply and other technologies were adopted, which improved the population quality, optimized the population structure, promoted grain filling during late stage, thereby enhancing grain yield and rice quality.

References

[1] Xu Z F（徐志福）, Jian P Y（蒋彭炎）, Feng L D（冯来定）, et al. Primary demonstration on the evolution framework of rice population（关于水稻群体演进框架的初步论证）[A]// Paper collection in the 4th national seminar of rice high yield theory and practice[C]（第四届全国水稻高产理论与实践研讨会论文汇编）. Beijing: China Agriculture Publishing House（北京：中国农业出版社）, 1994: 46-53.

[2] Zou Y B（邹应斌）. Theory and technique of supper high yielding of rice——the cultural method of strong individual plants and weighty panicles（水稻超高产栽培的理论与技术策略——兼论壮秆重穗栽培法）[J]. Research of Agricultural Modernization（农业现代化研究）, 1997, 18（1）: 30-34.

[3] Tao S X（陶诗顺）, Zhang Q D（张清东）, Chen D G（陈德刚）. A new cultivating method for mid-maturing hybrid rice: super-multiple-tiller seedlings transplanting plus super-thin spacing（杂交中稻超多蘖壮秧超稀栽培模式）[J]. Journal of Southwest University of Science and Technology（绵阳经济技术高等专科学校学报）, 1997, 14（4）: 1-8.

[4] Liu Z B（刘志彬）. Research on trianglestereo-intensified super high yield cultivation mode of super hybrid rice（超级水稻三围立体强化栽培超高产模式研究）[J]. Sichuan Agricultural Science and Technique（四川农业科技）, 2006（6）: 43-45.

[5] Sun B（孙博）, Wang X J（王新江）. Research and application of "late, big and sparse" super high yield cultivation technique on rice in cold region（寒地水稻"晚、大、稀"超高产栽培技术研究及应用）[J]. Tillage and Cultivation（耕作与栽培）, 2005（4）: 20-21.

[6] Zhang G X（张根贤）, Yang F G（杨发贵）, Xu X P（徐肖平）, et al. Research and discussion of "steadying panicle, increasing grain and heaving panicle" super high yield cultivation path on single

cropping rice（单季稻“稳穗增粒高穗重”超高产栽培途径的研究与探讨）[J]. China Rice（中国稻米），2006（3）：33-36.

[7] Zhang H C（张洪程），Wu G C（吴桂成），Wu W G（吴文革），et al. The SOI model of quantitative cultivation of super-high yielding rice（水稻“精苗稳前、控蘖优中、大穗强后”超高产定量化栽培模式）[J]. Scientia Agricultura Sinica（中国农业科学），2010，43（13）：2 645-2 660.

[8] Peng C R（彭春瑞），Xie J S（谢金水），Liu G R（刘光荣），et al.（Three high and one ensure cultivation on technique of double cropping rice双季稻三高一保栽培技术）PZL2008101369524，2011-12-21.

[9] Peng C R（彭春瑞），Tu T H（涂田华），Zhou G H（周国华），et al. Study on Effects of applying special fertilizer for growing rice seedlings to early rice（水稻育秧专用肥在早稻上的应用效果研究）[J]. Acta Agriculturae Jiangxi（江西农业学报），2003，15（2）：7-11.

[10] Peng C R（彭春瑞），Shao C H（邵彩虹），Pan X H（潘晓华），et al. Effects of seedling-raising fertilizer on rice seedlings and its proteomics analysis（水稻育秧肥的壮秧效应及其蛋白质组学分析）[J]. Chinese Journal of Rice Science（中国水稻科学），2012，26（1）：27-33.

[11] Qian Y F，Qiiu C F，Shao C H，et al. Effects of tiller-inhibitor on growth and yield formation of super early hybrid rice Jinyou 458[J]. Agricultural Science & Technology，2011，12（10）：1 444-1 448.

[12] Zhu Y C，Xiong H，Xu F X，et al. Research on System of Rice Intensification（SRI）Technology in China[J]. Agricultural Science & Technology，2011，12（12）：1 818-1 825，1 836.

[13] Zhao N（赵娜），Guo X S（郭熙盛），Cao W D（曹卫东），et al. Effects of green manure milk vetch and fertilizer combined application on the growth and yield of rice in double-cropping rice areas（绿肥紫云英与化肥配施对双季稻区水稻生长及产量的影响）[J]. Journal of Anhui Agricultural Sciences（安徽农业科学），2010，38（36）：20 668-20 670.

[14] Liu R L，Liu H，Chen Y，et al. Genetic analysis of monosomic alien addition line MAAL8 of *O. officinalis*（CC）-*O. sativa*（AA）[J]. Agricultural Science & Technology，2011，12（5）：702-706，772.

双季稻“三高一保”栽培技术

彭春瑞[1]　涂田华[1]　罗晓燕[2]

（[1]江西省农业科学院/农业部作物生理生态与耕作重点实验室/国家红壤改良工程技术研究中心，南昌 330200；[2]江西省科技情报所，南昌 330046）

摘　要：根据多年研究成果，并与现在高产栽培成熟技术组装配套，集成了一套以提高成穗率、结实率、籽粒充实度和充分挖掘品种优质潜力（保优质）为主攻目标的双季稻“三高一保”栽培技术模式，并获国家发明专利。本文介绍了其技术原理和应用效果，并详细介绍了其核心技术和配套技术。核心技术包括育秧肥培育壮秧、“三控”结合控蘖，配套技术包括稀播细管、宽行浅栽、适肥促发、补肥防衰、增氧灌溉等技术。

关键词：双季稻；成穗率；结实率；籽粒充实度；产量；米质；栽培技术

“Three High and One Ensuring” Cultivation Technique of Double Cropping Rice

Peng Chunrui[1]　Tu Tianhua[1]　Luo Xiaoyan[2]

（[1]*Jiangxi Academy of Agricultural Sciences/Key Laboratory of Crop Ecophysiology and Farming System for the Middle and Lower Reaches of the Yangtze River*，*Ministry of Agriculture/National Engineering and Technology Research Center for Red Soil Improvement*，*Nanchang 330200*，*China*；[2]*Jiangxi Scientific and Technological Information Institute*，*Nanchang 330046*，*China*）

Abstract: According to our research results for many years，which assembled and matched current mature high yield cultivation technology，to integrate a set of “three high and one ensuring” cultivation technique mode of double cropping rice，the principal target of which was high panicle bearing tiller rate，high setting rate，high grain plumpness and digging the high quality potential of variety fully（ensuring high quality），the cultivation technique mode won the national invention patent. This paper introduced the technique principle and application effect，moreover，detailedly presented the core technique and matching technique. The core technique included that the rice seedling raising fertilizer was applied to promote the seedling vigor and the combination of water control，fertilizer control and chemical control was applied to control ineffective tillers，the matching

---

本文原载：江西农业学报，2013，25（1）：1-4

基金项目：国家科技支撑计划项目（2006BAD02A04、2011BAD16B04），江西省主要学科学术与技术带头人培养计划项目

technique included sparse-seeding with fine management, wide rows spacing with shallow planting, proper amount of fertilizer to promote early growth, supplementary fertilizer to prevent premature senescence, irrigation with oxygen increasing and so on.

Key words: Double cropping rice; Panicle bearing tiller rate; Seed setting rate; Grain plumpness; Grain yield; Rice quality; Cultivation technology

构建早发、中稳、后健的群体是充分挖掘水稻品种产量和米质潜力的理想栽培途径。而长江中下游双季稻区由于前期早稻低温寡照、秧苗素质差、栽后难早发，晚稻又高温高湿，秧苗易徒长、移栽植伤大，也难早发。而双季稻的有效分蘖期短，生产上为了促进前期分蘖往往大量施用分蘖肥，结果造成有效分蘖少而无效分蘖的大量滋生、成穗率降低，导致田间通风透光差、群体质量下降、后期群体光合效率低，不利于水稻灌浆结实。加上双季早、晚稻后期分别易遇高温和低温危害，也不利于后期的光合产物积累和转运，影响籽粒灌浆充实，导致结实率低、充实度低，影响产量和品质。针对上述难题，笔者通过10多年的研究，突破了壮秧促早发和控蘖提升群体质量等关键技术，集成创新出了一套以提高成穗率、结实率、籽粒充实度和挖掘品种优质潜力（保优质）为主攻目标的双季稻“三高一保”栽培技术模式，并获国家发明专利[1]。本文将介绍其技术原理、应用效果及栽培技术。

1　技术原理与应用效果

1.1　技术原理

构建后期高光效的群体是实现水稻高产优质的核心，而中期控制无效分蘖，提高成穗率又是构建后期高光效群体的关键，而提高成穗率又必须是建立在合理群体基数和前期早发的基础上[2]，由此可见，前期合理的群体基数和早发是水稻高产优质栽培的基础，中期高成穗率是高产优质栽培的关键，后期高光效群体是高产优质栽培的核心。根据这一技术原理。针对双季稻生产上存在的实际问题，笔者从研发水稻专用育秧肥入手，应用育秧肥培育壮秧，充分利用壮秧的早发优势，主要通过培育壮秧促进前期早发[3, 4]，避免了靠大量施分蘖肥促早发带来的无效分蘖大量滋生的不利影响。同时，研发出水稻复合控蘖剂来控制无效分蘖[5]，采用化控（喷施水稻复合控蘖剂）、水控（提早晒田）、肥控（减少前期养分供应）“三控”结合控制无效分蘖发生，明显提高了水稻的成穗率，实现了构建后期高光效群体的目的。在此基础上，后期再加强肥水管理，改善田间通风透光条件，防治水稻早衰，促进籽粒灌浆结实。并与其他成熟的高产优质栽培技术进行组装配套，集成创新出一套“三高一保”综合栽培技术模式。

1.2　应用效果

通过多年的试验表明，集成创新的双季稻“三高一保”栽培技术模式，能明显促进水稻前期早发，控制无效分蘖发生，提高成穗率，早晚稻成穗率分别较常规栽培高出11.21个百分点和18.69个百分点，并能扩大库容量，早晚稻的库容量分别较常规栽培增加14.187%～14.71%和8.64%～22.10%，而且结实率增加2～4个百分点，籽粒充实度也增

加，最终产量较常规栽培增产12.22%～19.73%，增产效果都达到极显著水平。而且米质不仅没有下降，反而有所改善，主要表现为出糙米、精米率、整精米率增加，垩白米率和垩白度下降，蛋白质含量和胶稠度上升等。对吉安、新干、宜丰、余干4个县的示范进行调查，结果也表明，"三高一保"栽培能提高成穗率，早、晚稻4个县平均成穗率分别较常规栽培高11.85个百分点和19.24个百分点，而且结率、籽粒充实度和产量均高于常规栽培，一般增产幅度都在10%以上[6]。

2　核心技术

2.1　育秧肥培育壮秧

利用江西省农业科学院土壤肥料与资源环境研究所自主研发的水稻育秧专用肥培育壮秧，作基肥在播种前一次性施用，育秧期间一般不再需要施肥、打药、化控，具有操作简便、一肥多能、成秧率高、壮秧促早发效果好等优点[3, 4]。用量为早稻型75g/m^{2}秧床、晚稻型50g/m^{2}秧床。用法根据育秧方式不同而略有差异，旱床育秧将育秧肥和干细土按1：100的比例拌匀，将整好的秧床浇透水，然后把拌了育秧肥的干细土均匀撒在秧畦上，接着用洒水壶洒足一次水，直到秧畦上有明显积水为止，再将种子均匀播种在秧畦上，并用生荒干细土盖种，确保种子不外露，再均匀洒透一次水，然后盖膜（早稻）或盖草（晚稻），并按旱床育秧相关要求进行秧田管理；塑盘育秧则将育秧肥撒入秧田畦沟里，与沟中糊泥充分拌匀后装入塑盘中，也可将1/2育秧肥按育秧肥与干细土1：（10～20）的比例拌匀后均匀撒在秧畦上，然后摆盘，另外1/2育秧肥撒入秧田畦沟里，与沟中糊泥充分拌匀后装入塑盘中，装盘后将盘中糊泥刮平，然后播种并按塑盘育秧相关要求进行秧田管理；湿润育秧则整好秧田做好秧畦后，将育秧肥按育秧肥与干细土1：（10～20）的比例拌匀后均匀撒在秧畦上，然后推匀推平，再播种并按湿润育秧相关要求进行秧田管理，如当地没有育秧肥销售，也可用水稻壮秧剂代替育秧肥，具体用量按壮秧剂的使用说明。

2.2　"三控"结合控蘖

晒田和减少分蘖肥用量是生产上常用的水稻控蘖技术，但受天气和土壤因素的影响，晒田有时难以实施或难以达到预期的控蘖效果，减少分蘖肥用量的度也难以掌握，因而这两项措施都存在限制因子多、效果滞后、可预见性差等缺陷，利用化学控蘖剂控制无效分蘖，具有见效快，控蘖效果好和不易受天气影响等优点，但目前单一的以植物生长调节物质来控制无效分蘖也存在喷后叶片明显拉长、节间伸长、群体受光条件恶化等不利影响。为此，江西省农业科学院土肥与资环研究所自主研制一种水稻复合控蘖剂，试验示范表明有很好的控制水稻无效分蘖和促进颖花分化发育的效果，而且对群体结构的副作用很小[5]。试验已表明，化控（喷施水稻复合控蘖剂）、水控（提早晒田）、肥控（减少分蘖肥用量）3项控蘖措施以化控的控蘖效果最好，其次是肥控，然后是水控，3项措施之间有很好的协同作用，采用化控、肥控、水控的"三控"结合控蘖，更能达到理想的控蘖效果[7]。

2.2.1　化控技术

化控技术是当苗数达到高产要求的计划穗数时或当水稻生育进程达到有效分蘖临界叶

时，每亩大田喷施浓度为2g/kg的水稻复合控蘖剂药液50kg，或这时先喷浓度为1g/kg的水稻复合控蘖剂药液50kg，过3～5d后再喷浓度为1g/kg的水稻复合控蘖剂药液50kg，喷施时应选择阴天或晴天傍晚进行，要求喷施均匀，喷后8h内遇大雨应重喷。

2.2.2 肥控技术

肥控技术主要是减少水稻前期施肥量，特别是氮肥用量，以控制无效分蘖期水稻植株的养分含量，达到抑制无效分蘖发生的目的，但前期施肥量过少又会影响水稻早发，导致无效分蘖少，有效穗不足，影响水稻高产。因此，在确定了适宜施肥量的基础上，合理进行肥料运筹十分重要。据试验，改变过去那种前期"一轰头"的施肥方法，将部分分蘖肥后移作穗肥或粒肥施用，有利于抑制无效分蘖的发生。一般双季早稻氮肥70%～75%留作在前期作基肥和分蘖肥施用，25%～30%留作后期作穗粒肥施用较合理；双季晚稻氮肥65%～70%留作在前期作基肥和分蘖肥施用，30%～35%留作后期作穗粒肥施用较好。一般穗肥在倒2叶露尖期施用，粒肥在始穗期施用为宜。一般粒肥占总施氮量的5%～10%，穗肥占总施氮量的25%～30%。

2.2.3 水控技术

水控技术主要是指通过中期晒田控制无效分蘖发生，促进根系生长，促进生育转变，改善田间小气候，促进壮秆。但由于晒田控蘖效果的滞后性，目前生产上采用的进入无效分蘖才开始晒田或到达苗高峰期才开始晒田的做法控蘖效果不明显，甚至还会影响水稻幼穗生长发育，而生产上采用的重晒田常常会拉断水稻根系，造成水分胁迫而使水稻生长受到抑制，也不利于水稻高产。因此，要改变生产上晒田过迟过重的做法，采取提早晒田、多次轻晒的方法，而且坚持够苗不等时、到时不等苗的原则。一般当双季早稻达到计划苗数的70%～80%、双季晚稻达到计划苗数的80%～90%时就要开始晒田，或者是已移（抛）栽后15d了，但苗数还没有达到上述晒田要求，这时也要开始晒田。晒至田边开细裂，田中不陷脚时灌薄水湿润，然后轻晒，依次类推，多次轻晒，保持田间裂缝不加宽、田泥不回软，到倒2叶露尖期结束晒田，灌水保胎。为提高晒田效果，晒田时要求大的田块还要开"井"字沟或"十"字沟，使田面水尽早排出，要求排水24h后田面没积水。对早稻由于天气原因很难晒至开裂的田块，则需要长期打开排水缺口排水，不开裂不灌水。

3 配套技术

3.1 稀播细管

除用育秧肥育秧外，为了进一步提高秧苗素质，还要配套采用适当稀播和加强秧田管理等措施。一般播种密度以早稻旱床育秧杂交稻100g/m^{2}秧床左右、常规稻200g/m^{2}秧床左右为宜，塑盘育秧杂交稻每孔2粒谷、常规稻每孔3～5粒谷为宜，湿润育秧杂交稻30g/m^{2}秧床左右、常规稻60g/m^{2}秧床左右为宜，双季晚稻则播种密度在早稻的基础上降低40%～50%为宜。同时要加强秧田管理，控制病虫为害，严格按不同的育秧方式的管理要求进行秧田管理。移栽前3～5d均要施一次送嫁肥，一般每亩秧田施尿素和氯化钾各3～4kg，对秧龄长的秧田还应考虑在播种后20d左右施一次接力肥。并要控制水分供应，

促进壮根和提高抗逆能力，旱床育秧和塑盘育秧出苗后实行旱育，不卷叶不浇水，湿润育秧2叶1心前保持秧畦无水，以后坚持浅水勤灌。

3.2 宽行浅栽

首先，要根据品种特性、秧苗素质、土壤条件、高产要求，按照充分利用有效分蘖节位分蘖成穗的原则，确定合理的栽插密度，一般每亩大田早稻保证2.0万～2.4万蔸，每蔸杂交稻2粒谷苗，常规稻3～5粒谷苗；晚稻保证1.7万～2.1万蔸，杂交稻每蔸1～2粒谷苗，插足8万～10万苗，常规稻每蔸2～3粒谷苗，插足12万～14万苗。其次，在基本苗确定后，还要优化空间布局，增加行宽、宽行种植以改善田间的通风透光条件，一般移栽稻采用13.3cm×23.3cm、16.7cm×20cm等宽行窄株的种植方式，而抛秧栽稻则要尽量抛匀，消灭1 100cm^{2}以上的空白区，并每隔3～4m拣出一条宽35～40cm的工作行。最后，是要提高移栽质量，一是要求浅插高抛，移栽稻一般中小苗移栽深度1～2cm，大苗不超过3cm，但抛栽稻要求尽量抛高，以增加入土深度；二是早稻移抛栽时要避开大风大雨天气，二晚应在阴天或晴天下午4点以后移栽或抛栽；三是坚持阴天无水移（抛）栽，晴天花泥水移（抛）栽高抛秧。

3.3 适肥促发

应根据品种特性、产量水平、土壤条件等要求，确定合理的施肥量，并做到平衡施肥。中等肥力田块，一般早稻应在每亩施腐熟猪牛栏粪500～1 000kg或红花草1 000～1 500kg的基础上，再施化学氮素（N）8～10kg，P_2O_5 5～6kg，K_2O 9～13kg，晚稻应在每亩施1/2的早稻稻草还田或腐熟猪牛栏粪500～1 000kg的基础上，再施化学氮素（N）10～12kg，P_2O_5 3～4.5kg，K_2O 10～12kg，有机肥不足，应增加化肥的用量，确保早稻每亩施氮素（N）12～14kg，P_2O_5 6～7kg，K_2O 12～16kg，晚稻氮素（N）14～16kg，P_2O_5 5～6kg，K_2O 14～17kg。在此基础上，施足基肥、早施分蘖肥，一般基肥占总施氮量的50%左右、总施磷量的100%、总施钾量的30%～50%，结合整地施下；分蘖肥占氮、钾的总施肥量早稻为20%～25%，晚稻为15%～20%，在栽后5～7d结合化学除草施下，确保有效分蘖期的养分供应充足，而无效分蘖期植株养分含量不过高。

3.4 补肥防衰

后期采用施用粒肥和根外追肥的办法，补充水稻养分，延缓植株衰老进程。一般除始穗期施用5%～10%的总施氮、钾量作粒肥外，还应在齐穗期和乳熟期各进行一次根外追肥，一般每亩大田可用磷酸二氢钾100g加0.1%硕丰481粉剂2g对水50kg喷施，也可选用叶面宝、谷粒饱、粒粒壮等复合型多功能专用叶面肥进行叶面喷施。

3.5 增氧灌溉

要减少灌水深度和淹灌时间，增加土壤含氧量，促进根系生长和前期分蘖，防治后期早衰。除晒田期外，其他各时期应采用湿润灌溉的方式，即每次灌水深度一般不超过20mm，灌后让其自然落干，然后露田2～3d，直到田间无积水再灌水，依次循环，灌浆中后期露田时间延长至3～5d。收获前5～7d断水，切忌断水过早。

参考文献

[1] 彭春瑞，谢金水，刘光荣，等. 双季稻三高一保栽培技术[P]. ZL2008 1 0136952.4，2011-12-21.

[2] 徐志福，将彭炎，冯来定，等. 关于水稻群体演进框架的初步论证[A].// 第四届全国水稻高产理论与实践研讨会论文汇编[C]. 北京：中国农业出版社，1994：46-53.

[3] 彭春瑞，涂田华，周国华，等. 水稻育秧专用肥在早稻上的应用效果研究[J]. 江西农业学报，2003，15（2）：7-11.

[4] 彭春瑞，邵彩虹，潘晓华，等. 水稻育秧肥的壮秧效应及其蛋白质组学分析[J]. 中国水稻科学，2012，26（1）：27-33.

[5] Qian Yinfei，Qiu Caifei，Shao Caihong，et al. Effects of tiller-inhibitor on growth and yield formation of super early hybrid rice jinyou 458[J]. Agricultural Science & Technology，2011，12（10）：1 444-1 448.

[6] Peng Chunrui，Xie Jinshu，Qiu Caifei，et al. Study and Application of “Three High and One Ensuring” Cultivation Mode of Double. Agricultural Science &Technology，2012，13（7）：1 425-1 430.

[7] 彭春瑞，邱才飞，谢金水，等. 不同控蘖措施对淦鑫688分蘖成穗及产量的影响[J]. 江西农业大学学报，2012，14（1）：142-145.

Senescence Characteristics of Double Cropping Super Rice under Different Cultivation Modes

Peng Chunrui　Qiu Caifei　Xie Jinshui　Guan Xianjiao
QianYinfei　Pan Xiaohua[2]*

([1]*Jiangxi Academy of Agricultural Sciences/Key Laboratory of Crop Ecophysiology and Farming System forthe Middle and Lower Reaches of the Yangtze RiverMinistry of Agriculture/National Engineering and Technology Research Center for Red Soil Improvement*, *Nanchang 330200*, *China*; [2]*College of Agriculture*, *Jiangxi Agricultural University*, *Nanchang 330045*, *China*)

Abstract: Super early rice Jinyou 458 and super late rice Ganxin 688 were used as materials to study the root, leaf and grain senescence characteristics of double cropping super rice under "three high and one ensuring" cultivation mode and conventional cultivation mode. The results indicated that SPAD value in top three leaves of "three high and one ensuring" cultivation mode was higher than conventional cultivation mode during grain filling period, but its leaf MDA (malondialdehyde) content was lower than conventional cultivation mode after full heading, simultaneously, the bleeding amount per stem, SOD (superoxide dismutase) and POD (peroxidase) activity of "three high and one ensuring" cultivation mode were higher than conventional cultivation mode during grain filling period, all of these manifested that "three high and one ensuring" was more favourable to keep root activity and prolong leaf functional period, to retard the senescence speed of rice leaves, roots and rice grains.

Key words: Cultivation mode; Double cropping; Senescence characteristics; Super rice

1　Introduction

Grain filling period is the critical period for rice yield and quality formation, the senescence characteristics of every organ in this period can significantly affect rice grain filling, ultimately, that will affect rice seed setting rate, plumpness, grain yield and quality. The rice cultivation experts both here and abroad paid more attention to the correlative eco-physiology studies during rice grain filling and seed setting period (Muying et al, 2001; Cheng et al,

本文原载：Research on crops，2013，14（2）：340-344

* *Corresponding author*

基金项目：The National Key Technology R & D Program of China （2006BAD02A04）and the Leader Cultivation Plan on Major Subject and Technology Program of Jiangxi Province

2002）. Moreover, the senescence characteristics of rice organs are affected by various factors during grain filling period, of which cultivation measure is one of the main factors to impact rice senescence characteristics. Hence, the study on the modes is very important for delaying the functional organs senescence and increasing rice yield. A set of "three high and one ensuring" cultivation mode whose core was to promote per cent effective tiller, seed setting rate, grain plumpness and dig the quality potential of varieties（ensuring high quality）was innovated and integrated based on more than 10 years of our researches, which won the national invention patent（Chunrui et al, 2011）.Compared to conventional cultivation mode, this cultivation mode obviously enhanced per cent effective tiller, 11.21% for early rice and 18.69% for late rice, raised early and late rice seed setting rate by 2%–4%, simultaneously, also enhanced the grain plumpness, finally increased early and late rice yield by 12.22%–19.73%, furthermore, it obviously improved rice quality on increasing brown rice rate, milled rice rate and head rice rate, decreasing chalky rice rate and chalkiness degree, enhancing protein content and gel consistency（Chunrui et al, 2012）. This paper mainly presented the effect of "three high and one ensuring" cultivation mode on the organs senescence process of double cropping rice during grain filling period.

2 Materials and Methods

Super early rice variety Jinyou 458 and super late rice variety Ganxin 688 were used as test cultivar. Special fertilizer for promoting rice seedling vigour and compound rice tiller-inhibitor were self-made. The experiment was conducted in experimental area of Jiangxi Academy of Agricultural Sciences of China in 2010, two cultivation modes were designed, one of which was "three high and one ensuring" cultivation mode of double cropping super rice（SGYB）, the other one was conventional cultivation mode（CK）. The area of the experimental plot was 30–60m^2, randomized block design was adopted with four replications, 30cm wide and 25cm high field ridge between plots was covered with plastic film to defend water penetration, every plot was separately drained and irrigated, the drainage ditch was 10cm lower than the field surface of plots and guard rows were left around the experimental field. Seedling culture in dry seedbed was adopted for early rice and seedling culture in wet seedbed was adopted for late rice, the seedling age of early rice and late rice was 25–30 and 30–35 days, respectively. The main technical difference between two cultivation modes was published in a paper in 2012（Chunrui et al, 2012）. Fifteen plants in each plot of replication 1–3 were labelled in the experimental field to measure the top three functional leaves chlorophyll content by SPAD–520 made in Japan at full heading times, 5, 10, 15, 20, 25 and 30days, respectively, the measured position was at middle of leaf, the reading was expressed by SPAD value. During grain filling period, five hills were selected by average number of panicles to cut in replication 4 every other five days, the cutting time was at 6 pm. one day before bleeding measuring, the cutting position was at 10cm above the ground and the cutter was single side blade, 20g absorbent cotton was weighed to cover the wound to absorb bleeding sap, a plastic bag was used to enclose the absorbent cotton and rice stubble, the absorbent cotton was taken back and weighed for computing bleeding amount at 6 am. next day. During heading period, around four hundred panicles which had similar performance were labelled in replication 4, from the labelled date, 30 labelled panicles were cut at stem base from 9 a.m. to 10 a.m. every other five days, the panicles and flag leaves were rapidly subpackaged with freezing treatment by liquid nitrogen, and then were stored in refrigerator at −20℃. As for rice leaf MDA content measurement, a few quartz sand and 2ml TCA (trichloroacetic acid) were added into 1.0g flag leaves (removing the vein) to grind to homogenate, then 8ml TCA was added for further grinding, the homogenate was centrifugated for 10min under 4 000r/min, the supernatant was the sample extract for measurement, two component spectrophotometry was adopted as measurement method (Hesheng et al, 1999). On SOD and POD activity measurement, 1.0g rice grains were weighed into precooling mortar, then 2ml precooling phosphate buffer (50mmol/L, pH 7.8) which contained 10g/L polyvinylpyrrolidone was added in, the extraction medium was grinded to homogenate in ice bath, and then it was transferred into test tube, the mortar was washed by the extraction medium for 2−3 times, finally, the constant volume was 10ml, afterwards, 5ml homogenate was centrifugated for 15 min under 4 000r/min at 4℃, the supernatant was the rude enzyme extract for measurement, SOD activity was measured by nitro-Nitroblue tetrazolium chemical reduction method (Glannpotolitis and Ries, 1977) and POD activity was measured by guaiacol colorimetric method (Junfeng, 1997).

3 Results and Discussion

During grain filling period, rapid leaf senescence is one of the important causes to result in a bad grain filling and seed setting on double cropping super rice, which easily results in decreasing seed setting rate and poor grain plumpness, as well affects the yield and quality of double cropping super rice. The experimental results indicated that the leaf senescence progress of top three functional leaves was different through the comparison of two cultivation modes during grain filling period. Figure 1 shows that although early rice SPAD value of top three functional leaves decreased with the growing process during grain filling period, but "three high and one ensuring" cultivation mode was higher than CK on SPAD value of top three functional leaves in whole grain filling process, it manifested that the functional period of functional leaves under "three high and one ensuring" cultivation mode was longer in late stage, chlorophyll content was higher, so higher photosynthetic potential was maintained, finally, more filling materials were offered to grain filling.

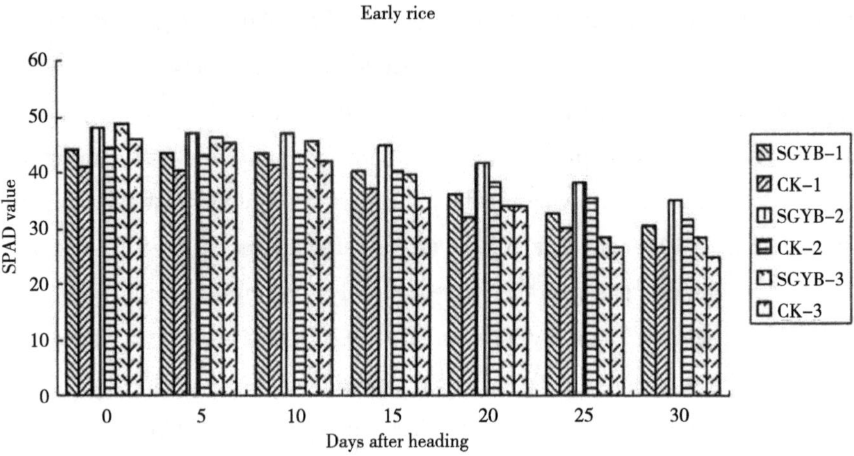

Figure 1　Dynamics of leaf SPAD value under two cultivation modes during grain filling period

The change of leaf MDA content during grain filling period is an important index to reflect rice leaf senescence degree. Figure 2 indicates that MDA content in leaves was continuously increased after full heading, whereas MDA content under "three high and one ensuring" cultivation mode less and less compared to CK with grain filling process. It showed that "three high and one ensuring" cultivation mode reduced MDA accumulation in leaves after rice full heading, delayed the progress of rice leaf senescence, availably prevented leaf senescence after heading, improved the leaf photosynthetic efficiency.

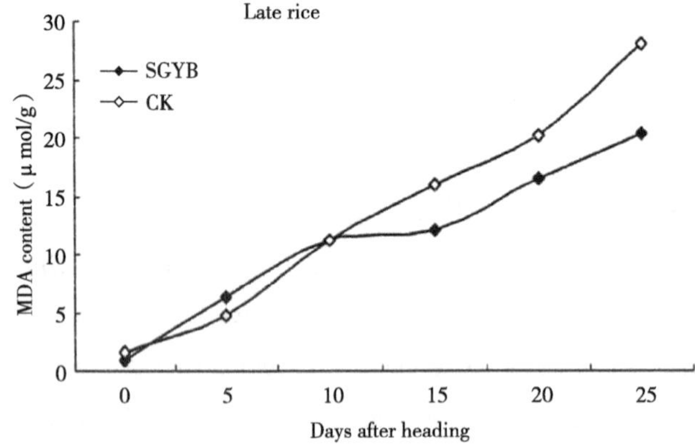

Figure 2　Dynamics of leaf MDA content under two cultivation modes during grain filling period

Bleeding amount is an important index to evaluate the degree of root physiological activity, bleeding directly reflects root activity, more bleeding amount, stronger root activity. Figure 3 indicates that the change trend of bleeding amount under two cultivation modes was from big to small from full heading stage to maturity stage, the main cause was that rice roots gradually aged with grain filling process, to result in declining root activity gradually, so root bleeding amount represented a downward trend. But then, the bleeding amount per stem under "three high and one ensuring" cultivation mode in every stage was higher than CK, it showed that "three high and one ensuring" cultivation mode was more favourable to retard rice root senescence process in late stage, this phenomena perhaps attributed to that rice formed a strong and exuberant root group during heading period under "three high and one ensuring" cultivation mode, moreover, because the nutrient application was shifted to late stage after heading, so nutrient supply became more sufficient, and that there was no water stress due to late water cut-off, consequently, the root senescence was slow in late stage.

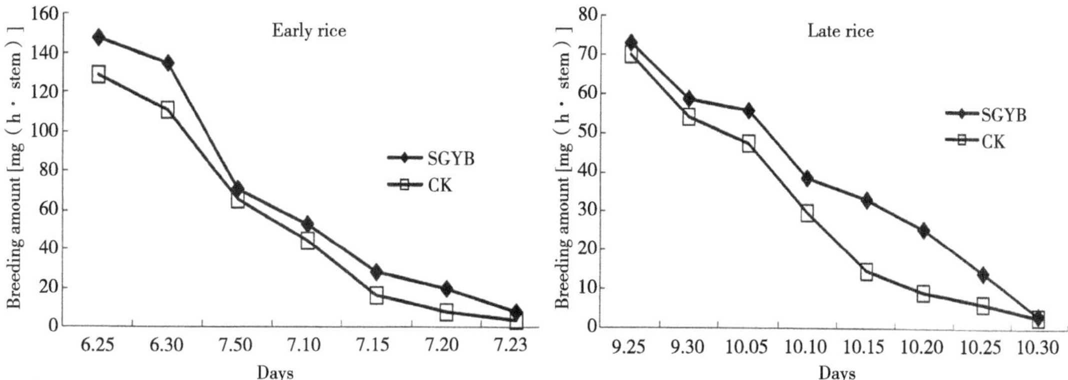

Figure 3　Dynamics of bleeding amount under two cultivation modes during grain filling Period

SOD and POD are two kinds of important protective enzymes in plant. SOD is one of most effective antioxidant enzymes, which can eliminate the potential hazard of superoxide anion and hydrogen peroxide, thereby alleviating the harm of superoxide radical and hydrogen peroxide on plant cell, POD activity may promote plant cell to eliminate active oxygen rapidly, eliminate the harm of hydrogen peroxide, control lipid oxidation and lower the injury on membrane system. Hereby, high activity of these two kinds of enzyme is favourable to lighten the injury on cell and to relief senescence. Table 1 indicates that SOD and POD activity in rice grain was gradually declining with grain filling process, but the activity of two kinds of enzyme in grain under "three high and one ensuring" cultivation mode was higher than CK, the change trend of early rice and late rice was same. Research results showed that the grain senescence speed of "three high and one ensuring" cultivation mode was slower, which was more favourable to improve the activity of rice sink, and to promote grain filling.

Table 1　Sod and pod activity under two cultivation modes during grain filling period

Days after heading (d)	SOD activity (U/g FW)				POD activity [U (g FW · min)]			
	Late rice		Early rice		Late rice		Early rice	
	SGYB	CK	SGYB	CK	SGYB	CK	SGYB	CK
0	28.361	25.624	27.17	26.24	682.82	431.03	511.48	462.04

（续表）

Days after heading（d）	SOD activity（U/g FW）				POD activity [U（g FW · min）]			
	Late rice		Early rice		Late rice		Early rice	
	SGYB	CK	SGYB	CK	SGYB	CK	SGYB	CK
5	23.818	21.938	20.99	20.80	625.00	380.96	485.07	399.60
10	21.155	19.730	19.42	18.91	399.41	210.11	447.76	359.27
15	19.240	18.016	18.04	17.55	356.44	188.48	386.73	310.64
20	12.621	11.784	16.51	16.82	345.28	174.27	333.83	273.63
25	10.348	9.634	14.91	14.12	278.10	146.21	297.91	237.26
30	9.227	8.879	–	–	225.15	145.49	–	–

4 Conclusion

Many studies on rice leaf and root senescence process were carried out by previous researcher, the results showed that some organs senescence such as leaf and root after heading resulted in leaf chlorophyll degradation, MDA accumulation, the activity of protective enzyme such as SOD and POD lowering, and root activity declining（Yue fang and Ding zhi, 1990; Yongping et al, 2000; Muying et al, 2001）, this study indicated that the leaf SPAD value and root bleeding intensity under "three high and one ensuring" cultivation mode during grain filling and seed setting period was higher than CK, but MDA content was lower than CK, which manifested that the leaf and root senescence speed of "three high and one ensuring" cultivation mode was slower than CK. The previous studies mostly focused on leaf and root senescence, but the published paper about grain senescence was very few, whereas the grain senescence is closely related to grain filling. In this study, the activity of SOD and POD in grain was measured in grain filling process, the results showed that SOD and POD activity under "three high and one ensuring" cultivation mode was higher than CK in whole grain filling process, it demonstrated that "three high and one ensuring" cultivation mode decelerated the grain senescence speed, improved rice sink activity and promoted grain filling. All in all, "three high and one ensuring" cultivation mode was more favourable to retard rice leaf, root and grain senescence process, that was very important to keep the higher physiological activity of every organ and promote grain filling during grain filling period.

Reffrences

Cheng Z, Ya P F, Zong X S. 2002. Relationship between leaf senescence and activated oxygen metabolism in super high yielding rice during flowering and grain formation stage[J]. Chinese J. Rice Sci.（16）: 326–330.

Chunrui P，Jinshui X，Caifei Q，et al. 2012. Study and application of “three high and one ensuring” cultivation mode of double cropping rice[J]. Agric. Sci. & Technol.（13）：1 425–1 430.

Chunrui P，Jinshui X，Guangrong L，et al. 2011. “Three high and one ensuring” cultivation technique of double cropping rice[P]. ZL200810136952.4.

Glannpotolitis C N，Ries S K. 1977. Superoxide dismutases. I. Occurrence in higher plants[J]. Plant Physiol.，59：309–314.

Hesheng L，Qung S，Shijie Z. 1999. The principle and technology of plant physiology and biochemistry experiment[M]. Beijing：Higher Education Press. 164–261.

Junfeng G. 1997. Plant Physiology Experiment Guide[M]. Xi’an：World Publishing Corporation.

Muying L，Qinghua S，Wei Z，et al. 2001. A preliminary study on relationship between leaf premature senescence characteristic and leaf Ncontent，roots activity in hybrid rice during grain filling stage[J]. Acta Agric. Univ. Jiangxiensis（29）：21–22.

Yongping C，Qiguang Y，Yide H. 2000. Effect of rice cultivated under paddy and upland condition on photosynthesis and senescence of flag leaf and activity of root system after heading[J]. Chinese J. Rice Sci.（14）：219–324.

Yuefang M，Dingzhi L. 1990. Effect of irrigation modes on the senescence and physiological activity in hybrid rice after heading[J]. Chinese J. Rice Sci.（4）：56–62.

双季超级稻“三高一保”栽培的产量形成特征研究

彭春瑞[1] 陈金[1] 邱才飞[1] 钱银飞[1] 陈先茂[1]
关贤文[1] 邓国强[1] 谢江[1] 潘晓华[2*]

（[1]江西省农业科学院/农业部作物生理生态与耕作重点实验室/国家红壤改良工程技术研究中心，南昌 330200；[2]江西农业大学农学院，南昌 330045）

摘　要：为探明“三高一保”栽培模式下双季超级稻的产量形成特征，在江西省南昌以超级早稻金优458和超级晚稻淦鑫688为材料进行3年5季的田间试验，比较了“三高一保”栽培和常规栽培下产量、库容、干物质生产与分配、根系生长及养分吸收特性差异。结果表明，与常规栽培相比，“三高一保”栽培显著提高了双季超级稻产量，早、晚稻产量分别提高了15.1%和18.2%（$P<0.05$）；“三高一保”栽培不仅能显著增加双季超级稻的颖花量和库容量，而且能提高全生育期的LAI、生育后期叶片净化光合速率，增加干物质生产量，同时提高茎鞘输出率，增加穗部干物质分配的比重。“三高一保”栽培促进根系生长，提高全生育期根系干物质量和根系活力，增加养分吸收量。由此可见，双季超级稻“三高一保”栽培可以扩库增源促流，促进根系生长和养分吸收，这是其增产的重要生理基础。

关键词：栽培模式；双季超级稻；产量；生长特性；养分吸收

Effects of “Three High One Ensure” Cultivation Pattern on Yield Formation Characteristics of Double Super Hybrid Rice

Peng Chunrui[1] Chen Jin[1] Qiu Caifei[1] Qian Yinfei[1] Chen Xianmao[1]
Guan Xianjiao[1] Deng Guoqiang[1] Xie Jiang[1] Pan Xiaohua[2*]

（[1]*Jiangxi Academy of Agricultural Sciences/Key Laboratory of Crop Ecophysiology and Farming System for the Middle and Lower Reaches of the Yangtze River, Ministry of Agricultural, P.R.china/National engineering and technology Research Center for Red Soil Improvement, Nanchang 330200, China*; [2]*College of agronomy, Jiangxi agricultural university, Nanchang 330045, China*）

本文原载：江西农业大学学报，2017，39（2）：205-213

基金项目：国家科技支撑计划项目（2006BAD02A04、2013BAD07B12），江西省主要学科与学术带头人培养计划项目

*通讯作者

Abstract: In order to explore the yield formation characteristics of double super hybrid rice under "three high one ensure" cultivation pattern, a field experiment of 5 seasons during 3 years was conducted in Nanchang of Jiangxi Province. Super early rice cultivar JinYou 458 and super late rice cultivar Ganxin 688 were used in early and late season cropping, respectively. The differences in yield, sink potential, dry matter production and distribution, root growth and nutrient uptake under "three high one ensure" cultivation pattern (SGYB) were compared with the conventional high-yielding pattern.The results showed that SGYB significantly improved the yield of double super rice compared with the conventional high-yielding pattern and the early and late rice yields were improved by 15.1% and 18.2%, respectively (P<0.05). The SGYB not only significantly increased the total spikelets and sink potential of double super rice but also improved the increase of LAI during the whole growth period, leaf net photosynthetic rate during the late growth period and dry matter production.Moreover, the SGYB enhanced the translocation of dry matter from stems (including sheaths) and increased panicle ratio to biomass.The root dry weight and root activity of double super rice were improved by SGYB and nutrient uptake was increased.Thus, the promotion of sink, sources, and flow, the improvement of root growth and nutrient uptake are the important physiological basis for increasing the yield of SGYB.

Key words: Cultivation patterns; Double super rice; Yield; Growth characteristics; Nutrient uptake

水稻是我国最重要的粮食作物，据统计，2012年其种植面积占整个粮食作物播种面积的27.1%，稻谷总产占粮食总产的34.6%[1]。面对人口增加对粮食需求的压力，作物高产栽培技术一直是关注的热点。关于水稻超高产栽培途径，国内外学者提出了多种构想，如理想株型[2]、强化栽培[3]、寒地“三超”栽培[4]、“旺壮重”栽培[5]、精确定量栽培[6]、“三定”栽培[7]等。我国于20世纪90年代中期启动了超级稻育种计划，一批超级稻新品种的培育成功和超高产栽培技术的配套，使我国的水稻单产纪录不断刷新。但由于我国超级稻育种双季稻滞后于单季稻，超级稻超高产栽培研究多集中于单季稻，双季超级稻高产栽培研究由于缺少品种而较少研究[7]。

“十一五”规划后，我国双季超级稻育种取得了重大突破，培育并认定了一批双季超级稻品种，但长江中下游双季稻有效分蘖少、无效分蘖多、成穗率低，不利于后期高光效群体形成，限制了双季超级稻超高产潜力发挥。为此，笔者在突破了双季稻育秧肥培育壮秧促蘖早发和“三控”结合综合控蘖等关键技术的基础上，集成创新出了一套以提高成穗率、结实率、籽粒充实度和挖掘品种优质潜力（保优质）为目标的双季稻“三高一保”栽培技术模式并获国家发明专利[8，9]。本文以双季超级稻为材料，研究双季超级稻“三高一保”栽培下的产量形成特性，旨在明确其增产效果并探明其增产的机理，为双季稻超级稻高产栽培提供科学依据和技术支撑。

1 材料与方法

1.1 供试材料

供试的超级稻品种：早稻金优458，晚稻淦鑫688。试验中使用的水稻育秧专用肥和复合控蘖剂均为自配。

1.2 试验设计

试验于2008年晚季至2010年晚季在江西省南昌市江西省农业科学院试验基地进行（28°33′92″N，115°56′25″E）。该区域属亚热带湿润气候区，年平均温度17.5℃，年降水量约1 650mm，日照约1 772h，无霜期约280d。土壤类型为第四纪亚红黏土（即莲塘层）母质发育的中潴黄泥田。0～20cm土层含有机质41.6g/kg、全氮2.36g/kg、速效氮261.0mg/kg，速效磷36.6mg/kg、速效钾125mg/kg，pH值为5.27。

试验设计两种栽培模式，分别为“三高一保”栽培模式（SGYB）和常规栽培模式（CK），主要栽培技术如下。

1.2.1 “三高一保”栽培模式

（1）秧田施用自配的育秧肥培育壮秧，育秧肥早、晚稻用量分别为早稻型75g/m^2秧床和晚稻型50g/m^2秧床；早、晚稻播种量分别为100g/m^2秧床和10g/m^2秧床。

（2）移栽规格为早稻13.3cm×25.0cm，每穴2粒谷苗，晚稻13.3cm×30.0cm，每穴1粒谷苗。

（3）施肥。早稻纯氮195kg/hm^2、晚稻纯氮225kg/hm^2，按m（N）：m（P_2O_5）：m（K_2O）=1：0.5：1确定磷钾肥的用量，N、P、K肥分别用尿素、钙镁磷肥、氯化钾，P肥作基肥一次性施用，N、K肥按m（基肥）：m（分蘖肥）：m（穗肥）：m（粒肥）=5：2：2：1比例施用，齐穗期和乳熟期各喷施一次叶面肥，每次用KH_2PO_4 1.5kg加0.1%硕丰48粉剂30g对水750kg/hm^2喷施。

（4）灌溉。移栽期浅水灌溉，返青期早稻2cm、晚稻3～5cm水层，返青后露田与薄水相结合；当苗数达到计划穗数的75%（早稻）～80%（晚稻）时开始排水晒田；倒2叶露尖时灌水养胎，保持浅水与露田相结合；抽穗期保持水层，灌浆期干湿交替；遇寒露风灌深水保温，收获前7d断水。

（5）当苗数达到计划穗数时喷施自配的浓度为2g/kg水稻复合控蘖剂，用量为750kg/hm^2。

1.2.2 常规栽培模式

（1）等养分化肥育秧，化肥用量与育秧肥有效养分含量相同；早、晚稻播种量分别为150g/m^2秧床和15g/m^2秧床。

（2）移栽规格为早稻16.7cm×20.0cm，每穴2粒谷苗；晚稻20.0cm×20.0cm，每穴1粒谷苗。

（3）施肥。总施肥量同“三高一保”栽培。P肥作基肥一次性施用，N、K肥按m（基肥）：m（分蘖肥）：m（穗肥）：m（粒肥）=5：5：0：0比例施用。齐穗期和乳熟

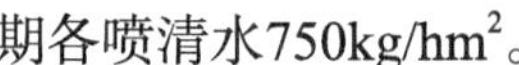

期各喷清水750kg/hm^2。

（4）灌溉。移栽期浅水灌溉，返青期早稻2cm、晚稻3～5cm水层，做到浅水勤灌；移栽后30d左右苗高峰期后晒田，抽穗期保持水层，灌浆期干湿交替，收获前12d断水。

（5）当苗数达到计划穗数时喷施清水750kg/hm^2。两种栽培模式的主要技术差异见参考文献[9]。小区面积45m^2，随机区组排列，重复3次，小区间做宽30cm、高25cm田埂并覆膜防渗水，每小区单独排水或灌水，排水沟较小区田面低10cm以上，周边留保护行。早稻采用旱床育秧，晚稻采用湿润育秧，早稻秧龄25～30d，晚稻秧龄30～35d。

1.3　测定项目

1.3.1　产量与产量构成

收获时采用5点法调查有效穗数，每小区100穴，并根据平均穗数取5穴考种。用清水漂法去除空瘪粒，将下沉的谷粒洗净后再晒干，测定千粒质量；将除空瘪粒的实粒用25℃饱和NaCl溶液（5.43mol/L）再选一次，把下沉的谷粒洗净后再晒干，测定饱粒千粒质量，用以计算籽粒充实度。籽粒充实度以清水漂选实粒千粒质量/饱和NaCl溶液选粒的饱粒千粒质量的百分率表示。各小区单独收割、脱粒、扬净、干燥并称质量，单独计产。

1.3.2　叶面积指数、干物质量与植株养分含量测定

分别于有效分蘖期、拔节期、齐穗期、成熟期根据平均苗数（穗数）取5穴，用干物质量法测定绿叶面积，计算叶面积指数；在齐穗期、成熟期用烘干法测定叶、茎鞘和穗干物质量，并测定成熟期各器官养分含量。全氮采用凯氏定氮法，全磷测定采用钒钼黄比色法，全钾采用AAS法测定[10]。

1.3.3　叶片光合速率

每小区选具代表性植株15株标记挂牌，于有效分蘖期、拔节期、孕穗期、齐穗期和成熟期使用手持式光合速率测定仪CI-340在晴天9：00—11：00测定，其中，孕穗期及以前测定部位为最上部全展叶下一叶的中部，其他时期为剑叶中部。

1.3.4　根系干物质量及根系活力测定

在有效分蘖期、拔节期、齐穗期、蜡熟期、成熟期分别按平均苗数（穗数）挖取3穴的植株根部，挖取时利用平头铲，在株间和行间的中间下挖20cm，放入尼龙网袋中，将泥冲洗干净后测定根系的干物质量，并用TTC法测定根系活力[11，12]。

1.4　数据分析

库容量=单位面积穗数×每穗粒数×饱和NaCl溶液选粒的饱粒千粒质量　（1）

籽粒充实度=清水漂选实粒千粒质量/饱和NaCl溶液选粒的饱粒千粒质量×100　（2）

表观输出率（%）=（抽穗期器官干物质量-成熟期器官干物质量）/抽穗期器官干物质量×100　（3）

养分总吸收量=成熟期单位面积地上部（茎、叶和穗）干物质量（w）×植株养分含量（茎、叶和穗含氮的加权平均）　（4）

使用Excel 2003进行数据处理和图表绘制，DPS软件进行统计分析。

2 结果与分析

2.1 “三高一保”栽培对双季超级稻库源变化的影响

2.1.1 库容及产量变化

“三高一保”栽培有利于扩大双季稻库容量，显著提高超级稻产量。由表1可知，“三高一保”栽培下早、晚稻5季平均产量较常规栽培分别增加了15.1%和18.5%，且总颖花量和库容量显著提高，早、晚稻5季平均总颖花数分别平均提高了14.5%和15.6%，库容量分别提高了14.5%和16.0%，库容量的扩大为双季超级稻高产奠定了基础。结果还表明，“三高一保”栽培虽扩大了库容量，但其结实率、千粒质量和籽粒充实度不仅没有下降，反而有所提高，这暗示“三高一保”栽培的源库流关系可能更加协调。

表1 不同栽培模式下双季稻产量及其构成

Table 1 Grain yield and its components of double rice under different cultivation patterns

年份 Year	季节 Season	处理 Treatment	有效穗数 ($\times 10^4$/hm^2) No.of panicle.	每粒穗数 Spikelets per Panicle	结实率 (%) Filled grains	千粒质量 (g) 1 000-grain weight	籽粒充实度 (%) Grain Plumpness	总颖花量 ($\times 10^6$/hm^2) Total spikelets	库容量 (t/hm^2) Sink capacity	产量 (t/hm^2) Grain yield
2008	晚稻	SGYB	343.3a	152.8a	73.5a	23.2a	93.0a	523.8a	13 069.7a	9 070.8a
		CK	285.0b	150.0a	71.3b	22.5b	90.7b	427.7b	10 591.9b	7 575.0b
2009	早稻	SGYB	402.0a	93.4a	85.0a	24.9a	87.5a	375.6a	10 665.2a	7 665.0a
		CK	340.0b	96.2a	82.6b	24.7a	87.0a	327.1b	9 287.8b	6 499.7b
	晚稻	SGYB	365.0a	165.5a	81.0a	22.1a	95.8a	604.1a	13 957.7a	9 350.0a
		CK	330.0b	158.3a	76.1b	21.6a	93.9a	522.4b	12 035.9b	8 300.0b
2010	早稻	SGYB	360.0a	109.6a	80.1a	23.4a	84.7a	394.6a	10 890.1a	7 070.0a
		CK	300.0b	115.2b	76.8b	23.1a	83.8a	345.6b	9 537.6b	6 300.0b
	晚稻	SGYB	311.7a	151.8a	74.3a	22.7a	83.6a	473.0a	12 817.4a	7 904.5a
		CK	288.3b	151.0a	70.6b	22.5b	83.0b	435.4b	11 800.0b	6 713.6b

注：SGYB.“三高一保”栽培模式；CK.常规高产栽培模式。同季节内比较，小写字母表示在5%水平上差异显著。下同

Note：SGYB. “three high one ensure” cultivation patterns；CK. conventional high-yielding cultivation patterns.Valves followed by different small letters are significantly different a 5% probability levels，respectively，within the same season. The same below

2.1.2 干物质生产与分配特性

水稻高产形成要求有较高的干物质积累量且干物质分配至穗部的比例较高。表2结果显示，“三高一保”栽培下双季稻齐穗期和成熟期的茎鞘、叶片、穗部干物质量均高于常规栽培，齐穗期和成熟期地上部总干物质量较常规栽培早稻分别增加11.1%和11.6%（$P<0.05$），晚稻分别增加15.1%和14.6%。而且“三高一保”栽培与常规栽培比较，成熟期干物质分配至茎鞘的比例下降，叶片的比例差异变化不显著，穗部比例增加，且茎鞘物质输出率提高。由

此可见，“三高一保”栽培的干物质积累量多，而且向穗部输出比例高，源足流畅，为满足较大库容量的籽粒灌浆提供了物质保障，符合水稻高产形成的物质积累、分配和运转要求。

表2　不同栽培模式下双季超级稻干物质积累、分配和转运

Table 2　Accumulation，distribution and translocation of dry matter on double super rice under different cultivation patterns

生长季 Season	处理 Treatment	齐穗期Heading stage 干物质（t/hm^2）Dry matter 叶片 Leaf	茎鞘 Stem	穗 Panicle	累积量 Biomass	占总干物质量比例（%）Ratio to biomass 叶片 Leaf	茎鞘 Stem	穗 Panicle	成熟期Mature stage 干物质（t/hm^2）Dry matter 叶片 Leaf	茎鞘 Stem	穗 Panicle	累积量 Biomass	占总干物质量比例（%）Ratio to biomass 叶片 Leaf	茎鞘 Stem	穗 Panicle	输出率（%）Ratio 叶片 Leaf	茎鞘 Stem
早稻 Early season	SGYB	2.4a	5.9a	2.3a	10.6a	22.6	56.0	21.4	1.8a	4.4a	8.4a	14.6a	12.4	29.9	57.7	24.7	26.8
	CK	2.3a	5.3b	1.9b	9.6b	24.2	55.8	20.0	1.7a	4.2a	7.2b	13.0b	12.9	31.9	55.1	27.2	22.0
晚稻 Late season	SGYB	2.3a	5.0a	2.5a	9.7a	23.8	51.3	25.4	1.9a	3.4a	9.4a	14.7a	13.0	23.2	63.8	17.3	32.0
	CK	2.2a	4.7a	1.6a	8.4a	26.1	55.3	18.6	1.6a	3.2a	7.9b	12.8a	12.8	25.4	61.8	25.7	30.5

注：本研究始于2008年晚季稻，故干物质积累数据为2008年晚稻季和2009年早稻季数据

Note：This study was started from season late rice in 2008，so data of dry matter accumulation from early rice in 2009 and late rice in 2008

2.1.3　叶面积

由图1可见，“三高一保”栽培模式各主要生育期的LAI显著高于常规栽培，早稻季增幅为10.2%～28.0%，晚稻季增幅为7.5%～47.8%，表明“三高一保”栽培虽然减少了分蘖肥施用，但培育壮秧带来的早发效应弥补甚至超过了减少分蘖肥施用对早发的影响，仍然增加了有效分蘖期的叶面积指数，中后期由于增施了穗肥，故“三高一保”栽培在灌浆后期维持了较高的叶面积指数。这为“三高一保”栽培模式增加干物质积累奠定了基础。

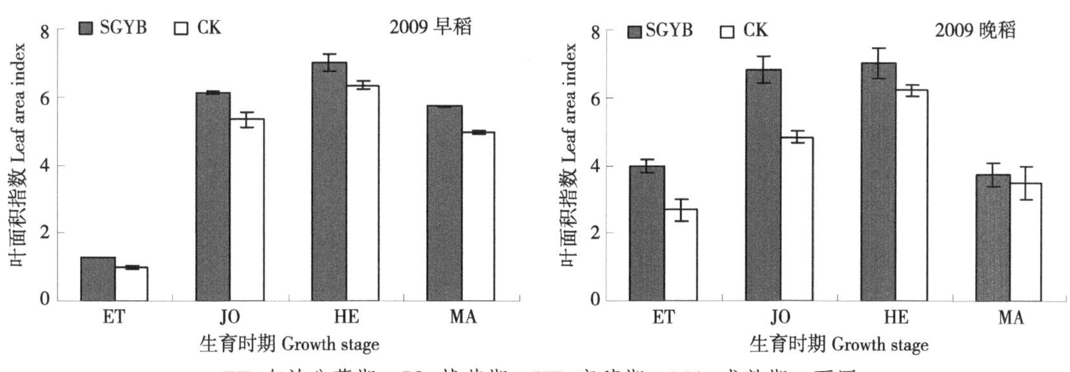

ET. 有效分蘖期；JO. 拔节期；HE. 齐穗期；MA. 成熟期。下同

ET. Effective tillering stage；JO. Jointing stage；HE. Heading stage；MA. Mature stage. The same below

图1　不同栽培模式下双季超级稻LAI变化动态

Figure 1　Dynamic changes of LAI of double super rice under different cultivation patterns

2.1.4 叶片光合速率

“三高一保”栽培模式与常规栽培模式比较（图2），除拔节期的叶片光合速率略有下降外，其他时期净光合速率均显著提高，特别是中后期，以孕穗期差异最显著，早、晚稻分别提高了33.2%和22.1%（P<0.05）。表明“三高一保”栽培除拔节期因采用“三控结合”综合控蘖技术导致叶片光合速率略微下降外，其他时期均保持了较高的光合速率，为干物质生产提供了动力。

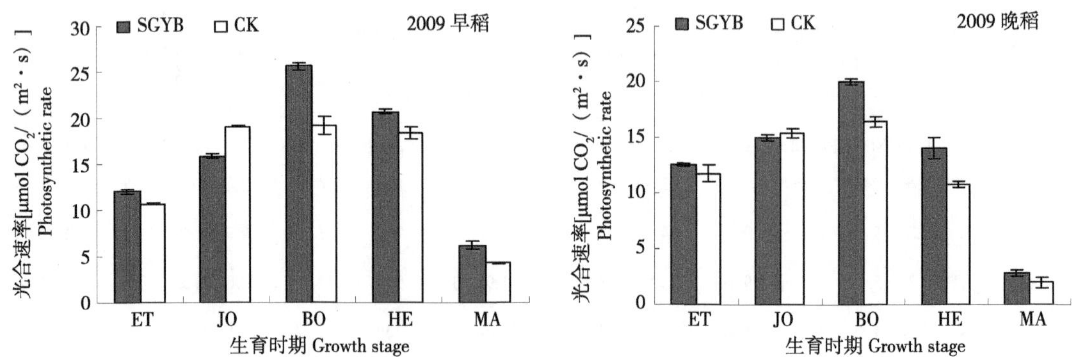

图2 不同栽培模式下双季超级稻剑叶光合速率变化动态

Figure 2 Dynamic changes of photosynthetic rate in flag leaves of double super rice under different cultivation patterns

2.2 “三高一保”栽培对双季稻根系生长及养分吸收的影响

2.2.1 根干物质量

根干物质量是反映水稻根系生长状况的重要指标。由图3可知，与常规栽培模式比较，“三高一保”栽培能明显提高双季超级稻的根干物质量，全生育期群体根系平均干物质量早、晚稻分别提高了23.2%和40.2%，且主要生育期的差异皆达到显著水平（P<0.05）。表明“三高一保”栽培模式有利于促进根系生长，建立强大根系，为植株养分吸收和地上部的生长奠定了基础。

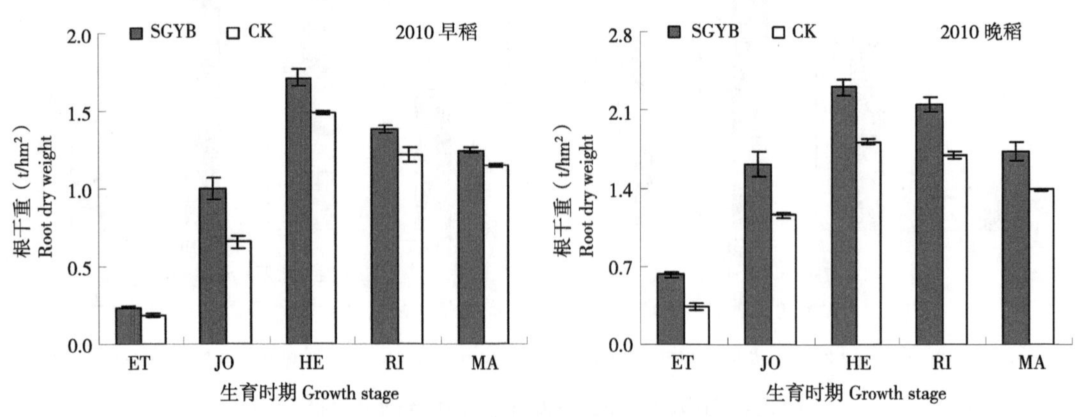

图3 不同栽培模式下双季超级稻根干物质量变化动态

Figure 3 Dynamics changes of root dry weight of double super rice under different cultivation patterns

2.2.2 根系活力

水稻根系活力的高低，是反映水稻根系质量的重要指标。图4表明，与常规栽培比较，“三高一保”栽培能提高根系活力，早、晚稻全生育期根系还原力分别平均提高了14.1%和27.6%，且除成熟期外，其他各生育期差异皆达到显著水平（$P<0.05$），以拔节期的差异最为显著，早、晚稻增加幅度分别为21.1%和43.7%。可见，“三高一保”栽培模式不仅可促进根系生长，还能提高其活力，有利于促进养分的吸收利用。

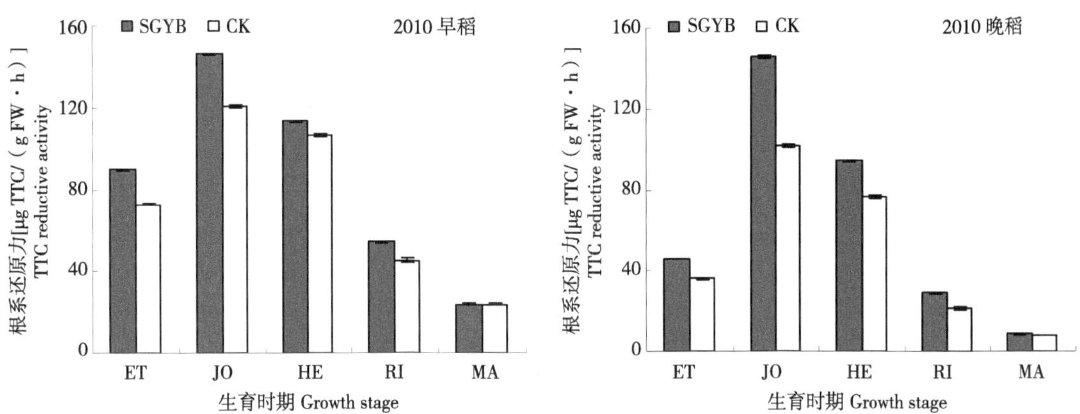

图4 不同栽培模式下双季超级稻根系TTC还原力变化动态

Figure 4 Dynamic changes of root TTC reductive activities of double super rice under different cultivation patterns

2.2.3 养分吸收与分配

表3显示，与常规栽培比较，“三高一保”栽培提高了双季稻的地上部氮、磷、钾的吸收量，早稻氮、磷、钾的吸收总量分别提高了34.1%、34.7%、28.9%，晚稻分别提高了18.1%、3.1%、33.0%；各器官的氮、磷、钾吸收量皆增加，但在各器官的分配比例则有所差异，总的趋势是“三高一保”栽培下氮、钾在叶片中的分配比例提高，而在籽粒中的分配比例下降，磷的变化则相反。表明“三高一保”强大而旺盛的根系有利于促进养分吸收，为地上部的生长提供养分，促进地上部的物质生产和养分积累。

表3 不同栽培模式下成熟期叶片、茎鞘和籽粒中N、P_2O_5、K_2O积累量及其占吸收总量的比例

Table 3 Accumulation and ratio to the total uptake of N，P_2O_5 and K_2O in leaf, stem and grain at maturity stage under different cultivation patterns

养分 Nutrient	生长季 Season	处理 Treatment	叶片Leaf		茎鞘Stem		籽粒Grain		总吸收量（kg/hm^2）Uptake amount
			kg/hm^2	%	kg/hm^2	%	kg/hm^2	%	
N	早稻 Early season	SGYB	22.0a	8.8	91.1a	36.6	135.9a	54.6	249.1a
		CK	9.9b	5.3	50.0b	26.9	126.0b	67.8	185.8b
	晚稻 Late season	SGYB	25.2a	12.2	25.2a	12.2	156.7a	75.7	207.1a
		CK	18.4b	10.4	19.5a	11.0	137.8a	78.6	175.6a

（续表）

养分 Nutrient	生长季 Season	处理 Treatment	叶片Leaf		茎鞘Stem		籽粒Grain		总吸收量（kg/hm²）Uptake amount
			kg/hm²	%	kg/hm²	%	kg/hm²	%	
P	早稻 Early season	SGYB	4.5a	10.0	12.9a	28.8	27.5a	61.2	44.9a
		CK	6.4b	19.2	10.6b	31.8	16.3b	48.9	33.4b
	晚稻 Late season	SGYB	3.3a	10.7	5.8a	18.8	21.6a	70.5	30.6a
		CK	2.8a	9.5	5.3a	18.0	21.6a	72.5	29.7a
K	早稻 Early season	SGYB	78.7a	40.0	65.2a	33.1	52.9a	26.9	196.8a
		CK	57.4b	37.6	52.7b	34.5	42.5b	27.9	152.7b
	晚稻 Late season	SGYB	35.0a	13.5	131.9a	50.9	92.3a	35.6	259.2a
		CK	18.2b	9.3	95.8a	49.0	81.4a	41.6	195.3b

3 讨论与结论

3.1 双季超级稻高产栽培模式

前人对水稻高产超高产栽培模式已有较多研究，针对不同稻作区域特点提出了许多高产超高产栽培模式，如强化栽培[3]、单季稻区的寒地“三超”栽培[4]、稻麦轮作区的超高产精确定量化栽培模式[6]，双季稻区的“旺壮重”栽培[5]、“三定”栽培模式[7]、“早蘖壮秆强源”高产栽培技术[3]等，主要通过秧龄、种植密度、肥水运筹等调控途径来实现高产超高产。特别是我国超级稻育种取得突破后，各地通过研究配套栽培技术，使超级稻单产纪录不断刷新。但这些研究多集中在单季稻，双季稻超高产栽培虽有研究，但由于双季超级稻品种少，双季超级高产栽培模式的研究相对较弱[7]。

本研究首次以农业部认定的双季超级稻品种为材料，以分蘖调控为关键技术手段、构建后期高光效群体为核心，自主研制出水稻育秧专用肥培育壮秧促蘖早发技术，壮秧技术物化，有利于农民掌握，并较好地解决了增施分蘖肥促蘖带来的无效分蘖大量滋生难题；自主研发出水稻复合控蘖剂，集控蘖、增粒、抗倒等功能为一体，为化控提供了较理想的物化产品，克服了肥水控蘖可预见性差、受环境影响大等缺陷，创建了以化控为核心、配以水控（提早晒田）、肥控（减少分蘖肥施肥比重）的“三控结合”综合控蘖技术，大大提高了控蘖效果；在突破上述两项分蘖调控关键技术的基础上，集成创建了以高成穗率、高结实率、高籽粒充实度和挖掘品种优质潜力（保优质）为主攻目标的双季超级稻“三高一保”栽培技术模式，经过3年5季大田试验以及4个示范点的生产性验证[9]，表明该模式可促进有效分蘖的生长并抑制无效分蘖发生，大大提高成穗率，促进了后期高光效群体的形成，有利于挖掘双季超级稻的产量和米质潜力，实现了双季超级稻产量与米质的同步提高，达到了“三高一保”的目的，为双季超级稻高产优质栽培提供了技术支撑。

3.2 “三高一保”栽培模式下双季超级稻产量形成特性

库容量大是超级稻的重要特征，扩大库容量是实现超高产的重要前提[13-15]。前期的干物质生产力的高低，反映了水稻的分蘖早生快发能力，也为后期高产打下物质基础[16]。本研究表明，“三高一保”栽培因秧苗素质好，有利于前期早发[17]，能弥补甚至超过因分蘖肥减少带来的对有效分蘖的不利影响，故可增加有效穗数；又因施肥后移，使穗数增加而每穗粒数不会明显下降，最终能提高总颖花数和库容量，为高产奠定基础。同时，库容量大必须有足够强的源为其提供灌浆物质，以保证籽粒充实良好，才能实现高产超高产的目标。本研究表明，“三高一保”栽培模式能显著提高双季超级稻整个生育期的LAI、除拔节期外其他生育时期的叶片光合速率，因此能提高水稻干物质生产量；“三高一保”栽培模式抽穗后叶片衰老慢、叶片SPAD高[18]、成熟期仍保持叶片黄绿，因此抽穗后光合能力强，这可能是其叶片输出率低于对照的主要原因。同时，“三高一保”栽培模式抽穗期茎鞘可溶性糖含量（另外报道）、抽穗后的茎鞘干物质量一直都高于对照，因而其茎鞘运转率提高，分配到穗部的比例增加，同时也不会因输出率高导致早衰或影响抗倒能力，为籽粒灌浆奠定了很好的物质保障，故在扩大库容量的前提下结实率、千粒质量和籽粒充实度不仅没有降低反而都有所增加，实现了源库流的高度协调。这表明扩库增源，源库流三者关系协调，不仅是双季超级稻“三高一保”栽培产量形成的重要特征，而且是其高产优质的重要生理基础。

水稻根系是养分吸收的主要器官，也是地上部分生长的基础。高产栽培必须协调好地上部生长和地下部生长的关系，强大的根系和旺盛的根系活力是高产超高产的质量要保障。有研究表明，根质量与穗数关系密切，根系活力与结实率、千粒质量和产量呈显著或极显著正相关，提高超级稻灌浆期根系活性，是提高其结实率、促进其产量进一步提高的重要途径[19]。高产水稻根系具有发根力强、根系发达、根系氧化力高等特征[20-23]，有利于养分的吸收[2]。本研究表明，“三高一保”栽培模式下双季超级稻不仅全生育期根重大，而且根系活力也强，有利于促进根系对养分的吸收，增加了水稻对氮磷、钾养分的吸收量，为地上部生长提供了保障[24]。因此，根系发达根系活力强也是“三高一保”栽培下双季超级稻产量形成的重要特征和高产优质的重要原因。

参考文献

[1] 中国种植业信息网[EB/0L].（2015-08-17）http：//zzys.agri.gov.cn/nonging.aspx.

[2] 龚金龙，张洪程，李杰，等. 水稻超高产栽培模式及系统理论的研究进展[J]. 中国水稻科学，2010，24（4）：417-424.

[3] 袁隆平. 水稻强化栽培体系[J]. 杂交水稻，2001，16（4）：1-3.

[4] 金学泳，金正勋，孙滔，等. 寒地水稻三超栽培技术研究[J]. 中国农学通报，2005，21（4）：136-141.

[5] 邹应斌，黄见良，屠乃美，等. “旺壮重”栽培对双季杂交稻产量形成及生理特性的影响[J]. 作物学报，2001，27（3）：343-350.

[6] 张洪程，吴桂成，吴文革，等. 水稻“精苗稳前，控蘖优中，大穗强后”超高产定量化栽培模式[J]. 中国农业科学，2010，43（13）：2 645-2 660.

[7] 蒋鹏，黄敏，Ibrahim M，等. “三定”栽培对双季超级稻产量形成及生理特性的影响[J]. 作物学报，

2011，37（5）：855-867.

［8］彭春瑞，涂田华，罗晓燕. 双季稻“三高一保”栽培技术[J]. 江西农业学报，2013，25（1）：1-3.

［9］Peng C R，Xie J S，Qiu C F，et al. Study and application of “Three High and One Ensuring” cultivation mode of double cropping rice[J]. Agricultural Science & Technology，2012，13（7）：1 425-1 430.

［10］鲁如坤. 土壤农业化学分析方法[M]. 北京：中国农业科技出版社，2000.

［11］李合生. 植物生理生化实验原理和技术[M]. 北京：高等教育出版社，2000.

［12］肖卫华，刘强，姚帮松，等. 增氧灌溉对杂交水稻分蘖期的影响研究[J]. 江西农业大学学报，2015，37（5）：774-780.

［13］石庆华，潘晓华，曾勇军，等. 双季超级稻早蘖壮秆强源高产栽培技术研究[J]. 江西农业大学学报，2012，34（4）：619-626.

［14］敖和军，王淑红，邹应斌，等. 超级杂交稻干物质生产特点与产量稳定性研究[J]. 中国农业科学，2008，41（7）：1 927-1 936.

［15］吴桂成，张洪程，戴其根，等. 南方粳型超级稻物质生产积累及超高产特征的研究[J]. 作物学报，2010，36（11）：1 921-1 930.

［16］李木英，黄程宽，谭雪明，等. 不同机插条件下双季稻不同品种的产量和干物质生产力[J]. 江西农业大学学报，2015，37（1）：1-10.

［17］彭春瑞，邵彩虹，潘晓华，等. 水稻育秧肥的壮秧效应及其蛋白质组学分析[J]. 中国水稻科学，2012，26（1）：27-33.

［18］Peng C R. Qiu C F. Xie J S，et al. Senescence characteristics of double cropping super rice under different cultivation modes[J]. Res.on Crops，2013，14（2）：340-344.

［19］褚光，刘洁，张耗，等. 超级稻根系形态生理特征及其与产量形成的关系[J]. 作物学报，2014，40（5）：850-858.

［20］Casman K G，Dobemann A，Wales D T. Agroecosystems，nitrogen-use efficiency，and nitrogen mangnemt[J]. AMBD：A Journal of the Human Environment，2002，31（2）：132-140.

［21］程建峰，戴廷波，荆奇，等. 不同水稻基因型的根系形态理特性与高效氨素吸收[J]. 上壤学报，2007，44（2）：266-272.

［22］魏海燕，张洪程，张胜飞，等. 不同氮利用效率水稻基因型的根系形态与生理指标的研究[J]. 作物学报，2008，34（3）：429-436.

［23］杨军，陈小荣，朱昌兰，等. 氮肥和高温对早稻淦鑫203产量、SPAD值及可溶性糖含量的影响[J]. 江西农业大学学报，2015，37（5）：759-764.

［24］戢林，李廷轩，张锡洲，等. 氮高效利用基因型水稻根系形态和活力特征[J]. 中国农业科学，2012，45（23）：4 770-4 781.

第五篇

水稻绿色控污生产技术研究

秧田施送嫁肥对双季超级稻分蘖期的节氮效应

林洪鑫[1, 2] 曾文高[3] 杨震[4] 陈菊兰[3] 陈金[1] 陈先茂[1] 彭春瑞[1*]

（[1]江西省农业科学院土壤肥料与资源环境研究所/农业部长江中下游作物生理生态与耕作重点实验室/国家红壤改良工程技术研究中心，南昌 330200；[2]江西农业大学，南昌 330045；[3]江西省临川区农业局，临川 334100；[4]江西省宜丰县农业局，宜丰 336300）

摘 要：以超级早稻淦鑫203和超级晚稻荣优225为材料，研究了秧田施送嫁肥对双季超级稻分蘖期的节氮效应。结果表明，秧田施送嫁肥，移栽时秧苗的硝酸还原酶活性和氮素含量提高，单株根数、百苗干重、氮素积累量均增加。在分蘖氮肥减施总施氮量5%～10%的条件下，施送嫁肥处理与不施送嫁肥且不减氮的处理比较，生育前期叶片SPAD值和LAI没有明显差异，分蘖速率略有下降，成穗率显著提高，有效穗数和每穗总粒数无显著差异，干物质积累量和氮素积累总量无显著下降，而氮肥表观利用率和稻谷产量略有提高。秧田施送嫁肥34.5kg/hm^2，即种植1hm^{2}大田所需秧田送嫁氮肥施用量约3.45kg，大田分蘖氮肥可减施总施氮量的5%～10%，即早稻可减氮9～18kg/hm^2，晚稻可减氮11.25～22.5kg/hm^2。

关键词：双季超级稻；送嫁肥；秧苗素质；产量；节氮效应

Effects of Nitrogen Fertilization Shortly before Transplanting on Saving Nitrogen Application in Tillering Stage of Double-Cropping Super Rice

Lin Hongxin[1, 2] Zeng Wengao[3] Yang Zhen[4] Chen Julan[3]
Chen Jin[1] Chen Xianmao[1] Peng Chunrui[1*]

（*[1]Soil and Fertilizer & Resources and Environment Institute, Jiangxi Academy of Agricultural Sciences/Key Laboratory of Crop Ecophysiology and Farming System for the Middle and Lower Reaches of the Yangtze River, Ministry of Agriculture, P.R. China/National Engineering and Technology Research Center for Red Soil Improvement, Nanchang 330200, China; [2]Jiangxi Agricultural University, Nanchang 330045, China; [3]Linchuan Agricultural Bureau of Jiangxi Province, Linchuan 334100; [4]Yifeng Agricultural Bureau of Jiangxi Province, Yifeng 331800, China*）

本文原载：杂交水稻，2016，31（2）：61-67

基金项目：赣鄱英才555工程"领军人才培养计划，国家"十二五"科技支撑计划（2012BAD15B03-02、2013BAD07B12）

*通讯作者

Abstract: Using Ganxin 203，a double-cropping early super hybrid rice，and Rongyou 225，a double-cropping late super hybrid rice，as the materials，the effects of nitrogen fertilization shortly before transplanting were studied on saving nitrogen application in the tillering stage of double-cropping super rice. The results showed that the treatments with nitrogen fertilization five days before transplanting（NFT）had better seedling qualities than the control without nitrogen fertilization five days before transplanting（CK），as expressed in higher nitrate reductase activity，nitrogen content，seedling dry weight and number of roots per plant. Under the conditions of reducing the dosage of tillering nitrogen at 5% to 10% of total nitrogen application amount in main field，compared with CK，the NFT treatments were not different significantly in leaf SPAD and LAI，tillering rate，the number of productive tillers and spikelets per panicle，dry matter accumulation and total nitrogen accumulation，but higher or significantly higher in effective tiller percentage，apparent nitrogen use efficiency and grain yield. Therefore，when 34.5kg/ha of nitrogen is applied in the seedling bed five days before transplanting（about 3.45kg/ha of nitrogen needed for 1 ha of main field），the dosage of nitrogen for tillering in the main field can be reduced by 5% to 10% of total nitrogen application amount，i.e.，9.00–18.00 and 11.25–22.50kg/ha of nitrogen can be saved for early rice and late rice，respectively.

Key words: Double-cropping super rice; Fertilization shortly before transplanting; Seedling quality; Yield; Nitrogen saving

水稻是我国的主要粮食作物。施肥是提高水稻产量的重要措施，但大量施肥在增加产量的同时也带来了肥料利用率下降、农业面源污染加重、生产成本上升及生态环境破坏等一系列问题。俗话说“秧好一半禾”“好秧出好禾”。培育壮秧是水稻高产稳产的重要措施之一。研究表明，喷施叶面肥[1]、施氮[2]、适宜播种量[3]、好的育秧基质[4，5]和育秧方式[6]均可提高水稻秧苗素质。郑永美等[7，8]研究表明，于秧苗移栽前1d施起身肥，能显著提高移栽后水稻根际土壤氮素浓度；适量的起身肥可促进分蘖早生快发，提高分蘖成穗率，减少基蘖肥中氮肥用量，促进水稻对氮肥的吸收和利用，提高氮素积累量和氮肥利用率。秧田施用送嫁肥可以促进水稻早发，但施送嫁肥对双季稻（特别是双季超级稻）节氮效应的研究还少见报道。本文将报道双季稻秧田施氮作送嫁肥促壮秧早发，达到分蘖期减氮、稳产的效应，以期为双季稻节氮减污提供理论依据。

1　材料与方法

1.1　试验材料与方法

供试材料为超级杂交早稻淦鑫203（国审稻2009009）和超级杂交晚稻荣优225（国审稻2012029），试验于2014年在江西省宜丰县天宝乡藤桥村和江西省临川区腾桥镇皇溪村进行，试验田基础土壤肥力见表1。宜丰县双季稻采用湿润育秧移栽方式，临川区双季稻采用塑盘育秧抛栽方式。宜丰县早稻3月25日播种，4月23日移栽，平均秧龄5.1叶，按25.0cm × 20.0cm规格移栽，每蔸插3粒谷秧；晚稻于6月25日播种，7月27日移栽，平均秧龄6.7叶，按25.0cm×24.0cm规格移栽，每蔸插2粒谷秧。临川区早稻于3月21日播种，4月17日抛栽，平均秧龄3.5叶；晚稻于6月24日播种，7月27日抛栽，平均秧龄5.3叶。试验设置秧田期处理和大田期处理。

表1　基础土壤肥力

Table 1　Basal soil fertility index of different field

地点 Location	季别 Cropping	pH值	有机质（g/kg）Organic matter	全氮（g/kg）Total N content	速效氮（mg/kg）Alkali hydro-lyzable N	速效钾（mg/kg）Available K	有效磷（mg/kg）Available P
宜丰 Yifeng	早稻 Early rice	4.69	30.47	1.86	25.14	58.46	20.54
	晚稻 Late rice	5.01	30.19	2.03	68.24	76.51	34.97
临川 Linchuan	早稻 Early rice	5.04	28.94	1.92	30.47	48.61	35.48
	晚稻 Late rice	5.27	31.67	2.11	34.58	60.45	24.87

秧田期2个处理：①秧田施送嫁氮肥（NFT），即水稻移栽前5d，秧苗追施1次氮肥。净秧板施用尿素10g/m^2（按秧田中秧板面积75%计算，相当于秧田纯N用量34.5kg/hm^2），塑盘育秧对水100倍均匀喷施，并用清水洗苗，湿润育秧则直接撒施于秧床。②对照（CK），即秧田不施用送嫁氮肥，塑盘育秧则喷施同样体积的清水。处理间作埂隔开，以防串肥。湿润育秧的秧田基肥于整地时施用45%复合肥150kg/hm^2，塑盘育秧则是播种前在秧床两边的畦沟中撒入尿素（25g/m^2），充分混匀后将淤泥装入秧盘。除NFT处理施肥外，不再追肥。其余管理同一般秧田管理方式。

大田期6个处理：①0% N（大田期不施氮肥）+种植不施送嫁肥秧苗。②100% N+种植不施送嫁肥秧苗。③100% N+种植施送嫁肥秧苗。④95% N（分蘖肥减施总施氮量的5%）+种植施送嫁肥秧苗。⑤90% N（分蘖肥减施总施氮量的10%）+种植施送嫁肥秧苗。⑥85% N（分蘖肥减施总施氮量的15%）+种植施送嫁肥秧苗。试验共计6个处理，3次重复，小区面积20m^2。各小区做高30cm、宽30cm的田埂，用薄膜包裹防止串水串肥。早、晚稻氮肥用量（纯N）及运筹方式见表2，100% N处理的氮肥按基肥：分蘖肥：穗肥用量比5：2：3施用，减氮处理分别为分蘖肥减施总施氮量的5%、10%和15%（基肥、穗肥相同）。早、晚稻磷肥（P_2O_5）用量分别为90kg/hm^{2}和112.5kg/hm^2，且1次性施用作基肥；钾肥（K_2O）用量分别为180kg/hm^2、225kg/hm^2，按基肥：分蘖肥：穗肥用量比5：2：3施用。其他管理同一般高产栽培。

表2 双季稻大田氮肥用量（纯N）及运筹（kg/hm^2）

Table 2 Nitrogen application amount in main field of double cropping rice

处理 Treatment		总施氮量 Total N application amount		基肥 Basal fertilizer		分蘖肥 Tillering fertilizer		穗肥 Panicle fertilizer	
		早稻 Early rice	晚稻 Late rice	早稻 Early rice	晚稻 Late rice	早稻 Early rice	晚稻 Late rice	早稻 Early rice	晚稻 Late rice
CK	0% N	0	0	0	0	0	0	0	0
	100% N	180	225	90	112.5	36	45	54	67.5
NFT	100% N	180	225	90	112.5	36	45	54	67.5
	95% N	171	213.75	90	112.5	27	33.75	54	67.5
	90% N	162	202.5	90	112.5	18	22.5	54	67.5
	85% N	153	191.25	90	112.5	9	11.25	54	67.5

注：CK. 不施送嫁；NFT. 施送嫁肥

Note：CK. Without nitrogen fertilizer before transplanting；NFT. With nitrogen fertilization shortly before transplanting

1.2 测试指标

1.2.1 秧苗素质

移栽时每处理随机取250株秧苗，100株秧苗采用活体法测定叶片硝酸还原酶活性[9]，3次重复；另150株秧苗分成3组，分别考察秧苗根数（条/株）、根长、分蘖数和百苗干重。百苗干重样品用于全氮含量的测定。

1.2.2 分蘖成穗性状

从移栽起，在宜丰县试验田每5d调查1次茎蘖数，每小区定点20蔸，直到田间茎蘖数稳定为止。成穗率（%）=有效穗数/最高茎蘖数×100，分蘖速率=移栽期至移栽后25d每蔸新增分蘖数/25d。

1.2.3 干物质生产和氮素积累总量

于幼穗分化期二期（宜丰县）和成熟期（宜丰和临川区），每小区取样5蔸，剪除根系，分茎鞘、叶、穗包装，烘干称重。成熟期干物质粉碎后，采用凯氏定氮法测定全氮含量。

氮肥表观利用率（%）=［（施氮区植株氮素积累总量-不施氮区植株氮素积累总量）/施氮量］×100。

1.2.4 叶面积指数和叶片SPAD值

在宜丰县，测定分蘖中期（移栽后15d）和幼穗分化期Ⅱ期的LAI和叶片SPAD值。LAI采用小叶样比重法测定，SPAD值采用SPAD-502 Plus测定，每小区测定30片叶片。

1.2.5 产量及产量构成

收获前1d调查每小区20蔸有效穗数，取5蔸考察每穗实粒数、空粒数和千粒重。每小区实割，晒干，称重。

1.2.6　数据处理

数据采用Excel和DPS7.05进行处理。

2　结果与分析

2.1　对产量的影响

由表3可见，在大田施氮量均为100%的情况下，秧田施送嫁肥可以不同程度提高水稻产量，其中临川早稻增产显著。分蘖肥减氮，随着减氮量的增加，产量呈下降趋势；施送嫁肥条件下，95% N和90% N的处理产量都略高于不施送嫁肥条件下100% N处理，但差异一般未达显著水平，表明秧田施用送嫁肥可以弥补双季稻分蘖期减氮带来的产量下降。综合两地双季稻情况来看，秧田施用送嫁肥后（按秧田地与大田面积比1：10计算，种植1hm^{2}大田所需秧田送嫁氮肥施用量约3.45kg，大田分蘖期减施总氮量5%～10%的氮肥），即早稻大田分蘖肥可少施氮9～18kg/hm^2，相当于全生育期可节氮5.25～14.25kg/hm^2；晚稻大田分蘖肥可少施氮11.25～22.5kg/hm^2，相当于全生育期可节氮7.8～19.05kg/hm^2。

表3　秧田施送嫁肥对双季稻产量的影响（t/hm^2）

Table 3　Effects of nitrogen fertilization shortly before transplanting on yield of double cropping rice

处理 Treatment		早稻 Early rice		晚稻 Late rice	
		宜丰 Yifeng	临川 Linchuan	宜丰 Yifeng	临川 Linchuan
CK	0% N	3.53b	4.69c	6.22c	5.13b
	100% N	7.33a	7.27b	8.71a	6.48a
NFT	100% N	7.51a	7.86a	9.10a	6.56a
	95% N	7.43a	7.66a	8.78a	6.94a
	90% N	7.37a	7.35ab	8.79a	6.82a
	85% N	7.22a	7.19b	8.48b	6.51a

注：同列数据后带相同小写字母者表示不同处理间在5%水平上差异不显著。下同

Note：The figures followed by any common letter（s）wthin the same column are not different significantly at the 0.05 level. The same below

2.2　对产量构成因素的影响

由表4可见，在大田不减氮的情况下，秧田施送嫁肥处理有效穗数均略有增加，而每穗总粒数、结实率略有下降，但都没有达到显著差异。分蘖肥减氮，随着减氮量的增加，有效穗数、每穗总粒数呈下降趋势，结实率呈现先增加后下降的趋势，千粒重变化幅度较小，但处理间差异均不显著。在施送嫁肥条件下95% N和90% N处理的有效穗数都略高于不施送嫁肥条件下100% N处理，每穗总粒数则相反，但差异一般未达显著水平。表明秧田施用送嫁肥可以弥补双季稻分蘖期减氮（减施总氮量5%～10%）带来的有效穗数下降。

表4 秧田施送嫁肥对双季稻产量构成因子的影响

Table 4 Effects of nitrogen fertilization shortly before transplanting on yield components of double cropping rice

指标 Trait	处理 Treatment		早稻 Early rice		晚稻 Late rice	
			宜丰 Yifeng	临川 Linchuan	宜丰 Yifeng	临川 Linchuan
有效穗数（$10^4/hm^2$） No. of effective panicles	CK	0% N	138.31b	190.97b	179.17b	164.00b
		100% N	289.27a	255.75a	230.84a	222.08a
	NFT	100% N	306.14a	265.83a	250.84a	226.35a
		95% N	290.25a	260.17a	246.67a	225.84a
		90% N	290.49a	261.31a	236.67a	223.08a
		85% N	274.20a	245.50a	222.50a	205.85a
每穗总粒数 Spikelets per panicle	CK	0% N	130.87b	92.46b	147.42b	184.20a
		100% N	161.23a	168.40a	167.83a	186.00a
	NFT	100% N	157.24a	164.57a	167.08a	185.86a
		95% N	156.32a	166.20a	166.26a	176.85a
		90% N	159.62a	162.56a	165.44a	179.56a
		85% N	152.61a	159.32a	163.67ab	173.56a
结实率（%） Seed setting rate	CK	0% N	88.30a	81.40a	87.08a	72.83a
		100% N	80.29b	73.15b	85.39a	72.08a
	NFT	100% N	77.24b	68.34b	84.44a	70.22a
		95% N	78.74b	70.68b	83.96a	71.10a
		90% N	80.61b	72.10b	86.69a	66.94a
		85% N	78.14b	71.89b	86.00a	69.11a
千粒重（g） 1 000-grain weight	CK	0% N	27.18a	27.30a	24.71a	21.65a
		100% N	26.58a	26.58ab	23.86a	22.32a
	NFT	100% N	26.36a	26.61ab	24.21a	22.29a
		95% N	26.90a	26.69ab	23.91a	21.11a
		90% N	26.75a	26.52ab	24.64a	22.32a
		85% N	26.37a	26.19b	24.65a	22.35a

2.3 对秧苗素质的影响

在移栽前5d秧田施1次送嫁氮肥（$10g/m^2$），秧苗移栽时的硝酸还原酶活性不同程度

提高，秧苗氮素含量略有提高（差异不显著），氮素积累量显著提高，秧苗根数也不同程度增多，百苗干重显著增加（临川早稻除外）（表5）。可见，秧田施送嫁肥，秧苗素质明显提高。

表5　秧田施送嫁氮肥对双季超级稻秧苗素质的影响

Table 5　Effects of nitrogen fertilizer before transplanting on yield components of double cropping super rice

地点 Location	季节 Cropping	处理 Treatment	硝酸还原酶活性［μg/（g·h）］Nitrate reductase activity	平均根长（cm）Root length	单株根数 Roots per plant	氮素含量（%）Nitrogen content	百苗干重（g）Dry weight of 100 plants	单株氮素积累量（mg）Nitrogen accumulation per plant
临川 Linchuan	早稻 Early rice	CK	—	3.50a	8.60a	2.40a	3.37a	0.81b
		NFT	—	2.43b	8.90a	2.62a	3.45a	0.90a
	晚稻 Late rice	CK	—	—	—	2.34a	8.83b	2.07b
		NFT	—	—	—	2.65a	14.97a	3.97a
宜丰 Yifeng	早稻 Early rice	CK	4.68a	11.82a	21.85a	2.82a	8.80b	2.48b
		NFT	4.92a	11.70a	22.45a	3.34a	11.12a	3.71a
	晚稻 Late rice	CK	11.23b	14.77a	35.33b	2.88a	45.46b	13.09b
		NFT	14.57a	13.67a	38.33a	3.10a	49.28a	15.28a

2.4　对分蘖成穗的影响

由表6可见，在100% N处理下，秧田施送嫁肥的处理成穗率和分蘖速率均略有提高，但没有达到显著差异。分蘖肥减氮，随着减氮量的增加，成穗率呈先增加后下降的趋势，但处理间差异不显著；分蘖速率呈下降趋势。在施送嫁肥条件下，宜丰县双季超级稻85% N、95% N和90% N 3个减氮处理的成穗率都高于不施送嫁肥条件下100% N处理，且差异达显著水平。表明秧田施用送嫁肥，分蘖期减氮降低分蘖速率和无效分蘖数，减少了养分损失，提高了水稻成穗率。

表6　秧田施送嫁肥对双季超级稻分蘖成穗的影响（宜丰）

Table 6　Effects of nitrogen fertilization shortly before transplanting on tillering and panicle formation of double cropping super rice（Yifeng）

处理 Treatment		成穗率（%）Effective panicle forming rate		分蘖速率［蘖·（蔸·d）］The tillering rate	
		早稻Early rice	晚稻Late rice	早稻Early rice	晚稻Late rice
CK	0% N	67.38c	82.41a	0.15c	0.24c
	100% N	76.16b	78.34b	0.30a	0.31a

（续表）

处理 Treatment		成穗率（%） Effective panicle forming rate		分蘖速率［蘖·（蔸·d）］ The tillering rate	
		早稻Early rice	晚稻Late rice	早稻Early rice	晚稻Late rice
NFT	100% N	78.20ab	79.26ab	0.31a	0.33a
	95% N	81.96a	83.01a	0.28a	0.31a
	90% N	80.17a	82.64a	0.26ab	0.30a
	85% N	80.56a	81.41a	0.25b	0.28b

2.5 对叶片SPAD值和LAI的影响

由表7可见，在100% N处理下，秧田施送嫁肥的处理SPAD值和LAI均高于不施送嫁肥的对照，但均没有达到显著差异。分蘖肥减氮，随着减氮量的增加，SPAD值和LAI均呈下降趋势。在施送嫁肥条件下，宜丰县85% N、95% N和90% N处理的早稻幼穗分化期SPAD、晚稻SPAD值、晚稻SPAD值和LAI都高于不施送嫁肥条件下100% N处理，而早稻LAI低于不施送嫁肥条件下100% N处理，但差异均未达显著水平。

表7　秧田施送嫁肥对双季稻叶片SPAD值和LAI的影响（宜丰）

Table 7　Effects of nitrogen fertilization shortly before transplanting on leaf SPAD and LAI of double cropping rice.（Yifeng）

处理 Treatment		分蘖中期middle of tillering stage				幼穗分化期panicle initiation stage			
		SPAD		LAI		SPAD		LAI	
		早稻 Early rice	晚稻 Late rice	早稻 Early rice	晚稻 Late rice	早稻 Early rice	晚稻Late rice	早稻 Early rice	晚稻 Late rice
CK	0% N	27.10b	44.20b	0.47c	0.70c	36.50b	37.80b	0.76b	1.69b
	100% N	30.90a	45.90a	1.08a	0.95ab	45.00a	42.63a	2.53a	2.58a
NFT	100% N	32.35a	46.60a	1.22a	1.20a	48.10a	45.93a	2.55a	2.87a
	95% N	30.15a	47.50a	0.96a	1.06ab	48.00a	45.30a	2.10a	2.65a
	90% N	29.90a	47.20a	0.93a	0.93ab	46.60a	43.97a	1.97a	2.69a
	85% N	28.90a	46.80a	0.70b	0.89b	45.60a	43.07a	1.98a	2.66a

2.6 对干物质生产的影响

由表8可见，在100% N处理下秧田施送嫁肥的处理成熟期生物产量高于不施送嫁肥的对照，但均没有达到显著差异。分蘖肥减氮，随着减氮量的增加，成熟期和幼穗分化期干物质积累量呈下降趋势。综合两地双季超级稻情况来看，秧田施用送嫁肥后，大田分蘖期减施总氮量5%～10%氮肥，成熟期和幼穗分化期干物质积累量与不施送嫁肥不减氮的处理相比没有显著下降。

表8　秧田施送嫁肥对双季稻干物质积累量的影响（t/hm²）

Table 8　Effects of nitrogen fertilization shortly before transplanting on dry matter accumulation of double cropping rice

处理 Treatment		成熟期maturity stage				幼穗分化期panicle initiation stage	
		早稻Early rice		晚稻Late rice		早稻Early rice	晚稻Late rice
		宜丰 Yifeng	临川 Linchuan	宜丰 Yifeng	临川 Linchuan	宜丰 Yifeng	宜丰 Yifeng
CK	0% N	6.28c	6.16c	9.08c	8.18b	0.78c	1.81b
	100% N	12.71ab	11.22ab	13.08a	10.98a	2.07a	2.99a
NFT	100% N	13.44a	12.21a	13.25a	11.32a	1.87a	3.06a
	95% N	12.49ab	11.35ab	12.73a	10.82a	1.69ab	3.06a
	90% N	11.98b	10.92ab	12.64ab	10.62a	1.67ab	2.58a
	85% N	12.17b	10.73b	12.05b	10.30a	1.45b	2.54a

2.7　对氮素积累总量和氮肥利用率的影响

由表9可见，在100% N处理下秧田施送嫁肥可以不同程度提高水稻氮素积累总量和氮肥表观利用用率，其中宜丰点氮肥表观利用率增幅达到显著水平。分蘖肥减氮，随着减氮量的增加，氮素积累总量和氮肥表观利用率呈下降趋势。在施送嫁肥条件下，宜丰县和临川区双季晚稻95% N、90% N、85% N的处理的氮素积累总量均低于不施送嫁肥条件下100% N处理，双季早稻的氮素积累总量以施送嫁肥+95% N的处理高于不施送嫁肥+100% N处理，但差异不显著。在施送嫁肥条件下，宜丰县和临川区双季超级稻的氮肥表观利用率95% N和90% N的处理都高于不施送嫁肥+100% N处理，其中宜丰早稻95% N、宜丰晚稻95% N和90% N处理达显著差异。综合两地情况来看，秧田施用送嫁肥后，大田分蘖期减施总氮量5%～10%氮肥，双季超级稻氮素积累总量随减氮量略有下降（早稻95% N处理除外），氮肥表观利用率不同程度提高。

表9　秧田施送嫁肥对双季稻氮素积累总量和氮肥表观利用率的影响

Table 9　Effects of nitrogen fertilization shortly before transplanting on total nitrogen accumulation and apparent utilization ratio of nitrogen of double cropping rice

处理 Treatment		氮素积累总量（kg/hm²） Total nitrogen accumulation				氮肥表观利用率（%） Apparent utilization ratio of nitrogen			
		早稻Early rice		晚稻Late rice		早稻Early rice		晚稻Late rice	
		宜丰 Yifeng	临川 Linchuan	宜丰 Yifeng	临川 Linchuan	宜丰 Yifeng	临川 Linchuan	宜丰 Yifeng	临川 Linchuan
CK	0% N	60.85b	61.48c	78.63b	72.56b	—	—	—	—
	100% N	132.82a	128.13a	155.00a	137.80a	39.98b	37.03a	33.94b	29.00ab

（续表）

处理 Treatment		氮素积累总量（kg/hm²）Total nitrogen accumulation				氮肥表观利用率（%）Apparent utilization ratio of nitrogen			
		早稻Early rice		晚稻Late rice		早稻Early rice		晚稻Late rice	
		宜丰 Yifeng	临川 Linchuan	宜丰 Yifeng	临川 Linchuan	宜丰 Yifeng	临川 Linchuan	宜丰 Yifeng	临川 Linchuan
NFT	100% N	140.45a	138.58a	162.71a	141.39a	44.22a	42.84a	37.37a	30.59a
	95% N	137.14a	128.69a	154.29a	135.47a	44.61a	39.30a	35.40a	29.43a
	90% N	126.27a	121.98a	152.31a	132.22a	40.38ab	37.34a	36.39a	29.46a
	85% N	127.54a	112.34b	146.89a	126.59a	43.59a	33.24b	34.43ab	28.25b

3 结论与讨论

目前，江西省水稻两季总施氮量已达405kg/hm²，甚至更高，高于世界平均水平，而水稻氮肥当季利用率仅为30%左右，也低于世界平均水平，而水稻氮肥当季利用率仅为30%左右，低于世界平均水平。氮素施用量偏高，造成大量肥料流失，导致污染加剧和肥料利用率降低。双季稻生育前期群体生物量小，氮素积累量低，分蘖期正是江西省降水的高峰期，局部暴雨时有发生，容易造成分蘖肥流失。同时，分蘖期的氨挥发量比较大。有研究表明[10]，氨挥发损失量表现为分蘖肥时期>倒4叶穗肥期>基肥时期>倒2叶穗肥期。可见，双季稻分蘖期施氮后的氮素损失大，利用率低。分蘖期是形成有效穗数的关键时期，分蘖肥过少会影响水稻前期分蘖，无法保证适宜的有效穗数而导致产量下降。培育壮秧是促进前期早发的重要措施，秧田施送嫁肥有利于水稻壮秧促蘖，提高秧苗素质，提高秧苗移栽时的氮素含量和积累量，保证分蘖期减氮后的水稻分蘖成穗和有效穗数不受明显影响。此外，前期氮肥施用比例大（早稻基蘖肥70%，晚稻基蘖肥60%或70%），在一定程度上为分蘖期减肥提供了可能。本研究结果表明，秧田施送嫁肥，秧苗的硝酸还原酶活性、氮素含量提高，单株根数有所增加、百苗干重和氮素积累量显著提高，秧苗素质明显改善，可促进移栽后氮的吸收。在分蘖氮肥减施总施氮量的5%～10%的条件下，施送嫁肥处理与不施送嫁肥且不减氮的处理相比，生育前期叶片SPAD值和LAI没有明显变化，分蘖速率略有下降，成穗率显著提高，有效穗数和每穗总粒数无显著差异，生物产量和氮素积累总量未显著下降，而氮肥利用率和稻谷产量略有提高。在本试验条件下，秧田施送嫁肥，即每公顷秧田追施纯氮约34.5kg，每公顷大田分蘖肥早稻减氮9～18kg/hm²，晚稻可减氮11.25～22.5kg/hm²。

参考文献

[1] 李三多，王益华，曹如亮，等. 水稻秧苗期施用喷施宝有机水溶肥料田间肥效示范试验[J]. 现代农业科技，2014（5）：24.

[2] 李晓蕾，钱永德，黄成亮，等. 苗期氮素用量对水稻秧苗素质的影响[J]. 江苏农业科学，2014，42（3）：47-50.

[3] 张来运，张国良，丁秀文，等. 不同播种量对水稻基质育秧秧苗素质的影响[J]. 江苏农业科学，2013，41（8）：66-67.

[4] 付为国，汤涓涓，尹淇淋，等. 不同基质育秧对机插秧秧苗素质的影响[J]. 江苏农业科学，2014，42（5）：83-85.

[5] 张卫星，朱德峰，林贤青，等. 不同播量及育秧基质对机插水稻秧苗素质的影响[J]. 扬州大学学报（农业与生命科学版），2007，28（1）：45-48.

[6] 张国良，周青，韩国路，等. 3种育秧方式对水稻机插秧苗素质的影响[J]. 江苏农业科学，2005，（1）：19-20.

[7] 郑永美，丁艳锋，王强盛，等. 起身肥改善水稻根际土壤氮素分布与利用的研究[J]. 中国农业科学，2007，40（2）：314-321.

[8] 郑永美，丁艳锋，王强盛，等. 起身肥对水稻分蘖和氮素吸收利用的影响[J]. 作物学报，2008，34（3）：513-519.

[9] 王学奎. 植物生理生化实验原理与技术，北京：高等教育出版社，2006：124-127.

[10] 叶世超，林忠成，戴其根，等. 施氮量对稻季氨挥发特点与氮素利用的影响[J]. 中国水稻科学，2011，25（1）：71-78.

壮秧影响不同节氮水平下早稻产量及氮肥吸收利用

陈金[1,3#] 涂田华[1#] 谢江[1] 曾广初[2] 李瑶[1] 邱才飞[1] 关贤交[1]
邓国强[1] 陈先茂[1] 邵彩虹[1] 徐明岗[3*] 彭春瑞[1*]

（[1]江西省农业科学院/农业农村部长江中下游作物生理生态与耕作重点实验室/国家红壤改良工程技术研究中心，南昌 330200；[2]江西省吉安县农业技术推广中心，吉安 343100；[3]中国农业科学院农业资源与农业区划研究所/耕地培育技术国家工程实验室，北京 100081）

摘　要：［目的］培育壮秧和施用分蘖肥是促进水稻早发的重要措施，但增施分蘖肥易导致水稻无效分蘖大量滋生和氮素流失，造成后期群体偏大、光合效率低和面源污染。研究了双季早稻壮秧节省分蘖肥施氮量的效应及其产量形成和氮素吸收利用特性，以期为双季早稻节氮控污丰产栽培提供依据。［方法］以超级杂交早稻淦鑫203为材料，采用壮苗育秧（状秧）和普通育秧（普秧）两种方式培育秧苗。于2014—2015年大田试验，设置壮秧（VS）下常规施氮（VS+100%N）、节氮10%（VS-10%N）、节氮20%（VS-20%N）、节氮30%（VS-30%N）4个处理，以普秧（NS）下常规施氮（NS+100%N）处理和不施氮空白（NS+0N）处理分别作对照，共6个处理。减施的氮肥均在分蘖肥中扣除，除不施氮对照外，各处理基肥氮（72kg/hm^2）和穗肥氮（54kg/hm^2）均保持不变。分析了早稻拔节期、齐穗期和成熟期SPAD值、光合速率、硝酸还原酶活性和各器官氮素含量，测定了成熟期水稻产量及其构成，明确了植株总氮积累量、氮素转运量、氮表观转运率和氮素吸收利用效率等。［结果］与NS+100%N处理相比，壮秧下分蘖肥节氮10%～30%对叶片SPAD值和光合速率无显著影响，但壮秧能促进分蘖发生和成穗，在生育中后期逐渐弥补分蘖肥节氮对分蘖期干物质积累的不利影响，成熟期VS-10%N和VS-20%N处理干物质积累量较对照NS+100%N增加，产量分别增加了8.5%和1.5%；VS-30%N处理干物质积累量和产量则呈下降趋势。同时，壮秧有利于提高早稻叶片硝酸还原酶活性、各器官氮含量和氮积累量，与NS+100%N处理相比，VS+100%N处理成熟期氮素积累总量显著增加了6.9%，VS-10%N和VS-20%N处理无显著变化，VS-30%N处理显著下降了9.7%。壮秧处理氮素吸收利用效率和氮肥农学利用效率较NS+100%N处理分别显著提高了12.1%～22.4%和9.9%～24.7%（P<0.05）。［结论］双季早稻壮秧可以促进分蘖早发，提高叶片的干物质生产能力和氮代谢性能，弥补分蘖肥减氮后水稻对前期生长的不利影响，提高后期的干物质生产量和氮运转量。通过培育壮秧，分蘖肥减施总施氮量的

本文原载：植物营养与肥料学报，2020，26（1）：96-106

基金项目：国家科技支撑计划（2013BAD07B12），国家自然科学基金（31601263），中国博士后科学基金（2017M622100），江西省博士后科研项目（2017KY11）

#共同第一作者；*通讯作者

20%以内，早稻产量不会下降，实现了水稻的节氮、丰产和节本栽培，有利于提高氮素利用效率和减少氮素流失对环境的污染。

关键词：壮秧；产量；节氮水平；氮素效率

Seedling Vigour Influences Nitrogen Utilization and Yield of Early Rice under Different Nitrogen-saving Conditions

Chen Jin[1#] Tu Tianhua[1#] Xie Jiang[1] Zeng Guangchu[2] Li Yao[1] Qiu Caifei[1] Guan Xianjiao[1] Deng Guoqiang[1] Chen Xianmao[1] Shao Caihong[1] Xu Minggang[3*] Peng Chunrui[1*]

([1]Jiangxi Academy of Agricultural Sciences/ Key Laboratory of Crop Ecophysiology and Farming System for the Middle and Lower Reaches of the Yangtze River, Ministry of Agriculture and Rural Affairs /National Engineering and Technology Research Center for Red Soil Improvement, Nanchang 330200, China; [2]Agricultural Technology Extension Center in Ji'an County of Jiangxi Province, Ji'an 343100, China; [3]Institute of Agricultural Resources and Regional Planning, Chinese Academy of Agricultural Sciences/National Engineering Laboratory for Improving Quality of Arable Land, Beijing 100081, China)

Abstract: [Objectives] Vigorous seedlings and topdressing of tillering fertilizer are required for promoting early development in rice. However, tillering fertilizers tend to cause nitrogen loss and ineffective tillering, resulting in low harvest index of rice. The efficacy of nitrogen savings through cultivation of vigorous seedlings was investigated. [Methods] The experiment was conducted from 2014 to 2015, using a super early rice cultivar 'Ganxin 203'. The vigour treatment consisted of the vigorous and normal rice seedlings. The experiment included no-nitrogen control and conventional fertilization using normal seedlings (NS+0N and NS+100%N), in which the N rate, 180kg/ha was divided into basal application (72kg/ha) and top-dressing of 54kg/hm^2 each at tillering and jointing stages; and four vigorous seedling treatments with N input reduced by 0, 10%, 20% and 30% (VS+100%N, VS-10%N, VS-20%N and VS-30%N). All fertilizer reduction was carried out at tillering stage. The SPAD, chlorophyll content, photosynthetic rate, nitrate reductase activity and nitrogen content of the jointing, heading and maturing stage; grain yield and its components were determined. Then the total nitrogen accumulation, nitrogen transport, apparent nitrogen transport rate and nitrogen recovery efficiency were calculated. [Results] Compared to the NS+100%N, the leaf SPAD values and photosynthetic rates of the VS-10%N, VS-20%N and VS-30%N treatments were not significantly influenced. During the middle and late growth stages, vigorous seedling offset the negative effect of reduced nitrogen fertilizer on dry matter accumulation of the tillering stage by promoting tillering growth and effective panicle number. The VS-10%N and VS-20%N treatments increased dry matter accumulation at the mature stage than NS+100%N and consequently improved rice yield by 8.5% and 1.5%, respectively. However, dry matter accumulation and yield of VS-30%N treatment were significantly low. Meanwhile, vigorous seedling elicited higher leaf nitrate reductase activity, nitrogen content and nitrogen accumulation in leaves, stems-sheaths and panicles. Compared to NS+100%N, the total N accumulation in VS+100%N significantly increased by 6.9% while that of VS-30%N decreased by 9.7%. The N recovery efficiency and N agronomic efficiency of the vigorous seedling treatments were 12.1% ~ 22.4% and 9.9% ~ 24.7% higher than NS+100%N in the early rice ($P<0.05$). [Conclusions] The slow early growth of rice caused by low N input at the tillering stage can be averted by cultivating vigorous seedlings which do not only produce more tillers but also exhibit higher dry matter accumulation and nitrogen translocation at the latter stage of the plant development. Further, application of 20% less N input on vigorous 'Ganxin 203' cultivar reduces expenses on fertilizer; translates to higher rice yield and improves nitrogen utilization efficiency and reduces nitrogen pollution.

Key words: Early rice; Vigorous seedlings; N—saving; Yield; N—utilization indices

水稻高产、高效和优质栽培对我国粮食安全和生态安全具有重要意义。近年来，我国水稻持续丰产主要依靠肥料增施，但氮肥过量施用不仅不会增加产量[1, 2]，反而会导致氮肥利用效率下降、氮素流失增加，农业面源污染加剧[3, 4]。合理减少水稻氮肥用量，改变农田面源污染日益严重的现状，实现水稻生产的提质增效，已成为水稻生产亟需解决的问题。双季稻区早稻育秧期间低温、阴雨寡照导致秧苗素质差而难以早发，生产上为促进早发往往大量施用分蘖肥，虽然有促早发效果但也会带来有效分蘖大量滋生和成穗率下降等问题，影响群体质量和增加面源污染风险。

水稻分蘖及分蘖成穗率是影响产量形成的重要因素，基、蘖肥施氮量与水稻分蘖发生和有效穗密切相关。但实际生产中存在基、蘖肥用量偏高的问题[5]，且水稻基、蘖肥的氮素利用率因前期根量少、吸收力弱而偏低，基肥和蘖肥的吸收利用率为9% ~ 22%和17% ~ 34%[6]，导致氮肥流失严重。水稻壮秧具有分蘖多、茎鞘粗壮、根系发达、根冠比和群体生物量大、生理酶活性强等特点[7]，有利于移栽后返青与有效分蘖发生和成穗，对本田期水稻群体发展及产量形成都有重要影响[8, 9]，是水稻稳产高产栽培的关键措施之一。前人就壮秧和氮肥运筹对水稻生长发育和产量形成的研究较多，认为壮秧可显著提高水稻有效穗数和群体颖花量，增加库容量，从而显著增加产量[10, 11]。通过施用送嫁肥培育高素质秧苗，促进分蘖的早生快发，增加分蘖成穗率，显著提高氮肥利用率、生物量和产量[12]。同时，有研究表明，通过优化管理，水稻推荐氮肥减量空间为31%，其中基、蘖肥是其主要的减量方向[13]。基于壮秧的生理特点，壮秧可能在减少前期施氮量条件下保障水稻本田前期分蘖早发，构建合理的群体并实现丰产，但有关壮秧的节氮效应及在节氮条件下壮秧对双季早稻产量形成与氮吸收利用的影响研究鲜见报道[14-16]。因此，研究了不同节氮水平下壮秧对双季早稻干物质生产、产量和氮素吸收利用特征的影响，旨在明确壮秧的节氮效应及其产量形成和氮吸收运转特性，为双季稻节氮控污丰产栽培提供理论依据。

1 材料与方法

试验于2014—2015年在江西省吉安县横江镇进行，早稻品种为淦鑫203。

1.1 育秧技术

采用旱床育秧技术，秧床基肥施45%复合肥（N：P_2O_5：K_2O=15：15：15）60g/m^2。普秧培育采用清水间歇浸种，红壤旱地土壤做秧床，播种量为160g/m^2秧床。壮秧培育采用100mg/kg烯效唑间歇浸种，菜园土做秧床，播种量为80g/m^2秧床，并在移栽前5d增施送嫁肥（46%尿素、60%氯化钾分别施用10g/m^2秧床）。

壮秧培育技术显著提高了壮秧处理的秧苗素质（表1）。与常规育秧相比，壮秧处理秧苗株高2年平均降低了8.7%，叶龄、茎蘖数、假茎基宽、根干重和地上部生物量分别平均增加了16.8%、31.2%、33.4%、18.7%和10.5%，其中，茎蘖数和地上部生物量差异达显著水平（P<0.05）。

表1 壮秧和普通秧苗生长性状

Table 1 Growth attributes of vigorous and normal seedlings

年份 Year	秧苗 Seedling	叶龄 Leaf age	株高（cm） Plant height	茎蘖数 Tiller no.	茎基宽（cm） Stem base width	根干重（g/100株） Root dry weight	地上部干物质积累量（g/100株） Shoot dry matter accumulation
2014	普秧 Normal	4.1a	21.9a	1.1b	0.4a	1.4a	5.8b
	壮秧 vigorous	4.4a	19.9a	1.4a	0.6a	1.7a	6.2a
2015	普秧 Normal	4.2b	22.5a	1.2b	0.5a	1.5b	5.7b
	壮秧 vigorous	4.6a	20.6a	1.6a	0.6a	1.8a	6.4a

注：小写字母表示壮秧和普秧生长性状同季节内在5%水平差异显著

Note: Values followed by different letters mean significant difference in growth traits between the normal and vigorous seedlings at 5% probability level in the same year

1.2 试验设计

在本田期设置壮秧（Vigorous seedling，VS）下常规施氮（VS+100%N）、节氮10%（VS-10%N）、节氮20%（VS-20%N）、节氮30%（VS-30%N）4个施氮水平，其中节氮比例为分蘖肥减施总施氮量的比例；为比较壮秧的节肥效应及计算氮肥利用率，增设2个处理，即普秧（Normal seedling，NS）常规施氮（NS+100%N）和不施氮空白（NS+0N）2个处理，共6个处理，每个处理3次重复，小区面积20m^2，随机区组排列，共18个小区。N、P、K肥分别用尿素（含N 46%）、钙镁磷肥（含P_2O_5 12%）、氯化钾（含

K_2O 60%），P肥作基肥一次性施用，K肥按基肥：分蘖肥：穗肥用量比4：3：3施用，P_2O_5用量为90kg/hm^2，K_2O用量为180kg/hm^2；水稻返青后（移栽后7d）施用分蘖肥，倒二叶露尖时施用穗肥。各处理氮肥施用量见表2。土壤耕层基础肥力为：pH值5.22，有机质23.4g/kg，全氮2.10g/kg，碱解氮252.0mg/kg，有效磷44.8mg/kg，速效钾94.5mg/kg。

表2　不同处理具体基施和追施氮量（kg/hm^2）

Table 2　Rates of basal application and top dressing of nitrogen input

处理 Treatment	总施氮量 Total nitrogen	基肥 Basal fertilizer	分蘖肥 Tillering fertilizer	穗肥 Panicle fertilizer
NS+100%N	180	72	54	54
VS+100%N	180	72	54	54
VS-10%N	162	72	36	54
VS-20%N	144	72	18	54
VS-30%N	126	72	0	54
NS control	0	0	0	0

1.3　田间常规管理

早稻播种期为3月20日左右，秧龄28d，移栽规格为16.7cm×20cm，每穴2株。各处理间做双埂隔开，并覆膜。田间水分管理及病虫草害防治按当地高产栽培方法进行。

1.4　测定项目与方法

茎蘖动态：移栽时各小区定点10穴，间隔5d调查分蘖动态，至齐穗期结束。

叶片净光合速率与叶绿素含量：拔节期取顶2叶中部，齐穗期取剑叶中部，采用日本Mi-nolta Camera公司生产的SPAD-502测定叶片SPAD值，每小区测定10张叶片。2015年于齐穗期取剑叶中部，采用美国LI-COR公司生产的LI-6400便携式光合作用测定仪测定叶片光合速率，测定时间为晴天9：00—11：30，每小区测定5张叶片。

干物质积累及氮素含量：于拔节期、齐穗期和成熟期，每小区按每穴茎蘖平均数取代表性植株3穴，分茎鞘、叶片和穗3部分，经105℃杀青30min，75℃下烘干至恒重。2015年齐穗期和成熟期植株样烘干磨粉后采用凯氏定氮法测定茎鞘、叶片和穗器官氮含量[17]。

叶片硝酸还原酶活性：于2015年分蘖期和拔节期取顶2叶，齐穗期取剑叶，参照李合生[18]主编的《植物生理生化实验原理和技术》，采用活体法测定叶片硝酸还原酶活性。

产量及其构成：水稻成熟期调查单位面积穗数，并从每个小区按每穴平均穗数取代表性植株5穴考种，调查每穗粒数、结实率和千粒重。然后将每个小区单打单收，田间直接测定湿谷产量，取1kg左右水稻籽粒样品烘干后计算含水量，计算实际产量时扣除取样面积，并按稻谷13.5%的含水量计算实际产量。

相关参数的计算方法：

氮积累量=干物质量×氮含量

植株总氮素积累量=地上部各器官氮素积累量之和

叶片（茎鞘）氮素转运量=抽穗期叶片（茎鞘）氮素累积量-成熟期叶片（茎鞘）氮素累积量

叶片（茎鞘）氮表观转运率（%）=叶片（茎鞘）氮转运量/抽穗期叶片（茎鞘）氮积累量×100

氮素吸收利用率（%）=（施氮区植株总吸氮量-空白区植株总吸氮量）/施氮量×100

氮素生理利用率=（处理产量-空白区产量）/（处理植株总吸氮量-空白区植株总吸氮量）

氮素农学利用率=（施氮区产量-空白区产量）/施氮量

1.5　数据分析

数据采用Excel 2003和DPS进行分析处理，用最小显著差法LSD检验平均数。

2　结果与分析

2.1　叶片SPAD值和净光合速率

与NS+100%N处理相比，4个壮秧处理在拔节期和齐穗期，除减氮30%处理，叶片SPAD值差异不显著；VS+100%N在两年、两个生育期SPAD值高于普秧对照，2015年差异甚至达到显著水平，VS-10%N、VS-20%N和VS-30%N与NS+100%N处理差异均不显著（P>0.05）（图1）。2015年5个氮肥处理齐穗期净光合速率没有差异（图2），也表明通过培育壮秧，可以弥补分蘖肥减氮对水稻叶片光合特征的不利影响，壮秧条件下分蘖肥节氮10%～30%对叶片SPAD值和光合速率较常规栽培NS+100%N处理无显著影响。

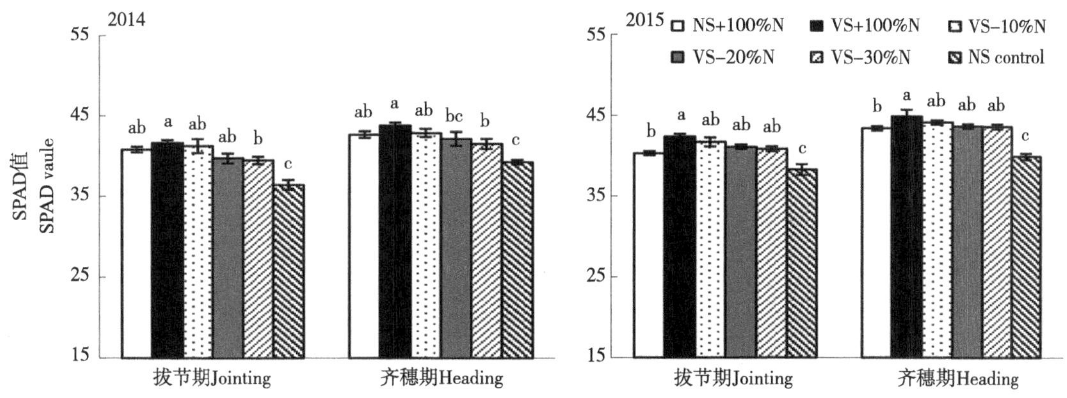

注：柱上不同小写字母表示同一生育期不同处理间差异显著

Note: Different letters above the bars indicate significant difference among treatments at the same growing stage（P<0.05）

图1　不同节氮水平下早稻叶片的SPAD值

Figure 1　Leaf SPAD values of early rice under different nitrogen-saving level

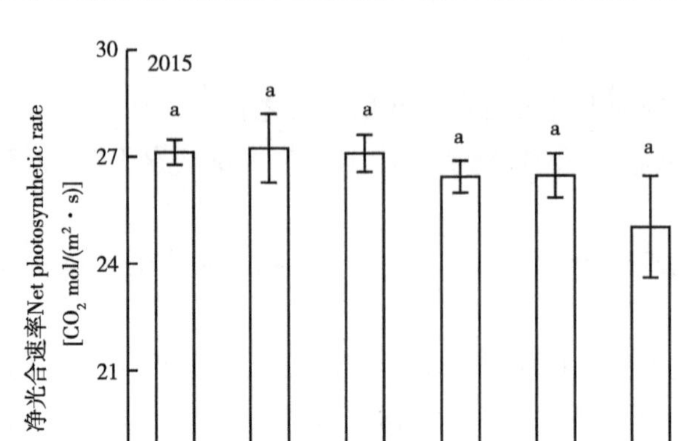

注：柱上不同小写字母表示不同处理间差异显著

Note：Different letters above the bars indicate significant difference among treatments（$P<0.05$）

图2　不同节氮水平下早稻齐穗期叶片的光合速率

Figure 2　Leaf net photosynthetic rate of early rice under different nitrogen-saving levels

2.2　群体发育

茎孽动态调查结果表明，在移栽后22d内，VS+100%N、VS-10%N、VS-20%N和VS-30%N处理茎蘖数较NS+100%N处理平均分别增加了20.3%、11.0%、5.5%和3.7%，但最高苗数除VS+100%N处理外，均有所下降（图3），表明壮秧有很好促进分蘖早发效应。此外，图3显示，2014年早稻茎蘖高峰期苗数显著低于2015年，原因是2014年返青至有效分蘖期（4月23日至5月12日）日平均气温较近10年和2015年分别低1.5℃和1.2℃，水稻前期生长较慢，分蘖发生受到影响。

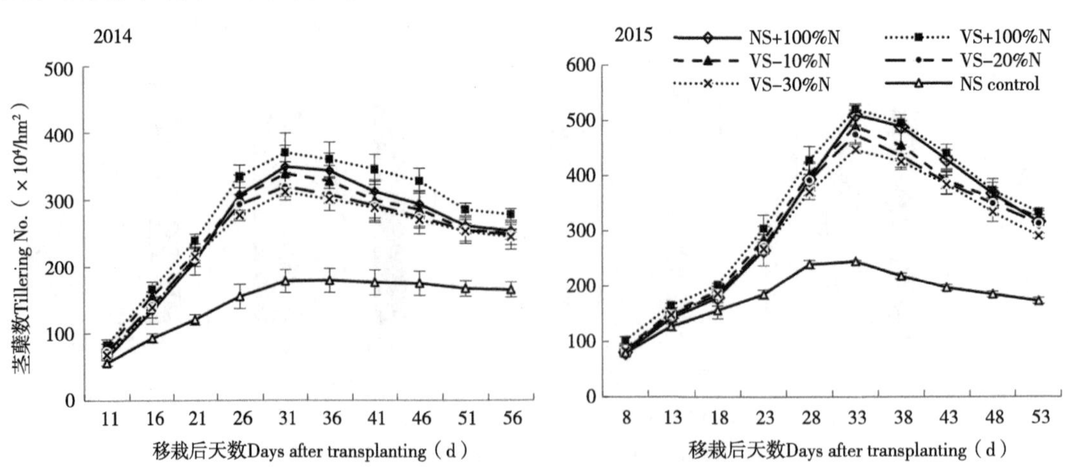

图3　不同节氮水平下早稻茎蘖动态

Figure 3　Tillering dynamics under different nitrogen-saving levels

从不同处理早稻地上部干物质积累量动态可以看出，除节氮30%处理在3个生育期干物质积累量均低于其他处理外，VS-10%N和VS-20%N处理在拔节期和齐穗期的地上部干物质积累量与NS+100%N没有显著差异，表明即使适当减少分蘖期氮肥投入，壮秧仍可提高早稻地上部干物质的积累量，特别是生育后期的干物质积累量，可弥补分蘖肥减氮对分蘖期干物质积累量的影响（图4）。

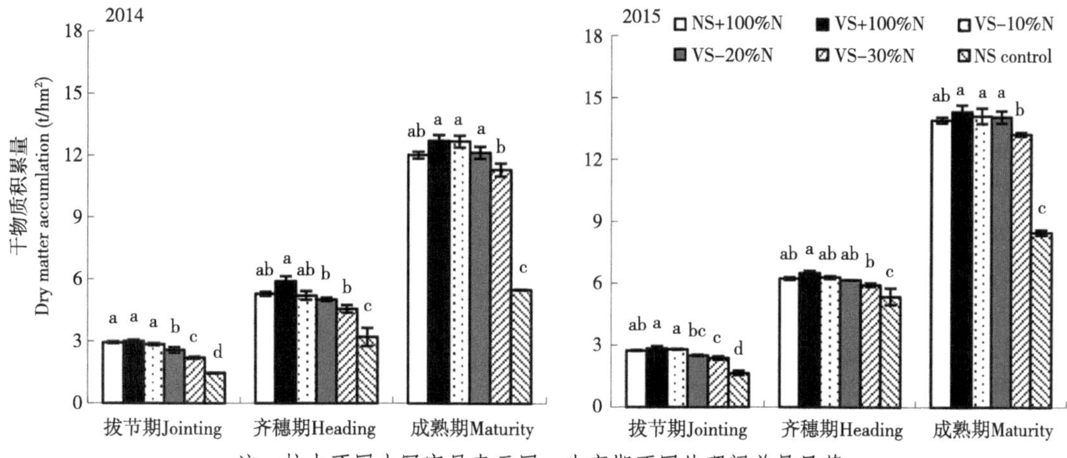

注：柱上不同小写字母表示同一生育期不同处理间差异显著

Note: Different letters above the bars indicate significant difference among treatments at the same growing stage（P<0.05）

图4 不同节氮水平下早稻地上部干物质积累量

Figure 4 Aboveground dry matter accumulation of early rice under different nitrogen-saving levels

2.3 产量及其构成

2014年移栽后受低温影响，水稻前期生长较慢，分蘖发生受到影响，有效穗数低于2015年，导致2年的产量构成因素的结果差异显著，但各处理2年的变化趋势基本一致，实际产量年际差异不显著。从表3中看出，5个氮肥处理早稻的成穗率、穗粒数、结实率均没有显著差异，节氮主要影响了有效穗数、千粒重，最终影响了产量。使用壮秧条件下，节氮10%、20%与不节氮相比，千粒重和产量没有显著变化，节氮30%的有效穗数、千粒重和产量在两年间出现了显著下降。进一步分析发现，与NS+100%N处理相比，VS+100%N、VS-10%N和VS-20%N处理有效穗数分别提高了9.5%、7.3%和0.5%，VS-30%N处理下降了12.5%（P>0.05）。表明壮秧促进了分蘖早发和成穗，在分蘖期减氮20%以下时仍可保持有效穗数不减少和产量不下降。

2.4 叶片氮素积累和转运

壮秧有利于提高双季早稻后期的叶片氮含量、氮素积累和转运（表4）。VS+100%N处理齐穗期和成熟期平均叶片氮含量较NS+100%N处理增加了2.2%，VS-10N%、VS-20%N和VS-30%N处理分别较NS+100%N处理下降了1.1%、2.6%和6.3%；VS+100%N处理齐穗期和成熟期平均叶片氮素积累量较NS+100N处理增加了5.1%，VS-10%N处理无变化，VS-20%N和VS-30%N处理分别平均下降了5.8%和17.6%（$P<0.05$）。此外，与NS+100%N处理相比，VS+100%N处理早稻叶片氮素转运量提高了6.7%，VS-10%处理和VS-20%N处理基本无变化，VS-30%N处理下降了12.1%。

表3　不同节氮水平下早稻产量及其构成

Table 3　Grain yield and yield components of early rice under different nitrogen-saving levels

处理 Treatment	有效穗数（$\times 10^4/hm^2$）No. of panicles	成穗率（%）Effective tiller percentage	每穗总粒数 Grain No.	结实率（%）Seed setting rate	千粒重（g）1 000-grain weight	实际产量（t/hm^2）Yield
			2014			
NS+100%N	249.0b	72.5a	139.2a	71.7b	26.8a	7.2d
VS+100%N	282.0a	77.4a	135.4a	80.8a	27.3a	8.5a
VS-10%N	279.0a	82.7a	130.6a	79.4ab	27.1a	8.4ab
VS-20%N	254.0b	79.9a	133.6a	80.1ab	26.9a	7.6c
VS-30%N	236.0b	76.1a	128.9a	79.5ab	26.7a	6.9d
NS+0%N	127.0c	72.5a	104.3b	86.4a	29.5a	3.9e
			2015			
NS+100%N	316.0a	62.1a	121.3a	82.7a	27.1ab	7.5b
VS+100%N	334.0a	64.1a	122.8a	85.1a	26.7bc	7.8a
VS-10%N	324.0a	66.8a	125.0a	84.2a	25.9c	7.7ab
VS-20%N	312.5a	66.0a	124.8a	83.4a	26.1c	7.4bc
VS-30%N	290.0b	65.0a	121.3a	82.3a	25.9c	7.1c
NS+0%N	173.0c	70.6a	101.2b	89.3a	28.0a	4.4e
			*F*值 *F* value			
年季Year（Yr）	207.266**	18.943**	12.718**	13.597**	29.622**	2.273
处理Treatment（T）	163.084**	0.666	11.081**	4.490**	28.861**	415.497**
Yr×T	0.808	0.619	0.698	0.919	3.516*	13.799**

注：不同小写字母表示同一生育期不同处理间差异显著

Note：Different letters indicate significant difference among treatments at the same growing stage（$P<0.05$）

表4　不同节氮水平下早稻叶片的氮素积累与转运量

Table 4　Leaf nitrogen accumulation and translocation of early rice under different nitrogen-saving levels

处理 Treatment	含氮量（g/kg）N content		氮积累量（kg/hm²）N accumulation		氮素转运量（kg/hm²）N translocation	氮素转运率（%）N translocation efficiency
	齐穗期 Heading	成熟期 Maturity	齐穗期 Heading	成熟期 Maturity		
NS+100%N	31.1a	10.5ab	56.0a	15.4ab	44.4ab	79.3a
VS+100%N	31.7a	10.8a	58.8a	16.3a	47.4a	80.6a
VS-10%N	31.0a	10.3ab	55.9a	15.4ab	44.5ab	79.4a
VS-20%N	30.5a	10.2ab	54.5ab	14.1b	43.9ab	80.5a
VS-30%N	30.0a	9.6b	48.9b	12.0c	39.0b	79.8a
NS+0N	22.5b	7.0c	28.0c	4.8d	20.3c	72.3b

注：不同小写字母表示同一生育期不同处理间差异显著

Note: Different letters indicate significant difference among treatments at the same growing stage（P<0.05）

2.5　茎鞘氮素积累与运转

壮秧提高了早稻茎鞘氮含量和氮素积累量（表5）。VS+100%N处理齐穗期、成熟期茎鞘氮含量和氮素积累量较对照NS+100%N处理平均分别增加了3.5%和10.2%，VS-10%N处理和VS-20%N处理基本无变化，VS-30%N处理分别平均下降了8.4%和10.2%。壮秧有增加茎鞘氮素在灌浆期的转运量的趋势，VS+100%N处理茎鞘氮素转运量较对照NS+100%N处理提高了5.5%，VS-10%处理、VS-20%N处理和VS-30%N处理呈下降趋势但差异不显著。

表5　不同节氮水平早稻茎鞘的氮素积累与转运量

Table 5　Nitrogen accumulation and translocation in stem-sheath of early rice under different nitrogen-saving levels

处理 Treatment	含氮量（g/kg）N content		氮积累量（kg/hm²）N accumulation		氮转运量（kg/hm²）N translocation	氮转运率（%）N translocation efficiency
	齐穗期 Heading	成熟期 Maturity	齐穗期 Heading	成熟期 Maturity		
NS+100%N	12.9a	6.1ab	37.4ab	16.5bc	25.1ab	66.9a
VS+100%N	13.1a	6.4a	39.7a	18.9a	26.5a	66.4a
VS-10%N	12.9a	6.2ab	37.5ab	17.7ab	24.3ab	64.8a
VS-20%N	12.5a	6.1ab	35.3ab	16.6abc	22.7ab	64.4a
VS-30%N	11.8a	5.6b	33.0b	15.1c	20.6b	62.1a
NS+0N	7.3b	4.6c	19.7c	7.6d	7.8c	38.6b

注：不同小写字母表示同一生育期不同处理间差异显著

Note: Different letters indicate significant difference among treatments at the same growing stage（P<0.05）

2.6 穗氮素积累量

壮秧有提高早稻穗部氮素积累的趋势。VS+100%N处理齐穗期和成熟期平均穗部氮含量较对照NS+100%N处理增加了3.4%，VS-10%N处理、VS-20%N处理和VS-30%N处理则平均分别下降了0.8%、1.7%和5.0%。穗部氮素积累量以VS+100%N处理最高，VS-10%N处理和VS-20%N处理较NS+100%N处理基本无变化，VS-30%N处理成熟期穗部氮素积累量较对照NS+100%N处理显著下降了8.5%（$P<0.05$）（表6）；穗部氮素增量变化趋势与氮素积累量基本一致。

表6 不同节氮水平下早稻穗部氮素积累量

Table 6 Panicle nitrogen accumulation of early rice under different nitrogen-saving levels

处理 Treatment	含氮量（g/kg） N content		氮素积累量（kg/hm²） N accumulation		穗部氮增量（kg/hm²） Panicle N increasing
	齐穗期 Heading	成熟期 Maturity	齐穗期 Heading	成熟期 Maturity	
NS+100%N	14.0a	11.0a	21.4ab	101.8ab	80.4ab
VS+100%N	14.4a	11.4a	23.3a	107.8a	84.6a
VS-10%N	13.9a	10.9a	21.6ab	101.2b	79.6ab
VS-20%N	13.8a	10.7a	21.3ab	101.6b	80.3ab
VS-30%N	13.1a	10.6a	19.5b	93.8c	74.3b
NS+0N	11.2b	8.8b	15.7c	51.2d	35.4c

注：不同小写字母表示同一生育期不同处理间差异显著

Note: Different letters indicate significant difference among treatments at the same growing stage（$P<0.05$）

2.7 氮素吸收及利用

由表7可见，壮秧显著提高了早稻成熟期氮素积累总量和氮肥农学利用率。与NS+100%N处理相比，VS+100%N处理和VS-10%N处理成熟期氮素积累总量分别平均增加了6.9%和0.5%，VS-20%N处理和VS-30%N处理分别平均下降了1.1%和9.7%，其中VS+100%N处理和VS-30%N处理与NS+100%N处理差异显著（$P<0.05$）。壮秧处理氮素吸收利用效率和氮肥农学利用效率较NS+100%N处理分别显著提高了12.1%～22.4%和9.9%～24.7%（$P<0.05$），但氮肥生理利用率差异不显著。

表7 不同节氮水平下早稻氮素的吸收及利用

Table 7 N uptake and utilization efficiency of early rice under different nitrogen-saving levels

处理 Treatment	氮吸收总量（kg/hm²） Total N accumulation		氮素回收率（%） N recovery efficiency	氮肥生理利用率（kg/kg） N physiological efficiency	氮肥农学利用率（kg/kg） N agronomic efficiency
	齐穗期 Heading	成熟期 Maturity			
NS+100%N	114.8a	133.7b	39.0c	44.3a	14.8d

（续表）

处理 Treatment	氮吸收总量（kg/hm²） Total N accumulation		氮素回收率 （%） N recovery efficiency	氮肥生理利用率 （kg/kg） N physiological efficiency	氮肥农学利用率 （kg/kg） N agronomic efficiency
	齐穗期 Heading	成熟期 Maturity			
VS+100%N	121.7a	143.0a	44.1ab	43.1a	16.2c
VS-10%N	115.1a	134.4b	43.7b	45.6a	17.0bc
VS-20%N	111.1ab	132.3b	47.7a	43.1a	17.6ab
VS-30%N	101.4b	120.8c	45.4ab	47.3a	18.4a
NS+0N	63.5c	63.6d	—	—	—

注：不同小写字母表示同一生育期不同处理间差异显著

Note: Different letters indicate significant difference among treatments at the same growing stage（$P<0.05$）

2.8 对叶片硝酸还原酶活性的影响

壮秧有利于提高叶片硝酸还原酶活性，壮秧条件下节氮10%和20%对硝酸还原酶活性无显著影响。各生育期皆以VS+100%N处理最高，全生育期平均较NS+100%N处理提高了13.7%；VS-10%N处理和VS-20%N处理全生育期平均较对照NS+100%N处理差异不显著；VS-30%N处理分蘖期硝酸还原酶活性下降了19.7%（$P<0.05$），拔节期和齐穗期差异不显著（图5）。表明壮秧下节氮量低于20%对叶片硝酸还原酶活性无显著影响，但节氮30%处理导致分蘖期叶片硝酸还原酶活性显著下降。

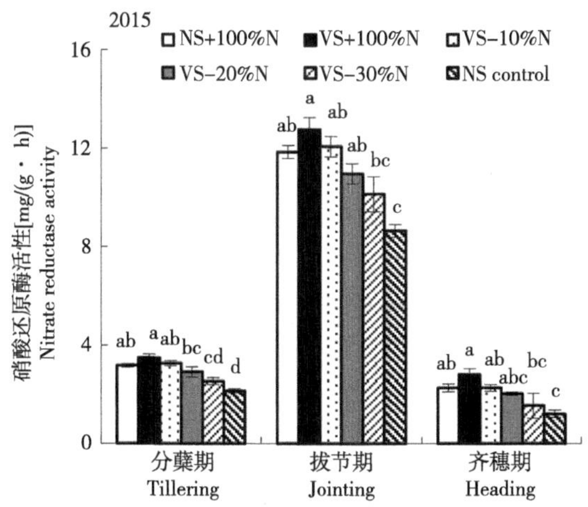

注：柱上不同小写字母表示同一生育期不同处理间差异显著

Note: Different letters above the bars indicate significant difference among treatments at the same growing stage（$P<0.05$）

图5　不同节氮水平下早稻叶片的硝酸还原酶活性

Figure 5　Leaves nitrate reductase activity of early rice under different nitrogen-saving levels

3 讨论

3.1 壮秧节氮对产量形成的影响

培育壮秧和施用氮肥是水稻增产的主要栽培技术，对水稻干物质生产和产量形成有重要影响。一般认为壮秧是高产基础，可以促进早发和后期高光效群体形成，而施氮量与产量一般存在抛物线关系，不同条件下存在高产最适施用量[19]。同时，壮秧与分蘖肥增加施氮量都是促早发的技术途径，但分蘖肥增施氮肥易导致无效分蘖大量发生而影响后期群体质量，特别是双季早稻有效分蘖期短，这种情况更加明显，且分蘖肥的利用率低，养分易流失导致环境污染[6, 20]。有研究表明，节氮15%处理灌浆期叶片光合速率无显著变化，但节氮30%处理则显著下降[21]。本研究结果表明，壮秧条件下分蘖肥减少总施氮量的10%～30%，对个体叶片光合性能无显著影响；但壮秧促进了水稻前期分蘖早发和分蘖成穗，改善了中、后期水稻群体质量，增加中、后期的干物质生产量，可以弥补分蘖期氮肥减施对水稻分蘖期干物质积累量的不利影响，VS-10%N处理和VS-20%N处理成熟期干物质积累量较NS+100%N处理反而略有增加，VS-30%N处理较NS+100%N处理虽有降低但不显著；同时，壮秧条件下分蘖肥减施施氮量10%～20%时有效穗不会减少，VS+100%N处理、VS-10%N处理和VS-20%N处理早稻产量2年平均分别增加了11.0%、8.5%和1.5%。在水稻高产栽培技术中，如“三高一保”栽培技术[22]、“早蘖、壮秆、强源”高产栽培技术[16]、“精苗稳前，控蘖优中，大穗强后”超高产定量化栽培技术[15]以及其他壮秧剂培育壮秧高产栽培技术等[23]，都认为秧苗粗壮、充实度高，移栽大田后返青活棵快，分蘖发生早而快，且低位优势分蘖多，成穗率高，有利于构建后期高光效群体，抽穗后干物质积累多，结实率高，实现了水稻丰产。综上所述，壮秧能弥补分蘖肥节氮20%以内对分蘖发生和前期干物质生产的不利影响，在早发的基础上促进后期干物质积累量的提高，有利于高产，是丰产节氮栽培的有效技术措施。

3.2 壮秧节氮对植株氮素代谢特性的影响

水稻壮秧具有分蘖多、茎鞘粗壮、根系发达、根冠比大、生理活性强等特点[7]，有利于高产群体构建和促进根系对氮素的吸收，是提高肥料利用率和实现水稻高效生产的途径之一。本研究显示，壮秧可提高全生育期叶片硝酸还原酶活性，促进氮的吸收，有提高各器官灌浆期氮素含量和积累量的趋势，较好缓解了减氮后导致氮素吸收量减少的矛盾，使成熟期VS+100%N处理氮素吸收总量较NS+100%N处理显著增加了6.9%，节氮10%～20%条件下氮素吸收量不会下降，且氮素吸收利用效率和氮肥农学利用效率显著提高。

有研究表明，高产栽培下施氮量对水稻前期植株氮含量和氮素吸收无显著相关性，适度的低施氮量仍可满足水稻生长发育的需求[24, 25]，表明基、蘖肥用量适当减少对水稻前期氮代谢无显著影响。本研究中，节氮10%和20%条件下壮秧处理对植株各地上部器官的氮素含量和叶片硝酸还原酶活性无显著影响，但节氮30%时叶片氮素含量显著下降，表明壮秧条件下分蘖肥减施总施氮量的20%以内不会影响水稻植株的氮素代谢。有研究认为，随施氮量增加氮素积累量提高，氮肥利用效率下降[26-29]；但也有研究认为，通过合理的基、蘖肥运筹或培育壮秧，氮素积累量和氮肥利用率也可随施氮量增多而增加[12, 30]。本研究

中，节氮10%和20%条件下壮秧处理与对照NS+100%N处理氮素积累总量无变化，但节氮量达到30%时氮素积累总量下降，而吸收利用效率均呈提高趋势。因此，通过培育壮秧，分蘖期减施总施氮量20%以内，不会影响双季早稻氮素的吸收量，最终提高氮肥利用效率，可实现氮肥高效利用与水稻丰产及保护环境的有机统一。

3.3　壮秧节氮栽培技术

关于壮秧增产效果前人已作了较多研究，明确了壮秧的增产效应及机理，但在化肥减施背景下，研究壮秧节氮栽培却较少。本研究根据江西多年多点试验确定的双季早稻高产的适宜施氮量（180kgN/hm^2）作为常规施氮量[22]，研究壮秧的节氮效应、适宜节氮比例及对氮肥利用效率的影响，表明在壮秧条件下分蘖肥节省总施氮量的20%以内不会导致产量下降，而且能提高氮肥利用效率。壮秧节氮栽培中选择分蘖肥节氮，首先是壮秧与施用分蘖肥促进水稻分蘖相比，具有无效分蘖少、分蘖成穗率高的优势，壮秧条件下减少分蘖肥比例不会影响分蘖早发，导致穗数减少，保障早稻丰产；其次水稻前期根系不发达，分蘖肥氮肥吸收利用率低，且大量氮素溶解在田面水中增加了氮素流失风险。因此，壮秧条件下分蘖肥节氮既降低了氮肥流失风险，又有利于早稻高产群体构建。

壮秧节氮栽培关键是培育健壮秧苗，但双季早稻育秧期间低温阴雨天气频发，不利于秧苗生长，应采用旱育保温育秧方式，并在技术上抓好以下几个关键环节：一是选择高肥力土壤做秧床或营养土（如菜园土）；二是适当稀播，播种密度一般播种量以80～100g/m^2秧床为宜；三是采用100mg/kg烯效唑间歇浸种，或采用含有化控剂的育秧肥或壮秧剂育秧，或在1叶1心期喷施100mg/kg烯效唑，以促蘖壮根；四是移栽前5d秧床浇施10g/m^2尿素和10g/m^2氯化钾作为送嫁肥。据估算，壮秧节氮技术增加培育壮秧成本43.5元/hm^2，包括浸种剂15元/hm^2，送嫁肥13.5元/hm^2及施肥人工15元/hm^2；但本田期按节氮20%（36kgN/hm^2）计算，节本187.5元/hm^2，因此，壮秧节氮技术可实现节本144元/hm^2。

4　结论

壮秧可以提高双季早稻硝酸还原酶活性、氮含量和氮积累量，促进水稻氮素吸收。在节氮低于20%（分蘖肥减施总施氮量的20%）条件下，壮秧可以弥补分蘖期氮肥减施对早稻前期生长的不利影响，不会导致水稻减产而且还略有增产，并能提高氮素吸收利用效率，但节氮30%使水稻的产量和氮素吸收受到不利影响。因此，通过培育壮秧，分蘖肥减施总施氮量的20%能够满足双季早稻对氮素的需求，从而实现水稻节氮和丰产，有利于提高氮素利用效率和减少氮素对环境的污染。

参考文献

[1] Good Allen G，Johnson Susan J，De Pauw，et al. Engineering nitrogen use efficiency with alanine aminotransferase[J]. Revue Canadienne De Botanique，2007，85（85）：252-262，211.

[2] 巨晓棠，谷保静. 我国农田氮肥施用现状、问题及趋势[J]. 植物营养与肥料学报，2014，20（4）：783-795.

[3] Galloway J N，Townsend A R，Erisman J W，et al. Transformation of the nitrogen cycle：recent

trends, questions, and potential solutions[J]. Science, 2008, 320（5 878）: 889-892.

[4] Li P, Lu J, Wang Y, et al. Nitrogen losses, use efficiency, and productivity of early rice under controlled-release urea[J]. Agriculture, Ecosystems & Environment, 2018, 251: 78-87.

[5] Liu C, Lu M, Cui J, et al. Effects of straw carbon input on carbon dynamics in agricultural soils: a meta-analysis[J]. Global Change Biology, 2014, 20（5）: 1 366-1 381.

[6] 林晶晶，李刚华，薛利红，等. ^{15}N示踪的水稻氮肥利用率细分[J]. 作物学报，2014，40（8）：1 424-1 434.

[7] 潘圣刚，闻祥成，田华，等. 播种密度和壮秧剂对水稻秧苗生理特性的影响[J]. 华南农业大学学报，2015，36（3）：32-36.

[8] 韦剑锋，李生，梁和，等. 育秧方式和壮秧剂对抛栽早稻生长及产量的影响[J]. 作物杂志，2012（4）：147-152.

[9] 丁国华，杨光，白良明，等. 壮秧剂对寒地超级稻龙稻5号秧苗素质及产量提高的作用[J]. 作物杂志，2016（2）：139-144.

[10] 吴文革，周永进，刚陈，等. 不同育秧基质和水分管理对机插稻秧苗素质与产量的影响[J]. 中国生态农业学报，2014，22（9）：1 057-1 063.

[11] 林洪鑫，曾文高，杨震，等. 秧田施送嫁肥对双季超级稻分蘖期的节氮效应[J]. 杂交水稻，2016，31（2）：61-67.

[12] 郑永美，丁艳锋，王强盛，等. 起身肥对水稻分蘖和氮素吸收利用的影响[J]. 作物学报，2008，34（3）：513-519.

[13] 郭俊杰，柴以潇，李玲，等. 江苏省水稻减肥增产的潜力与机制分析[J]. 中国农业科学，2019，52（5）：849-859.

[14] 钱银飞，张洪程，郭振华，等. 壮秧剂不同用量对机插水稻秧苗素质及产量的影响[J]. 江苏农业科学，2008，36（4）：28-31.

[15] 张洪程，吴桂成，吴文革，等. 水稻"精苗稳前，控蘖优中，大穗强后"超高产定量化栽培模式[J]. 中国农业科学，2010，43（13）：2 645-2 660.

[16] 石庆华，潘晓华，曾勇军，等. 双季超级稻早蘖壮秆强源高产栽培技术研究[J]. 江西农业大学学报，2012，34（4）：619-626.

[17] 鲁如坤. 土壤农业化学分析方法[M]. 北京：中国农业科技出版社，2000.

[18] 李合生. 植物生理生化实验原理和技术[M]. 北京：高等教育出版社，2000.

[19] 邓中华，明日，李小坤，等. 不同密度和氮肥用量对水稻产量、构成因子及氮肥利用率的影响[J]. 土壤，2015，47（1）：20-25.

[20] Chen G, Chen Y, Zhao G, et al. Do high nitrogen use efficiency rice cultivars reduce nitrogen losses from paddy fields?[J]. Agriculture, Ecosystems & Environment, 2015, 209: 26-33.

[21] 郭智，刘红江，张岳芳，等. 氮磷减施对水稻剑叶光合特性、产量及氮素利用率的影响[J]. 西南农业学报，2017，30（10）：109-115.

[22] 彭春瑞，涂田华，罗晓燕. 双季稻"三高一保"栽培技术[J]. 江西农业学报，2013，25（1）：1-3，6.

[23] 王奎武，罗喜安，黄见良，等. 水稻壮秧营养剂增产机理研究[J]. 杂交水稻，2002，17（2）：41-43.

[24] Qiao J, Yang L, Yan T, et al. Rice dry matter and nitrogen accumulation, soil mineral N around root and N leaching, with increasing application rates of fertilizer[J]. European Journal of Agronomy, 2013, 49: 93-103.

[25] Huang M, Yang C, Ji Q, et al. Tillering responses of rice to plant density and nitrogen rate in a sub-

tropical environment of southern China[J]. Field Crops Research，2013，149：187-192.

[26] 王绍华，曹卫星，丁艳锋，等. 基本苗数和施氮量对水稻氮吸收与利用的影响[J]. 南京农业大学学报，2003，26（4）：1-4.

[27] 张耀鸿，张亚丽，黄启为，等. 不同氮肥水平下水稻产量以及氮素吸收、利用的基因型差异比较[J]. 植物营养与肥料学报，2006，12（5）：616-625.

[28] 周江明，赵琳，董越勇，等. 氮肥和栽植密度对水稻产量及氮肥利用率的影响[J]. 植物营养与肥料学报，2010，16（2）：274-281.

[29] Zhou Y，Li X，Cao J，et al. High nitrogen input reduces yield loss from low temperature during the seedling stage in early-season rice[J]. Field Crops Research，2018，228：68-75.

[30] 丁艳锋，刘胜环，王绍华，等. 氮素基、蘖肥用量对水稻氮素吸收与利用的影响[J]. 作物学报，2004，30（8）：762-767.

纳米碳肥料增效剂在晚稻上的应用效果初报

钱银飞[1] 邵彩虹[1] 邱才飞[1] 陈先茂[1] 李思亮[2] 左卫东[2] 彭春瑞[1*]

([1]江西省农业科学院土壤肥料与资源环境研究所，南昌 330200；
[2]江西省上高县农业局，上高 336400)

摘 要：在南方双季稻地区，以不施肥和相同施氮量不添加纳米碳肥料增效剂的肥料为对照，研究了纳米碳肥料增效剂改良不同肥料对超级杂交晚稻丰源优299产量形成及氮素释放、氮素吸收利用特性的影响。结果表明，3种肥料品种在添加纳米碳肥料增效剂后，均能协调增加穗数、每穗颖花数、结实率以及千粒重而增产。同时增加纳米碳肥料增效剂后能减缓肥料释放速度，减少肥料流失，提高分蘖以后的稻株叶面积指数，提高干物质积累量，增强氮素吸收利用能力。

关键词：纳米碳肥料增效剂；晚稻；产量；氮素利用

Primarily Study of the Effects of Nanometer carbon Fertilizer Synergist on the Late Rice

Qian Yinfei[1] Shao Caihong[1] Qiu Caifei[1] Chen xianmao[1]
Li Siliang[2] Zuo Weidong[2] Peng Chunrui[1]

([1]Soil and Fertilizer& Resources and Env ironmental institute Jingxi Academy of Agricultural Sciences, Nanchang 330200, China; [2]Bureau of Agricultural of Shangao County of Jiangxi Province, Shanggao 336400, China)

Abstract: In the south double season rice area compared with the none fertilizers application and the same nitrogen application fertilizers not add the nanometer carbon fertilizer synergist, we took super late rice Fengyuan you 299 as the experiment material, the effect of the nanometer carbon fertilizer synergist on the rice growth, yield formation and characteristics of nitrogen uptake and utilization were studied under the different nanometer urea application rate. The result showed that, the nanometer carbon fertilizer synergist can coordinately increase the number of ears, number of the glume flower per ear, the fertility as well as the 1 000-seeds weight and therefore increase the rice

---

本文原载：华北农学报，2010，25（增刊）：249-253

基金项目：国家粮食丰产科技工程（2006BAD02A04），国家科技支撑计划（2007BAD87B 08），江西省农业科学院博士启动金项目（2009博-1）

*通讯作者

yield. Simultaneously the nanometer carbon fertilizer synergist can slow down the fertilizer release rate reduces the fertilizer out flow proposes the rice leaf area index enhances the dry matter accumulation after tillering stage and enhance nitrogen and utilization ability.

Key words: Nanometer carbon fertilizer synergist; Late rice; Yield; Nitrogen utilization

提高肥料利用率，增强农作物对肥料的吸收利用能力从而提高产量是当前农业生产中亟待解决的问题[1]。在原有肥料基础上通过添加某种肥料增效剂达到缓释增效作用是提高肥料利用率的新途径，也是近年来肥料创新研究和技术革新的热点之一[2-4]。近年来纳米技术的发展为制备这种缓释增效肥料提供了新思路和新途径。纳米碳是一种低燃点和非导电的改性碳，尺度为5～80nm，可全部溶于水，入水后可改变水分子的排列方式和能态，使水分子团变小、活性增大，改变了与其他物质和生物体的作用行为，如增加水的溶解能力，提高水的细胞生物透性等[5, 6]。也有研究表明，纳米碳能从NH_4^+中吸出N元素，释放H^+，从而增强植物的光合作用。纳米碳进入土壤后能溶于水，增加土壤的EC值（超导率），可直接形成HCO_3^-，以质流的形式进入植物根系，进而随着水分的快速吸收，携带大量的N、P、K等养分进入植物体合成叶绿体和线粒体，并快速转化为生物能淀粉粒，从而增加植物根系吸收养分和水分的能力[7]。将纳米碳作为肥料增效剂添加到不同类型品种的肥料中，是否能改善肥料释放特性，提高肥料利用率，促进作物生长发育？而这些问题尚无一个比较明确的答案。为此，本试验在习惯施氮量的基础上，开展添加纳米碳肥料增效剂到不同类型品种的肥料去，研究其对晚稻的生长发育及产量形成等的影响，以期探明纳米碳改善肥料在水稻上的施用效果，拓宽水稻生产所需肥料种类，为纳米肥料增效剂在肥料上的应用和制备新型肥料提供理论及技术依据。

1 材料和方法

1.1 试验地点及品种

试验于2009—2010年在江西省上高县农业科学研究所农业科技示范场进行，前作早稻，肥力平衡。土壤类型为红壤土，质地黏性，0～20cm土层内pH值6.35，土壤有机质42.4g/kg，全N 2.58g/kg，碱解N 215mg/kg，速效P 32.9mg/kg，速效K 69mg/kg。供试品种为丰源优299，国家杂交水稻工程技术研究中心育成。

1.2 试验设计与方法

试验①不施氮肥（0N）；②尿素（Urea，简称U）；③添加纳米碳尿素（Urea+C，简称U+C）；④缓释尿素（Slow-Release Urea，简称SRU）；⑤添加纳米碳缓释尿素（Slow-Release Urea+C，简称SRU+C）；⑥史丹利复合肥（STANLY Compound Fertilizer，简称SCF）；⑦添加纳米碳的史丹利复合肥（STANLY Compound Fertilizer+C，简称SCF+C）。随机区组排列，试验小区面积为20m²，重复4次。小区间起20cm高、30cm宽的埂隔离，埂上覆膜，实行单独排灌，四周设保护行。肥料运筹为施肥处理施氮量均为180kg/hm²。纳米增效尿素和普通尿素处理按基肥施50% N，移栽后5～7d施30% N，孕穗初期施20%的N。其余处理均为一次性基施。各处理磷钾肥均于移栽前一天作基肥一次性基施，折P_2O_5 80kg/hm^2、K_2O 150kg/hm^2。基肥施入后，立即用铁齿耙耖入5cm深的土层内。6月25日播种，湿润育秧，7月23日移栽，移栽密度为20cm×20cm，每穴栽2苗，其他管理措施统一按常规栽培要求实施。

1.3 测定内容与方法

1.3.1 土壤样品的采集

分别在试验前（未施肥翻耕）、分蘖末期、孕穗期、乳熟期、成熟期及水稻收获后采用蛇形法多点采集0～20cm的耕层土样，试验前基础土壤和结束时的土壤分析其pH值、OM、全N、全P、全K、速效N、速效P、速效K等养分含量，其他各生育期土壤分析速效N、速效P、速效K含量。

土壤有机质用重铬酸钾容量法，全氮用凯氏定氮法，全磷用碱熔—钼锑抗比色法，全钾用NaOH熔融火焰光度法，碱解氮用扩散法，速效磷用Olsen法，速效钾用1mol/L NH_4OAc浸提—火焰光度法[8]。

1.3.2 稻田水样采集

从移栽期开始每7d取稻田表层水样（不扰动土层）。水样经过滤后，用过硫酸钾氧化紫外分光光度法测定全氮含量。

1.3.3 植株取样分析

移栽后每处理确定取植株样小区，分别在分蘖末期、孕穗期、乳熟期、成熟期及水稻收获后取样（取样前调查各处理平均苗数，按此标准取植株3～6蔸，测定叶面积），取植株样时用SPAD叶绿素测定仪测定叶绿素SPAD值。洗净后在室内分别去掉地下部分，地上部分在105℃恒温下杀青20min，再在80℃恒温下烘干（4～8h）至恒重，称取干质量。

1.3.4 理论产量和实际产量测定

收获前1～2d调查（20蔸）各处理的平均有效穗数，每处理选有代表性的稻株5兜，进行室内考种测定株高、穗长、平均穗数、总粒数、实粒数、结实率、千粒重、风干谷重和风干草重；收获时各小区分开脱粒、扬净、干燥并称重，单独计产。

于分蘖末期、孕穗期、乳熟期、成熟期4个关键生育时期，按常规方法取样，采用H_2SO_4-H_2O_2消煮法，然后用凯氏定氮法测定不同器官氮含量。以此为基础计算：

氮肥表观利用率（Apparent N recovery efficiency，ANRE）（%）=（施氮区植株总吸氮量-空白区植株总吸氮量）/施氮量×100

氮肥农艺利用率（Agronomic N use efficiency，ANUE）=（施氮区产量-空白区产量）/施氮量

氮肥生理利用率（Physiological N use efficiency，PNUE）=（施氮区产量-空白区产量）/（施氮区植株总吸氮量-空白区植株总吸氮量）

氮肥偏生产力（Partial factor productivity for applied N，PFP）=施氮区产量/施氮量

土壤氮素依存率（Soil N dependent rate，SNDR）（%）=空白区植株总吸氮量/施氮区植株总吸氮量×100

1.4 数据处理

数据处理和统计分析采用Excel 2003和DPS 7.05完成。

2 结果与分析

2.1 不同肥料品种对丰源优299产量及其构成的影响

由表1可见，各施肥处理产量均极显著高于不施肥处理（0N处理）。所有处理中以添加纳米碳肥料增效剂的缓释尿素处理（SRU+C）产量最高，达7 231.5kg/hm^2，高于缓释尿素处理（SRU），高于添加纳米碳的普通尿素处理（U+C），高于普通尿素处理（U），高于添加纳米碳的史丹利复合肥处理（SCF+C），高于史丹利复合肥处理（SCF）。3种肥料添加纳米碳以后，均能显著增加产量，其中以缓释尿素增产最为明显，添加纳米碳肥料增效剂的缓释尿素处理比没有添加纳米碳处理增产246kg/hm^2，增幅达3.5%，添加肥料增效剂的史丹利复合肥处理次之，添加肥料增效剂的处理比没有添加肥料增效剂的处理增产121.5kg/hm^2，增幅达2%。添加纳米碳到普通尿素中效果最差，添加肥料增效剂的普通尿素处理比没有添加肥料增效剂处理增产123kg/hm^2，增幅达1.9%。从产量构成来看，添加纳米碳肥料增效剂的肥料处理产量比未添加纳米碳肥料增效剂的肥料处理的穗数、每穗颖花数、结实率以及千粒重均略有增加，3种肥料均表现为如此。

表1　不同肥料对丰源优299产量及其结构组成的影响

Table 1　Effect of fertilizers on yield and yield components of Feng yuan you 299

处理 Treatment	穗数（×10^4/hm^2）Panicles	每穗颖花数 Glumes flowers（No./panicle）	结实率（%）Filled grain rate	千粒重（g）1 000-grainwt	理论产量（kg/hm^2）Theoretical yield	实际产量（kg/hm^2）Grain yield
0N	1 725f	1 124d	925a	29.0a	5 201.1	5 245.5dC
U	205.5e	116.4c	86.6c	28.8abc	5 965.9	6 324.0bB
U+C	207.0e	118.3b	88.9b	28.9ab	6 291.5	6 447bcB
SRU	244.5b	116.6c	86.4c	28.6c	7 044.6	6 985.5aA
SRU+C	247.5a	120.8a	87.1c	28.8abc	7 499.9	7 231.5aA
SCF	234.0d	113.6d	78.6d	28.7bc	5 996.5	5 994.0cB
SCF+C	237.0c	116.2c	78.8d	28.9ab	6 271.6	6 115.5bcB

注：大、小写字母分别表示LSD多重比较的显著性差异P<0.01和P<0.05。下同

Note: Big letter and small letter indicate statistically significant difference P<0.01 and P<0.05 separately by LSDMRT. The same as below

2.2 不同肥料品种处理下的稻田水中总氮变化情况

从栽后不同肥料处理田间水中总氮含量的动态变化来看（表2），随着栽插天数增加，所有处理水中总氮都有一个明显减少过程。添加纳米碳的肥料处理栽后21d内各阶段

的水中总氮含量均低于没有添加纳米碳的肥料处理。这可能是由于该期间纳米碳肥料增效剂有促进肥料被稻株吸收之故，而导致残留在水中的总氮少于未增加纳米碳的肥料处理。3种肥料处理中普通尿素处理和史丹利复合肥处理施肥后，肥料立刻见效，表现为栽后当天稻田水中总氮较高，而缓释尿素处理肥效释放较为缓慢，栽后当天稻田水中总氮含量较低。3种肥料处理中，以缓释尿素处理随生育进程的推进，稻田水中总氮下降较为平缓，到栽后21d稻田水中总氮含量较其他肥料处理要高。而史丹利复合肥处理前期肥料释放速度较快，栽后7d就已经下降很多，这可能也与部分史丹利复合肥流失有关。而普通尿素处理由于采用分次施肥方法，在栽后7d内又施了分蘖肥，因此水中总氮在栽后7d达到最高，但到14d时水中总氮含量又低于其他处理。

表2　不同肥料处理稻田水中总氮变化情况（mg/L）

Table 2　Changes of total N in the water（mg/L）

处理 Treatment	栽插后天数（d） Days after transplanting			
	0	7	14	21
0N	4.46 ± 0.56F	2.75 ± 0.34D	1.9 ± 80.23E	1.11 ± 0.31D
U	31 ± 1.21B	13.51 ± 0.56A	2.78 ± 0.18D	2.72 ± 0.23B
U+C	25.8 ± 2.12C	13.49 ± 0.64A	2.62 ± 0.21D	2.1 ± 0.42C
SRU	14.2 ± 1.32D	11 ± 1.12B	4.21 ± 0.32A	3.02 ± 0.35A
SRU+C	9.37 ± 0.87E	5.89 ± 0.98C	3.97 ± 0.42B	2.96 ± 0.45AB
SCF	33 ± 1.12A	6.34 ± 0.21C	3.81 ± 0.24B	2.82 ± 0.34AB
SCF+C	30.8 ± 0.87B	5.77 ± 0.22C	3.37 ± 0.15C	2.27 ± 0.18C

2.3　不同肥料品种对丰源优299叶面积指数的影响

不同肥料品种处理的叶面积指数（LAI）的变化动态见图1。由图1可见，各施肥处理的LAI均高于未施肥处理。随生育进程的推进，各处理的LAI呈先增加后降低趋势，各处理均于孕穗期达到最大值。除分蘖期添加纳米碳肥料增效剂的肥料处理的LAI小于未添加纳米碳肥料增效剂的肥料处理外，其余各生育期均表现为添加纳米碳肥料增效剂的肥料处理的LAI大于未添加纳米碳肥料增效剂的肥料处理，3种肥料均表现如此。这可能与分蘖前期添加纳米碳肥料增效剂的肥料肥效释放较慢，导致分蘖期添加纳米碳肥料增效剂的肥料处理的LAI小于未添加纳米碳肥料增效剂的肥料处理。分蘖后期由于添加纳米碳肥料增效剂的肥料处理由于具有一定的对肥料包被作用，减少了肥料挥发、淋溶等流失，再加上其具有促进稻株吸收养分，增强光合作用之效，而使得分蘖期以后各生育期均表现为添加纳米碳肥料增效剂的肥料处理的LAI大于未添加纳米碳肥料增效剂的肥料处理。

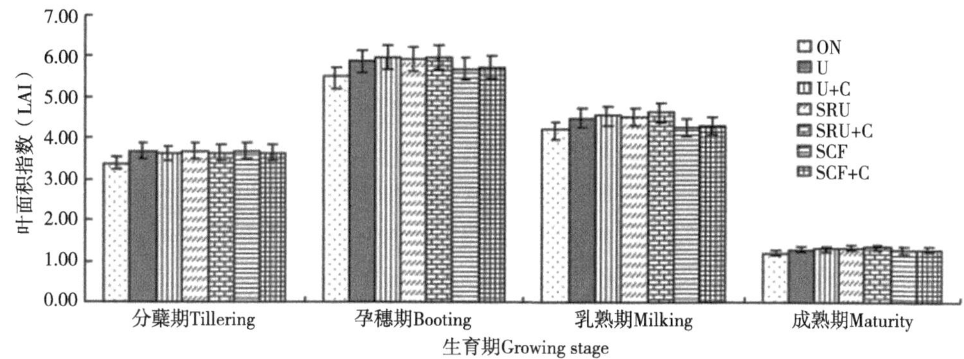

图1　纳米尿素不同用量下LAI变化

Figure 1　LAI changes under different fertilizer

2.4　不同肥料品种对丰源优299干物质积累的影响

不同肥料品种处理的干物质积累量的变化动态见图2。由图2可见，各施肥处理的干物质积累量均高于未施肥处理（0N处理）。分蘖期添加纳米碳肥料增效剂的肥料处理的干物质积累量小于未添加纳米碳肥料增效剂的肥料处理，其余各生育期基本表现为添加纳米碳肥料增效剂的肥料处理的干物质积累量大于未添加纳米碳肥料增效剂的肥料处理，3种肥料均表现如此。不同肥料品种处理的干物质积累量在孕穗期以后差异增大，到乳熟期基本表现为缓控释肥大于普通尿素大于史丹利复合肥处理。

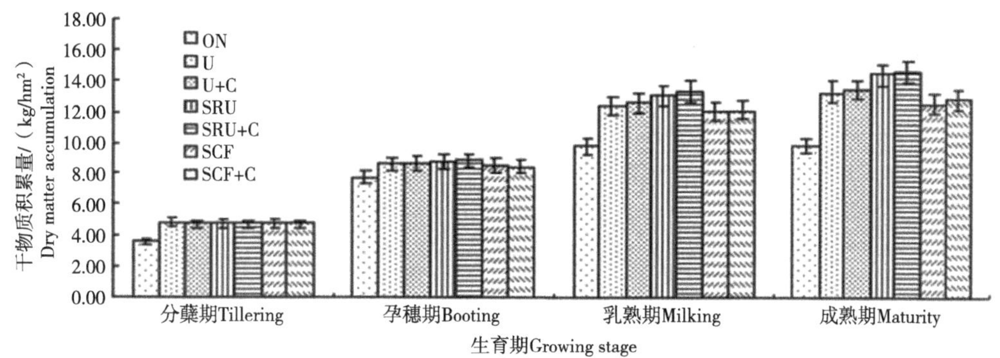

图2　纳米尿素不同用量下干物质积累量变化

Figure 2　Drymatter accumulation changes under different fertilizer

表3　不同肥料品种的氮素利用率

Table 3　Nitrogen use efficiency under different fertilizers

处理 Treatment	氮肥表观利用率（%）ANRE	氮肥农艺利用率（kg/kg）ANUE	氮肥生理利用率（kg/kg）PNUE	氮肥偏生产力（kg/kg）PFP	土壤氮素依存度（%）SNDR
U	25.29 ± 0.48D	5.99 ± 0.42D	23.70 ± 0.46D	35.13 ± 0.16D	57.13 ± 0.35C
U+C	27.54 ± 0.54C	6.68 ± 0.52C	24.23 ± 0.54C	35.82 ± 0.18C	55.02 ± 0.42D

（续表）

处理 Treatment	氮肥表观利用率（%）ANRE	氮肥农艺利用率（kg/kg）ANUE	氮肥生理利用率（kg/kg）PNUE	氮肥偏生产力（kg/kg）PFP	土壤氮素依存度（%）SNDR
SRU	35.89 ± 0.65B	9.67 ± 0.63B	26.94 ± 0.66B	38.81 ± 0.22B	48.43 ± 0.64E
SRU+C	38.44 ± 0.72A	11.03 ± 0.75A	28.70 ± 0.72A	40.18 ± 0.24A	46.71 ± 0.75F
SCF	22.80 ± 0.48F	4.16 ± 0.44F	18.24 ± 0.52F	33.30 ± 0.18F	59.64 ± 0.46A
SCF+C	24.61 ± 0.64E	4.83 ± 0.58E	19.64 ± 0.66E	33.98 ± 0.22E	57.79 ± 0.44B

2.5 不同肥料处理的氮素利用

由表3可见，施用纳米碳改良肥料后对水稻氮素利用率的各种指标均有显著的影响。3种肥料在增加纳米碳以后，氮肥表观利用率、氮肥农艺利用效率、氮肥生理利用效率和氮肥偏生产力均有增加而土壤氮素依存度有所降低。可见，肥料在添加纳米碳后，能显著增强氮素利用效率，减少水稻对土壤氮的依赖。3种肥料的氮素利用效率均表现为缓控释尿素高于普通尿素高于史丹利复合肥处理。

3 结论与讨论

本试验在习惯施氮量的基础上对添加纳米碳肥料增效剂和未添加纳米碳肥料增效剂的3种肥料品种进行了比较研究，发现添加纳米碳肥料增效剂的肥料处理比未添加纳米碳肥料增效剂的肥料处理的穗数、每穗颖花数、结实率以及千粒重均有所增加而增产，3种肥料品种均表现为如此，这点和刘键等[9]在早稻上施用纳米增效肥料的研究结果相同。从本试验结果看，3种肥料品种在添加纳米碳肥料增效剂后，虽在分蘖期时LAI和干物质积累量不及未添加纳米碳肥料增效剂的处理，但到孕穗期及其以后，各生育期的LAI和干物质积累量均超过未添加纳米碳肥料增效剂的处理。这主要可能是与纳米碳肥料增效剂具有表面效应和小尺寸效应，能增强植物对肥料的吸附性能，减少肥料的流失、淋失和固定[10]有关。本试验中添加纳米碳肥料增效剂到3种肥料以后，纳米碳肥料增效剂对3种肥料进行表面纳米包覆，包覆后的肥料施入土壤后能延长肥效时间，一定程度上减缓了尿素的释放速率，所以前期添加纳米碳肥料增效剂的肥料较未添加纳米碳肥料增效剂的肥料处理肥料释放量较少，所以出现分蘖期时添加纳米碳肥料增效剂的肥料处理的LAI和干物质积累量不及未添加纳米碳肥料增效剂的处理，这一点也可以从各种肥料在稻田水中全氮的变化情况看出。而孕穗期及以后添加纳米碳的肥料，使肥料释放变缓、稻株吸收养分较为平缓，减少了养分流失或被土壤分解，增加了稻株对肥料的总吸收量，而导致植株光合作用增强，增加了LAI和光合物质积累量，最终产量较高，氮素吸收利用效率也增加。

参考文献

[1] 李庆逵，朱兆良，于天仁. 中国农业持续发展中的肥料问题[M]. 南昌：江西科学技术出版社，1997：38-51.

[2] 张夫道，赵秉强，张骏，等. 纳米肥料研究进展与前景[J]. 植物营养与肥料学报，2002，8（2）：254.

[3] Shaviv A. Advancesin controlled release of fertilizers[J]. Adv Agron，2000（71）：1-491.

[4] Shaviv A，Smadar R，Zaidel E. Model of diffusion release from polymer coat edgranular fertilizers[J]. Environ Sci Tech，2003（37）：2 251-2 256.

[5] 刘安勋，曹玉江，廖宗文，等. 纳米产品对玉米生长发育的影响[J]. 纳米科技，2006，3（2）：21-25.

[6] 肖强，张夫道，王玉军，等. 纳米材料胶结包膜型缓/控释肥料的特性及对作物氮素利用率与氮素损失的影响[J]. 植物营养与肥料学报，2008，14（4）：779-785.

[7] 刘键，张阳德，张志明. 纳米增效肥料对冬小麦产量及品质影响的研究[J]. 安徽农业科学，2008，36（35）：15 578-15 580.

[8] 鲍士旦. 土壤农化分析[M]. 北京：中国农业出版社，2000：25-97.

[9] 刘键，张阳德，张志明. 纳米生物技术在水稻、玉米、大豆增产效益上的应用研究[J]. 安徽农业科学，2008，36（36）：15 814-15 816.

[10] 刘秀梅. 纳米—亚微米级复合材料性能及土壤植物营养效应[D]. 北京：中国农业科学院，2005.

纳米增效尿素不同用量对杂交中稻‘中浙优1号’生长发育及氮素吸收利用的影响

钱银飞[1] 彭春瑞[1*] 刘光荣[1] 邱才飞[1] 邵彩虹[1] 陈先茂[1] 谢江[1]
邓国强[1] 杨震[2] 马国辉[3] 刘键[4] 任天志[5]

（[1]江西省农业科学院土壤肥料与资源环境研究所，南昌 330200；[2]江西省宜丰县农业局，宜丰 336300；[3]国家杂交水稻工程技术研究中心，长沙 410005；[4]华龙肥料技术有限公司，北京 100070；[5]中国农业科学院农业资源与农业区划研究所，北京 100081）

摘　要：在南方双季稻地区，以超级杂交稻‘中浙优1号’为试验材料，研究了纳米增效尿素不同用量对超级杂交中稻生长发育、产量形成及氮素吸收利用特性的影响。结果表明，纳米增效尿素不同施用量条件下，水稻生长发育、产量形成及氮素吸收利用特性不同；适宜施氮量能显著促进超级中稻分蘖的发生，成穗和颖花分化，保证较高的LAI和叶SPAD值，形成较强的光合生产能力，最终形成较多的生物量，提高氮素吸收利用效率，增加产量。此试验以施氮量225kg/hm^2‘中浙优1号’产量最高，以180kg/hm^2‘中浙优1号’氮肥吸收利用程度最高；综合考虑产量和经济成本及氮素吸收利用等因素，纳米增效尿素折施纯氮量180kg/hm^{2}是双季稻地区中稻‘中浙优1号’合理的施用量。

关键词：纳米尿素；杂交中稻；生长发育；产量；氮素吸收；氮素利用

Effects of Different Nanometer Urea Application Rate on Hybrid Rice ‘Zhongzheyou 1’ Growth and Nitrogen Uptake and Utilization

Qian Yinfei[1] Peng Chunrui[1*] Liu Guanrong[1] Qiu Caifei[1]
Shao Caihong[1] Chen Xianmao[1] Xie Jiang[1] Deng Guoqiang[1]
Yang Zhen[2] Ma Guohui[3] Liu Jian[4] Ren Tianzhi[5]

(*[1]Soil and Fertilizer & Resources and Environmental Institute*, *Jiangxi Academy of Agricultural Sciences*, *Nanchang 330200*, *China*; *[2]Bureau of Agriculture of Shanggao County of Jiangxi*

本文原载：中国农学通报，2011，27（3）：69-75

基金项目：国家粮食丰产科技工程项目（2006BAD02A04），国家科技支撑计划项目（2007BAD87B08），江西省农业科学院博士启动金项目（2009博-1）；中国农业科学院博士后启动金资助

*通讯作者

Province, Shanggao 336400, China; [3]China National Hybrid Rice Research and Development Center, Changsha 410125, China; [4]Hua Long Fertilizer Technology Co. Ltd, Beijing 100070, China; [5]Chinese Academy of Agriculture Sciences Institute of Agricultural Resources and Regional Planning, Beijing 100081, China）

Abstract: In the south double season rice area, We took super middle rice 'Zhongzheyou 1' as the experiment material, the effect of the rice growth, yield formation and characteristics of nitrogen uptake and utilization were studied under the different nano-meter urea application rate. The results showed that: Under the different nano-meter urea application rate, the characteristics of paddy rice growth, yield formation and the nitrogen uptake and utilization were different.suitable nitrogen application rate was obviously able to promote the tiller occurrence, ear-bearing rate and the glume flower differentiation, guaranteed high LAI and leaf SPAD value, forms the strong photosynthesis productivity, finally forms more biomasses, enhances the nitrogen uptake and utilization efficiency of the super rice, and finally got the higher gain yield. The 225 kg/ha nitrogen application rate got the highest yield. The 180 kg/ha nitrogen application rate got the highest nitrogen utilization. Consider the factors above the yield and economic cost and nitrogen utilization, 180kg/ha nitrogen application rate is the reasonable nitrogen application rate of 'Zhongzheyou 1' in the double-crop rice area.

Key words: Nanometer urea; Hybrid middle rice; Growth; Yield; Nitrogen uptake; Nitrogen utilization

合理高效施用氮肥是提高水稻产量及氮素吸收利用效率、降低稻作成本和减少对环境污染的有效途径[1-4]，也越来越为人们所重视。纳米增效尿素是近年来新兴的一种利用纳米生物技术开发的新型肥料，它利用了纳米碳材料的一些特性，能促进植物体对肥料的吸收，从而提高氮肥利用效率，是纳米材料技术在肥料领域的创新运用，是物理农业的一种新探索[5, 6]。从2007年有人首次将纳米碳应用到肥料中到现在，科技工作者已在冬小麦[7]、早稻、玉米、大豆[8]等作物上进行了试验研究，并取得一定的研究进展。但这些研究主要是对肥料的增产效果的定性研究上，而对肥料的定量研究尚缺乏。对纳米增效肥料在作物上的适宜用量及纳米增效肥料不同用量下作物的产量形成及氮素吸收利用等的影响尚未见报道。为此，此试验通过研究纳米增效尿素不同用量对中国南方双季稻区杂交中稻生长发育和产量形成及氮素吸收利用的影响，以期探明南方双季稻区杂交中稻最佳纳米增效尿素施用量，同时为南方双季稻区水稻高产高效、节能减耗提供理论依据。

1　材料和方法

1.1　试验地点及品种

试验于2009—2010年在江西省宜丰县塔下乡幸会村试验基地进行，试验田地力平衡。土壤类型为红壤土，质地黏性，0～20cm土层内pH值为4.83，土壤有机质46.4g/kg，全N 3.11g/kg，碱解N 230mg/kg，速效P 13.4mg/kg，速效K 65.8mg/kg。供试品种为'中浙优1号'，中国水稻研究所与浙江省杂交水稻种业有限公司合作育成。

1.2 试验设计与方法

试验采用施氮量设纯N 0kg/hm^2、90kg/hm^2、135kg/hm^2、180kg/hm^2、225kg/hm^2、270kg/hm^2，记作N0、N1、N2、N3、N4、N5。随机区组排列，试验小区面积为20m^2（5m×4m），重复4次。小区间起20cm高、30cm宽的埂隔离，埂上覆膜，实行单独排灌，四周设保护行。肥料运筹为氮肥（纳米增效尿素，华龙肥料有限公司提供）基肥施50% N，移栽后5～7d施30% N，孕穗初期20%的N。各处理磷钾肥均施用过磷酸钙，钾用氯化钾（P_2O_5 90kg/hm^2、K_2O 150kg/hm^2）。各处理的磷肥和钾肥均于移栽前1d作基肥施入，基肥施入后，立即用铁齿耙耖入5cm深的土层内。5月21日播种，湿润育秧，6月12日移栽，移栽密度为23.3cm×23.3cm，每蔸栽2苗，其他管理措施统一按常规栽培要求实施。

1.3 测定内容与方法

1.3.1 土壤样品的采集

分别在试验前（未施肥翻耕）、分蘖末期、孕穗期、乳熟期、成熟期及水稻收获后采用蛇形法多点采集0～20cm的耕层土样，试验前基础土壤和结束时的土壤分析其pH值、有机质、全氮、全磷、全钾、速效氮、速效磷、速效钾等养分含量，其他各生育期土壤分析土壤速效氮、速效磷、速效钾含量。

1.3.2 分蘖动态观察记载

插秧时选一重复与插秧垂直方向每处理定10蔸（每蔸秧苗素质和苗数应一致），插秧后每4d调查一次分蘖数，直到分蘖停止或减少为止，以观察水稻分蘖动态。在灌浆期调查有效穗数。

1.3.3 植株取样分析

移栽后每处理确定取植株样小区，分别在分蘖末期、孕穗期、乳熟期、成熟期及水稻收获后取样（取样前调查各处理平均苗数，按此标准取植株3～6蔸，测定叶面积），取植株样时用SPAD叶绿素测定仪测定叶绿素SPAD值。洗净后在室内分别去掉地下部分，地上部分在105℃恒温下杀青20min，再在80℃恒温下烘干（4～8h）至恒重，称取干重。

1.3.4 理论产量和实际产量测定

收获前1～2d调查（20蔸）各处理的平均有效穗数，每处理选有代表性的稻株5蔸，进行室内考种测定株高、穗长、平均穗数、总粒数、实粒数、结实率、千粒重、风干谷重和风干草重；收获时各小区分开脱粒、扬净、干燥并称重，单独计产。

1.3.5 计算方法

于分蘖末期、孕穗期、乳熟期、成熟期4个关键生育时期，按常规方法取样，采用H_2SO_4-H_2O_2消煮法，然后用凯氏定氮法测定不同器官氮含量。以此为基础计算：

氮素收获指数（NHI）=籽粒吸氮量/植株总吸氮量

氮肥表观利用率（ANRE）（%）=（施氮区植株总吸氮量-空白区植株总吸氮量）/施氮量×100

氮肥农艺利用率（ANUE）=（施氮区产量-空白区产量）/施氮量

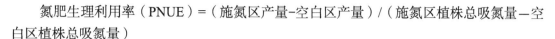

氮肥生理利用率（PNUE）=（施氮区产量-空白区产量）/（施氮区植株总吸氮量—空白区植株总吸氮量）

氮肥偏生产力（PFP）=施氮区产量/施氮量

土壤氮素依存率（SNDR）（%）=空白区植株总吸氮量/施氮区植株总吸氮量×100

1.4　数据处理

数据处理和统计分析采用Excel 2003和DPS 7.05完成。

2　结果与分析

2.1　纳米增效尿素不同用量对'中浙优1号'产量及其构成的影响

由表1可知，纳米增效尿素不同用量处理的实际产量为7 385.3～8 225.6kg/hm^2，施氮处理产量均显著高于不施氮处理，以施氮量225kg/hm^{2}处理产量最高，达到8 225.6kg/hm^2，超过此施氮量的产量轻微下降。本试验中施氮量为180kg/hm^2、225kg/hm^{2}和270kg/hm^2 3种施氮量水平下，产量水平相近，方差分析差异不显著。

按一元二次方程式$y=b_0+b_1x+b_2x^2$配制施氮量与产量效应方程为$Y=-0.159X^2+9.889\,2X+6\,767.4$，$R=0.985\,8^{**}$。用回归方程估测$y$与实际产量（$Y$）的相关系数，同时对回归方程进行显著性检验，结果达到极显著水平。表明效应方程可以反映实际氮肥与水稻产量的关系。根据效应方程，当边际产量$dy/dx=0$，即$x=b_1/(-2b_2)$时的施肥量为最高产量的施肥量，此用量为施肥的上限。若施肥量大于此值，则产量反而降低。本试验中最高产量施氮量为310.98kg/hm^2，对应的最高产量为8 305.07kg/hm^2。

就产量结构而言，穗数受施氮量影响表现为随施氮量的增加而增加。而每穗颖花数表现为随施氮量的增加呈先增后减趋势，以施氮量180kg/hm^{2}处理每穗颖花数最多，但整体变异幅度不大。千粒重和结实率随施氮量的增加而下降，尤其是高施氮量处理的千粒重和结实率下降幅度较大。不同施氮量主要影响产量构成因素中的穗数，变异系数为12.68，其次为结实率和每穗颖花数，千粒重受影响最小，变异系数最小，为0.97。

进一步对产量构成因子和产量作相关分析（表2），产量与其产量构成因子的相关系数均达显著水平。其中，有效穗数、每穗颖花数与产量呈显著正相关，相关系数分别为0.983**和0.911*。结实率与千粒重与产量呈显著负相关，相关系数分别为-0.974*和-0.876*。这说明增加施氮量主要增加了穗数，但导致结实率和千粒重的下降。

表1　纳米增效尿素不同用量对'中浙优1号'产量及其结构组成的影响

处理	穗数（×10^4/hm^2）	每穗颖花数	结实率（%）	千粒重（g）	理论产量（kg/hm^2）	实际产量（kg/hm^2）	实际产量（kg/hm^2）
N0	164e	172.4e	91.4a	26.7a	6 897.7	6 817.9cB	6 817.9cB
N1	184.4d	178.3d	86.7b	26.6b	7 580.5	7 385.3bcAB	7 385.3bcAB
N2	199.1e	182.4b	81.8c	26.5c	7 870.2	7 805.4abA	7 805.4abA
N3	217.5b	184.6a	76.5d	26.4d	8 108.8	8 162.6aA	8 162.6aA

（续表）

处理	穗数（×10^4/hm^2）	每穗颖花数	结实率（%）	千粒重（g）	理论产量（kg/hm^2）	实际产量（kg/hm^2）	实际产量（kg/hm^2）
N4	224.9ab	182.8b	74.4e	26.3e	8 042.6	8 225.6aA	8 225.6aA
N5	230.4a	180.6e	72.2f	26.1f	7 841.1	8 215.1aA	8 215.1aA
CV（%）	12.68	2.43	9.31	0.97	—	7.32	7.32

注：大、小写字母分别表示LSD多重比较的显著性差异$P<0.01$和$P<0.05$。下同

表2　产量构成因素间的相关系数及直接通径系数

因子	直接通径	间接通径				与Y的相关系数
		$P_1\to Y$	$P_2\to Y$	$P_3\to Y$	$P_4\to Y$	
X_1	0.67		0.55	-0.633	-0.633	0.983**
X_2	0.336	0.276		-0.268	-0.205	0.911*
X_3	-0.009	0.009	0.007		-0.009	-0.974**
X_4	-0.03	0.028	0.018	-0.028		-0.876*
决定系数=0.811**（$R_{0.05}$=.903，$R_{0.01}$=.917）剩余通径系数（Pe^2）=0						

注：Y—实际产量；X_1—穗数；X_2—颖花数；X_3—结实率；X_4—千粒重；Pe^2—剩余通径。$R_{0.05}$=0.878；$R_{0.01}$=0.959，*和**分别表示显著差异和极显著差异

2.2　纳米增效尿素不同用量对‘中浙优1号’群体结构的影响

纳米增效尿素不同用量处理的分蘖动态见图1。从图1中看出，增加施氮量能增加最高分蘖数。施氮量在0～180kg/hm^2时，增加施氮量，能显著促进分蘖的发生，分蘖发生量差异较大，但施氮量超过180kg/hm^2时，茎蘖的变化曲线差异较小，茎蘖变化随纳米增效尿素增加反应敏感程度降低。

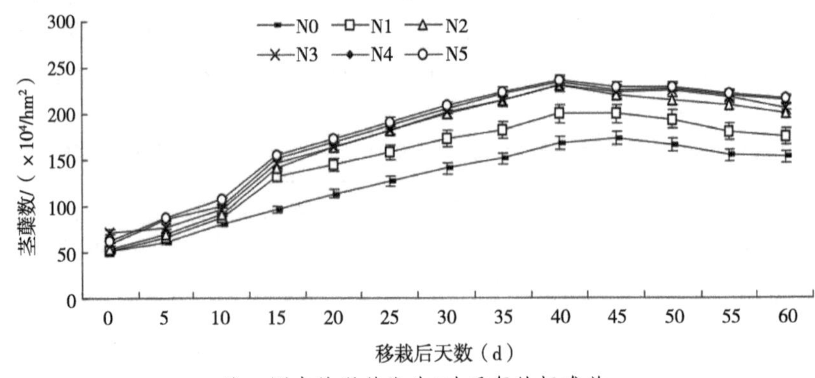

注：图中的误差线为3次重复的标准差

图1　不同纳米尿素用量下茎蘖变化

2.3 纳米增效尿素不同用量对‘中浙优1号’叶面积指数及SPAD值的影响

纳米增效尿素不同用量处理的叶面积指数（LAI）的变化动态见图2。由图2可见，随生育进程的推进，各处理的LAI呈先增加后降低趋势，各处理均于孕穗期达到最大值，越到后期LAI差异变小。随施氮量的增加，各处理的LAI基本呈直线增加的趋势，除孕穗期外，各生育期基本表现为如此。孕穗期的LAI变化表现为随施氮量的增加呈先增加后减小趋势，在225kg/hm^{2}的施氮量条件下LAI最高，继续增加施氮量则LAI减小。这可能与过量施肥导致孕穗期稻株无效和低效分蘖较多、群体恶化有关。

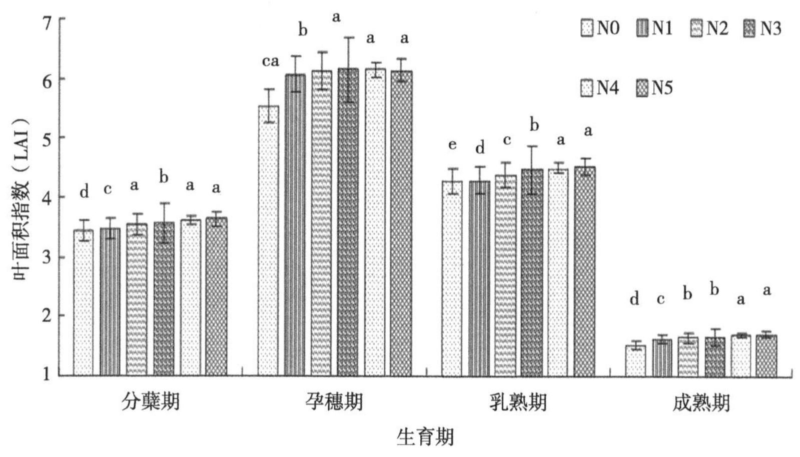

图2 纳米尿素不同用量下LAI变化

纳米增效尿素不同用量处理的叶SPAD值变化动态见图3。随着生育进程的推进，各处理的叶SPAD值呈先增加后减小的趋势，均于孕穗期达到最大值。随施氮量的增加，各生育期的叶SPAD值基本呈增加的趋势，越到生育后期叶SPAD值差异越大。表明施氮能增加叶片持绿能力，增强光合作用，延缓衰老。

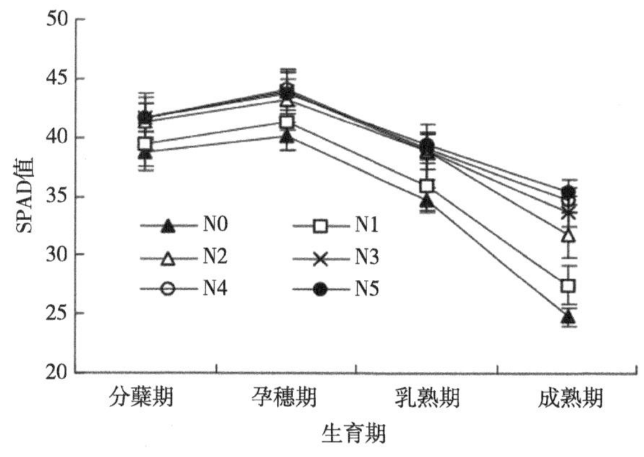

图3 纳米尿素不同用量下SPAD变化

2.4 纳米增效尿素不同用量对‘中浙优1号’群体生物量的影响

纳米增效尿素不同用量处理间的地上部群体生物量积累量的差异随生育进程的推进而

逐渐加大，施纳米增效尿素处理对群体生物量累积的影响主要表现在中后期（图4）。纳米增效尿素不同用量处理的不同生育时期的群体生物量积累量表现不同，分蘖盛期、孕穗期和乳熟期的各处理的群体生物量积累量均表现为随施氮量的增加而增加，而成熟期则表现为随施氮量的增加呈先增加后减小趋势，以225kg/hm²施氮量条件下群体生物量积累量最高。

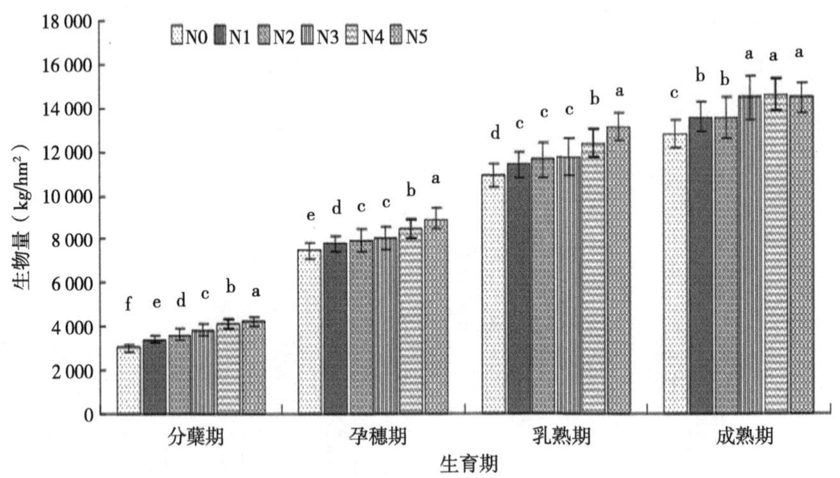

图4　纳米尿素不同用量下生物量变化

2.5　纳米增效尿素不同用量对‘中浙优1号’氮肥吸收利用的影响

2.5.1　纳米增效尿素不同用量对‘中浙优1号’不同生育期稻株吸氮特性的影响

纳米增效尿素不同用量处理间的稻株含氮量的变化表现为随施纳米增效尿素量的增加呈增加趋势，各生育期均表现为如此（图5）。不同施纳米增效尿素处理间的成熟期稻株不同器官的氮素分配比例见图6。所有处理的氮素在稻株体内的分配均以籽粒远大于秸秆。

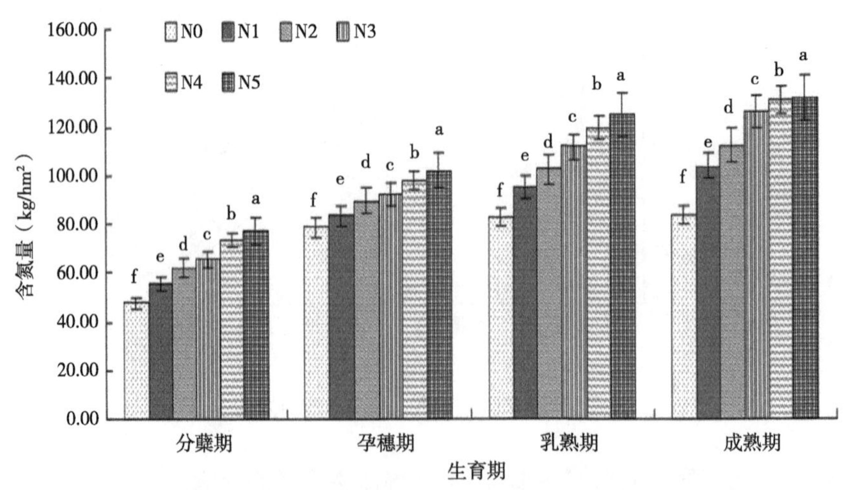

图5　不同生育期纳米增效尿素不同用量下和稻株含氮量变化

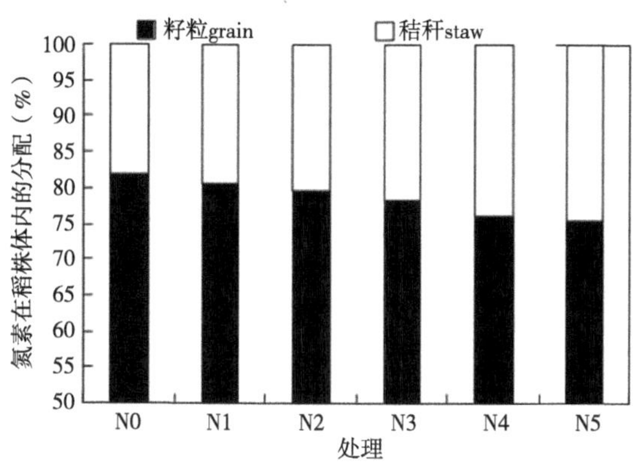

图6 纳米尿素不同用量下氮素分配比例

随施纳米增效尿素量的增加，秸秆中的含氮量所占植株总含氮量的比例呈增加趋势，而籽粒中的含氮量所占植株总含氮量的比例呈减少趋势。这表明增施纳米增效尿素使得稻株中转移到籽粒中的氮素比例降低，过多的氮素滞留在营养器官中，导致植株“奢侈”吸氮，使得氮素利用率下降。

2.5.2 纳米增效尿素不同用量对氮素利用特性的影响

用差减法测定水稻氮素利用率的结果表明（表3），施用纳米增效尿素对水稻氮素利用率的各种指标均有显著的影响。氮素收获指数是指籽粒中的氮量占地上部分总氮量的百分比。由表3可见，纳米增效尿素不同用量处理间的氮素收获指数表现为随施用量的增加而减小。这表明随纳米增效尿素施用量的增加，提高了氮素在稻草中的比例，促进了水稻植株“奢侈”耗氮现象的发生。氮肥表观利用率是指施氮区水稻氮素积累量与空白区氮素积累量的差占施氮量的百分数。由表3可见，纳米增效尿素不同处理间的氮肥表观利用率随施氮量的增加呈下降趋势。可见，氮肥用量过多不利于提高氮肥表观利用率。氮肥农艺利用率是指施用氮肥后增加的产量与施用氮肥量的比值。从表3中可以看出，氮素农艺利用率表现为随纳米增效尿素用量的增加呈先增加后减小的趋势，以180kg/hm^{2}施氮量条件下氮肥农艺利用效率最高。表明在一定范围内，随纳米增效尿素用量的增加，施用的每千克纯氮增产稻谷的能力增强。超过一定范围后，每千克纯氮增产稻谷的能力减弱。氮肥生理利用率是指作物因施用氮肥而增加的产量与相应的氮素积累量的增加量的比值，反映了作物对所吸收的氮素肥料在作物体内的利用率。由表3可以看出，随纳米增效尿素用量的增加，氮肥生理利用效率表现为先增加后减小的趋势，以135kg/hm^{2}施氮量条件下氮肥生理利用效率最高。氮肥偏生产力是指作物施肥后的产量与氮肥施用量的比值，它反映了作物吸收肥料氮和土壤氮后所产生的边际效应。从表3中可以看出，随纳米增效尿素用量的增加，氮肥偏生产力呈显著下降趋势。土壤氮素依存率是指土壤基础供氮量占施氮处理水稻吸氮总量的百分比，它反映了土壤氮对作物氮营养的贡献率。从表3中可以看出随纳米增效尿素用量的增加，土壤氮素依存率呈显著下降趋势，表明随施氮量的增加，水稻对土壤氮的依赖性逐渐减弱，而对肥料氮的依赖性逐渐增强，肥料氮的作用明显增强。

表3 纳米增效尿素不同用量下氮素利用率

处理	氮素收获指数	氮肥表观利用率（%）	氮肥农艺利用率（kg/kg）	氮肥生理利用率（kg/kg）	氮肥偏生产力（kg/kg）	土壤氮素依存率（%）
N0	0.82a					
N1	0.81ab	93.05a	6.30bc	28.49d	82.06a	80.79a
N2	0.80b	62.04b	7.32b	34.50a	57.82b	74.52b
N3	0.78c	46.53c	7.47a	31.81b	45.35c	66.45c
N4	0.76d	37.22d	6.26c	29.92bc	36.56d	64.03cd
N5	0.75e	31.02e	5.18d	29.16c	30.43e	63.61d

3 小结与讨论

施氮是调节水稻生长的一条主要途径，如何在不影响水稻生长发育、不减少水稻产量的前提下，提高氮肥利用率，将施氮量降低到最适水平，减少稻田生态环境压力是目前肥料研究热点之一[9, 10]。此试验中纳米增效尿素不同用量处理对超级中稻‘中浙优1号’的产量构成因素均有不同程度的影响，但主要影响的是穗数、结实率和每穗颖花数，千粒重受影响最小。适当施氮能显著促进超级中稻‘中浙优1号’分蘖的发生、成穗和颖花分化，保证较高的LAI和叶SPAD值，形成较强的光合生产能力，最终形成较多的生物量，而增加产量。这点和唐启源[11]、马国辉[12]等的研究较为接近，略有不同，可能与所选品种及肥料品种不同有关。此试验中225kg/hm^{2}施氮量能最好的协调群个体和穗粒矛盾，最终产量最高。过量施氮，会使超级中稻‘中浙优1号’的低效和无效分蘖增加，成穗率降低，最终成穗数和每穗颖花数反而不及适量施氮处理，会使水稻中、后期徒长，贪青迟熟，易造成灌浆不足，导致千粒重和结实率下降，抗逆能力减弱，氮肥农学利用率下降，影响产量。在此试验中纳米增效尿素施氮量为180kg/hm^2、225kg/hm^{2}和270kg/hm^2 3种水平下，产量水平相近，方差分析差异不显著。从经济和节氮角度看，采用180kg/hm^{2}施氮量更为经济实用。氮素在营养器官和生殖器官中的累积和分配是决定水稻产量的重要因素[4, 13]，较高的籽粒产量来自较高的氮素利用率和氮素再分配效率[14]。

此试验中纳米增效尿素不同用量对超级中稻‘中浙优1号’生长季氮素吸收利用的影响结果表明，增加施氮量能增加氮素积累量，但却减少了籽粒中氮素所占稻株的比例，而造成“奢侈”吸氮现象。因此合理的施氮量可以协调稻株体内氮素积累量和籽粒中氮素所占稻株的比例的关系，使其氮素利用效率达到最佳。此试验中施氮量180kg/hm^{2}的处理氮肥农艺利用率最高，同时氮肥生理利用效率也较高，是最优的氮肥吸收利用处理。差减法能反映施用氮肥后作物氮素营养的实际提高程度[9]，选择能直接评价氮肥利用率的指标对作物氮肥利用效率的评价具有重要意义[15]。此试验中氮肥农艺利用率与产量具有更好的对应关系，可作为指示氮肥利用率的一个重要表征。综合考虑产量和经济成本及氮素吸收利用等因素，纳米增效尿素折施纯氮量180kg/hm^{2}是双季稻地区中稻‘中浙优1号’合理的施用量。

此研究仅研究了纳米增效尿素不同用量对超级中稻‘中浙优1号’稻季的生长发育及氮素吸收利用的影响，至于纳米增效尿素适宜的氮肥运筹模式及纳米增效尿素在土壤中的残留以及在下季作物中的利用情况仍待进一步研究。

参考文献

[1] Eickhout B，Bouwman AF，van Zeijts H. The role of nitrogen in world food production and environmental sustainability[J]. Agriculture，Ecosystems and Environment，2006，116：4-14.

[2] 凌启鸿，张洪程，戴其根，等. 水稻精确定量施氮研究[J]. 中国农业科学，2005，38（12）：245-246.

[3] 张洪程，王秀芹，戴其根，等. 施氮量对杂交稻两优培九产量、品质及吸氮特性的影响[J]. 中国农业科学，2003，36（7）：800-806.

[4] 张耀鸿，张亚丽，黄启为，等. 不同氮肥水平下水稻产量以及氮素吸收、利用的基因型差异比较[J]. 植物营养与肥料学报，2006，12（5）：616-621.

[5] 张夫道，赵秉强，张骏，等. 纳米肥料研究进展与前景[J]. 植物营养与肥料学报，2002，8（2）：254.

[6] 侯碧辉，王代殊，丁晓红. 以物理农业改善化学农业[J]. 中国农资，2006（6）：50-51.

[7] 刘键，张阳德，张志明. 纳米增效肥料对冬小麦产量及品质影响的研究[J]. 安徽农业科学，2008，36（35）：15 578-15 580.

[8] 刘键，张阳德，张志明. 纳米生物技术在水稻・玉米・大豆增产效益上的应用研究[J]. 安徽农业科学，2008，36（36）：15 814-15 816.

[9] 巨晓棠，张福锁. 氮肥利用率的要义及其提高的技术措施[J]. 科技导报，2003（4）：51-54.

[10] 张夫道. 氮素营养研究中几个热点问题[J]. 植物营养与肥料学报，1998，4（4）：331-338.

[11] 唐启源，邹应斌，米湘成，等. 不同施氮条件下超级杂交稻的产量形成特点与氮肥利用[J]. 杂交水稻，2003，18（1）：44-48.

[12] 马国辉，周静，龙继锐，等. 缓释氮肥对超级杂交早稻生长发育和产量的影响[J]. 湖南农业大学学报（自然科学版），2008，34（1）：95-99.

[13] Zhang Y H，Fan J B，Zhang Y L，et al. N accumulation and translocation in four japonica rice cultivars at different N Rates[J]. Pedosphere，2007，17（6）：792-800.

[14] Wang H，McCaig T N，Depauw R M，et al. Physiological characteristics of recent Canada Western Red Spring wheat cultivars：components of grain nitrogen yield[J]. Can. J. Plant Sci，2003，83（4）：699-707.

[15] 江立庚，曹卫星. 水稻高效利用氮素的生理机制及有效途径[J]. 中国水稻科学，2002，16（3）：261-264.

纳米碳肥料增效剂对水稻产量及土壤肥力的影响

钱银飞[1] 邱才飞[1] 邵彩虹[1] 陈先茂[1] 谢江[1]
邓国强[1] 李思亮[2] 左卫东[2] 彭春瑞[1*]

（[1]江西省农业科学院土壤肥料与资源环境研究所，南昌 330200；
[2]江西省上高县农业局，上高 336400）

摘 要：研究了纳米碳肥料增效剂对双季稻区晚稻丰源优299的产量及土壤肥力状况的影响。试验结果表明，添加纳米碳肥料增效剂到不同肥料品种后均能提高水稻产量，增产幅度在1.9%~3.5%；同时添加纳米碳肥料增效剂的处理能减缓土壤中碱解氮、速效磷、速效钾等有效养分的下降，成熟期比未添加纳米碳肥料增效剂处理的土壤肥力略高。

关键词：肥料；纳米碳；水稻；产量；土壤肥力

Effects of Nanometer Carbon Fertilizer Synergist on Rice Yield and Soil Fertility

Qian Yinfei[1] Qiu Caifei[1] Shao Caihong[1] Chen Xianmao[1]
Xie Jiang[1] Deng Guoqiang[1] Li Siliang[2] Zuo Weidong[2] Peng Chunrui[1*]

（[1]*Institute of Soil and Fertilizer & Resources and Environment，Jiangxi Academy of Agricultural Sciences，Nanchang 330200，China*；[2]*Agricultural Bureau of Shanggao County in Jiangxi Province，Shanggao 336400，China*）

Abstract: Through the field plot experiment，the effects of the nanometer carbon fertilizer synergist on the yield of late rice Fengyuanyou 299 and the soil fertility of the double-cropping rice area were studied.The results showed that adding the nanometer carbon fertilizer synergist into different fertilizer varieties all could increase the paddy rice yield，and the yield-increasing rate ranged from 1.9% to 3.5%.Simultaneously the treatment of adding nanometer carbon fertilizer synergist could slow down the decline of hydrolysable N，available P and available K content in the soil，and finally could improve the soil fertility as compared with the treatment of no adding the nanometer carbon fertilizer synergist.

Key words: Fertilizer；Nanometer carbon；Rice；Yield；Soil fertility

---

本文原载：江西农业学报，2011，23（2）：125-127，139

基金项目：国家粮食丰产科技工程项目（2006BAD02A04），国家科技支撑计划项目（2007BAD87B08），江西省农业科学院博士启动金项目（2009博-1）

*通讯作者

施肥是作物增产的重要措施之一，国内外在不同肥料种类对土壤养分和作物生长的影响方面做了大量的研究，结果表明[1-6]，不同肥料品种对土壤养分和作物生长的影响是不同的，施用肥效好的肥料品种不仅可以有效改善土壤N、P、K等养分元素的平衡状况，而且可明显增加土壤肥力和生态系统的生产力。

纳米碳是近几年最新研发出来的肥料增效剂，刘键等[7, 8]研究表明，将其添加到普通尿素中，能促进早稻、玉米、花生、大豆、小麦等作物的生长，增加作物的产量。但将纳米碳肥料增效剂添加到不同品种的肥料中，并施用于稻田，对稻田土壤养分和水稻产量有何影响？这个问题尚无一个比较明确的答案。为此，本试验在习惯施氮量的基础上，开展添加纳米碳肥料增效剂到不同品种的肥料中，研究不同肥料品种对晚稻产量及土壤肥力变化等的影响，以期探明纳米碳肥料增效剂改良肥料在水稻上的施用效果，拓宽水稻生产所需肥料种类，为纳米肥料增效剂在肥料上的应用和制备新型肥料提供理论及技术依据。

1　材料与方法

1.1　试验地概况

试验于2009—2010年在江西省上高县农业科学研究所农业科技示范场进行，前作为早稻，肥力平衡。土壤类型为红壤土，质地黏性，0～20cm土层内的pH值为6.35、土壤有机质42.4g/kg、全氮2.58g/kg、碱解氮215mg/kg、速效磷32.9mg/kg、速效钾69mg/kg。

1.2　供试水稻品种

供试水稻品种为丰源优299，由国家杂交水稻工程技术研究中心育成。

1.3　试验设计与方法

试验分别设7个处理：①不施氮肥（0N）；②尿素（Urea，简称U）；③添加纳米碳尿素（Urea+C，简称U+C）；④缓释尿素（Slow-Release Urea，简称SRU，金正大公司提供）；⑤添加纳米碳缓释尿素（Slow-Release Urea+C，简称SRU+C）；⑥史丹利复合肥（STANLY Compound Fertilizer，简称SCF，史丹利公司提供）；⑦添加纳米碳的史丹利复合肥（STANLY Compound Fertilizer+C，简称SCF+C）。随机区组排列，试验小区面积为20m^2，重复4次。小区间起高20cm、宽30cm的埂进行隔离，埂上覆膜，实行单独排灌，四周设保护行。

各施肥处理的施氮量均为180kg/hm^2。纳米碳增效尿素和普通尿素处理按基肥施总氮的50%，移栽后5～7d施总氮的30%，孕穗初期施总氮的20%，其余处理均为一次性基施。各处理磷、钾肥均于移栽前1d作基肥一次性施用，折合P_2O_5、K_2O分别为80kg/hm^2、150kg/hm^2。基肥施入后，立即用铁齿耙耖入5cm深的土层内。6月25日播种，湿润育秧；7月23日移栽，移栽密度为20cm×20cm，每穴栽2苗，其他管理措施统一按常规栽培要求实施。

1.4 测定内容与方法

1.4.1 土壤样品的采集

分别在试验前（未施肥翻耕）、分蘖末期、孕穗期、乳熟期、成熟期及水稻收获后，采用蛇形法多点采集0～20cm的耕层土样，分别测定试验前的基础土壤和结束时的土壤pH值、OM、全氮、全磷、全钾、速效氮、速效磷、速效钾等含量。其他各生育期的土壤只测定其速效氮、速效磷、速效钾的含量。测定方法如下：土壤有机质采用重铬酸钾容量法，全氮用凯氏定氮法，全磷用碱熔—钼锑抗比色法，全钾用NaOH熔融火焰光度法，碱解氮用扩散法，速效磷用Olsen法，速效钾用1mol/L NH_4OAc浸提—火焰光度法[9]。

1.4.2 理论产量和实际产量的测定

收获前1～2d每个处理调查20蔸稻株，并测定各处理的平均有效穗数，每处理选具有代表性的稻株5兜，室内考种分别测定水稻的株高、穗长、平均穗数、总粒数、实粒数、结实率、千粒重、风干谷重和风干草重；收获时各小区分开脱粒、扬净、干燥并称重，单独计产。

2 结果与分析

2.1 不同肥料品种对水稻产量及其构成的影响

由图1可知，各施肥处理的产量均高于不施肥处理（0N）。添加纳米碳的缓释尿素处理（SRU+C）的产量最高。添加纳米碳肥料增效剂的肥料处理的产量均高于没有添加肥料增效剂的处理。添加纳米碳的3种肥料，以缓释尿素的增产最为明显，添加纳米碳肥料增效剂的缓释尿素处理（SRU+C）比没有添加纳米碳的缓释尿素处理（SRU）增产246kg/hm^2，增幅达3.5%；添加肥料增效剂的史丹利复合肥处理次之，添加肥料增效剂的处理（SCF+C）比没有添加肥料增效剂的处理（SCF）增产121.5kg/hm^2，增幅达2%。添加纳米碳到普通尿素中的效果最差，添加肥料增效剂的普通尿素处理（U+C）比没有添加肥料增效剂处理（U）增产123kg/hm^2，增幅达1.9%。

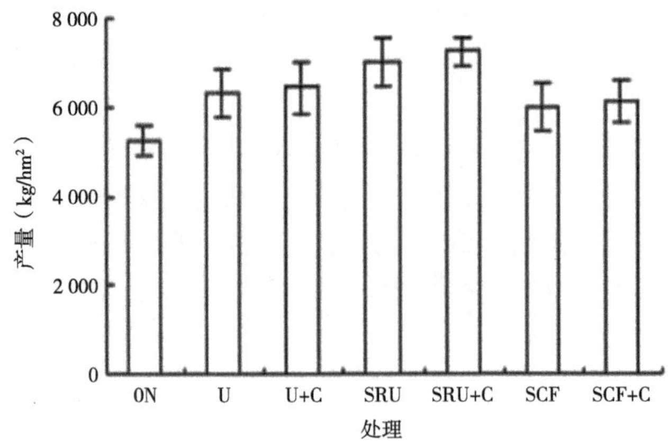

图1 不同肥料品种对双季晚稻产量的影响

2.2　水稻生长期间土壤碱解氮的动态变化

由图2可见，空白处理（0N）的碱解氮含量在整个水稻生育期中一直处于下降的趋势，这可能是由于生育期内稻株的吸收和无外源氮素的输入而导致土壤碱解氮下降。普通尿素和添加纳米碳的尿素处理的碱解氮变化趋势相同，均表现在分蘖期猛增，然后持续降低；而添加纳米碳到普通尿素后，土壤碱解氮呈缓增缓降的趋势；到成熟期添加纳米碳肥料增效剂的土壤碱解氮含量高于未添加纳米碳肥料增效剂的尿素处理，这可能与纳米碳肥料增效剂具有一定的包被作用有关，一方面，减缓了尿素的释放速度；另一方面，使得尿素流失损失减少。

缓控释肥和史丹利复合肥处理的土壤碱解氮含量均表现出先下降后上升再下降的趋势，且均在孕穗期达到最大值。这2种肥料与尿素相比，具有肥料释放较为缓慢的特点，在分蘖期时由于释放较少，土壤碱解氮含量下降，土壤添加纳米碳肥料增效剂的处理比没有添加的处理下降缓慢，且幅度小，最终表现为成熟期添加纳米碳肥料增效剂的肥料处理土壤中的碱解氮含量高于未添加的处理。

缓控释肥和史丹利复合肥处理的土壤碱解氮含量变化趋势也存在不同之处，添加纳米碳肥料增效剂的史丹利复合肥处理的土壤碱解氮含量除在成熟期高于未添加纳米碳的史丹利复合肥处理外，其余几个时期均表现为低于未添加纳米碳史丹利复合肥处理。而缓控释肥处理在孕穗期至成熟期一直表现为添加纳米碳肥料增效剂的缓控释肥料处理的土壤碱解氮含量高于未添加的缓控释肥料处理。

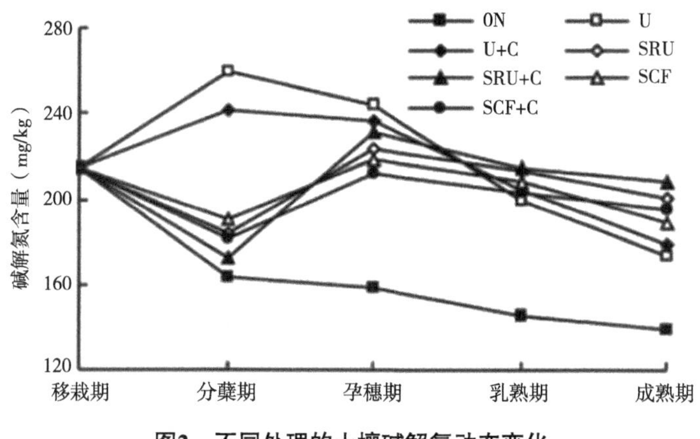

图2　不同处理的土壤碱解氮动态变化

2.3　水稻生长期间土壤速效磷、速效钾的动态变化

各处理的土壤有效磷、有效钾含量的变化趋势相似。图3和图4表明，未施肥处理的土壤有效磷、有效钾含量均表现为随着水稻生长进程的推移而呈下降趋势；而施肥处理则表现为随着时间的推移，土壤有效磷、有效钾含量呈先增加后减少的趋势，均在分蘖期达到最高值，而后下降，孕穗以后到成熟变化幅度不大，这表明这3种肥料处理的磷、钾主要在孕穗期以前被释放和吸收。在分蘖期添加纳米碳肥料增效剂的肥料处理的稻田土的速效磷和速效钾低于未添加的肥料处理，而到孕穗期和孕穗期以后均表现为添加纳米碳肥料

增效剂的肥料处理的速效磷和速效钾含量高于未添加的肥料处理，这可能是在水稻生长前期，由于肥料的释放，土壤中速效磷和有效钾含量有所增加，由于添加纳米碳肥料增效剂会在一定程度上对肥料进行包被，进而减缓了肥料的释放速度，因此表现为前期添加纳米碳肥料增效剂处理的土壤速效磷和有效钾含量增加速度不及未添加的处理，导致前者的速效磷和速效钾含量低于后者。但到分蘖期以后，由于水稻生长需要吸收大量的磷、钾，因而，土壤速效磷、速效钾含量开始大幅下降，其中未添加纳米碳处理的土壤速效磷、速效钾含量下降更快，同时由于纳米碳肥料增效剂的包被作用在一定程度上也减少了肥料中磷和钾的挥发、淋溶等损失，因此在孕穗期及以后均表现为添加纳米碳肥料增效剂的肥料处理的土壤速效磷和速效钾含量高于未添加的处理。

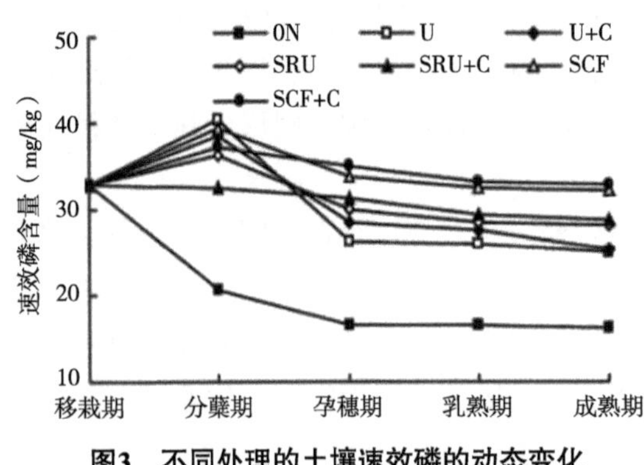

图3　不同处理的土壤速效磷的动态变化

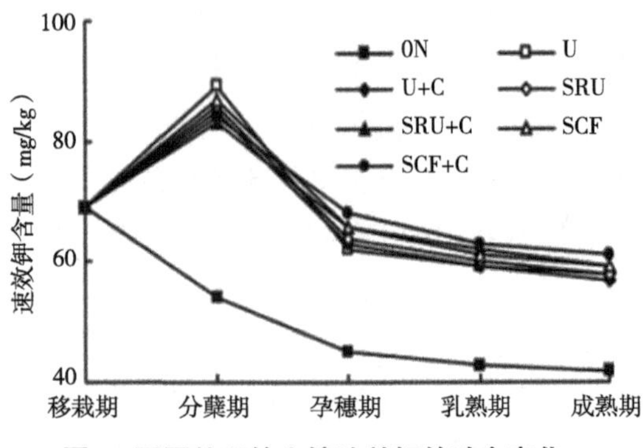

图4　不同处理的土壤速效钾的动态变化

2.4　不同肥料品种对土壤肥力的影响

从试验前后土壤肥力的对比情况来看（表1），试验后各处理的各项土壤肥力指标值（有机质、全氮、全磷、全钾）均有所下降，施肥处理的土壤肥力指标值均显著高于未施肥处理（0N）。添加纳米碳肥料增效剂的肥料处理的所有土壤肥力指标值均高于未添加的处理，这可能与纳米碳肥料增效剂的包被在一定程度上减少了肥料的损失有关。

表1　不同肥料品种处理的土壤肥力变化情况

处理	移栽前				成熟期			
	有机质	全氮	全磷	全钾	有机质	全氮	全磷	全钾
0N	42.4	2.58	0.61	11.4	35.6	2.34	0.51	9.5
U	42.4	2.58	0.61	11.4	37.4	2.38	0.54	10.2
U+C	42.4	2.58	0.61	11.4	37.6	2.42	0.55	10.4
SRU	42.4	2.58	0.61	11.4	38.8	2.48	0.56	10.4
SRU+C	42.4	2.58	0.61	11.4	38.8	2.50	0.58	10.6
SCF	42.4	2.58	0.61	11.4	38.3	2.41	0.58	10.6
SCF+C	42.4	2.58	0.61	11.4	38.4	2.44	0.60	10.8

3　小结与讨论

在大多数农田中，由于土壤自然供给的养分不能满足作物高产、优质的需要，必须通过施肥才能保证作物的优质、高产[10-14]，本试验也证实了这一点。未施肥处理的土壤养分由于被稻株吸收，一直处于持续下降状态，根本无法满足水稻的生长所需，进而导致水稻产量较施肥处理的低。试验结果表明，以添加纳米碳缓释尿素处理的晚稻产量最高，其次是缓释尿素处理，最后是史丹利复合肥处理。添加纳米碳肥料增效剂到不同肥料品种中均能提高晚稻的产量，产量增幅为1.9%～3.5%。

在本研究中，相对于未添加纳米碳肥料增效剂的肥料处理，随着水稻生育期的推进，添加纳米碳肥料增效剂的肥料处理能减少肥料的挥发、淋溶等损失，减缓肥料的释放，从而缓解稻田土中碱解氮、速效磷和速效钾含量的下降。因此，添加纳米碳肥料增效剂的肥料处理的土壤有机质、全氮、全磷、全钾等土壤肥力指标值均高于未添加的处理。由于受研究条件限制，本文仅研究了不同肥料品种在晚稻季对水稻产量及土壤肥力等的影响，对不同肥料的残效及对后季作物的影响仍有待研究。

参考文献

[1] 杨林章，刘元昌，徐琪. 施肥对水稻产量和稻田土壤理化性质的影响[J]. 生态学杂志，1989，8（3）：39-43.

[2] Richards I R，Turner I D，Wallace P A. Manure and fertilizers contributions to soil mineral nitrogen and the yield of forage maize[J]. Nutrient Cycling in Agroecosystems，1999，55：175-185.

[3] Muhammad S Z，Muhammad M，Muhammad A. Integrated use of organic manures and inorganic fertilizers for the cultivation of lowland rice in Pakistan[J]. Soil Sci Plant Nutr，1992，38（2）：331-338.

[4] Sharma M P，Bali S V，Gupta D K. Soil fertility and productivity of rice（*Oryza sativa*）-wheat（*Triticum aestivum*）cropping system in an inceptisol as influenced by integrated nutrient management[J]. Indian Journal of Agronomy，2001，71（2）：82-86.

[5] Dobermann A，Witt C，Dawe D. Site-specific nutrient management for intensive rice cropping systems in Asia[J]. Field CropsResearch，2002，74（1）：37-66.

[6] 任祖金，陈玉水，唐福钦. 优化肥料处理促进稻田土壤生态良性循环[J]. 生态学报，1996，16（5）：548-554.

[7] 刘键，张阳德，张志明. 纳米增效肥料对冬小麦产量及品质影响的研究[J]. 安徽农业科学，2008，36（35）：15 578-15 580.

[8] 刘键，张阳德，张志明. 纳米生物技术在水稻·玉米·大豆增产效益上的应用研究[J]. 安徽农业科学，2008，36（36）：15 814-15 816.

[9] 鲍士旦. 土壤农化分析[M]. 北京：中国农业出版社，2000：25-97.

[10] 杨广怀，马文丽，井大炜，等. 专用控释肥在西瓜上的施用效果研究[J]. 现代业科技，2010（15）：137-138.

[11] 薛丽平. 缓释尿素的正确施用技术[J]. 现代农业科技，2010（3）：298.

[12] 李延升，张宝林，张雪梅，等. 膜控型缓控释肥料养分释放模型的研究[J]. 江苏农业学报，2009，25（5）：1 033-1 038.

[13] 王剑飞，何婕，莫曾梅. 复合肥料中总氮消化的改进试验[J]. 现代农业科技，2009（16）：225.

[14] 夏鹤高，盛平，盛朝晖，等. 缓释复合肥Special mix1田间试验研究[J]. 现代农业科技，2009（9）：169.

包膜缓释尿素与普通尿素配施对双季超级稻产量及氮肥利用的影响

钱银飞[1, 2, 3]　邵彩虹[1, 2, 3]　邱才飞[1, 2, 3]　陈先茂[1, 2, 3]　谢江[1, 2, 3]
邓国强[1, 2, 3]　陈大洲[4]　童金炳[5]　伍守恒[5]　彭春瑞[1, 2, 3*]

（[1]江西省农业科学院土壤肥料与资源环境研究所，南昌 330200；[2]农业部长江中下游作物生理生态与耕作重点实验室，南昌 330200；[3]国家红壤改良工程技术研究中心，南昌 330200；[4]江西省农业科学院水稻所，南昌 330200；[5]江西省南昌市国营恒湖综合垦殖场，南昌 330100）

摘　要：以双季超级稻为材料，研究了不同包膜缓释尿素与普通尿素配施组合对其产量和氮肥利用等生物学性状的影响。结果表明，在全氮（早稻180kg/hm^2，晚稻225kg/hm^2）模式下，与全施普通尿素处理相比，全施包膜缓释尿素的处理双季超级稻的穗数降低，但每穗粒数和结实率显著提高，最终提高产量，提高了氮肥利用效率；节氮模式（早稻144kg/hm^2，晚稻180kg/hm^2）下，不同比例包膜缓释尿素与普通尿素组合的产量和氮肥利用效率均显著高于全氮模式；3种配比组合中以包膜缓释尿素：普通尿素=3：7组合的产量最高，氮肥吸收利用程度最高，应用效果最好。

关键词：双季超级稻；包膜缓释尿素；产量；氮素吸收利用

Effects of the Different Mixture Rates of Coated and Slow-release Urea and Prilled Urea on the Growth of Double-cropping Super Rice and the Utilizing Rate of Nitrogen

Qian Yinfei[1, 2, 3]　Shao Caihong[1, 2, 3]　Qiu Caifei[1, 2, 3]
Chen Xianmao[1, 2, 3]　Xie Jiang[1, 2, 3]　Deng Guoqiang[1, 2, 3]
Chen Dazhou[4]　Tong Jinbin[5]　Wu Shouheng[4]　Peng Chunrui[1, 2, 3*]

（[1]*Soil and Fertilizer & Resources and Environmental Institute*，*Jiangxi Academy of Agricultural Sciences*，*Nanchang 330200*，*China*；[2]*Key Laboratory of Crop Ecophysiology and Farming*

本文原载：中国土壤与肥料，2015（5）：27-32

基金项目：国家“十二五”科技支撑计划项目（2012BAD15B03、2011BAD16B04、2013BAD07B12），江西省优势科技创新团队计划项目（20113BCB24014），江西省青年科学基金项目（20132BAB214012），江西省“赣鄱英才555工程”领军人才培养计划项目（双季稻清洁生产关键技术研究与集成示范）

*通讯作者

System for the Middle and Lower Reaches of the Yangtze River, Ministry of Agriculture, P. R. China, Nanchang 330200, China; [3]National Engineering and technology research center for red soil improvement, Nanchang 330200, China; [4]Rice institute, Jiangxi Academy of Agricultural Sciences, Nanchang 330200, China; [5]National-run HengHu Comprehensive Farm of Xinjiang county of Nanchang city of Jiangxi Province, Nanchang 330100, China)

Abstract: To compare the effects of the different mixture rates of the coated and slow-release urea and prilled urea on the biological characteristics of the double cropping super rice and the utilizing rate of nitrogen, the experiment was carried out in the paddy field, and the major findings were summarized as following: In the full nitrogen applied (180kg/ha for early rice, 225kg/ha for late rice) modes, the panicles of double cropping super rice of the treatment the coated and slow-release urea was less than the treatment of the prilled urea, while the glumes flowers and the grain filled rate was higher than the treatment of the prilled urea, and got the higher grain yield and the nitrogen utilizing rate. The yield and the nitrogen utilizing rate of the three nitrogen-saving modes (144kg/ha for early rice, 180kg/ha for late rice) were higher than the full nitrogen modes obviously. The 3∶7 proportion of the coated and slow-release urea with the prilled urea mode got the highest grain yield and nitrogen utilizing rate during the whole modes. this mode is suitable for application in the south double cropping rice area.

Key words: Double-cropping super rice; Coated and slow-release urea; Yield; The nitrogen utilizing rate

目前，我国化肥的生产量和使用量均居世界首位[1]，在取得显著增产效益的同时，也存在着肥料利用效率低，损失严重，加剧农业面源污染等问题[2]。尤其是氮肥，目前我国的氮肥利用率为30%～35%，在稻田中损失可达50%甚至更多[3]。近年来，我国科技工作者对氮肥进行了改性增效的研究，取得了不少进展。包膜缓释氮肥就是其中之一，包膜缓释肥料通过包膜和控制养分释放，达到养分释放与作物需求同步[4]。同时还能在不同程度上降低氨挥发和氮淋溶等所带来的肥料损失，提高氮肥利用效率，增加作物产量和品质，减轻环境污染[5-7]，被誉为是21世纪肥料产业的方向[8]，近年来，有关包膜缓释尿素在水稻上的应用已有不少[9-12]，但多为单一包膜缓释尿素的肥料效应，对包膜缓释尿素与普通尿素配合施用的报道较少，对包膜缓释尿素与普通尿素配合施用在双季稻上的研究不多。同时在水稻上单一施用包膜缓释尿素，一方面价格成本较高，另一方面很难满足水稻各生育期的需肥要求，易出现水稻生长前期肥料供应不足，发苗差而后期肥料供应偏多，稻株贪青迟熟，多余的肥料进入周围环境造成污染的情况，这大大限制了包膜缓释尿素在南方双季稻区的应用和推广。而普通尿素养分迅速释放的特点则能弥补一些包膜缓释尿素的不足之处。所以应根据水稻各生育期的需肥规律，将不同养分释放速率的包膜缓释尿素和普通尿素配合施用，才能有效调节养分供应速率，促进稻株对肥料的吸收利用，减少环境污染，同时还能降低成本。为此，本文设置不同的包膜缓释尿素与普通尿素配施的比例组合，并研究不同配施比例组合对大田生长条件下双季稻的生长发育情况以及对产量和氮肥利用率的影响，以期为双季稻区合理施用包膜缓释尿素，为双季稻高产高效栽培提供科学依据。

1　材料与方法

1.1　试验地基础地力

试验于2011—2012年在江西省南昌市新建县恒湖垦殖场（116°6′E、28°55′N）进行。两年结果趋于一致，本文以2012年试验结果进行分析。恒湖垦殖场地处赣江下游、鄱阳湖畔，具有亚热带湿润气候的特点，气候温和，雨量充沛，冬暖夏热，四季分明，年平均气温17.3℃，极端最高气温41℃，极端最低气温-8.5℃，活动积温5 760d·℃，年平均降水量1 609.8mm，年平均日照时数1 800～1 900h，无霜期279d。试验实施前土壤性状为pH值5.48，有机质13.5g/kg，碱解氮202mg/kg，有效磷5mg/kg，速效钾96mg/kg。

1.2　试验材料及设计

早稻试验品种超级稻03优66，晚稻试验品种超级稻99优468，均为江西省农业科学院水稻所育成。包膜缓释尿素为江西省农业科学院土壤肥料与资源环境研究所自行研制，为硫黄包膜，释放期60d，包膜率8.4%，含N量42%。试验共设6个处理，早稻100%施N量为180kg/hm^2，晚稻100%施N量为225kg/hm^2，F0处理为空白对照。氮肥运筹具体见表1。

表1　包膜缓释尿素与普通尿素配比处理

<table>
<tr><th>处理</th><th colspan="2">施N量</th><th>基蘖肥</th><th>穗肥</th></tr>
<tr><td>F0</td><td colspan="2">0N</td><td>0N</td><td>0N</td></tr>
<tr><td>F1</td><td colspan="2" rowspan="2">100% N（全氮）</td><td>70% N（U）</td><td>30% N（U）</td></tr>
<tr><td>F2</td><td>100% N（S）</td><td>0</td></tr>
<tr><td>F3</td><td rowspan="3">80% N
（节氮）</td><td>S：U=3：7</td><td>56%N（24%NS+32%NU）</td><td>24%N（U）</td></tr>
<tr><td>F4</td><td>S：U=5：5</td><td>56%N（40% NS+16%NU）</td><td>24%N（U）</td></tr>
<tr><td>F5</td><td>S：U=7：3</td><td>56%N（S）</td><td>24%N（U）</td></tr>
</table>

注：S表示包膜缓释尿素；U表示普通尿素

所有处理的磷肥均为P_2O_5 75kg/hm^2，作为基肥一次性施入。K_2O 150kg/hm^2，按基：蘖：穗=4：3：3施入。试验设3个重复，随机区组排列，每小区6m×5m，共计18个小区，小区四周做埂并用薄膜覆盖。栽插规格：13.33cm×25cm，每兜2苗。早稻试验于3月30日播种，4月25日移栽。晚稻试验于6月22日播种，7月28日移栽。其余栽培措施同当地高产栽培措施。

1.3　测定内容与方法

1.3.1　土壤样品的采集

分别在试验前（未施肥翻耕）及水稻收获后采用蛇形法多点采集0～20cm的耕层土样，采用常规方法[13]分析其pH值、OM、全N、全P、全K、速效N、速效P、速效K等养分含量。

1.3.2　分蘖动态观察记载

插秧时选一重复与插秧垂直方向每处理定10蔸（每蔸秧苗素质和苗数应一致），插秧后每4d调查一次分蘖数，直到分蘖停止或减少为止，以观察水稻分蘖动态。在灌浆期调查有效穗数。

1.3.3　植株取样分析

移栽后每处理确定取植株样小区，在水稻收获后取样（取样前调查各处理平均苗数，按此标准取植株3～6蔸，测定叶面积），洗净后在室内分别去掉地下部分，地上部分在105℃恒温下杀青20min，再在80℃恒温下烘干（4～8h）至恒重，称取干重。

1.3.4　理论产量和实际产量测定

收获前1～2d调查（20蔸）各处理的平均有效穗数，每处理选有代表性的稻株5蔸，进行室内考种测定株高、穗长、平均穗数、总粒数、实粒数、结实率、千粒重、风干谷重和风干草重；收获时各小区分开脱粒、扬净、干燥并称重，单独计产。

1.3.5　于成熟期按常规方法取样

采用H_2SO_4-H_2O_2消煮法，然后用凯氏定氮法测定不同器官氮含量。以此为基础计算：

氮肥表观利用率（%）=（施氮区植株总吸氮量-空白区植株总吸氮量）/施氮量×100

氮肥农艺利用率=（施氮区产量-空白区产量）/施氮量

氮肥生理利用率=（施氮区产量-空白区产量）/（施氮区植株总吸氮量-空白区植株总吸氮量）

氮肥偏生产力=施氮区产量/施氮量

土壤氮素依存率（%）=空白区植株总吸氮量/施氮区植株总吸氮量×100

1.4　数据处理

数据处理和统计分析采用Excel 2003和DPS 7.05完成。

2　结果与分析

2.1　不同肥料配比模式对双季超级稻茎蘖动态和成穗率的影响

不同施肥模式对双季超级稻茎蘖消长动态的影响趋势基本一致（图1），早稻未施肥处理于5月30日左右达到高峰苗，而其他施肥处理均于6月4日达到高峰苗。晚稻所有处理均于9月3日左右达到高峰苗。在高峰苗以前，茎蘖数随普通尿素用量增多而增多，增加的茎蘖数处理间差异显著，到高峰苗时早晚稻均表现为F1>F3>F4>F5>F2>F0。高峰苗以后是茎蘖数速降期，下降的速度亦是普通尿素用量大的处理茎蘖数下降趋势快。随普通尿素施用量的降低，有成穗率增加的趋势，F2达到最高，早晚稻均表现为如此（图2）。表明前期施普通尿素比例高的处理促进了大量分蘖的发生，但易形成弱势蘖和无效蘖，而使成穗率下降；但全包膜缓释尿素处理（F2）虽可减少无效分蘖的发生，提高成穗率，但分蘖的总量少，不能形成适当的有效穗数（图2）。在节氮模式（减少20%的施氮量）下，重施普通尿素基肥，降低包膜缓释尿素基肥比例可以促进分蘖的发生，增加茎蘖数，但也易增加无效和低效分蘖，降低了成穗率。适当减少尿素基肥增加包膜缓释尿素的比例可减少无效分蘖的发生，有利于提高水稻的成穗率，早晚稻均表现为如此（图2）。

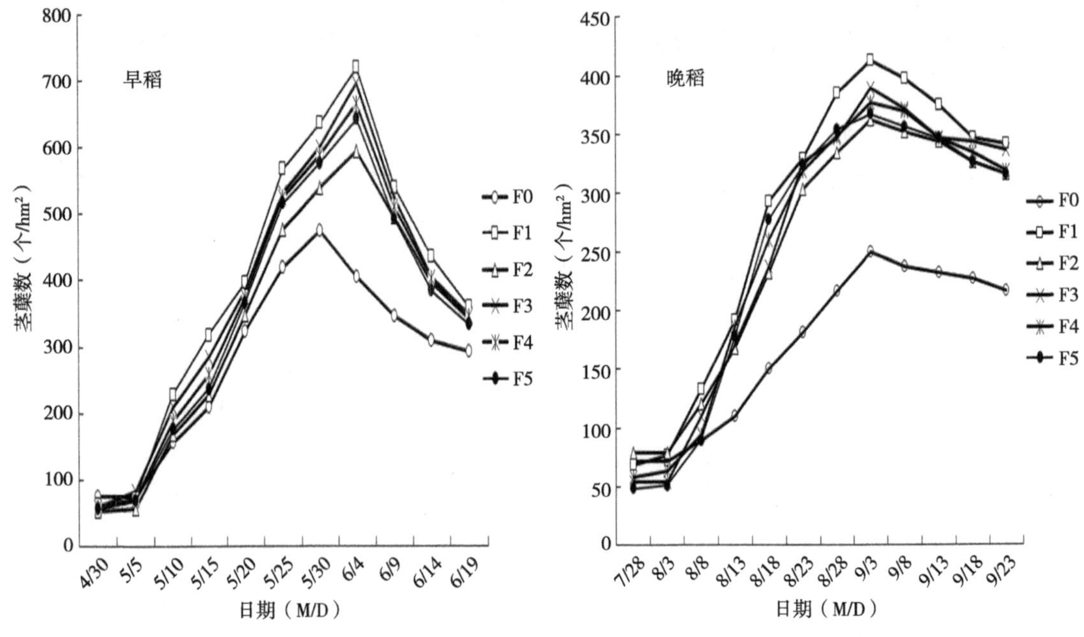

图1　双季超级稻不同施肥模式茎蘖动态

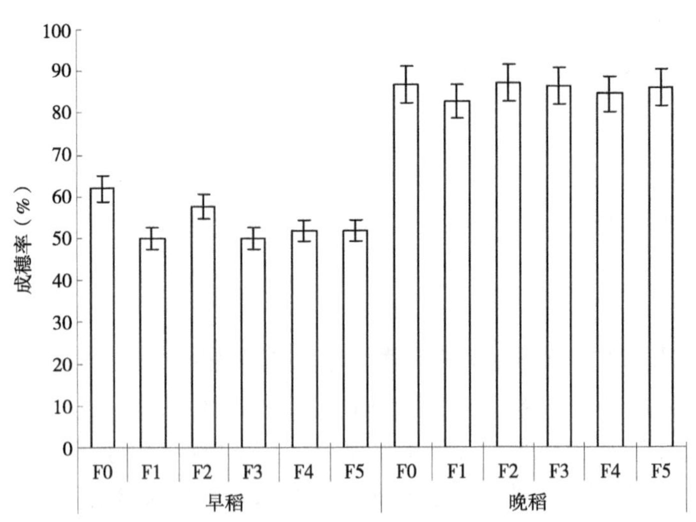

图2　双季超级稻不同施肥模式下的成穗率

2.2　不同肥料配比模式对双季超级稻产量的影响

2.2.1　对产量的影响

不同施肥模式双季超级稻的产量见表2。5种施肥处理的产量均高于未施肥处理（F0），早稻增加产量730.5～1 515kg/hm^2，增产11.18%～23.18%。晚稻增加产量1 161～

2 260.5kg/hm^2，增产18.2%～35.5%。5种施肥处理早晚稻的产量排序依次为F3>F4>F5>F2>F1，F5和F2产量接近，差异不显著，其余处理间差异达极显著水平。全氮模式表现为：F2>F1，其中早稻增产1.36%，晚稻增产3.4%。节氮模式下表现为基肥S：U（包膜缓释尿素：普通尿素）=3：7处理（F3）>S：U=5：5处理（F4）>S：U=7：3处理（F5）。这3个处理的早稻比习惯施肥处理分别增产10.8%、6.05%和2.39%，晚稻比习惯施肥处理分别增产14.6%、8.6%和5.2%。由此可见，在基肥中适当施用一定量的包膜缓释尿素替代普通尿素有利于增加产量，但随包膜缓释尿素所占比例的增加，产量有所降低。

表2　不同施肥方式对双季超级稻产量及其结构组成的影响

类别	处理	穗数（×10^4/hm^2）	每穗粒数（粒）	结实率（%）	千粒重（g）	实际产量（kg/hm^2）
早稻	F0	294c	97.5b	86.9a	26.0b	6 535.5dD
	F1	360b	100.3b	75.9b	26.7a	7 266cC
	F2	342a	103.7b	77.6b	26.7a	7 365bB
	F3	348a	109.9a	79.3b	26.7a	8 050.5aA
	F4	345a	110.4a	76.5b	26.6a	7 705.5abA
	F5	333b	111.9a	75.6b	26.6a	7 440bB
晚稻	F0	217c	148.5c	75.4a	26.7a	6 367.5dD
	F1	342a	151.2b	57.3c	26.1b	7 528.5cC
	F2	316b	158.4a	59.8c	26.1b	7 782cC
	F3	337a	151.3b	63.8b	26.6a	8 628aA
	F4	319b	154.5a	63.6b	26.3b	8 179.5bB
	F5	316b	157.7a	61.2c	26.2b	7 923bBC

注：同列中后附大写字母为0.01水平显著性，小写字母为0.05水平显著性，字母不同为差异显著

2.2.2　对产量构成的影响

由表2看出，5种施肥处理双季超级早晚稻的有效穗数排序依次为F1>F3>F4>F2>F5，全氮模式的有效穗数表现为全普通尿素处理的有效穗数高于全包膜缓释尿素模式。节氮模式下基肥中普通尿素比重高的处理的有效穗数高于基肥中包膜缓释尿素比例高的处理的有效穗数。说明增加施肥量和增加普通尿素在基肥中的比重可提高水稻的有效穗数。可见，要保证获得适宜的有效穗数，只有在基肥中增加一定的尿素比例，以促进分蘖早发，以增加分蘖发生量，最终获得较高的有效穗数。早稻5种施肥处理的每穗粒数排序依次为F5>F4>F3>F2>F1，晚稻的排序依次为F2>F5>F4>F3>F1，全氮模式的每穗粒数表现为包膜缓释尿素模式高于全普通尿素处理。节氮模式下基肥中包膜缓释尿素比例高的处理的每

穗粒数高于基肥中普通尿素比例高的处理。说明增加包膜缓释尿素在基肥中的比重可提高水稻的每穗粒数。这可能与施普通尿素处理肥料释放快，前期养分供应过多，导致群体偏大，无效和低效分蘖多，中后期可能是养分供应不足，导致穗型变小，每穗粒数减少。而包膜缓释尿素比重高的模式前期养分供应不够足，群体小，中后期氮养分供应充足，保证了穗部发育的养分所需，穗型较大，每穗粒数增加。早晚稻各施肥处理的结实率显著低于未施肥处理。5种施肥处理早稻的结实率排序依次为F3>F2>F4>F1>F5，晚稻的结实率排序依次为F3>F4>F5>F2>F1。千粒重的结果也较为近似。早稻结果表明群体越优，中后期养分供给越充足的处理，颖花退化，败育较少，结实率和千粒重越高。而晚稻结实率和千粒重基本趋势表现为节氮模式的结实率高于全氮模式，这可能是水稻生长后期遇到寒露风所致，全氮模式施氮量较大，籽粒灌浆期较长，受寒露风影响更大，灌浆结实程度反而不及节氮处理，最终导致全氮处理的结实率和千粒重低于节氮处理。早晚稻节氮模式下基肥中包膜缓释尿素比例高的处理的结实率和千粒重低于基肥中普通尿素比例高的处理。说明增加普通尿素在基肥中的比重可提高水稻的结实率和千粒重。

2.3 不同肥料配比模式对双季超级稻氮肥利用的影响

由表3结果可见，在施全量氮肥的情况下，全施包膜缓释尿素模式的早稻氮肥表观利用效率、氮肥农艺利用率、氮肥生理利用率和氮肥偏生产力比全施普通尿素处理分别高3.72%、0.55kg/kg、0.1kg/kg和0.55kg/kg，而土壤氮素依存度低于全施普通尿素处理3.72%，晚稻氮肥表观利用效率、氮肥农艺利用率、氮肥生理利用率和氮肥偏生产力比全施普通尿素处理分别高3.35%、1.13kg/kg、1.65kg/kg和1.13kg/kg，而土壤氮素依存度低于全施普通尿素处理2.34%。这可能与包膜缓释尿素能够缓慢地释放氮素营养特性，持久长效地供给植株养分，而减少养分流失有关。在节氮20%条件下，施用包膜缓释尿素替代部分普通尿素，则早晚稻的氮肥表观利用效率、氮肥农艺利用率、氮肥生理利用率和氮肥偏生产力均能增加。其中以F3处理氮肥表观利用效率、氮肥农艺利用率、氮肥生理利用率和氮肥偏生产力最高，显著高于F4处理和F5处理，而土壤氮素依存度反之。这表明较少比例的包膜缓释尿素代替尿素的处理中水稻对土壤氮的依赖性逐渐减弱，而对肥料氮的依赖性逐渐增强，肥料氮的作用明显增强。

表3　不同肥料处理下氮素利用率

类别	处理	氮肥表观利用率（%）	氮肥农艺利用率（kg/kg）	氮肥生理利用率（kg/kg）	氮肥偏生产力（kg/kg）	土壤氮素依存度（%）
早稻	F1	26.02b	4.06d	15.60c	40.37b	58.90a
	F2	29.74b	4.61d	15.70c	40.92b	55.63a
	F3	41.91a	10.52a	25.10a	55.91a	52.65a
	F4	38.41a	8.13b	21.15b	53.51a	54.82a
	F5	36.64a	6.28c	17.14c	51.67a	55.98a

（续表）

类别	处理	氮肥表观利用率（%）	氮肥农艺利用率（kg/kg）	氮肥生理利用率（kg/kg）	氮肥偏生产力（kg/kg）	土壤氮素依存度（%）
晚稻	F1	34.22c	5.16e	15.08e	33.46c	51.62a
	F2	37.57b	6.29d	16.73d	34.59c	49.28b
	F3	50.19a	12.56a	25.02a	47.93a	47.62b
	F4	43.60b	10.07b	23.09b	45.44b	51.14a
	F5	40.26b	8.64c	21.46c	44.02b	53.13a

3　小结与讨论

包膜缓释肥是应用包膜等手段使肥料养分在作物生育期内逐渐释放出来并与作物吸收基本同步的新型肥料。由于可以实现肥料养分释放、土壤养分供应和植物养分吸收的平衡和协调，不但可以提高肥料利用率，降低施肥量，还可减轻不合理施肥对环境和农产品的污染[14]。本研究也证明了如此。本试验中相同施氮量条件下，全施包膜缓释尿素处理比全施普通尿素处理，更能满足整个水稻生育期的养分需求，提高氮素吸收利用能力，植株生长健壮，在遭受寒露风等不利因素条件下，仍保持较高的穗粒数和结实率，提高了产量。这与陈贤友、徐明岗等[11-13]的研究结果较为接近。本试验中全施包膜缓释尿素处理较之全施普通尿素处理在有效穗等方面不足，暴露了包膜缓释尿素在水稻生长前期养分供给不足等弱势，水稻前期发苗差，不能形成足够的有效穗，这可能与包膜缓释尿素的材料有关。本试验采用的硫包膜尿素的养分释放机理是水蒸气渗入包膜层溶解肥芯尿素，膜内尿素溶液的高渗透压将包膜层撕裂，使尿素溶出，由于无机硫膜的脆性和易破裂性，不具有树脂膜那样的渗透性，当肥芯养分溶解，硫膜一旦被撕裂，其养分更倾向于“爆裂式释放”，养分释放可控性差[15]。由于硫包膜的包被作用，在水稻生长发育前期，硫包膜缓释尿素的养分释放要较普通尿素慢而少甚至没有，出现一定的养分供给不足的现象。本试验中呈现的硫包膜缓释尿素用量越多，分蘖期氮素供应越少，前期分蘖发生越少的情况也佐证了这一点。这也是造成本试验中节氮模式3种施肥处理的产量及氮肥利用效率均高于全施包膜缓释尿素的重要原因。但当过了一段时间，硫包膜尿素的硫膜破裂，养分开始快速释放，相当于在此期间又进行了一次施肥，此期间如果硫包膜缓释尿素用量越多，又会出现肥料过多供应，造成肥料利用效率和产量下降。本试验中硫包膜尿素比重越高的处理越会出现无效分蘖增多现象也证明了这一点。因此选择最佳的硫包膜尿素和普通尿素的比例，以便更好地满足水稻生长发育的需要，减少肥料损失，提高肥料利用率，获得更高的产量和经济效益，显得十分重要。本试验中节氮模式3种处理中，包膜缓释尿素：普通尿素=3：7的模式产量和氮肥利用效率均显著高于其他两个处理，这表明该模式养分释放与水稻生长发育所需养分吻合度较高，更适宜水稻生长发育，减少了养分损失和提高了肥料利用效率，最终取得较高产量。

本试验中，在节氮模式（80%的施氮量）下，包膜缓释尿素：普通尿素=3：7的施肥模式有效地促进了有效分蘖的发生，抑制无效分蘖的发生，增强了氮素吸收利用能力，提高了成穗率，增加每穗粒数和结实率，双季早晚稻的产量均最高。同时还能使得施肥轻简化，减少肥料和减少多次施肥的劳动成本，增加效益，值得在南方双季稻区进行推广。

参考文献

[1] 杨梅岩. 试论农业系统中肥料与环境和气候的关系[J]. 现代化农业，2005（2）：30-33.

[2] Trenkel M E. Controlled-release and Stabilized Fertilizers in Agriculture[M]. Paris：International Fertilizer Industry Association，1997：15-17.

[3] 朱兆良. 我国氮肥的使用现状、存在问题和对策//李庆逵，朱兆良，于天仁. 中国农业持续发展中的肥料问题[M]. 南昌：江西科学技术出版社，1997：38-51.

[4] Paramasivam S，Alva A K. Leaching of nitrogen forms from controlled-release nitrogen fertilizers[J]. Communications in Soil Science and Plant Analysis，1997，28（17/18）：1 663-1 674.

[5] Paramasivam S，Alva A K. Nitrogen recovery from controlled-release fertilizers under intermittent leaching and dry cycles[J]. Soil Science，1997，162：447-453.

[6] Chatzoudis G K，Rigas F. Macroreticular hydrogel effects on dissolution rate of controlled-release fertilizers[J]. Journal of Agricultural and Food Chemistry，1998，46：2 830-2 833.

[7] Shaviv A，Mikkelsen R L. Controlled-release fertilizers to increase efficiency of nutrient use and minimize environmental degradation：A review[J]. Fertilizer Research，1993，35：1-12.

[8] Martin E T. Controlled-release and stabilized fertilizer in agriculture[M]. USA：International Fertilizer Industry Association，1997.

[9] 孙永红，范晓晖，高豫汝，等. 包膜尿素对水稻的增产效应及提高氮素利用率的研究[J]. 土壤，2007，39（4）：595-598.

[10] 陈贤友，吴良欢，韩科峰，等. 包膜尿素和普通尿素不同掺混比例对水稻产量与氮肥利用率的影响[J]. 植物营养与肥料学报，2010，16（4）：918-923.

[11] 徐明岗，孙小凤，邹长明，等. 稻田控释氮肥的施用效果与合理施用技术[J]. 植物营养与肥料学报，2005，11（4）：487-493.

[12] 符建荣. 包膜氮肥对水稻的增产效应及提高肥料利用率的研究[J]. 植物营养与肥料学报，2001，7（2）：145-152.

[13] 鲁如坤. 土壤农业化学分析方法[M]. 北京：中国农业科学技术出版社，2000.

[14] 杜建军，廖宗文，等. 包膜控释肥养分释放特性评价方法的研究进展[J]. 植物营养与肥料学报，2002，8（1）：16-21.

[15] 张民，杨越超，马丽，等. 包膜控释肥料的养分释放及增产效应[J]. 中国农资，2005（10）：45-46.

节肥控污施肥模式对双季稻产量形成及氮素利用的影响

钱银飞[1]　陈先茂[1]　许亚群[2]　旷宗夏[2]　谢亨旺[2]　刘方平[2]
王少华[2]　才　硕[2]　彭春瑞[1*]

（[1]江西省农业科学院土壤肥料与资源环境研究所/农业部长江中下游作物生理生态与耕作重点实验室/国家红壤改良工程技术研究中心，南昌 330200；[2]江西省灌溉试验中心站，南昌 336300）

摘　要：利用田间小区试验，以不施肥和农民习惯施肥模式为对照，研究节肥控污施肥模式对双季稻生长发育、产量形成及氮肥吸收利用等的影响。试验结果表明，节肥控污施肥模式的双季早晚稻比农民习惯施肥模式的穗数、每穗颖花数、结实率均有所增加而增产。与农民习惯施肥模式相比，节肥控污施肥模式能减少无效分蘖，提高分蘖成穗率，最终提高成穗数。能提高双季稻中后期的LAI和剑叶SPAD值及光合势，增加光合物质积累量。同时也能提高氮肥利用率，减少稻株对土壤氮素的依赖。本试验中，节肥控污施肥模式可实现在农民习惯施肥模式节氮磷20%的基础上，仍能取得双季稻的高产稳产，实现节肥控污，是双季稻区较为理想的施肥模式。

关键词：双季稻；节肥控污施肥模式；生长发育；产量形成；氮素利用

Effect s of Optimal Fertilization Practice on Yield Formation and Nitrogen Utilization of the Double-cropping Rice

Qian Yinfei[1]　Chen Xianmao[1]　Xu Yaqun[2]　Kuang Zongxia[2]　Xie Hengwang[2]
Liu Fangping[2]　Wang Shaohua[2]　Cai Shuo[2]　Shi Hong[2]　Peng Chunrui[1*]

（[1]*Soil and Fertilizer&Resources and Environmental Institute，Jiangxi Academy of Agricultural Sciences/Key Laboratory of Crop Ecophysiology and Farming System for the Middle and Lower Reaches of the Yangtze River，Ministry of Agriculture，P. R. China/National Engineering and technology research center for red soil improvement，Nanchang 330200，China*；[2]*Jiangxi Irrigation experiment central station，Nanchang 330201，China*）

本文原载：中国稻米，2015，21（4）：83-87

基金项目：国家科技支撑计划项目（2012BAD15B03-02、2013BAD07B12、2011BAD16B04），江西省"赣鄱英才555工程"领军人才培养计划项目"双季稻清洁生产关键技术研究与集成示范"，江西省优势科技创新团队计划项目（20113BCB24014），江西省自然科学基金青年基金项目（20132BAB214012），江西省农科院博士启动基金项目（2012CBS008）

*通讯作者

Abstract: Field experiment was trialed to study the effect of the growth, the yield formation and nitrogen utilization of the Optimal Fertilization Practice (OPT) with no fertilizer (CK) and the Farmer's Fertilization Practice (FFP) as the comparison. The results showed as follows: compare with FFP, OPT had more effective ears, more glume flowers per ear, higher grain filling rate and therefore increased the grain yield. OPT reduced ineffective tillers, increased the tiller-bearing rate and finally improved the effective ears. OPT also increased the LAI, the SPAD of the flag leaf and the photosynthetic potentials and increased and the accumulation of photosynthesizes materials. Simultaneously OPT increased the nitrogen utilization, reduced the soil N dependent rate. In this experiment, based on the 20% Nitrogen and phosphorus saving of FFP, OPT still obtained the the high and stable yield production, realized fertilizer saving and pollution controlling, OPT is an ideal fertilization practice of the double-cropping rice area.

Key words: Double-cropping rice; Optimal Fertilization Practice; Growth; Yield Formation; Nitrogen utilization

目前，我国化肥的生产量和使用量均居世界首位[1]，在取得显著增产效益的同时，也存在着肥料利用率低，损失严重和导致农业面源污染加剧等问题[2-4]，甚至已经威胁到人类的生存[5]。减少化肥施用，减轻因过量化肥施用所带来的环境污染已被逐步重视，趋于共识，并已上升至国家战略层面[6, 7]。大量的研究表明[8]，农田氮磷流失是面源污染的最主要原因。因此，节氮减磷，减少农田氮磷流失是减少化肥施用、治理面源污染的主要措施。而我国人多地少的国情要求必须在保障粮食丰产的前提下寻求节氮减磷的突破口与适宜的方法[9]。

双季稻区是我国的粮食主产区，为保障国家粮食安全作出了巨大贡献。但长期以来该区为求迅速提高产量，往往重施肥，偏施化肥和只施基肥，结果导致稻田土壤质量退化、肥料利用率下降、养分流失严重、稻米产量下降、品质变劣、环境污染严重[10-12]。改变双季稻区传统不良施肥习惯，实现双季稻丰产条件下的节肥控污显得十分必要和迫切。在吸收节氮减磷[7]、氮肥后移[13]、化肥有机替代[14]、缓控释肥料使用[15, 16]等施肥关键技术的基础上，对这些关键技术进行了集成优化，形成不同的施肥模式，并通过试验不断筛选，改进完善各项技术指标，最终研发出一套较为稳定高产的节肥控污的双季稻施肥新模式。经多年多点试验，在节氮磷20%的条件下，一直能取得最高产量。为进一步明确该施肥模式的增产机理，本研究对该模式下双季稻群体生长发育、产量构成、氮肥吸收利用等进行系统分析，以期为双季稻高效施肥提供理论依据。

1 材料和方法

1.1 试验地点及品种

试验于2013—2014年在江西省灌溉中心试验站（116°4′E、28°50′N）进行。由于两年试验结果趋于一致，本文仅以2013年试验结果进行分析。试验实施前土壤性状为pH值

6.52，有机质18.2g/kg，全氮1.8mg/kg，全磷0.433mg/kg，全钾6.6mg/kg，碱解氮162mg/kg，有效磷15.4mg/kg，速效钾63mg/kg。

1.2　试验设计与方法

早稻试验品种超级稻金优458，由江西省农业科学院水稻研究所育成。晚稻试验品种超级稻天优华占，由中国水稻研究所等单位育成。试验设3个处理：①农民习惯施肥模式（FFP：Farmers Fertilization Practice）：按照农户调查结果施肥，总施氮量：早稻12kg、晚稻15kg。氮肥运筹：基肥：蘖肥：穗肥=5：5：0，N：P：K=2：1：2；②节肥控污施肥模式（OPT：Optimal Fertilization Practice）：总施氮量和施磷量为常规施肥模式的80%，K肥用量同常规施肥模式。氮肥运筹：基肥：蘖肥：穗肥=8：0：2。且基肥用缓释尿素和有机肥替代部分N（基肥组成为：缓释尿素25% N+有机肥37.5% N+普通尿素37.5% N），追肥均使用普通尿素。本试验缓释尿素采用硫包衣尿素SCU，由江苏汉枫缓释肥料有限公司提供，含氮率为37%。采用的鹌鹑粪有机肥由江西福飞生物活性有机肥有限公司提供，含氮1.5%，磷2.1%，钾2.5%；③不施肥的空白处理（CK：No fertilizer）。所有处理磷钾肥全部用作基肥施用。试验设3个重复，随机区组排列，每小区2.5m×13m，小区四周做水泥埂隔开，单独排灌。栽插规格：13.5cm×23.5cm（早稻）和16.5cm×20.0cm（晚稻）。每兜2苗。早稻试验于3月28日播种，4月22日移栽。晚稻试验于6月25日播种，7月26日移栽。其余栽培措施同当地高产栽培措施。

1.3　测定内容与方法

1.3.1　基础土壤养分

试验前在试验田按5点取样法取混合样测定土壤pH值、有机质、全氮、全磷、全钾、速效氮、速效磷、速效钾。

1.3.2　茎蘖动态

每小区按对角线法定点3个茎蘖消亡观察点，每个观察点10穴，每5d观察一次，直到分蘖不再变化为止。

1.3.3　叶面积与干物质

分别于拔节期、孕穗期、乳熟期、成熟期，按每小区茎蘖数的平均数取5穴，测定叶面积、SPAD值和干物质重。叶面积测定采用比重法。105℃杀青30min，80℃烘至恒重，测定干物质重。

$$光合势（Photosynthetic potentials，PP）=1/2（L_1+L_2）\times（t_2-t_1）$$

式中：L_1和L_2为前后两次测定的叶面积，t_1和t_2为前后两次测定的时间。

1.3.4　理论产量和实际产量测定

收获前1～2d调查各处理的平均有效穗数，每处理选有代表性的稻株5兜，进行室内考种测定株高、穗长、平均穗数、总粒数、实粒数、结实率、千粒重、风干谷重和风干草重；收获时各小区分开脱粒、扬净、干燥并称重，单独计产。

1.3.5　氮素利用率

于成熟期按常规方法取样，采用H_2SO_4-H_2O_2消煮法，然后用凯氏定氮法测定不同器官氮含量。以此为基础计算：

氮肥表观利用率（Apparent N recovery efficiency，ANRE）（%）=（施氮区植株总吸氮量-空白区植株总吸氮量）/施氮量×100

氮肥农艺利用率（Agronomic N use efficiency，ANUE）=（施氮区产量-空白区产量）/施氮量

氮肥生理利用率（Physiological N use efficiency，PNUE）=（施氮区产量-空白区产量）/（施氮区植株总吸氮量-空白区植株总吸氮量）

氮肥偏生产力（Partial factor productivity for applied N，PFP）=施氮区产量/施氮量

土壤氮素依存率（Soil N dependent rate，SNDR）（%）=空白区植株总吸氮量/施氮区植株总吸氮量×100

1.4　数据处理

数据采用Excel 2003和DPS 7.05进行统计分析。

2　结果和分析

2.1　对双季稻产量及其构成的影响

从表1中可以看出，早晚稻的产量排序相同，均为节肥控污施肥模式（OPT）>农民习惯施肥模式（FFP）>不施肥处理（CK）。早稻节肥控污施肥模式比农民习惯施肥模式增产314.78kg/hm^2，增产3.69%。晚稻节肥控污施肥处理比农民习惯施肥增产551.1kg/hm^2，增产率达6.13%。节肥控污施肥模式的穗数、每穗粒数、结实率均高于农民习惯施肥方式，但千粒重略有下降，但下降程度很小。

表1　不同施肥模式对双季稻产量及其构成的影响

季节	处理	穗数（$\times10^4$/hm^2）	每穗颖花数（个/穗）	结实率（%）	千粒重（g）	实际产量（kg/hm^2）
早稻	CK	249 ± 30	108.56 ± 2.45	85.0 ± 0.6*	24.3 ± 0.1	5 338.15 ± 939
	FFP	333 ± 36**	128.43 ± 3.54**	78.0 ± 0.4	26.4 ± 0.1*	8 541.90 ± 513**
	OPT	342 ± 33**	129.46 ± 3.68**	80.0 ± 0.5	26.3 ± 0.2*	8 856.7 ± 1 021.5**
晚稻	CK	201 ± 26	144.56 ± 2.17	81.6 ± 0.7**	23.5 ± 0.1	5 435.2 ± 796.5
	FFP	324 ± 33**	148.43 ± 3.68*	73.0 ± 0.5	25.5 ± 0.1*	8 597.05 ± 996**
	OPT	333 ± 38**	150.46 ± 2.97*	74.0 ± 0.6	25.4 ± 0.1*	9 148.15 ± 883.5**

注：*，**分别表示LSD多重比较的显著性差异$P<0.05$和$P<0.01$。下同

2.2　对双季稻茎蘖动态的影响

不同施肥模式的双季稻田的茎蘖动态变化见图1，早晚稻3种施肥模式的茎蘖变化均呈先增后减的单峰曲线。节肥控污施肥模式（OPT）的高峰苗期出现较农民习惯施肥模式（FFP）略迟5d左右，且高峰苗数也较农民习惯模式略少，而不施肥处理（CK）的茎蘖变化则较为平稳，早晚稻均表现为如此。农民习惯施肥模式虽高峰苗多，但由于分蘖构成较差，无效分蘖较多，分蘖成穗率低，比节肥控污施肥分别低6.14%（早稻）和5.31%（晚稻），最终成穗数也比节肥控污施肥模式少。

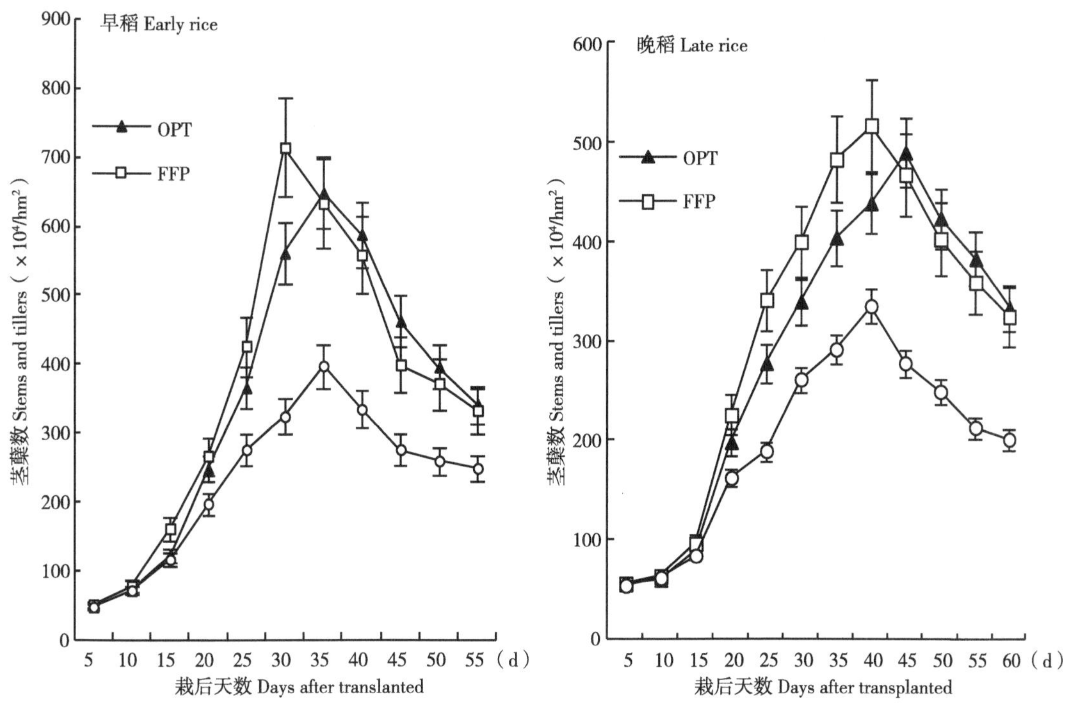

图1　不同施肥模式下的茎蘖动态变化

2.3　对叶片光合作用的影响

不同施肥模式的叶面积指数（LAI）见表2。各模式的LAI均呈先增后减趋势，均在孕穗期达到最大值。节肥控污施肥模式（OPT）的LAI除了在拔节期小于农民习惯施肥模式（FFP），其余各个生育期均高于农民习惯施肥模式显著高于不施肥模式（CK），早晚稻均表现为如此。

不同施肥模式的剑叶的相对叶绿素含量（以SPAD值表示）见表3。叶SPAD值随生育进程的变化表现为，随生育进程的推进，叶SPAD值呈下降趋势。节肥控污施肥模式（OPT）和农民习惯施肥模式（FFP）的剑叶SPAD值在各生育期均显著高于不施肥模式（CK）。节肥控污施肥模式的剑叶SPAD值除了在分蘖期略低于农民习惯施肥模式，在其余各个生育期均高于农民习惯施肥模式。

表2　不同施肥模式对双季稻叶面积指数的影响

季节	处理	拔节期	孕穗期	乳熟期	成熟期
早稻	CK	3.3 ± 0.2	5.5 ± 0.4	4.2 ± 0.3	1.5 ± 0.0
	FFP	3.6 ± 0.3*	6.4 ± 0.5**	5.2 ± 0.3*	2.6 ± 0.3**
	OPT	3.5 ± 0.4*	6.8 ± 0.7**	5.4 ± 0.2*	2.9 ± 0.2**
晚稻	CK	3.4 ± 0.3	6.4 ± 0.4	4.1 ± 0.2	2.6 ± 0.1
	FFP	3.6 ± 0.2ns	6.8 ± 0.6*	5.4 ± 0.4*	3.3 ± 0.2**
	OPT	3.5 ± 0.3ns	6.9 ± 0.8*	5.5 ± 0.3*	3.6 ± 0.3**

表3　不同施肥模式对双季稻剑叶SPAD值的影响

季节	处理	拔节期	孕穗期	乳熟期	成熟期
早稻	CK	40.0 ± 2.1	34.6 ± 3.4	25.6 ± 2.4	10.4 ± 1.1
	FFP	55.3 ± 3.4**	48.9 ± 2.6**	41.1 ± 5.3**	27.0 ± 2.3**
	OPT	52.1 ± 3.8**	53.6 ± 3.6**	44.6 ± 4.5**	32.0 ± 2.8**
晚稻	CK	44.6 ± 2.4	34.7 ± 1.2	21.1 ± 1.8	14.7 ± 1.4
	FFP	52.8 ± 4.3**	49.2 ± 3.5*	43.6 ± 3.2**	31.7 ± 2.5**
	OPT	51.6 ± 6.3**	56.8 ± 3.4**	47.8 ± 2.5**	39.7 ± 2.8**

不同施肥模式的水稻光合势变化见表4。节肥控污施肥模式（OPT）的光合势在各个生育期均高于农民习惯施肥模式（FFP）高于不施肥模式（CK）。双季稻光合势均以孕穗到乳熟期光合势最大。

表4　不同施肥模式对水稻光合势的影响[（$m^2 \cdot d$）/m^2）]

季节	处理	移栽—拔节期	拔节—孕穗期	孕穗—乳熟期	乳熟—成熟期
早稻	CK	32.7 ± 1.1	66.3 ± 2.1	101.2 ± 4.4	68.1 ± 1.4
	FFP	34.1 ± 2.1ns	69.1 ± 3.2*	107.7 ± 3.6*	74.0 ± 4.6**
	OPT	33.9 ± 2.4ns	69.3 ± 3.8*	109.6 ± 5.2*	76.0 ± 3.8**
晚稻	CK	37.9 ± 0.9	66.6 ± 2.1	114.8 ± 6.4	94.5 ± 3.5
	FFP	40.5 ± 2.3ns	71.1 ± 4.3*	123.0 ± 5.8*	101.4 ± 5.6*
	OPT	41.1 ± 2.5ns	72.1 ± 5.3*	124.4 ± 4.2*	102.4 ± 6.3*

注：ns表示LSD多重比较在0.05水平差异不显著

2.4　对群体干物质积累的影响

不同施肥模式对双季稻干物质积累量的影响见表5，各施肥模式干物质积累量均显著高于不施肥模式，节肥控污施肥模式（OPT）的干物质积累量在分蘖期及以前均低于农民习惯施肥模式（FFP），但到了孕穗期及以后均高于农民习惯施肥模式，这可能是农民习惯施肥模式使用的是速效氮肥，肥效较快，早期分蘖发生数量多，干物质积累也较多。而节肥控污施肥模式由于使用缓释尿素和有机肥等长效和缓效肥料后，分蘖发生较慢，早期分蘖发生较少，早期干物质积累量较少。但由于农民习惯施肥模式分蘖发生的层次不合理，无效和低效分蘖较多，到分蘖后期时无效分蘖死亡较多，而使得干物质积累到分蘖期之后反而不及节肥控污施肥模式，并一直持续到最后。

表5　不同施肥模式对双季稻干物质积累的影响（kg/hm^2）

季节	处理	拔节期	孕穗期	乳熟期	成熟期
早稻	CK	2 931.2 ± 68.3	5 854.7 ± 78.5	9 222.8 ± 182.5	11 111.5 ± 213.5
	FFP	3 818.6 ± 75.4*	8 573.4 ± 215.4**	13 678.1 ± 346.5**	17 282.7 ± 375.4**
	OPT	3 656.3 ± 113.2*	9 223.5 ± 175.5**	14 234.7 ± 325.8**	17 543.6 ± 412.2**
晚稻	CK	3 033.8 ± 75.0	6 205.4 ± 212.5	9 809.7 ± 123.6	10 845.4 ± 315.5
	FFP	4 113.3 ± 143.5**	8 570.3 ± 275.5**	13 997.7 ± 245.4**	16 073.5 ± 289.5**
	OPT	3 840.3 ± 165.5**	9 275.1 ± 312.4**	14 484.5 ± 321.4**	16 620.5 ± 385.7**

2.5　对双季稻氮肥吸收利用的影响

用差减法测定水稻氮素利用率的结果表明（表6），采用不同的施肥模式对双季早晚稻氮素利用率的各种指标的影响不同。施用节肥控污施肥模式（OPT）的早晚稻的氮肥表观利用率、氮肥农艺利用率、氮肥生理利用率和氮肥偏生产力均显著高于农民习惯施肥模式（FFP），而土壤氮素依存度则小于农民习惯施肥模式。这表明与农民习惯施肥模式相比，节肥控污施肥模式有利于双季早晚稻对氮素的吸收利用，减少了对土壤氮的依赖。

表6　不同施肥模式的双季稻氮素利用率

季节	处理	氮肥表观利用率（%）	氮肥农艺利用率（kg/kg）	氮肥生理利用率（kg/kg）	氮肥偏生产力（kg/kg）	土壤氮素依存度（%）
早稻	FFP	36.64 ± 1.12	17.80 ± 0.72	48.57 ± 0.63	47.46 ± 0.75	53.23 ± 0.43^{ns}
	OPT	48.44 ± 0.68**	24.43 ± 0.34**	50.44 ± 0.42^{ns}	61.50 ± 0.42**	51.83 ± 0.36
晚稻	FFP	29.19 ± 0.84	14.05 ± 0.45	48.15 ± 0.43	36.43 ± 0.76	51.44 ± 0.65^{ns}
	OPT	40.52 ± 0.43**	20.63 ± 0.23**	50.90 ± 0.22^{ns}	48.60 ± 0.43**	48.82 ± 0.32

3　讨论

适量节氮减磷能够有效减少农田氮磷流失，降低对生态环境的污染，是农业可持续发展的需要[7]。本研究结果表明，采用节肥控污施肥模式可以在当地农民习惯施肥水平基础上减少20%的氮磷施用量仍能够通过改善双季稻的生长发育，改善群体质量，提高肥料利用效率，产量非但不减，反而有所增加。本试验中，与农民习惯施肥模式相比，节肥控污施肥模式的穗数、每穗颖花数、结实率均有所增加而增产（早稻增产3.69%，晚稻增产6.13%）。这与李娟等[17]的试验结果较为接近。李娟等在农民习惯施肥的基础上氮减少20%，采用30%农民习惯用化肥+20%习惯用量的有机肥+30%习惯用量的缓释肥，在纯N 150kg/hm^{2}的条件下获得了最高产。

这种施肥模式增产的主要原因在于：一是通过在基肥中进行普通化肥与有机肥和缓释肥的配施，减少了单一施用化肥所带来的肥效短、损失多的问题。农民习惯施肥模式所施肥料全是普通化肥，由于普通化肥的速溶性，大部分随土壤中水分（溶解）流失或被土壤分解。而有机肥的补充对无机肥具有较强的吸附作用，可提高土壤微生物的活性，增强其对氮的转化能力，还可明显改善土壤的理化性状，增加对养分的保存及调控能力，从而减少过多的氮残留及其损失[18]。赵庆雷等[19]的研究表明，水稻减量施肥处理与常量化肥配施相比，土壤P素肥力特性无显著差异，但有机物与化肥配施明显改善了土壤P素肥力性状，提高了土壤P素活化度，促进了水稻对P素的吸收利用；同时缓释肥的补充，也能更好地根据水稻的需肥规律释放养分，从而大大减少肥料的施用量。二是在基肥中采用普通化肥与有机肥和缓释肥的配施，能扬长避短，充分发挥各肥料的优点，减少各肥料的不足之处。通常化肥的肥效较快，易被作物吸收利用，但也较易发生气态、淋洗和径流损失而污染环境。有机肥和缓释肥分解缓慢，具有长效性，但不能满足作物前期生长的需要。因此采用普通化肥与有机肥和缓释肥的配施既能发挥速效普通化肥的促进分蘖的能力，又能发挥长效有机肥和缓释肥稳定持续的养分供应的能力，更能满足水稻全生育期的养分需要。三是采用普通化肥与有机肥和缓释肥的配施及氮肥后移更符合高产水稻吸肥规律（苗期吸收少，返青到分蘖期最高，幼穗分化期其次，抽穗后需肥很少）。农民施肥时习惯于将氮肥集中在水稻生育前期施用，通常在分蘖前期施入所有氮肥。这种施肥方法显然与水稻对肥料的生理需求不一致。虽前期生长较好，但后期生长不足，形成大量无效分蘖。本试验也说明了这一点，农民习惯施肥模式的分蘖数和LAI、SPAD值及光合势、干物质积累量等在拔节期均优于节肥控污施肥模式，但拔节以后反不及。同时由于水稻生长前期秧苗小，对养分的需要少，农民习惯施肥模式所施的化肥不能完全被水稻吸收，多余的化肥通过各种途径损失。而节肥控污施肥采用普通化肥与有机肥和缓释肥的配施使得稻株吸收养分较为平缓，减少了养分流失或被土壤分解，增强了有效分蘖的竞争能力，提高了分蘖质量，优化了群体质量。本试验中节肥控污施肥模式较农民习惯施肥模式各时期的LAI和剑叶SPAD值及光合势变高，叶片光合作用增加，最终光合物质积累较多，产量较高。同时节肥控污施肥模式采用氮肥后移，在水稻幼穗分化期施用氮肥保证了水稻中后期养分的供给，延缓了叶片衰老，延长了叶片的有效功能期，为水稻籽粒充实期的物质合成与供应提供了保证[17]。

4 结论

节肥控污施肥模式在基肥中采用缓控释肥和有机肥部分替代普通化肥，使肥料养分释放速度较农民习惯施肥模式较为平缓，能保证双季早晚稻营养生长期的养分得到不断供应。同时通过施用穗肥，满足了双季早晚稻后期生殖生长的需要，更符合双季稻生长发

育的吸肥规律，即使在总氮和总磷减少20%的情况下，双季早晚稻的产量还略有提高。因此，节肥控污施肥模式是双季稻区高产稳产和节肥的不错选择，对减少农业面源污染也有重要意义，具有推广价值。

参考文献

[1] 张福锁，巨晓棠. 对我国持续农业发展中氮肥管理与环境问题的几点认识[J]. 土壤学报，2002（39）：41-55.

[2] Trenkel M E. Controlled-release and stabilized fertilizers in Agriculture.[M]. Paris：International Fertilizer Industry Association，1997：15-17.

[3] 张维理，武淑霞，冀宏杰，等. 中国农业面源污染形势估计及控制对策I.21世纪初期中国农业面源污染的形势估计[J]. 中国农业科学，2004，37（7）：1 008-1 017.

[4] 张维理，田哲旭，张宁，等. 我国北方农用氮肥造成地下水硝酸盐污染的调查[J]. 植物营养与肥料学报，1995，1（2）：80-87.

[5] Nicola Nosengo. Fertilized to death[J]. Nature，2003，425：894-895.

[6] 张刚，王德建，陈效民. 稻田化肥减量施用的环境效应[J]. 中国生态农业学报，2008，16（2）：327-330.

[7] 徐昌旭，彭春瑞，叶宗国，等. 控氮节磷施肥对鄱阳湖区水稻养分吸收及产量的影响[J]. 中国农业气象，2010，31（增刊1）：53-56.

[8] 朱兆良，文启孝. 中国土壤氮素[M]. 南京：江苏科学技术出版社，1992.

[9] 田雁飞，马友华，褚进华，等. 水稻减量化施肥与氨基酸水溶性肥配施效果研究[J]. 中国农学通报，2011，27（15）：34-39.

[10] 李忠芳，徐明岗，张会民，等. 长期施肥条件下我国南方双季稻产量的变化趋势[J]. 作物学报 2013，39（5）：943-949.

[11] 田发祥，纪雄辉，石丽红，等. 不同缓控释肥料减氮对洞庭湖区双季稻田氮流失与作物吸收的影响[J]. 农业现代化研究.2010，31（2）：220-223.

[12] 黄国勤，王兴祥，钱海燕，等. 施用化肥对农业生态环境的负面影响及对策[J]. 生态环境，2004，13（4）：656-660.

[13] 林忠成，李土明，吴福观，等. 基蘖肥与穗肥氮比例对双季稻产量和碳氮比的影响[J]. 植物营养与肥料学报，2011，17（2）：269-275.

[14] 徐明岗，李冬初，李菊梅，等. 化肥有机肥配施对水稻养分吸收和产量的影响[J]. 中国农业科学，2008，41（10）：3 133-3 139.

[15] 陈贤友，吴良欢，韩科峰，等. 包膜尿素和普通尿素不同掺混比例对水稻产量与氮肥利用率的影响[J]. 植物营养与肥料学报，2010，16（4）：918-923.

[16] 徐明岗，孙小凤，邹长明，等. 稻田控释氮肥的施用效果与合理施用技术[J]. 植物营养与肥料学报，2005，11（4）：487-493.

[17] 李娟，黄平娜，刘淑军，等. 不同施肥模式对水稻生理特性、产量及其N肥农学利用率的影响[J]. 核农学报，2011，25（1）：169-173.

[18] Haynes R J，Naidu R. Influence of lime，fertilizer and manure applications on soil organic matter content and soil physical conditions：A review[J]. Nutrient Cycling in Agroecosystems，2004，51（2）：123-137.

[19] 赵庆雷，王凯荣，马加清，等. 长期不同施肥模式对稻田土壤磷素及水稻磷营养的影响[J]. 作物学报，2009，35（8）：1 539-1 545.

节肥控污施肥模式对双季稻田氮磷径流损失的影响

钱银飞[1, 2, 3]　谢江[1, 2, 3]　陈先茂[1, 2, 3]　才硕[4]　徐涛[4]　梁举[4]
谢亨旺[4]　许亚群[4]　刘方平[4]　彭春瑞[1, 2, 3*]

（[1]江西省农业科学院土壤肥料与资源环境研究所，南昌 330200；[2]农业部长江中下游作物生理生态与耕作重点实验室，南昌 330200；[3]国家红壤改良工程技术研究中心，南昌 330200；[4]江西省灌溉试验中心站，南昌 330201）

摘　要：利用田间小区试验进行原位监测，研究了节肥控污施肥与习惯施肥两种不同施肥模式对双季稻田地表径流中氮磷的形态特征及流失量的影响。结果表明，地表径流主要受降雨驱动，当降水量大于24.4mm时，产生地表径流。氮磷径流流失量主要与径流中氮磷浓度相关。NH_4^+-N和悬浮颗粒结合态磷是氮磷流失形态中比重最大的形态。节肥控污施肥与习惯施肥相比较，全稻季节肥控污施肥模式的TN、TP、NH_4^+-N、NO_3^--N的流失量及氮磷流失系数均较常规施肥模式减少。

关键词：双季稻；节肥控污施肥模式；地表径流；流失负荷；流失系数

Effects of Optimal Fertilization Practice on Nitrogen and Phosphorus Runoff Loss of the Double-cropping Paddy Rice Field

Qian Yinfei[1, 2, 3]　Xie Jiang[1, 2, 3]　Chen Xianmao[1, 2, 3]　Cai Shuo[4]　Xu Tao[4]
Liang Ju[4]　Xie Hengwang[4]　Xu Yaqun[4]　Liu Fangping[4]　Peng Chunrui[1, 2, 3*]

（[1]*Soil and Fertilizer & Resources and Environmental Institute*，*Jiangxi Academy of Agricultural Sciences*，*Nanchang 330200*，*China*；[2]*Key Laboratory of Crop Ecophysiology and Farming System for the Middle and Lower Reaches of the Yangtze River*，*Ministry of Agriculture*，*P. R. China*，*Nanchang 330200*，*China*；[3]*National Engineering and technology research center for red soil improvement*，*Nanchang 330200*，*China*；[4]*Jiangxi Irrigation experiment central station*，*Nanchang 330201*，*China*）

本文原载：江西农业学报，2018，30（11）：40-44
基金项目：国家重点研发计划（2016YFD0801101），江西省重点研发计划（20161ACF60013）
*通讯作者

Abstract: Through monitoring the run of of the double-cropping paddy rice field, the modality of the nitrogen and phosphorous from run of and the influencing factors were investigated.The results showed that rain mainly led to the surface runoff, the surface runoff stably come when the rainfall amount is bigger than 24.4mm. The losing amount of nitrogen and phosphorus mainly depends on the nitrogen and phosphorus contention.NH_4^+-N and the suspended particle union condition phosphorus is the major part of the shape of the nitrogen and phosphorus. the optimum fertilization Practice（OPT）had less TN, TP, NH_4^+-N, NO_3^--N loss amount as well as lower losing coefficient compared with the Farmer's Fertilization Practice（CF）.

Key words: Double-cropping rice; Optimal fertilization practice; Surface runoff; Losing amount; Losing coefficient

氮和磷是水稻生长的必需元素，氮磷肥料的施用是目前水稻增产的最有效措施之一。但氮磷肥料的不合理施用不仅不会增产，还会造成对周围环境的污染[1-4]。研究表明[5]，农田土壤氮磷的大量输出是导致地表水环境恶化的重要因素之一。减少农田氮磷的大量输出的最有效手段就在于减少氮磷投入量[6, 7]。然而，长期一味简单地减少氮磷投入必将导致我国粮食减产，这必然与保障国家粮食安全这一国策相背而行。而在我国人口—耕地资源矛盾持续突出的情况下，保障国家粮食安全是我国必须要长期坚持的基本国策。因此需要探索与作物生长需求同步的施肥技术模式，达到既能减少肥料投入，又不减产甚至增产，同时又能保护环境的目的。为探索双季稻区双季稻田氮磷减量施用技术，在吸收氮肥后移、化肥有机替代、缓控释肥料使用等施肥关键技术的基础上，对这些关键技术进行了集成优化，形成不同的施肥模式，并通过试验不断筛选，改进完善各项技术指标，最终研发出一套较为稳定高产的双季稻节肥控污施肥模式。经多年多点试验，在节氮磷20%的条件下，一直能取得最高产量。为进一步明确该施肥模式增产机理及节肥控污效应，从2013年起开展了连续多年的定位试验研究，分析比较其与常规施肥处理在氮磷各种损失途径、产量形成及肥料吸收利用等方面的差异。本文仅报道不同施肥模式对双季稻田地表径流氮磷流失的影响。

1　材料与方法

1.1　试验地基础地力

本试验为定位试验，试验于2012年在江西省灌溉中心试验站内设立。该站位于南昌县向塘镇，地处赣江下游、鄱阳湖畔、地理位置为东经116°4′～116°10′、北纬28°50′～29°3′，具有亚热带湿润气候的特点，气候温和，雨量充沛，冬暖夏热，四季分明，年平均气温17.3℃，极端最高气温41℃，极端最低气温-8.5℃，活动积温5 760d·℃，年平均降水量1 609.8mm，年平均日照时数1 800～1 900h，无霜期279d。试验实施前土壤性状为pH值6.45，有机质17.8g/kg，全氮1.76mg/kg，全磷0.49mg/kg，全钾6.43mg/kg，碱解氮147mg/kg，有效磷15.1mg/kg，速效钾58mg/kg。本文以2015年的试验数据进行分析。

1.2 试验材料及设计

早稻试验品种超级稻淦鑫203，由江西农业大学育成。晚稻试验品种超级稻荣优225，由江西省农业科学院超级稻研究中心育成。本文选取其中3个处理进行分析。①常规施肥处理（CF）；②节肥控污施肥处理（OPT）；③不施肥的空白处理（CK）。常规施肥：施氮量为早稻180kg/hm^2、晚稻225kg/hm^2；氮肥运筹为基肥：蘖肥=1：1，N：P：K=2：1：2。节肥控污施肥：施肥量为N、P施用量较常规施肥减少20%，K不变；氮肥运筹为基肥：穗肥=8：2，基肥中采用硫包衣尿素（SCU）和有机肥替代部分N（基肥组成为：SCU 20% N+有机肥30% N+尿素30% N），追肥均使用尿素N。有机肥为腐熟的鹌鹑粪，鹌鹑粪中含N 1.5%，P_2O_5 2.1%，K_2O 2.5%。所有处理磷钾肥全部用作基肥施用。试验设3个重复，随机区组排列，每小区2.5m×13m，小区四周做埂并用薄膜覆盖。

水稻栽插规格：13.33cm×23.33cm（早稻）和16.67cm×20.00cm（晚稻），每兜2苗。早稻试验于3月25日播种，4月17日移栽，7月20日收获。晚稻试验于6月28日播种，7月30日移栽，10月20日收获。其余栽培措施同当地高产栽培措施。

1.3 观测分析方法

1.3.1 基础土壤养分

试验前在试验田按5点取样法取混合样测定土壤pH值、有机质、全氮、全磷、全钾、速效氮、速效磷、速效钾。

1.3.2 径流量和径流液

采用径流池法进行测定，每小区对应一个径流池（长1.2m×宽1m×深1.2m），各小区的地表径流通过径流收集管导入径流池。根据当地农民种植水稻和水分管理的经验，确定以土表上方7cm为当地水稻田排水口的平均高度，各小区的径流液通过在土表上方7cm的PVC管道出口流入相应的水泥池中。水稻生长期间，除成熟前一周不灌水，其他时间稻田始终保持3～5cm的淹水状态。每次降雨或主动排水产生径流后（每次检测之前，池中无积水、杂物），先实地测量径流池中径流水深。计算出每次径流量，然后将径流池内的水搅拌均匀，多点（不少于8次）采集水样于一个干净水桶中，并混匀。取水样分装2瓶，每瓶500ml。一瓶送样分析，另一瓶备用。样品如不能当天分析，则冰冻保存。检测指标为TN、TP、NH_4^+-N、NO_3^--N、DP。所采水样经普通滤纸过滤后，参照中华人民共和国国家标准GB 11894—1989碱性过硫酸钾消解紫外分光光度法测定总氮（TN）和GB 11893—1989钼酸铵分光光度法测定总磷（TP）及过硫酸钾—钼蓝比色法测定溶解性磷（DP），NH_4^+-N、NO_3^--N采用Smart Chem TM200 discrete chemistry analyzer（WestCo Scientific Instruments，Brookfield，CT，USA）流动分析仪测定。

1.3.3 降水量

采用MH-XX小型气象站自动记录降水量等资料。

1.4 有关指标计算方法

通过地表径流途径流失的氮、磷负荷等于整个作物生长周期中各次径流水中污染物浓度与径流水体积乘积之和，其计算公式为：

$$P=\sum_{i-1}^{n}C_jV_i$$

式中：P为氮、磷流失负荷；C_j为第i次径流水中氮、磷的浓度；V_i为第i次径流水的体积。

氮磷流失系数以流失率（%）表示，其计算公式为：

氮磷流失系数=[施肥处理的氮磷流失量−空白处理的氮磷流失量]/施肥处理的氮磷施用量

1.5　数据处理

数据采用Excel 2003和DPS 7.05进行统计分析。

2　结果和分析

2.1　水稻生长季降雨情况

地表径流是土壤养分径流输出非常重要的一个因子[8]，降雨是产生径流的先决条件。降雨冲刷地表，直接导致地表径流产生。2015年全年水稻生长季产生降雨76次，早稻季的降水量显著高于晚稻季。总降水量1 327.7mm。其中能产生径流的降水量1 029.4mm，日降水量超过40mm的有10次，全部集中在早稻季。具体分布见图1。

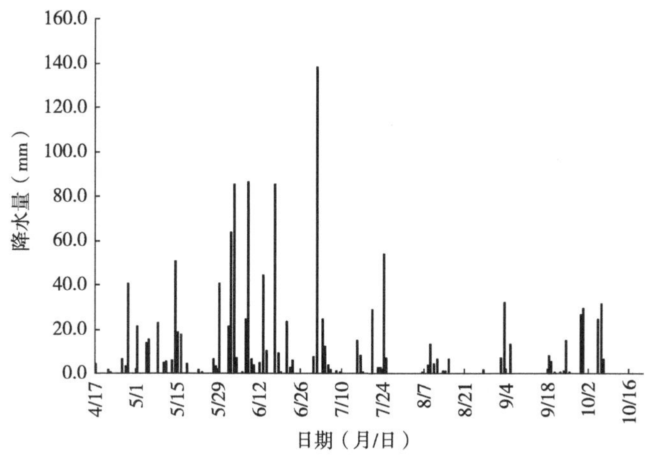

图1　2015年水稻生长季降水量

2.2　水稻生长季径流产生及与降水量的关系

地表径流主要受降雨驱动，单次降水量与径流量的相关关系见图2。地表径流量（y）与降水量（x）呈极显著正相关关系，其表达式为$y_{径流量}$=0.414 4$x_{降水量}$−0.709 4（R^2=0.920 8，r=0.959 6）。2015年水稻生长季，当降水量在24.4mm以上时均产生径流，在24.4mm以下时则可以产生径流也可以不产生。水稻生长季的降水量与产流系数相关不显著，如图3所示。这主要是产流系数同时受降水量、降雨强度、降雨历时及稻田内原有水位等共同制约。水稻田一般情况下由于四周有田埂包围，在降水量少、降雨强度小的情况下很难产生径流，只有达到一定的降水量和一定的降雨强度，才能形成径流。2015年水稻生长季共产生径流25次，其中早稻季18次，晚稻季7次。全稻季稻田小区平均径流产生量为418mm，全年平均产流系数为31.48%。

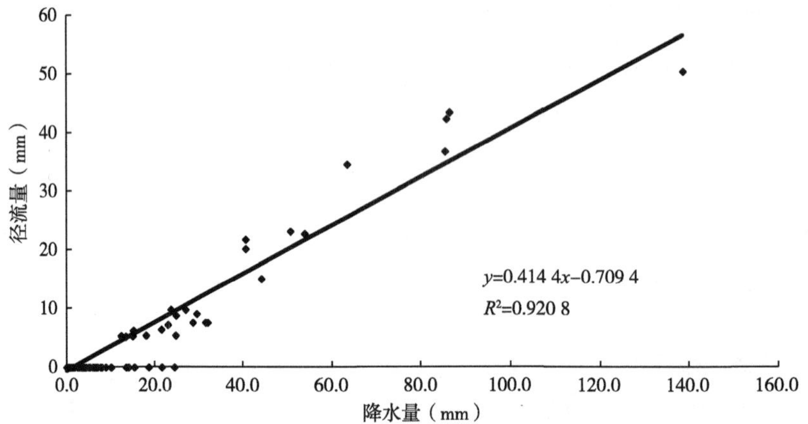

图2　水稻生长季径流量与降水量的相关关系

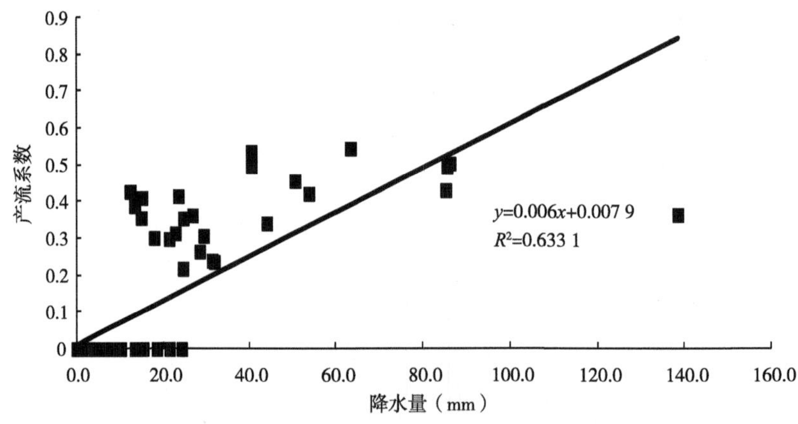

图3　水稻生长季产流系数与降水量的相关关系

2.3　不同施肥方式对双季稻田地表氮磷流失浓度的影响

由于本试验径流小区的水分管理相同，各个处理产生的径流量差异不明显。各处理的氮磷流失量主要由其流失浓度决定。不同施肥处理方式对双季稻稻田历次TN和TP的流失浓度的影响分别见图4和图5。TN和TP随时间的变化呈不规则波动，这主要和降雨出现时间和强度不规律有关。TN和TP总体表现为水稻生长发育前期的流失浓度要高于水稻生长后期，这主要是施肥主要在水稻生长前期有关，同时越到水稻生长后期，水稻对肥料的吸收能力越强，流失到外界的可能性就越小。节肥控污施肥处理的TN和TP的流失浓度在绝大多数时间均小于常规施肥模式，这一方面与节肥控污施肥模式较常规施肥模式整体氮磷施用量下降20%有关，另一方面可能与节肥控污模式采用缓控释肥和有机肥部分替代常规

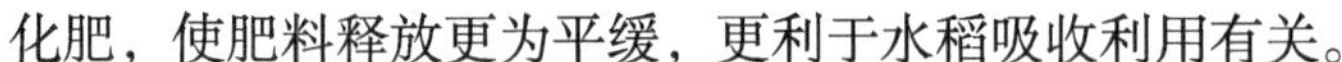

化肥，使肥料释放更为平缓，更利于水稻吸收利用有关。

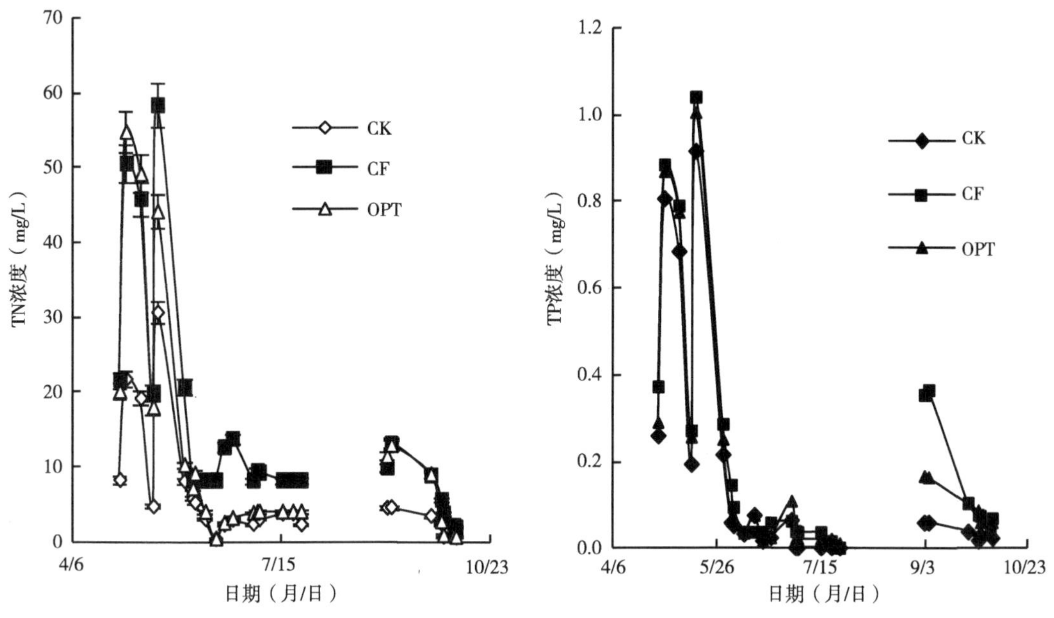

图4 不同施肥方式TN流失浓度变化

图5 不同施肥方式TP流失浓度变化

2.4 不同施肥方式对双季稻田地表氮磷流失负荷和流失系数的影响

不同施肥方式对双季稻稻田氮磷流失负荷的影响见表1。无论是早稻还是晚稻，常规施肥处理的营养盐TN、TP的流失负荷均高于节肥控污施肥处理。在全稻季，节肥控污施肥模式的TN、TP的流失负荷分别较常规施肥模式减少7.96kg/hm^2、0.11kg/hm^2，降幅分别达26.59%、22.92%。在全稻季，节肥控污施肥模式的TN、TP的流失系数分别较常规施肥模式减少1.19%、0.04%，降幅分别达28.88%、33.33%。这表明由于节肥控污施肥处理在减少地表径流氮磷流失方面具有较大的优势。

表1 不同施肥方式的双季稻田氮磷流失负荷和流失系数

类别	处理	TN		TP	
		流失负荷（kg/hm^2）	流失系数（%）	流失负荷（kg/hm^2）	流失系数（%）
早稻季	CF	17.94a	6.17a	0.2a	0.06a
	OPT	12.33b	3.81b	0.18a	0.04a
晚稻季	CF	12a	2.75a	0.28a	0.16a
	OPT	9.65b	2.35b	0.19b	0.11b
全稻季	CF	29.94a	4.12a	0.48a	0.12a
	OPT	21.98b	2.93b	0.37b	0.08b

注：不同字母表示在0.05水平上差异显著，下同

2.5 不同施肥方式对双季稻田地表氮磷流失组成的影响

地表径流水中TN除含有NO_3^--N、NH_4^+-N外，还有悬浮颗粒结合态氮、小分子有机态氮等。TP主要由水溶性P（DP）和水溶性有机磷以及悬浮颗粒结合态磷组成，但本区域水溶性有机磷含量极低，基本可略去；同时由表2可知，双季稻田地表径流中TP中DP所占比重较小，绝大多数以悬浮颗粒结合态存在。NH_4^+-N、NO_3^--N和DP均为藻类直接利用的形态，通过地表径流进入水体后，最易造成水体富营养化。本试验中全稻季节肥控污施肥模式的NH_4^+-N、NO_3^--N和DP的流失负荷分别较常规施肥模式减少3.88kg/hm^2、2.03kg/hm^{2}和0.03kg/hm^2，降幅分别达26.93%、34.35%和42.86%。说明节肥控污施肥方式在减少NH_4^+-N、NO_3^--N和DP的流失负荷具有一定的优势。本试验中各处理地表径流氮素的地表径流输出均以NH_4^+-N为主。这主要是因为地表径流水与田面水关系密切[9]，地表径流水主要由田面水组成。施肥后的最初几日内，稻田田面水中的N主要以NH_4^+-N的形式存在，再加上水稻在生育苗期和分蘖初期其根系尚未充分发育完全而处于非活跃时期，对N素营养物质的吸收能力弱，需求量小，所以水稻生长发育前期径流水中的TN主要以NH_4^+-N为主。而到水稻生长发育后期，径流水中TN主要以NO_3^--N为主，其原因可能是，一方面NH_4^+-N作为尿素转换的中间产物，在田面水和土壤溶液中持续的时间比较短暂，在施肥约一周后即降至很低水平；另一方面NH_4^+-N容易被土壤颗粒和土壤胶体吸附固定而且水稻偏好吸收NH_4^+-N，所以在施肥的后期NH_4^+-N不易随径流水迁移，以NO_3^--N为主。这个结论与田玉华等[10]的研究结果相近。本试验中无论早晚稻均在水稻生长发育前期发生了地表径流，因此NH_4^+-N损失较多。

表2　不同施肥方式对双季稻田氮磷流失负荷及其组成的影响

类别	处理	NH_4^+-N（kg/hm^2）	NH_4^+-N/TN（%）	NO_3^--N（kg/hm^2）	NO_3^--N/TN（%）	DP（kg/hm^2）	DP/TP（%）
早稻季	CK	2.88c	42.11c	1.40c	20.47a	0.02b	10.67c
	CF	8.29a	46.21a	3.64a	20.29b	0.03a	17.00a
	OPT	5.34b	43.31b	2.50b	20.28b	0.02b	12.22b
晚稻季	CK	2.67c	58.30a	0.79c	17.25b	0.01c	8.57c
	CF	6.12a	51.00c	2.27a	18.92a	0.03a	12.14a
	OPT	5.19b	53.78b	1.38b	14.30c	0.02b	10.53b
全年	CK	5.55c	48.60a	2.19c	19.18b	0.02c	10.00c
	CF	14.41a	48.13b	5.91a	19.74a	0.07a	14.17a
	OPT	10.53b	47.91c	3.88b	17.65c	0.04b	11.35b

3 结论与讨论

地表径流是稻田土壤氮磷流失的重要途径之一。本试验中地表径流主要受降雨驱动，当降水量大于24.4mm时均能造成地表径流，因此在大于24.4mm强降雨前避免对土壤的扰动和施肥，可以减少农田地表径流中氮磷的流失量。地表径流水中氮磷流失量与径流水的氮磷浓度直线相关，而地表径流水中氮磷浓度与稻田田面水中的氮磷浓度密切相关，而稻田田面水中氮磷浓度与施肥量及施肥方式密切相关。本研究中，节肥控污施肥模式比常规施肥模式全稻季TN、TP、NH_4^+-N、NO_3^--N和DP的流失负荷分别减少7.96kg/hm^2、0.11kg/hm^2、3.88kg/hm^2、2.03kg/hm^2和0.03kg/hm^2，大大减少双季稻田地表径流中氮磷的流失。其减少氮磷流失的主要原因在于：一是较常规施肥减少了20%的氮磷施用量。二是节肥控污施肥模式在基肥中采用普通化肥与有机肥和缓释肥的配施，能扬长避短，充分发挥各肥料的优点，减少各肥料的不足之处。通常化肥的肥效较快，易被作物吸收利用，但也较易发生气态、淋洗和径流损失而污染环境。有机肥和缓释肥分解缓慢，具有长效性，但不能满足作物前期生长的需要[11，12]。因此采用普通化肥与有机肥和缓释肥的配施既能发挥速效普通化肥的促进分蘖的能力，又能发挥长效有机肥和缓释肥稳定持续的养分供应的能力，更能满足水稻全生育期的养分需要。三是采用普通化肥与有机肥和缓释肥的配施及氮肥后移更符合高产水稻吸肥规律（苗期吸收少，返青到分蘖期最高，幼穗分化期其次，抽穗后需肥很少）。农民施肥时习惯于将氮肥集中在水稻生育前期施用，通常在分蘖前期施入所有氮肥。这种施肥方法显然与水稻对肥料的生理需求不一致。虽前期生长较好，但后期生长不足。而节肥控污施肥模式采用普通化肥与有机肥和缓释肥的配施使得稻株吸收养分较为平缓，减少了养分流失或被土壤分解。综上表明，节肥控污施肥模式与常规施肥模式相比在产量和减少稻田地表径流方面具有显著优势，值得推广应用。同时本研究发现双季稻田地表径流中TP中DP所占比重较小，绝大多数以悬浮颗粒结合态存在。因此通过加高田埂等策略可能更有利于减少稻田P排放；本研究还发现水稻生长发育前期径流水中的TN主要以NH_4^+-N为主，而到水稻生长发育后期，以NO_3^--N为主。这就启示我们如果能针对性地制定出前期抑制NH_4^+-N，后期减少NO_3^--N流失的施肥策略，将会更有助于减少稻田地表径流氮损失。

参考文献

［1］张福锁，巨晓棠．对我国持续农业发展中氮肥管理与环境问题的几点认识[J]．土壤学报，2002（39）：41-55.

［2］Trenkel M E. Controlled-release and stabilized fertilizers in Agriculture.[M]. Paris：International Fertilizer Industry Association，1997：15-17.

［3］张维理，武淑霞，冀宏杰，等．中国农业面源污染形势估计及控制对策I．21世纪初期中国农业面源污染的形势估计[J]．中国农业科学，2004，37（7）：1 008-1 017.

［4］张维理，田哲旭，张宁，等．我国北方农用氮肥造成地下水硝酸盐污染的调查[J]．植物营养与肥料学报，1995，1（2）：80-87.

［5］Nicola Nosengo Fertilized to death[J]. Nature，2003，425：894-895.

［6］张刚，王德建，陈效民．稻田化肥减量施用的环境效应[J]．中国生态农业学报，2008，16（2）：327-330.

［7］徐昌旭，彭春瑞，叶宗国，等．控氮节磷施肥对鄱阳湖区水稻养分吸收及产量的影响[J]．中国农业气象，2010，31（增刊1）：53-56.

［8］梁新强，田光明，李华，等．天然降雨条件下水稻田氮磷径流流失特征研究[J]．水土保持学报，

2005，19（1）：59-63.

［9］邱卫国，唐浩，王超. 水稻田面水氮素动态径流流失特征及控制技术研究[J]. 农业环境科学学报，2004，23（4）：740-744.

［10］田玉华，尹斌，贺发云，等. 太湖地区稻季的氮素径流损失研究[J]. 土壤学报，2007，44（6）：1 070-1 075.

［11］徐明岗，孙小凤，邹长明，等. 稻田控释氮肥的施用效果与合理施用技术[J]. 植物营养与肥料学报，2005，11（4）：487-493.

［12］徐明岗，李冬初，李菊梅，等. 化肥有机肥配施对水稻养分吸收和产量的影响[J]. 中国农业科学，2008，41（10）：3 133-3 139.

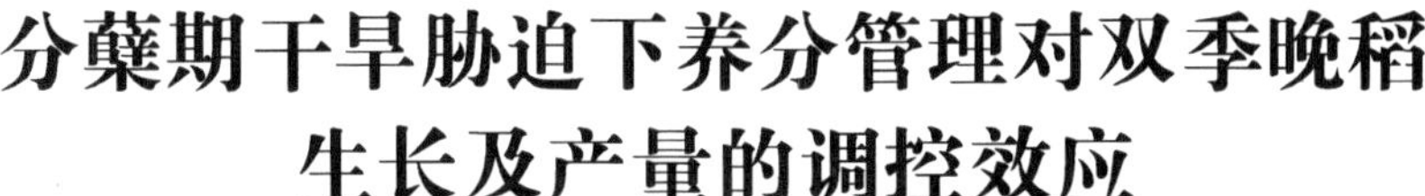

分蘖期干旱胁迫下养分管理对双季晚稻生长及产量的调控效应

关贤交　彭春瑞*　陈先茂　陈金　邱才飞　钱银飞　邵彩虹　邓国强　谢江

（江西省农业科学院土壤肥料与资源环境研究所/农业部长江中下游作物生理生态与耕作重点实验室/国家红壤改良工程技术研究中心，南昌 330200）

摘　要：针对丘陵双季稻区易发生季节性干旱导致养分供应受阻、水稻生长发育受影响、产量下降等问题，研究了干旱条件下5种养分管理措施（即T1：增施钾肥+喷清水；T2：叶面喷施0.2% $ZnSO_4$；T3：增施钾肥+叶面喷施肥0.2% $ZnSO_4$；T4：提高后期施N比例+喷清水；CK：常规施肥+喷清水）对双季晚稻生长发育、产量形成以及产量的影响。结果表明，分蘖期干旱胁迫下，不同养分管理对双季晚稻生长发育和产量的影响具有明显的差异，其影响程度由强到弱依次为：T3>T1>T2>T4>CK。T3在分蘖期干旱胁迫下能有效促进水稻分蘖能力，提升苗峰值和有效分蘖数，最高分蘖数比CK高7.26%，并显著提高拔节期和齐穗期的叶片SPAD值、叶片光合速率和叶片蒸腾速率以及根系活力，同时还显著增加拔节期、齐穗期和成熟期地上部单株干物重，改善植株干物质的积累，其增幅分别在2.19%～25.22%；从而显著提高双季晚稻每公顷有效穗数、每穗实粒数、每穗总粒和结实率等产量构成因素，最终使双季晚稻在干旱胁迫条件下获得较高产量。T3的产量在所有处理中最高，达10.07t/hm²，分别比T1、T2、T4及CK高6.34%、7.70%、14.17%和25.56%。

关键词：干旱胁迫；养分管理；双季晚稻；生长发育；产量

Regulating Effect of Different Nutrient Management on the Growth and Yield of Double Cropping Late Rice under Drought Stress during Tillering Stage

Guan Xianjiao　Peng Chunrui*　Chen Xianmao　Chen Jin　Qiu Caifei　Qian Yinfei　Shao Caihong　Deng Guoqiang　Xie Jiang

(*Soil Fertilizer & Resource and Environment Research Institute, Jiangxi Academy of Agricultural Science/Key Laboratory of Crop Ecophysiology and Farming System for the Middle and Lower*

本文原载：干旱地区农业研究，2017，35（3）：7-12

基金项目：国家“十二五”科技支撑计划项目（2013BAD07B12），江西省青年科学基金项目（20132BAB21402）

*通讯作者

Reaches of the Yangtze River, Ministry of Agriculture, P. R. China/National Engineering and Technology Research Center for Red Soil Improvement, Nanchang 330200, China)

Abstract: Aiming at the problems that the frequent seasonal drought affected soil nutrient supply, rice growth and development and yield in double cropping rice area of hilly region, the effect of five nutrient management methods including adding K fertilizer+spraying clean water, foliage spraying 0.2% $ZnSO_4$, adding K fertilizer+foliage spraying 0.2% $ZnSO_4$, raising the ratio of N fertilizer in elongation stage+spraying clean water, conventional fertilization+spraying clean water on the growth and development, yield components and yield of double cropping late rice under drought stress condition was studied. The results indicated that the difference among the five nutrient management methods on the growth and development and yield of double cropping late rice under drought stress condition during tillering stage was significant, the order of influence from strong to weak was: T3>T1>T2>T4>CK. T3 effectively promoted the tillering ability of rice, raised the seedling peak value and number of effective tillers, significantly elevated the SPAD value, the photosynthetic rate and transpiration rate of leaf, root activity in elongation stage and full heading stage. The increase amplitude of T3 was 2.19%-25.22% compared with CK. Synchronously, it significantly increased single plant dry matter weight above ground in elongation stage and full heading stage and maturity stage, improved the dry matter accumulation of plant, its increase percentage of T3 was 5.47% and 8.05% and 7.22% compared with CK respectively. Furthermore, the yield components including the effective panicles number per hectare, filled grain number per panicle, total grain number per panicle and seed setting rate were significantly enhanced. Finally, the higher yield for T3 was achieved under drought stress condition in this study, which was the highest among all treatments, it reached 10.07 t/ha and was 6.34%, 7.70%, 14.17% and 25.56% higher than CK respectively.

Key words: Drought stress; Nutrient management; Double cropping late rice; Growth and development; Yield

作为中国最重要的粮食作物，水稻的常年播种面积和产量分别占全国粮食作物的27%和34%左右，其生产在粮食生产和国民经济中占有重要地位。我国水稻生产严重依赖生态环境，对于自然灾害和环境变化的胁迫尤为敏感，特别是水、旱灾害严重影响水稻生产。我国又是个严重缺水的国家，人均水资源占有量仅为世界平均水平的1/4，居世界第109位[1, 2]。目前，我国农田水分利用率比较低，其中农田灌溉水的利用率平均仅为40%～45%，远远低于发达国家70%～80%的水平，水资源已成为我国水稻生产的重要制约因素。根据权威部门的预测，在不增加现有农田灌溉用水量的情况下，2030年全国缺水高达1 300亿～2 600亿m^3，其中农业缺水500亿～700亿m^3[3]。因此，加快发展抗旱节水高效农业，对保障我国粮食安全、生态安全和水资源安全具有重要意义。

南方丘陵区是我国重要稻米产区之一，降雨丰沛、热量充足，但由于降水量时空分布不均，与蒸发量分布不同步，致使季节性干旱，使得水分成为制约该地区农业生产发展的主要限制因素之一，严重阻碍水稻生产[4, 5]。要在有限的水资源条件下充分挖掘水稻增产潜力，必须进行抗旱和节水栽培研究[6, 7]。近年来，国内外关于干旱对水稻生理生化[8, 9]、产量[10, 11]、品质[12, 13]、干物质转移与积累[14, 15]及酶活性的影响[16, 17]等方面进行了大量研究。这些研究多集中于干旱对水稻产量与品质影响的生态生理效应，而关于通过养分高效管理减轻季节性干旱对双季晚稻危害的研究较少。为改善水稻生产季节性缺水状况，提高水资源和养分利用效率，减小旱灾造成的损失，迫切需要开展双季晚稻抗旱节水栽培研究。为此，本试验在人为造成大田季节性干旱条件下，研究了不同养分管理对双季晚稻生长发育及产量形成的影响，以期通过养分管理缓解季节性干旱对水稻生产的危害，为水稻抗旱节水栽培提供理论依据与技术支撑。

1　材料与方法

1.1　试验设计

试验于2014年双季晚稻在吉安市农业科学研究所试验田进行，田间土壤pH值为4.8，有机质含量为24.3g/kg，全氮含量为2.7g/kg，全磷含量为0.4g/kg，速效磷含量为21.4mg/kg，有效钾含量为113.2mg/kg。共设5个处理，分别为T1：增施钾肥+喷清水；T2：常规施肥+叶面喷施0.2% $ZnSO_4$；T3：增施钾肥+叶面喷施0.2% $ZnSO_4$；T4：氮肥后移+喷清水；CK：常规施肥+喷清水。供试品种为荣优225，$ZnSO_4$采用分析纯。随机区组排列，重复3次，每处理小区面积20m^2，小区间作埂并覆塑料薄膜。

本试验氮肥采用尿素，磷肥采用钙镁磷肥，钾肥采用氯化钾。以常规施肥+喷清水为对照，常规施肥纯氮施用量为210kg/hm^2，N：P_2O_5：K_2O=1：0.5：0.8（即常规施肥每公顷施肥量为456.2kg尿素、875kg钙镁磷肥和280kg氯化钾），氮、钾肥分基肥和分蘖肥2次施入（基肥：分蘖肥=5：5），磷肥作基肥一次性施入，于水稻返青后15d叶面喷施与0.2% $ZnSO_4$溶液等容量的清水；T1在CK的基础上增施50%的钾肥，N：P_2O_5：K_2O=1：0.5：1.2（即每公顷施肥量为456.2kg尿素、875kg钙镁磷肥和420kg氯化钾），并于水稻返青后15d叶面喷施与0.2% $ZnSO_4$溶液等容量的清水；T2在常规施肥的基础上于水稻返青后15d叶面喷施0.2% $ZnSO_4$溶液；T3在常规施肥的基础上增施50%的钾肥，N：P_2O_5：K_2O=1：0.5：1.2（施肥量与T1相同），并在分蘖期叶面喷施0.2% $ZnSO_4$溶液；T4为30%氮肥后移，即基肥：分蘖肥：穗肥=5：2：3（施肥量与常规施肥相同），并于水稻返青后15d叶面喷施与0.2% $ZnSO_4$溶液等容量的清水。

1.2　田间管理

6月25日播种，7月24日移栽，移栽密度为16cm × 23cm；移栽返青后开始排水晒田，每个小区备好防雨棚，出现突发性降雨时盖上防雨棚，人为造成分蘖期干旱。从开始排水晒田后10d每天用美国TDR300土壤水分速测仪监测土壤水分含量，并于中午观察水稻新生叶片的卷曲程度，当土壤容积含水量低于30%以及80%新生叶中午出现轻度卷曲并持续5d后复水。从开始排水晒田到干旱结束，整个时期持续了22d左右，人为造成的晚稻分蘖期干旱与我国南方季节性干旱出现的时期和持续时间相类似。

正常情况下，江西省双季晚稻本田生育期间降水量为650 ~ 780mm，灌溉量为225 ~

240mm；2014年6—10月江西省吉安县总降水量约为721.8mm（各月具体的雨量分布见图1），而本试验中双季晚稻大田生育期间的灌溉总量为185mm。其他栽培管理措施与大田生产一致。

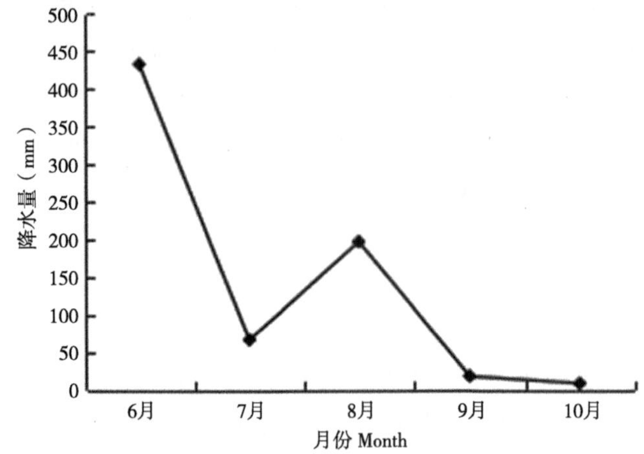

图1　江西省吉安县2014年6—10月降水量

Figure 1　Precipitation of Ji'an county of Jiangxi province from June to October（in 2014）

1.3　测定项目

茎蘖动态是在移栽返青后各小区定点10蔸作为观察点，每隔5d调查记载一次分蘖数，直到分蘖停止或减少为止。于拔节期和抽穗期用SPAD仪测定叶片SPAD值。于拔节期和抽穗期用LI-6400光合速率测定仪测定倒二叶全展叶光合速率和蒸腾速率。于拔节期、齐穗期和成熟期每小区取3蔸测定地上部干物重。于齐穗期用脱脂棉和自封袋取根系伤流液测定根系伤流强度。于收获前2d每小区按平均穗数取3蔸考种，测定产量构成因素，分小区实收测产。

1.4　数据计算与统计分析

采用Microsoft Excel 2003进行数据的录入和计算，运用SAS 9.0软件进行统计分析，并使用LSD法进行多重比较，显著水平 α=0.05。

2　结果与分析

2.1　不同养分管理对双季晚稻茎蘖动态的影响

如图2所示，不同养分管理下水稻茎蘖的动态变化规律基本一致，均表现出随生育期延续先迅速增大、后逐渐减小的变化规律。但T1、T2和T3在干旱条件下茎蘖数的增加比CK要快，尤其是T3的茎蘖数在生育中后期明显要高于CK，其苗峰值最高，比CK高7.26%，且达到峰值后下降的速度也较慢。说明增施钾肥+叶面喷施0.2% $ZnSO_4$有利于提高干旱条件下水稻的分蘖能力，增加有效分蘖数，并使水稻保持高的成穗率。

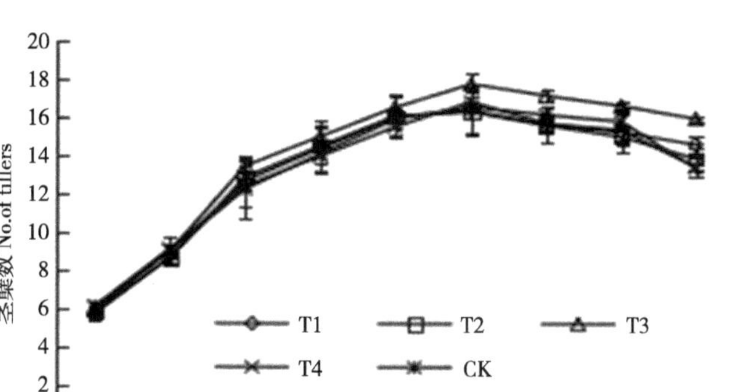

图2　不同养分管理对双季晚稻茎蘖动态的影响

Figure 2　Effect of different nutrient management on the tiller dynamic of double cropping late rice

2.2　不同养分管理对双季晚稻叶片SPAD值的影响

如图3所示，拔节期只有T3处理叶片SPAD值显著高于CK，但齐穗期T1、T2、T3和T4处理的叶片SPAD值均显著高于CK；拔节期和齐穗期均以T3最高，分别比CK高2.19%和7.61%。说明增施钾肥+叶面喷施0.2% $ZnSO_4$能显著提高干旱条件下晚稻叶片的叶绿素含量，提高叶片光合能力。

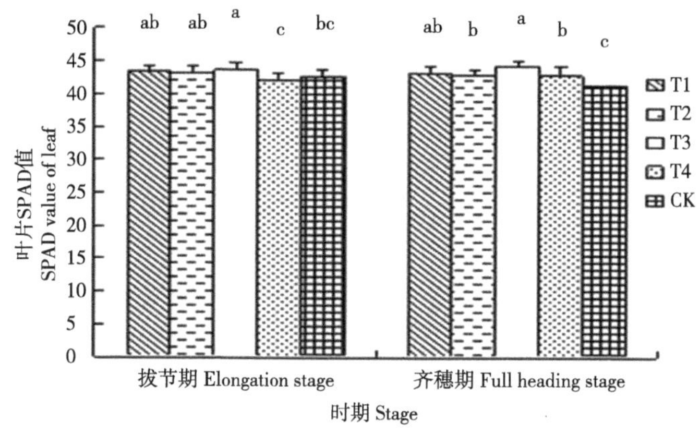

图3　不同养分管理对双季晚稻叶片SPAD值的影响

Figure 3　Effect of different nutrient management on the SPAD value of double cropping late rice

2.3　不同养分管理对双季晚稻叶片光合速率和蒸腾速率的影响

由表1可知，拔节期和齐穗期叶片光合速率的变化和叶片SPAD值的变化基本一致。拔节期只有T3处理叶片光合速率显著高于CK，齐穗期T1、T2和T3处理的叶片光合速率均显著高于CK；拔节期和齐穗期叶片光合速率均以T3最高，分别比CK高10.49%和13.29%。拔节期T1、T2和T3处理的叶片蒸腾速率显著高于CK，而齐穗期只有T3处理显著高于CK，拔节期和齐穗期叶片蒸腾速率均以T3最高，分别比CK高6.61%和11.85%。说明增施钾肥+叶面喷施0.2% $ZnSO_4$有利于增加干旱条件下水稻的光合作用，减轻干旱胁迫对水稻的影响。

表1　不同养分管理对双季晚稻叶片光合速率和蒸腾速率的影响

Table 1　Effect of different nutrient management on the leaf photosynthetic rate and transpiration rate of double cropping late rice

处理 Treatment	拔节期 Elongation stage		齐穗期 Full heading stage	
	光合速率 Photosynthetic rate [μmol/（m^2·s）]	蒸腾速率 Transpiration rate [mmol/（m^2·s）]	光合速率 Photosynthetic rate [μmol/（m^2·s）]	蒸腾速率 Transpiration rate [mmol/（m^2·s）]
T1	23.10 ± 0.50ab	6.98 ± 0.31a	31.16 ± 0.39a	6.84 ± 0.26ab
T2	22.33 ± 1.77abc	6.94 ± 0.29a	30.98 ± 0.61a	6.91 ± 0.06ab
T3	23.79 ± 2.35a	7.10 ± 0.34a	32.40 ± 1.31a	7.27 ± 0.44a
T4	21.02 ± 0.95c	6.49 ± 0.35b	30.72 ± 0.64ab	6.69 ± 0.29ab
CK	21.53 ± 0.96bc	6.66 ± 0.32b	28.59 ± 2.00b	6.50 ± 0.32b

2.4　不同养分管理对双季晚稻根系伤流强度的影响

图4表明，拔节期仅T3处理根系伤流强度显著高于CK，齐穗期T1、T2和T3处理的根系伤流强度显著高于CK；拔节期和齐穗期均以T3处理的伤流强度最高，分别比CK高11.51%和25.22%。说明增施钾肥+叶面喷施0.2% $ZnSO_4$有利于提高水稻根系活力，增强双季晚稻抗旱性。

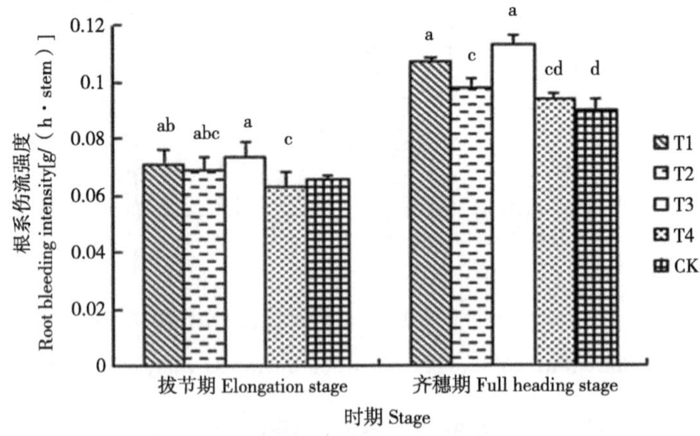

图4　不同养分管理对双季晚稻根系伤流强度的影响

Figure 4　Effect of different nutrient management on the root bleeding intensity of double cropping late rice

2.5　不同养分管理对双季晚稻地上部单株干物重的影响

干旱条件下不同养分管理措施对双季晚稻地上部干物重的影响不同（图5）。拔节期T3显著高于CK，其他处理与CK的差异均不显著，齐穗期T1、T2、T3和T4处理的地上部干物重均显著高于CK，成熟期T1和T3处理显著高于CK。3个时期均以T3最高，分别比CK高5.47%、8.05%和7.22%。说明增施钾肥+叶面喷施0.2% $ZnSO_4$有利于增加干旱条件下水稻干物质的积累。

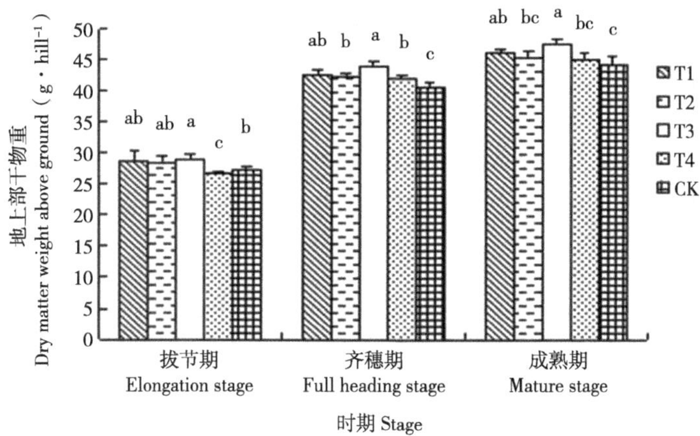

图5 不同养分管理对双季晚稻地上部单株干物重的影响

Figure 5 Effect of different nutrient management on the dry matter weight per plant above ground of double cropping late rice

2.6 不同养分管理对双季晚稻产量构成及产量的影响

从表2可以看出，干旱胁迫条件下不同养分管理能明显影响晚稻的产量及产量构成。T1、T2和T3处理产量均显著高于CK，分别比CK高18.08%、16.58%和25.56%，其中T3产量最高，达10.07t/hm^2，T4产量与CK差异并不显著。各处理产量的增加主要是由于每公顷有效穗数、每穗实粒数、每穗总粒数和结实率的提高，而不同养分管理对干旱条件下晚稻千粒重的影响不显著。以上结果表明，不同养分管理措施均有利于改善干旱胁迫条件下双季晚稻穗部经济性状和提高产量，且以施钾肥+叶面喷施0.2% $ZnSO_4$效果最显著。

表2 不同养分管理对双季晚稻产量构成及产量的影响

Table 2 Effect of different nutrient management on yield component and grain yield of double cropping late rice

处理 Treatment	有效穗数 No.of effective panicles（×10^4/hm^2）	每穗实粒数 No.of filled grains per panicle	每穗总粒数 No.of total grains per panicle	结实率 Seed setting rate（%）	千粒重 1 000-grain weight（g）	产量 Grain yield（t/hm^2）
T1	399.51 ± 5.12ab	106.22 ± 4.30ab	143.52 ± 8.76b	74.08 ± 1.73a	24.43 ± 0.72a	9.47 ± 0.38ab
T2	394.88 ± 10.59abc	101.29 ± 3.34b	139.91 ± 4.94bc	72.44 ± 2.85a	24.97 ± 0.65a	9.35 ± 0.78ab
T3	411.20 ± 6.22a	110.78 ± 3.75a	155.16 ± 4.72a	71.39 ± 0.27ab	25.20 ± 0.20a	10.07 ± 0.77a
T4	360.81 ± 5.27c	100.8 ± 6.39b	147.00 ± 10.12ab	68.59 ± 0.72bc	25.03 ± 0.35a	8.82 ± 0.57bc
CK	369.494 ± 4.75bc	89.01 ± 5.16c	131.99 ± 3.88c	67.40 ± 1.98c	24.97 ± 0.45a	8.02 ± 0.90c

3 讨论

干旱胁迫使水稻最终有效分蘖减少，且分蘖期干旱处理的影响程度大于孕穗期干旱处理[18]。而施肥在一定程度上能补偿干旱条件下作物生长受抑制的不良反应[19]。本研究结果表明，分蘖期干旱条件下，增施钾肥、叶面喷施0.2% $ZnSO_4$以及增施钾肥+叶面喷施0.2% $ZnSO_4$等养分管理措施均能一定程度影响双季晚稻分蘖能力，其中增施钾肥+叶面喷施0.2% $ZnSO_4$对干旱条件下水稻分蘖能力的影响效果最大，能显著增加有效分蘖数，提高水稻成穗率，这可能是由于钾肥与锌肥的施用提高了水分利率用，增强了水稻的抗旱能力，从而间接促进了水稻有效分蘖的发生，同时钾与锌之间还可能存在一定的协同促进效应。

光合作用能够反映植株逆境生长态势的强弱[20]。干旱胁迫下水稻植株吸水减少，光合速率下降，根系活力减弱，造成植株生长减缓，干物质积累减少。本研究表明，不同养分管理双季晚稻叶片SPAD值与光合速率变化基本一致，而增施钾肥+叶面喷施0.2% $ZnSO_4$在拔节期和齐穗期两个时期均显著提高叶片SPAD值和光合速率。同时，增施钾肥+叶面喷施0.2% $ZnSO_4$还提高了拔节期和齐穗期两个时期叶片的蒸腾速率，形成以上结果的原因可能是增施钾、锌肥有利于叶绿素的合成与稳定，提高叶片的叶绿素合成及净光合能力，并减少了叶肉细胞光合活性的下降，削弱非气孔因素对光合作用的限制，有效防止光合速率下降。同时增施钾肥还可能增强了气孔的调节能力，维持一定蒸腾速率，增加植株中输导组织所占比例，提高干旱条件下水分利用效率，获得相对较高的生物量。这与前人研究结果一致[21-23]。

根系活力是反映根系生命活动的基本生理指标，其强弱受干旱胁迫影响显著。本研究表明，在干旱胁迫条件下，增施钾肥+叶面喷施0.2% $ZnSO_4$能增加根系伤流强度，显著提高根系活力。可见，在干旱胁迫条件下，施用钾、锌肥能够缓解水分亏缺对水稻生长的抑制，从而有利于提高水稻对干旱胁迫的适应性。这与谭勇、常蓬勃等钾、锌能够显著提高植物根系活力的结论一致[24，25]。但关于钾、锌对水稻根系吸水能力的生理机制尚不明确，可能是由于干旱胁迫下钾、锌能够促进根系脱落酸的合成，而脱落酸能够减轻干旱对植株的伤害，也可能是钾、锌营养的改变诱导了干旱胁迫下植株体内某些抗性蛋白如锌指蛋白等的表达，从而提高植株对干旱胁迫的适应能力[26，27]。

产量的形成是一个复杂的过程，它不仅受到前期作物生理过程的影响，更受到后期光合作用、灌浆速度、干物质的积累和转运的影响[28，29]。其中干旱胁迫对水稻的生长发育及产量均具有直接的影响。但在干旱胁迫下通过施肥能不同程度的改善作物经济性状，并显著提高产量[30，31]。本研究表明，在干旱条件下，不同养分管理措施对双季晚稻的产量及产量构成具有明显影响效果，增施钾肥+叶面喷施0.2% $ZnSO_4$显著增加了双季晚稻的产量，而产量的增加主要是由于每公顷有效穗数、每穗实粒数、每穗总粒数和结实率等产量构成因素的提高。说明分蘖期干旱胁迫下，增施钾肥+叶面喷施0.2% $ZnSO_4$可能增强了前期水稻植株体素质，提高了水稻有效分蘖能力和根系活力，促进了叶片叶绿素合成及光合能力，增加了有效干物质的生产和积累，并促进了干旱胁迫下水稻的某些生理活动和代谢功能，从而为后期水稻经济性状的改善奠定了物质基础。

4　结论

综上所述，本试验中养分管理措施均不同程度减轻了分蘖期干旱胁迫对水稻的危害。各养分管理措施效果由强到弱依次为增施钾肥+叶面喷施肥0.2% $ZnSO_4$（T3）、增施钾肥+喷清水（T1）、叶面喷施0.2% $ZnSO_4$（T2）、氮肥后移+喷清水（T4）、常规施肥+喷清水（CK）；其中增施钾肥+叶面喷施肥0.2% $ZnSO_4$在所有处理中效果最明显，较大程度缓解了分蘖期干旱胁迫对双季晚稻的危害，增施钾肥+叶面喷施肥0.2% $ZnSO_4$主要是通过提高水稻分蘖能力、叶片SPAD值、光合速率和蒸腾速率、根系活力以及地上部干物重等指标来增强水稻抗旱性，从而促进有效穗数、每穗实粒数、每穗总粒数及结实率等产量构成因素的提升，确保了干旱胁迫下获得较高产量。此外，增施钾肥+叶面喷施0.2% $ZnSO_4$对水稻抗旱能力的提高可能还与植株体内的保护酶活性和基因表达有关，这些方面有待进一步研究。

参考文献

[1] 郝艳飞. 我国水资源短缺现状及节水措施[J]. 水利科技与经济，2011，17（10）：65-67.

[2] 马润水，樊彩霞，刘明强. 从世界水资源概况看我国农业节水发展重点[J]. 中国水运，2008，8（10）：67-68.

[3] 武雪萍，梅旭荣，蔡典雄，等. 节水农业关键技术发展趋势及国内外差异分析[J]. 中国农业资源与区划，2005，26（4）：28-32.

[4] 陈正法，张茜茜. 我国南方红壤区季节性干旱及对林果业的影响[J]. 农业环境保护，2002，21（3）：241-244.

[5] 陈家宙，陈明亮，何圆球. 不同水分状况下红壤水稻的水量平衡和生产能力[J]. 华中农业大学学报，2000，19（3）：72-77.

[6] Brown L R，Halweil B. China's water shortage could shake world food security[J]. World Watch，1998，7：3-4.

[7] 罗利军，张启发. 栽培稻抗旱性研究的现状与策略[J]. 中国水稻科学，2001，15（3）：209-214.

[8] 郭贵华，刘海艳，李刚华，等. ABA缓解水稻孕穗期干旱胁迫生理特性的分析[J]. 中国农业科学，2014，47（22）：4 380-4 391.

[9] 陈小荣，刘灵燕，严崇虎，等. 抽穗期干旱复水对不同产量早稻品种结实及一些生理指标的影响[J]. 中国水稻科学，2013，27（1）：77-83.

[10] 夏琼梅，毛桂祥，王定开，等. 幼穗分化期至齐穗期水分胁迫对水稻产量及功能叶性状的影响[J]. 干旱地区农业研究，2015，33（3）：111-116.

[11] Marco Lauteril，Matthew Haworth，Rachid Serraj，et al. Photosynthetic diffusional constraints affect yield in drought stressed rice cultivars during flowering[J]. Plos One，2014，9（10）：1-12.

[12] 段骅，唐琪，剧成欣，等. 抽穗灌浆早期高温与干旱对不同水稻品种产量和品质的影响[J]. 中国农业科学，2012，45（22）：4 561-4 571.

[13] 赵飞，尹维娜，肖艳云，等. 半干旱条件下粳稻米外观品质性状的QTL分析[J]. 干旱地区农业研究，2015，33（3）：117-123.

[14] Boonjung H，Fukai S. Effects of soil water deficit at different growth stages on rice growth and yield under upland conditions. 2. Phenology，biomass production and yield[J]. Field Crops Research，1996，48：47-55.

[15] 张卫星，朱德峰，林贤青，等. 干旱胁迫对不同超级稻品种植株形态和干物质积累的影响[J]. 福建农业学报，2010，25（1）：47-52.

[16] 赵贵林，陈强，胡国霞，等. 水稻脯氨酸代谢关键酶对水分胁迫的响应[J]. 干旱地区农业研究，2011，29（3）：80-83.

[17] 蔡昆争，吴学祝，骆世明，等. 不同生育期水分胁迫对水稻根系活力、叶片水势和保护酶活性的影响[J]. 华南农业大学学报，2008，29（2）：7-10.

[18] 段素梅，杨安中，黄义德，等. 干旱胁迫对水稻生长、生理特性和产量的影响[J]. 核农学报，2014，28（6）：1 124-1 132.

[19] 关军锋，李广敏. 干旱条件下施肥效应及其作用机理[J]. 中国生态农业学报，2002，10（1）：59-61.

[20] 张仁和，薛吉全，浦军，等. 干旱胁迫对玉米苗期植株生长和光合特性的影响[J]. 作物学报，2011，37（3）：521-528.

[21] 魏永胜，梁宗锁，田亚梅. 土壤干旱条件下不同施钾水平对烟草光合速率和蒸腾效率的影响[J]. 西北植物学报，2002，22（6）：1 330-1 335.

[22] 王志强，张丽婷，彭凌馨，等. 锌肥对水分逆境下玉米产量形成的影响[J]. 河南农业大学学报，2014，48（6）：674-679.

[23] 魏孝荣，郝明德，邱莉萍，等. 干旱条件下锌肥对玉米生长和光合色素的影响[J]. 西北农林科技大学学报（自然科学版），2004，32（9）：111-114.

[24] 谭勇，梁宗锁，王渭玲，等. 氮、磷、钾营养胁迫对黄芪幼苗根系活力及根系导水率的影响[J]. 中国生态农业学报，2007，15（6）：69-72.

[25] 常蓬勃，李志云，杨建堂，等. 氮钾锌配施对烟草超氧化物歧化酶和硝酸还原酶活性及根系活力的影响[J]. 中国农学通报，2008，24（1）：266-270.

[26] Liang J，Zhang J，Wong M H. Stomatal conductance in relation to xylem sap ABA concentration in two tropical trees：*Acacia confusa* and *Litsea glutinosa*[J]. Plant Cell Environ，1996，19：93-100.

[27] 汪洪，汪立刚，周卫，等. 干旱条件下土壤中锌的有效性及与植物水分利用的关系[J]. 植物营养与肥料学报，2007，13（6）：1 178-1 184.

[28] 王成瑗，赵磊，王伯伦，等. 干旱胁迫对水稻生育性状与生理指标的影响[J]. 农学学报，2014，4（1）：4-14.

[29] 陈书强，李金峰，郑桂萍. 水分胁迫对水稻生长发育影响的研究进展[J]. 垦殖与稻作，2004（5）：12-15.

[30] 余华胜，张冬青，林宝刚，等. 不同肥料对苗期干旱胁迫油菜产量及经济性状的影响[J]. 江苏农业科学，2012，40（8）：82-83.

[31] 韩丽梅，邹永久，王树起，等. 水分胁迫与施肥对小麦经济性状及产量影响的研究[J]. 吉林农业科学，1998（2）：19-22.

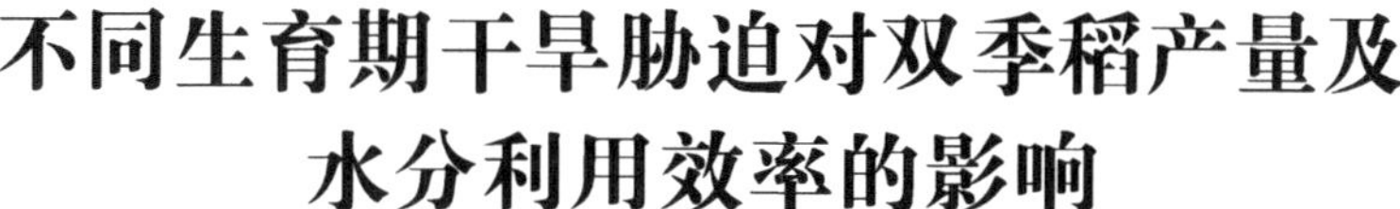

不同生育期干旱胁迫对双季稻产量及水分利用效率的影响

钱银飞　关贤交　邵彩虹　邱才飞　陈先茂　陈金　谢江　邓国强　彭春瑞*

（江西省农业科学院土壤肥料与资源环境研究所/农业部长江中下游作物生理生态与耕作重点实验室/国家红壤改良工程技术研究中心，南昌 330200）

摘　要：通过盆栽试验研究了不同生育期干旱对双季稻产量及其水分利用效率的影响。结果表明，所有干旱处理的产量均低于对照。各生育阶段的双季稻产量均表现为随土壤干旱的加剧而下降严重，而蒸发蒸腾量反之。双季超级稻产量和水分利用效率受干旱影响敏感程度排序呈相同变化趋势：早稻为拔节孕穗期>有效分蘖期>抽穗开花期>无效分蘖期>乳熟期，晚稻为拔节孕穗期>抽穗开花期>有效分蘖期>乳熟期>无效分蘖期。

关键词：双季超级稻；干旱胁迫；产量；水分利用效率

Effects of Drought Stress at Different Growing Stage on Yield and Water Use Efficiency of Double-cropping Super Indica Rice

Qian Yinfei　Guan Xianjiao　Shao Caihong　Qiu Caifei　Chen Xianmao　Chen jin　Xie jiang　Deng Guoqiang　Peng Chunrui*

（*Soil and Fertilizer & Resources and Environmental Institute*，*Jiangxi Academy of Agricultural Sciences/Key Laboratory of Crop Ecophysiology and Farming System for the Middle and Lower Reaches of the Yangtze River*，*Ministry of Agriculture*，*P. R. China/National Engineering and technology research center for red soil improvement*，*Nanchang 330200*，*China*）

Abstract: The effect of drought stress at different growing stages on the yield and water use efficiency（WUE）of the double-cropping super *Indica* rice was studied through the pot experiment. The result indicated that，the yield of the double-cropping super *Indica* rice under the drought stress were

本文原载：江西农业学报，2016，28（6）：6-9，14

基金项目：国家科技支撑计划项目（2011BAD16B04，2013BAD07B12，2012BAD15B03），江西省优势科技创新团队计划项目（20113B CB24014），江西省青年科学基金项目（20132BAB214012），江西省“赣鄱英才555工程”领军人才培养计划项目（双季稻清洁生产），江苏省作物栽培重点实验室开放课题（K11008）

*通讯作者

lower than the CK. The seriously the drought stress the lower the yield，while the evaporation in the otherwise.The sort of the sensitive degree of yield affected by the drought stress of the different growing stage appears the same as the WUE.The sort of the early rice appears: the jointing-booting stage > effective tillering stage >heading-florescence stage > invalid tillering stage > milky stage，while the late rice appears the jointing-booting stage > heading-florescence stage > effective tillering stage > milky stage > invalid tillering stage.

Key words: Double-cropping super rice; Drought stress; Yield; Water use efficiency

水稻是典型的沼泽作物[1]，生长期中绝大部分时间需要水层，田间耗水量很大。干旱缺水会对水稻生长产生较大不利影响。我国南方是典型的双季稻区[2]，双季稻是该区主要灌溉作物，为保障我国粮食安全作出了巨大贡献。南方雨量虽充沛但分布不均，在双季稻生长季节常会遭遇长短不同的干旱天气，造成不同程度的旱害和歉收。受全球气候变化影响，我国南方地区的旱灾呈现频繁和加剧的趋势，对双季稻生产造成极大危害。因此研究双季稻的旱害及抗旱栽培对稳定南方双季稻产量和进行节水灌溉具有重要意义。

水稻在不同生育期对干旱的反应不同，抗旱性也随个体发育的进程而发生变化[3，4]。研究水稻在发育进程过程中对干旱的反应及其抗旱性的变化，分析旱灾对不同生育期对水稻生长发育的影响和敏感时期，有助于在生产当中针对性的制定抗旱、防旱措施，同时对提高水资源的利用效率，减少季节性干旱对水稻生长的不利影响，对促进双季稻的持续丰产稳产具有重要作用。关于水稻不同生育期干旱对水稻的影响，国内外学者开展了大量的研究工作[5-10]，也得出了许多重要的结论。周广生[5]等研究认为，分蘖盛期轻度干旱，可增加地上部分干物质积累量，提高产量；王成瑗[6]等研究认为分蘖期干旱导致有效穗数降低过多而显著降低产量；赵正宜[7]等的研究则认为，分蘖初盛期水稻受到短期水分轻度亏缺，对水稻产量的影响并不十分严重；有的研究[8]认为，在抽穗扬花期轻度干旱造成的减产不显著，但是重度则减产显著。也有研究认为[7]孕穗至抽穗开花期，随干旱的时间长短和程度高低，产量会有不同程度的影响，灌浆乳熟期，除严重的干旱外，对产量的影响不会十分明显；郑家国[9]认为水稻齐穗后，25d内是水稻产量形成的关键时期，这一时期干旱缺水，将严重降低稻谷产量，齐穗后25d以后断水，对产量影响减弱；Boonjung等[10]指出，营养生长期的干旱胁迫对水稻产量影响小，在幼穗分化期的干旱胁迫减产幅度最大。由此可见由于试验地点、品种、土壤类型、水分处理（干旱历期、处理方式和程度）的不同而众说纷纭。本研究立足南方双季稻，通过盆栽试验，采取严格的水分控制，控制相同的干旱历期，研究不同生育期干旱胁迫对双季超级稻产量及水分利用效率的影响，以期为南方双季稻节水抗旱提供理论和实践依据。

1 材料与方法

1.1 试验地点及品种

试验于2013—2014年在江西省农业科学院土壤肥料与资源环境研究所玻璃网室进行，

大田育秧。早稻4月10日播种，4月30日移栽至盆钵，晚稻6月20日播种，7月25日移栽至盆钵，移栽秧苗生长基本一致。塑料盆规格：直径25cm，高30cm，盆钵内装过筛的耕作层土约18kg，土壤为红壤土，质地黏性，土壤肥力为pH值5.32，碱解氮144mg/kg、速效磷33.5mg/kg、速效钾76.5mg/kg，早稻移栽前每盆施尿素2.0g，氯化钾0.88g，钙镁磷肥3.8g。晚稻用肥量为早稻的1.25倍。早稻供试品种为超级杂交稻品种金优458，江西省农业科学院水稻研究所育成，2009年被审定为超级稻。晚稻为淦鑫688，江西农业大学育成，2008年被审定为超级稻。

1.2　试验设计

水稻移栽到栽后7d，盆内保持浅水层活棵，水稻黄熟后盆内断水收获。在栽后8d至水稻黄熟期，将水稻生育期分成5个阶段：有效分蘖期（S1）、无效分蘖期（S2）、拔节孕穗期（S3）、抽穗开花期（S4）、乳熟期（S5）。每个生育期分别进行3种不同程度的土壤干旱处理：轻度干旱（L，下限的土壤含水率为饱和含水率的85%），中度干旱（M，下限的土壤含水率为饱和含水率的70%），重度干旱（H，下限的土壤含水率为饱和含水率的55%）。每个生育期处理7d后复水。除水分处理时期外，各处理其余时间均采用浅水充分灌溉。全生育期以常规浅水充分灌溉作为对照（CK，饱和含水率）。每处理5盆，每盆3穴，每穴2苗。全程采用量筒精确计量每次加水量，利用称重法结合英国产WET-2型土壤三参数仪测定土壤含水率来监测土壤5cm处土壤水分的变化。在水分处理期利用称重法进行加水操作，以控制各盆的土壤含水量在很小范围内波动。

1.3　测定内容与方法

成熟期各处理实收计产，分盆计穗数，晒干，脱粒计产，以清水漂选谷粒，分别计实粒数与秕粒数，计称实粒千粒重。WUE是指每消耗1ml水所形成的籽粒产量Y（mg），单位为mg/ml或kg/m^3。

1.4　数据分析方法

数据处理和统计分析采用Excel 2003和DPS 7.05完成。

2　结果与分析

2.1　不同生育期干旱对双季超级稻产量的影响

不同生育期土壤干旱对双季超级稻产量的影响见图1。所有干旱处理的产量均低于浅水充分灌溉（对照）。各生育阶段的双季稻产量均表现为随土壤干旱的加剧而下降严重。早稻受干旱影响排序为S3>S1>S4>S2>S5，晚稻受干旱影响排序为S3>S4>S1>S5>S2。

分析不同生育期干旱程度与产量关系，结果见表1。除晚稻S3和S4期土壤含水率和产量呈直线相关外，其余生育期均呈二次曲线关系。本试验中晚稻S3和S4产量表现为随含水率的增加而增加。其余生育期则表现为产量随含水率的增加呈一元二次曲线关系，存在最适值，不及或超之均会造成产量下降。

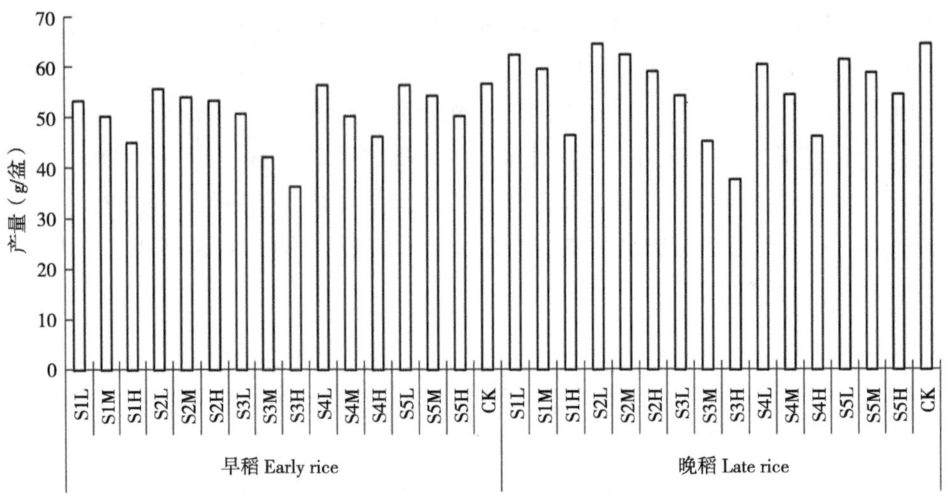

图1　不同生育期干旱对双季超级稻产量的影响

表1　不同生育期干旱对双季超级稻产量影响的函数

稻季 Season	生育期 Growing stage	含水率—产量函数 Yield-water content relation function	相关系数（R^2） correlation coefficient
早稻 Early rice	S1	$y=-22.222x^2+59.31x+18.848$	0.997 1
	S2	$y=0.888\,9x^2+6.502\,2x+49.237$	0.986 9
	S3	$y=1.888\,9x^2+43.466x+11.474$	0.994 1
	S4	$y=-40.333x^2+87.417x+9.869\,2$	0.959 5
	S5	$y=-41.333x^2+78.107x+19.765$	0.999 7
晚稻 Late rice	S1	$y=-120.11x^2+224.15x-40.076$	0.978 9
	S2	$y=-36.111x^2+68.499x+32.071$	0.998 5
	S3	$y=59.78x+4.023$	0.996 2
	S4	$y=40.327x+25.099$	0.977 6
	S5	$y=-12.333x^2+40.857x+35.803$	0.996 7

2.2　不同生育期干旱对双季超级稻蒸腾蒸发量的影响

不同生育期土壤干旱对双季超级稻蒸腾蒸发量的影响见表2。无论早晚稻，所有干旱处理的蒸腾蒸发量均低于浅水充分灌溉（对照）。且各生育阶段的双季稻蒸腾蒸发量均表现为随土壤干旱的加剧而蒸腾蒸发量减少。晚稻的蒸腾蒸发量要高于早稻，这可能与晚稻生长季生育期较长，气温较高有关。双季超级稻均以拔节孕穗期（S3期）蒸腾蒸发量最大，这可能与这个时期水稻生长最为旺盛，需水量最大有关。

表2　不同生育期干旱对双季超级稻蒸腾蒸发量的影响

稻季	处理	各生育阶段蒸发蒸腾量（mm）					
		S1	S2	S3	S4	S5	合计
早稻	S1L	28	102	202	134	152	723
	S1M	26	99	200	126	151	707
	S1H	20	96	194	123	147	685
	S2L	48	86	206	133	150	728
	S2M	46	78	200	136	156	721
	S2H	48	70	192	138	162	715
	S3L	45	106	166	130	154	706
	S3M	46	105	154	132	152	694
	S3H	45	107	132	138	159	686
	S4L	43	103	208	106	158	723
	S4M	44	105	204	98	155	711
	S4H	45	102	206	90	158	706
	S5L	44	104	203	136	110	702
	S5M	46	103	204	132	102	692
	S5H	45	104	206	130	88	678
	CK	46	104	202	128	155	740
晚稻	S1L	98	136	288	123	107	867
	S1M	76	134	284	127	111	847
	S1H	72	130	280	124	108	829
	S2L	108	94	286	123	109	835
	S2M	110	82	284	121	107	819
	S2H	114	76	285	121	104	815
	S3L	112	128	198	128	107	788
	S3M	110	133	185	126	108	777
	S3H	114	130	180	124	106	769
	S4L	112	132	286	113	109	867
	S4M	110	130	282	105	105	847
	S4H	114	135	280	98	107	849
	S5L	112	133	284	126	98	868
	S5M	116	136	286	127	93	873
	S5H	110	130	282	124	87	848
	CK	112	132	283	123	107	872

2.3 不同生育期干旱对双季超级稻水分利用效率（WUE）的影响

不同生育期干旱对双季超级稻水分利用效率（WUE）的影响见图2。除无效分蘖期（S2期）外，早晚稻的WUE基本表现为随干旱的加剧而减少，这表明良好的水分供应可提高水分的利用效率。早稻S2期的水分轻度亏缺和中度亏缺处理的WUE相同，高于重度亏缺处理，晚稻S2期的WUE随干旱的加剧而增加。这可能与S2期为无效分蘖期有关，此期干旱能有效抑制无效分蘖的发生，从而改善分蘖群体，取得较高产量，提高水分利用效率。晚稻季的WUE随干旱的加剧而增加说明了这一道理，但干旱也存在一定的程度，当超过一定程度的干旱会造成有效分蘖的死亡，而导致减产，降低水分利用效率，早稻季的结果证明了这一点。早晚稻绝大多数处理的WUE低于CK，只有早稻S4L、S5L和S5M和晚稻S2L、S2M、S2H处理的WUE高于对照。这表明早稻的抽穗开花期轻度干旱和乳熟期的轻中度干旱能提高水分利用效率。而晚稻无效分蘖期3种程度的干旱均可提高WUE，且亏缺程度越重，WUE越大，表明在晚稻季无效分蘖期进行控水是提高WUE的一种有效手段，且干旱程度越重越好。早稻WUE受干旱影响敏感程度排序为S3>S1>S4>S2>S5，晚稻WUE受干旱影响敏感程度排序为S3>S4>S1>S5>S2，与产量的排序基本相同。

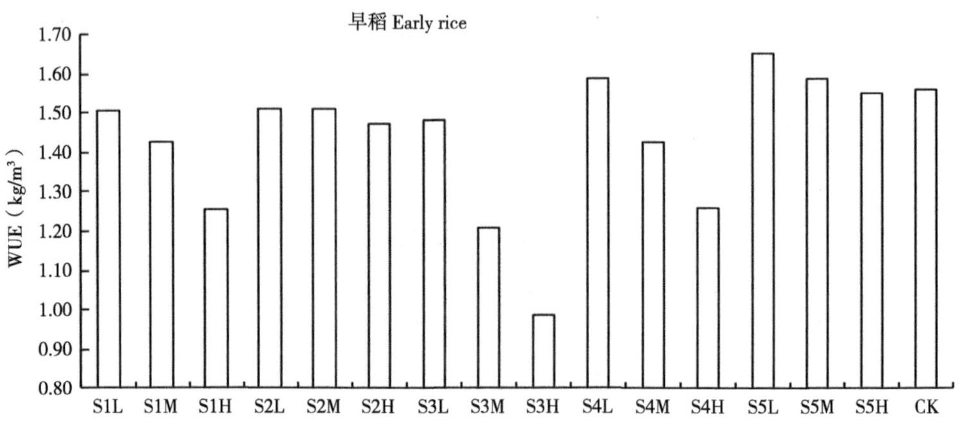

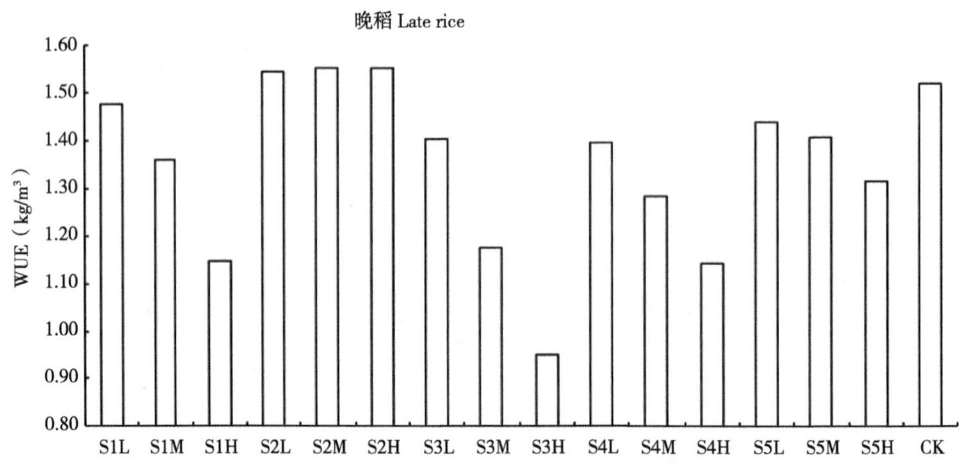

图2 不同生育期干旱处理对双季超级稻WUE的影响

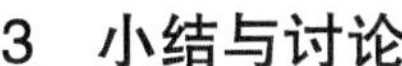

3　小结与讨论

关于水稻不同生育期干旱对水稻影响，余叔文[11]、朱庆森等[12-14]、徐林娟[15]等曾先后做过研究，他们以土壤含水量、土水势、叶水势等为指标进行研究，这对当时节水技术的研究有重要的指导意义，但这些水分指标又具有明显的缺陷，如观测手续繁、反应时间慢等，不能适时准确地反映土壤水分的连续变化，实用性不佳。本试验采用英国产WET-2型土壤三参数仪测定含水率进行土壤水分调节，该法测定速度快，数据稳定，便携效果好，可操作性更强，值得在今后土壤水分的研究中进一步应用。

关于不同生育期干旱对水稻产量的影响，已有不少的研究。如余叔文[11]、杉本[16]等的研究表明，孕穗期或更正确地说是从四分子体到花粉粒的形成过程中受缺水危害最严重，并提出生殖生长的直接受害是减产的原因。此外在生长后期经受短期干旱，在恢复淹灌层后营养生长反而受到促进，破坏了营养生长和生殖生长之间的正常及其相关的生长过程，也是一个减产的主要因素。在本试验中也得到了类似的结论，无论是早稻还是晚稻均以拔节孕穗期受干旱胁迫影响程度最大，这可能与拔节孕穗期为水稻的临界水分生长期有关。此期，双季稻为满足水稻生殖生长的需要，大量吸收环境中的水，缺水则造成严重减产。此期的水分蒸发蒸腾量为全生育期最大，也证明了这一点。这一点与朱庆森[12]等认为抽穗前各生育期持续10d水势低于-25kPa即引起显著减产，以分蘖盛期最为敏感，其次是生殖细胞形成期、枝梗分化期、分蘖末期和花粉充实期有所不同。这可能与试验品种、气候差异等不同有关。

本试验研究结果表明，在双季稻不同生育期期，对干旱胁迫影响的敏感性不同。在双季稻的无效分蘖期和乳熟期进行轻度甚至中度的干旱胁迫，对产量的影响较小，还能提高水分利用效率。因此可以依此来指导水稻生产上进行适时、适度地进行控水，避开水稻对水分最敏感的时期（分蘖盛期和减数分裂期），对无效分蘖期和乳熟期进行适当的土壤水分胁迫，从而达到节水而不减产的目的。

参考文献

[1] 陈彩虹，张志珠，卢宏琮，等. 不同生育期干旱对水稻生长和产量的影响[J]. 西南农业学报，1993，6（2）：38-43.

[2] 茆智，崔远来，李新建. 我国南方水稻水分生产函数试验研究[J]. 水利学报，1994，9（9）：21-31.

[3] Kumar R，Sarawgi A K，Ramos C，Amarante S T，Ismail A M，Wade L J. Partitioning of dry matter during drought stress in rainfed lowland rice[J]. Field Crops Research，2006，98：1-11.

[4] 江学海，李刚华，王绍华，等. 不同生育阶段干旱胁迫对杂交稻产量的影响[J]. 南京农业大学学报，2015，38（2）：173-181.

[5] 周广生，徐才国，靳德明，等. 分蘖期节水处理对水稻生物学特性的影响[J]. 中国农业科学，2005，38（9）：1 767-1 773.

[6] 王成瑷，王伯伦，张文香，等. 土壤水分胁迫对水稻产量和品质的影响[J]. 作物学报，2006，32（1）：131-137.

[7] 赵正宜，迟道才. 土壤水分胁迫对水稻生长发育的影响[J]. 沈阳农业大学学报，2000，31（2）：214-217.

[8] 汪妮娜，黄敏，陈德威，等. 不同生育期水分胁迫对水稻根系生长及产量的影响[J]. 热带作物学报，2013，34（9）：1 650-1 656.

[9] 郑家国，任光俊，陆贤军，等. 花后水分亏缺对水稻产量和品质的影响[J]. 中国水稻科学，2003，17（3）：239-243.

[10] Boonjung H，Fukai S. Effects of soil water deficit at different growth stages on rice growth and yield under upland conditions.1.Growth during drought[J]. Field Crop Research，1996，48：37-45.

[11] 余叔文，陈景治，龚燦霞. 不同生长时期土壤干旱对水稻的影响[J]. 作物学报，1962，1（4）：399-409.

[12] 朱庆森，邱泽森，姜长鉴，等. 水稻各生育期不同土壤水势对产量的影响[J]. 中国农业科学，1994，27（6）：15-22.

[13] 邱泽森，朱庆森，刘建国，等. 水稻在不同土壤水势下的生理反应[J]. 江苏农学院学报，1993，14（2）：7-11.

[14] 杨建昌，朱庆森，王志琴. 土壤水分对水稻产量与生理特性的影响[J]. 作物学报，1995，21（1）：110-114.

[15] 徐林娟. 以叶水势为灌溉指标的水稻节水技术体系研究[D]. 杭州：浙江大学，2006.

[16] 杉本. 籼稻蒸散作用与干物质生产的关系[C]. 稻田水分管理论文集，1976：81-97.

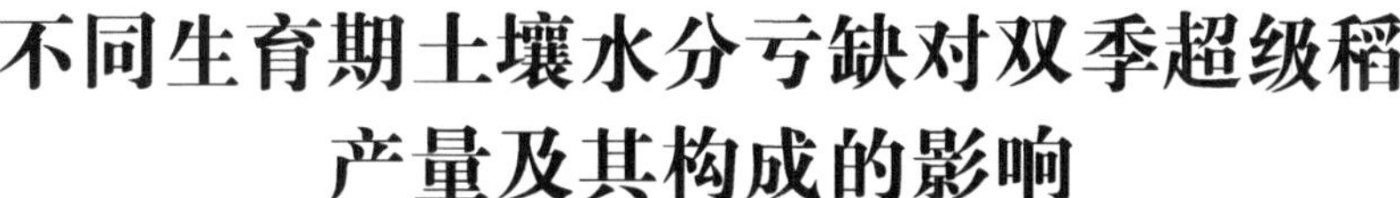

不同生育期土壤水分亏缺对双季超级稻产量及其构成的影响

钱银飞　邱才飞　邵彩虹　陈先茂　关贤交　陈金　谢江　邓国强　彭春瑞*

（江西省农业科学院土壤肥料与资源环境研究所/农业部长江中下游作物生理生态与耕作重点实验室/国家红壤改良工程技术研究中心，南昌 330200）

摘　要：通过盆栽试验研究了不同生育期土壤水分亏缺对双季稻生长发育及产量形成的影响。结果表明，双季超级稻生育前期土壤水分亏缺对株高存在较大影响，其中均以拔节孕穗期受土壤水分亏缺影响最重，早稻株高下降4.53%～11.1%，晚稻下降3.09%～10.04%，且水分亏缺程度越重，株高下降越多，而生育后期影响较小。双季超级稻不同生育期土壤水分亏缺处理的叶、穗、根及总的干物质积累量均低于浅水灌溉对照，且均表现为随土壤水分亏缺程度的加剧而积累量越少，根冠比也表现为相同规律。但土壤水分亏缺却一定程度上促进了茎鞘的发育，产生补偿作用，但作用较小。双季超级稻所有土壤水分亏缺处理的产量均低于对照浅水充分灌溉，早稻产量为对照的58.73%～99.42%，晚稻产量为对照的55.15%～96.74%。各生育期的双季稻产量均表现为随土壤水分亏缺的加剧而下降严重。双季超级稻产量受水分亏缺影响敏感程度排序：早稻为拔节孕穗期>有效分蘖期>抽穗开花期>无效分蘖期>乳熟期，晚稻为拔节孕穗期>抽穗开花期>有效分蘖期>乳熟期>无效分蘖期。水分亏缺对双季超级稻有效分蘖期的穗数，拔节孕穗期的穗粒数影响程度最大，可引起大幅减产。无效分蘖期和乳熟期受水分亏缺影响减产程度较小。

关键词：双季超级稻；土壤水分亏缺；时期；敏感程度；生长发育；产量

Effects of Soil Water Deficit at Different Growing Stage on Yield Formation of Double-cropping Super Indica Rice

Qian Yinfei　Qiu Caifei　Shao Caihong　Chen Xianmao　Guan xianjiao　Chen jin　Xie jiang　Deng Guoqiang　Peng Chunrui*

(Soil and Fertilizer&Resources and Environmental Institute, Jiangxi Academy of Agricultural Sciences/Key Laboratory of Crop Ecophysiology and Farming System for the Middle and Lower

本文原载：干旱地区农业研究，2017，35（3）：13-19

基金项目：国家重点研发专项（2016YFD0801101-4），国家科技支撑计划项目（2013BAD07B12），江西省自然科学基金青年基金（20132BAB214012），江西省重点研发计划项目（20161ACF60013）

*通讯作者

Reaches of the Yangtze River, Ministry of Agriculture, P. R. China/National Engineering and technology research center for red soil improvement, Nanchang 330200, China)

Abstract: We aimed to investigate the effect of soil water deficit at different growing stages on growth and yield formation of double-cropping super Indica rice by pot experiments. The result indicated that soil water deficit had significant effect on plant height of double-cropping super Indica rice during the early growing period in particular the jointing-booting stage, with the largest effect on plant height. Early rice drops 4.53%–11.1% height, the late rice drops 3.09%–10.04%, moreover, the plant height declined with the soil water deficit aggravating, but the impact of soil water deficit happened in late growing period was small. The leaf, ear, root weight and total dry matter accumulation of double-cropping super rice with soil water deficit at different growing period were lower than shallow water irrigation (CK), and the accumulation reduced with the soil water deficit aggravating, root/shoot ratio represented similar rule. On the other hand, soil water deficit promoted the growth of the stem and sheath to some extent and generated the small compensatory action. The yield of the double-cropping super Indica rice under the soil water deficit were lower than the CK, the yield of early rice was 58.73%–99.42%, of the CK, the late rice was 55.15%–96.74%.And it decreased with the soil water deficit aggravating. Grain yield affected by the soil water deficit at different growing stage showed an order of the jointing-booting stage>effective tillering stage>heading-florescence stage>invalid tillering stage>milky stage for the early rice, while that for the late rice was jointing-booting stage>heading-florescence stage>effective tillering stage>milky stage>invalid tillering stage. In addition, the effect of soil water deficit on the effective panicle number during effective tiller stage and spike number during jointing-booting stage was the greatest, which could cause yield reduction heavily. The influence of soil water deficit in ineffective tiller stage and milk stage was small.

Key words: Double-cropping super Indica Rice; Soil water deficit; Growing stage; Sensitive degree; Growth; Yield

中国是一个严重缺水的国家，人均水资源占有量只有2 100m^3，仅为世界平均水平的28%，是全球13个人均水资源最匮乏的国家之一。同时我国的水资源时空分布不均，水资源利用效率低，水污染严重等已造成我国的水资源紧张[1]。水稻是我国最大的用水作物，其用水量约占农业用水量的70%，约占全国用水量的50%[2]。因此，发展水稻节水栽培，提高稻田灌溉水利用率已成为当务之急[3]。水稻节水的一个有效途径就是根据水稻不同生育期对水分需求的差异进行针对性的水分调控，从而使得水资源的利用最大化[4-5]。

江西地处亚热带季风气候区，也是我国水稻主产区之一，降雨虽丰沛但分布不均，夏秋之间高温少雨，常出现季节性干旱，造成该区出现严重伏、秋干旱灾害，且受全球气候变化影响，该区旱灾呈频繁和加剧的趋势，对江西的水稻生产造成极大危害。不少研究表明[4-12]，水稻在不同生育阶段对水的需求不一，对遭受一定程度的水分胁迫后其反应也不相同，有的阶段表现出具有较强的忍耐性，而有的阶段则反应很敏感，不同生育期遭受不同程度的土壤水分亏缺，对水稻的生长发育及产量品质等也有不同程度的影响。为此，本文通过盆栽试验，严格控制土壤水分，设置不同生育期土壤水分亏缺处理，系统全面观察

了在不同生育期进行土壤水分亏缺处理对双季超级稻产量形成的影响，探讨双季超级稻不同生育期对土壤水分的敏感性差异及水分亏缺程度对双季超级稻产量形成的影响大小，旨在为双季超级稻生产上合理利用水资源提供理论依据。

1 材料与方法

1.1 试验地点及品种

试验于2013—2014年在江西省农业科学院土壤肥料与资源环境研究所玻璃网室进行，大田育秧。早稻4月10日播种，4月30日移栽至盆钵，晚稻6月20日播种，7月25日移栽至盆钵，移栽秧苗生长基本一致。塑料盆钵规格：直径25cm，高30cm，盆钵内装过筛的耕作层土约18kg，土壤为红壤土，质地黏性，土壤肥力为pH值5.32，碱解氮144mg/kg、速效磷33.5mg/kg、速效钾76.5mg/kg，早稻移栽前每盆施尿素2.0g，氯化钾0.88g，钙镁磷肥3.8g。晚稻用肥量为早稻的1.25倍。早稻供试品种为超级杂交稻品种金优458，江西省农业科学院水稻研究所育成，2009年被审定为超级稻。晚稻为淦鑫688，江西农业大学育成，2008年被审定为超级稻。

1.2 试验设计

水稻移栽到栽后7d，盆内保持浅水层活棵，水稻黄熟后盆内断水收获。在栽后8d至水稻黄熟期，将水稻生育期分成5个阶段：有效分蘖期（S1）、无效分蘖期（S2）、拔节孕穗期（S3）、抽穗开花期（S4）、乳熟期（S5）。每个生育期分别进行3种不同程度的土壤水分亏缺处理：轻度土壤水分亏缺（L，下限的土壤含水率为饱和含水率的85%），中度土壤水分亏缺（M，下限的土壤含水率为饱和含水率的70%），重度土壤水分亏缺（H，下限的土壤含水率为饱和含水率的55%）。每个生育期处理7d后复水。除水分处理时期外，各处理其余时间均采用浅水充分灌溉。全生育期以常规浅水充分灌溉作为对照（CK，饱和含水率）。每处理5盆，每盆3穴，每穴2苗。全程采用量筒精确计量每次加水量，利用称重法结合WET-2土壤三参数仪（CAMBRIDGE，UK）测定土壤含水率来监测土壤5cm处土壤水分的变化。在水分处理期利用称重法进行加水操作，以控制各盆的土壤含水量在很小范围内波动。

1.3 测定内容与方法

成熟期各处理实收计产，分盆计穗数，晒干，脱粒计产，以清水漂选谷粒，分别计数实粒数与秕粒数，计称实粒千粒重。

1.4 数据分析方法

数据处理和统计分析采用Excel 2003和DPS 7.05完成。

2 结果与分析

2.1 不同生育期土壤水分亏缺对双季超级稻株高的影响

不同生育期土壤水分亏缺对双季超级稻株高的影响见图1。双季超级稻生育前期有效分蘖期（S1）、无效分蘖期（S2）和拔节孕穗期（S3）3个时期的土壤水分亏缺对株高存在一定影响，而生育后期的抽穗开花期（S4）和乳熟期（S5）土壤水分亏缺对水稻株高影响不大，差异不显著。双季超级稻均以拔节孕穗期（S3）受土壤水分亏缺影响最重，且水分亏缺程度越重，株高下降越多。这说明，水稻拔节孕穗期是水稻株高增长的关键时期，此期水分亏缺会对稻株节间细胞生长产生明显的抑制作用，从而减低水稻株高。此期株高受抑制很难通过后期水分补充来恢复，因此此阶段应保障水分供应。在有效分蘖期（S1）和无效分蘖期（S2）土壤水分亏缺也在一定程度影响株高，但影响程度较小，株高降幅较小。

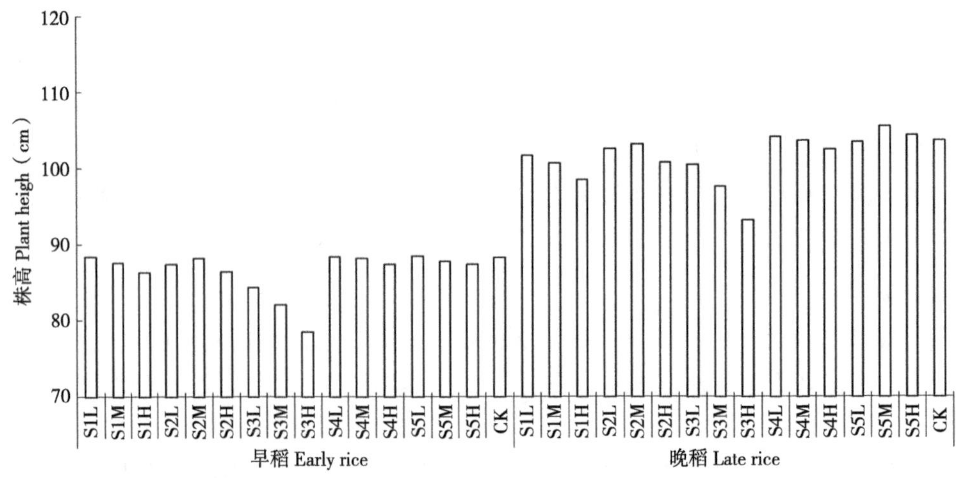

图1　不同生育期土壤水分亏缺对双季超级稻株高的影响

Figure 1　Effect of water deficit on plant height in different growing stage

2.2　不同生育期土壤水分亏缺对双季超级稻成熟期干物质积累量的影响

由表1所示，不同生育期土壤水分亏缺对成熟期干物质积累量的影响表现为，双季超级稻不同生育期土壤水分亏缺处理的穗和根的干物质积累量均低于浅水灌溉对照，且均表现为随土壤水分亏缺程度的加剧而积累量越少。根冠比也表现为相同规律。土壤水分亏缺导致了叶片干物质积累量的减少却增加了茎鞘干物质积累量的增加。随土壤水分亏缺程度的加剧，基本呈现叶片干物质积累量的减少的趋势，但早稻无效分蘖期（S2）略有差异。早稻无效分蘖期中度水分亏缺最终的叶片干物质积累量高于轻度水分亏缺，这可能是早稻无效分蘖期中度水分亏缺比轻度水分亏缺更好地抑制了无效分蘖的发生，从而促进了有效分蘖的生长。茎鞘干物质积累量与叶片干物质积累量基本上呈负相关关系，但相关关系不显著。这表明水分亏缺处理抑制了叶片的生长发育，却一定程度上促进了茎鞘的发育，从而补偿土壤水分亏缺所带来的负效应，但这种补偿作用效果甚微。大体的结果表明土壤水分亏缺所带来的负效应大于茎鞘补偿的正效应，土壤水分亏缺程度越严重，成熟期干物质总积累量越少。

表1　不同生育期水分亏缺对双季超级稻成熟期干物质积累量的影响

Table 1　Effect of water deficit on dry matter accumulation in the maturity stage

稻季 Season	处理 Treatments	干物重（g/盆）Dry matter accumulation（g/pot）					根冠比 Root/shoot Ratio
		叶 leaf	茎鞘 stem	穗 ear	根 root	总 Total	
早稻 Early rice	S1L	16.74d	23.27ij	57.37b	6.11c	103.49de	0.063c
	S1M	15.45g	27.51f	54.71e	5.71de	103.38de	0.058ef
	S1H	14.82i	26.26g	46.1i	4.94f	92.12h	0.057f
	S2L	17.4b	20.07k	56.02c	6.14c	99.63f	0.066b
	S2M	17.83a	22.52j	55.32d	6.06c	101.73e	0.063c
	S2H	16.32f	27.66f	53.58f	5.84d	103.4de	0.06de
	S3L	15.48g	28.07ef	52.89g	5.76d	102.2e	0.06de
	S3M	14.25j	24.17hi	43.06k	4.58g	86.06i	0.056f
	S3H	13.81k	24.32h	35.14l	3.61h	76.88j	0.049h
	S4L	17.2c	28.84e	57.24b	6.34b	109.62c	0.061cd
	S4M	16.54e	31.73c	50.97n	5.58e	104.82d	0.056f
	S4H	15.36gh	30.73d	44.8j	4.84f	95.73g	0.053g
	S5L	16.55e	31.69c	58.8a	6.46b	113.5b	0.06de
	S5M	16.34f	35.81b	55.41d	6.1c	113.66b	0.057f
	S5H	15.2h	41.24a	53.5f	5.84d	115.78a	0.053g
	CK	17.43b	20.65k	58.8a	6.82a	103.7de	0.07a
晚稻 Late rice	S1L	19.12c	25.12ef	62.63d	8.55c	115.42bc	0.08de
	S1M	18.43de	25.38def	57.85g	7.94e	109.6d	0.078efg
	S1H	16.34h	23.66f	48.54l	6.83g	95.37g	0.077fg
	S2L	19.43a	17.42h	64.72b	8.8b	110.37d	0.087a
	S2M	19.34ab	20.53g	64.81b	8.73b	113.41c	0.083bc
	S2H	18.54d	25.14ef	64.02c	8.74b	116.44ab	0.081cd
	S3L	17.45g	23.77ef	55.27j	7.67f	104.16f	0.079def
	S3M	16.48h	23.11f	46.45m	6.56h	92.6h	0.076gh
	S3H	15.26i	27.49cd	37.23n	5.48i	85.46i	0.069i
	S4L	18.36de	26.08cde	60.72f	8.3d	113.46c	0.079def

（续表）

稻季 Season	处理 Treatments	干物重（g/盆） Dry matter accumulation（g/pot） 叶 leaf	茎鞘 stem	穗 ear	根 root	总 Total	根冠比 Root/shoot Ratio
晚稻 Late rice	S4M	18.12f	27.96c	55.67i	7.69f	109.44d	0.076gh
	S4H	17.33g	32.87a	49.32k	6.93g	106.45e	0.07i
	S5L	19.12c	25.03ef	62.72d	8.55c	115.42bc	0.08de
	S5M	18.46de	30.17b	60.98e	8.34d	117.95a	0.076gh
	S5H	18.34e	30.55b	56.89h	7.83ef	113.61c	0.074h
	CK	19.22bc	20.81g	66.63a	9.06a	115.72b	0.085ab

注：同列数据后不同小写字母表示处理间差异分别达$P<0.05$水平，下同

Note：Different small letters represent significant difference at $P<0.05$ levels，The same as below

2.3 不同生育期土壤水分亏缺对双季超级稻产量的影响

不同生育期土壤水分亏缺对双季超级稻产量的影响见表2。无论早晚稻，所有水分亏缺处理的产量均低于对照浅水充分灌溉。各生育阶段的双季稻产量均表现为随土壤水分亏缺的加剧而下降严重。早稻有效分蘖期（S1）、无效分蘖期（S2）、拔节孕穗期（S3）、抽穗开花期（S4）和乳熟期（S5）不同水分胁迫的平均产量分别占对照产量的86.88%、92.99%、73.57%、86.91%和94.7%；晚稻分别占对照产量的83.86%、96.45%、68.81%、82.27%和89.74%，以晚稻的拔节孕穗期受水分亏缺减产最为严重，晚稻的无效分蘖期最轻。早稻受水分亏缺影响排序为S3>S1>S4>S2>S5，晚稻受水分亏缺影响排序为S3>S4>S1>S5>S2。

表2　不同生育期土壤水分亏缺对双季超级稻产量及其构成的影响

Table 2　Effect of water deficit on yield and its components in different growing stage

稻季 Season	处理 Treatments	每盆穗数 No. of grains per panicle	每穗粒数 No. of spike per panicle	总颖花数 No. of total flowers per pot	结实率 （%） Seed setting rate	千粒重 （g） 1 000-grain weight	产量 （g/盆） yield
早稻 Early rice	S1L	26.5f	112.4b	2 983.9f	73.5b	26.3ab	53.3deCD
	S1M	24.6h	113.6ab	2 790.5j	73.6b	26.4ab	50.2hF
	S1H	21.5i	114.5a	2 467.2m	73.6b	26.5ab	43.9jH
	S1	24.2	113.5	2 747.2	73.6	26.3	49.1
	S2L	26.7e	109de	2 911.7g	75.5a	26.2bc	53.6dC
	S2M	26.5f	108.7de	2 880.3h	75.6a	26.3ab	53eD
	S2H	25.6g	108.1e	2 763.3k	75.6a	26.4ab	51.2fE
	S2	26.3	108.6	2 851.8	75.6	26.3	52.6

（续表）

稻季 Season	处理 Treatments	每盆穗数 No. of grains per panicle	每穗粒数 No. of spike per panicle	总颖花数 No. of total flowers per pot	结实率（%） Seed setting rate	千粒重（g） 1 000-grain weight	产量（g/盆） yield
早稻 Early rice	S3L	26.5f	108.3e	2 865.6i	72.6d	26.3ab	50.6gF
	S3M	25.6g	102.1f	2 609.2l	68.2i	25.7ef	41lJ
	S3H	24.7h	94.5g	2 329.7n	64.4j	25g	33.2mK
	S3	25.6	101.6	2 601.5	68.4	25.7	41.6
	S4L	27.8c	113.2b	3 145.5bc	71.6f	26.2bc	55.2cB
	S4M	27.6d	109.8cd	3 029.1e	68.2i	25.8de	49.1iG
	S4H	26.7e	107.7e	2 869.1hi	64.3j	25.6f	43.1kI
	S4	27.3	110.2	3 014.6	68	25.9	49.2
	S5L	28.5a	111.1c	3 163a	72.4e	26.3ab	56.2bA
	S5M	28.4a	110.7c	3 137.8c	70.4g	26.1c	53.3deCD
	S5H	28.2b	109.8cd	3 099.1d	68.6h	25.9d	51.2fE
	S5	28.4	110.5	3 133.3	70.5	26.1	53.6
	CK	28.5a	110.6c	3 156.6ab	73.3c	26.2bc	56.6aA
晚稻 Late rice	S1L	25.1i	135.6b	3 406.8i	69.3c	27.4ab	60.3cC
	S1M	23.2j	136.5b	3 160.2k	71.4b	27.4ab	55.3eE
	S1H	18.3k	138.5a	2 536.4m	73.5a	27.5a	46.4iI
	S1	22.2	136.8	3 034.5	71.4	27.4	54
	S2L	27.4cd	131.9efg	3 617.5de	67.4f	27.3b	62.3bB
	S2M	27.5bc	131.6fg	3 614.8e	68.3e	27.3b	62.2bB
	S2H	27.3de	131.4fg	3 589.4f	68.5d	27.4ab	61.9bB
	S2	27.4	131.7	3 607.2	68.1	27.3	62.1
	S3L	27.1f	130.6g	3 542.4g	62.4j	26.1e	53.2gG
	S3M	26.7g	126.4h	3 369.1j	56.7m	25.5g	44.2jJ
	S3H	25.6h	122.3j	3 129.5l	52.2n	24.4h	35.5kK
	S3	26.5	126.5	3 347	57.1	25.3	44.3
	S4L	27.7a	133.3cd	3 686.9a	64.4h	26.1e	58.4dD
	S4M	27.6ab	130.8g	3 612.2e	61.2k	25.9f	53.4gG
	S4H	27.6ab	125i	3 443.9h	58.4l	25.6g	47.2hH
	S4	27.6	129.7	3 581	61.4	25.9	53
	S5L	27.5bc	133.1cde	3 664.7b	65.6g	26.6c	60.3cC
	S5M	27.4cd	134.2c	3 673.3b	63.9i	26.5cd	58.6dD

（续表）

稻季 Season	处理 Treatments	每盆穗数 No. of grains per panicle	每穗粒数 No. of spike per panicle	总颖花数 No. of total flowers per pot	结实率 （%） Seed setting rate	千粒重 （g） 1 000-grain weight	产量 （g/盆） yield
晚稻 Late rice	S5H	27.2ef	133.3cd	3 629cd	61.3k	26.4d	54.5fF
	S5	27.4	133.5	3 655.7	63.6	26.5	57.8
	CK	27.5bc	132.5def	3 639.7c	68.4de	27.3b	64.4aA

注：同列数据后不同大小写字母表示处理间差异分别达$P<0.01$和$P<0.05$水平

Note：Different large and small letters represent significant difference at $P<0.01$ and $P<0.05$ levels

2.4 不同生育期土壤水分亏缺对双季超级稻产量构成因素的影响

不同生育期土壤水分亏缺对产量构成因素具有显著影响（表2）。不同生育期土壤水分亏缺对穗数的影响表现为与浅水充分灌溉对照相比，早晚稻均以有效分蘖期（S1）的穗数下降最多，下降幅度也最大。其次为拔节孕穗期和无效分蘖期，抽穗开花期和乳熟期下降较少，这表明水分亏缺影响穗数形成主要在水稻生长的前期。此期为穗数形成的关键时期，有效分蘖期是水分亏缺的敏感期，此期缺水将大大减少有效分蘖的发生。不同水分亏缺处理间，基本表现为随水分亏缺程度的加剧而穗数减少程度增加。不同生育期土壤水分亏缺对穗粒数的影响表现为早晚稻均以拔节孕穗期（S3）的穗粒数下降最多，这表明拔节孕穗期为穗粒数形成的最关键时期，水分亏缺对穗粒数影响很大。同时研究中也发现早晚稻有效分蘖期均出现穗粒数比对照增加的现象，这可能是有效分蘖期水分亏缺减小了穗数，却改善了群体通风透光条件，从而有利于穗粒数的形成。这也表明水稻自身具有补偿作用，能一定程度上恢复不利因素对自身生长的影响。在水稻拔节及其以后，不同水分亏缺处理间，基本表现为随水分亏缺程度的加剧而穗粒数减少增多。不同生育期土壤水分亏缺对总颖花数的影响表现为早稻总颖花数下降排序为S3>S1>S2>S4>S5，晚稻总颖花数下降排序为S1>S3>S4>S2，S5期总颖花数增加。不同水分处理间，基本表现为随水分亏缺程度的加剧而总颖花数减少程度增加。不同生育期土壤水分亏缺对结实率的影响表现为早稻以抽穗开花期（S4）的结实率下降最多，其次为拔节孕穗期和乳熟期，有效和无效分蘖期结实率增加。晚稻以拔节孕穗期（S3）的结实率下降最多，其次为抽穗开花期，最后为乳熟期和无效分蘖期，有效分蘖期结实率增加。不同水分处理间，拔节孕穗期及以后基本表现为随水分亏缺程度的加剧而结实率下降程度增加。有效和无效分蘖期结实率变化较少，甚至有随水分亏缺程度加剧而结实率略有上升现象。不同生育期土壤水分亏缺对千粒重的影响变化均表现为拔节孕穗期（S3）的千粒重下降最多，其次为抽穗开花期，最后为乳熟期，无效分蘖期和有效分蘖期千粒重略有增加。不同水分处理间，拔节孕穗期及以后基本表现为随水分亏缺程度的加剧而千粒重下降程度增加。

水分亏缺处理对双季超级稻产量及其结构的影响通径及相关分析结果显示，早晚稻产量构成因子中均以总颖花数（X_3）对产量的贡献最大，其直接通径系数最大，其次为结实率（X_4），千粒重（X_5）最小（表3）。穗数对总颖花数的贡献要大于穗粒数。早晚稻产量构成因子与产量皆呈正相关，但相关程度不同。其中早稻以总颖花数（X_3）与稻谷的产量（Y）相关性最好（r=0.862**），其次为千粒重，穗粒数和结实率。穗数与产量的相关程度最小。而晚稻产量构成因子与产量的相关性则表现为千粒重>结实率>总颖花数>穗粒数>穗数。

表3 不同水分亏缺处理对双季超级稻产量及其结构的影响通径及相关分析

Table 3 Correlation and passway coefficients between yield components

稻别 rie type	产量构成 Factors	因素间相关系数 Relative coefficient among yield components					对Y的效应 Effect for Y	对X_3的效应 Effect for X_3
		X_2	X_3	X_4	X_5	Y（实产）	P_i-Y	P_i-X_3
早稻 Early rice	有效穗Effective panicles（x_1）	0.119	0.880**	−0.075	0.08	0.615*		0.823
	穗粒数Grains per panicle（x_2）		0.576*	0.581*	0.832**	0.741**		0.479
	总颖花数Total amount of spike（x_3）			0.218	0.465	0.862**	0.738	
	结实率Seed setting（x_4）				0.901**	0.681**	0.486	
	千粒重1 000−grain weight（x_5）					0.818**	0.037	
	剩余通径Residual path coefficient（Pe^2）						0.002	0
晚稻 Late rice	有效穗Effective panicles（x_1）	−0.464	0.946**	−0.448	−0.298	0.362		1.116
	穗粒数Grains per panicle（x_2）		−0.153	0.881**	0.821**	0.573*		0.365
	总颖花数Total amount of spike（x_3）			−0.181	−0.035	0.612*	0.726	
	结实率Seed setting（x_4）				0.963**	0.660**	0.588	
	千粒重1 000−grain weight（x_5）					0.752**	0.212	
	剩余通径Residual path coefficient（Pe^2）						0.008	0.001

注：$R_{0.05}$=0.497，$R_{0.01}$=0.623；*，**表示差异分别达P<0.05和P<0.01水平

Note：$R_{0.05}$=0.491，$R_{0.01}$=0.623；*，** represent significant difference at P<0.05 and P<0.01 levels，respectively

3 小结与讨论

土壤水分状况是影响水稻生长发育的重要生态因子之一，过多过少均可对水稻的生长

发育产生不利影响。掌握水稻不同生育期适宜的水分范围，是水稻合理灌溉和节水灌溉的基础。根据水稻不同生育期对水分需求的差异，在水稻关键生育期进行晒田，浅湿、干湿灌溉等不同操作方式，也已成为水稻高产的重要技术措施之一。大量研究结果表明[4-13]，水稻各个生育期对土壤水分亏缺的反应各不相同。本试验结果也证明了这一点，双季超级稻在不同生育期对土壤水分亏缺胁迫存在较大差异。早稻为拔节孕穗期>有效分蘖期>抽穗开花期>无效分蘖期>乳熟期，晚稻为拔节孕穗期>抽穗开花期>有效分蘖期>乳熟期>无效分蘖期。土壤水分亏缺对双季超级稻有效分蘖期的穗数，拔节孕穗期的穗粒数影响程度最大，可引起大幅减产。无效分蘖期和乳熟期受水分亏缺影响减产程度较小。这与赵正宜[13]、郑家国[14]、王成瑗[15]等在单季稻上的研究结果较为接近。土壤水分亏缺会减少双季超级稻叶、穗和根等的干物质量的积累，却能在一定程度上增加茎鞘物质的积累。这表明土壤水分胁迫可以改变光合产物的分配[9]。本试验中双季超级稻在无效分蘖期在一定的水分亏缺条件下，表现出较强的补偿效应，叶片的干物质积累量呈增加的现象。这表明水分胁迫并非完全是负效应，特定发育阶段、有限的水分胁迫对提高产量和品质是有益的，好多研究也证明了这一点[8-12]。杨建昌[6]等人认为土壤水分对产量的影响在品种间差异较大，同时认为土壤水分对产量构成因素的影响表现为：颖花数>结实率>千粒重。本研究在双季超级稻上也得到了同样的结果。对不同土壤水分亏缺处理对双季超级稻产量及其结构的影响通径分析的结果表明，双季超级稻产量构成因子中均以总颖花数对产量的贡献最大，其直接通径系数最大，其次为结实率，千粒重最小。

本试验采用WET-2型土壤三参数仪测定含水率进行土壤水分调节，这在以往的文献中尚未见报道，得出的结果与以往研究中采用土水势[5-7]、土壤含水量[16]、叶水势[17, 18]等测定方法得出的结论较为接近。WET-2型土壤三参数仪主要采用FDR（Frequency Domain Reflectometry）频域反射原理，利用电磁脉冲原理、根据电磁波在介质中传播频率来测量土壤的表观介电常数（ε），从而得到土壤容积含水量（θv）。与传统土壤水分测定仪器采用的TDR（Time Domain Reflector）时域反射系统相比，几乎具备TDR所有优点，而且更少的校正工作，同时操作更简单，更方便快捷，更重要的是精度高，稳定性好，同时还能测定土壤电导率和温度。目前已在园艺学和土壤学等领域得到广泛应用[19-21]，它简便安全、快速准确、定点连续、自动化、宽量程、少标定等的优点，值得在今后的土壤水分等的研究中进一步应用。本试验结果是在盆栽条件下获得的，尽管在操作过程中采用了严格的控制措施，但与大田生产实际仍存在一定的差异，如缺乏土壤深层水分调节等，因而其结果难免有一定的局限性。但其在不同土壤水分亏缺程度下的水稻生长发育的变化趋势可为进一步的研究提供一定的参考。

参考文献

［1］张利平，夏军，胡志芳. 中国水资源状况与水资源安全问题分析[J]. 长江流域资源与环境，2009，18（2）：116-120.

［2］罗良国，任爱胜，王瑞梅，等. 我国农业可持续发展的水危机及广泛开展节水农业前景初探[J]. 节水灌溉，2000（5）：6-12.

[3] 姚林，郑华斌，刘建霞，等. 中国水稻节水灌溉技术的现状及发展趋势[J]. 生态学杂志，2014，33（5）：1 381-1 387.

[4] 余叔文，陈景治，龚燦霞. 不同生长时期土壤干旱对水稻的影响[J]. 作物学报，1962，1（4）：399-409.

[5] 邱泽森，朱庆森，刘建国，等. 水稻在不同土壤水势下的生理反应[J]. 江苏农学院学报，1993，14（2）：7-11.

[6] 杨建昌，朱庆森，王志琴. 土壤水分对水稻产量与生理特性的影响[J]. 作物学报，1995，21（1）：110-114.

[7] 朱庆森，邱泽森，姜长鉴，等. 水稻各生育期不同土壤水势对产量的影响[J]. 中国农业科学，1994，27（6）：15-22.

[8] Boonjung H，Fukai S. Effects of soil water deficit at different growth stages on rice growth and yield under upland conditions.1.Growth during drought[J]. Field Crop Research，1996，48：37-45.

[9] Kumar R，Sarawgi A K，Ramos C，et al. Partition of dry matter during drought stress in rain feild lowland rice[J]. Field Crops Research，2006，98：1-11.

[10] Kato Y，Kamoshita A，Yamagishi J，et al. Growth of rice（*Oryzasativa* L.）cultivars under upland conditions with different levels of water supply[J]. Plant Production Science，2007，10（1）：3-13.

[11] 江学海，李刚华，王绍华，等. 不同生育阶段干旱胁迫对杂交稻产量的影响[J]. 南京农业大学学报，2015，38（2）：173-181.

[12] 严定春，朱练峰，金千瑜，等. 不同土壤水分含量下水稻、旱稻品种产量和生理生态性状研究[J]. 江苏农业科学，2015，43（6）：67-69.

[13] 赵正宜，迟道才. 土壤水分胁迫对水稻生长发育的影响[J]. 沈阳农业大学学报，2000，31（2）：214-217.

[14] 郑家国，任光俊，陆贤军，等. 花后水分亏缺对水稻产量和品质的影响[J]. 中国水稻科学，2003，17（3）：239-243.

[15] 王成瑷，王伯伦，张文香，等. 土壤水分胁迫对水稻产量和品质的影响[J]. 作物学报，2006，32（1）：131-137.

[16] 张文忠，韩亚东，杜宏绢，等. 水稻开花期冠层温度与土壤水分及产量结构的关系[J]. 中国水稻科学，2007，21（1）：90-102.

[17] 徐林娟. 以叶水势为灌溉指标的水稻节水技术体系研究[D]. 杭州：浙江大学，2006.

[18] 张瑞美，彭世彰，徐俊增. 作物水分亏缺诊断研究进展[J]. 干旱地区农业研究，2006，24（2）：205-210.

[19] S，Barbagallo，A C，Barbera，G L，Cirelli，et al. Reuse of constructed wetland effluents for irrigation of energy crops[J]. Water Science & Technology：A Journal of the International Association on Water Pollution Research，2014，70（9）：1 465-1 472.

[20] 胡蝶，郭铌，沙莎，等. 基于Radarsat-2 SAR数据反演定西裸露地表土壤水分[J]. 干旱气象，2014，32（4）：553-559.

[21] 仲启铖，王江涛，周剑虹，等. 水位调控对崇明东滩围垦区滩涂湿地芦苇和白茅光合、形态及生长的影响[J]. 应用生态学报，2014，25（2）：408-418.

水稻节水增效栽培技术在江西的应用

彭春瑞[1]　杨飏[2]

（[1]江西省农业科学院土壤肥料研究所，南昌 330200；
[2]江西省余干县农业局，余干 335100）

摘　要：根据江西的实际，将旱育秧（含抛秧）、节水整地与栽秧、浅湿干交替灌溉3项主体节水技术，与节水稻田化学除草、平衡施肥与合理经济施肥、化学调控培育多蘖壮秧等配套技术相结合，优化组装形成抛秧、旱床育秧、化控湿润矮壮秧3项节水栽培技术体系，进行了对比试验和大面积示范推广。结果表明，实施这3项节水栽培技术体系可以提高水稻产量、节约用水、节省成本、提高效益与资源利用效率。讨论了节水增效栽培技术在南方稻区的应用前景。

关键词：水稻；节水；栽培技术；产量；效益

我国是世界上最缺水的国家之一，农业用水占全社会用水量的70%，水稻生产在农业用水中的比例达65%左右，因此，实施农业节水特别是水稻节水具有十分重要的战略意义。水稻是沼泽性作物，需水量多，但也不是水越多越好，合理实行节水栽培，不仅可以节约用水和降低生产成本，而且可以提高产量，其潜力很大[1]。为此，国家科技部将“水稻节水增效技术开发应用”列为“九五”国家科技成果重点推广项目，并成立了由辽宁省农业科学院稻作研究所为技术依托单位的协作组，包括江西在内全国共有19省（市、区）参加。江西地处长江中下游南岸，雨量充沛，自然资源适宜种植水稻，全省水稻种植面积占粮食作物播种面积的85%以上，产量占粮食总产的95%左右。江西虽然年降水量达1 341～1 939mm，但季节、空间、年际间降雨分布极不均匀，每年3—6月的雨量占55%～60%，7—9月占20%，10月到次年2月占20%～25%；每年都有不同程度的旱灾发生，尤其以伏秋旱最重，而且，长期不合理的灌溉也影响了土壤生态环境和水稻的产量。江西从1996年起就开始示范推广该项技术，通过5年的实施，取得了良好的经济效益。据不完全统计，已累计推广178.2万hm^2，平均增产稻谷599.9kg/hm^2，共计增加稻谷106 903万kg，新增产值95 870.4万元；平均节约用水1 568.9m^3/hm^2，共计节约用水279 573万m^3；平均节省成本336.15元/hm^2，共计节省成本59 898万元；增收节支累计产生经济效益155 768.4万元。

1　主要技术措施

根据协作组制定的技术实施方案，结合江西的实际，以节水为中心，以增产增效为

本文原载：江西农业学报，2003，15（4）：12-16
基金项目：国家“九五”科技成果重点推广计划项目（97100116B）

目标，依据节水技术与相关高产措施配套、农艺措施与化学措施相结合的原则，实施了旱育培育壮秧（旱床育秧和塑料抛秧盘育秧）、节水整地和栽秧、浅湿干交替间歇灌溉3项主体节水技术，采用了节水稻田化学除草、平衡施肥和合理经济施肥、化学调控培育多蘖壮秧等配套技术。通过将各项技术优化组装配套，形成了抛秧节水栽培、旱床育秧节水栽培、化控湿润矮壮秧节水栽培3种主要节水栽培技术体系，进行大面积推广。

1.1　抛秧节水栽培技术

该项技术主要适用于早稻、中稻和早熟二晚品种，其关键技术是：采用塑料抛秧盘进行旱育秧，通过化控矮化秧苗，集约化育秧，秧龄3～4叶带土抛栽；大田干耕干整水耥平，花泥水抛秧；推广以BB肥为主的平衡施肥技术，采用基肥全层深施、追肥以水带肥的施肥技术；采用浅湿干交替间断灌溉，即每次灌水2～3cm，自然落干后露田2～3d，又灌水2～3cm，依此类推，当苗数达到计划穗数的70%～80%时提早多次晒田；推广以丁苄、抛秧宁等低药害除草剂为主的化学除草技术。该技术的主要优点是省工、省水、省秧田、省成本，栽后早发，有利于集约化商品育秧；缺点是对秧龄有严格限制，不能太长。

1.2　旱育秧节水栽培技术

该项技术也主要适用于早稻、中稻和早熟二晚品种，其关键技术是：采用旱地培育耐旱壮秧，秧龄3～6叶移栽；其他配套技术同抛秧节水栽培技术。其优点是省秧田、省种子、省水、省成本，可提早播种，栽后早发，有利于集约化商品育秧；缺点是秧龄不能太长，但在稀播条件下秧龄可适当延长。

1.3　化控湿润矮壮秧节水栽培技术

该项技术主要适用于生育期较长的二晚中迟熟品种（组合），因秧龄较长而不适用旱床育秧或抛秧盘育秧，采用湿润育秧，通过用烯效唑浸种或喷施多效唑培育多蘖老壮秧，6叶期后移栽；移栽时浅水，栽后灌水护苗，当苗数达到计划穗数的80%～90%时晒田；其他大田配套技术同抛秧节水栽培技术。

2　项目实施的效果

2.1　增产效果

1996—1997年的田间对比试验结果表明，早稻采用抛秧节水栽培技术体系较常规栽培能增加有效穗数，并克服穗多带来的每穗粒数剧降的矛盾，稻谷产量增加0.78t/hm^2，增产率为10.69%；早稻采用旱床育秧节水栽培技术体系较常规栽培能增加每穗粒数，提高结实率，在基本苗较少的情况下，有效穗仍接近对照，稻谷产量增加0.78t/hm^2，增产率为10.71%；晚稻采用化控湿润矮壮秧节水栽培技术体系较常规栽培能增加每穗粒数和提高结实率，稻谷增产0.93t/hm^2，增产率为19.14%（表1）。2000年组织专家对上高县示范区二晚对比田块进行现场测产，结果表明，采用化控湿润矮壮秧节水栽培技术体系的田块平均产量为8.19t/hm^2，而对照田块产量为7.08t/hm^2，节水栽培较对照增加稻谷1.11t/hm^2，增产率为15.75%。

表1　对比田块水稻的产量及产量结构（1996—1997）

Table 1　Yield and yield components of rice in contrast fields during 1996-1997

处理 Treatments	有效穗数（万/hm²）No. of valid panicle	每穗粒数 No. of grain per panicle	结实率（%）Setting rate	千粒重（g）1 000-grain weight	实收产量（t/hm²）Actual yield
抛秧节水栽培	490.05	85.31	81.80	26.60	8.09
CK	417.90	87.39	81.68	26.33	7.31
旱床育秧节水栽培	374.10	92.85	85.08	26.98	8.05
CK	376.05	85.21	82.99	26.69	7.27
化控湿润矮壮秧节水栽培	249.15	114.18	79.54	26.83	5.79
CK	234.45	104.24	76.84	26.54	4.86

2.2　节水效果

对比田块的测算结果表明，早稻采用抛秧节水栽培技术体系和旱床育秧节水栽培技术体系分别较对照节水1 315.5m³/hm²和1 308.0m³/hm²，节水率分别为32.72%和32.54%，二晚采用化控湿润矮壮秧节水栽培技术体系较对照节水1 950.0m³/hm²，节水率为32.18%（表2）。生产上一般早、晚稻两季平均每季节水1 500m³/hm²。

表2　水稻节水栽培的节水效果（m³/hm²）

Table 2　The water-saving effects of water-saving culture of rice

处理 Treatments	秧田用水 Irrigated water for nursery bed	整地用水 Irrigated water for preparing field	大田用水 Irrigated water for field	合计用水 Total irrigated water	节约用水 Saving water	节水率（%）Water saving rate
抛秧节水栽培	4.5	600.0	2 100.0	2 704.5	1 315.5	32.72
旱床育秧节水栽培	12.0	600.0	2 100.0	2 712.0	1 308.0	32.54
CK	120.0	1 050.0	2 850.0	4 020.0	—	—
化控湿润矮壮秧节水栽培	210.0	825.0	3 075.0	4 110.0	1 950.0	32.18
CK	210.0	1 275.0	4 575.0	6 060.0	—	—

2.3　节支效果

早稻采用抛秧节水栽培技术体系和旱床育秧节水栽培技术体系能节约成本，对1996—1997年的对比田块的计算结果表明，抛秧节水栽培技术体系能节省用工费、育秧成本费及水费，共计可节约成本825.90元/hm²，旱床育秧节水栽培技术体系能节省育秧费和水费，共计节约成本394.05元/hm²（表3）。二晚化控湿润矮壮秧节水栽培技术体系也能节省水费，若以水费0.04元/m³计，则可节约水费78元/hm²。

表3　对比田块水稻生产的投入成本比较（元/hm²）

Table 3　The comparison of investment for rice production in contrast fields

处理 Treatments	育秧费 Seedling raising cost	肥料费 Fertilizer cost	农药费 Pesticide cost	人工费 Labor cost	水费 Water cost	管理费 Tax	合计 Total	节支 Saving cost
抛秧节水栽培	527.70	1 440.00	197.40	2 310.00	105.00	937.50	5 517.60	825.90
旱床育秧节水栽培	419.55	1 440.00	197.40	2 850.00	105.00	937.50	5 949.45	394.05
CK	892.35	1 316.25	197.40	2 850.00	150.00	937.50	6 343.50	—

2.4　增效效果

从表4可见，采用节水栽培技术体系田块的土地收益率、成本产值率、劳动收益率比对照田块均要高，产品的成本则降低，特别是采用抛秧节水栽培和旱床育秧节水栽培技术的田块。说明采用节水增效技术体系的增效效果明显；而每施1kg纯氮生产的稻谷量、单位肥料成本的收益、单位用水量生产的稻谷量也都较对照田块高，表明节水栽培技术体系能提高资源的利用效率。

表4　对比田块的资源利用效率比较（1996—1997）

Table 4　Comparison of the efficiency of resources utilization in contrast fields during 1996-1997

处理 Treatments	土地纯收益（元/hm²） Pure income of land	成本产值率 Ratio of production value to cost	产品成本（元/kg） Cost of product	劳动收益率（元） Income per man-day	稻谷/纯N（kg/kg） Grains yield/pure N	收益/肥料成本 Ratio of income to fertilizer cost	稻谷/用水（kg/m³） Grains yield/irrigated water
抛秧	4 998.15	1.91	0.68	42.18	44.94	3.47	3.10
CK	3 060.75	1.48	0.88	20.00	35.56	2.17	1.96
旱床育秧	4 518.45	1.76	0.74	30.57	44.73	3.14	3.10
CK	3 014.85	1.47	0.89	19.70	35.39	2.13	1.95
化控湿润矮壮秧	2 306.25	1.36	1.10	13.67	30.51	1.83	1.43
CK	1 037.7	1.16	1.28	6.49	23.47	0.81	0.81

3　讨论与结论

3.1　实施水稻节水增效技术体系的效益

根据协作组的总体实施方案，针对江西的实际，将主体节水技术与配套栽培技术优化组装配套，形成了抛秧、旱床育秧、化控湿润矮壮秧3种类型的节水栽培技术体系，并进行了对比试验和大面积示范推广。结果表明，采用节水栽培技术体系可以增加水稻产量，节约用水，降低生产成本，提高资源利用效率和种植效益，经济效益明显。大面积推广的结果也表明，应用节水栽培技术体系平均提高产量600kg/hm^2左右，节约成本330元/hm^2左右，节约用水1 500m^3/hm^2左右，取得了良好的经济效益。同时，采用节水栽培技术后，土壤生态条件改善，有毒物质减少，病虫害减轻，农药用量减少，而且施用药害轻的除草剂，化肥利用率提高，肥料流失少，污染轻，因此，可大大减少环境污染，有良好的生态效益。而且，节水技术的推广不仅提高了大家的节水意识，而且带动了相关技术的推广，提高了农民的科技水平，有良好的社会效益。

3.2 水稻节水增效技术在南方稻区的应用前景

我国北方稻区水资源严重不足，水稻节水增效技术有很好的开发前景，目前该技术在北方稻区的覆盖度已达80%。在江西这样的南方稻区，实施节水增效技术的前景如何？这是一个大家争论较多的问题。以前干部群众中普遍存在一种错误的观念，认为南方稻区水资源丰富，节水栽培没有意义，并且认为水稻是水生作物，全生育期必须保持水层，因此，在生产上长期淹灌。本项目实施的实践表明，南方稻区实施水稻节水栽培，不仅可以节约用水，而且可以提高产量和资源利用率，对改善环境和提高效益，也有现实意义；而且南方稻区虽然雨量充沛，但降雨时间和空间分布不均，季节性和局部性干旱每年都有发生，实施水稻节水栽培对缓解旱情有重要意义；同时，从长远利益考虑，随着人口的增加和生产的发展，用水量也会不断增多，缺水的矛盾会越来越尖锐，实施水稻节水栽培有长远的战略意义。综上所述，笔者认为水稻节水增效技术在南方稻区也有广阔的应用前景。

参考文献

[1] 王一凡，华泽田，周毓珩，等. 节水稻作研究与应用[M]. 北京：中国农业科学技术出版社，2002.
[2] 王一凡，周毓珩，吴文钧，等. 北方节水稻作[M]. 沈阳：辽宁科学技术出版社，2000.

利用香根草诱杀水稻螟虫的技术及效果研究

陈先茂 彭春瑞 姚锋先 关贤交 王华伶 邓国强

（江西省农业科学院土壤肥料与资源环境研究所，南昌 330200）

摘 要：盆栽和田间试验结果表明，水稻螟虫有明显偏爱在香根草上产卵的特性，利用香根草作为诱集植物来治理水稻螟虫可以大大压缩施药面积和用药量，有一定的经济效益和显著的生态效益，利用香根草治理水稻螟虫的最佳种植时期为3月底至4月初，种植面积应为稻田总面积的6%～10%。

关键词：香根草；诱杀；水稻；螟虫；效果

Study on Technique and Effect of Vetiver for Trapping and Killing Rice Borer

Chen Xianmao Peng Chunrui Yao Fengxian Guan Xianjiao Wang Hualing Deng Guoqiang

（*Soil and Fertilizer & Resources and Environment Institute*，*Jiangxi Academy of Agricultural Sciences*，*Nanchang 330200*，*China*）

Abstract: The results of experiment in pot and field indicated that rice borer had an obvious preference of laying eggs on vetiver. So vetiver was used to trap rice borer in order to decrease the area of pesticide treatment and quantity of pesticide application，which had a certain economic effect and remarkable ecological effect. The optimal planting time for vetiver was from the end of March to the beginning of April，and the proper proportion area of planting vetiver in the total rice paddy was 6%～10%.

Key words: Vetiver; Trapping; Rice; Rice borer; Effect

香根草是一种独特的多年生植物，它属于须芒草粗纤维草本植物[1]，进入20世纪80年代，国际上开始将香根草用于水土保持与生态环境治理，并对其他利用途径进行了研究[2]。利用香根草治理水稻螟虫，目前国内尚未见报道，但南非波切夫斯特鲁姆基督教高教大学学者VandenBerg等报道了玉米螟有偏爱在香根草上产卵的特性，并论证了利用香根

本文原载：江西农业学报，2007，19（12）：51-52.

基金项目：国家农业科技成果转化基金项目（2006GB2C500144），国家粮食丰产科技工程项目（2006BAD02A04），院长基金项目

草防治害虫的可能性[3]。另外据报道，在越南南方湄公河三角洲沿河堤岸，紧靠稻田的地方可以发现一丛丛死掉的香根草，这些死掉的香根草是螟虫为害的结果[4]。为此，2004—2006年开展了利用香根草治理水稻螟虫的研究，现将研究结果报道如下。

1 材料与方法

1.1 网室盆栽种植时期试验

在菜园地建立面积为3m × 4m的尼龙网室，设置3月25日、4月5日、4月15日、4月25日4个不同种植时期的处理，各处理分别种植香根草12丛（分行种植），然后在其行间于4月25日放置盆栽早稻48丛。4月底至5月上旬将二化螟即将羽化的蛹和用捕虫网捕捉的雌雄成虫放入网室内，5月5日开始调查网室内二化螟在香根草和早稻上的产卵情况和虫口密度，每5d调查1次，到不再发现新卵块为止。

1.2 大田种植时期试验

试验在东乡县红亮垦殖场的稻田进行，试验田设计同网室盆栽试验，3次重复，共12个小区，小区面积为100m^2，各小区种植香根草的面积均为10m^2，余下的90m^{2}均在4月25日移栽早稻，早稻及香根草栽植后，各小区肥、水管理一致，且不喷施任何杀虫剂。从5月5日开始每5d调查1次田间各小区螟虫在香根草及早稻上的产卵和为害情况。早稻收割后香根草仍保留在稻田中，7月下旬在各小区中移栽二晚，从8月5日开始每隔5d调查1次各小区内香根草及二晚上的螟虫产卵及为害情况，调查期间不喷施任何杀虫剂。

1.3 种植比例试验

选择排灌方便、肥力及面积基本一致的稻田5块（各田块相隔80 ~ 100m的距离），每一田块设计1个处理，5个处理分别为：稻田中不种植香根草、稻田中种植总面积1/20的香根草、稻田中种植总面积1/15的香根草、稻田中种植总面积1/10的香根草、稻田中种植总面积1/8的香根草。各处理田块的水稻品种、移栽时期、水肥管理及香根草的种植时期（3月底）均一致。试验时对各处理的工时投入、螟虫防治效果、防治成本及水稻的产量、产值等进行记载统计。

2 结果与分析

2.1 水稻螟虫在香根草和水稻上产卵的趋性差异

由表1可知，网室盆栽试验中，水稻螟虫在香根草上的卵块数及着卵密度是水稻上的4.7倍；同样在大田试验中，螟虫在香根草上的着卵密度也远远大于在水稻上的着卵密度，其中早稻田螟虫在香根草上的着卵密度是水稻上着卵密度的9.84倍，晚稻田螟虫在香根草上的着卵密度为在水稻上着卵密度的11.51倍。可见水稻螟虫在香根草和水稻上产卵具有明显的趋性差异，水稻螟虫有明显偏爱在香根草上产卵的特性。

表1　水稻螟虫在香根草和水稻上产卵的差异

项目	网室盆栽试验	早稻大田试验	晚稻大田试验
香根草上的卵块数（块）	14	70	87
水稻上的卵块数（块）	3	64	68
香根草上的着卵密度（块/hm^2）	0.29	5 833	7 250
水稻上的着卵密度（块/hm^2）	0.06	593	630

注：表中的卵块数为各处理各小区的卵块数总和，网室盆栽试验着卵密度的单位为块/丛

2.2　水稻螟虫对不同种植时期香根草的为害

由表2、表3可知，在网室盆栽试验中，3月25日、4月5日种植的香根草上，水稻螟虫的着卵量分别占35.7%、42.9%，而在4月15日及4月25日种植的香根草上，水稻螟虫的着卵量分别只占14.3%和7.1%，且在3月25日、4月5日种植的香根草上，水稻螟虫的着卵密度和对香根草的为害程度也远远大于4月15日、4月25日种植的香根草上的；另外在大田试验中，也得到了类似的结果。可见，香根草的种植时期对水稻螟虫产卵趋性有一定的影响，香根草在稻田的种植时期宜在3月底至4月初，此时的气候条件也正适宜香根草的生长。

表2　盆栽试验下不同种植时期的香根草上螟虫产卵及为害差异

种植日期（月/日）	着卵数（块）	百分比（%）	着卵密度（块/丛）	香根草丛受害率（%）	香根草株受害率（%）
3/25	5	35.7	0.10	14.5	1.75
4/5	6	42.9	0.13	16.7	2.17
4/15	2	14.3	0.04	8.3	1.08
4/25	1	7.1	0.02	6.3	0.58

2.3　香根草在稻田的种植比例及其诱集效果

由表4可知，在水稻田块中种植一定比例的香根草诱集水稻螟虫，可以减少螟虫在水稻上的着卵量和为害率，提高水稻单产水平，并能节省农药开支和一定的投入工时，但由于种植香根草占用了一定的稻田面积，因而水稻实际产量都略有下降，其中处理2、处理3、处理4、处理5分别比对照（处理1）节省农药开支375元/hm^2、975元/hm^2、1 200元/hm^2、1 200元/hm^2，分别节省用工15个/hm^2、30个/hm^2、45个/hm^2、45个/hm^2，水稻单产水平分别提高了450kg/hm^2、500kg/hm^2、705kg/hm^2、780kg/hm^2，水稻实际产量分别下降了198.8kg/hm^2、386.3kg/hm^2、618.0kg/hm^2、883.1kg/hm^2。从年纯收入来看，以处理3的效益最好，比对照增137元/hm^2，随后依次为处理1、处理4、处理2、处理5。由此可见，利用香根草治理水稻螟虫，香根草在稻田的种植面积应以占稻田总面积的6%～10%为宜。

表3　大田试验中不同种植时期的香根草上螟虫产卵及为害差异

种植日期（月/日）	着卵数（块）	百分比（%）	着卵密度（块/hm^2）	香根草丛受害率（%）	香根草株受害率（%）
3/25	48	30.6	4 000	7.60	1.24
4/5	56	35.7	4 667	8.53	1.38
4/15	31	19.7	2 583	5.33	0.93
4/25	22	14.0	1 833	3.47	0.54

3　小结与讨论

3.1　利用香根草诱杀水稻螟虫的技术和方法

水稻螟虫（二化螟、三化螟）有明显偏爱在香根草上产卵的特性，根据这一特性，可在水稻田块中种植一定比例的香根草来诱集水稻螟虫产卵并集中消灭之。利用香根草诱集诱杀水稻螟虫，其诱杀效果和效益不但与香根草在稻田的种植时期有关，而且与香根草在稻田的布局及种植比例密切相关。研究结果表明，香根草在稻田的最佳种植时期为3月底至4月初，种植面积以占稻田总面积的6%～10%为宜。种植香根草可采用育苗分蔸移栽，每蔸栽3～4蘖并每公顷施750kg的钙镁磷肥作底肥，3d内未下雨时应浇水封蔸；水稻移栽后，其水肥管理可同水稻一致，早稻收获后香根草可留于稻田，二晚及次年不需重新种植。利用香根草诱集诱杀水稻螟虫，关键在于注意调查香根草上的卵块数及蚁螟孵化期，并抓住有利时期在香根草上集中杀卵、杀螟（蚁螟），以减轻螟虫对水稻的为害。大田螟虫为害未达防治指标时则不必施药。

表4　香根草种植面积与螟虫防治效果及稻田种植效益的关系

处理	香根草种植比例	水稻上的着卵量（块/hm^2）	水稻受害率（%）	投入用工（个/hm^2）	农药开支（元/hm^2）	种子及肥料等投入（元/hm^2）	水稻单产（双季）（kg/hm^2）	实际产量（双季）（kg/hm^2）	年纯收入（元/hm^2）
1	不种香根草	2 450	7.6	255	2 325	3 225	12 525	12 525.0	13 238
2	稻田面积的1/20	1 780	6.5	240	1 950	3 450	12 975	12 326.2	13 089
3	稻田面积的1/15	1 380	4.3	225	1 350	3 510	13 025	12 156.7	13 375
4	稻田面积的1/10	960	2.7	210	1 125	3 540	13 230	11 907.0	13 196
5	稻田面积的1/8	860	2.1	210	1 125	3 555	13 305	11 641.9	12 783

注：表中的着卵量、农药化肥投入及水稻产量等数值均为早晚两季稻的总和，水稻的单价为1.5元/kg

3.2　利用香根草诱集诱杀水稻螟虫的效益

利用香根草作为诱集植物来诱集诱杀水稻螟虫可以大大压缩施药面积和用药量，降低害虫的群体发展、减轻螟虫对水稻的为害，应用于水稻生产，有利于降低防治成本和提高稻米品质，但种植香根草占用了一定的稻田面积，因而水稻总产量略有下降，总的来说，节省的农药开支与种植香根草造成的水稻总产下降基本持平，经济效益不明显，但通过集中诱杀可以大大压缩施药面积、节省一定的工时、减少用药量、减轻环境污染，因而社会效益、生态效益比较显著。

3.3　问题与展望

利用香根草诱集诱杀水稻螟虫可以压缩施药面积和用药量、减轻大田螟虫对水稻的为害，有较好的经济效益和显著的生态效益，但种植香根草占用稻田影响了水稻的总产，同时给农事操作多少带来一定的不便，为此可考虑将香根草种植于稻田的田埂上，还可以起到防风、固土、保水保肥的作用，但对于香根草诱螟的机理以及对其他作物害虫的引诱效果，目前尚不清楚，值得进一步研究。

参考文献

［1］熊国炎译. 香根草—防治侵蚀的绿篱[M]. 中国香根草与复合农林业技术丛书，2002.
［2］胡建业. 香根草在世界各地[J]. 香根草通讯，1997，1（2）：6-8.
［3］格雷姆肖. 第三次国际香根草大会与展览会后叙述[Z]. 2003，中国广州.
［4］Van den Berg.J. 利用香根草治理玉米和水稻害虫[J]. 香根草通讯，2003，7（3）：5-7.

稻田常用化学除草剂对水稻生长及土壤生态影响的初步研究

陈先茂　彭春瑞　关贤交　邓国强　叶永钢

（江西省农业科学院土壤肥料与资源环境研究所，南昌 330200）

摘　要：化学除草是目前稻田草害防治的重要手段之一，针对稻田化学除草剂使用量大且年趋增多的趋势，开展了稻田常用化学除草剂对水稻生长及土壤生态的影响研究，研究表明，稻田常量施用化学除草剂可有效地防除杂草、减轻杂草的为害，对水稻生长无明显不良影响，但加量施用在一定程度上会影响水稻的分蘖及产量。另外，化学除草剂的使用在一定程度上还降低了土壤中微生物的数量及土壤中一些酶的活性，从而影响了稻田土壤质量及供肥能力，施药量越大影响越大。

关键词：化学除草剂；水稻生长；土壤微生物；土壤酶

Preliminary Explanation about Effect of Chemical Herbicide on Rice Growth and Soil Ecology

Chen Xianmao　Peng Chunrui　Guan Xianjiao　Deng Guoqiang　Ye Yonggang

(*Soil and Fertilizer& Resources and Environment institute Jiangxi Academy of Agricultural Sciences, Nanchang 330200, China*)

Abstract: Using chemical herbicide for weed control in paddy field is an important method in practice at present in view of the trend that large amount of chemical herbicides used in paddy field and the amount is increasing year by year the effects of five kinds of chemical herbicide on rice growth and soil ecology were studied. The result indicated that proper amount of chemical herbicide could contol weeds growth and reduce its harm to rice effectively, moreover, its effects on rice growth were not obviouse. But excessive anount of herbicide could influence to some extent the number of rice tillers and yield even reduce soil microbial quantity and the activity of enzymes in soil thus reduce the soil quality and its capacity of supplying nutrients the greater amount of herbicide, the greater effect.

Key words: Chemical herbicide; Rice growth; Soil microbe; Soil enzyme

本文原载：江西农业大学学报，2009，31（5）：850-854

基金项目：国家科技支撑计划耕地质量调控关键技术研究与示范项目（2006BAD05B 09），国家科技支撑计划项目（2007BAD87B 08）和国家绿色农业科学研究与示范项目（2007-8）

自20世纪70年代末期除草剂成为世界农药工业主体以来，其品种不断增多，使用量持续增加，化学除草剂的大量使用有效地控制了许多杂草，为保障农作物的高产高效发挥了一定的作用，同时也引发了一系列的问题[1-3]，不少作者在这方面作了一定的报道，Boeb认为苯氧羧酸衍生物（2，4-D、二甲四氯）、敌草隆、杀草敏等除草剂的使用对微生物总量无影响，而地乐酚、扑草灭等除草剂对微生物有一定的影响[4]；邓晓研究认为百草枯除草剂对土壤微生物有抑制作用，且抑制作用随药剂浓度的提高而增强[5]；李淑梅则报道克无踪、乙草胺、百草清等除草剂对土壤动物有影响[4]；黄顶成等也认为有些除草剂对农田微生物、动物有影响，甚至对作物有间接影响[6]。可见，不同除草剂的使用在有效控制不同杂草的同时也有不同的负面影响。水稻是我国的主要粮食作物，化学除草是目前稻田草害防治的重要手段之一，有关稻田除草剂的除草效果报道较多，但稻田常用化学除草剂对水稻生长及土壤生态效应的影响少有报道，为此于2006—2007年在南方双季稻田开展了相关试验研究，旨在为合理使用化学除草剂，促进农业可持续发展提供一定的理论依据。

1　材料与方法

1.1　试验设计与方法

本试验在江西省东乡县双季稻田进行，试验以2～3个常用稻田化学除草剂为参试药剂，以不用除草剂为对照，设计常量与加量等处理，分析了解不同除草剂及其不同用量的除草效果和对水稻生长及土壤生态（土壤微生物及酶的活性）的影响。早稻田以240g/kg吡嘧·丁可湿性粉剂和90g/kg苄·异丙甲细粒剂（具缓释放功效）为参试药剂，设计5个处理，3次重复：①对照（不用除草剂）；②240g/kg吡嘧·丁可湿性粉剂常量处理（水稻抛栽后5～7d拌土撒施，用量2 550g/hm^2）；③240g/kg吡嘧·丁可湿性粉剂加量处理（水稻抛栽后5～7d拌土撒施，用量3 825g/hm^2）；④90g/kg苄·异丙甲细粒剂常量处理（水稻抛栽后7～10d拌土撒施，用量750g/hm^2）；⑤90g/kg苄·异丙甲细粒剂加量处理（水稻抛栽后7～10d拌土撒施，用量1 125g/hm^2）。晚稻田以200g/kg苄·乙可湿性粉剂和90g/kg苄·异丙甲细粒剂为参试药剂，也设计5个处理，3次重复：①对照（不用除草剂）；②200g/kg苄·乙可湿性粉剂常量处理（水稻抛栽后5～7d拌土撒施，用量450g/hm^2）；③200g/kg苄·乙可湿性粉剂加量处理（水稻抛栽后5～7d拌土撒施，用量675g/hm^2）；④90g/kg苄·异丙甲细粒剂常量处理（水稻抛栽后7～10d拌土撒施，用量750g/hm^2）；⑤90g/kg苄·异丙甲细粒剂加量处理（水稻抛栽后7～10d拌土撒施，用量1 125g/hm^2）。

1.2　测定项目与方法

1.2.1　水稻生长状况

水稻抛栽后7d每处理各定10株，观察记载分蘖数、了解水稻分蘖动态，水稻收获期考察各处理株高及产量构成并分别计产。

1.2.2　除草效果

药后10d、20d、30d测定不同处理的田间杂草数及鲜重。

1.2.3 可培养微生物数量

可培养微生物总数测定采用平板涂布法。细菌的培养基为牛肉膏蛋白胨培养基，真菌为马丁培养基，放线菌为高氏1号培养基。

1.2.4 土壤酶活性

蔗糖酶活性测定采用3，5-二硝基水杨酸比色法，脲酶活性测定采用尿素残留法，过氧化氢酶活性采用高锰酸钾滴定法。

2 结果与讨论

2.1 稻田常用化学除草剂对水稻生长的影响

由表1可知，早稻抛栽后15d与抛栽后7d比较，不施除草剂处理的茎蘖数增加了156.8%，常量及加量施用不同除草剂的4个处理的茎蘖数则增加了156.8% ~ 173.9%，产量也高于对照（不施除草剂）并达显著水平；而加量50%施用除草剂与常量施用相比，水稻的茎蘖数、最高苗数、株高、有效穗数均有所下降且差异显著，产量也有所下降，但未达显著水平。由表2可知，晚稻试验结果同早稻基本一致。可见，常量和加量50%施用除草剂与对照（不施除草剂）相比，均可有效地防治杂草，在一定程度上能提高作物的单产，而加量与常量施用相比，则在一定程度上影响了水稻的分蘖及生长，从而影响产量。

表1 不同处理对早稻生长及产量的影响

Table 1 Effects of different treatment on the early rice growth and yield

处理	重复	栽后7d茎蘖数（万/hm²）	栽后15d茎蘖数（万/hm²）	最高苗数（万/hm²）	株高（cm）	有效穗数（万/hm²）	实际产量（万/hm²）
1	Ⅰ	99	264	573	71.3	291.0	6 034.5
	Ⅱ	102	261	579	71.3	303.0	6 052.5
	Ⅲ	105	261	594	71.0	301.5	5 991.0
	平均	102a	262b	582c	71.2b	298.5	6 025.5b
2	Ⅰ	102	273	666	71.4	318.0	6 517.5
	Ⅱ	99	276	660	71.5	321.0	6 204.0
	Ⅲ	108	270	681	71.6	319.5	6 777.0
	平均	103a	273a	669a	71.5a	319.5	6 499.5a
3	Ⅰ	102	258	636	71.1	312.0	6 219.0
	Ⅱ	99	267	633	71.2	306.0	6 369.0
	Ⅲ	105	261	612	71.4	313.5	6 424.5
	平均	102a	262b	627b	71.2b	310.5	6 337.5a
4	Ⅰ	102	279	669	71.4	316.5	6 619.5
	Ⅱ	105	276	68.1	71.5	316.5	6 651.0

（续表）

处理	重复	栽后7d茎蘖数（万/hm²）	栽后15d茎蘖数（万/hm²）	最高苗数（万/hm²）	株高（cm）	有效穗数（万/hm²）	实际产量（万/hm²）
4	Ⅲ	96	276	702	71.3	321.0	6 462.0
	平均	101a	277a	684a	71.4a	318.0	6 577.5a
5	Ⅰ	105	267	645	71.2	318.0	6 319.5
	Ⅱ	102	261	633	71.1	318.0	6 468.0
	Ⅲ	99	264	657	71.3	313.5	6 234.0
	平均	102a	264b	645b	71.2b	316.5	6 340.5a

注：数字后a、b、c指在0.05水平上差异是否显著，字母相同表示差异不显著，否则差异显著

表2　不同处理对晚稻生长及产量的影响

Table 2　Effects of different treatment on the late rice growth an dyields

处理	栽后7d茎蘖数（万/hm²）	栽后15d茎蘖数（万/hm²）	最高苗数（万/hm²）	有效穗数（万/hm²）	株高（cm）	每穗总粒数	结实率（%）	千粒重（g）	实际产量（kg/hm²）
1	126	276	606	2 700	72.5	95.2	83.5	27.2	5 812.5
2	126	291	705	2 880	73.4	101.0	82.7	27.2	6 097.5
3	126	282	657	2 850	72.1	99.6	83.1	27.2	5 917.5
4	126	291	699	2 925	72.8	100.5	83.0	27.2	6 007.5
5	126	285	663	2 865	72.3	100.2	83.0	27.2	5 970.0

2.2　不同除草剂及其不同用量的除草效果

由表3可知，双季稻田施用化学除草剂与对照（不施除草剂）相比，均可有效地防治杂草、减轻杂草的为害，且加量50%与常量施用相比，当季除草效果基本相当。

表3　不同处理的除草效果

Table 3　Effects of different treatment on weed control

处理	早稻药后10d		早稻药后20d		早稻药后30d	
	杂草数（株/m²）	鲜重（g/m²）	杂草数（株/m²）	鲜重（g/m²）	杂草数（株/m²）	鲜重（g/m²）
1	3.0	4.6	6.0	35.5	8.5	96.6
2	0	0	1.5	3.8	2.0	15.5
3	0	0	1.0	2.6	1.5	10.8
4	0.5	1.1	1.0	3.4	1.0	7.5
5	0	0	1.0	2.1	1.0	6.9

（续表）

处理	晚稻药后10d		晚稻药后20d		晚稻药后30d	
	杂草数（株/m^2）	鲜重（g/m^2）	杂草数（株/m^2）	鲜重（g/m^2）	杂草数（株/m^2）	鲜重（g/m^2）
1	2.5	3.7	5.0	29.8	8.0	77.5
2	0.5	1.2	1.5	6.2	2.0	16.9
3	0	0	1.0	2.5	1.5	11.8
4	1.0	2.3	1.5	3.3	2.0	14.2
5	1.0	1.7	1.0	3.1	2.0	12.5

2.3 稻田常用化学除草剂对土壤微生物及土壤酶活性的影响

由表4、表5可知，早稻田施用除草剂对当季土壤中细菌的动态影响不大，但对土壤中真菌及放线菌有一定的影响（降低了土壤中真菌及放线菌数量），尤其是至孕穗、抽穗期后更为明显。另外，施用除草剂还降低了土壤中脲酶的活性，影响了土壤中N的转化，而且施药量越大影响越大；常量拌土撒施或喷施除草剂对土壤中蔗糖酶、过氧化氢酶影响不大，但加量施用会降低蔗糖酶、过氧化氢酶的活性。由表6可知，二晚田常量施用除草剂对土壤中细菌及真菌的动态影响不大，加量施用则明显降低了土壤中细菌及真菌的数量，但无论是常量还是加量施用除草剂对放线菌的影响都不大；至于施用除草剂对土壤中脲酶、蔗糖酶、过氧化氢酶活性的影响则与早稻基本一致。

表4　早稻不同处理的土壤微生物种群及数量

Table 4　Effects of different treatment on soil microbial quantity of early rice

处理	细菌（个/g）		真菌（个/g）		放线菌（个/g）	
	施药后1周	水稻抽穗期	施药后1周	水稻抽穗期	施药后1周	水稻抽穗期
1	4.68×10^5	4.49×10^4	1.17×10^6	1.03×10^5	1.57×10^5	3.65×10^4
2	5.09×10^5	1.19×10^5	7.97×10^5	3.22×10^4	1.59×10^5	1.12×10^4
3	4.33×10^5	1.45×10^5	9.72×10^5	8.97×10^4	1.50×10^5	2.22×10^4
4	2.18×10^5	7.03×10^4	1.25×10^6	2.07×10^4	1.06×10^5	1.04×10^4
5	9.31×10^5	7.59×10^4	1.62×10^6	3.71×10^4	3.21×10^5	7.43×10^3

注：细菌、真菌、放线苗个数由每克干土中测得

表5　早稻不同处理的土壤酶（脲酶、蔗糖酶、过氧化氢酶）活性

Table 5　Effects of different treatment on activity of soilenzyme（urease，sucrase，catalase）of early rice

处理	脲酶NH_3-N（mg/g）		蔗糖酶还原糖（mg/g）		过氧化氢酶0.1mol/L $KMnO_4$（ml/g）	
	施药后1周	水稻抽穗期	施药后1周	水稻抽穗期	施药后1周	水稻抽穗期
1	205.1	990.3	8.2	3.0	26.8	17.6

（续表）

处理	脲酶NH_3-N（mg/g）		蔗糖酶还原糖（mg/g）		过氧化氢酶0.1mol/L $KMnO_4$（ml/g）	
	施药后1周	水稻抽穗期	施药后1周	水稻抽穗期	施药后1周	水稻抽穗期
2	164.9	318.0	6.8	4.3	29.6	17.1
3	108.5	237.4	6.1	2.1	11.5	8.5
4	65.6	647.1	7.6	8.2	17.2	14.1
5	39.8	663.4	3.7	2.8	1.8	10.2

表6　晚稻不同处理的土壤微生物及酶的活性

Table 6　Effects of different treatment on soil microbial quantity and activity of soil enzyme of late rice

处理	细菌（个/g）	真菌（个/g）	放线菌（个/g）	脲酶NH_3-N（mg/g）	蔗糖酶还原糖（mg/g）	过氧化氢酶0.1mol/L $KMnO_4$（ml/g）
1	5.31×10^6	8.49×10^4	3.09×10^5	1 848.6	4.67	13.12
2	2.12×10^6	6.35×10^3	3.87×10^5	1 160.0	4.09	13.93
3	5.03×10^5	1.21×10^3	2.58×10^5	1 046.4	3.82	12.10
4	4.19×10^5	6.70×10^3	3.51×10^5	1 762.2	3.41	12.83
5	1.48×10^5	2.29×10^3	3.36×10^5	955.4	3.51	6.97

注：细菌、真菌、放线苗个数由每克干土中测得

土壤微生物是土壤有机质和土壤养分转化和循环的动力，对土壤中养分供应起着重要作用[7]，土壤酶活性与土壤养分密切相关，反映土壤养分（尤其是C、N、P）转化的强弱，是土壤肥力的重要标志[8-11]。可见，化学除草剂的使用在有效防除稻田杂草的同时也在一定程度上降低了土壤中微生物的数量及土壤中一些酶的活性，从而影响了稻田土壤质量及供肥能力。

3　结论

稻田施用化学除草剂可有效地防除杂草，减轻杂草的为害，对水稻生长无明显不良影响，为保障水稻的高产高效发挥了一定的作用，但加量施用，则在一定程度上会影响水稻的分蘖和生长，从而影响产量。土壤微生物和土壤酶活性反映土壤养分转化的强弱，是土壤肥力的重要标志。化学除草剂的使用在有效防除稻田杂草的同时也在一定程度上降低了土壤中微生物的数量及土壤中一些酶的活性，从而影响了稻田土壤质量及供肥能力，且施药量越大影响越大。为有效地防除稻田杂草而又不影响土壤生态与环境，应合理使用化学除草剂或寻求无化学替代品，尽可能地减少化学除草剂的用量，并结合施用方法、农艺措施和配合辅助剂等，以达到化学除草剂减量高效使用的效果。

参考文献

[1] 刘占山，廖晓兰，任新国，等. 生物除草剂防治研究进展[J]. 农药研究与应用，2007，11（3）：

6-10.
[2] 王利，朱朝华. 生物除草剂研究进展[J]. 广西热带农业，2008（1）：15-17.
[3] 李淑梅. 化学除草剂对土壤动物影响的研究进展[J]. 农业与技术，2007，27（5）：95-98.
[4] Boeb A B，何希树. 除草剂对土壤微生物的影响[J]. 农药译丛，1989，11（3）：23-26.
[5] 邓晓，唐群锋. 百草枯对土壤微生物影响的研究[J]. 中国生态农业学报，2006，14（4）：146-149.
[6] 黄顶成，尤民生，候有明，等. 化学除草剂对农田生物群落的影响[J]. 生态学报，2005，25（6）：1 451-1 456.
[7] 李春霞，陈阜，王俊忠，等. 秸秆还田与耕作方式对土壤酶活性动态变化的影响[J]. 河南农业科学，2006（11）：68-70.
[8] 周礼恺. 土壤酶活性的总体在评价土壤肥力水平中作用[J]. 土壤学报，1983，20（4）：413-417.
[9] Kandeler E，Tscherko D，Spiegel H. Long-term monitoring of microbial biomass，N mineralization and enzyme activities of a chernozem under different tillage management[J]. Bio Fert Soils，1999，28：343-351.
[10] 姜勇，梁文举，闻大中. 免耕对农田土壤生物学特性的影响[J]. 土壤通报，2004，35（3）：347-351.
[11] 王俊华，尹睿，张华勇. 长期定位施肥对农田土壤酶活性及其相关因素的影响[J]. 生态环境，2007，16（1）：191-196.

稻糠替代化学除草剂控制早稻田杂草的试验初报

陈先茂[1] 秦厚国[1] 彭春瑞[1] 张国光[2] 杨震[2]

([1]江西省农业科学院，南昌 330200；[2]江西省宜丰县农业局，宜丰 336300)

摘 要：试验表明，化学除草剂中加入一定量的稻糠，可以减少化学除草剂的用量而不影响除草效果，在35%丁·苄WP化学除草剂常规用量减半的情况下，每平方米配施100～200g的稻糠，在施药后15d和30d对杂草的防治效果与35%丁·苄WP全量施用的处理相当；单纯施用稻糠对早稻田进行除草，施后15d对杂草的防效为41.78%～76.51%，施后30d对杂草的防效则下降到20.76%～47.27%，可见稻糠对早稻田杂草的前期抑制效果较好，但后期防控效果下降。

关键词：稻糠；化学除草剂；杂草；防效；35%丁·苄WP

利用化学除草剂除草是目前稻田草害防治的重要手段，对保障水稻的高产高效起到了重要的作用，但同时也带来了一系列的问题[1-3]，对土壤生物产生了不利影响，破坏了土壤生态[4-6]。减少化学除草剂用量不仅是保护生态环境的需要，也是保障食品安全的需要。为探索稻糠替代部分化学除草剂控制早稻田杂草的可行性，笔者于2008年开展了利用稻糠替代化学除草剂控制早稻田杂草的试验，以期为减少早稻田化学除草剂用量却能保证相同防效提供科学依据。

1 材料和方法

1.1 试验田基本情况

试验设在江西省宜丰县天宝乡藤桥村早稻田进行。试验田排灌方便，土壤肥力中等，pH值5.1。田间杂草主要有鸭舌草、莎草、眼子菜、节节菜、稗草等。试验田早稻于4月27日栽插，行株距17cm×22cm，肥水管理同一般稻田，未使用其他除草剂。

1.2 供试稻糠及化学除草剂

供试稻糠为粉碎后粒度为30目的谷糠，由江西天宝藤桥大米加工厂生产。供试化学除草剂为35%丁·苄WP，由江西山野化工有限公司生产。

1.3 供试品种及防除对象

供试的水稻品种为中优402，防除的杂草对象为水稻田单子叶和双子叶杂草。

本文原载：中国稻米，2010，16（3）：39-40

基金项目：国家科技支撑计划耕地质量调控关键技术研究与示范项目（2006BAD05B09），国家科技支撑计划项目（2007BAD87B08），国家绿色农业科学研究与示范项目（2007-8）

1.4 试验设计

试验设7个处理：①35%丁·苄WP 0.165 0g/m^2；②35%丁·苄WP 0.082 5g/m^2+稻糠200g/m^2；③35%丁·苄WP 0.082 5g/m^2+稻糠100g/m^2；④稻糠300g/m^2；⑤稻糠200g/m^2；⑥稻糠100g/m^2；⑦空白对照。随机区组排列，3次重复，各小区之间筑田埂隔开，小区面积66.7m^2。

1.5 试验方法

各处理稻糠及药剂于2008年5月2日（水稻抛栽后5d）施用，稻糠直接均匀撒施，35%丁·苄WP拌化肥均匀撒施，施用后田间保持3～5m的浅水层10d左右。施药后15d、30d各调查1次田间杂草种类和株数（或鲜重），并计算防效。调查方法采用平行跳跃式取样方法，每小区调查5点，每点调查0.2m^2。

1.6 药效计算方法

杂草株防效（%）=[（对照区杂草总株数-处理杂草总株数）/对照区杂草总株数]×100

杂草鲜重防效（%）=[（对照区杂草鲜重-处理区杂草鲜重）/对照区杂草鲜重]×100

2 结果与分析

2.1 控制杂草的效果

从表1可以看出，施用后15d，处理①对杂草的防效最好，达89.26%；其次是处理②和处理③，防效分别为86.58%和87.25%；再次是处理④，防效为76.51%；处理⑤和处理⑥防效较差，分别为64.43%和41.78%。显著性测定表明，处理①、处理②、处理③和处理④间防效没有显著差异，但处理⑤和处理⑥的防效则显著低于处理①。

表1 不同药剂处理后15d的除草效果（%）

处理	鸭舌草	莎草	眼子菜	稗草	总防效
①	100.00	100.00	37.50	91.01	89.26a
②	99.13	100.00	25.00	91.01	86.58a
③	98.26	100.00	37.50	81.74	87.25a
④	89.47	100.00	33.38	36.51	76.51ab
⑤	71.9	100.00	45.88	27.25	64.43bc
⑥	66.67	100.00	8.38	63.76	41.78c
⑦	—	—	—	—	—

注：表中除草效果为杂草株防效；数字后a、b、c指在0.05水平上差异是否显著，字母相同表示差异不显著，否则差异显著

从表2可看出，施用后30d，处理①、处理②、处理③对杂草的株防效分别为76.51%、67.87%、78.42%，对杂草的鲜重防效分别为70.21%、68.44%、72.13%，3个处理

防除杂草的效果相当，差异不显著。由此可见，稻糠在施用后短时间内对稻田杂草有较好的抑制作用，而且随着稻糠用量的增加效果越明显，处理④（300g/m^2）防效高于处理⑤（200g/m^2）和处理⑥（100g/m^2），但后期（施用后30d）对稻田杂草控制作用下降。在化学除草剂35%丁·苄WP常规用量减半（0.082 5g/m^2）的情况下，配合施用稻糠100g/m^{2}和200g/m^2，对稻田杂草在施药后15d、30d的防效均与35%丁·苄WP全量（0.165 0g/m^2）的处理相当，说明在化学除草剂中加入一定量的稻糠，可减少化学除草剂的用量，却不影响对杂草的防除效果。

表2 不同药剂处理药后30d的除草效果（%）

处理	鸭舌草株防效	莎草株防效	眼子菜株防效	节节菜株防效	稗草株防效	总株防效	鲜重总防效
①	60.18	96.16	15.46	100.00	87.71	76.51a	70.21a
②	76.98	63.46	19.26	0.00	77.87	67.87a	68.44a
③	88.51	97.12	−46.14	100.00	79.52	78.42a	72.13a
④	−27.42	85.58	30.80	100.00	86.89	47.27ab	15.57b
⑤	−64.59	81.74	46.14	100.00	59.01	26.50b	−54.65c
⑥	−61.06	50.00	46.14	100.00	65.58	20.76b	18.58b
⑦	—	—	—	—	—	—	—

2.2 对水稻产量的影响

从表3可以看出，在7个处理中，以处理②的产量最高，为6 327.5kg/hm^2，比空白对照增产13.86%，增产效果达显著水平；其次是处理①和处理③，产量分别为6 147.5kg/hm^{2}和6 120.0kg/hm^2，比空白对照处理分别增10.62%和10.12%，也达显著水平。处理④、处理⑤和处理⑥的产量分别为5 770.0kg/hm^2、5 717.5kg/hm^{2}和5 740.0kg/hm^2，分别比空白对照增产3.82%、2.88%、3.28%，差异不显著。

表3 不同药剂处理的产量比较（kg/hm^2）

处理	重复Ⅰ	重复Ⅱ	重复Ⅲ	平均产量	比对照增（%）
①	5 775.0	6 270.0	6 397.5	6 147.5a	10.62
②	6 150.0	6 495.0	6 337.5	6 327.5a	13.86
③	5 925.0	6 262.5	6 172.5	6 120.0ab	10.12
④	6 000.0	5 865.0	5 445.0	5 770.0bc	3.82
⑤	5 722.5	5 692.5	5 737.5	5 717.5c	2.88
⑥	5 700.0	5 655.0	5 865.0	5 740.0c	3.28
⑦	5 850.0	5 460.0	5 362.5	5 557.5c	—

3 小结与讨论

稻糠稻作作为一种水田除草和施肥技术已在日本得到研究和应用[7, 8]，中国水稻研究所等单位也开展了利用稻糠控制水田杂草的研究[9-11]。本试验以双季早稻田杂草为对象，研究稻糠用量、稻糠与化学除草剂混施控制杂草效果及对水稻产量的影响。结果表明，稻糠对早稻田杂草的前期抑制效果较好，但后期防控效果下降；随着稻糠用量的增加，对杂草的控制效果也有所增加。在化学除草剂减半的情况下每平方米加施稻糠100～200g，其除草效果与全量化学除草剂的除草效果基本相当。但这3个处理的防效都要比单纯使用稻糠除草的处理高，说明完全用稻糠代替化学除草剂来除草还有一定难度，但用稻糠部分替代化学除草剂，以减少化学除草剂用量是完全可行的。

另外，利用稻糠除草，还有很好的肥田作用，长期使用可以改善土壤结构，提高土壤肥力，促进资源利用和循环农业的发展。今后应加强稻糠除草机理、长期施用对土壤生态和杂草种群结构影响、施用技术等方面的研究。

参考文献

[1] 刘占山，廖晓兰，任新国，等. 生物除草剂防治研究进展[J]. 农药研究与应用，2007，11（3）：6-10.
[2] 王利，朱朝华. 生物除草剂研究进展[J]. 广西热带农业，2008（1）：15-17.
[3] 李淑梅. 化学除草剂对土壤动物影响的研究进展[J]. 农业与技术，2007，27（5）：95-98.
[4] Boeb A B. 何希树. 除草剂对土壤微生物的影响[J]. 农药译丛，1989，11（3）：23-26.
[5] 邓晓，唐群锋. 百草枯对土壤微生物影响的研究[J]. 中国生态农业学报，2006，14（4）：146-149.
[6] 黄顶成，尤民生，候有明，等. 化学除草剂对农田生物群落的影响[J]. 生态学报，2005，25（6）：1 451-1 456.
[7] 宋庆乃，蒲淑英，于佩锋. 稻糠稻作，农业生产的一大飞跃——日本水田除草和水稻施肥的新动向（一）[J]. 中国稻米，2002，8（1）：40-41.
[8] 宋庆乃，蒲淑英，于佩锋. 稻糠稻作，农业生产的一大飞跃——日本水田除草和水稻施肥的新动向（二）[J]. 中国稻米，2002，8（2）：40-42.
[9] 欧阳由男，曾凡荣，康文启，等. 水稻母乳化无公害栽培法研究I：稻田施用稻糠的抑草防草效果试验分析[J]. 中国稻米，2005，11（6）：26-27，34.
[10] 顾大路，黄秀华，王红军. 稻田施稻糠的除草效果及对水稻生育的影响[J]. 江苏农业科学，2006（1）：64-65.
[11] 苏仕华，秦德荣，成英，等. 稻糠除草技术试验初报[J]. 杂草科学，2005（3）：20-22.

双季稻清洁生产大田健身栽培关键技术研究

彭春瑞[1]　陈先茂[1]　杨震[2]　刘晖[2]　胡乐明[2]

（[1]江西省农业科学院土壤肥料与资源环境研究所/农业部长江中下游作物生理生态与耕作重点实验室/国家红壤改良工程技术研究中心，南昌 330200；[2]宜丰县农业局，宜丰 336300）

摘　要：为了明确清洁生产条件下双季稻大田健身栽培的关键技术，开展了清洁生产条件下种植密度与方式、施肥技术、灌溉模式对双季稻产量与抗性影响的研究。结果表明，随着密度增加群体透光率下降、纹枯病加重，但产量与密度呈抛物线关系，二化螟数量与密度呈反抛物线关系，适宜种植密度分别为早稻抛栽31.40万蔸/hm^2，晚稻移栽33.48万蔸/hm^2；采用宽行窄株种植较等行株距种植不仅产量更高，而且群体透光率好，病虫害更轻。增施磷钾肥可以提高群体透光率，降低病虫为害，早、晚稻增施钾肥都能提高产量，早稻增施磷肥也能提高产量，但晚稻没有效果；清洁生产栽培较常规高产栽培的化肥运筹应适当减少穗肥比例而增加分蘖比例，N、K化肥的基肥∶分蘖肥∶穗肥以4∶4∶2为宜。淹灌可降低二化螟为害，但纹枯病严重，产量也显著下降，采用控水灌溉和提早晒田有利于控制纹枯病发生和二化螟为害，在控水灌溉基础上，早稻提早晒田产量最高，晚稻够苗晒田产量最高。综上所述，双稻清洁生产条件大田健身栽培的关键技术包括：种植密度较常规高产栽培增加5%～10%，采用宽行窄株种植；早稻增施磷钾肥，晚稻增施钾肥，并适当减少化肥N、K在穗肥的比重而增加分蘖肥比重；采用控水灌溉，并根据天气和苗情适时晒田，控制无效分蘖。

关键词：双季稻；清洁生产；健身栽培

化肥、农药的大量施用是导致农业面源污染的重要原因。将清洁生产的理念应用到农业，实行农业清洁生产，是节能减排、保护环境、建设社会主义新农村的重要举措[1-3]，水稻种植中的清洁生产技术，是将农业清洁生产的理念应用到水稻生产周期的全过程，从源头消减污染，提高肥料、农药、水资源利用率，最终实现节能、增效和减少面源污染的排放，同时也是保证水稻优质、安全的一种实用性生产方法[4]。而健身栽培有利于改善群体生态环境，提高水稻的抗逆性，是水稻清洁生产的重要技术环节[5]。但双季稻清洁生产过程中健身栽培的研究较少，大田合理的种植密度和空间布局、肥水管理等关键技术还未见报道。为此，笔者开展了双季稻清洁生产过程中的健身栽培关键技术的研究，旨在为水稻清洁生产或绿色种植中的丰产栽培提供科学依据。

基金项目：国家重点研发计划项目（2018YFD0800503），江西省赣鄱英才555工程领军人才培养计划项目“双季稻清洁生产关键技术研究与集成示范”，江西省成果转移转化重大项目（20161ACI90015）

1 材料与方法

试验在江西省宜丰县天宝乡藤桥村双季稻田进行，试验田排灌方便，土壤肥力中等。各试验均重复3次，小区间作埂隔开，埂上覆膜包埂。按清洁生产和绿色水稻生产要求进行田间管理，种植密度和灌溉试验的早晚稻的施肥量分别为纯N 180kg/hm^{2}和210kg/hm^2，有机N肥比例占50%，化学N、K肥则按基肥40%、分蘖肥30%、穗肥30%施用。

1.1 种植密度与方式试验

早稻设计①抛栽22.5万蔸/hm^2；②抛栽26.25万蔸/hm^2；③抛栽30.0万蔸/hm^2；④抛栽33.75万蔸/hm^2；⑤抛栽37.5万蔸/hm^2；⑥手插30.0万蔸/hm^2（宽行窄株13.3cm × 25cm）；⑦手插30.0万蔸/hm^2（等行株距18.3cm × 18cm）7个处理。晚稻设计手插①22.5万蔸/hm^2（20cm × 22cm）；②26.25万蔸/hm^2（20cm × 19cm）；③30.0万蔸/hm^2（16.7cm × 20cm）；④33.75万蔸/hm^2（16.7cm × 17.7cm）；⑤37.5万蔸/hm^2（16.7cm × 16.7cm）；⑥30.0万蔸/hm^2（13.3cm × 25cm）；⑦30.0万蔸/hm^2（18.3cm × 18cm）7个处理。在始穗期测定群体离地15cm处的透光率，在病虫害发生期调查纹枯病、二化螟和稻飞虱的发生情况，成熟期每小区取5蔸考种，并分小区收割计产。

1.2 施肥技术试验

试验设计以下处理：①$N_1P_{0.5}K_{0.4}$；②$N_1P_{0.5}K_{0.8}$；③$N_1P_{0.5}K_{1.2}$；④$N_1P_{0.7}K_{1.2}$；上述各处理中，有机N与化学N各占50%，P、K肥不足部分用化肥补齐，早稻总施氮量为180kg/hm^2、晚稻为210kg/hm^2，化学N、K肥则按基肥40%、分蘖肥30%、穗肥30%施用，在上述处理③的基础上，化肥N、K肥的基肥：分蘖肥：穗肥再设计以下几种不同运筹方式⑤4：2：4；⑥4：4：2；⑦5：4：1；⑧CK（不施化肥）。在始穗期测定群体离地15cm的透光率，在病虫害发生期调查纹枯病、二化螟和稻飞虱的发生情况，成熟期每小区取5蔸考种，并分小区收割计产。

1.3 灌溉模式试验

试验设计4个灌溉处理。①常规灌溉。即薄水（<20mm）移（抛）栽、浅水返青分蘖（20 ~ 40mm）、苗高峰期晒田、后期干湿壮籽、收割前10 ~ 15d断水。②控水灌溉、够苗晒田。无水移栽、返青期保持水层（20 ~ 30mm）、施除草剂后保持水层4 ~ 5d，以后一直到断水前保持薄露结合，每次灌水深度不超过20mm，让其自然落干，晒田前田不开裂不灌水，晒田后裂不加宽不灌水，苗数达到计划穗数的100%时晒田，晒至田边开`细裂（5mm），田中不陷脚时又灌不超过20mm深水，收割前5 ~ 7d断水。③控水灌溉、提早晒田。当苗数达到计划穗数的80%时开始晒田，其他同处理②。④淹灌。全生育期淹灌，收割前5 ~ 7d断水。在病虫害发生期调查纹枯病、二化螟和稻飞虱的发生情况，成熟期每小区取5蔸考种，并分小区收割计产。

2　结果与分析

2.1　种植密度与方式对产量及抗性的影响

2.1.1　对产量的影响

表1结果表明，不同的密度之间产量差异很大，早稻以抛栽30.0万蔸/hm^{2}的处理产量最高，其次是抛栽33.75万蔸/hm^{2}处理，这两个处理间产量差异不显著，但与其他处理间产量差异显著。晚稻产量以密度为33.75万蔸/hm^{2}的处理产量最高，其次是密度为30.0万蔸/hm^{2}的处理。当密度相同时，则以宽行窄株种植的产量更高。图1结果显示，早晚稻产量与种植密度呈抛物线关系，早、晚稻产量最高时的适宜密度分别为抛栽31.40万蔸/hm^{2}和移栽33.48万蔸/hm^2。

表1　不同处理的产量

季别	1	2	3	4	5	6	7
早稻	5 428.5c	5 497.5c	6 913.5a	6 702.0a	5 784.0bc	6 172.5b	6 055.5b
晚稻	4 948.5d	5 797.5b	6 558.0ab	6 946.5a	6 429.0b	6 586.5ab	5 992.5c
全年	10 377.0d	11 295.0c	13 471.5a	13 648.5a	12 213.0	12 759.0a	12 048.0b

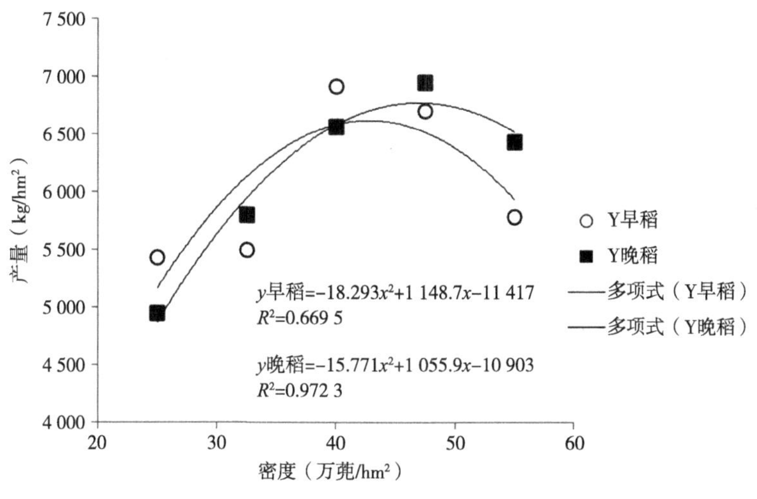

图1　早晚稻产量与密度的关系

2.1.2　对病虫害及群体透光率的影响

由表2可知，随着种植密度的增加，水稻的纹枯病发率和病情指数都逐步增加，稻飞虱差异不大；但也基本上呈增加趋势；种植密度过稀或过密都会增加二化螟的为害，以密度为30.0万蔸/hm^{2}的处理为害最轻。始穗期的群体透光率也是随着密度的增加而降低。密度相同时，不同的种植方式比较，宽行窄株种植较等行株距种植的纹枯病、二化螟、稻飞虱为害均更轻，而群体透光率则更高。

表2　不同处理对病虫害及群众透光率的影响

季别	处理	纹枯病 株发病率（%）	纹枯病 病情指数	二化螟 （头/100丛）	稻飞虱 （头/100丛）	透光率 （%）
早稻	1	26.1	16.4	26.3	765	7.25
	2	31.3	24.2	27.0	716	6.89
	3	42.6	31.5	19.7	724	6.56
	4	44.5	36.7	31.3	893	6.25
	5	46.2	36.1	36.3	983	5.85
	6	33.4	24.8	18.3	685	7.24
	7	40.7	30.7	26.0	877	6.85
晚稻	1	35.2	28.1	27.8	352	8.37
	2	38.4	28.8	27.4	376	7.80
	3	42.6	34.8	24.5	404	7.49
	4	49.1	40.5	31.6	413	7.05
	5	52.8	41.2	31.1	427	6.78
	6	33.6	26.7	19.6	326	7.85
	7	52.4	43.6	28.4	493	7.25

注：病虫害调查值早稻为分蘖末期和孕穗期两次平均，晚稻为孕穗期一次

2.2　施肥技术对水稻产量及抗性的影响

2.2.1　对产量的影响

由表3可知，施肥处理的产量均显著高于不施肥的CK。早增施K肥显著增加产量，减施K肥则产量下降，增施P肥也能提高水稻产量；晚稻增施K肥有利于增加水稻产量，减施K肥显著降低产量，增施P肥则没有增产效应。在施肥量相同的情况下，无论是早稻还是晚稻，N、K化肥的基肥、分蘖肥、穗肥的不同运筹方式均是以基肥：分蘖肥：穗肥为4：4：2处理产量最高。

表3　不同施肥处理对双季稻产量影响

季别	$N_1P_{0.5}K_{0.4}$ 4：3：3	$N_1P_{0.5}K_{0.8}$ 4：3：3	$N_1P_{0.5}K_{1.2}$ 4：3：3	$N_1P_{0.7}K_{1.2}$ 4：3：3	$N_1P_{0.5}K_{1.2}$ 4：2：4	$N_1P_{0.5}K_{1.2}$ 4：4：2	$N_1P_{0.5}K_{1.2}$ 5：4：1	CK （空白）
早稻	5 572.5c	5 703.0bc	6 358.5a	6 850.5a	5 799.0bc	6 387.0ab	6 231.0b	4 507.5d
晚稻	5 959.5b	6 322.5a	6 558.0a	6 208.5ab	6 277.5ab	6 651.0a	6 594.0a	4 087.5c
全年	11 532.0b	12 025.5bccc	12 916.5a	13 059.0a	12 076.5bc	13 038.0a	12 825.0a	85 955.0c

2.2.2　对病虫害及群体透光率的影响

表4结果表明，早稻施肥会导致水稻纹枯病的发病率和病情指数增加、二化螟为害加

重，稻飞虱为害也有增加趋势，而且群体透光率明显降低。增施P肥和K肥能降低水稻纹枯病的发病率和病情指数，降低二化螟和稻飞虱的为害，并能提高群体透光率。在施肥量相同的条件下，不同N、K化肥运筹方式比较，纹枯病发病率、病情指数均以基肥：分蘖肥：穗肥为4：4：2运筹方式的最低，对二化螟、稻飞虱群体透光率的影响则无明显规律性。晚稻试验结果也基本一致。

表4　不同处理对病虫害及群体透光率的影响（早稻）

处理	纹枯病株发病率（%）	纹枯病病情指数	二化螟（头/100丛）	稻飞虱（头/100丛）	透光率（%）
$N_1P_{0.5}K_{0.4}$ 4：3：3	42.8	26.7	41.3	144	7.24
$N_1P_{0.5}K_{0.8}$ 4：3：3	38.7	22.4	38.7	88	7.86
$N_1P_{0.5}K_{1.2}$ 4：3：3	35.3	20.5	28.3	70	8.32
$N_1P_{0.7}K_{1.2}$ 4：3：3	32.2	19.2	21.0	26	8.86
$N_1P_{0.5}K_{1.2}$ 4：2：4	36.5	21.2	40.7	134	8.35
$N_1P_{0.5}K_{1.2}$ 4：4：2	34.2	19.4	34.0	102	8.23
$N_1P_{0.5}K_{1.2}$ 5：4：1	38.8	23.9	32.7	108	7.85
Ck（空白）	29.1	18.4	21.3	58	12.35

注：病虫害调查值为分蘖末期和孕穗期两次平均

2.3　灌溉技术对水稻产量及抗性的影响

2.3.1　对水稻产量的影响

由表5可知，不同灌溉方式间的产量有较大差异。全生育期淹灌的CK处理的早、晚稻产量均显著低于其他灌溉方式，与处理1、处理2、处理3比较，早稻分别减产18.10%、20.89%、25.37%，晚稻分别减产12.34%、19.48%、17.79%，全年分别减产15.24%、20.17%、21.67%。早稻以控水灌溉、提早晒田处理产量最高，较常规灌溉增产9.74%，达显著水平，其次是控水灌溉、够苗晒田处理，晚稻以控水灌溉、够苗晒田处理产量最高，较常规灌溉增产8.87%，达显著水平，其次是控水灌溉、提早晒田处理。但早、晚稻处理2与处理3之间产量差异均不显著。全年产量以控水灌溉、提早晒田处理产量最高。

表5　不同灌溉处理的产量

季别	常规灌溉	控水灌溉+够苗晒田	控水灌溉+提早晒田	CK（淹灌）
早稻	6 639.00b	6 873.00ab	7 285.5a	5 437.50c
晚稻	6 529.50b	7 108.50a	6 963.00ab	5 724.00c
全年	13 168.5b	13 981.5a	14 248.5a	11 161.5c

2.3.2 对水稻抗性的影响

由表6可知，全生育期淹灌可减轻二化螟为害，但纹枯病发病严重，采用控水灌溉有利于减少纹枯病和二化螟的发生，特别是“控水灌溉+提早晒田”灌溉模式，纹枯病最轻，二化螟为害也较轻，有利于提高双季稻的抗性，不同灌溉模式对稻飞虱的影响较小，但总的也是控水灌溉的更轻。

表6 不同处理的病虫草害发生情况

季别		常规灌溉	控水灌溉+够苗晒田	控水灌溉+提早晒田	CK（淹灌）
早稻	二化螟（头/100丛）	112	75	63	28
	稻飞虱（头/100丛）	695	657	676	736
	稻纹枯病病情指数	47.2	42.1	38.5	50.2
晚稻	二化螟（头/100丛）	96	78	75	36
	稻飞虱（头/100丛）	775	653	634	714
	稻纹枯病病情指数	42.7	36.2	31.8	45.5

注：早稻为5月20日、6月9日调查平均值，晚稻为8月10日、8月31日调查平均值

3 讨论与结论

3.1 种植密度与种植方式

合理密植是双季稻高产的基础，密度过低则群体过小，群体生长量不多，难以高产，密度过高，则群体质量下降，后期光合效率低，也难以高产。本研究表明，双季稻清洁生产条件下的产量与种植密度呈抛物线关系，早稻抛秧栽培高产的适宜密度为31.40万蔸/hm^2，晚稻移栽栽培的适宜密度为33.48万蔸/hm^2，该密度略高于常规高产栽培条件下的适宜密度，这可能是因为清洁生产条件下，化肥用量减少，有机肥用量增加从而影响水稻分蘖之故。同时，随着密度增加，群体透光率降低，纹枯病发病加重，而二化螟则在适宜的密度左右为害最轻，因此，从健身栽培的角度来说，密度不宜过高。研究还发现，在密度相同时，采用宽行窄株种植较等行株距更有利于增加群体透光率，减轻病虫为害，因而产量也更高。由此可见，清洁生产的健身栽培应根据品种、土壤肥力而确定合理的种植密度，一般应较以化肥为主的常规高产栽培的密度增加5%～10%为宜，而且应扩大行距而缩小株距，采用宽行窄株种植。

3.2 施肥技术

本研究表明，早稻增施P肥和K肥都有很好的增产效果，而晚稻增施P肥对产量影响不大，增施K肥有利于提高单产；而且增施P肥和K肥均能增加群体透光率，减轻纹枯病和二化螟的为害，有利于增加水稻抗性。而在清洁生产条件下，不同的N、K肥运筹方式以基肥：分蘖肥：穗肥按4：4：2的比例运筹产量最高，而且纹枯病最轻。这比以化肥为主的常规高产栽培的肥料运筹的穗肥适宜比例低[6，7]，可能也是由于清洁生产条件下有机肥替

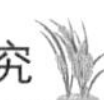

代化肥后导致分蘖肥比例低会影响水稻分蘖之故。由此可见，双季稻清洁生产健身栽培应增施K肥，早稻还应增施P肥，而且要适当减少化肥N、K的穗肥比重，增加分蘖肥比重。

3.3　灌溉技术

灌溉方式对水稻的产量和抗性有较大影响，本研究表明，早稻采用“控水灌溉+提早晒田”的产量最高，其次“控水灌溉+够苗晒田”灌溉，而晚稻则是“控水灌溉+够苗晒田”的最高，其次是“控水灌溉+提早晒田”灌溉，早、晚稻的这种差异可能是由于晚稻晒田时气温高、降雨少，短时间内能晒干，而早稻则相反。双季稻淹灌模式的产量都最低。而且采用“控水灌溉+提早晒田”灌溉的纹枯病最轻，二化螟为害也较轻，淹灌虽然二化螟为害小，但纹枯病重，而且水稻生长不良。由此可见，清洁生产健身栽培应尽量减少水稻灌水深度和淹水时间，实行控水灌溉，并适期晒田控制无效分蘖，降低田间湿度。

参考文献

[1] 林灿铃. 刍议农业清洁生产[J]. 农业环境与发展，2005（1）：1-5.

[2] 杨世琦，杨正礼. 刍议农业清洁生产[J]. 世界农业，2007（11）：60-63.

[3] 赵其国. 重视农业“安全质量”，加强农业“清洁生产”[J]. 土壤，2001（5）：225-226.

[4] 何容信，刘长海，李宝刚. 水稻种植业中的清洁生产技术[J]. 现代农业科技，2008（23）：250-254.

[5] 戴伟峰，郑淑萍，等. 优质水稻健身增效栽培技术[J]. 上海农业科技，2002（2）：32-33.

[6] 吕伟生，曾勇军，石庆华，等. 合理氮肥运筹提高双季机插稻产量及氮肥利用率[J]. 2018，32（6）：289-268.

[7] Li Muying，Shi Qinghua，Huang Caili，et al. Effects of panicle fertilizer application on source-sink characteristics and nitrogen fertilizer use efficacy of ganxin688[J]. Hybrid rice 2010，12（10）：1 495-1 502.

沟渠不同水生植物对双季稻田氮磷污染物净化效果研究

钱银飞[1#] 邓国强[1#] 陈先茂[1] 才 硕[2] 时 红[2] 彭春瑞[1*]

（[1]江西省农业科学院土壤肥料与资源环境研究所/农业部长江中下游作物生理生态与耕作重点实验室/国家红壤改良工程技术研究中心，南昌 330200；[2]江西省灌溉试验中心站，南昌 336300）

摘 要：于鄱阳湖双季稻区施肥期间采集水样，分析了不同水生植物对沟渠水体中氮磷污染物的净化效果。结果表明，香根草、茭白和白莲与空白杂草相比，对水稻田氮磷污染物均具有较强的降解能力。越靠近稻田出水口的生态沟渠内，各种氮磷污染物的降解幅度较大，离出水口越远降解幅度越小，越趋于平缓。不同水生植物对不同污染物的降解能力不同。白莲的净化效果要好于茭白好于香根草。水生植物对氮磷污染物的净化率与其生长状况有关，生长旺盛期的水生植物表现出较高的净化效率。而生长初期及处于衰亡阶段的水生植物的净化效率较低。

关键词：双季稻田；生态沟渠；水生植物；氮磷污染物；去除率

Retention and Removal Effects of Aquatic Macrophytes of the Ditch on Nitrogen and Phosphorus Pollutants from Paddy Field of Double-Cropping Rice

Qian Yinfei[1#] Deng Guoqiang[1#] Chen Xianmao[1]
Cai Shuo[2] Shi Hong[2] Peng Chunrui[1*]

（[1]*Soil and Fertilizer & Resources and Environmental Institute*，*Jiangxi Academy of Agricultural Sciences/Key Laboratory of Crop Ecophysiology and Farming System for the Middle and Lower Reaches of the Yangtze River*，*Ministry of Agriculture*，*P. R. China/National Engineering and technology research center for red soil improvement*，*Nanchang 330200*，*China*；[2]*Jiangxi Irrigation experiment central station*，*Nanchang 330201*，*China*）

本文原载：江西农业学报，2015，27（12）：103-106

基金项目：国家科技支撑计划项目（2012BAD15B03-02、2013BAD07B12、2011BAD16B04），江西省“赣鄱英才555工程”领军人才培养计划“双季稻清洁生产关键技术研究与集成示范”，江西省优势科技创新团队计划项目（20113BCB24014），江西省自然科学基金青年基金项目（20132BAB214012）

[#]共同第一作者；[*]通讯作者

Abstract: Gathered the water sample of the fertilizer-applying period of the double-crop rice in the Poyang Lake area，analyzed the retention and removal effect of the different aquatic macrophytes of the ditch on the nitrogen phosphorus pollutants. The result indicated that，compared with the weedy，the *Vetiveria zizanioides*，the *Z.latifolia* and the *Nelumbo nucifera* had strong ability on degenerating the nitrogen and phosphorus pollutants. The velocity of degrading pollutants near the entrance of rice filed was greater than that far away from the entrance. the different aquatic macrophytes has different pollutant degeneration ability.The *Nelumbo nucifera* has strong purification effect than the *Z.latifolia* than the *Vetiveria zizanioides* the purification ability has strong relation with the growing condition of the aquatic macrophytes. The high purification efficiency of the aquatic macrophytes when it in the good condition，otherwise the purification efficiency turns weak.

Key words: Paddy field of double-cropping rice; Ecological ditch; Aquatic macrophytes; Nitrogen and phosphorus pollutants; Retention and removal rate

面源污染已成为全世界水环境恶化的主要污染来源之一，而农业面源污染又占绝对主导地位[1, 2]。据2010年公布的全国污染源普查公报[3]显示农业源排放的N、P是造成水体富营养化的主要因素，也是中国水污染的核心问题。在众多针对农业面源污染的控制措施中，生态沟渠因具有较高的氮磷去除率和较好的景观生态效应，已逐渐成为国内外研究的重点和热点[4, 5]。生态沟渠主要是由农田排水沟渠及其内部种植的植物组成，通过沟渠拦截径流和泥沙，植物滞留和吸收氮磷等来实现生态拦截氮磷的功能[6, 7]，水生植物作为生态沟渠的重要组成部分，功能巨大，其本身不仅可以直接从水层和底泥中吸收氮、磷，提高泥沙氮、磷的滞留量，而且它发达的根系还为微生物提供了优良生存环境，改变了基质的通透性，增加了对污染物的吸收和沉淀[8, 9]。因此选择适宜的水生植物对提高生态沟渠的氮磷去除率，减少氮磷污染物向河流、湖泊等水体排放具有重要意义。尽管国内外以前有过沟渠生态拦截及沟渠水生植物筛选方面的研究报道，但在鄱阳湖流域关于沟渠生态拦截方面的研究报道罕见。对水生植物对水污染的治理的成果多来源于静态的研究，在原位流动状态下的水生植物对水中氮磷物质的去除能力的研究较少。基于此，本研究选取鄱阳湖流域典型双季稻种植区，在双季稻种植区农田排水沟渠种植不同水生植物，利用其庞大密实的根系产生的机械滤清效果和植株生长速度快而大量吸收污水中营养物质的特点，来降解流经沟渠流向河道中的农业面源污染物，并研究生态沟渠不同类型水生植物对氮、磷的截留效应，以期为探索鄱阳湖流域农业面源污染优化控制提供理论依据。

1　材料和方法

1.1　试验概况及试验设计

试验于2014年4—10月在江西省鄱阳湖流域南昌县向塘镇高田礼坊村（116°1′E、28°44′N）进行。该区位于赣抚平原灌区，海拔22.6m，属亚热带季风气候，多年平均气温为17.7℃，降水量为1 685.2mm，蒸发量（E601型）943mm、日照时数1 575.5h。地势较为平坦，稻田集中成块，沟渠为土沟，呈网状分布，沟渠坡度较小（<0.3%）。本试验的

水稻田主排灌沟渠形状基本一致，渠道上部宽1.2m，下部宽1m，沟渠与河道落差较小，排灌水期一般水深0.6～1m，沟渠内水流速度基本一致。4—10月是水稻生长季（当地农民习惯施氮量早稻180kg/hm^2，晚稻225kg/hm^2。施磷量为施氮量的一半）。在水稻施肥时期，会进行排灌水，以及大雨都会造成地表径流造成氮磷污染物进入沟渠，把握这一时期的稻田沟渠水质变化可以评估施肥期稻田沟渠水体氮磷污染物的基本变化规律。将主排灌沟渠分成4段，一段为空白，自然生长一些杂草。其余段分别种植香根草（*Vetiveria zizanioides* L.）、茭白（*Z.latifolia* Turcz.）和白莲（*Nelumbo nucifera*），每段种植的水生植物在60m左右。对沟渠内进行清理，去除异物，保持排水通畅。早稻种植期间，杂草较小，未进行处理。晚稻种植期进行了人工除草。在早晚稻施肥期排水较多时进行取样检测总氮（TN）、总磷（TP）、铵态氮（NH_4^+-N）、硝态氮（NO_3^--N）和可溶性磷（DP）。

1.2 测定内容与方法

取样设置：按不同处理，按10m一段分别取进水和出水样，每种处理取50m。每次采样在施肥后排灌水期沟渠中有较大水流时，取样基本在施肥后3d之内完成，所采水样经普通滤纸过滤后，进行测定。碱性过硫酸钾消解紫外分光光度计法（GB 11894—1989）测定全氮，钼酸铵分光光度计法（GB 11893—1989）测定总磷，过硫酸钾氧化-钼蓝比色法（GB 11893—1989）测定可溶磷。铵态氮、硝态氮采用Smart Chem TM 200 discrete chemistry analyzer（WestCo Scientific Instruments，Brookfield，CT，USA）流动分析仪测定。

氮、磷依存指数$PI_x=C_x/C_{in}\times100$式中PI_x为取样点的氮、磷依存指数，C_{in}为进口水体氮、磷质量浓度（mg/L）；C_x为取样点氮、磷的质量浓度（mg/L）。

氮、磷去除率$R(\%)=(C_{in}-C_{out})\times100/C_{in}$式中$R$为去除率，$C_{in}$为进口水体氮、磷质量浓度（mg/L）；$C_{out}$为出口氮、磷的质量浓度（mg/L）。

1.3 数据处理

采用Excel 2003进行数据统计、分析和绘图。

2 结果与讨论

2.1 不同水生植物对氮磷污染物的沿程截留

不同水生植物在双季稻施肥期的氮磷污染物沿程截留情况如图1所示，随着距离的增加，不同水生植物处理下的沟渠水中的TN、TP、NH_4^+-N、NO_3^--N和DP的依存度指数（PI）呈下降趋势，这表明各水生植物都有净化效果，距离越长，进水中的各物质含量下降越多。这表明各水生植物具有一定的抗水力冲击负荷能力。所有物质中，以NH_4^+-N受水生植物影响最大，变化幅度最大，TN次之。其中以白莲对NH_4^+-N净化效果最好。这可能是跟NH_4^+-N主要通过挥发、生物硝化反硝化、生物同化吸收3种机制去除。而白莲为浮水植物，离水面较近，更易吸收去除NH_4^+-N。而茭白、香根草为挺水植物，离水面较远，故吸收效果要差。各水生植物对氮磷的沿程降解基本表现为前期降解较多，后期趋于平缓。不同水生植物对不同污染物的降解能力不同。白莲的TN降解能力强于茭白、香根草强于空白杂草。茭白和香根草对TN的降解能力相差较小。对TP的降解则表现为白莲>茭白>香根草>空白杂草，对NH_4^+-N表现为白莲>香根草>茭白>空白杂草，对NO_3^--N表现为茭白>白莲>香根草>空白杂草。这可能与不同植物的吸收能力有关，也可能与不同水生植物对物质吸收的喜好有关。

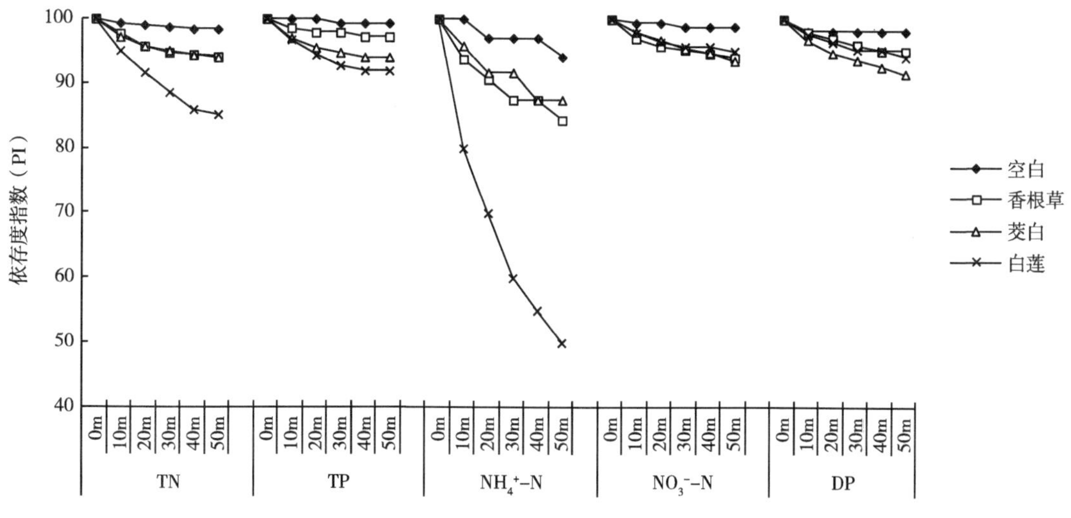

图1　不同水生植物对双季稻施肥期氮、磷沿程截留

2.2　不同水生植物对施肥期氮磷污染物的净化效果

如图2所示，3种生态沟渠植物都有很好的氮磷污染物去除效果，均对NH_4^+-N去除效果最明显（12.77%～25.42%），其次为TN和NO_3^--N（7.81%～18.39%，8.27%～13.04%），两者的去除效果接近，对TP和DP的去除效果相对较差（3.39%～11.72%，5.43%～9.68%）。对磷的去除效果要差于氮，这主要可能是绝大多数的磷均以固体颗粒态存在，且大多数都被挡在了田埂之内，而流出来的磷在水体中的可移动性较氮的可移动性差。3种生态沟渠植物对氮磷污染物的去除在晚稻施肥期间（8月）的去除率要显著高于早稻排灌水期（4—5月）的去除率。这主要是由于早稻施肥期由于香根草、茭白和白莲生长较小，氮磷去除率能力较差。到晚稻施肥期时，香根草、茭白和白莲均达到生长旺盛期，去除沟渠排水中的氮、磷能力大大增强。3种生态沟渠植物的氮磷污染物去除效果基本表现为穗肥期好于分蘖肥期好于基肥期。这主要和3种植物不断长大，吸附氮磷污染物不断增强有关。但白莲在晚稻穗肥期的氮磷污染物去除能力较8月16日有明显下降，这可能与白莲生长在8月中旬达到盛期，而到下旬时开始衰老甚至死亡而导致氮磷吸附能力下降有关。3种生态沟渠植物对氮磷污染物的净化效果存在差异，基本表现为白莲的氮、磷去除能力最强，其次为茭白，再次为香根草。以TN和TP为例，白莲的全年施肥期平均去除率分别为18.39%和11.72%，茭白为12.28%和7.21%，香根草为7.81%和3.39%。这主要可能是白莲是浮水植物，生长在沟渠内，去除氮、磷效果要显著高于种在沟渠两侧的挺水植物茭白和香根草。而茭白的生长量要显著大于香根草，因此必须从外界吸收更多的养分以满足生长需要。

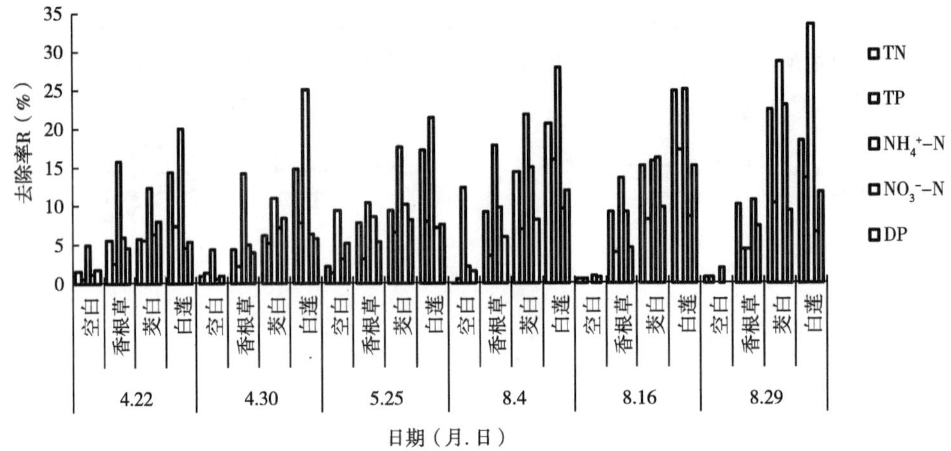

图2 不同水生植物对双季稻施肥期氮、磷去除率

3 结论

本研究表明生态沟渠不同水生植物对鄱阳湖流域双季稻施肥期排水中的氮磷污染物均有较好的净化效果，因此利用原有土沟等种植水生植物，构建生态沟渠，对减少稻田污染物向河流等水体排放，同时还能固土，诱杀稻田害虫，提高沟渠景观生态价值等均具有重要作用，而且简单易行还可以收获一些副产品，具有很强的推广应用价值。试验中越靠近稻田出水口的生态沟渠内，各种氮磷污染物的降解幅度较大，离出水口越远降解幅度越小，越趋于平缓。这也与陈海生等[10]的研究结果相近。因此，在稻田出水口选择氮磷污染物净化能力强的水生植物进行种植将大大减少氮磷污染物向河道排放。同时，本研究中不同水生植物对不同污染物的降解能力不同，这可能与不同植物的吸收能力有关，也可能与不同水生植物对物质吸收的喜好有关。因此，可采用搭配种植不同类型的水生植物将更助于全面消除氮磷污染物。在本试验中3种水生植物大致表现为浮水植物白莲的净化效果好于挺水植物香根草和茭白。生物量大的水生植物茭白的净化效果要好于生物量相对小的水生植物香根草。因此，在不影响渠道排灌和泄洪能力的情况下，选择栽种浮水植物和生物量的挺水植物将更有效拦截氮磷污染物向河道输移。研究中还发现，水生植物对氮磷污染物的净化率与其生长状况有关，生长旺盛期的水生植物表现出较高的净化效率。而生长初期及处于衰亡阶段的水生植物的净化效率较低。因此，充分利用不同水生植物的生长发育规律，使其更多地发挥其生长旺盛期的净化能力，将更能高效地去除双季稻田的农业面源污染物。

参考文献

[1] 张维理，武淑霞，冀宏杰. 中国农业面源污染形势估计及控制对策I. 21世纪初期中国农业面源污染的形势估计[J]. 中国农业科学，2004，37（7）：1 008-1 017.

[2] Maxted J T，Diebel M M，et al. Landscape Planning for Agricultural Non-Point Source Pollution Reduction.II.Balancing Watershed Size，Number of Watersheds，and Implementation Effort[J]. Environmental

Management，2009，43（1）：60-68.

[3] 中华人民共和国环境保护部，中华人民共和国国家统计局，中华人民共和国农业部. 第一次全国污染源普查公报[R]. 2010年2月6日.

[4] 姜翠玲. 沟渠湿地对农业非点源污染物的截留和去除效应[D]. 南京：河海大学，2003.

[5] Abe K，Ozaki Y. Removal of N and P from eutrophic pond water by using plant bed filter ditches planted with crops and flowers[J]. Plant and Soil Sciences，2006，11：956-957.

[6] Gill S L，Spurlock F C，Goh K S. Vegetated ditches as a management practice in irrigated alfalfa[J]. Environmental Monitoring and Assessment，2008，144：261-267.

[7] 杨林章，周小平，王建国，等. 用于农田非点源污染控制的生态拦截型沟渠系统及其效果[J]. 生态学杂志，2005，24（11）：1 371-1 374.

[8] 徐红灯，席北斗，王京刚，等. 水生植物对农田排水沟渠中氮、磷的截留效应[J]. 环境科学研究，2007，20（2）：84-88.

[9] 金树权，周金波，朱晓丽，等. 10种水生植物的氮磷吸收和水质净化能力比较研究[J]. 农业环境科学学报，2010，29（8）：1 571-1 575.

[10] 陈海生，王光华，宋仿根，等. 生态沟渠对农业面源污染物的截留效应研究[J]. 江西农业学报，2010，22（7）：121-124.

南方稻区种植香根草固土截污净水效应研究

涂田华[1#]　陈先茂[2#]　钱银飞[2]　王书华[3]　彭春瑞[2*]

（[1]江西省农业科学院农产品质量安全与标准研究所，南昌 330200；[2]江西省农业科学院土壤肥料与资源环境研究所/农业部长江中下游作物生理生态与耕作重点实验室/国家红壤改良工程技术研究中心，南昌 330200；[3]江西省吉安县永阳镇农业经济技术综合服务站，吉安 343109）

摘　要：通过模拟南方稻区沟渠两边和污灌湿地种植香根草，研究了香根草的净水效应。结果表明，与自然沟渠比较，两岸种植香根草的沟渠对稻田排出水体中的TN、COD的净化效果更好，但对TP的净化效果则基本没有差异，而且种植香根草沟渠的固土效果也更好，且这种差异有随着生长年限增加而加大的趋势。在污灌条件下，种植香根草对污水中的TN、NH_4^+-N、COD、Cu净化效果明显优于种植水稻和空白稻田，对TP净化效果则不如水稻，而且随着香根草生长年限的增加，香根草的净水效果明显增加。

关键词：南方稻区；香根草；固土；净化水质

香根草是一种原产于印度和非洲大陆南部的禾本科多年生草本植物，具有根系发达，适应能力强等优势，在水土保持、重金属污染、土壤修复、能源和香油开发等方面已进行了较多研究[1-3]，显示出很好的生态经济效果。在南方稻区应用方面，笔者曾率先报道了利用香根草防治水稻螟虫的效果[4]，并引起许多学者的关注和研究，在稻区种植香根草防治水稻螟虫作为一项有效生物防治措施而得到广泛应用[5]。但在南方稻区利用香根草净水和固土的研究较少，在化肥农药用量增加和农业面源污染加剧的形势下，研究稻区种植香根草的固土截污净水效果有重要的现实意义。为此，通过模拟试验研究了沟渠两岸和湿地种植香根草的截污净水和固土效果，以期为香根草在稻区的利用提供依据。

1　材料与方法

1.1　稻田沟渠两岸种植香根草模拟试验

选择一长方形的稻田进行模拟稻田沟渠两岸种植香根草固土截污净水试验。前一年冬沿田块长边方向开4条30m的沟，沟深40cm，宽50cm，田埂宽40cm，两沟之间间隔6m，然后当年春季结合整地再清沟加固田埂。试验设计两个处理，种植香根草处理在沟两边田埂上种植香根草，对照处理（CK）沟两边田埂不种植物（荒芜），重复2次。当年3月在种植香根草处理的田埂上种一行香根草，穴距30cm，每穴种植3～5株苗，第二年3月刈割

基金项目：国家重点研发计划项目（2018YFD0800503），国家科技支撑计划项目（2012BAD15B03）

[#]共同第一作者；[*]通讯作者

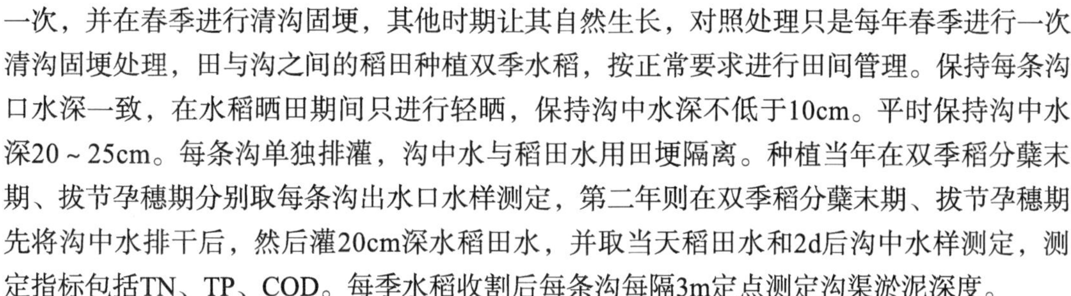
一次，并在春季进行清沟固埂，其他时期让其自然生长，对照处理只是每年春季进行一次清沟固埂处理，田与沟之间的稻田种植双季水稻，按正常要求进行田间管理。保持每条沟口水深一致，在水稻晒田期间只进行轻晒，保持沟中水深不低于10cm。平时保持沟中水深20～25cm。每条沟单独排灌，沟中水与稻田水用田埂隔离。种植当年在双季稻分蘖末期、拔节孕穗期分别取每条沟出水口水样测定，第二年则在双季稻分蘖末期、拔节孕穗期先将沟中水排干后，然后灌20cm深水稻田水，并取当天稻田水和2d后沟中水样测定，测定指标包括TN、TP、COD。每季水稻收割后每条沟每隔3m定点测定沟渠淤泥深度。

1.2　湿地种植香根草和水稻净水效果比较模拟试验

模拟试验在养猪场排污口附近选一块稻田，平分3份，设计3个处理：①田间起垄挖回形沟，垄上种植香根草；②翻耕种植水稻；③空白（不种任何东西，但要人工除草）。试验期间各处理施肥打药要求一致（包括空白处理），按常规水稻栽培要求进行管理。香根草每年在当年2月底种植，以后每年2月割刈一次，收割后测定生物量的总氮含量，并计算氮吸收量。在水稻分蘖盛期、孕穗期、抽穗期3次将经厌氧发酵后的养殖废水稀释4倍后引入田中灌溉，灌溉量为0.02m^3/m^2左右，确保每个小区的灌水量相同，灌水前1d先排干田中积水，保证污水入田后的浓度一致。灌水后1d、4d、7d分别在田间进、出水口3m处和田中间分别取水样测定。测定指标包括TN、TP、NH_4^+-N、COD、Cu。

2　结果与分析

2.1　沟渠两岸种植香根草的固土截污净水效应

2.1.1　截污净水效应

通过模拟试验表明，稻田沟渠两边种植香根草对稻田排出的TN和COD有较好的拦截净化效果，种植第一年对TN的拦截净化效果就好于对照，但差异不显著，对COD的拦截净化效果也优于对照，甚至能达到显著水平，但与对照比较，对TP的拦截净化效果不明显（表1）。到第二年，香根草的拦截净化效果更加明显，灌水入沟拦截净化2d后测定，分蘖末期和拔节孕穗期平均TN、TP、COD早稻种植香根草的削减率分别为48.32%、5.26%、33.28%，而对照自然沟渠仅为35.50%、5.26%、12.33%；晚稻种植香根草的削减率分别为26.38%、-5.57%、37.10%，而对照自然沟渠为-3.40%、-2.78%、13.13%，种植香根草的拦截净化效果明显好于对照自然沟渠（表2）。晚稻中TP的削减量和自然沟渠中TN削减量出现负值，可能是由于植物的养分拦截吸收量小于稻田中渗入沟中养分量之故。

表1　种植当年截污净水效果

季别	时期	处理	TN（mg/L）	TP（mg/L）	COD（mg/L）
早稻	分蘖末期	种香根草	2.56a	0.14a	10.90a
		CK	3.43a	0.16a	13.85b
	拔节孕穗期	种香根草	2.43a	0.14a	25.75a
		CK	3.33a	0.18a	29.65a

（续表）

季别	时期	处理	TN（mg/L）	TP（mg/L）	COD（mg/L）
晚稻	分蘖末期	种香根草	3.86a	0.08a	12.14a
		CK	4.14a	0.08a	23.20b
	拔节孕穗期	种香根草	3.18a	0.23a	26.10a
		CK	3.14a	0.19a	26.10a

表2　种植第二年截污净水效果

季别	生育期	处理	TN（mg/L）	TP（mg/L）	COD（mg/L）
早稻	分蘖末期	进水（背景值）	8.69	0.07	27.4
		种香根草	6.69a	0.08a	18.8b
		CK	7.96a	0.10a	27.8a
	拔节孕穗期	进水（背景值）	11.90	0.12	39.9
		种香根草	3.95b	0.10a	26.1b
		CK	5.32a	0.08a	31.2a
晚稻	分蘖末期	进水（背景值）	1.50	0.08	47.1
		种香根草	1.28b	0.06a	28.4b
		CK	1.78a	0.10a	41.8a
	拔节孕穗期	进水（背景值）	3.20	0.10	39.7
		种香根草	2.18b	0.13a	26.2b
		CK	3.08a	0.13a	33.6a

2.1.2　固土效应

香根草根系发达，是一种很好的水土保持植物。由表3可知，沟渠两岸种植香根草不仅有很好的截污净水效果，而且沟中淤泥深度也较对照浅，种植两年后沟渠中淤泥深度较低于对照自然沟渠9.42%，达显著水平，表明种植香根草还有较好的固土护坡效果，能有效防治沟渠田岸的土壤流失和崩塌，减少水土流失。

表3　不同处理对沟渠中淤泥深度的影响

处理	种植当年		种植第二年	
	早稻收后	晚稻收后	早稻收后	晚稻收后
种香根草	1.325a	2.67a	2.48a	3.75b
CK	1.360a	2.81a	2.53a	4.14a

2.2　湿地种植香根草截污净水效果

2.2.1　截污净水效应比较

试验表明，不论是早稻还是晚稻，从种植第一年开始，就显示出香根草的截污净水效果好于水稻，更好于空白田。而且从第二年开始，差异更加明显。以种植第二年早稻季为例，污水灌溉后，香根草对TN、NH_4^+-N、COD、Cu的净化能力明显好于水稻和空白田，在灌水后1d一般就有差异，到4d后除分蘖末期外基本上都差异显著。但对TP的净化效果一般都是香根草不如水稻好（表4）。种植第一年和第三年的结果也得到相似的结果，晚稻的结果也与早稻相似。表3的试验也表明，水稻田甚至空白稻田对养殖污水也有较好的净化能力，只是净化效果没有香根草好，表明稻田本身也是很好地湿地，对灌溉水中污染物有很好的消纳能力。

表4　种植第二年湿地香根草截污净水效果

灌水期	灌污水后天数（d）	处理	TN（mg/L）	TP（mg/L）	NH_4^+-N（mg/L）	COD（mg/L）	Cu（mg/L）
分蘖末期	0	原始值	28.2	8.25	1.77	496.0	0.29
	1	香根草	23.6b	6.58a	1.16a	237.0b	0.13b
		水稻	21.8b	6.43a	1.01a	320.0b	0.19a
		CK	27.1a	5.38a	1.10a	351.0a	0.21a
	4	香根草	20.7b	4.75a	1.02a	175.0c	0.11b
		水稻	20.6b	4.15b	1.06a	214.0b	0.15a
		CK	28.4a	4.73a	1.12a	276.0a	0.16a
	7	香根草	19.5a	5.48a	0.76b	152.0b	0.06b
		水稻	—	—	—	—	—
		CK	22.0a	5.28a	1.05a	253a	0.15a
孕穗期	0	原始值	32.3	5.15	1.51	139.5	0.11
	1	香根草	23.4b	4.95a	1.14b	93.3b	0.08b
		水稻	29.1a	4.18b	1.36a	98.5b	0.10a
		CK	30.3a	4.65a	1.15b	101.2a	0.11a
	4	香根草	12.5c	2.65a	0.69c	39.c	0.06b
		水稻	21.5b	2.58a	0.81b	51.2b	0.07a
		CK	26.8a	2.58a	0.97a	73.6a	0.09a
	7	香根草	6.0c	0.9b	0.58b	28.6c	0.05a
		水稻	11.6b	0.64c	0.81a	47.4b	0.06a
		CK	18.7a	1.30a	0.94a	70.2s	0.06a
抽穗期	0	原始值	46.2	7.02	1.52	253.0	0.13
	1	香根草	40.2a	5.82a	1.06b	161.0c	0.08b

（续表）

灌水期	灌污水后天数（d）	处理	TN（mg/L）	TP（mg/L）	NH_4^+-N（mg/L）	COD（mg/L）	Cu（mg/L）
抽穗期	1	水稻	40.8a	4.04c	1.08b	184.0b	0.08b
		CK	42.9a	7.64a	1.19a	276.0a	0.12a
	4	香根草	34.3b	4.77b	1.02a	115.0b	0.04c
		水稻	40.6a	4.04c	1.00a	180.0a	0.06b
		CK	42.5a	5.55a	1.14a	199.0a	0.12a
	7	香根草	21.3b	5.10b	0.92a	107.0b	0.04b
		水稻	—	—	—	—	—
		CK	40.5a	5.17a	1.03a	184a	0.11a

注：在分蘖末期和抽穗期第7d因稻田水落干没有取到水样，故没有稻田数据

2.2.2 种植不同年限的净水效果

不同年龄的香根草的净水效果也有差异，种植2～3年的香根草吸年吸收氮量高于种植当年的香根草，而香根草净水效果也是种植3年的>种植2年的>种植当年的。灌污水7d后取样全年平均，一年生香根草对污水中的TN、TP、Cu、COD的净化效果分别为26.5%、47.1%、28.9%、57.6%；二年生香根草分别为29.7%、43.5%、71.4%、70.3%；三年生的香根草分别为73.2%、68.0%、67.1%、89.8%（表5）。

表5 不同年龄香根草对污水的净化效果

香根草年龄	全年氮吸收量（kg/hm^2）	灌污7d后取样全年平均净化效果（%）			
		TN	TP	Cu	COD
一年生	418.8	26.5	47.1	28.9	57.6
二年生	496.5	29.7	43.5	71.4	70.3
三年生	470.4	73.2	68.0	67.1	89.8

3 讨论与结论

3.1 香根草的截污净水固土效果

通过模拟沟渠两岸种植香根草试验表明，在沟渠两岸种植香根草对稻田排出水体中的TN和COD有很好的拦截净化效果，与自然沟渠比较，其种植第一年的净水效果就好于自然沟渠，第二年效果更加明显；而对TP的净化效果与自然沟渠差不多。同时，沟渠两岸种植香根草还能减少沟渠两岸土壤流失和沟渠淤积堵塞。通过模拟湿地净化污水处理试验表明，香根草和水稻对污水中的TN、NH_4^+-N、COD都有很好的净化效果，但种植香根草的效果明显好于种植水稻，但对TP的净化效果则不如水稻。而且随着香根草种植年限的

增加，香根草的净化效果明显增加，这可能是由于种植年限增加，根系越发大，吸收污染物的能力增强之故。本试验表明，水稻对灌溉水中的污染物也有很好的净化效果，说明稻田也是很好的湿地，具有消纳污染物的能力。

3.2 香根草在稻区的应用

香根草根系发达，适应能力强，耐旱、耐涝、耐寒、耐热、耐瘠薄，在盐碱地和重金属污染地上也能生长，而且根系数量多，在土壤中呈网状密布，与土壤接触面积大，黏附力强，护坡效果好[1]。因此，香根草被作为一种水土保持植物和重金属修复植物而被广泛应用[2, 3]。以前报道了香根草作为“陷井”植物在诱杀水稻螟虫上的效果，本研究表明，香根草在稻区沟渠两边种植和在湿地种植都有很好的截污净水效果，能有效降低水体中的TN、NH_4^+-N、COD、Cu含量，减少水土流失和沟渠淤塞。有试验表明，香根草还能抑制淡水中藻类的生长和杀死螟虫幼虫的作用[6, 7]，因此，充分利用稻区沟渠两边、机耕道两边、湿地、边角地、非过道田埂、边坡等种植香根草不仅可以减轻水稻螟虫为害，而且可以减少水土流失、护坡固土、净化水质、减少农业面源污染，还可防风防倒，增加生物多样性，保护害虫天敌。同时，由于香根草自然条件基本不结籽，主要靠分枝繁殖，不会导致生物入侵为害。由此可见，香根草在南方稻区种植有很好的应用前景和生态效益、经济效益、社会效益。

参考文献

[1] 张广伦，肖正春，张卫明，等. 香根草的研究与利用[J]. 中国野生植物资源，2015，34（2）：270-274.

[2] 夏汉平，敖惠修，刘世忠. 香根草生态工程—实现可持续发展的生物技术[J]. 生态学杂志，1998，17（6）：44-50.

[3] 刘云国，宋筱琛，王欣，等. 香根草对重金属镉的积累及耐性研究[J]. 湖南大学学报：自然科学版，2010，37（1）：80-84.

[4] 陈先茂，彭春瑞，姚锋先，等. 利用香根草诱杀水稻螟虫的技术及效果研究[J]. 江西农业学报，2007，19（12）：51-52.

[5] 鲁艳辉，郑许松，吕仲贤. 水稻螟虫诱杀植物香根草的发现与应用[J]. 应用昆虫学报，2018，55（6）：1 111-1 117.

[6] 章典，李诚，刘璐. 岩兰草油对淡水藻类抑制作用研究[J]. 生态学报，2015，35（6）：1-9.

[7] 鲁艳辉，高广春，郑许松，等. 诱集植物香根草对二化螟幼虫致死的作用机制[J]. 中国农业科学，2017，50（3）：486-495.

稻鸭共育模式生产绿色大米技术

彭春瑞[1]　罗奇祥[1]　谢金水[1]　关贤交[1]　涂田华[1]　黎红志[2]　李思亮[3]

（[1]江西省农业科学院，南昌 330200；[2]江西省奉新县农业局，奉新 330700；[3]江西省上高县农业局，上高 336400）

摘　要：在现有成熟技术的基础上，通过技术组装集成，提出了以稻鸭共育模式为核心的绿色大米生产技术，主要包括基地品种选择、育秧、移（抛）栽、施肥、灌溉、有害生物防治、产后贮运、加工技术、鸭子管理等技术。

关键词：绿色大米；稻鸭共育；栽培技术；生物防治

稻鸭共育模式是指水稻移（抛）栽返青后，将雏鸭放入稻田，一直到水稻齐穗期，鸭子都生活在稻田里，形成以种稻为中心、家鸭野养为特点的稻鸭共育综合生态模式。该模式一方面利用鸭子除草灭虫，同时鸭粪可以肥田，鸭子在田间活动可以起到松土作用，并可增加田间通透性，减少纹枯病等病害的发生。因此，可大大减少化肥、农药的用量，使稻谷达到绿色食品原料的要求，提高稻谷产量和品质，节约成本，提高种植经济效益；另一方面，稻田又为鸭子提供了活动场所和饵料，可节省养鸭成本，提高鸭产品的品质，促进稻鸭双丰收。所以，稻鸭共育模式是生产绿色大米的一种理想生态模式，结合“十五”国家科技攻关项目和国家粮食丰产科技工程项目的实施，进行了相关研究，并制定了《稻鸭共育生产绿色大米技术规程》（江西省地方标准DB 36/T 490—2006），为推动该模式的推广应用，现将该模式的主要技术要点介绍如下。

1　基地与品种选择

1.1　基地选择

绿色大米的生产基地要远离污染源、生态条件良好、生物多样性保持较好，产地环境应符合NY/T 391—2000的要求。同时，应尽量选择有独立的生态小流域、防治污染隔离条件较好的区域，稻田地势应相对平坦，排灌方便、旱涝保收、不易受水旱灾害、土传病害较少，而且集中连片。

1.2　品种选择

选用的品种必须通过国家或地方审定并在当地示范成功，产量稳定、米质优（米质达

本文原载：江西农业学报，2007，19（5）：9-11

基金项目：国家“十五”科技攻关重点课题（2004BA50812），国家粮食丰产科技工程项目（2004BA520A04），国家农业科技成果转化基金项目（2006GB2C500144）

到GB/T 1789中三级米标准以上），品种综合抗性好，特别是对当地易发的主要病虫害的抗性强，并做到定期更（轮）换品种。

1.3　种植制度

为了培肥地力，促进绿色稻米的可持续生产，应大力推广肥（菜、草）—稻—稻、肥（菜、草）—稻等用地与养地相结合的种植制度，提倡稻田养萍，以萍肥田和为鸭子提供部分饲料。

2　育秧技术

2.1　育秧方式

双季早稻和一季稻宜采用旱床育秧或塑盘育秧；双季晚稻宜采用湿润育秧。

2.2　种子处理

播种前晒种1～2d，清水选种后，再用3%中生菌素可湿性粉剂300～400倍液或4%抗霉菌素120水剂200倍液或1%石灰水浸种进行种子消毒，种子消毒与间隙浸种相结合，先预浸8～12h，提起晾干后再用药剂浸种24～36h进行种子消毒，然后洗净再用清水浸种8～12h，再催芽播种或直接播种。提倡用沼液浸种、天然芸薹素硕丰481浸种或用生物种衣剂包衣。

2.3　播种期

双季早稻一般当日平均温度稳定通过10℃时，即可抢晴播种并盖膜保温，旱床育秧可提早3～5d；一季稻根据品种生育期以使其抽穗期避开7月中旬至8月中旬的高温季节为原则来安排播种期，一般安排在8月25日到9月初齐穗为宜；双季晚稻根据品种生育期以确保在秋季寒露风来临前安全齐穗为原则来安排播种期。

2.4　播种量

大田杂交稻用种量为：双季早稻22.5～30kg/hm^2，一季稻和双季晚稻15～22.5kg/hm^2；常规稻为：双季早稻45～75kg/hm^2，一季稻和双季晚稻30～45kg/hm^2。秧田面积湿润育秧的秧田与本田比为1∶8，旱床育秧为1∶40，塑盘育秧双季早稻为561孔的塑盘675～750片/hm^2，一季稻为434孔塑盘750～900片/hm^2。

2.5　秧田管理

选择土壤肥沃、排灌方便、病虫为害轻的田地作秧田，施肥以有机基肥为主，少施或不施追肥，一般秧田施足腐熟的农家肥或绿肥15 000～22 500kg/hm^{2}作基肥，其他肥料施用应符合NY/T 394的要求。秧田病虫草等有害生物的防治应坚持预防为主，农业、生物、物理技术综合防治的原则，在上述措施达不到防治效果时，可采用化学防治，但应符合NY/T 393的要求。其他管理措施参考不同育秧方式的要求进行。

3　移（抛）栽技术

3.1　移（抛）栽期

双季早稻当日平均温度稳定通过15℃时，叶龄达到3.5～4.0时就可移（抛）栽，一季稻当叶龄达到3.5～4.0叶时移（抛）栽，双季晚稻在前茬收获后立即移栽。

3.2 移（抛）栽密度

移栽稻采用宽行窄株的种植方式。一般双季早稻插足33万～37.5万蔸/hm^2，每蔸杂交稻插2粒谷苗，常规稻插4～5粒谷苗；一季稻插足15万～22.5万蔸/hm^2，杂交稻每蔸插1粒谷苗，常规稻每蔸插2～3粒谷苗；二季晚稻插足30万～36万蔸/hm^2，杂交稻每蔸插1～2粒谷苗，常规稻每蔸插3～4粒谷苗。抛栽稻的基本苗一般较不实行稻鸭共育的稻田多10%左右。移（抛）栽时要求薄水，大风大雨天不栽禾，一季晚稻和二晚晴天应在16：00后栽插，并且做到浅栽、匀栽。

4 施肥技术

4.1 施肥的原则

坚持有机肥为主、化肥为辅的原则。AA级绿色大米不能施用化学合成的肥料，A级绿色大米可限量施用化学合成肥料，但其中有机氮占总施氮量的50%以上，肥料的使用应符合NY/T 394—2000的规定，禁止使用未经国家或省级农业部门登记的化学肥料和生物肥料及重金属超标的肥料（有机肥料及矿质肥料）。提倡与猪—沼—稻模式结合，一般建一个8m^3的沼气池，常年存栏4～5头猪，所产生的沼渣和沼液可满足2 700～3 300m^2稻田的养分需求。

4.2 施肥量

稻鸭共育模式较非稻鸭共育的稻田施肥量可减少5%～10%。每公顷大田双季早、晚稻每季施氮（N）120～150kg，磷（P_2O_5）60～75kg，钾（K_2O）120～165kg，一季稻每公顷施氮（N）180～210kg，磷（P_2O_5）90～105kg，钾（K_2O）180～210kg。

4.3 施肥方法

施肥方法以基肥为主，追肥为辅，结合根外追肥。有机肥和磷肥全部作基肥，氮肥和钾肥留总施肥量的30%～35%作追肥，在栽（抛）后5～7d和孕穗期分次施用，也可采用一次性全层施肥，将全部肥料作基肥深施；可用沼肥作追肥，在返青后和孕穗期分2次施，大田每次施11 250kg/hm^2；始穗期和灌浆初期用磷酸二氢钾、高能红钾或氨基酸类叶面肥加天然芸薹素硕丰481进行叶面喷施1～2次，或用50%的沼液进行根外追肥1～2次，可以提高结实率，改善米质。

5 灌溉技术

移（抛）栽期保持薄水，扎根返青后坚持浅水勤灌，水深以鸭脚刚好能踩到表土为宜，以后随着鸭子的长大可适当加深水层，抽穗起鸭后，干湿交替壮籽，收获前5～7d断水。当苗数达到计划穗数的90%时，开始晒田，可采用分片晒田的方法，即在一片田中间拉一尼龙网，其中一半保持水层，将鸭子赶过去，另一半晒田，晒好后灌水又将鸭子赶过来，再晒另一半，重复操作多次；或每公顷大田在补饲棚边挖15个深0.5m以上，大小2m^2左右的水池，并开几条宽30～40cm，深30cm的丰产沟，晒田期保持沟里3～5cm水层，

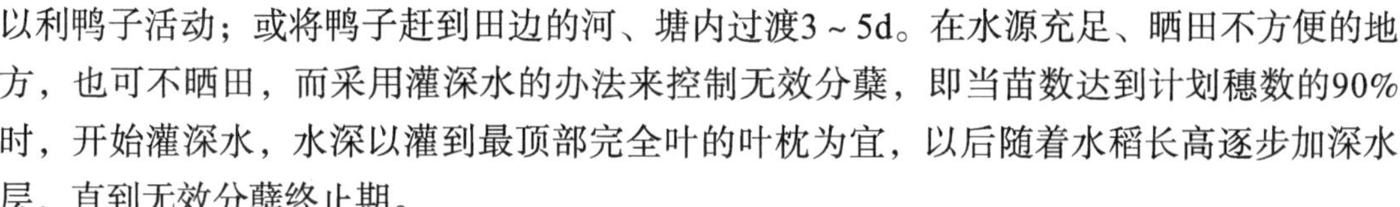

以利鸭子活动；或将鸭子赶到田边的河、塘内过渡3～5d。在水源充足、晒田不方便的地方，也可不晒田，而采用灌深水的办法来控制无效分蘖，即当苗数达到计划穗数的90%时，开始灌深水，水深以灌到最顶部完全叶的叶枕为宜，以后随着水稻长高逐步加深水层，直到无效分蘖终止期。

6　有害生物的防治技术

6.1　防治的原则

坚持“以防为主，综合防治”的植保方针。优先采用农业措施、生物措施、物理措施，在上述措施不能满足植保工作需要的情况下，才采用化学措施。

6.2　农业防治

选用抗病虫能力强的品种，并定期轮换；灌水灭蛹，清明前灌水10cm以上，保持2～3d，灭杀螟虫的蛹；打捞菌核，减少纹枯病病原菌；合理轮作换茬，降低病虫源基数；提倡健身栽培，改善群体质量，培育健壮个体，增强抗病虫能力。

6.3　生物防治

保护稻田天敌，利用天敌控制有害生物的发生；以鸭治虫和除草。

6.4　物理防治

每公顷安装1盏25W的黑光灯或每4hm^{2}安装1盏频振式杀虫灯，杀灭螟虫和稻纵卷叶螟的成虫。每公顷布放75个鼠夹，防治鼠害。

6.5　化学防治

在采用上述防治措施不能达到要求时，可采用化学防治措施。AA级绿色大米不能使用化学合成农药，A级绿色大米也优先采用生物农药，化学农药的使用应严格执行NY/T 393的规定，严格控制农药施用量和安全间隔期，并注意合理混用、轮换交替药剂，克服或推迟病虫害抗药性的产生和发展。化学用药要做到用药指标准、选用农药品种准、用药时期准、用药量准、用药方法准的精准减量用药的要求。

7　收获、储运与加工技术

7.1　收获

成熟期要抢晴收获，并单收、单晒、单独储藏，收获时要用木制的脱粒器械脱粒，严禁铺在地面上碾压脱粒，晒谷一律用竹晒垫，禁止在沥青、水泥地面上或黄泥沙地面上晒谷，防止污染。

7.2　储运

原粮晒干后，宜立即包装并挂上标签，标明品种、产地、农户名、日期等，然后用单独的仓库储藏。仓库应避光、常温、干燥，有防潮设施，贮藏设施应清洁、干燥、通风、无虫害和鼠害；可在储藏仓布放鼠夹防治鼠害，并安装黑光灯诱杀害虫，严禁使用化学农药消毒；储运工具用竹木制品或棉麻制品，而且应清洁、干燥；严禁与有毒、有害、有腐蚀性、有异味的物品混运。

7.3 加工

加工环境、设施、人员、工艺、管理制度等加工质量控制过程执行NY/T 519的规定，加工质量及大米的包装、运输、贮存应符合NY/T 419的要求。

7.4 副产品处理

秸秆、砻糠、米糠等副产品应综合开发利用，提倡稻草还田、稻糠稻作、严禁焚烧、胡乱堆放、丢弃和污染环境。

8 鸭子饲养技术

8.1 养殖方式

鸭子的养殖方式有群养式和围网式养殖两种，群养式即将鸭子集中喂养，早上放入田间，晚上赶回鸭棚，其优点是节省成本，鸭子管理方便，有利于养鸭专业户的发展，但鸭子活动不均匀，集中下田易踩死禾苗，适合于区域内有水沟或池塘、有规模化养鸭的地区，围网式即用尼龙网将鸭子圈定在一定范围的稻田内活动。以2 700～4 000m^{2}为一活动区域，在田的四周用三指尼龙网围成防逃圈，围网高60cm，每隔1.5～2m竖1个撑杆，并在田的一角按每平方米10只鸭的标准建立1个简易鸭舍，舍顶需遮盖，以避日晒雨淋，并可在外墙加盖一层稻草，以便防寒保暖，但必须通风透气，舍底用木板或竹板平铺，并适当倾斜，以便排水和清除鸭，该模式的优点是鸭子活动均匀，可充分发挥鸭子的生态功能，但成本较高，管理麻烦。

8.2 品种选择

选择吉安红毛鸭、巢湖鸭、绍鸭等生命力旺盛、适应性广、耐粗饲、抗逆性好的中小型优良鸭种，要求雏鸭达到绒毛整洁、毛色正常、大小均匀、眼大有神、行动活泼、脐带愈合良好、体躯呈蛋形、体膘丰满、尾端不下垂的标准。

8.3 雏鸭期管理

8.3.1 喂食

雏鸭孵出后24h之内，每羽鸭的嘴必须放入水中2～3次，第1次喂食在第1次放入水中后2h左右进行，可用米饭或碎米，也可用全价小鸭饲料进行饲喂。食槽旁应设有饮水处，让雏鸭边吃食边饮水。雏鸭到3～5日龄后，要开始补喂些浮萍、莴苣等青饲料和淡鱼粉、蚯蚓等动物性饲料，青饲料要新鲜，品质好，切碎后拌食或单独喂给。喂到每只鸭100g以上后可放入大田。

8.3.2 保暖

刚出壳的幼雏可用箩筐垫好干净无霉变的短稻草，放在背风保暖的室内饲养，室内气温低于20℃时，用大灯泡或红外线灯取暖，上面架膜保温，地面用谷壳、稻草等物铺垫并勤换；经常注意观察防止鸭子温度过低导致扎堆压死，同时又要防止温度过高导致鸭脱水死亡。

8.3.3 灯光照射

雏鸭孵出后在4d之内必须每天24h都要有光照，因此在这段时间内，无论是春季育

雏，还是夏季育雏都要在晚上开电灯。

8.3.4　消毒

饲养地面先用水冲洗，再用5%～10%新鲜石灰水或2%烧碱喷洒，器具可用3%～5%来苏尔或0.1%新洁尔灭、百毒杀等消毒，同时可在雏鸭饲料中添加50mg/kg的恩诺沙星。

8.3.5　接种疫苗

雏鸭1日龄时，应预防接种小鸭病毒性肝炎疫苗，约2周时注射禽流感疫苗，雏鸭100～125g时（孵出20～25d后）接种鸭瘟疫苗，提倡在当地兽医技术人员的指导下，通过抗体水平监测作出安排各种疫苗的接种时间。

8.4　共育期的管理

8.4.1　下田

雏鸭孵出15～20d，体重100g以上，水稻抛秧15d，移栽12d以上，可放入大田（成鸭应推迟2～3d）。最好每群放养5%～10%大1～2周龄的幼鸭，以起预警和领头作用，放养密度以15只/亩左右为宜，群养式的每次应从不同的地方下田，同一地方下田应间隔5d以上，以免鸭子踩伤禾苗。

8.4.2　喂食

应根据鸭子的食量及稻田的食物丰度调节饲喂量，每只鸭平均每天用50～100g稻谷或玉米及饲草等饲料补饲，杜绝用发霉、变质的饲料或动物加工产品的副产品喂养，以防鸭子患肠胃性疾病，注意定时定点饲喂；鸭子放入田间20d左右，可将预先繁殖好的绿萍放入稻田。

8.4.3　防药害

水稻喷药前，把围养式鸭子引诱在鸭舍圈住，喷药第2d才放鸭出来，喷施对鸭子损害大的农药，最好收鸭起田，待安全期过后，再下田放鸭，群养式的喷药期可赶入水沟或池塘中。

8.5　收鸭

水稻齐穗期应及时收鸭上岸，以防鸭吃稻穗。围养工为方便收鸭，平时喂养时就应养成鸭子听到某种声音就集拢的习惯，收回的鸭子可收回家中或围于田间舍内续养或转移场所放养；群养式在水稻齐穗期后不应将鸭子赶入田中，可放在水沟或池塘中续养或移场所放养。水稻收割后，可将鸭子再放入田里，让鸭子啄食落于水田中的谷子和虫子。

参考文献

[1] 余增钢，阴小刚，吴晓芳，等. AA级绿色大米生产病虫防治技术[J]. 江西农业学报，2006，18（6）：48-51.

[2] 易晓俊，刘圣全，杨爱青. 绿色稻米生产技术集成与运用成效[J]. 江西农业学报，2006，18（5）：163-165.

双季稻丰产栽培的清洁生产技术

彭春瑞[1]　罗奇祥[1]　陈先茂[1]　杨震[2]　漆勇[2]　蔡勤[2]

（[1]江西省农业科学院土壤肥料与资源环境研究所，南昌 330200；
[2]宜丰县农业局，宜丰 336300）

摘　要：根据多年的研究结果，提出了一套包括品种替代、化肥污染控制、农药污染控制、水稻健身栽培、土壤质量提升、灌溉与水体净化等技术的双季稻丰产栽培中的清洁生产技术体系，对中国南方双季稻区的水稻清洁生产具有重要的指导作用。

关键词：双季稻；清洁生产；栽培技术

根据联合国环境署的定义，清洁生产（简写CP）是关于产品生产过程的一种新的、创造性的思想，该思想将整体预防的环境战略持续应用于生产过程、产品和服务中，以增加生态效应和减少人类及环境的风险。对生产过程，要求节约材料和能源，淘汰有毒原材料，减少所有废弃物的数量和毒性；对产品要求减少从原材料提炼到产品最终处置的全生命周期的不利影响；要求将环境因素纳入设计和所提供的服务中[1]。清洁生产的理念提出后，主要在工业生产上应用，随着现代农业的发展，农业生产的机械化、化学化水平提高，农业面源污染问题也日益显现，农业生产发展与保护环境的矛盾也日趋激烈，因此，许多学者开始提出，在农业生产中也应实施清洁生产技术。赵其国院士指出，农业清洁生产是指在农业生产的全过程中，通过技术、管理与监控体系的调控，避免或减少面源污染，生产出卫生合格的食品，达到环境健康和食品安全的目的[2]。农业清洁生产由3个环节构成：一是使用原材料的清洁生产；二是生产过程的清洁生产；三是产品的清洁生产[3]。水稻种植中的清洁生产技术，是将农业清洁生产的理念应用到水稻生产周期的全过程，从源头消减污染，提高肥料、农药、水资源利用率，最终实现节能、增效和减少面源污染的排放，同时也是保证水稻优质、安全的一种实用性生产方法。

江西是一个水稻主产省，水稻种植面积和产量均居全国第2，是新中国成立后全国2个不间断调出粮食的省份之一。江西的水稻面积占粮食作物面积的90%以上，产量占粮食作物的95%以上，而且江西水稻85%～90%是双季稻，全年水稻生长周期长，单位面积的肥料与农药投入量大，因此，水稻生产是江西产生农业面源污染的重要组成部分，特别是化肥与农药污染。随着水稻单产水平的不断提高，化肥和农药的用量也不断增加，对环境的污染也进一步加重，在双季稻丰产栽培过程中实施清洁生产技术，不仅有利于在保障粮食

本文原载：杂交水稻，2010，25（1）：41-44

基金项目："十一五"国家科技支撑计划课题（2006BAD05B09、2007BAD87B08），国家绿色农业研究与示范课题（2007-8）

安全的基础上保护生态环境，而且有利于提高稻米品质和质量安全，增强江西稻米市场竞争力，对促进江西水稻生产的持续高效发展具有重要的意义。为此，笔者从2007年开始了双季稻丰产栽培过程中清洁生产技术的研究，开展了化肥减量高效施用、有机替代技术、除草剂减量高效施用、稻糠除草、有害生物无害化控制技术（种草诱螟、频振灯杀虫、稻鸭共育、打捞菌核等）、种植密度与方式、肥料配比与运筹、灌溉模式等试验研究，通过研究与集成，初步形成了一套双季稻丰产栽培清洁生产的技术体系。

1　适生性品种替代技术

筛选出适宜清洁生产模式要求的品种替代一般品种，是实现水稻清洁生产的基础。水稻清洁生产因为化肥和农药用量减少，适宜于生产优质绿色大米。因此，在品种选择上一定要选择适宜清洁生产条件的品种（适生性品种）。

一般对品种有以下要求：一是优质丰产，要求米质达到NY/T 593—2002三级以上标准，产量高而且稳产性好，生态适应性强，生育期适中，在江西两季生育期以220～230d为宜；二是抗性强，对主要病虫害（特别是对稻瘟病）有较强的抗性，并对主要气象灾害有较强的抗（耐）性；三是对肥、水、光、热等农业资源的利用转化效率高，能充分利用肥、水、光、热资源，如早稻选用株两优02、湘早143，晚稻选用天优998、先农2号等。

2　化肥污染控制技术

中国的水稻生产不仅化肥用量大，而且肥料利用率不高，氮肥的当季利用率为30%～40%，磷肥为10%～20%，钾肥为35%～50%。肥料的不合理使用，不仅增加了生产成本，而且污染了环境，是引起土壤生态环境破坏、水体富营养化、大气温室气体增加的重要农业因素之一。因此，如何在保障产量不降低的情况下减少化肥用量和对环境污染，是清洁生产的关键技术之一。

控制化肥对环境污染的途径主要有3条，一是替代技术，通过增施有机肥和生物肥，替代部分化肥，保障在化肥减量施用情况下仍能满足水稻丰产对养分的需求。据笔者试验，用猪粪、红花草代替20%的化肥（等养分）后，当季产量不会下降，而下季产量有所提高；每公顷施用22.5t绿肥后，减少40%的化肥，水稻产量仍不降低，减少20%的化肥则产量还会增加10%左右。二是精准施肥技术，实施测土配方施肥，以田定产、以产定肥、精准平衡施用，减少过量施肥和偏施带来的肥料浪费和环境污染。三是高效施用技术，提高化肥的利用效率。如可以改进生产工艺和肥料剂型，提高肥料吸收利用效率，主要措施包括通过在肥料生产过程中加入生理活性物质或肥料增效剂，或与能减缓或控制养分释放的材料制成缓（控）释肥等。据笔者试验，施用缓（控）释肥、智能肽肥料增效剂等，可以减少20%的肥料用量而产量不降低。另外，可以改进施肥技术以减少肥料的流失和挥发损失，主要措施包括控制水层深度，以水带肥、合理运筹、化肥深施等。

3　农药污染控制技术

化学农药的大量施用导致了严重的生态环境破坏和污染问题，并影响稻米的质量安全。在有害生物得到有效控制的条件下减少化学农药（特别是剧毒、高残留、高致畸农药）的用量和对环境的污染，是水稻清洁生产的关键技术之一。农业污染控制主要有以下3条技术途径。

3.1 推广有害生物无害化控制技术

主要包括：一是推广稻田养鸭技术，一般水稻返青至齐穗期放养150～225只/hm^2，鸭有很好的灭虫、除草、减病、肥田效果。据试验，稻田养鸭对杂草防效可达80%以上，对稻飞虱的控制效果达到75%以上，对二化螟的控制效果达到60%以上，而且能减轻纹枯病的发生，增产5%左右；二是大力推广田埂种草（豆）技术，田埂种豆可为天敌提供很好的栖息场所，保护天敌。另据笔者试验，田埂种植香根草可以引诱二化螟在其上产卵以便集中灭杀，减少稻田二化螟为害，防治效果达45.8%；三是推广灯光诱虫技术，每隔200m安装一盏频振杀虫灯或太阳能杀虫灯诱杀水稻害虫；四是选用抗性强的品种；五是采用种子消毒、灌水灭蛹、打捞菌核、水旱轮作、稻糠稻作、烧毁带病的稻草、改串灌、漫灌为排灌分家等农艺措施控制有害生物的发生。

3.2 推广农药绿色替代技术

用生物农药和低毒、低残留的化学农药等绿色农药替代高毒、高残留、高致畸的化学农药。如用吡虫啉、扑虱灵替代呋喃丹，用春雷霉素代替稻瘟净，用苏云金杆菌（Bt）、阿维菌素、皂素烟碱或苦参碱等替代三唑磷、甲胺磷等，用井冈霉素替代三唑酮等；这些绿色农药毒性小、分解快，对环境的污染轻，对有害生物有较好的控制作用，可使保护生态与控制有害生物达到协调统一。

3.3 推广农药的精准高效施用技术

主要包括：一是大力推广以“五准”为核心的精准喷药技术，即农药的品种准，用药的指标准、用药的时期准、喷药的用量准、喷药的方法准；二是推广应用打“送嫁药”（治小田防大田）、打重点药、机动喷雾、统防统治、应用农药增效剂等技术，提高农药控制效果。通过推广精准高效施用技术，可以提高农药的效果，降低用量，以最少的农药用量达到最佳的控制效果。主要病虫害的用药技术如下。

（1）种子消毒用25%咪酰胺EC（乳油）2 000～3 000倍液浸种24～36h，晚稻种子用10%吡虫啉WP（可湿性粉剂）10g拌稻种5kg。

（2）秧田期移栽前2～3d每公顷秧田用8 000IU/mg Bt可湿性粉剂6.0～7.5kg加4%春雷霉素WP 1.8kg喷雾作送嫁药，秧田期发现二化螟和稻瘟病为害还应用上述药控制，发现稻飞虱和稻蓟马用扑虱灵或吡虫啉控制。

（3）大田期对二化螟丛害率在1%以上的稻田或稻纵卷叶螟百丛有新虫苞（束叶尖）30个以上的稻田，每公顷大田用8 000IU/mg Bt可湿性粉剂3.0～4.5kg或27%皂素烟碱WP 1.50～2.25kg或0.36%苦参碱悬浮剂750～1 200ml或1%阿维菌素EC 450ml对水750kg喷雾。叶瘟发病中心或急性病斑出现的大田每公顷用4%春雷霉素WP 1 200g或2%灭瘟素EC 900～1 200ml对水750kg喷雾，重病田如1次用药控制不住，还要喷第2次药，一定要在7d内控制病情的发展，破口初期再喷1次控制穗颈瘟。对纹枯病病丛率达到10%的稻田，每公顷用20%井冈霉素750～900g或12.5%蜡芽·井（12.5%纹霉清）悬浮剂1 800ml对水750kg喷雾。当百丛有稻飞虱500～1 000只，可每公顷用25%扑虱灵（龙泰）1 050g或20%高兴龙博得180g对水750kg喷雾。抽穗前5～7d每公顷用20%井冈霉素750～900对水750kg喷施防稻曲病。

4 水稻健身栽培技术

水稻健身栽培就是在构建合理群体的基础上，通过合理的栽培管理，改善农田生态环境，创建一个不利于有害生物发生、而有利提高水稻抗性的生长环境，是水稻清洁生产的重要技术措施之一。

主要技术包括：一是培育壮秧，壮秧是高产的基础，也是提高抗性的前提，清洁生产由于化肥用量减少，水稻前期不易早发，应培育矮壮多蘖壮秧促早发，一般早稻尽可能旱育，晚稻湿润育秧或旱育，并用烯效唑或多效唑矮化促蘖。二是确定适宜的群体起点和合理的空间布置。据笔者研究，在清洁生产种植模式下，水稻丰产的栽插苗数应较常规栽培高10%左右，在江西一般双季杂交早稻要插足33～36蔸/m^2，每蔸插2粒谷苗，双季杂交晚稻要插足30～33蔸/m^2，每蔸包括分蘖插4～5苗。同时，应采用宽行窄株种植，扩大行距，缩小株距，增加行间通风透光，有利于减少病害发生。三是要合理施肥，增施有机肥，控制化肥用量，稳氮增钾，采用合理的化肥运筹模式，达到既满足水稻对养分的需求，又增加水稻抗性的目的。据笔者试验，增施钾肥可明显增强抗性和产量，增施磷肥增产效果不明显，而且化学氮、钾肥的运筹模式以基肥、分蘖肥、穗肥的用量比例为4：4：2较适宜。四是要采用浅、湿、干交替的灌溉方式，并提早晒田，以降低田间湿度、增加土壤通气性、控制无效分蘖、改善田间通风透光条件，减少病害的发生；据笔者研究，每次灌水深度不超过20mm，待其自然落干后露田1～2d再灌浅水，做到前水不见后水，当苗数达到计划穗数的80%时，晒田、多次轻晒的灌溉模式有利于高产和提高抗性。

5 土壤质量提升技术

不断提升土壤质量是减少化肥用量，促进水稻生产可持续发展的关键。水稻清洁生产的土壤质量提升应与稻作副产品循环利用、土壤耕作、种植制度相结合，以增加土壤有机质和综合生产能力为核心，不断改善土壤理化性质、清除土壤障碍因子、减少有害物质。

其主要技术包括：一是大力推广稻草还田技术，除带病稻草主张烧毁外，其他稻草全部实施还田，早稻稻草切碎直接还田并施30kg/hm^2腐秆菌以加速腐烂，有条件的地方也可部分堆沤后作为冬作物的肥料或覆盖物还田，晚稻稻草全部覆盖冬作物，越冬腐烂后还田，不仅可以提高土壤质量，而且可以减少稻草焚烧或随意堆放带来的环境污染。二是大力推广“稻糠稻作”技术，充分利用稻糠的肥田和除草作用[4]，将稻糠过腹后还田或直接还田。据笔者试验，施用1.0～3.0t/hm^2的稻糠，在栽后15d的杂草株防效达41.78%～76.51%，水稻产量提高3%左右，在减少50%的除草剂的情况下，施用1.0～2.0t/hm^2稻糠仍可达到和全量除草剂相当的除草效果，并能提高产量。三是冬季扩种1季绿肥（红花草或牧草）等养地作物，保障绿肥还田量达到22～30t/hm^2，可以减少化肥用量，培肥土壤。四是实施“猪—沼—稻”等生态工程，通过沼气发酵这一纽带将农业废弃物资源转化为能源与有机肥，沼气炊用或照明，沼肥肥田，不仅可以节省能源和培肥土壤，而且可以减少农村污染和提高水稻抗性、增加产量和品质。五是增施有机肥，施用商品有机肥替代部分化肥，不仅可以减少化肥的用量，而且可以提升土壤质量。六是强化土壤管理，清除土壤障碍因子，通过水旱轮作、开沟排渍、逐年深翻、施用农药降解剂等技术，不断增加耕层厚度、降低地下水位、减少土壤中有毒有害物质的含量，降低农药残留。

6 灌溉与水体净化技术

水分管理与水体净化也是水稻清洁生产的重要环节。水稻是沼泽性作物，需水量大，但水稻也不是水越多越好。长期深水淹灌不仅会导致土壤通气性差、有害物质增多、病害加剧、影响根系生长和水稻产量，而且使化肥径流和挥发损失增多、水体富营养化、甲烷等温室气体排放增加、用水增加。因此，水稻丰产栽培的清洁生产十分强调节水灌溉，应用“浅、湿、干”交替的灌溉技术模式，减少水层深度和稻田淹水的时间，可起到以水调肥、减少蒸发和地表径流导致的肥料损失和环境污染、改善稻田小气候的作用，具有明显的节水、省肥、增产、减污、改土效果。同时，强化对水体的净化也十分重要，一方面对灌溉用水的来源地要加强植树造林、采取防污技术，保障灌溉用水的清洁；另一方面，农田排灌沟渠两边应种植根系发达、吸收能力强的植物以固土净水，对蓄排水的池塘应种植一些能富集养分的植物（如菖蒲、芦苇、水葫芦、莲藕等）以吸收、固定水体养分，净化水体，加强人工湿地的生态保护和修复，使农田灌溉用水从进入农田至排入江、河、湖等农田外系统之前能通过生态沟渠（塘、湿地）等农田内部的净水系统得到良好的净化，减少排放到环境的污染负荷。

参考文献

[1] 周兵，李良德. 试论农业清洁生产[J]. 安徽农业科学，2008，36（13）：5 553-5 555.

[2] 赵其国. 重视农业“安全质量”，加强农业“清洁生产”[J]. 土壤，2001（5）：225-226.

[3] 段然，王刚，孙岩，等. 农业清洁生产现状及对策研究[J]. 中国农学通报，2007，23（3）：494-499.

[4] 赵文清. 有机水稻栽培稻糠稻作除草技术研究[J]. 北方水稻，2007（3）：81-83.

第六篇

稻田种植结构调整与水稻产业发展研究

鄱阳湖区水田种植结构调整的思考

彭春瑞[1]　涂田华[2]

（[1]江西省农业科学院土壤肥料研究所，南昌 330200；
[2]江西省农业科学院测试研究所，南昌 330200）

摘　要：鄱阳湖是我国最大的淡水湖，湖区农田以水田为主。本文分析了湖区水田生产的优势和存在的问题，结合我国农业的发展趋势，指出了湖区水田种植结构调整的5个方向：①发展冬季农业；②发展避灾减灾农业；③发展生态农业；④发展绿色农业；⑤实施“退耕还渔”“退田还湖”战略。同时，根据湖区实际提出了5项措施：①科学规划，合理布局；②创新种植模式，提高资源利用效率；③推广高效种植技术，提高种植效益；④发展龙头企业，提高产业化水平；⑤加大湖区综合治理力度，减少洪涝灾害损失。

关键词：鄱阳湖区；水田；种植结构；调整

Thoughts about Adjustment of Paddy Field Cropping Structure in Poyang Lake Area

Peng Chunrui[1]　Tu Tianhua[2]

（[1]*Soil & Fertilizer Institute*，*Jiangxi Academy of Agricultural Sciences*，*Nanchang 330200*，*China*；[2]*Test Institute*，*Jiangxi Academy of Agricultural Sciences*，*Nanchang 330200*，*China*）

Abstracts：Poyang lake is the largest lake in our country，the paddy field is the most of cropland. In this paper，the advantages and existent problems of paddy field production were analyzed，combining with the analysis of agricultural development trend in our country，five directions of adjustment of paddy field cropping structure in this lake area were indicted，i.e. ①developing winter agriculture; ②developing preventing-disaster and diminishing-disaster agriculture; ③developing ecological agriculture; ④developing green agriculture; ⑤carrying out the stratagem of “canceling cropping and restoring fishery” and “canceling field and restoring lake” . Moreover，according to the practices of this lake area，five measures were put forward，i.e.①programming in science and distributing with reason; ②innovating cropping pattern，increasing the efficiency of resource utilization; ③popularizing high efficient production techniques，increasing production benefit; ④developing leading enterprise，increasing the level of industrialization; ⑤increasing the force of integrate harnessing lake area，diminishing the loss of flood disaster.

Key words：Poyang lake area; Paddy field; Cropping structure; Adjustment

本文原载：江西科学，2003，21（3）：189-192

基金项目：“十五”国家科技攻关重点课题“东南丘陵地区优质高效种植业结构模式与技术研究”（2001BA508B15）

鄱阳湖是我国第一大淡水湖，地处长江中下游南岸，江西境内的赣、抚、信、饶、修五河之水相汇于此后注入长江。鄱阳湖区是江西省重要的粮、棉、油、鱼生产基地，有“鱼米之乡”之称。湖区内农田以水田为主，占耕地面积的78%[1]。传统的双季稻为主的水田种植结构目前面临着两方面的压力，一方面是市场需求变化带来的种植效益低、卖粮难的压力；另一方面是生态环境恶化，洪涝灾害发生频繁带来的产量不稳的压力，在市场和环境的双重压力下，必须以市场为导向，以提高种植效益、减少洪涝灾害损失和促进农业持续发展为目标，对湖区的水田种植结构进行战略性调整。

1　鄱阳湖区水田生产的优势与存在问题

1.1　生产优势

鄱阳湖区的水田生产有如下3个方面的优势：一是自然条件优越，光、热、水资源丰富，湖区年平均气温16.4～17.9℃，≥10℃的年积温达5 203～5 690℃，日平均气温稳定通过10℃的天数为237～249d，无霜期245～283d；年平均日照时数有1 760～2 105h，年均太阳辐射总量为444～477kJ/cm^2，是江西光照资源最丰富的地区；年平均降水量1 341～1 917mm，雨量充沛，而且地下水资源丰富，水质是我国淡水湖泊总体水质最好的湖区之一，与长江中下游其他地区比较，其水资源和光照条件优于洞庭湖区，温度和水资源条件优于太湖地区[2]。优越的自然条件为作物的生长提供了适宜的环境，也为适种作物选择提供了较宽的范围，并为多熟制的发展奠定了基础。二是地势平坦、农业连片，适应产业化生产，湖区内的水田主要是圩田，地势平坦，集中连片，667hm^{2}的连片水田随处可见，许多都是连片6 667hm^{2}以上，如此大规模的连片水田，在以丘陵山区为主的江西其他地方是很难找的，并有利于机械化作业、规模化生产和产业化发展。三是土壤肥力较高，湖区的水田大多是湖河冲击土，土层深厚，土壤肥沃，为作物的高产奠定了基础。

1.2　存在问题

鄱阳湖区的水田生产有很大的优势，但也存在一些问题，主要有：一是种植制度单一，长期以来强调以粮为纲，在种植制度上主要是以双季稻连作为主体，不仅效益低、受洪涝灾害影响大，而且季节紧张，土壤渍害加重；二是洪涝灾害频繁，湖区受4—6月五河汛期和7—9月长江汛期的影响，4—9月易遭受洪涝灾害的危害。据统计，从11—19世纪，发生洪涝灾害69次，平均13年1次；20世纪初至90年代，发生洪涝灾害37次，平均2.7年1次。另据资料分析，近50年，湖口超过20m的高水位年份，前25年有4次，平均6.3年1次，后25年有11次，平均2.3年1次，进入20世纪90年代有8次，平均1.3年1次[3]，近50年来，湖区灾害几乎每年都有，只是危害程度不同，1998年的特大洪水造成87万hm^{2}农作物绝收，直接经济损失384.64亿元，洪涝灾害频繁不仅造成作物产量损失，而且增加生产成本，影响土壤生态环境；三是渍害严重，由于湖区地势低，涝害严重，土体长期处于渍水状态，滞水潜育，土壤向次生潜育化方向发展，造成土壤水、肥、气、热不协调，通气不良，还原物质积累多，速效养分含量低，这是造成湖区低产田的主要原因，据统计，湖区中低产田中有2/3是渍害低产田[4]。

2　结构调整的方向

2.1　发展冬季农业

鄱阳湖区冬、春季进入枯水期，地下水位降低，土壤通透性改善，利用冬、春季丰富的光热资源发展冬、春作物，不仅可以提高种植效益，而且是减少灾害损失的一项有效途径，也可以改善生态条件，促进农业可持续发展。冬季农业应改变过去单一的种油菜模式，因地制宜发展多种作物，在邻近城市的地区，大力发展冬季蔬菜，以供城市市场需求；在养殖业发展较快的地区，可种一季冬季牧草，以发展草食动物；在缺粮区可种植大、小麦；在传统农业区可发展双低油菜。

2.2　发展避灾减灾农业

根据洪涝灾害的发生规律，发展避灾减灾农业，是湖区水田种植结构调整的一个方向[5]。发展避灾减灾农业，首先是对地势低的田块改种水稻为发展高效水生作物，如莱藕、籽莲、水芹、茭白、菱角、荸荠等；其次是改早稻中迟熟品种为早熟品种，力争在7月上旬收割，避开洪涝灾害对早稻的危害：最后是改双季稻为单季稻，避开4—6月的洪水危害，不仅可避灾，而且可缓解双季稻的季节矛盾，有利于发展高效冬春作物，提高种植效益。通过这3种途径改革种植制度，发展避灾减灾农业可减少灾害损失，提高湖区水田种植效益。

2.3　发展生态农业

生态农业是我国农业的发展方向，湖区水田种植结构调整应与生态农业的发展紧密结合，通过发展生态农业提高水田生态系统的功能和效益，促进资源的高效利用，保护生态环境，提高综合生产能力。湖区水田发展生态农业，一是应充分利用圩堤、道路、沟渠、田间两旁、平原村庄空地及屋前屋后种植防护林，改善农田小气候，防风固土，减轻水土流失；二是应大力发展水田生态模式，如稻田养鸭、稻田养鱼（蟹、蛙、鳝）、莲鱼共栖等生态种养结合模式，不仅可以降低生产成本，提高种植效益，而且有利于发展绿色食品生产和减少环境污染；三是种植结构调整应与发展养殖业及加工业相结合，大力发展饲用作物和品种及加工专用品种，如饲料作物黑麦草、饲用高粱、苏丹草、皇草、桂牧一号等牧草、饲用稻等加工专用的杂粮和经济作物，为养殖业及加工业的发展提供原料，做到多业发展，延长产业链，提高资源利用效率和农产品的附加值，促进农业生产的持续发展。

2.4　发展绿色农业

随着生活水平的提高和保健意识的增强，消费者对食品的安全性越来越关注，无污染的绿色食品在市场上越来越受到青睐，将成为21世纪的主导产品，国际市场上绿色食品的需求量每年以20%的速度增加，加入WTO后，发展绿色食品将是提高我国农产品国际竞争力的重要手段。鄱阳湖区是我国目前水质最好的湖区之一，加上工业污染少，化肥农药施用量均低于长江中下游其他湖区，这为发展绿色食品生产奠定了良好的基础。应抓住这一发展绿色食品的契机，大力发展绿色农业，提高农产品的市场竞争力和效益。

2.5 实施“退田还湖”“退耕还渔”战略

对地势低、经常受洪涝灾害、种植作物生产成本高、产量低、效益差的水田，可不再种植作物，实施“退田还湖”“退耕还渔”战略，适当恢复水域面积，提高鄱阳湖的洪水调蓄能力，并可开挖精养鱼池，池里养鱼、池间留垄种饲草、池旁建栏养畜禽，形成“草—畜（禽）—鱼”生态模式，以草喂鱼、喂畜（禽），畜禽粪便肥草肥水。

3 结构调整的对策与措施

3.1 科学规划，合理布局

根据湖区的地貌特点和洪涝灾害的发生规律，对湖区水田进行科学规划、合理布局，做到因地制宜、宜农则农、宜渔则渔。提高湖区水田的整体经济效益和生态效益。对地势较高（22m以上）、灌溉条件好、基本不受涝害的水田，应规划为高产稳产稻作区，仍以种植水稻为主，发展冬季作物和优质专用品种，开发饲用稻和绿色农业，达到粮食丰收、效益增加的目的；对地势低洼（18m以下）、经常受灾、生产成本高、种植效益差的水田，应规划为退耕区，退耕还渔、退田还湖，以发展生态养殖业为主；对地势较低（18～22m）、易受季节性洪涝灾害危害的水田，应规划为避灾农业区，以改革种植制度为主，发展避洪减灾农业。

3.2 创新种植模式，提高资源利用效率

根据湖区的资源优势和市场需求，按照扬长避短的原则，合理安排作物和品种，创新种植模式，提高资源的利用效率和水田系统的综合生产能力。对稻作区，创建以水稻为主体，以用地养地相结合发展高效持续农业为目标，以开发冬季农业、绿色食品、饲用粮和专用作物为突破口的高效种植模式，主要有肥（油、菜、草）—稻—稻、肥（油、菜、草）—头季稻—再生稻；对避灾区，以避洪减灾和优质高效为目标，合理安排茬口，按照“双改单、早代迟、短代长、经饲代粮”和“发展水生作物及种养结合”的思路，创建避洪减灾模式，主要有菜—稻—菜、草—稻、冬作—特早熟早稻—优质晚稻、马铃薯—鲜食玉米—稻、菜—田藕、莲（藕）+鱼、稻+鸭（鱼）等；对退耕区，应以发展生态养殖和水生作物为突破口，创建高效生态模式，主要有草基、岸畜（禽）、塘鱼模式、水生植物+鱼模式等。

3.3 推广高效种植技术，提高种植效益

推广高效种植技术是提高产量、节省成本、增加效益的有效途径。根据湖区的土壤生态条件，应重点推广如下种植技术：一是大力推广水稻轻简栽培技术，包括水稻直播技术、抛秧技术、旱床育秧技术，以节约成本，防治水稻前期僵苗，促进早发；二是推广测土配方施肥技术，防治作物营养失调，提高肥料利用效率；三是推广渍害田综合改造技术，提高土壤通透性和综合生产能力；四是推广地膜保温栽培技术，以缩短生育期，提早成熟，提高产量和品质；五是推广间套种技术，以充分利用资源，提高效益；六是推广清洁生产技术，建立绿色食品生产技术规程，提高农产品的市场竞争力；七是加快农业机械化进度，特别是在整地和收割两个环节要推广农业机械化生产。

3.4　发展龙头企业，提高产业化水平

湖区水田有发展规模化生产的优势，农业产业化是我国农业发展的方向。要采取一切有效措施，加强对龙头企业等市场中介组织的扶持，做好农产品加工企业的技术改造和规范化，延长产业链，提高农产品的附加值，发展一批具有一定规模，经济效益较好，辐射带动作用强，具有较强科学创新能力和良好经营机制的龙头项目。发展以“公司+农户”形式的“订单农业”，通过龙头企业连接市场与生产，推动农业的产业化，促进区域种植结构的调整，抵御市场风险。

3.5　加大综合治理力度，减少洪涝灾害损失

针对湖区洪涝灾害发生频率加大的严峻现实，要加强对湖区综合治理，一是要加强对五河的水土流失的治理，开展“植树造林”和“封山育林”活动，坡度大于25°的坡耕地要实施退耕林；二是做好湖区围堤的加高加固工作，特别是6 667hm^{2}以上的大圩的围堤和大江大河防洪堤的改造，提高防洪标准；三是加强排涝设施的改造，提高湖区的排涝能力；四是实施退田还湖战略，恢复水域面积，提高对洪水的调蓄能力；五是加强对中大型水库的改造，提高洪水期水库的调蓄能力，降低对鄱阳湖的水害压力。

参考文献

[1] 江西省计划委员.江西省综合农业区划[M].南昌：江西科学技术出版社，1990：290-299.

[2] 蒋梅鑫.鄱阳湖湿地农业发展及其对策研究[J].江西师范大学学报（自然科学版），2000，24（3）：260-263.

[3] 舒小波，刘影，熊小英.鄱阳湖区洪涝灾害的生态环境因素与生态减灾对策[J].江西师范大学学报（自然科学版），2001，25（2）：180-185.

[4] 刘群红，叶滢.对鄱阳湖区农田渍涝问题的探讨[J].江西师范大学学报（自然科学版），2002，26（3）：275-278.

[5] 陶建平，李翠霞.两湖平原种植制度调整与农业避灾减灾策略[J].农业现代化研究，2002，23（1）：26-29.

试论南方双季稻区水田种植结构调整

彭春瑞

（江西省农业科学院土壤肥料研究所，南昌 330200）

摘　要：通过分析南方双季稻区水田种植业中存在的主要问题和今后的发展趋势，针对性地提出了水田种植业结构调整的原则和措施。

关键词：中国南方；双季稻区；水田；种植结构调整

我国南方的水田面积和水稻播种面积均占全国的90%以上，双季稻主要分布在长江中下游及其以南的丘陵平原区，包括浙江、江西、湖南、福建、广东、广西和海南等地，约占双季稻面积的75%，江苏、湖北、安徽中南部、云南南部、贵州东南部、重庆、四川等地也有种植。全国双季稻面积占水稻面积的60%左右，双季稻区的双季稻面积占该区水田面积一般都在80%左右[1]。南方双季稻田种植结构的调整不仅关系到我国的粮食安全，也是南方双季稻区种植业结构调整的重点，对农业结构的调整、农民增收及农业发展都具有重要的意义。

1　水田种植业存在的问题与发展趋势

1.1　存在的问题

（1）成本高、效益低。传统的水田作物生产成本增加，效益降低。据调查，1999年江西省双季早稻的百元成本为89.4元，双季晚稻为62.8元，油菜为99.2元，双季早稻和油菜的生产成本利润率已极低，种植效益接近零，有些地方甚至亏损，如2000年，浙江省早稻生产的成本利润率为-5.4%，严重影响了农民的生产积极性。

（2）规模小、产业化水平低。目前，农村还是以户为生产经营单位，生产规模小，产业化水平低，1999年农民人均水田面积0.04hm^2，户均0.15hm^2 [2]。这种经营方式不利于新技术的应用和生产成本的降低，难以形成区域化、专业化的生产格局，不利于农产品的加工分级选优，难以与国外大农场的专业化、社会化大生产相匹敌。

（3）产品品质差。农作物品质低下和农产品加工滞后是农产品质量低下的两大原因。水稻品质总体低下，早籼稻问题依然严重。2000年农业部稻米及制品质量监督检验测试中心对全国1 109个水稻品种进行调查，只有118个品种达国家优质标准，优质率为12.6%[3]；其他农产品与发达国家相比，也有很大差距，农产品收购、贮藏、加工不配

本文原载：中国农学会耕制度分会. 粮食安全与农作制度建设[M]. 长沙：湖南科学技术出版社，2004

基金项目："十五"国家科技攻关重点课题"东南丘陵地区优质高效种植业结构模式与技术研究"（2001BA508 B15）

套，检测、认证体系不健全，也制约农产品质量的提高。

（4）生态环境恶化。长期双季稻连作种植模式和化肥、农药、除草剂的不合理施用，以及重用地轻养地的经营方式，导致土壤质量下降，水体富营养化，生态环境恶化。同时，由于对农业基础设施建设投入不足，水利设施老化失修，灌溉条件不配套，造成水旱灾害频繁，严重影响稻田作物的高产稳产，制约了稻田生产力的提高。

（5）结构调整难度加大。“七五”的时候，我国的生产过剩主要是粮食过剩，因此，“压粮扩经”调整措施的实施取得了很好的效果，近年来由于大多数产品都存在区域性、结构性生产过剩，结构调整的难度进一步扩大。加上加工滞后，流通不畅，信息不灵，造成农产品滞销。农民很难预测农产品供求关系的走势，进入了“价高—扩种—滞销—压缩”的恶性循环，而且，经常出现各地种植结构趋同的现象，没有体现区域特色。

（6）劳动者素质低。随着农业比较效益的下降，农村劳动力大量外出打工，留在农村种田的都是一些老人、妇女和儿童，有知识、有文化的年轻人大都不愿从事农业生产，进城打工去了，劳动力素质的下降，不仅影响了新技术的推广应用，也不利于农产品市场的开拓，而且阻碍了生产观念的更新，不利于根据市场需求调整种植结构。

1.2　发展趋势

（1）多样化。随着消费多样化的发展，种植结构将出现多样化趋势，以满足消费者的需求。主要表现为：一是作物种类和品种将增加，水稻的种植面积减少；二是种植模式将增加，双季稻一年三熟或两熟种植一统天下的模式将打破，不同作物的间、套、复、轮（连）作种植模式将增加，虽然规模不一定很大，但种类一定增加，而且城郊地区熟制有增加的趋势，多熟制地区熟制有减少的趋势。

（2）优质专用化。随着消费者对产品质量要求的提高，优质品种的比重将增加，同时，随着加工业的发展各种加工产品对原料品质的要求不同，作物品种的专用化趋势将进一步加强，如水稻品种可能将食用稻、饲用稻和加工稻的要求不同，实施分型种植。

（3）绿色化。随着消费者对食品安全要求的提高和环保意识的增强，特别是加入WTO后抢占国际市场的需要，对食品的有害物质的残留标准要求也提高了，要求生产者不断改善产地生态条件，按照绿色食品的生产要求进行生产，减少化肥农药的用量，禁止施用高毒、高残留农药，多施有机肥。

（4）双改单、双改再。由于南方早籼稻品质差，种植效益低，因此，在双季稻种植模式季节和劳力均较紧张的地方，早籼稻面积将进一步压缩，改双季稻为单季稻或再生稻，特别是超级稻的发展，为双改单（再）提供了良好的机遇。

（5）种养结合。种养结合有两种含义：一种是扩种植饲料作物，为发展畜牧业提供饲料，包括种植饲用稻和其他饲用作物，如冬季种植黑麦草等；另一个含义是水稻和动物共栖，如稻田养鸭（养鱼、蟹、蛙、鳝等），充分利用动植物的互生互克原理，既可提高水稻的产量，减少农药和化肥用量，提高稻米的卫生品质，又可多获得动物产品，增加效益，并且可改善生态环境。这在南方稻区也有进一步扩大的趋势。

（6）设施化。为了提高农田生产效率，实施无公害生产和反季节栽培，使消费者能够买到各种时鲜产品，在经济较发达地区或生活水平较高的城郊，实施设施栽培也是稻田种植结构的一种发展趋势。

（7）规模化。在工业较发达的地区，由于农村劳力的转移，土地逐步集中到少数种田能手手里，进行适度的规模经营，这在许多地方也是一种发展趋势。

2 种植结构调整的原则

种植结构的调整必须依据作物的适宜性、市场的需求性和生产的持续性，利用生物间的共栖互惠性和系统学的观点来优化布局的设计模式，并坚持以下原则。

2.1 粮食安全原则

确保食物安全特别是粮食安全是我国种植业结构调整过程中必须始终遵循的一条基本原则，这是由我国的基本国情决定的。近年来，受种植面积压缩和水、旱等灾害的影响，我国的粮食总产已由1998年的5.12亿t降至2001年的4.53亿t，降低11.65%，人均粮食生产量仅354.6kg，是10年来的最低点，而且还有降低的趋势，这已对我国的粮食安全构成威胁。南方稻谷在我国粮食安全方面起到了举足轻重的作用。我国是一个人口大国，粮食依靠进口是不现实也是不可能的，因此，水稻作为全国65%以上人口的主食来源，“立足国内”是不能动摇的，稳定水稻播种面积，保证稻米的有效供应，这是南方稻田结构调整必须考虑的首要问题。

2.2 市场导向原则

稻田结构调整必须以市场为导向，根据市场需求变化规律进行调整，要面对国内外两大市场，合理布置作物与品种，发展具有市场竞争优势的农产品，提高农产品的市场竞争力，只有这样，才能提高种植效益，增加农民收入。

2.3 区域优势原则

充分发挥自然、经济、市场和技术等区域比较优势，积极优化种植业区域布局，建立专业分工明确、各具特色的区域优势产业，是种植业结构调整中必须遵循的基本原则。应按照“发展适宜区、减少次适宜区、淘汰不适宜区的原则”，因时、因地、因物制宜来安排作物布局，避免区域内各地种植模式趋同的现象，水稻是我国南方最具有比较优势的作物，可以充分利用本区的自然资源，对灾害性气候的适应性比其他作物强，而且，水稻也是加入WTO后我国唯一的具有国际比较优势的粮食作物，其单位生产成本比美国低50%多，在国际市场竞争中具有一定的价格优势。因此，提出南方双稻主产区发展玉米是不现实的，玉米在南方水田中没有比较优势，南方饲料的发展方向是饲料稻和牧草。

2.4 优质高效原则

结构调整的最终目标，是为了在维护和促进生态平衡的同时，获得较高的农业系统生产力和较好的综合经济效益。坚持品质和效益优先是我国种植业发展的必然要求和选择，要积极发展适合当地生态条件的优质专用品种，改进生产技术，充分挖掘品种的产量与品质潜力，不断提高资源利用率，土地生产率、劳动生产率、产品商品率和经济效益。

2.5 可持续发展原则

可持续发展是我国农业结构调整中必须始终遵循的原则，不能以牺牲未来需求、长

远利益、生态效益和社会效益为代价来换取当前短期的高效，这是由我国的基本国情所决定的，在结构调整中必须坚持资源利用与生态环境保护相结合，长远效益与当前利益相结合，经济效益、社会效益和生态效益相结合，达到生产可持续、经济可持续、生态可持续的目的，使生物、环境与经济、技术协调，资源得到综合利用。

3　调整的措施

3.1　稳定水稻面积，优化周年种植结构

南方双季稻区稻田作物布局应坚持水稻的主体地位，在确保水稻产量稳定增加的基础上，大力发展饲料作物和经济作物，对双季稻季节较紧的江北稻区和西南稻区，可压缩早稻，发展单季稻和再生稻，建立稻—麦、稻—薯等一年两熟为主体的周年种植模式；对江南丘陵稻区可在适当扩大单季稻的同时，大力发展饲用和加工用早稻，促进早稻转化，发展优质晚稻，仍保持双季稻—冬作一年三熟为主体，多种熟制模式并存的周年种植结构，并充分利用秋冬闲田发展经济作物和饲料作物，形成粮、经、饲、肥多元化的种植制度；对华南双季稻区，在保持双季稻主体地位的同时，大力发展高效经济作物和特色作物，特别是热带作物和反季节蔬菜，形成以三熟制为主体的周年种植模式。

3.2　推广高效生产技术，提高种植效益

要提高稻田的种植效益，关键是提高农产品的市场竞争力，措施有两条：一是创新种植模式，生产出适应市场需求的优质产品；二是推广各种高效种植技术，降低生产成本，如推广抛秧、免耕、直播、再生稻、旱育秧技术等轻简型栽培技术，可减轻劳动强度，降低生产成本；稻田养鸭（鱼、蟹、蛙等）种养结合技术，可降低生产成本，增加产出；测土配方平衡施肥技术可提高肥料利用率，增加效益，有条件的地方还要积极推广机械化生产技术，以降低劳动成本。

3.3　选用优质专用良种，实施无公害生产

早稻应积极发展饲料稻、加工专用稻，晚稻应发展优质高产食用稻，单季稻应发展优质超级稻品种，油菜应选用高产“双低”油菜品种，饲料作物应以选择高产的青饲料为主。同时，要切实改善和保护农业生态环境，划定水田保护区，发展无公害农产品生产基地，杜绝可能产生的各类污染源，确保农产品的安全生产；规范水田投入品的使用，严禁在基地内生产、销售和使用高毒高残留农业投入品，确保环境安全和产品安全；要严格按照无公害农产品操作规程组织生产，提高产品的竞争力。

3.4　提高农民素质，转变经营观念

目前，农村劳动力素质普遍偏低，其生产技能主要是凭祖传，思想观念落后，小农经济意识很强，接受新知识、新技术和信息的能力差，难以适应商品经济和农业技术革命发展的需要，必须采取有效措施，加大对农民培训的力度，提高广大劳动者的文化素质，解放思想，转变观念，提高农业生产的科技水平。同时，要进一步完善基层农技服务组织，稳定农业技术服务队伍，为结构调整提供技术保障。

3.5 扶持龙头企业，促进产业化经营

采取有效措施，加强对龙头企业等市场中介组织的扶持，做好农产品加工企业的技术改进和规范化，发展一批具有一定规模、经济效益较好、辐射带动作用强、具有较强科技创新能力和良好经营机制的龙头企业。通过市场—企业—农户的经营模式来促进农业产业化发，通过“订单农业”以法律规范的形式来规范双方的权益和义务，农民负责种植，企业负责加工和销售，通过企业去参与市场竞争，促进区域性水田种植结构的调整，抵御市场风险。

3.6 加快中低产田改造，完善土地流通体制

加大中低产田改造的力度，改善农田基础设施建设，增强抵御自然灾害的能力，提高农田综合生产能力。同时，在稳定土地承包关系的基础上，积极推进多种形式的水田使用权流转制度，通过互换、转让、转包、入股、反租倒包和竞价承包等，有助于水田的合理流动，理顺水田流转机制，建立土地使用权流转制度，鼓励“二兼户”离农，使土地进一步向种田能手、专业户集中，发展适度规模经营，提高规模效益及农户水田种植的生产积极性。

参考文献

[1] 中国水稻所. 中国水稻种植区划[M]. 杭州：浙江科学技术出版社，1988：1-22.
[2] 汪金平，柯建国. 农业现代化研究[J]. 2002，23（6）：401-403.
[3] 罗玉坤，米智伟，金莲登，等. 中国稻米[J]. 2002（1）：5-9.

江西省水稻可持续发展的主要障碍与技术对策

彭春瑞

（江西省农业科学院土壤肥料研究所，南昌 330200）

摘　要：在分析了江西省水稻生产情况的基础上，针对江西省水稻可持续发展存在的自然灾害频繁，品质差、效益低，加工滞后，土壤质量差，劳动者素质下降、生产规模小等主要障碍，提出了提高地力、开发优质专用品种与技术、发展绿色无公害水稻和加强水稻节水增效高产技术、防灾抗灾技术、加工技术、物化技术、超高产技术研究等技术对策。

关键词：江西省；水稻；持续发展；技术对策

江西是我国重要的粮食主产区，是中华人民共和国成立后南方唯一一个持续粮食外调的省份，对维护社会稳定和国家的粮食安全作出了重要贡献。水稻是其主要的粮食作物，播种面积占粮食作物的85%以上，产量占粮食作物的93%左右，全省有35个商品粮食生产基地县，水稻种植面积居全国第二。在新的形势下，江西的水稻生产面临着市场和粮食安全的双重压力，一方面种稻效益低，农民生产积极性下降，另一方面要确保国家的粮食安全要求稳定水稻总产。

1　水稻生产情况

1.1　产量不断提高，商品量增加

由表1可见[1, 2]，中华人民共和国成立后江西的水稻产量不断提高，1975年水稻播种面积达到最大，总产首次突破1 000万t，1949—1975年的26年间，水稻的播种面积、单产、总产分别增加了50.71%、84.05%和177.07%，平均每年分别增长1.95%、3.23%和6.81%。1975—1984年，水稻播种面积基本稳定，但单产水平不断提高，特别是1981—1984年的3年间，由于实行了家庭联产承包责任制，大大调动了农民的积极性，单产水平提高了870kg/hm^2，平均每年增加8%以上，水稻总产将近达1 500万t，首次出现了“卖粮难”，1984年以后，随着种植结构的调整，水稻的播种面积下降，特别是1990年后，调整速度加快，1993年水稻播种面积下降到2 865.1hm^2，1984—1993年的9年里，虽然水稻单产提高了10.50%，但面积下降了13.88%，最终产量减少了72.67万t，导致粮食供应紧张和物价上涨，以后到1996年的3年时间里，通过恢复性增长，单产和总产都达历史最好水平，以后由于粮食积压和价格下滑，农民种稻积极性下降，播种面积和单产水平都呈现下降趋

本文原载：水稻可持续生产——政策、技术与推广国际会议论文集，2004：251-256

基金项目：“十五”国家科技攻关重点课题“东南丘陵地区优质高效种植业结构模式与技术研究”（2001BA508B15）

势，结果又引起2003年的粮价暴涨。同时，江西也是新中国成立后南方唯一一个不间断外调粮食的省份，每年调出量由100万t左右增加到目前的500万t左右，对国家的粮食安全作出了重要贡献。

表1 江西主要年份的水稻生产情况

年份	1949	1975	1981	1984	1993	1996	2000	2002
播种面积（k hm^2）	2 253.9	3 392.5	3 362.7	3 326.9	2 865.1	3 054.0	2 832.0	2 786.7
单产（kg/hm^2）	1 605	2 954	3 617	4 487	4 958	5 417	5 268	5 209
总产（10^4t）	361.72	1 002.20	1 216.31	1 492.67	1 420	1 655.11	1 491	1 451.6

1.2 单产水平低，增产潜力大

江西省处于长江中下游的南岸，气候资源适宜种植水稻，但江西省由于中低产田面积大、投入少等因素的影响，单产水平在长江流域稻区最低。据2002年统计（表2）[3]，江西省较以单季稻为主体的四川、湖北、安徽、浙江、江苏等地的单产水平低1 285～3 418kg/hm^2，较同为双季稻区，气候生态条件较为相近的湖南省的单产也低775kg/hm^2，说明江西省的增产潜力很大，只要增加技术和物资投入，提高水稻产量的潜力很大，只要达到湖南目前的单产水平，江西就可增加稻谷200万t以上。

表2 2002年江西省水稻单产水平与长江流域其他省份比较（kg/hm^2）

省份	江西	浙江	安徽	湖北	湖南	江苏	四川
早稻	4 818	5 298	4 709	5 117	5 127	—	6 579
中（一季）稻	6 399	7 280	7 032	8 732	7 271	8 632	7 246
二晚	5 167	6 137	5 481	6 155	5 986	6 364	4 375
水稻	5 209	6 650	6 494	7 608	5 984	8 627	7 243

2 存在的主要障碍

江西水稻在全国占有很重要的位置，水稻的增产潜力大，是我国水稻生产的优势产区之一，对国家的粮食安全和江西的经济发展都有重要的影响。但是，要促使江西水稻的持续生产，必须切实解决目前存在的几个主要障碍。

2.1 自然灾害频繁

由于江西是一个经济欠发达的农业省份，财政紧张，投入到农业基础建设的资金严重不足，导致水利设施老化，抵御自然灾害的能力差，目前国家和地方政府有限的投入也主要是在大江、大河和大型水库的治理上，对配套沟渠、排灌站、山塘水库等设施的建设基本上无暇顾及，而目前农村分散的经营模式，也缺乏有效的组织和管理机制来对农业基础设施进行维修和建设，因此，导致水旱灾害频繁，严重影响了水稻的可持续生产，从表3可见[1]，“七五”以后每年的水旱灾害的受灾面积和成灾面积都较“六五”增加了1倍左右，导致了水稻的严重损失，如1998年的水灾，导致全省平均水稻单产较上年下降415kg/hm^2，其中早稻单产降低941kg/hm^2。此外，江西每年早稻和一季稻抽穗灌浆期的高温危害和早稻秧苗期和二晚抽穗灌浆期的低温危害也对水稻的生产有不利影响，如2003年的高温，导致全省许多地片的一季稻结实不正常，产量下降。

表3　江西省不同时期的农作物年受灾和成灾面积（hm^2）

项目	时期	1980—1985	1986—1990	1991—1995	1996—1999
受灾面积	水灾	374 500	629 211	1 011 223	1 109 063
	旱灾	371 000	760 960	532 999	108 710
	合计	749 465	1 394 147	1 548 208	1 221 768
成灾面积	水灾	207 167	276 160	736 585	799 110
	旱灾	140 450	519 920	338 519	71 706
	合计	341 617	796 080	1 075 104	870 816

2.2　品质差，市场竞争力弱

江西水稻生产长期以来都是以满足食用为目的，但在新的形势下，市场对稻谷需求发生了明显的变化。一是直接食用的稻谷比重不断下降，而且对稻米的品质和安全性的要求也越来越高；二是加工用和饲料用稻谷的比例不断提高，而且不同的加工产品对品质也有独特的要求。因此，要求根据市场需求的变化来优化品种结构，江西虽然在优质食用的研究方面取得了一些成绩，但生产上大多数品种还是品质较差，不能满足消费者的需求，而且由于农药滥用，安全性差，达到无公害要求的不多。同时，对加工型和饲用型优质专用稻的研究没有引起足够重视，能满足加工需求的品种很少，还没有形成人、畜、机（加工）分粮的水稻生产格局，导致用途单一、品质不能满足市场需求，产品缺乏竞争力，因而生产稍过剩就卖不出去。

2.3　种稻效益低，生产积极性受挫

种植水稻的比较效益低，改革开放以来，虽然稻谷价格增加了不少，但生产成本上涨更快，导致种植水稻的效益不断下降，据对1999—2000年江西省的调查[4]，早稻的百元成本为89.4元、晚稻62.8元，每50千克产品的成本为早稻38.0元、晚稻35.5元，以上成本还不包括农民的税费负担，因此，有些农民往往种一年的田不但没有收入，而且还要亏本，种植效益低，挫伤了农民的生产积极性，农民种稻一是因为传统的习惯，二是因为一时没有找到效益好、市场潜力大、可大面积替代水稻的作物，种稻是一种无奈的选择，因而对水稻的栽培管理也就抓得不紧，不利于水稻的持续丰产。

2.4　加工滞后，稻谷转化能力弱

江西的稻谷加工能力和加工技术落后，据调查[5]，2000年江西以农产品为加工原料的企业只有1 257家，只有江苏的1/4多点，平均每家企业的产值为2 000万元，不及江苏的

1/3，平均每家企业的利润为573万元，比山东少2 320万元。江西目前还没有一个规模以上的稻谷加工企业，这导致了江西的水稻产业难以创品牌、出效益，不能提升其附加值。江西每年外调的粮食基本上都是原粮，很少有加工产品，随着粮食直接消费的下降和间接消费的增加，江西稻谷转化能力弱的状况，将会使江西的水稻生产受控于销区，严重制约着水稻产业的持续发展和种稻效益的提高。

2.5 土壤质量差，污染有加重的趋势

江西省平原区稻田基本上都是在滨湖地区，土壤较肥沃，但地下水位较高，丘陵区稻田面积大，土壤黏、瘦、酸、旱等障碍较重，山区稻田又多为冷浸田，通气性差，因而稻田质量总体较差，全省中低产田面积占2/3以上。而且对土壤的改良工作越来越不重视，改革开放以来，绿肥的种植面积和单产逐年下降。据统计[1]，面积由1978年的136.52万hm^2下降到2002年的45.91万hm^2，下降了66.37%，单产水平也由原来的30～37.5t/hm^2下降到15～22.5t/hm^2下降了50%左右。同时，对塘泥、厩肥等有机肥的施用也大大减少，不利于土壤质量的改善，影响了水稻的持续丰产，然而，农药的施用量却在不断增加，工业和城镇化对农田的污染也有加重的趋势，特别是除草剂的大量施用，严重破坏了土壤的生态平衡，污染了土壤环境。另外，化肥的不合理施用，也带来了土壤中养分的不平衡日益严重等问题。

2.6 劳动力素质下降，生产技术难以提高

由于种稻的比较效益低，有文化农村青壮劳力大多外出务工，不愿再从事水稻生产，留在家里种稻的大多是老人、妇女和儿童，文化素质低、观念相对落后，接受新技术的能力差，不利于新技术的推广应用，加上目前农村农技服务体系不健全，农技服务体系村一级的基本没有，乡一级也基本上瘫痪，县一级很难到位，因此，少数希望应用新技术的农民也很难得到技术指导，因而新的技术难以得到推广应用，水稻生产技术提高的速度很慢，特别是集成技术往往很难到位。

2.7 生产规模小，产业化水平低

江西是一个农业省份，农村人口占70%以上，目前的水稻经营模式绝大部分是分散的家庭经营，这种模式的缺点是规模小，效益低，成本高，应用新技术的积极性不高，也与市场经济不适应。同时，由于水稻的生产、收购、加工、销售又都是分开的，不到于水稻市场的培育和水稻产业的发展，很难进行规模化生产、产业化经营、市场化运作，不能形成主导产业，优势产品、品牌企业，也不利于水稻生产的可持续发展。

3 技术对策

3.1 进一步提高地力

不仅要加强农田基本建设，改善农田的排灌条件，降低地下水位，增加土壤的通透性，同时，更要加强稻田的培肥改土工作，不断改善土壤结构，提高地力，为水稻的持续丰产奠定良好的基础，“藏粮于地”。首先，要恢复和发展绿肥生产，要使50%以上的稻田每年能种上一季绿肥，绿肥面积要达到100万hm^2，并加强绿肥田的田间管理，提高产

量；其次，要大力推广稻草还田，力争早稻稻草30%～50%还田，晚稻稻草可经过覆盖冬作物后还田，提倡“过腹还田”；三是大力推广平衡施肥技术，防治施肥不合理造成土壤养分不平衡；四是要优化稻田种植结构，在确保粮食安全的基础上，适当增加豆科作物等养地作物的面职，推广水旱轮作技术，改善土壤结构。

3.2　开发优质专用品种与栽培技术

要针对直接消费粮减少和间接消费粮增加的水稻消费变化趋势，不断研究出适用不同用途的专用水稻品种及其配套的栽培技术体系，实行分型种植，形成人、畜、机（加工）分粮的水稻发展格局，促进水稻产业的发展。一是优质食用稻，要以商品品质好、适应性好等为主要指标，进行品种选育和区城布局及保优栽培技术的研究工作，提高食用稻的档次和市场竞争力，开发重点是二晚和一季稻；二是饲料稻，要以产量高、蛋白质含量高、出糙率高等为主要指标，进行品种选育和栽培技术的研究，以解决南方养殖业发展后饲料粮短缺的矛盾，开发重点是早稻，减少早稻米的直接消费，促进转化；三是加工稻，要与不同加工产品的要求相适应，如做酒、做米粉、做糕点、做饼干等，对稻米的品质都有不同的要求，要按要求不同，开发出相应的品种及种植技术；四是功能稻，要以其有某些特殊功能、对身体某些疾病有辅助疗效或具有保健功能为目标，如适合糖尿病患者食用的专用稻，高锌米、高铁米、富硒米等。

3.3　大力发展绿色无公害水稻

江西省具有发展绿色无公害水稻得天独厚的条件。一是生态条件好，具有独立的水系，周边省份的污染对其影响小，森林覆盖率全国第二；二是工业污染小，工业企业少，“三废”污染与周边省份比是最少的；三是化学品投入最少，江西单位耕地或单位土地或单位作物播种面积的农药与化肥等化学品的投入量均较周边省份少。江西绿色大米生产已有良好的基础，2003年已达200万亩，随着消费者保健意识的增强，绿色大米的需求量将会迅速增加，因此，应在现有基础上，加强绿色无公害水稻生产技术的研究与集成，重点是土壤修复技术、生物农药、施肥技术、有害生物控制技术的研究，同时，与稻鸭共育技术、频振灯杀虫技术、沼肥施用技术等技术配套。

3.4　加强节本增效高产种植技术的研究

针对目前生产成本高、种植效益低、种稻积极性不高的现状，要大力加强水稻节本增效技术的研究与集成，以节省用工，减轻劳动强度、降低成本，应在现有的水稻抛秧、直播等技术的基础上，进一步研究水稻免耕技术、水稻节水灌溉技术、提高肥料利用率的施肥技术、有害生物控制新技术，并开展农艺措施与机械化配套的栽培技术研究，提出适合江西省情和规模化栽培的水稻节本增效高产种植技术体系，大大提高劳动生产率，提高种稻效益。

3.5　加强水稻防灾抗灾技术的研究

为减少自然灾害造成的损失，除要加强水利设施的建设外，还要加强水稻防灾抗灾技术的研究，主要包括稻田防灾避灾的种植模式和技术措施、灾后补救措施等。重点是水稻的涝害、旱灾，早稻和中稻的高温逼熟、早稻秧田期的低温冷害和二晚抽穗灌浆期的“寒露风”危害。通过研究，力争能提出水稻防灾抗灾的栽培技术体系，减少自然灾害造成的损失。

3.6　加强水稻加工技术的研究

为适应人均稻谷直接消费逐年下降而间接消费逐年增加的市场需求变化趋势，应大力加强水稻谷加工技术的研究，除要进一步优化传统的米粉、糕点等加工产品的工艺外，要加强研究不同产品加工对稻米品质的要求，提出不同加工产品的品质指标，为优质专用加工稻的开发提供依据，同时要加强新的加工产品的开发，特别是利用现代技术开发出新产品，满足消费者需求。重点是早稻的加工转化技术。

3.7　加强物化技术的研究

针对目前农村劳动者素质较低、接受新技术的能力弱的现状，应积极开展技术的物化研究，将技术尽可能地物化成产品，形成“傻瓜”技术，使农民买回去就能用，不需要经过培训就能掌握，以促进新技术的推广应用，如根据水稻不同生育期对养分的需求，将其所需要的大、中、微量元素合理配合，通过适当的加工工艺，形成可控释肥料，作基肥一次施用下去就可根据水稻的需肥要求释放，满足水稻全生育期的需肥要求，解决了农民施肥不平衡或施肥时期不对等问题，简单方便。

3.8　加强水稻超高产技术的研究

耕地的减少是不可逆转的趋势，要提高产量只有靠不断提高单产水平来实现。因此，为了确保粮食安全，必须加强水稻超高产技术的研究与开发，为水稻的持续丰产提供技术储备。要加强超级稻的育种、产量形成的生理生化基础、栽培技术等方面的研究工作。针对江西双季稻面积大的特点，重点应加强双季超级稻的研究与开发工作。

参考文献

[1] 江西省统计局. 江西统计年鉴（1979—2003）[EB/OL]. http://www.jxstj.gov.cn

[2] 江西省统计局. 江西省农村经济统计年鉴（1984）[EB/OL]. http://www.jxstj.gov.cn

[3] 中国农业年鉴编辑委员会. 中国农业年鉴（2003年）[M]. 北京：中国农业出版社，2003.

[4] 罗奇祥，彭春瑞. 南方双季稻区稻田高效种植模式[M]. 南昌：江西科学技术出版社，2003.

[5] 毛惠忠. 关于江西农业现状的几点思考[EB/OL]. http://www.jxagriec.gov.cn. 2003-07-25.

江西水稻主要气象灾害及防御对策

彭春瑞[1]　刘小林[2]　李名迪[1]　涂田华[1]　邓国强[1]

（[1]江西省农业科学院，南昌 330200；[2]江西宜春学院，宜春 336000）

摘　要：分析了江西春寒、小满寒、寒露风、夏季高温、洪涝、干旱等气象灾害的发生概况及对水稻生产的不利影响，从技术角度提出了相应的减灾补救措施，并从宏观战略的角度提出了防御水稻气象灾害的对策。

关键词：水稻；江西；气象灾害；防御对策

水稻是江西的第一大作物，播种面积占粮食作物的85%以上，产量占粮食作物的93%左右，是农民收入的重要来源之一。同时，江西也是一个气象灾害多发的省份，影响了水稻的生长，导致减产或绝收，成为制约江西水稻持续丰产的主要障碍因子之一[1]。分析江西水稻的主要气象灾害，并从技术层面提出减灾补救的措施，从宏观战略角度提出防御的对策，对促进江西水稻的持续丰产和国家的粮食安全都有重要意义。

1　主要气象灾害及减灾技术措施

1.1　春寒

春寒是指每年3—4月在受冷空气影响后，连续3日平均气温下降到10℃以下，日最低气温5℃以下，并伴有大风或降雨，日照很少的天气。江西出现这种气候的概率为56.4%，不到两年就出现一次，并具有持续出现的规律性[2]。春寒主要对早稻育秧不利，是早稻生产中常见的灾害性天气，常导致早稻烂秧缺苗。

为了减少春寒对水稻的不利影响，可采用如下技术措施：一是要根据天气状况，选择合适的播种期，抓住暖头，抢晴播种；二是抓好种子处理关，做到冷头浸种、冷尾催芽、破胸播种；三是采用薄膜保温育秧，增加苗床温度；四是提倡采用旱床育秧，提高秧苗的抗低温能力；五是采用芸薹素硕丰481、沼气或其他抗寒剂浸种，可促进出苗整齐，提高秧苗的抗寒性。

1.2　小满寒

小满寒是5月中旬至6月上旬出现连续3d以上（含3d）日平均气温低于20℃的天气，因这时早稻正处于幼穗分化发育期，因此，对颖花的发育不利，往往造成穗子变小和结实不良，也是江西早稻的主要气象灾害之一，出现的气候概率为38.9%，平均每2～3年会出现一次。

本文原载：江西农业学报，2005，17（4）：27-130

基金项目："十五"国家重点科技攻关课题资助项目（2001BA508B-15）

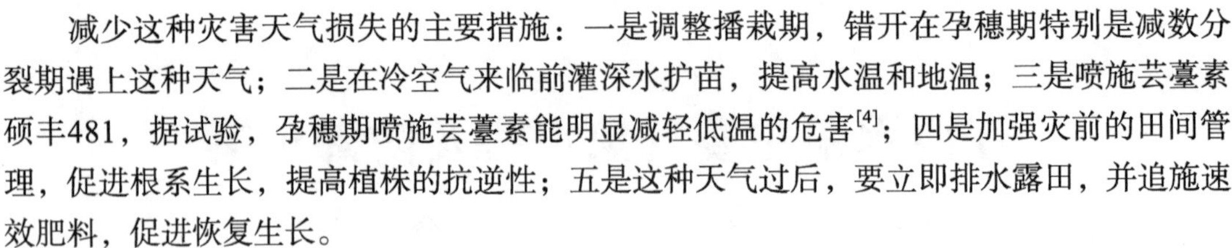

减少这种灾害天气损失的主要措施：一是调整播栽期，错开在孕穗期特别是减数分裂期遇上这种天气；二是在冷空气来临前灌深水护苗，提高水温和地温；三是喷施芸薹素硕丰481，据试验，孕穗期喷施芸薹素能明显减轻低温的危害[4]；四是加强灾前的田间管理，促进根系生长，提高植株的抗逆性；五是这种天气过后，要立即排水露田，并追施速效肥料，促进恢复生长。

1.3 寒露风

寒露风也是江西水稻的气象灾害之一，包括干冷、湿冷和干风3种，以湿冷的危害较重。寒露风出现时一般正值二季晚稻抽穗扬花期，往往导致水稻不育、包颈严重、影响授粉受精、空壳率高而减产。在江西寒露风危害的气温指标为：入秋后日平均温度第一次连续3d以上（含3d）小于22℃称为轻型；入秋后日平均温度第一次连续3d以上（含3d）小于20℃称为重型；如果日平均气温小于20℃的只有2d但如果其中有1d的最低气温小于16℃也称为重型寒露风。江西寒露风出现的气候概率为47.2%，具有持续出现的规律[2]。

减轻寒露风危害的技术措施：一是合理搭配品种和安排播种期，确保二晚在安全齐穗期前齐穗；二是加强田间管理，防止后期贪青迟熟，培育健壮个体，提高抗低温能力；三是在低温来临前灌深水护苗或日排夜灌，提高土壤温度；四是喷施植物生长调节剂或抗寒剂，如喷施“九二0”促进早抽穗、喷施芸薹素硕丰481提高抗寒性、喷施抗寒剂减少损失等；五是寒露风过后，要立即排水露田并叶面追肥，促进尽快恢复生机。

1.4 夏季高温

水稻的高温危害主要是7—8月的高温对早稻和一季稻结实灌浆造成的不利影响，通常也称高温逼熟，是指出现连续3d以上（含3d）的日最高气温大于或等于35℃的天气。如2003年8月出现的高温，导致全省绝大部分早播中稻的结实受影响，有些地方的结实率不足20%，甚至绝收。江西高温逼熟出现的气候概率为55.6%，平均不到两年出现一次[2]。

减少高温逼熟危害的技术措施：一是选用耐高温的品种，并根据品种的生育期调整播种期，双季稻最好采用“早搭迟”使早稻能够在7月中旬前收获，中稻最好安排在7月上旬前抽穗，一季晚稻最好安排在8月25日以后至9月上旬抽穗；二是高温期间灌深水或日灌夜排或灌长流水降温；三是加强田间管理，增施钾肥与有机肥，保证后期的养分供应，提高光合效率；四是喷施叶面肥和植物生长调节剂，如喷施谷粒饱与芸薹素硕丰481可以减轻高温的危害，提高结实率和粒重，减少产量损失。

1.5 洪涝

洪涝是江西最大的气象灾害，几乎每年都有洪涝灾害发生，只是受灾的程度不同。据统计，江西春涝、夏涝、秋涝的气候概率分别为30.6%、44.4%、25.0%，平均每3～4年就有一次较严重的洪涝灾害，江西发生洪涝灾害的高峰期在6—7月[2, 5]，此时正值早稻的孕穗开花期和晚稻的秧苗期，由于水稻的耐涝能力以孕穗期最差，其次是开花期，营养生长期较强，因此，洪涝灾害受害最大的是早稻，往往造成早稻严重减产，甚至绝收；对二晚主要是影响秧苗素质和导致缺苗。江西从1983—1999年农作物遭受洪涝灾害的面积年平均达7 434万hm^2，1949—1990年，洪涝灾害造成年平均粮食损失为16.8亿kg[6]，特别是1998

年发生的重大洪涝灾害导致全省早稻平均单产较上年降低941kg/hm^2，二晚种植面积较上年减少11.61万hm^2[7]。

减少洪涝灾害损失的主要措施：一是选用耐涝性强的品种；二是合理安排季节，通过调整水稻的栽培季节，错开洪涝高峰期与水稻的敏感期，如在易发生夏涝的地区，种植特早熟早稻，避开孕穗开花期遇涝；三是涝后要及时根据受灾情况，采用相应的补救措施，受害较轻的要洗苗、排水露田，并追施速效肥料；四是涝后要加强病虫害防治，特别是白叶枯病和纹枯病的防治；五是要加强水稻涝前的田间管理，增加植株体内碳水化合物的积累量，提高植株的抗涝能力。

1.6　干旱

江西降雨的时空分布不均，因此，旱灾几乎每年都有不同程度发生，是继洪涝灾害后江西的第二大气象灾害。在江西对水稻影响最大的旱灾是伏秋干旱，一方面，影响早稻后期的灌浆，另一方面，因缺水影响二晚栽插或栽后缺水影响生长，江西发生比较严重干旱的气候概率为27.7%[2]。据统计，1949—1990年，江西平均每年因干旱减少粮食58.39万t，占粮食总产量的6.10%。20世纪80年代以后，旱灾呈加重发生的趋势[8]。

减轻干旱损失的主要措施：一是合理搭配品种，安排季节，如双季稻区可采用“早搭迟”的早晚稻搭配模式，使早稻在干旱前收获，二晚能及时栽插下去；二是实行节水灌溉，节约用水，提高水分利用效率；三是改翻耕为轻耕，二晚田在早稻收割后，不翻耕而用悬耕机或滚耙轻耙一次后立即插秧或抛秧，节省整地用水，扩大二晚种植面积；四是二晚采用旱床育秧或用烯效唑、多效唑等化控剂育秧，提高秧苗的抗旱性；五是在施肥技术上注意增施钾肥和硅肥，提高植株的抗旱能力；六是二晚易旱区可采用早蓄晚灌的方法，即早稻后期集蓄雨水，早稻带水收割，收割后耙糊田后直接插秧；七是在干旱期喷施抗旱剂，减少水分蒸腾。

2　防御灾害的战略对策

2.1　加强气象灾害预测预报，制定灾害防御预案

要有效地防御气象灾害的危害，首先必须加强气象灾害的预测预报工作，并制定灾害防御预案。为此，要做好以下工作：一是充分利用高科技手段，不断提高预测预报工作的水平，特别是中长期预测预报的精确性；二是要根据预测预报结果安排不同区域的水稻生产布局与生产季节；三是要制定气象灾害的防御预案，包括防御、抗灾、救灾、灾后补救等分预案和总体预案，做到灾前有准备、发灾有措施，将损失降到最低。

2.2　加强气象灾害区划研究，优化作物与品种布局

有必要进行江西主要气象灾害区划研究，研究不同区域的气象灾害的种类、发生频率、发生时期、危害程度等，然后根据区划结果，优化不同区域的种植结构与品种布局，如在鄱阳湖区发生洪涝灾害的概率大、水灾危害程度大，因此，在水稻布局时就需要考虑错开洪涝发生高峰与水稻的敏感期，同时，选用耐涝性强的品种；而赣中丘陵区发生旱灾的概率大、旱灾损失大，在水稻布局时应优先考虑选用抗旱品种和避旱的种植结构。

2.3 改善生态环境，减少灾害发生率

要进一步改善江西的生态环境走可持续发展的道路，做到人与自然、环境协调发展，形成良性循环，减少气象灾害的发生概率和降低危害程度。主要措施：一是封山育林与种草种树，减少水土流失，充分发挥绿色植被调控区域小气候的作用；二是继续实施“移民建镇、退田还湖”战略，扩大水域面积，保护湿地[9]；三是禁止过度垦荒与开发，改变生产经营方式，做到生产与环境协调发展。

2.4 加强水利建设，提高防洪抗旱能力

加强水利建设是防御水旱灾害最直接、最有效的措施。因此，必须做好以下几项工作：一是进一步加固、加高鄱阳湖区的围堤和江西省境内五大河流的防洪堤坝，提高防洪标准；二是要加强病、险水库的加固、除险工作，并加大新建水库的力度，提高防洪抗旱能力；三是要完善配套沟渠建设，减少水的渗漏损失，修复与更新排灌设施，增加旱涝保收面积；四是要创新水利建设投资、管理、维护、利用机制，改进水资源管理与利用模式，促进水利建设事业的良性循环。

2.5 优化种植结构，发展避灾农业

一是季节与品种的结构优化，根据灾害发生的时间性，选用熟期适宜的品种，通过播种期与生长季节调节，避免在灾害敏感期遇到自然灾害，建立适宜不同区域的水稻种植结构；二是作物结构优化，对易发生灾害、种稻风险很大的区域，要优化稻田全年种植结构，改种稻为种其他避灾、抗灾作物，如易涝区发展水生作物，易旱区发展旱作物等；三是产业结构优化，对常年受灾的田块，实施“退耕还渔、退耕还林（果）”战略[9]。

2.6 加强减灾技术的研究与应用，减轻灾害损失

应加强减灾技术的研究与应用，主要包括：一是抗灾品种的鉴定、生理基础及危害指标研究；二是抗灾品种的选育与应用；三是提高水稻抗灾能力的技术措施的研究与应用；四是灾后补救措施的研究与应用。

参考文献

[1] 彭春瑞. 江西水稻可持续发展的主要障碍与技术对策//水稻可持续生产——政策、技术与推广国际会议论文集[C]. 杭州，2004：251-256.

[2] 舒惠国. 江西农业全书[M]. 南昌：江西高校出版社，1994：892-897.

[3] 徐春霞，刘艳玲，刘仲. 天然芸薹素对水稻秧苗素质的影响[J]. 垦殖与稻作，2002（6）：33.

[4] 廖新华，张建华，王建军，等. 芸薹素内酯对水稻孕穗期冷害的防治初报[J]. 云南大学学报，1999，21（2）：153-155.

[5] 卢冬梅，王保生，刘文英. 江西省洪涝灾害对水稻生产的影响及防御对策[J]. 江西农业大学学报，2002，24（1）：102-106.

[6] 黄国勤. 江西避洪农业的思路、模式和技术[J]. 江西农业大学学报，2001，23（3）：407-410.

[7] 江西省统计局. 江西统计年鉴（1998—1999）http：//www.jxstj.gov.cn

[8] 黄国勤. 江西干旱灾害研究[J]. 灾害学，2001（6）：66-70.

[9] 彭春瑞，涂田华. 鄱阳湖区水田种植结构调整的思考[J]. 江西科学，2003，21（3）：189-192.

江西粮食生产面临的困境与对策

张道新[1]　彭春瑞[2*]　涂田华[2]　谢金水[2]

（[1]江西省发改委农业资源研究室，南昌 330046；[2]江西省农业科学院，南昌 330200）

摘　要：分析江西粮食生产目前面临的主要困境，包括农民种粮积极性不高、政府抓粮食生产的动力不大、粮食生产的制约因素增多、粮食产业化水平低。在此基础上提出发展的对策：一是要抓住保护和调动农民种粮积极性这一核心；二是夯实农田水利和耕地质量两大基础；三是要实施政策兴粮、科技增粮、产业增效三大战略。

关键词：江西省；粮食生产；困境；对策

江西是我国的粮食主产区，是中华人民共和国成立后全国两个不间断为国家提供商品粮的省份之一和全国6个粮食净调出省之一，为国家的粮食安全和经济发展作出过重要贡献。2008年江西粮食产量达到1 950万t，较2003年增长了500万t，2009年突破2 000万t，实现连续6年粮食增产。但是随着经济发展、耕地面积减少和人口的增长，保障粮食安全的形势严峻，任务艰巨。温家宝总理指出，我国的经济发展要是出了问题，最可能是农业特别是粮食出问题。为此，国家制定了新增千亿斤粮的发展规划，要求到2020年粮食生产能力比现有产能增加5 000万t，以满足我国粮食自给率达到95%以上的需要，江西作为重点省承担了其中新增百亿斤粮的任务。近年来，江西省委、省政府立足保障国家安全的战略需要，提出了“山上建绿色银行、山下建绿色粮仓”的发展战略，确立了江西要保持国家粮食主产区的地位不动摇和肩负国家粮食安全的责任不动摇的“两个不动摇”的粮食发展目标。但是在新的形势下，增加粮食产量面临的问题还是很多，分析江西粮食生产面临的困境，并提出相应的对策，对促进江西粮食生产发展，为保障国家粮食安全作出新的贡献具有重要指导意义。

1　面临的困境

1.1　农民种粮积极性不高

粮食是靠农民种出来的，农民种粮积极性的高低，是导致产量波动的最直接的因素。历史的经验告诉我们，一切有利于调动农民种粮积极性的因素都是提高产量的关键措施。改革开放初期，由于实施了家庭联产承包责任制，激发了农民的生产热情，粮食产量大幅度提高，1981—1984年3年江西水稻单产水平提高了870kg/hm^2，平均每年增加8%以上[1]，

本文原载：江西农业大学学报（社会科学版），2010，9（2）：1-4

基金项目：国家“十一五”科技支撑计划课题（2006BAD02A04）

*通讯作者

很快解决了长期以来粮食供不应求的难题，实现了粮食的供求基本平衡，丰年有余。2004年，针对我国粮食产量连续下滑的局面，国家出台了提高粮食保护价、实施种粮补贴等一系列鼓励种粮的措施，农民的种粮积极性又一次高涨，江西的粮食产量由2003年的145亿kg提高到2004年的180亿kg[2]。国家虽然继续巩固并加强了对种粮的保护措施，但是，影响农民种粮积极性的因素仍然很多。首先，是缺乏保护农民种粮积极性的长效机制，种粮比较效益低的局面没有根本转变，种粮食不仅比其他行业的利润低，而且在种植业内部也是利润低的产业。据江西省农业厅对192户农户调查，2008年江西省种植甘蔗纯收益最高，达23 061元/hm^2，依次是花生7 213.5元/hm^2、中籼稻5 859.0元/hm^2、大豆5 646.0元/hm^2、晚籼稻5 119.5元/hm^2、早籼稻4 725元/hm^2；其次，是生产成本大幅度上升，一是农资成本大幅度上升，2003年以后，农资成本大幅度上升，特别是2008年，化肥的价格较上年提高了60%～80%，有些品种甚至涨了2倍多；二是劳动力成本大幅度上涨，随着外出务工人员的增多，农村农忙季节劳动力紧张的矛盾十分突出，与2003年比较，劳动力成本增加了50%以上。据调查，2008年江西省水稻的种植成本为中籼稻8 175元/hm^2、晚籼稻7 200元/hm^2、早籼稻7 066.5元/hm^2，较2007年上升20%左右，单位面积成本收益率中籼稻71.7%、晚籼稻71.1%、早籼稻66.9%，较2007年下降15%左右。因此，农民不愿种田、土地撂荒、双季改单季的现象又有所回升，大量农民选择外出务工，很多农民只种自己的口粮田甚至买粮吃。

1.2 政府抓粮食生产的动力不大

国家取消农业税后，农民种田不用交税了，产粮区多种粮食不仅不能带来税收、增加财政收入，反而还要从微薄的财政收入中拿出钱来补助农业生产，从而使产粮区形成了一种“种粮越多财政负担越重”“贡献越大义务越多”的不利境界，导致产粮区基本都是粮食生产大省、财政收入穷省，保证国家粮食安全成了产粮区的义务，而没有利益，销粮区不但不承担保障粮食安全的义务，反而凭借其资金优势，在粮食加工和销售中大获其利，形成了一种粮食生产中的“杀贫济富”现象。因此，产区政府为实现财税增收，往往把更多精力放在抓工业、抓招商引资上，难以形成主抓粮食生产的内在动力。

1.3 粮食生产制约因素增多

制约因素增多也是粮食生产面临的重要困境之一。目前，制约粮食生产的主要因素有：一是耕地面积不断减少。土地是不可再生资源，随着工业化和城镇化的发展，耕地面积不断减少是不可逆转的趋势，因此，从长远来说，要通过增加播种面积来提高产量的空间不大；二是耕地质量下降。土地承包后，由于人口变化等因素，农村每隔几年就有重新分配承包田的要求，加上种粮效益不高等原因，群众不愿种植绿肥和施用有机肥，也不愿冬季清沟翻耕晒垡，而是施用大量的化肥农药，土壤板结、养分不平衡、农药残留加重等现象加剧，耕地质量下降，制约了土地综合生产能力的提高；三是水利设施老化失修。国家虽然加大了农业水利设施的建设力度，但主要是对大江大河的治理，广大的丘陵山区则主要还是20世纪50—60年代建设的水利设施，蓄水量降低、渗漏加重、防洪抗旱能力下降，成为导致粮食综合生产能力波动的重要因素之一；四是劳动力素质下降。目前，农村青壮劳力大多外出务工，留在农村种粮的农民基本上都是五十岁以上的老人，文化水平低、接受新技术能力弱，不仅导致农忙劳力紧张和管理粗放，而且科学种田水平低；五是自然灾害频繁。受全球气候变化等影响，干旱、洪涝、高温、低温等自然灾害呈加剧趋势，病虫害为害也有加重发生的趋势，导致产量损失增加；六是技术推广难度加大。一方面农技推广队伍不稳定，大多数地方农技推广队伍人才缺乏、知识老化，农技推广网络存在线断、网破、人散的现象；另一方面由于种粮农民文化水平低、接受新技术的能力弱，导致许多好的增产技术不能进村入户到田，科技对粮食增产的贡献低；七是农资市场较混乱。主要表现农资价格上涨过快，假冒伪劣、坑农害农事件时有发生，造成种粮成本大幅度增加和影响粮食的高产稳产。

1.4　粮食产业化水平低

江西虽然是全国的粮食主产区和6个粮食净调出省之一，但江西的粮食产业化水平仍很低，主要表现在：一是经营模式绝大部分是分散的家庭生产为主，这种经营模式与商品大市场不相适应，难以适应市场经济发展的需要；二是江西的粮食生产、收购、加工、销售基本上都是分开的，管生产的不管销售，管销售的不管生产，这不利于市场的培育和产业的发展，很难进行规模化生产、产业化经营、市场化运作，难以形成主导产业、优势产品、品牌企业；三是江西的粮食加工转化滞后，每年外调的粮食基本上是原粮，近几年虽然通过招商引资引进了一些粮食加工企业，但总的来说粮食加工企业还是少而且规模小，据调查，江西以农产品为加工原料的企业只有江苏的1/4，平均每家企业的产值不及江苏的1/3，平均每家企业的利润为山东的1/5左右[3]，也没有一家像湖南金健米业这样有影响力的粮食加工企业。这种产业化水平低的状况，使江西的粮食产业受控于销区，严重制约着粮食产业的持续发展。

2　发展对策

2.1　抓住一个核心

保护和调动农民的种粮积极性是促进粮食生产、保障国家粮食安全的核心问题，历史的经验也证明了这一点，只要农民的种粮积极性高涨，粮食产量就能大幅度提高。在市场经济条件下，粮食不仅仅是一种自给消费的产品，也是一种商品，农业也和其他产业一样，其生产、销售也受市场规律和价值规律影响，因此，要保护和调动农民的种粮积极性，关键就是要保护和提高农民种粮的利益。农业是弱势产业，农民是弱势群体，种粮不仅是一个辛苦的行业，而且还要承担市场和自然灾害的双重风险，若没有保障农民种粮积极性的长效机制，放任种粮的比较效益长期低于其他行业，农民种粮得不到实惠，要实现粮食的持续丰产是不现实的。因此，促进粮食发展一定要牢牢抓住保护和调动农民种粮积极性这一核心，使种粮农民愿种粮、肯投入、想增产。

2.2　夯实两个基础

要促进粮食生产不仅要使农民有种粮的积极性，而且还要想办法提高耕地的综合生产能力，因为耕地面积刚性下降是不可逆转的趋势，提高粮食产量只能通过不断提高耕地的综合生产能力来实现，做到“藏粮于地”。为此，就需要加强农田水利和耕地质量这两个基础工程的建设。

2.2.1　水利设施基础

水利是农田的命脉，江西是一个经济欠发达的农业省份，财政紧张，投入到农业基础建设的资金严重不足，导致水利设施老化，抵御自然灾害的能力差。而目前国家和地方政府有限的投入也主要是在大江、大河和大型水库的治理上，对配套沟渠、排灌站、山塘水库等设施的建设基本上无暇顾及，而农村分散的经营模式，也缺乏有效的组织和管理机制来对农业基础设施进行维修和建设，因此，导致水旱灾害频繁，一般年份农作物的水旱灾害成灾面积占作物播种面积的15%左右[1]，严重影响了粮食生产，是导致粮食单产波动的主要原因之一。因此，必须采取更加切实有效地措施加强水利设施建设。一是继续加大对赣江、抚河、信江、饶河、修河五大河流及鄱阳湖治理的水利工程建设；二是继续加大对病险水库的加固修复，增加水库的调蓄能力；三是要加大对大中型水利工程及水库的沟渠等配套设施的建设，增加灌区的灌溉面积，提高水利设施的利用效率；四是要重点支持丘陵山区农田小水利建设，增加旱涝保收面积。

2.2.2　耕地质量基础

江西省平原区耕地基本上都是在滨湖地区，土壤较肥沃，但地下水位较高；丘陵区耕地面积比重大，但土壤黏、瘦、酸、旱等障碍严重；山区耕地则零星分散，而且冷、毒、渍等障碍因子普遍存在。耕地质量总体较差，全省中低产田面积占2/3以上。随着工业化的加快，耕地质量呈现下降的趋势，主要原因有：一是有机肥用量减少，绿肥的种植面积和单产逐年下降，面积由1978年的136.52万hm^2下降到2002年的45.91万hm^2，下降了66.37%，单产水平也由原来的30～37.5t/hm^2下降到15～22.5t/hm^2，下降了50%左右[1]，而厩肥、塘泥等有机肥因费工多，现在基本不施了；二是肥料偏施导致土壤养分失衡，钾肥和中微量元素普遍缺乏；三是土壤污染加重，农药的施用量不断增加，工业和城镇化对农田的污染也有加重的趋势，特别是除草剂的大量施用，严重破坏了土壤的生态平衡，污染了土壤环境。为促进粮食的持续丰产，必然采取有效措施提高耕地质量，加强土壤质量提升建设，主要措施包括：扩大绿肥种植面积、提高绿肥产量；推广秸秆还田、增加有机肥用量；实施水旱轮作、减少土壤障碍因子；减少化学污染，保护土壤生态环境。

2.3　实施三大战略

2.3.1　政策兴粮战略

实施政策兴粮战略是促进粮食稳产增产的核心，这是我国粮食发展历史的经验总结。因此，出台和实施一系列稳粮兴粮的政策至关重要。一是增加对粮食主产区和调出区的财政支持力度，国家建立粮食销区与产区的协调联动机制，要求销区根据粮食调进量的多少给予产区经费补贴，以提高主产区各级政府抓粮食生产的积极性；二是国家要建立保护农民种粮积极性的长效机制，加大种粮的财政补贴力度，完善补贴办法，改现在的按田补贴为按交粮补贴。同时，提高粮食的收购价格，争取种粮的效益与其他作物或外出务工效益基本相当；三是要加强对水利设施、农田基本建设的支持力度，提高粮食抵御自然灾害的能力；四是要实施严格的耕地保护政策，并制定鼓励提升耕地质量的政策，不断提升耕地

的综合生产能力；五是要加强对农业保险、农业科技创新、农业科技服务等的支持力度；六是要加强对农资市场的监管力度，严格控制农资产品的价格，维护农资市场的稳定，促进农资市场的良性发展，坚决打击制造、销售假冒伪劣种子、化肥、农药的违法乱纪行为。

2.3.2　科技增粮战略

实施科技增粮战略是促进粮食稳产增产的关键，依靠科学进步不断提高粮食的单产水平是我国粮食生产发展的必然选择。首先，必须加大科技创新力度，要稳定和壮大一支粮食科技创新队伍，围绕制约江西省粮食持续增产的关键技术瓶颈问题，大力开展新品种选育、中低产田改良、节本轻简化栽培、绿色生产、超高产栽培、农业资源高效利用与环境保护等技术创新研究，创新一批品种和关键技术，推进江西省粮食生产科技水平的提升；其次，必须加强科技服务体系建设，健全和完善农技推广体系，稳定农技推广队伍，创新技术推广机制，推动科技进村入户，促进科技成果转化，提高科技成果对粮食增产的贡献率；最后必须提高农民的科技素质，要通过各种途径加强对农民的技能培训，提高种粮农民的科学文化水平，转变他们的思想观念，增强科技意识，提高接受新技术的能力，为科技增粮打造一支强有力的高素质农民队伍。

2.3.3　产业增效战略

实施产业增效战略是促进稳粮增粮的根本出路，必须不断提高粮食生产的产业化水平，增加粮食产业的效率，才能保障粮食产业的良性可持续发展。一是要促进粮食生产的规模化水平，通过合理流转土地、土地承包、转租等形式，使土地向种粮能手、种粮大户、企业集中，促进粮食生产的规模化；二是要大力扶持粮食加工企业的发展，做强做大一批龙头企业，打造一批知名品牌，凭借江西的资源、生态和区位优势，以优质无公害绿色稻米及其系列加工产品作为产业化方向，按照品种专用化、生产规模化、产品绿色化、营销市场化的要求，通过发展订单农业，形成产供销一体化、农工商相结合的农业产业化发展模式；三是要大力发展种粮协会、种粮合作社等中介组织，建立农业社会服务化体系和科技服务体系建设，为粮食产业的发展提供信息、技术、市场等服务，为产业的发展创造良好条件和外部环境。

参考文献

[1] 彭春瑞. 江西水稻可持续发展的主要障碍与技术对策//水稻可持续生产——政策、技术与推广国际会议论文集[C]. 杭州，2004：251-256.

[2] 江西省统计局. 江西统计年鉴[M]. 北京：中国统计出版社，2005.

[3] 张道新，彭春瑞，邓国强，等. 推进江西粮食产业化的思考[J]. 江西农业学报，2007，19（8）：152-155.

发展绿色大米产业，重振万年贡米辉煌

张道新[1]　彭春瑞[2*]　占子勇[3]

（[1]江西省发改委农业资源研究室，南昌 330046；[2]江西省农业科学院土壤肥料与资源环境研究所，南昌 330200；[3]江西省万年县农技中心，万年 335500）

摘　要：分析了江西省万年县发展绿色大米产业的优势，提出了万年县发展绿色大米产业的具体措施。

关键词：绿色大米；产业发展；万年

万年县位于赣东北的鄱阳湖畔，是世界稻作文化的起源地之一，水稻种植历史在12 000年以上，是一个水稻主产县，水稻种植面积占作物播种面积的70%，稻谷商品率高达60%以上。该县的万年贡米更是享誉四海，并赐定为“国米”，是中国四大被赐名的品种之一，深受历代皇家赞誉，历经上千年而不衰。但是随着现代水稻科学的发展，万年贡米目前不论在产量、品质还是口感上都比不上现在育成的优质米品种，万年贡米的生产也因此遭受了重大打击，除农民少量种植外，基本上没有规模化生产了，但“万年贡米”这个品牌依然名声在外，享誉大江南北，因此，充分利用这一品牌，结合现代优质稻育种的成果和绿色大米生产技术，实施绿色大米产业化开发，对促进万年水稻的产业化发展，重振万年贡米辉煌有重要的意义。

1　绿色大米产业发展与重振万年贡米辉煌的关系

1.1　发展绿色大米产业是重振万年贡米品牌辉煌的有效途径

我国有65%的人口是以大米为主食，在东南地区几乎全部是以大米为主食。随着人民生活水平的提高，消费者对稻米品质的要求越来越高，对大米的质量安全也越来越关注，特别是生产上农用化学品投入量的不断增加，导致稻米口感变差，农药残留引起的恶性疾病越来越多，更是促使消费者越来越青睐绿色无污染的稻米，可以说绿色食品将是21世纪的主导食品，具有巨大的开发潜力。万年贡米历史上正是因为米质好受到历代皇家的赞赏而闻名天下，但随着科学的进步，目前的优质米在产量和品质上都超过了万年贡米，因此，万年贡米要重振辉煌，必须与时俱进，与现代科技及市场需要紧密结合，而绿色大米生产是在选用优质多抗品种的基础上，以保护环境、提高稻米品质和质量安全为目标，将先进的科学技术与传统的稻作技术相结合，减少农用化学品投入量，生产出品质好、无污

本文原载：江西农业学报，2008，20（3）：127-129

*通讯作者

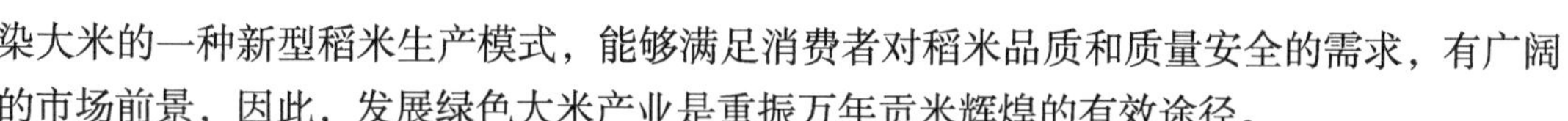

染大米的一种新型稻米生产模式，能够满足消费者对稻米品质和质量安全的需求，有广阔的市场前景，因此，发展绿色大米产业是重振万年贡米辉煌的有效途径。

1.2　万年贡米品牌有利于推动绿色大米产业的发展

万年贡米是一个有着上千年辉煌的大米品牌，历代都是作为贡米进贡，到明末清初时期，万年贡米被赐定为“国米”，到中华人民共和国成立后还曾作为国宴米，受到党和国家领导人的高度称赞，因此，万年贡米有很好的品牌效应。而绿色大米产业的发展，也需要一个好的品牌，以品牌带动产业发展，没有一个好的品牌，绿色大米产业就很难形成，绿色大米也发展不起来。因此，充分保护好、利用好、开发好万年贡米这个传统品牌，对绿色大米产业的发展有重要的推动作用。

2　万年发展绿色大米产业的优势

2.1　文化优势

万年县具有全省乃至全国都独一无二的稻文化优势。一是万年是世界稻作起源地之一，经中美农业联合考古队多次发掘和采样研究，境内的大源仙人洞和吊桶环遗址，是现今所知世界上年代最早的栽培稻遗存之一，较之浙江河姆渡遗址栽培稻早5 000多年，把世界稻作起源由7 000年前推移到12 000 ~ 14 000年前；二是万年贡米品牌享誉天下，明朝万历年间，特赐封为贡米，以后年年耕耘，岁岁纳贡，到明末清初时期，万年贡米被赐定为“国米”，是当时我国四大国米之一，当时春节的年关三十，只要万年贡米未入皇宫国库，粮仓不能封，京城城门不许关，中华人民共和国成立后，万年贡米作为国宴米也受到周恩来等党和国家领导人的赞誉。因此，借助万年稻文化的优势，促进绿色大米产业发展是一个有力的手段。

2.2　产业优势

万年县具有明显的发展绿色大米的产业优势。一是稻米是主导产业，而且商品率高，全县水稻播种面积在3.33万hm^2左右，占作物播种面积的70%左右，90%以上的农户主要是以种植水稻为主，稻谷产量每年在20万t以上，每年除8万t左右农民自留消费外，其余的稻谷都是外销或转化，商品率达到60%以上，高于全省平均水平的50%，是一个典型的粮食生产县；二是绿色大米生产初步形成产业，万年贡米已获国家“大米绿色产品标志证书”，被授予国家免检产品、江西省名牌产品，不但畅销上海、广东、浙江、福建等地，还畅销我国港澳地区；三是生猪生产已形成产业，生猪的排泄物为绿色大米的生产提供了丰富的有机肥源，缓解了绿色大米生产中有机肥源不足的矛盾。

2.3　资源优势

万年县位于鄱阳湖畔，有山有水，山水相连，全县现有耕地面积2.16万hm^2、山地7万hm^2、水域0.73万hm^2，境内山清水秀，生态条件较好，森林覆盖率达56%以上，工业污染小，特别是山区的垄田，水源都是山泉水，周边都有山隔离，对污染源的阻挡条件好；气候温和、雨量充沛，全年平均温度17.7℃，降水量1 750mm，旱涝保收面积大，十分适合优质大米的生产，历史上就是优质稻米的产地，有发展绿色大米生产的资源优势。

2.4 区位优势

万年毗邻浙江、上海、福建、广东等沿海发达省份和港澳地区，而这些省份和地区又都是以大米为主食，都是粮食调进省份和地区，对稻米品质和质量安全的要求又较高，对绿色大米的需求量大，有广阔的市场，同时，万年的交通便利，可以快速便捷地将大米送到上述省份与地区，因此，发展绿色大米产业的区位优势也较明显。

2.5 技术优势

一是万年是世界稻作的起源地之一，水稻种植的历史有12 000年以上，农民历代都是以种植水稻为主，有着丰富的种稻经验，特别是在优质稻的种植方面经验更加丰富；二是近年来，万年农业科技人员围绕优质大米产业的发展，在优质米品种的引进筛选和培育优质大米的栽培技术等方面做了大量的工作，培育出78选15等品种，并筛选出多个适宜开发绿色大米的品种，摸索总结出了适合当地的优质稻生产技术；三是江西是一个水稻主产区，水稻技术力量较强，在绿色大米生产技术的研究与集成方面有一定优势，万年可以通过与江西省农业科学院、江西农业大学等省级科研单位加强合作，利用省级农业科研院所和高校的技术优势，为万年的绿色大米产业发展提供技术支撑。

3 发展绿色大米产业的措施

3.1 制定发展规划

首先，县里要根据绿色大米发展需要和全县大米产业的发展形势，制定出全县绿色大米产业发展规划，明确发展目标、实施步骤、计划安排、组织协调部门、保障措施，形成全县统一调配、部门各尽其职、分工协作的管理机制，确保绿色大米产业发展的有序、规范；其次，县里要加紧做好绿色大米生产的区划工作，要对全县稻区的产地环境进行一次普查与评估，明确哪些地方是绿色大米生产适宜区，哪些是不适宜区，为绿色大米原料基地的布局提供科学依据。

3.2 加强生态建设

良好的生态环境是发展绿色大米的基础，没有清洁的生态环境，是不可能生产出绿色的大米的。首先，应在区划的基础上，制定生态保护规划，将绿色大米生产基地列为重点生态保护区，在保护区内禁止建有污染的企业，采用清洁生产技术，加强山水治理，防治水土流失，保护生物多样性，改善生态环境；其次，要积极申报国家或省级生态农业示范县和绿色农业示范区，以达到促进生态保护和提高全县的生态知名度的效果；三是要加强对农业面源污染的控制，逐步建立化肥、农药、饲料等农业生产资料的市场准入制度，严禁不合格的生产资料进入市场，同时，通过平衡施肥、精确定量施肥、精准施药等新技术的应用，减少化肥、农药等农用投入品的用量，由于万年的生猪产业较发达，因此，要特别加强对养殖废弃物及污水的治理，削减环境负荷，重点要防止饲料中的重金属和抗生素对土壤和水体的污染；四是要加强对现有污染源的治理工作，对已造成污染的区域，要加强治理，针对不同污染源，采取相应的技术进行治理，使环境逐步达到绿色大米生产的要求。

3.3　筛选优质多抗稳产品种

选择好品种是绿色大米产业发展的基础，品种米质不好，再绿色安全消费者也不喜欢；品种抗性差，特别是对当地主要病害的抗性差，就很难在农药用量减少的情况下保持产量的稳定；品种的稳产性不好，就易受环境变化而引起产量的大幅波动，因此，米质优、抗性强、稳产性好是选择品种的3个主要标准。首先，应从全县水稻生产的实际出发，制定相应的品种指标要求，包括生育期指标、米质指标、抗性指标、稳产性指标等；其次，根据这些指标，每年引进一定数量的优质米品种进行多点试验和筛选，确定适合开发的品种，要求主导产品以2～3个品种为主，宁缺毋滥，同时，筛选出一批储备品种，确保大米品种的米质不下降并能逐步提高；三是要做好品种的提纯复壮工作，保障优质米品种的优良种性不退化，应建立种子繁育和制种基地，保障品种纯度。

3.4　抓好绿色大米生产技术的集成与推广

绿色大米的生产不同于一般大米的生产，应根据品种特性和不同区域的生态条件和资源条件，在严格遵循绿色食品生产规范要求的基础上，通过技术组装集成，形成适宜不同区域的绿色大米标准化生产技术规范。首先，应根据各地的资源条件选择性地抓好几项关键技术：包括稻草全量还田技术、冬种绿肥技术、水旱轮作技术、猪—沼—稻技术、稻鸭共育技术、种草诱虫技术、频振灯杀虫技术等；其次，是根据绿色大米生产规范的要求和品种及当地生态条件，抓好以下配套技术：包括种子处理技术、壮秧技术、移（抛）栽技术、有害生物无害化综合控制技术、农药精准减量施用技术、平衡施肥与精确定量施肥技术、水分管理技术、收后脱粒、晒干、储运、加工技术等；然后在试验和调研的基础上，通过选择几项关键技术并与配套技术组装集成，按品种分区域制定不同的技术规程，在相应的区域进行示范推广。

3.5　创新产业化管理与经营模式

生产经营混乱、部门间协调不力是目前万年大米产业发展中存在的一个突出问题。为此，应采取以下措施：一是要将绿色大米产业发展作为全县农业发展的一件大事来抓，做到全县一盘棋，县委、县政府要协调好农技部门、粮食部门、企业和种植农户的关系，形成政府组织引导、部门各尽其责、订单收购的管理模式，按照统一品种、统一种植技术、统一收购、统一加工、统一品牌的“五统一”要求组织产业化生产；二是要探讨新的经营模式，形成合理的利益分配机制，做到责权利的统一，调动各方的积极性；三是要调动全社会参与绿色大米产业开发的积极性，积极吸引外资、民间资本参与产业化开发，应用现代企业管理的理念，组建绿色大米股份集团公司，提高抵御市场风险和自然风险的能力，保障绿色大米产业的稳步发展；四是要在政府的有效监管下，积极扶持各级绿色大米协会、中介服务等组织的发展，鼓励这些组织参与技术服务、农资服务、产品销售、信息服务、物流运输等工作，以带动绿色大米产业的形成与发展。

3.6　强化配套工程的建设

要把绿色大米作为一个产业来发展，除抓好绿色大米生产和销售外，还要抓好一系列的配套工程建设。一是要加强宣传，要通过电视、广播、网络、报纸等媒体大力宣传万年的稻作文化、万年贡米的品牌形象、绿色生态优势，提升万年的知名度；二是根据万年生猪产业的优势，开展生态养殖工程的建设，建立有机肥生产企业，将养殖业废弃物进行资源化利用，加工成优质有机肥，供绿色大米生产基地用，也可发展沼气产业，实施“猪—沼—稻”生态模式，种养结合，变废为宝，循环利用；三是强化绿色生产资料的供应体系建设，先应在绿色大米生产基地实行化肥、农药统一供应的机制，对进入基地的农药化肥和饲料要实行检测、申报、登记、监测制度，防治高污染的农药化肥及饲料进入生产基地，条件成熟时应在全县实行农业生产资料准入制度，严禁不符合绿色大米生产的农业生产资料进入万年县；四是注重可持续生产工程的建设，除要积极采取措施保护生态环境和天敌，改善排灌条件外，更重要的是要不断培肥改土，提升地力，因此，要积极引导和鼓励农民冬种绿肥、实施稻草还田和水旱轮作；五是要加强技术服务体系建设，要加强农业技术服务体系的建设，包括农技推广体系、技术培训体系、信息服务体系、监督检测体系等。

3.7 延伸绿色大米产业链

要利用万年贡米的品牌和绿色食品的优势，在延伸产业链上下功夫，开发出系列深加工产品，增加绿色大米产业的附加值，首先可选用优质专用品种，以生产出的绿色大米为原料，通过深加工开发出绿色米粉、绿色年糕、绿色米酒等系列绿色产品；其次也可以利用绿色大米生产的副产品，如谷壳、米糠、稻草等为原料，生产绿色食用油、绿色食用菌等产品。

参考文献

[1] 易晓俊，刘圣全，杨爱青. 绿色稻米生产技术集成与运用成效[J]. 江西农业学报，2006，18（5）：163-165.

[2] 钟昭萍，李春，刘圣全. 绿色稻米生产技术集成试验研究[J]. 江西农业学报，2007，19（7）：27-30.

[3] 苏全平，范芳，徐昌旭. 江西省发展绿色食品的条件及优势[J]. 江西农业学报，2007，19（1）：140-143.